2005

中国环境年鉴·环境监察分册

CHINA ENVIRONMENT YEARBOOK
ENVIRONMENTAL SUPERVISION FASCICLE

《中国环境年鉴·环境监察分册》编委会　编

海洋出版社

2006年·北京

图书在版编目（CIP）数据

中国环境年鉴.2005.环境监察分册／《中国环境年鉴·环境监察分册》编委会编.—北京：海洋出版社，2006
ISBN 7-5027-6582-4

Ⅰ.中… Ⅱ.中… Ⅲ.①环境科学—中国—2005—年鉴②环境监察—中国—2005—年鉴 Ⅳ.X-12
中国版本图书馆CIP数据核字（2006）第051837号

责任编辑：白　燕
责任印制：严国晋

2005中国环境年鉴·环境监察分册
2005 ZHONGGUO HUANJINGNIANJIAN · HUAN JINGJIANCHA FENCE

海洋出版社 出版发行
http://www.oceanpress.com.cn
(100081 北京市海淀区大慧寺路8号)
北京外文印刷厂　印刷
2006年6月第1版 2006年6月北京第1次印刷
开本：787mm × 1092mm 1/16 印张:19.25 (插页：126面)
字数：650千字　印数：1~4000册
定价: 118.00元

温家宝总理在十届全国人大三次会议上所作的《政府工作报告》中指出："实行严格的排污总量控制制度，加大环保监督和执法力度。抓紧解决严重影响人民群众健康安全的环境污染问题"。

2005年4月26日，吴官正同志到国家环保总局检查工作时说：要紧紧围绕加强和改善国家宏观调控，深入开展“打击环境违法行为，保障群众健康”为主题的环保专项整治行动，着力解决群众反映强烈的问题，严肃查处环境违法案件，坚决惩治侵害群众切身利益的行为。

2004年5月24日，国务院副总理曾培炎率领国务院有关部委领导赴四川成都，在四川省领导的陪同下，看望在沱江污染事故中受损的内江资阳群众代表。

2005年6月10日，国家环保总局、发展改革委、监察部、司法部、工商总局、安全监管总局在北京联合召开“全国整治违法排污企业保障群众健康环保专项行动”电视电话会议，贯彻落实国务院办公厅《关于深入开展整治违法排污企业保障群众健康环保专项行动的通知》，全面启动2005年全国环保专项行动。国家环保总局局长解振华代表国务院六部门对深入开展环保专项行动进行了动员和部署。

2005年6月29日，国家环保总局在京召开了全国环境执法工作会议。国家环保总局副局长祝光耀、汪纪戎参加会议，并分别做了题为“加强环境行政监察，切实维护群众环境权益”、“把握机遇，开拓创新，全面推进2005年环境监察工作”的报告。

2005年4月29日，国家环保总局召开了淮河流域启动环境应急预案新闻发布会。国家环保总局副局长潘岳向到会的新闻媒体记者介绍了淮河水环境形势及要对淮河水污染采取的控制和治理污染应急措施。

在2005年6月29日召开的全国环境执法工作会议上，国家环保总局副局长汪纪戎和环境监察局的领导为获得全国打击环境违法行为先进集体、先进个人代表颁发荣誉证书。

《中国环境年鉴·环境监察分册》编委会

《中国环境年鉴·环境监察分册》特约编辑

（以下按省、市、自治区顺序排列）

蒋建国　（国家环境保护总局华东环保督查中心）
李文禧　（国家环境保护总局华南环保督查中心）
于　泓　（北京市环境监察队）
戴尚德　（天津市环境监察总队）
郭志中　（河北省环境监察局）
张全升　（山西省环境监察总队）
廉升光　（内蒙古自治区环境监察总队）
孙鹏轩　（辽宁省环境监察局）
程金灿　（吉林省环境监察总队）
郭艳军　（黑龙江省环境监察总队）
彭振发　（上海市环境监察总队）
潘　炜　（江苏省环境监察局）
胡晓林　（浙江省环境监察总队）
袁永宏　（安徽省环境监察局）
秦　明　（福建省环境监察总队）
胡予秋　（江西省环境监察总队）
韩　凯　（山东省环境监察总队）
荆国一　（河南省环境监察总队）
骆武山　（湖北省环境监察总队）
兰　洋　（湖南省环境监察总队）
张作凡　（广东省环境监察总队）
赖天天　（广西壮族自治区环境监察总队）
杨昌新　（海南省国土环境资源监察总队）
顾怀东　（重庆市环境监察总队）
陈泽文　（四川省环境监察总队）
邓瑞举　（贵州省环境监察总队）
崔震宇　（云南省环境监理所）
阿　松　（西藏自治区环境监察总队）
樊江泉　（陕西省环境监察局）
宁　炳　（甘肃省环境监理所）
董郁海　（青海省环境监察总队）
刘韵垠　（宁夏回族自治区环境监察总队）
刘寒峰　（新疆维吾尔自治区环境监察总队）
石新民　（新疆生产建设兵团环境监察总队）
彭　伟　（哈尔滨市环境监察支队）
陈　舟　（南京市环境监察支队）
孙　勇　（大连市环境监察支队）
蓝　刚　（青岛市环境监察支队）
吴方民　（宁波市环境监察支队）
李　华　（厦门市环境监理中心所）
魏晶田　（沈阳市环境监理大队）
姜　杉　（长春市环境监察支队）
詹　炜　（武汉市环境监察支队）
黄　山　（广州市环境监察支队）
赵文军　（西安市环境监察支队）
张志宇　（深圳市环境监察支队）
彭晓鹏　（济南市环境监理总站）

基　本　栏　目

目　　录

建设项目与限期治理监察 …… 123

环境监察统计 …… 250

2004年环境监察重要文件目录 …… 263

附录 …… 269

索引 …… 276

Catalogue

特 辑

◎ 党和国家领导人有关环境监察工作的重要讲话

◎ 国家环保总局领导关于环境监察工作的讲话

党和国家领导人有关环境监察工作的重要讲话

胡锦涛同志在中央人口资源环境工作座谈会上的讲话(摘录)

……

全面落实科学发展观,进一步调整经济结构和转变经济增长方式,是缓解人口资源环境压力、实现经济社会全面协调可持续发展的根本途径。要加快调整不合理的经济结构,彻底转变粗放型的经济增长方式,使经济增长建立在提高人口素质、高效利用资源、减少环境污染、注重质量效益的基础上,努力建设资源节约型、环境友好型社会。

调整经济结构和转变经济增长方式,是落实科学发展观的必然要求。要清醒地认识到调整经济结构和转变经济增长方式对缓解人口资源环境压力、实现全面协调可持续发展的极端重要性,真正把做好工作的着力点放到调整经济结构和转变经济增长方式上来。要着力调整投资结构,优化各种生产要素的投入比例和投入方式,在促进经济社会发展中高度重视并切实抓好节约资源、保护环境、改善生态的各项工作,走新型工业化道路,推动经济社会发展实现良性循环。

提高自主创新能力、加快技术进步是调整经济结构和转变经济增长方式的关键环节。必须切实改善支撑科技进步和创新的组织体系、运行机制、政策环境,大力提高自主创新能力特别是原始性创新能力,大力发展战略高技术,健全政府支持、企业主导、产学研结合的技术研究和开发体系,完善先进技术引进和消化、吸收、创新相结合的体制机制,注重对引进技术的系统集成和综合创新,加强知识产权保护,充分发挥人才在技术创新中的关键作用,加快科技成果向现实生产力转化,尽快使经济发展真正走上依靠科技进步和提高劳动者素质的轨道。

深化改革、创新体制机制是调整经济结构和转变经济增长方式的根本动力。要进一步推进改革,完善社会主义市场经济体制,有针对性地消除导致产业结构低度化和经济增长方式粗放的体制性根源,形成有利于调整经济结构和转变经济增长方式的体制机制,使企业、政府、市场能够互补互动,形成调整经济结构和转变经济增长方式的强大合力。

经过全党全国人民的共同努力,我国人口资源环境工作取得了重大成绩,同时人口资源环境工作还存在一些事关我国经济社会发展全局的突出问题,我们必须高度重视,认真加以解决。当前和今后一个时期,人口资源环境工作要贯彻落实科学发展观,按照调整经济结构和转变经济增长方式的要求,突出重点,全面推进,力求取得更大的成效。人口和计划生育工作要积极探索创新开展工作的思路和方式方法,继续做好人口发展战略研究,在稳定低生育水平的基础上着力提高人口质量,提高计划生育技术服务水平,继续综合治理出生人口性别比升高的问题。国土资源工作要按照建设节约型社会的要求,积极探索建立国土资源管理的新机制,全面落实土地管理的各项措施,节约和集约使用土地,切实保护耕地特别是基本农田,加强资源管理、提高资源利用效率,保护利用好我国优势矿产资源。环境保护工作要大力推进循环经济,加快推行清洁生产,加大治理污染的力度,加强生态保护和建设工作。水利工作要把切实保护好饮用水源、让群众喝上放心水作为首要任务;要完善水资源管理体制,积极推广先进实用的节水技术,加强防汛抗旱和水利建设。

各级党委和政府一定要从促进经济社会全面发展、确保实现全面建设小康社会宏伟目标的战略高度,明确责任、扎实工作,联系实际、深化改革,不断提高领导水平,创新人口资源环境工作的体制机制,发动全社会力量参与人口资源环境工作,推动人口资源环境工作不断迈上新台阶。

(2005 年 3 月 12 日)

温家宝同志在中央人口资源环境工作座谈会上的讲话(摘录)

……

各级领导要认真学习和贯彻胡锦涛总书记的重要讲话精神,切实做好人口资源环境工作。要坚持以科学发展观统领经济社会发展全局,把做好人口资源环境工作与搞好宏观调控结合起来,与深化改革结合起来,加快调整经济结构和转变经济增长方式,稳定低生育水平,加强资源开发管理和综合利用,加大环境保护和生态建设力度,促进经济社会全面协调可持续发展,建设和谐社会。今年各级党委、政府要做好以下几项工作:

第一,进一步做好人口和计划生育工作。围绕稳定低生育水平,创新工作思路和机制。总结对农村部分计划生育家庭实行奖励扶助制度和“少生快富”扶贫工程试点经验,完善制度,规范运作,扩大试点。

第二,加强土地管理,切实保护基本农田和农民权益。认真贯彻《国务院关于深化改革严格土地管理的决定》,加强土地利用计划管理,严格规范建设项目用地审批,严格土地使用标准和条件,抓好土地利用总体规划修编,深化土地征用制度改革。

第三,开展能源资源节约,加快建设节约型社会。坚持资源开发与节约并重，把节约放在首位，运用经济、法律和必要的行政手段和措施，务求节约能源资源取得重要进展。

第四，整顿和规范矿产资源开发秩序，强化矿产资源开发管理。以煤炭开采为重点，开展矿产资源开发秩序专项整治。

第五，着力解决严重威胁人民群众健康安全的环境污染问题。要切实抓好水污染防治，加快城市大气污染治理，严把建设项目环境准入关，严格环境执法。

第六，加强重点生态工程建设。继续实施好天然林保护工程，推进以“三北”防护林为重点的防护林体系建设，提高森林覆盖率。

各级领导干部一定要从落实科学发展观和建设和谐社会的高度，增强做好人口资源环境工作的紧迫感和责任感，推进改革创新，依靠科技进步，加大执法力度，加强宣传教育。各地区各部门要结合“十一五”规划和2020年远景目标的制定，积极谋划好未来5～15年的人口资源环境工作。

（2005年3月12日）

曾培炎同志在淮河流域水污染防治现场会上的讲话

党中央、国务院对淮河流域水污染防治工作高度重视。胡锦涛总书记多次询问淮河污染问题，对出现的水污染情况十分关心，要求认真加以解决。温家宝总理多次作出重要指示，对淮河水污染防治工作提出了明确要求。这次会议的主要任务是，总结淮河流域水污染治理的经验和教训，分析当前治污形势和存在的突出问题，进一步研究和部署今后几年淮河流域水污染防治工作。会上，解振华同志作了工作报告，代表们考察了淮河治污和水质情况，刚才淮河流域4省负责同志发了言，大家讲得都很好。环保总局受国务院委托，与4省政府签订了水污染防治工作责任书，这是落实工作责任制的重要措施。下面，我讲几点意见。

一、淮河流域水污染防治工作取得了重要进展

10年来，有关地区、部门和淮河流域广大干部群众认真贯彻党中央、国务院的决策部署，克服困难，团结治污，淮河流域水污染防治工作取得了重要进展，淮河水质有了比较明显的改善。主要表现在以下几个方面：

第一，主要污染物入河量得到控制。沿淮4省和有关部门采取多种措施，包括控制工业污染排放、处理生活污水、治理面源污染、推行清洁生产、综合利用资源等，投入了大量资金，初步控制了污染物的排放总量。10年来，淮河流域主要水污染物入河量明显减少，支流污染程度有所减轻，干流水质得到改善。

第二，工业污染物所占比重逐步降低。1994年以来，淮河流域各地区加大了产业结构调整的力度，先后关停了约5 000家小造纸、小化工、小制革、小化肥等污染严重的企业和生产线。“九五”以来，重点实施了工业污染源达标工程，建设了一批企业污水处理和预处理设施，加大了企业污染治理力度。一些地方根据实际情况，对造纸、酿造、印染等重污染行业制定并实施了比国家规定还要严格的环保标准。淮河流域工业污染所占比重已明显降低，结构性污染程度逐年改善。

第三，生活污水处理率明显提高。10年来，流域内城市人口增加较快，生活污水大量增加。各级政府投入了不少资金，用于城市污水处理设施建设。社会资金也开始进入这一领域。特别是“十五”以来，城市污水处理厂建设步伐明显加快。10年前，淮河流域没有一座污水处理厂，城市生活污水直接排入河道。目前，全流域已有56座污水处理厂投入运行，平均每天处理生活污水约200万吨，减少了城市污水的直接排放。

第四，群众饮水困难问题得到缓解。目前，除汛期及汛前腾库外，淮河干流水质已由治理前的四到Ⅴ类转变为Ⅲ到Ⅳ类，基本满足了沿岸群众的用水需求。主要支流和跨省界河流断面的水质状况也有了不同程度的好转。沿淮一些地区打井近3 000眼，解决了受污染影响严重的600万人的饮水困难问题。还建成了江苏盱眙、连云港和安徽蚌埠、淮南等引水和导污工程，解决了这些地区200多万群众的备用水源问题。

第五，环保工作机制初步建立。10年来，环保总局、发展改革委、财政部、水利部及淮河水利委员会、建设部等部门做了大量工作。全国人大环资委、全国政协经济委员会等对淮河治污工作也给予了大力支持。国家公布了《淮河流域水污染防治暂行条例》和淮河流域污染防治“九五”、“十五”计划，沿淮4省也相继出台了有关法规和工作方案。地方各级政府环保监管机构逐步健全，执法力度不断加大，初步形成了党委领导、人大和政协监督、政府负责、部门协作、环保部门统一监管、全社会共同参与的工作机制。新闻媒体积极报道淮河水污染防治工作，发挥了监督作用。广大干部群众的环境意识提高，关心环境、保护环境的社会氛围正在形成。

淮河流域水污染防治工作所取得的进展来之不易。这是党中央、国务院正确领导的结果，是各有关地区和部门协作配合的结果，是沿淮4省广大干部群众努力奋斗的结果。但我们也要清醒地看到，淮河流域水污染防治的成果还是初步的、阶段性的，治理的预期目标尚未实现，人民群众还不够满意。

一是环境污染问题还相当突出。目前，淮河流域污染物排放总量仍然超过环境容量，近一半河流的水质尚未达到治理的要求，特别是一些主要支流污染还比较严重。结构性污染问题仍然突出，企业违法排污引发的环境污染事件时有发生，重污染行业产生的污染仍占工业污染的80%到90%。城乡生活污染和农村面源污染明显增加。上游污染对下游水质的影响较大。

二是治污设施建设明显滞后。淮河治污"九五"计划拟投入资金166亿元，实际只投入资金110亿元。"九五"结转项目和"十五"计划拟定投入资金256亿元，目前只完成83亿元，还不到1/3。一些治污项目前期工作不充分，地方配套资金不落实，市场化机制不健全，影响了建设进度。"十五"计划拟定建设的161项城市污水处理工程，目前已建成的只有28项，在建的55项，还有78个项目尚未开工。部分已建成的污水处理厂由于管网不配套，污水处理收费不到位，未能投入正常运行。

三是流域水资源开发利用程度过高。在水资源开发利用中，对节约用水和生态用水考虑得不够。淮河多年平均水资源量不到800亿立方米，有些年份还要少一些。但年用水量已经达到530亿立方米，开发利用率超过65%，明显高于合理的利用水平。正常的生态基流不足，水体自净能力减弱，好的水质状况难以保持。汛前腾库时，积蓄在闸坝上的污水集中下泄，容易引发水污染事故。

四是治污体制和机制没有完全理顺。淮河流域一些地方环境管理各自为政的状况尚未得到扭转。相关部门治理污染的步伐和措施还不够协调。有效的监督和奖惩机制、科学的监测机制和统一的信息发布机制尚未建立。

五是对环境违法行为查处不力。环保执法还不到位，违法成本低、守法意识差、执法难度大的问题没有从根本上得到解决。一些工业企业甚至还有少数污水处理厂存在着违法排污的现象，而相应的处罚力度和制裁强度却很不够。

对于这些问题，我们必须高度重视，采取有效措施认真加以解决。同时，要充分认识淮河流域水污染防治工作的长期性、艰巨性和复杂性。从客观上看，淮河流域水资源匮乏，人口密集，尽快改变贫困落后面貌的压力很大，经济增长速度又比较快，生产生活用水量不断增加，污染排放量与环境容量之间的矛盾将长期存在。从主观上看，环境保护的意识还有待提高，干部的政绩观需要端正。加之干部考核办法还不健全，污染治理的机制也不完善。因此，根治淮河流域水污染是一项十分艰巨的历史任务。要扎实工作，持续推进，巩固成果，防止反弹，不断提高淮河流域水污染防治的水平。

二、进一步明确淮河流域水污染防治的重要意义和指导思想

淮河和长江、黄河一样，是中华民族的摇篮。千百年来，我们的祖先在这里繁衍生息，为中华文明做出了重大贡献。新中国成立55年来，特别是改革开放以来，淮河流域发生了翻天覆地的变化，工农业生产迅速发展，已经成为全国重要的商品粮基地，经济总量约占全国的1/8。淮河流域是全国水利建设投资的重点地区，也是南水北调东线工程的必经之地，在经济社会发展全局中具有重要的战略地位。加强淮河流域水污染防治，对于维护沿淮地区1.68亿人民群众的切身利益，保障华东、华中以及华北地区经济社会健康发展，都具有十分重要的意义。同时，淮河流域多数地区经济欠发达。全流域189个县(市)中，有近1/4是国家或省扶贫开发工作重点县，不少地方的财政比较困难。在淮河流域全面推进水污染防治，对于广大中西部地区乃至全国的污染治理和环境保护，都具有重要的示范和借鉴作用。

在新的形势下，做好淮河流域水污染防治工作，要认真学习贯彻党的十六大和十六届三中、四中全会精神，坚持以"三个代表"重要思想为指导，认真落实科学发展观，加大经济结构调整力度，加快转变经济增长方式，注重用改革的办法解决制约发展和环保的体制、机制问题。把加强环境保护、提高污染防治工作水平，作为加强党的执政能力建设、提高驾驭社会主义市场经济能力的重要任务。加快重点流域、重点区域环境治理的步伐，抓紧解决严重威胁人民群众健康的环境污染问题，确保淮河流域水污染防治目标的实现。在指导思想上，要更加重视以下几个方面：

——更加重视科学发展。要切实转变重增长、轻环保的传统观念，绝不能再走先污染、后治理的老路。坚持以人为本，搞好统筹兼顾，切实解决关系人民群众切身利益的水污染问题。治理水污染要从源头抓起，着力调整和优化产业结构，积极推行清洁生产，大力发展循环经济，全面建设资源节约型社会，促进人与自然的和谐共处，实现可持续发展。

——更加重视环境综合治理。要改变就污染治污染的工作方式，注重用系统科学的方法治理生态环境。正确处理治水和治污的关系，统筹考虑环保、水利、城乡建设、国土资源等有关方面的工作。在加大治污力度的同时，高度重视流域生态修复，合理调度水资源，采取多种治理措施，维护流域生态系统的良性循环。

——更加重视发挥市场机制作用。在社会主义市场经济体制下治理污染，必须充分调动社会各方面的积极性，把国家宏观调控与市场配置资源更好地结合起来。在继续发挥政府主导作用的同时，注重运用市场机制解决环境问题。积极推进投资多元化、产权股份化、运营市场化和服务专业化，切实提高环境治理的质量和效益。

——更加重视运用经济、法律等多种手段。要建立健全环境保护的经济政策体系，善于运用财税、金融、投资、价格等经济杠杆进行调节。坚持依法行政、依法治污，加强环境立法、执法和司法，注重用法律手段惩处破坏环境的行为。推进环境决策的科学化和民主化，提高信息的公开性和透明度，完善公众参与机制，共同做好环保工作。

——更加重视规范企业和政府行为。要加快转变政府职能，在加强对企业行为进行监管的同时，也要对监管者的行为进行监督。一方面要落实企业环保和治污责任，另一方面要落实各级政府对环境质量所负的责任。坚持正确的政绩观，建立必要的考核、通报和奖惩机制。对违法违规造成严重环境污染的政府负责人，应当依法追究法律和行政责任。

三、大力推进淮河流域水污染防治工作

2004年是“十五”计划实施的第四年。“十一五”规划及重大课题的研究工作已经启动。其中一个重要课题，就是要进一步加强环境保护和污染治理。推进淮河流域水污染防治工作，要立足当前，着眼长远，认真研究提出淮河流域水污染防治的战略目标和重点任务。

从长远看，淮河流域水污染防治的总体目标，就是要从根本上治理水污染，实现流域生态系统的良性循环，再造一条山清水秀的新淮河。实现这个目标需要一个长期的过程。从中期看，到2010年，要努力使淮河干流和主要支流的水质达到水环境功能区划确定的目标，使淮河流域广大人民群众能够用上干净的水。从近期看，到2005年底，要努力做到已建成的项目投入正常运行，重点治污工程大部分开工，省界断面水质基本达到规划目标。

为实现上述目标，从2003～2007年的这5年，在本届政府任期内，我们将把淮河水利建设作为全国水利建设的重点，努力把淮河的事情办好。同时，把淮河水污染防治作为全国重点流域治理的重点项目来抓，使淮河治理工作再上一个新的台阶。为此，要做好以下8项工作：

(一)继续加大产业结构调整力度。要进一步加强对造纸、酿造、制药、制革、印染、化工等污染严重行业的治理，对严重污染的企业实行更为严格的淘汰制度。10年来沿淮4省在关闭“十五小”企业上下了很大工夫，但也存在着边关边开的问题。2005年，要在淮河流域全面淘汰石灰法制浆工艺，关闭年生产能力达不到一定规模的化学制浆、黄板纸、废纸造纸、酒精和淀粉企业或生产线。有条件的省份要进一步实行严于国家标准的产业政策措施，提高污染排放控制的要求。对必须关停的企业，要妥善安置职工，做好后续工作，保证社会稳定。对关停污染企业造成地方财政收入减少的，中央财政将统筹考虑，适当予以支持。对已经做到达标排放、但污染物排放总量依然较高的企业，要实行技术改造，调整生产工艺，推行清洁生产，削减污染排放量。符合条件的有关项目，国家给予贴息和补助。淮河流域所有新建、改建、扩建项目，都要按照技术起点高、资源消耗低、环境污染少的原则严格把关，严格执行国家产业政策和环保法规，采用清洁生产工艺和设备，做到增产不增污直至增产减污。

(二)严格实行排污总量控制制度。要按照环境容量和水资源保证能力，对污染源排污量进行分配核定和动态管理，严格控制排污总量。沿淮各地要抓紧完成水环境容量测算工作，经审核后由当地政府批准执行，并向社会公布。所有新建项目，都应符合水环境容量和污染物排放总量控制的要求。对不能按计划完成排污总量削减任务的地区，禁止新上增加排污量的项目。要严格实行排污许可证管理，抓紧排污许可证发放工作。从2006年起，全面实行排污许可证制度，没有排污许可证的单位禁止排污，并考虑不予核发生产许可证和经营许可证。2005年年底以前，重点排污企业必须安装在线监测设备并与环保部门联网，进行实时监测。对城市污水处理厂也要加强排污监管，安装在线装置进行联网监控，特别是要注意控制氨氮排放量。

(三)努力增加污水处理设施建设的投入。中央和地方都要增加水污染防治的投资。对淮河流域水污染防治，中央将加大投资力度，提高建设资金补助的比例，支持城市污水处理厂和收集管网建设。地方政府也要相应增加投入，保证资金及时足额到位。要把管网建设放在更加重要的位置，保证城市污水能够集中处理，保证已建成的污水处理厂能够发挥作用。国家对污水处理设施建设和运行良好的地区给予奖励，在补助资金安排、排污费使用等方面给予适当倾斜。对项目建设严重滞后和建成后不能正常运行的地区，要采取措施加强督促，包括暂停安排国家支持的项目和停止审批水污染物增排的项目等。有关地区和部门要抓紧工作，促进淮河流域“十五”计划内重点治污项目的开工建设和运行。对待建的污染项目，要抓紧进行核查，合理调整项目规模、建设标准和工艺技术，节约建设资金，争取早日开工。对在建的项目，要抓紧进行复查，尽快解决影响建设进度的问题。对已建成的项目，也要抓紧进行检查，及时排除影响正常运行的各种问题。污水处理厂建设也要厉行节约，不能搞花园式工厂、大办公楼、高档围栏。有关部门要对“十五”以来建设的污水处理项目进行一次清理检查。

(四)建立和完善污水处理设施建设运行的新机制。污水处理设施的建设和运行要走市场化的道路。2004年5月，在太湖召开的重点流域水污染防治现场会上，交流了引入市场机制、推进污水处理设施建设和运营的经验，淮河流域各地要加快推广。关键在于实行合理的污水处理收费制度和标准。据测算，城市污水处理收费要达到每吨0.8元，才能保证污水处理设施的正常运行。在这方面，淮河流域地区应当走在中西部地区的前列。在控制价格总水平涨幅的同时，要对价格结构进行必要的调整，控制其他方面价格上涨，适当调整水价(包括污水处理费)。流域范围内所有城市都应实行污水处理收费制度，争取在2005年年底前将收费标准调整到合理水平，并将收费全部用于污水处理设施的建设和运行。中央给予污水处理设施建设的补助资金时，要把地方落实污水处理收费政策的情况作为一个前提条件。城市污水处理设施建设应实行项目法人责任制，通过公开招标选择投资和运营主体。鼓励采用股份制、BOT(建设—经营—转让)、TOT(转让—经营一转让)、特许经营等多种方式,吸引社会资金投入污水处理厂和管网建设。现有城市污水处理厂要加快改制工作,成为市场化运营的法人企业。城市垃圾处理设施建设和运行问题,也要予以重视。

(五)切实加强农村面源污染治理。随着人口的增长和农业的发展,淮河流域农村面源污染增加较快,必须加强综合治理。要严格控制畜禽养殖污染,规范渔业养殖行为。在淮河流域选择一些规模化畜禽养殖场,开展污染治理示范项目建设,国家适当给予补助。在饮用水水源保护区和水污染严重超标地区,禁止建设规模化畜禽养殖场。大力发展生态农业和有机农业,建立有机食品和绿色食品基地,减量使用农药、化肥,控制使用农用薄膜、生长调节素。加快农村改水改厕进程,防止将生活污水和垃圾直接排入河道、湖泊和沟渠。加强小城镇环境规划工作,促进乡镇工业合理布局,在重点中心镇因地制宜地建设污水和垃圾处理设施,实行污染集中处理、达标排放。

(六)全面节约、合理配置和优化调度水资源。淮河流域水资源短缺,要按照建设节水型、环保型社会的要求,加大节约用水力度,严格限制新建高耗水的项目,加强水资源统一管理,提高水资源利用效率和效益。在治淮工作中,既要考虑防洪抗旱的效益,又要考虑生态环境的效益。对新建水利工程项目,应认真进行生态环境影响评价,同步完善生态保护措施。对现有闸坝运行管理情况,应进行一次评估。对一些严重影响生态平衡的设施以及已经失去功能的闸坝,可以考虑调整运行方式、改建或拆除。应当看到,保持一定的生态基流,是防治淮河流域水污染的重要条件。要加强水资源调度,提供必要的生态用水,提高水体自净能力。继续开展水污染联防工作,制订好淮河流域敏感区域水环境应急预案,将淮河干流、沙颍河等主要支流和南水北调输水干渠纳入应急预案的范围。通过重点污染源限排、水质动态监测、水闸统一调度和水情水质信息通报等措施,确保城乡居民生活和工农业生产用水安全。

(七)建立健全环境质量考核制度。这次调查中了解到,下游地区的干部群众对上游排污问题意见很大。淮河流域河流交错,水污染防治不仅要靠各级地方政府加强监管,而且要开展跨省区的环保合作和监督。一方面,要建立健全对地方政府及其负责人的环境质量考核制度。有关部门要加强监测,对沿淮4省水污染防治、排污总量控制等情况,每年进行一次评估。将评估的结果报国务院,经批准后向全国公布。同时,将淮河流域35个城市水环境质量状况向社会公告。另一方面,要发挥下游地区对上游地区、人民群众对政府部门的环境监督作用,建立跨省界的水环境质量考核制度。争取在2005年年底前,完成淮河流域25个跨省界断面自动检测监控装置的建设,建立相关的评价指标体系,为实行考核制度创造条件。在此基础上,按照年度目标的要求,对跨省界断面水质达标情况进行考核。省与省之间出境主要污染物超过目标值的,要采取措施追究责任,并实行污染赔付补偿制度。

(八)进一步加强环保法制建设。要深入开展清理违法排污企业专项整治行动,加大查处力度,保持对违法排污行为的高压态势。有关部门要主动配合立法机关,对《水污染防治法》的有关条款和处罚规定进行修订和细化,强化对水污染防治的监管和对环境违法行为的处罚。还要积极协助最高人民法院,抓紧开展对"重大环境污染事故罪"司法解释的调研工作,争取尽早出台关于审理环境污染犯罪案件具体法律若干问题的解释,以加大司法介入力度,对违法犯罪人员追究刑事责任,使违法者得到应有的惩罚。要加强有关环境污染问题的法律咨询服务,对水污染事故受害者提供必要的援助,支持公众积极参与环境监督。

四、切实加强对淮河流域水污染防治工作的领导

当前,淮河流域水污染防治工作正处于一个关键时期。随着工业化、城镇化的进一步发展,污染排放还有可能继续增加,环境保护工作只能加强,不能放松。我们要从可持续发展的大局出发,本着对广大人民群众负责、对子孙后代负责的精神,充分认识淮河流域水污染防治的必要性和紧迫性,进一步增强责任感和使命感,认真落实治理污染的重点任务,逐步实现淮河流域水污染防治的战略目标。

(一)各级政府要精心组织,落实责任。淮河流域各级地方党委和政府要把水污染防治工作放在更加突出的重要位置,坚持各级党政一把手亲自抓、负总责,分管领导同志具体落实,完善目标责任制。这次会议上,淮河流域4省人民政府与环保总局签订了水污染防治工作责任书。各省政府要严格按照责任书的要求,确保各项工作落到实处。沿淮4省也要与所辖地市签订治污目标责任书,并将淮河流域水环境质量变化和环境基础设施建设运营情况,作为考核干部政绩的一项重要指标。要实行环境保护和污染治理的责任追究制,一级抓一级,层层抓落实。上、中、下游地区也要加强协作,共同做好淮河流域水污染防治工作。

(二)各部门要各司其职,密切配合。淮河流域水污染治理涉及多个部门,要建立健全协调有效的工作机制。发展改革部门要从产业政策、投资建设和清洁生产等方面,加强指导和监督。财政部门要指导和落实国家有关补助资金,并制定有效的实施办法。建设部门要指导并监督城镇污水处理厂和配套管网的建设,做好有关改革工作。水利部门要做好现有闸坝运行管理评估、流域水资源调度和生态用水保障工作,淮河水利委员会也要发挥应有的作用。农业部门要指导好农业面源污染控制、农业结构调整等工作。科技、国土资源、林业等其他有关部门也都要根据各自职责,加强对相关工作的指导和监督。环保总局要加强与各有关部门的协作,对全流域水污染防治工作实行统一监管发布环境信息,检查各地方、各部门工作进展情况,督促各级环保部门加大执法力度。

(三)各类企业要加强管理,科学治污。坚持“谁污染、谁付费、谁治理”的原则,切实做好工业污染防治工作。各类企业要增强社会责任感,依法加强环境保护,严格执行排污总量控制制度,自觉做到达标排放;积极推行清洁生产,大力发展循环经济,节约能源和资源,减少产品生产使用对环境的污染;提高产品的环保标准,增强企业在国内外市场上的竞争力。企业治理污染的方式可以多样化,既可以自行处理污染物,也可以由污染者付费,运用代理制和委托制的方式进行治理。在企业比较集中的工业区,适当集中治污,实行有偿服务,以提高治理的效果。

(四)全社会要积极参与,强化监督。进一步加大环保宣传教育力度,开展多层次环保知识和技能培训,提高全社会环境保护的意识和能力。对涉及群众切身利益的环保规划、政策和项目,应当充分听取各方面意见,切实维护人民群众的环境权益。要更多地公布城乡环境质量、企业污染治理和政府环保工作等方面的信息,疏通人民群众参与环境监督的渠道。充分发挥新闻媒体的作用,正确引导社会舆论,加强和改善对淮河治污情况的报道和监督。各级政府部门要自觉接受同级人大和政协对环境保护工作的监督,听取意见和建议,不断提高工作质量和水平。

淮河流域水污染防治工作责任重大,使命光荣。让我们紧密团结在以胡锦涛同志为总书记的党中央周围,高举邓小平理论和“三个代表”重要思想伟大旗帜,全面贯彻党的十六大和十六届三中、四中全会精神,进一步落实国务院的决策部署,打一场淮河治污的攻坚战,全面完成淮河流域水污染防治的各项任务,为全面建设小康社会作出新的贡献。

(2004 年 10 月 24 日)

国家环境保护总局领导关于环境监察工作的讲话

以科学发展观为指导 开创环境执法工作新局面

——解振华局长在全国环境执法工作会议上的讲话

(2005 年 6 月 29 日)

在今年召开的中央人口资源环境工作座谈会上,胡锦涛总书记指出:“要依法保护环境,加强环境监管”;温家宝总理要求“着力解决严重威胁人民群众健康安全的环境污染问题”。吴官正、曾培炎同志先后到国家环保总局视察和指导工作,对环境执法工作提出了很高要求。

前不久,中央常委会、国务院常务会分别听取了“十一五”环境保护工作思路的汇报,中央领导同志充分肯定了“十一五”环保工作思路,对加强环境保护工作作出了一系列重要指示,这在环境保护历史上还是第一次,充分显示了党中央、国务院高度重视环境保护。我们多年希望解决的体制、法制、能力、投入等问题,中央常委都作了明确的指示。环境保护的春天来了。

下一步国务院还要召开第六次全国环保大会,将进一步明确环境执法工作的地位和任务。在这样一个关键时期,总局党组决定召开全国环境执法工作会议,就是要深入学习、贯彻中央座谈会精神和中央领导同志的指示,统一思想,强化环境监管,加大环境执法力度,更好地落实科学发展观、保障人民群众环境权益。在此,我讲几点意见。

一、认真领会中央领导同志讲话精神,深刻认识加强环境执法工作的重要性

近年来,我国的环保工作取得重要进展。但环境形势依然严峻,成为一些地方制约经济发展、危及群众健康的重要因素。未来 15 年,按现在的资源消耗和污染控制水平,污染负荷将增加 4～5 倍。环境问题将对实现全面建设小康社会目标构成重大挑战。解决环境与发展矛盾的治本之策,在于环境保护基本国策的全面落实,在于环境保护法律法规和政策的执行到位。我们必须从关系科学发展观落实的战略高度,充分认识环境执法工作的重要作用。

1. 加强环境执法是落实党中央、国务院的指示,维护改革、发展、稳定大局的政治要求

最近,中央常委听取环境保护工作思路汇报,并强调要落实科学发展观,绝不能走先污染后治理的发展道路;要加强环境法制,加大执法力度,依法监管环境。温家宝总理在国务院常务会议审议环保汇报时,强调“十一五”期间是环境与发展矛盾最为突出的时期,环境保护要采取综合措施,依靠法制保障,加强监管;利用市场机制,提高环境意识;依靠科技进步,加快污染治理。他特别强调,现在环境执法不是严了而是松了,要赋予环保部门停产治理、限产治理的权力,对违反环保要求的要敢于叫停。中央政治局常委、中纪委书记吴官正到总局就环境执法工作进行专题调研,指出要严肃查处违纪违法案件,坚决惩治侵害群众利益的行为。培炎副总理多次听取环保工作的汇报,亲自主持召开了太湖、淮河污染防治会议和沱江现场会议,对环保工作十分关心和支持,为环保工作解决实际问题。中央纪委、监察部已将违法排污、严重损害人民群众利益的行为,作为今年纠正不正之风的五大重点之一,加大环境违法的责任追究。我们必须从讲政治的战略高度,认真落实中央领导的这些重要指示,加强环境执法,维护改革、发展、稳定的大好局面。

2. 加强环境执法是坚持以人为本,维护人民群

众环境权益的重要保障

近年来,环境违法行为在一些地方屡禁不止,对群众生产生活危害越来越大。一些地方由于不能有效打击环境违法行为,群众喝不上干净的水,呼吸不到清洁的空气,吃不上放心的食物,饱受环境污染之苦,群众环境权益受到严重损害。必须坚信,加强环境执法是依法打击环境违法行为,还人民以蓝天、碧水和新鲜空气的实际行动,也是落实以人为本的科学发展观的实际行动。连续三年开展的环保专项执法行动就是以保障人民群众身体健康为主题,把人民群众的健康作为环境执法工作的出发点。2004年全国共挂牌督办突出环境案件3 365起,集中整治了严重危害群众健康的小造纸、小冶炼、小电镀、小炼焦等连片污染100多个地区,切实解决了一批群众反映强烈的环境问题,赢得老百姓和社会各界的支持和拥护。开展的"清查放射源,让百姓放心"专项行动,彻底查清了放射源底数,查处了安全隐患,保证了一方百姓安宁。因此,不断加强环境执法,震慑环境违法者,维护人民群众的生命健康安全,就是实实在在地落实科学发展观。

3.加强环境执法是加快经济结构调整,促进循环经济发展的重要手段

当前,降低污染、减少资源消耗,减缓环境压力,有利于经济结构调整,促进循环经济发展,这是落实科学发展观的重要任务,是环境执法大有作为的地方,没有环境执法手段,循环经济的发展将很难实现。通过加强环境准入、严肃执行环评制度、实施总量控制、实行许可证制度,确保新的建设项目和社会经济发展规划符合科学发展的要求,制止重复建设,促进经济健康增长;通过强化环境执法,打击环境违法行为,淘汰落后的工艺设备和企业,促进企业加强污染防治,提高技术水平和管理水平,降低资源消耗和污染排放,促进产业结构调整和经济增长方式的转变,这是解决环境问题的根本方式。去年,总局按照国家宏观调控的统一部署,针对资源消耗大、环境污染重、盲目发展严重的钢铁、水泥、电解铝、铁合金、电石、炼焦、皂素、铬盐8个重污染行业开展了集中整顿,对污染物排放严重超标的予以取缔,配合相关部门淘汰了钢铁2 331万吨、水泥1 149万吨、电解铝22万吨等一批落后的生产能力,有效遏制了重污染行业盲目建设的势头;对焦炭行业进行了集中整顿,基本取缔或关闭了土焦、改良焦、小机焦。实践证明,环境保护已经成为国家宏观调控的重要措施,环境执法成为推动产业结构升级,促进经济增长方式转变的重要手段,正在得到越来越高的重视。

4.加强环境执法是构建和谐社会的重要内容

环境污染与生态破坏的行为,实际上是少数人通过损害他人的环境利益来获取不法利益。往往是个人或小集体得益,群众受害、社会"买单",破坏了正常的社会经济秩序。环境污染或生态破坏的直接受害者往往是社会弱势群体,维护他们的利益就是维护社会公平。据统计,去年全国环保系统受理群众来信来访达62万件。其中总局受理信访投诉2 622件,接待群众来访420批1 431人次,分别比前年上升了30.7%、86.7%和195%。有的地级市环保部门,一年受理投诉上千件。环境问题在一些地方已经成为突出的社会问题,群体性事件明显增加,有的还是恶性事件,在国内外造成了不良影响。严厉打击环境违法行为是党中央、国务院的要求,是构建社会主义和谐社会的需要,是一项重要的政治任务,是维护社会公平和社会稳定的有效措施。加强环境执法要充分依靠群众,使环境执法成为缓解社会矛盾、促进民主法治的有效途径。近年来,通过向社会公开环境质量状况、企业和政府环境行为,实行公示、听证、有奖举报等制度,特别是公布典型环境违法案件的查处情况,维护了公众的知情权、参与权和监督权,促进了社会和谐。浙江、江苏、河北实施有奖举报取得了良好的效果。目前全国已开通"12369"环保热线1 153条,一年就受理群众举报39万件。人民群众成了环境执法工作的"千里眼"、"顺风耳",成为环境执法的强大后援,公众环境意识、环境维权意识在加强环境执法中得到提高。

5.加强环境执法是开创环保工作新局面的关键所在

环保部门是个执法监督管理部门。环境执法是环保部门的主要职责。在这方面一定要准确定位,将加强执法放在首要位置。要通过加强执法赢得社会的尊重、赢得党委政府的支持、赢得参与综合决策的权利。环保部门一方面要在党委政府的领导下开展工作,为经济社会健康发展作出贡献;另一方面,要当好党委、政府的参谋,避免因决策和指挥失误造成重大环境损害。一些地方确实存在干预环境执法的问题,靠降低环保"门槛"招商引资,通过制定"土政策"干扰环境执法。这些地方往往是环境问题十分突出、群众对环保工作意见较大的地区。执法环境越是不好,越要坚持正确的工作方向,维护执法者的尊严;否则,执法者变成违法者,一样会被绳之以法。近几年,我们查处了一些环境违法案件,也处理了一些责任人。被处理的人员中有一些就是环保部门的工作人员,令人痛心!我希望环保执法人员任何时候都要挺直腰杆,即使面临"顶得住、站不住"的局面,也要做到"宁可坚持原则被免职,不能同流合污被撤职"。党中央、国务院对加强环境执法提出了明确要求,人民群众环境意识逐步增强,环保工作的社会影响不断扩大,环保部门如果还处于得过且过的认识水平和工作状态,终将被社会遗弃、被历史淘汰;只有振奋精神、强化执法,才能开创环保工作新局面。

二、认真审视环境执法面临的挑战和机遇,增强加强环境执法的责任感和紧迫感

近年来,经过全国环保系统的共同努力和专项整治行动的有力带动,环境执法工作的地位越来越高,有法必依的意识越来越强,环境执法工作取得了显著的成绩。培炎副总理指出:"环保总局等六部门

认真开展环保专项整治行动，切实解决了一批影响群众健康的突出环境问题，取得了显著成效，体现了环保工作执政为民的宗旨。”这是对广大环境执法队伍敬业精神的充分肯定。但总体上看，环境执法工作的形势还很严峻。特别是由于地方保护、监管体制不顺等多种因素的制约，环境执法的老问题还没有很好解决，许多新情况、新问题不断出现，有法不依、执法不严、违法不究的现象还很突出。

一是环境压力越来越大，执法任务越来越重。目前主要污染物排放量已经远远超过环境自净能力，人为因素造成的生态破坏在一些地方不断加重；核电建设多国引进、多种堆型、多项标准、多类技术并存，管理十分困难；全国约 14 万多枚放射源中有 2 000 枚流失，造成安全隐患。资源环境与经济社会发展之间的矛盾将会越来越突出。产生这些问题的原因是多方面的，但长期以来，有法不依、违法不究、监管失控确实存在。解决这些问题也并非一蹴而就，需要长期不懈地艰苦努力。

同时还要看到，当前“少数人受益、多数人受害、靠污染环境致富”的现象依然存在。一些地方边整顿边反弹，违法排污企业就像割韭菜一样，不断地死灰复燃，充分显示了环境执法的长期性。2001 至 2004 年连续 4 年专项行动查处的环境违法企业中，“十五小”和“新五小”等在 2000 年以前就应取缔的企业，分别占到 30%以上；另一方面，重点工业污染源污染反弹现象屡见不鲜。一些大企业甚至上市企业，将违法排污作为降低生产成本、追求最大利润的捷径。2002 年以来，国家环保总局直接查处的武汉晨鸣纸业、宁夏美利纸业、河南莲花味精、重庆民丰农化、株洲化工集团等上市企业偷排偷放、违法排污等问题，都反映了执法工作的艰巨性。实践证明，环境执法不可能一劳永逸。

二是外部干扰越来越大，环境执法越来越难。一些地方以政府名义出台土政策、土规定，明文限制环保部门依法行政，明目张胆保护违法行为，给环境执法和监督管理设置障碍，严重阻碍了环境保护法律法规的贯彻落实，导致不少“特殊”企业长期游离于环境监管之外。有的地方政府下达文件，规定每月 1～25 日为清净日，环保部门不能进厂执法，每月的 25～30 日环保部门可以进厂执法，但必须向政府申请，获得批准后，才能进厂检查企业。甚至有的为无冠名、无环保手续、无工商登记的企业挂上“重点保护单位”进行保护，环保部门无法执法。有的地区将排污收费列为乱收费。受地方保护主义影响，一些基层环保部门在上级督办、当地政府干预、群众上访三层压力下工作，结果是顶得住的站不住，左右为难。

一些企业甚至暴力抗法，执法环境差。据不完全统计，去年全国发生 4 000 多起执法受阻事件，120 多次暴力抗法事件。山东济南发生群殴环境执法人员造成有人脑震荡，江苏无锡发生环境执法人员被殴打成耳内淤血，陕西西安环境执法人员遭到建筑工地人员群殴等严重事件。

当前环境执法不力的问题，尽管存在一些客观原因，但环保部门有法不依、执法不力、行政不作为的现象也还存在，是当前必须正视与解决的问题。

1. 对存在的环境问题视而不见、思想麻木。去年培炎副总理听取沱江污染事故处理情况汇报后指出，污染问题不仅是一个环境问题、经济问题，也是一个严肃的社会问题和政治问题。必须看到，当前，一些环保部门的领导，不能站在政治和全局的高度以及执政为民的高度对待污染问题，对污染事故的后果很不敏感，不当一回事。有的对自己眼皮底下的违法行为视而不见，见而不管，麻木不仁，往往是上级领导不批示不追查，媒体不揭露不处理，老百姓不举报不查处，这是明显的不作为。近两年被撤职和受到各种行政处分的一些环保干部，就是监管失职所致。

2. 环境监管的意识与责任心不强，存在错位、缺位和越位问题。一些基层环保部门的领导长期不把执法监督作为自己的主要职能，把大量的精力用在招商引资等社会活动上，种了“自留地”，荒了“责任田”。对群众意见大，社会反响强烈的案件，不是严肃查处，而是让排污者交点罚款了事；有的甚至千方百计对付上级检查，替企业说情；有的为批项目给企业出具假证明、假环评审批手续；有的地方政令不通，要求查办的案件、上报的情况，三番五次催不上来。最近媒体对许多地方排污企业严重污染的问题进行报道，许多老百姓对污染问题长期得不到解决义愤填膺。这些问题的存在，反映出一些环保部门没有把环境执法和监督管理放在心上，失去了一个环保工作者的基本职责。

3. 以执法难为借口，搞人情执法、协商执法，甚至违规执法。应该说执法体制、机制和手段不完善，对执法难带来了一些影响，但更要看到，现有法律法规赋予环保部门的职权用到位了没有？用好用足了没有？这是一个值得认真反思的问题。实际上有些地方借口法律授权不够不去执法，地方保护严重不能执法，能力不足消极执法，少数地方环保局的领导干部为了自己头上的乌纱帽，把群众的利益置于何处？有的以专项行动代替日常执法，平时疏于监管。总局环监局检查组于 2004 年 4 月赴咸阳、宝鸡、西安等市调查渭河污染情况，抽查了东方纸业集团近 40 家企业，大约 90%的企业超标排污。武功东方纸业集团 18 家造纸厂大部分无治污设施，或有治污设施不运行，每日几万吨的黑液直排渭河，在岸边形成长长的污染带，让人触目惊心。这么多企业违法，为什么没有人去管？环保部门在干什么？有些基层环保局不严把进人关，环保局成了安置场所，导致现场执法人员素质很低。有的县级环保局多达 400 多人，不得不收费养人、养人收费，久而久之损害了执法形象，削弱了执法能力。有的执法人员对工作缺乏基本的责任心，对法律法规不学习，对生产工艺不了解，对产业政策不掌握，执法水平低不会查；有的作风不实，执法中蜻蜓点水、走马观花，抓不到违法企业偷排偷放的证据。有的“以情代法”，关系好的放一码，后台硬的不敢查；有的大事化小、小事化了，甚至“协商执法”。这些都是必须纠正的问题。

4. 建设项目管理把关不严，不管、乱批现象比较普遍

一些地方在建设项目审批中“先上车、后买票”现象严重，违法批准了一些不符合环保要求和产业政策的项目。一些环保部门漏管、漏批建设项目的现象较为普遍，尤其是县以下管理的企业、开发区的建设项目较为突出。经调查表明，县以下企业环境影响评价执行率只有30%～40%左右；全国开发区环境影响评价执行率仅为50%左右。前两年，国务院有关部门对江苏、山西、河北等省钢铁、水泥、电解铝等热点行业进行了检查，结果表明环境违法建设问题比较突出，一些地方看地方政府领导的脸色行事，放纵污染项目违反环评上马，导致新污染不断出现。有的环保部门对该停止建设、停止生产的项目，以罚代管，使大量违法行为得不到及时纠正。“三同时”验收普遍滞后，有的甚至一拖几年，新项目成了老污染。

在看到差距与问题的同时，也应看到面临的有利条件和难得的发展机遇。

一是体制法制问题正在逐步完善。胡锦涛总书记指示，要建立与完善国家监察、地方监管、单位负责的环境监管体制。“国家监察”，主要是立足于对地方政府及有关部门执行环保法律法规情况的监察；“地方监管”主要是落实地方政府对辖区环境质量负责，并承担相应的环保监督管理责任；“单位负责”要求对造成环境影响和损害的单位及个人应具体承担污染防治、生态保护与恢复的责任。中编办已原则同意设立环境监察区域派出机构，建立环境监察专员制度，加强国家对环境监管的调控力度；各地也开展了有益的探索，已有河北、安徽等4个省成立了环境监察局，有的省实施了市以下的垂直管理。一旦总局设立环境监察区域派出机构和建立环境监察专员的方案得到批准，各省、自治区、直辖市就可以按照中央的精神，促进环境监管体制的改革，进一步落实环境监管的职责。新颁布的《固体废物污染环境防治法》，增加了生产者责任延伸制度以及加重处罚等方面的规定，赋予了环保部门限期治理。正在修订的《水污染防治法》按国务院领导的要求要赋予环保部门停产整顿、限产治理权。同时，正在积极争取制定《环境监察条例》。

二是执法能力建设不断增强。中央财政对环保能力建设的投入逐年增加。中央财政在原来每年投入3 000万元专项资金的基础上，近年来增加到5 000万元，还要继续争取增加投入，主要是加强中西部地区的环境执法能力；去年起中央财政分3年将两亿元资金用于总局环境反恐应急能力建设。中央财政已解决环保纳入正式财政科目问题，建立监测、监察、宣传、科技等专项预算内容，环保部门的“口粮”问题一定要解决。各级政府环保投入力度也在不断加大，环境执法保障能力将逐步增强。

三是环境执法的社会氛围正在形成。全民环境意识显著提高，社会各界关注环保、支持环境执法的热情日益高涨。近年来，在社会力量的监督下，促进了一些重大环境违法问题的解决。另外，创建环保模范城市、生态省（市、县）、环境友好企业等试点示范活动，已得到社会各界的普遍认可，进一步拓展了环境执法的领域和空间，为强化环境执法打下了良好的社会基础。

做好环境执法工作，加强环境保护是党和政府的要求，人民群众的呼声、社会经济发展的需要。当前的形势表明，实施科学发展观、构建和谐社会是环境执法工作难得的、历史性的发展机遇，广大环境保护工作者要抓住机遇，克服困难，增强加大环境执法力度的信心和决心。

三、依法行政，强化监管，推进环境执法工作的改革与发展

强化环境执法的关键是解决为谁监管和怎样监管的问题。为谁监管是监管的前提，也是监管的目的，就是将“以人为本”作为监管执法的最高价值取向。怎样监管主要是依法监管，并运用科学的思路、方法与手段进行监管。同时，必须认真领会科学发展观的内涵，认真把握环境执法的新形势、新情况，依据法律法规，研究环境执法中存在的主要矛盾和存在的突出问题，探索创新机制与制度。

“十一五”是我国经济社会发展的关键时期，也是环境保护工作的重要机遇期，更是环境执法工作大显身手、争创佳绩的最好时机。环境执法工作要以科学发展观总揽全局，坚持依法监管，完善监管法制和体制，增强执法能力，建立健全有效的环境监管制度和机制；以保障人民群众身体健康、改善环境质量为目的，着力打击环境违法；促进环境保护工作的全面深化、社会经济的可持续发展。近期，要以开展专项行动为龙头，围绕维护群众的环境权益，整合执法资源，严厉打击环境违法行为，严肃查处行政不作为、包庇纵容等问题，形成高压态势，树立环境执法良好的社会形象。

正在筹备的第六次全国环保大会要开成里程碑式的会议，重要标志就是加强环境执法。为此，我们要重点抓好以下几点：

1. 要摸索环境公诉制度，切实把环境法律法规落到实处

各级环境保护部门把思想统一到落实科学发展观上来，统一到加强环境执法，保障人民群众环境权益，促进社会、经济更好更快发展上来。要把环境执法工作作为环境保护的重中之重，严密部署、扎实推进、务求实效。首要的是把环保法律法规和政策执行好、贯彻好、落实好。现有的环保法律法规和制度是较为完善的，体系基本确立，当前关键的问题是执行不到位，我们很多同志老是强调法律过软，很多自己眼皮底下存在的环境违法行为，经上级部门查处

就能发现、就能处理，这难道是法律手段不够吗？我看主要是思想问题、认识问题、工作态度问题。一是认为环境执法难有作为。总是以体制不顺、执法环境不好、地方保护等为借口，认为执法工作难度大，费工费时又费力，看不到工作业绩。二是有些同志不想作为。强调加强环境执法不符合当地经济发展的要求，不符合领导的意图。三是有些地方无能作为。有的基层环保部门本来人员少、能力较薄弱，加之不学法律、不钻业务，对环境违法放任自流。四是个别地方、个别人乱作为。与被监管对象、与环境违法企业拉拉扯扯，关系不正常，查处环境违法行为心软手更软，甚至为违法排污企业通风报信、当保护伞。这些错误的认识与做法怎么能保障法律法规和政策执行到位？怎能用好、用活法律法规和政策？大家应该回头看看过去我们所查办的案件，到底有多少是严格按法律要求到了位？从国家环保总局环监局检查的情况，我看不太多，至少比例不高。我们一定振奋精神，树立信心，采取措施，克服困难，努力工作，把环境法律法规贯彻落实好。同时，正在争取最高人民法院对刑法中有关污染环境、破坏生态的内容进行司法解释，还要建立环境公诉制度。

2. 要形成部门间联动协调机制

在职能交叉和执法能力比较弱的情况下，建立部门联动的工作机制和环境违法案件移送移交制度，是一种形之有效的办法，各地可以加强协调与协作，也可以在各级政府的统一领导下，建立部门联席会议制度，研究和解决环境执法政策和突出的问题；建立执法部门联合办案制度，明确联合办案程序、时限、责任等，切实形成执法合力；建立健全环境违法案件移交移送制度，加强环境违法案件的督查督办。环境执法要坚持污染防治与生态保护并重的方针，积极探索生态监察新机制。近两年来，总局在全国开展了生态环境监察试点工作，得到了许多地方的重视与支持，依靠各方面力量查处了大量生态破坏违法案件。实践证明，生态保护、资源开发环境管理涉及很多部门，通过联合执法，是能够履行好统一监督管理职责的。

3. 要建立全过程环境监管制度

要明确建设项目的属地环境监管责任，无论是哪一级审批的项目，其日常监管权都在所在地环保部门。所在地环保部门发现问题，要向有审批权的环保部门报告，以便依法及时进行处理。建立建设项目全过程环境监察制度，加强对建设项目环境影响评价文件审批后的环境监管，主要包括设计过程、建设过程中和建成投产后3个环节。建设过程中，重点监管建设单位能否把环评批复文件提出的各项环境保护措施按进度和要求落实到位。建成投产后，在试生产期间，建设项目已经成为排污单位，要重点监管其能否达标排放和达到规定的污染物排放总量控制指标。

“十一五”环保工作的一项重要原则就是不欠新账、多还旧账，因此，新建项目必须符合环保要求，防治污染和破坏的设施必须与主体工程“三同时”，努力做到以新带老，增产不增污；同时要通过强化环境执法，全面整治违法排污，积极解决历史遗留的环境问题。尤其要贯彻执行好《环境影响评价法》，从决策源头防止环境污染和生态破坏，这是实施国民经济发展综合决策的重要法律保障，是环保部门参与综合决策和当前宏观调控的切入点。《环评法》执行好了，不仅能推动经济与环境协调发展，也能带动整个环保工作上水平、上台阶。对建设项目环境管理一定要从严要求，从严把关。各地要加强评估机构建设，提高评估队伍的业务能力和人员素质。规范评估程序，对重大项目、敏感项目要充分研究，避免出现严重的环境后果。各级环保部门要加强监督检查，对评估结论错误，或者弄虚作假，造成审批决策失误，造成严重环境后果的，要严肃追究责任人和领导者的责任。查处环境违法行为不能就事论事，要延伸执法内容。如企业超标排污、暗管偷排偷放，首先要依法处罚，追究企业责任。同时，要按照环保设施设计、施工资质管理的规定，对排污设施设计上的问题，要追究设计单位的责任，对建设施工上的问题要追究建设单位的责任。新建项目投产验收后，产生严重的超标排污或生态破坏，对于有责任的环评、验收、设计与施工单位都要依法依规追究责任、予以处罚。

4. 要完善社会监督机制

要善于借助媒介的力量，对大案要案进行适度的公开揭露，引导公众参与监督，不断提高环境执法的影响力。各地要在当地主要媒体上依法定期公布污染物排放超标或者超过规定总量的排污者名单，并像气象预报一样公布环境质量。及时公布治理进展和环境质量状况，也要将人民群众反映强烈、影响社会稳定、威胁人体健康的问题，实施挂牌督办，不断公布典型环境违法案件。选择一些项目列入为民办实事的范围，分清责任，定期调度，及时公布进展，力争每年解决一些实际问题。要建立有奖举报、听证等必要的制度，采取有效的措施拓展社会和舆论监督的渠道，充分发挥社区、社团、专家和社会公众的监督作用。并积极探索环境执法的激励机制，对于守法企业在环境政策与管理上要有激励的措施，对于执法工作成绩显著的单位和个人也要有激励的制度。

5. 要健全大案要案查处机制

查处违法排污、超标排污是今后相当长一段时期环境执法工作的重点。深入开展环保专项整治行动，集中打击环境违法行为，突出解决重大环境污染问题，是树立和落实科学发展观的需要，是维护人民群众根本利益的需要，也是对环境违法行为在全社会形成震慑氛围的需要。要建立和健全大案要案查处机制，上级或上两级环保部门要对下级难以解决的重大环境案件进行查处，支持下级环保部门执法，把下级环保部门推向执法前沿，营造良好执法环境。上下级环保部门之间要建立这种信息沟通和协同工作的机制。今年专项行动的重点要更加突出,围绕重点区域、流域和行业的突出环境问题,抓住屡查屡犯的环境违法行为以及群众反映强烈、影响社会稳定的环境问题作为重点对象进行严查。今年的专项行动是国务院发文部署的,各地环保部门要以此为契机,改变由环保一家唱独角戏的局面,要按照国务院的要求,在各级政府的统一领导下,充分发挥有关部门的作用,提高专项行动的效果。

6.要强化责任追究制度

中纪委五次全会将查处环境违法作为今年纪检、监察工作的重点,国务院全国纠风工作会议将治理企业违法排污问题列为治理整顿不正之风的重点内容,为落实环境保护责任提供了强有力的组织保证。总局与监察部将检查各级人民政府和有关部门贯彻执行环境保护法律法规、政策和解决区域、流域突出的环境污染问题及查处企业违法排污的情况,明确要求严肃查处环境违法违纪案件,重点查处地方政府行政干预问题,追究领导责任。各级环境保护部门一定要借此东风,紧密配合监察部门加大环境违法的责任追究力度。认真组织自查自纠,抓住重点地区、重点行业和重点问题,对违反环保法规出现重大决策失误的,对包庇、纵容违法排污使群众反映强烈的环境问题长期得不到解决的,对拒不纠正干扰环境执法行为的,要建议监察部门追究有关领导的行政责任。对肆意违反国家环境法规污染环境、破坏生态的企业,特别是屡查屡犯的要追究企业法人代表的行政责任,触犯刑法的要及时移交司法机关处理。

对实施环境监管和执法中,玩忽职守、滥用职权、执法违法的,要追究当事人和有关领导的责任。各地要将责任追究形成制度和长效机制,确保环境执法责任落实到位。有许多同志抱怨现在查处环境违法结果查处了环保部门自己,过多地处理了环保部门的干部。这种认识是片面的,首先要看我们自己是不是存在问题。关心和保护干部最好的方法就是教育干部依法行政、按规定办事,各地要认真分析环境执法不到位的具体情况,针对该管的不管、该查的不查、该报的不报、该罚的不罚、该停的不停、该关的不关等问题,有的放矢,认真整改。

基层环保部门的同志处在环境执法的第一线,可以说是在风口浪尖上,承受着很大的压力和很重的责任,各级环保部门要理解和支持环境执法工作,要为他们创造良好的工作环境和条件。对那些勇于履行职责、严于按照程序环境执法、敢于讲真话的同志,上级环保部门一定要爱护他们、保护他们,要给他们撑腰,绝不能让无辜者替人受过。

最后一点就是要切实加强执法队伍建设,提高环境执法效能。

目前,全国有4.9万环境执法监察人员,监管了23万家工业污染企业、70多万家三产企业、几万个建筑工地,还要承担十分繁重的建设项目环评、核与辐射环境安全监管、生态监察等任务以及每年近百亿元排污费征收和6万多件污染事故与纠纷调查处理工作。任务十分繁重,条件也十分有限,执法能力明显不足。但我们必须顶着困难上,条件和地位等不来,必须牢固树立艰苦奋斗的创业精神,脚踏实地抓。各地要加快环境监察标准化建设的步伐,有条件的地区要积极探索按现代化的要求加强环境执法能力建设。要积极争取财政的支持,加大环境执法能力建设的投入,着力解决环境执法能力建设中的薄弱环节,为环境执法提供良好的工作条件。

要把加强队伍管理和行风建设作为提高环境执法能力的重要措施来抓。当前行风建设要与保持共产党员先进性教育有机结合,以扎实开展先进性教育活动推进执法队伍的行风建设。通过开展先进性教育,加强队伍的思想与作风建设,提高遵守环保系统“六项禁令”和环境监察“六不准”的自觉性,增强队伍的凝聚力、战斗力。并以此为契机,强化队伍管理。环境执法是环保部门的窗口,环境执法队伍的形象一定程度上代表了环保部门的形象。广大环境执法工作者要以此为荣、以此为乐,要增强历史使命感和强烈的工作责任心。同时,要加强业务培训,提高执法队伍的业务水平,特别要培养与锻炼工作创新能力,改进工作方法,完善工作措施,做到科学执法、文明执法。要引入竞争机制,实现人力资源优化配置,提高环境执法人员工作的积极性和主动性,提高工作效能。

同志们,我们要以科学发展观为指导,保持奋发向上的精神风貌,抓住历史性机遇,迎接历史性的挑战,发扬坚持不懈、锲而不舍的精神,努力开创环境执法工作新局面,为全面提高我国环境质量作出新的贡献!

加强环境行政监察
切实维护群众环境权益

——祝光耀副局长在全国环境执法工作会议上的讲话
(2005年6月30日)

中纪委第五次全会和国务院第三次廉政工作会议,首次把坚决纠正和严肃查处企业违法排污行为,作为保护群众切身利益的突出问题来抓。中央政治局常委、中纪委书记吴官正同志在环保总局检查指导工作时明确指出,纪检监察机关要积极主动地配合环保等部门搞好环境保护的监督检查和案件查处工作,维护人民群众的切身利益。昨天,振华同志代表总局党组对今后一时期的环境执法工作作了重要讲话,纪戎同志对2005年环境监察工作做了全面部署。下面,我就如何加强环境行政监察,切实维护群众环境权益等方面的工作讲点意见。

一、充分认识加强环境行政监察工作的紧迫性

和重要性

近年来，各级环境保护部门坚持以人为本，认真贯彻环境保护法律法规，深入开展环境执法，尤其是连续几年开展的专项行动，解决了大量与人民群众切身利益密切相关的环境违法问题，一大批大案要案得到有效查处，推动了污染治理和生态保护。党中央、国务院以及广大人民群众对环境执法取得的成效给予了充分肯定。但当前环境问题仍然不少，一些地方违法排污现象成片反弹，局部地区环境质量恶化，损害群众环境权益的问题时有发生，有的地方问题还很严重。突出表现在以下几方面：

一是环境形势依然严峻。今年 2 月 19 日，胡锦涛总书记在有关会议上讲话时指出，目前我国的生态环境形势相当严峻，一些地方环境污染问题相当严重。当前，我国 SO_2 和 COD 排放总量已分别超过环境容量 60%和 70%以上。七大水系有 70%受到不同程度的污染，75%的湖泊富营养化，2/3 的城市大气环境质量不达标，1/3 的国土受到酸雨污染，50%的城市居民生活在噪声超标环境中，90%的大中城市地下水受到不同程度污染。而与之相对应的是，2000 年以来，全国环境投诉和上访量每年分别以 25%、35%的幅度递增，2003 年起已成为全国八大投诉热点之一。2004 年四川省“川化集团”所属化工企业，违法排污导致沱江沿线近百万人 20 多天喝不上水，直接经济损失两亿多元；今年 4 月初，浙江一城市因环境污染等问题，干群矛盾激化，造成严重冲突事件。这样的问题已不是单纯的环境污染问题，直接影响到社会的稳定。

二是一些恶劣的违法排污行为，严重危害群众生命财产安危。近年来，一些企业违法排污胆子越来越大，手段越来越恶劣。有些排污企业被群众称为“开关厂”，执法检查组一来就关，执法检查组一走就开。造成群体性中毒的事件明显增加，重大环境污染问题明显增多，有的已经引起中央的高度重视。重庆天元化工厂氯气泄漏事故造成数万人紧急疏散，9 人死亡；广东佛山市南海区因固体废物冶炼产生有毒气体造成 44 人住院治疗；江西省南昌县蒋巷镇非法小炼油企业，严重影响到周围数百名师生身体健康。有关媒体反映的河北涉县、河南沈丘县、天津北辰区、陕西华县、江苏阜宁县、广东翁源县等地区出现不同程度的“癌症村”，虽然其形成机理尚待研究，但其与环境的相关性不容置疑。

三是地方保护主义作祟，对群众反映的环境污染问题熟视无睹，甚至失职、渎职。一些基层环保部门过分看重领导的脸色，在环境执法过程中，把某些领导的话当法律来办，把法律法规当成儿戏。对领导“有话”的违法排污企业不闻不问，对后台硬的违法排污企业不查不究，对利税交得多的违法排污企业不管不理。据初步统计，近几年全国各地有 1 000 多名环保干部因行政不作为，或者乱作为，受到不同程度的处理和处分，这其中不排除有替人受过者，但大多数是处理有据的。事实证明，地方保护主义损害了群众的环境权益，也损害了环保部门的形象。

四是以收代管、以罚代管的现象比较严重，纵容了违法排污。有些地方不能认真贯彻执行国家排污费征收使用管理条例，收费养人、养人收费的现象仍然存在。有的把征收排污费作为工作目的，担心少了排污企业断了收费门路。一些地方对于国家产业政策规定淘汰关闭的企业仍在发放排污许可证、征收排污费。近年来，经媒体揭露的一些污染事件，当事者大多抱怨环保部门只收费不管事，只要企业交点钱，污染物该怎么排还是怎么排。有些环保部门在执法监察工作中办法不多，手段单一，面对违法排污一罚了之。这种以收代管、以罚代管的做法，纵容了违法排污者。

五是行政不作为或者乱作为问题比较突出。长期以来，一些地方在污染防治上旧账未还又添新账，成了群众不满意的焦点。造成这种被动局面的根本原因，是一些环保部门不能依法行政，越权、违规审批新项目，在环评和“三同时”验收上走过场。一些环保部门对领导引进的项目，不做环评，不严格把关，导致新的污染源不断产生。最近不断接到新的举报，反映国家对各地的开发区进行清理整顿以来，一些地方改头换面，以搞工业园区为名，把国家已经明令淘汰的落后工艺或项目，集中起来上马。有关环保部门不闻不问，使所谓的工业园区实际上变成了集中污染区。

查处环境违法行为既是环境执法工作的核心任务，也是环境行政监察的重要内容，各级环保行政监察部门一定要从政治的高度、从环保工作的全局上，深刻认识加强环境行政监察的极端重要性和紧迫性。加强环境行政监察是党中央根据当前社会、经济、环境形势提出的新要求。严重环境违法问题，对于受害者来说，可能关系其生死存亡，有的污染事件也可能造成社会动荡不安。加强环境行政监察，形成环境执法合力，对于密切党群、干群关系，缓解或削减政府环境保护压力以及构建和谐社会等，都具有重要作用。同时，通过加强环境行政监察工作，严肃查处政府机关和国家公务人员滥用职权、严重失职渎职行为，促进环境执法工作者树立正确的权力观、地位观、利益观，增强大局意识、公仆意识和服务意识，促进依法行政、高效行政，推动党风廉政建设，维护群众环境权益都具有十分重要的意义。对此，我们必须高度重视，大力推进，全力支持。

二、准确定位，明确当前环境行政监察工作的重点

环境行政监察抓什么、怎么抓，这是值得我们认真研究的问题。在今天上午刚刚结束的党的执政能力建设和纪检监察工作专题研讨班上，中纪委副书记、监察部部长李至伦同志和监察部副部长陈昌智同志分别就行政监察和执法监察作了重要讲话。明确指出，行政监察是政府的一种内部监督，涉及行政活动的各个环节，贯穿在行政活动的整个过程。可以说，行政领导的视野有多宽，行政监察的领域就有多宽。环境监察主要是针对有关单位的环保法律法规的执行情况，而环境行政监察除了对政府和有关部门贯彻执行环境法律法规情况进行督察外，还要对政府部门和国家公务人员执行中央政策、决策、决定及廉政勤政情况进行检查。不同时期、不同地区和部门行政监察有不同的重点。当前，环境行政监察就是要以执法监察为主线，综合廉政监察和效能监察等手段，围绕环保的中心工作，严查环境违法行为，切实维护人民群众的环境权益。为此：

首先，要准确把握环境执法监察工作的职责与定位。

今年初，中纪委五次全会将查处企业违法排污、切实维护群众环境权益列为今年纠风工作的五大任务之一。4 月 26 日，官正、培炎、何勇等中央领导同志就这一问题专程到总局进行了调研。官正书记在调研座谈会上强调："要认真开展执法监察和效能监察，严格执法，依法行政，保证国家有关环保法律法规和政策措施的贯彻落实。"执法监察是纪检监察工作的重要组成部分，是纪检监察部门一项基本职能，是推进廉政监察和效能监察的主要内容。同时，廉政监察和效能监察是保障执法监察的重要手段。在环保部门的环境执法工作中，各级环境纪检监察的行政监察就是会同各地纪检监察机关，对地方政府部门及环境执法机构贯彻执行环保法律法规和政府的决定、命令的情况进行执法监察，并综合运用廉政监察、效能监察手段，推动依法行政，促进环境执法工作，维护群众环境权益。环保纪检监察部门与环境执法业务部门之间，尽管在工作重点上不尽一致，但在推进依法行政，实现规范、高效这一目标上是一致的。环保纪检监察部门在开展执法监察工作中，要发挥工作主动性，根据职责要求，主动了解环境执法工作情况，提出执法监察工作计划与方案，建立与环境执法部门的信息沟通机制，积极开展环境执法监察。要主动协调地方纪检监察机关，追究对环境执法中查出的政府部门及有关工作人员违反环境保护法律法规、政策，阻碍环境执法，失职、渎职，损害群众环境权益行为的行政责任，对环保工作人员在环境执法中违纪违规、索贿受贿、乱作为等行为进行查处，从自身职能出发，不越位、不错位。环境行政监察的任务不是直接检查企业具体怎么排污，怎么破坏生态，但对涉及政府部门工作人员的违纪违法问题，监察机关要主动配合，牵头办理。环境执法业务部门以查处环境污染和生态破坏事件、事故为主。两个部门要协调配合，各尽其责，做到查事与查人相结合，努力提高环境执法监察的水平和实效。

第二，协调配合，认真开展环保专项行动的监督检查

今年 4 月 25 日，总局和监察部联合下发了《关于企业违法排污损害群众利益突出问题开展专项检查的实施意见》，明确了今年专项检查的指导思想、工作目标、主要内容和工作重点。6 月 8 日，国务院办公厅下发了《关于深入开展整治企业违法排污保障群众健康环保专项行动的通知》，国家环保总局、监察部、发展改革委、工商总局、司法部等国务院 6 部门联合召开了电视电话会，启动了打击违法排污企业的环保专项行动，这是保障群众健康、维护群众切身利益的一项重要工作，也是全面落实中纪委五次全会精神的一项重要任务。各级纪检监察部门要充分认识打击违法排污企业环保专项行动的重要性和必要性，切实增强抓好这项工作的责任感和自觉性。

要积极配合开展专项检查。今年 6 部门联合组织的专项行动规格高、要求严、时间跨度大，重点是检查地方各级政府及有关部门执行环境保护法律法规的情况、企业违法排污影响群众健康状况、重点流域和重点地区污染防治等情况，以及群众反映强烈的环境问题。尤其是城市噪声扰民和大气污染、农村饮水安全等群众不满意的问题。在执法监察中，要以此为重点，督促有关地方政府和部门依法行政、严格执法。年内，监察部和总局还将联合组织对重点部门和地区开展专项检查。

要督促建立健全环境保护目标考核等相关制度和长效工作机制。目标责任制是衡量各级环保部门工作人员政绩与业绩好坏的标准，各级环境行政监察部门要主动参与目标管理，推动和督促各级政府和有关部门切实负起责任，为预防和纠正企业违法排污行为提供制度保障。

要严肃查处企业违法排污，严重损害群众环境权益的典型案件。对涉案的政府部门、公务人员，环保行政监察部门要主动沟通，会同地方行政监察部门和环境执法部门，抓住严重影响群众身体健康、扰乱社会经济秩序、造成严重环境污染与生态破坏的大案要案，严肃查处，做到重拳出击，查处一案，教育一片。

第三，维护人民群众的环境权益，切实纠正造成违法排污的不正之风

近几年来，按照中央和总局的统一部署，各地在队伍建设、依法规范行政行为、行风评议和政务公开上做了大量工作，取得了较好成绩。今年中纪委五次全会已将查办企业违法排污、维护群众环境权益列入全国纠风工作的重点，在年初国务院召开的纠风工作会上，又进一步做了强调，这充分体现了党中央、国务院以人为本、执政为民、群众利益无小事的执政理念。

各级纪检监察部门和环境执法部门要密切配合，形成合力，敢于碰硬，形成强大的政策、舆论攻势，加大警示教育力度，对违反环保法律法规，在综合决策中出现重大失误，导致辖区或相邻区域环境受到严重污染或者造成破坏的行为；对环境违法行为查处不力，甚至包庇、纵容，使群众反映强烈的环境问题长期得不到解决的地方；对拒不纠正违反环保法律法规"土政策"，严重妨碍环保行政主管部门依法行使职权的做法，要报请相关行政监察部门，追究有关领导干部和公职人员的行政责任。要结合各

地实际，认真探索，积极开展效能监察和廉政监察工作，切实纠正损害群众切身利益的不正之风。

第四，依法行政，切实加强对行政权力的规范和制约

去年4月，国务院发布了《全面推进依法行政实施纲要》，提出经过10年左右坚持不懈的努力，基本实现建设法治政府的目标。《全面推进依法行政实施纲要》针对行政决策、行政执法等方面提出了多项监督制度和措施，其中，在行政执法上，提出了建立健全行政执法主体资格制、执法责任制、评议考核制、执法过错和错案责任追究制等一系列监督制度，这对于监督执法行为、防止执法过程中的违法越权行为具有重要意义。今年3月，监察部印发了《关于监察机关对行政许可法贯彻执行情况开展监督检查的意见》（监发[2005]2号）。各级纪检监察部门一定要认真做好对《行政许可法》贯彻实施情况的监督检查工作，重点加强环评审批、排污许可等监督检查，严肃查处环保违规审批，认真受理和解决涉及行政许可的投诉。对违反《行政许可法》的各种行为，要责令改正；应当给予行政处分的，要给予处分；涉嫌犯罪的，要移送司法机关处理。要督促建立和完善环境保护相关信息公示、实施程序、收费、过错责任追究等相关配套制度，建立长效工作机制。

三、抓住重点，着力推进环境行政监察工作

环境行政监察工作能不能突出重点，取得成效，最重要的是加强领导、付诸行动。环境行政监察工作要在办实事、求实效上下工夫，千万不能做表面文章，搞形式主义。当前，要着重抓好以下几方面工作：

1.要加强制度建设，用制度规范监督

各级环保部门在环境监管和执法方面建立了一批规章制度，取得较好效果。但从总体而言，制度建设还不够完善，有些制度缺乏配套措施，有些制度还落实不到位，特别是环境行政监察制度上，还是薄弱环节。各级纪检监察部门在执法监察中，要多做调查研究，摸清情况，找准问题，有针对性地搞好制度建设。当前应在4个方面做好工作：

一是建立环境执法公示制度。实行环境行政执法过错责任追究制，实施"阳光"执法，增强执法的透明度，畅通投诉渠道，拓展案源，认真听取群众对执法的意见和建议，及时处理举报、投诉和控告，努力促进环境执法和环境行政监察效能的提高。

二是实行案件限时查处结案制度。在处理各种环境违法案件和环境行政监察案件中，凡有明确时限要求的必须严格执行，不能对群众反映或有人举报的案件，久拖不查、查而不办、办而不结；执法监察干部一定要转变作风，钻研业务，掌握环境违法的新动向，增强调查取证的能力，提高办案工作效率。

三是建立对举报案件的办理与回复制度。凡职责范围内的案件，必须限期办理。职责范围外的案件，要及时告知相关部门。对职责不清的案件，应详细登记，报请领导处置。要以对社会监督和群众利益高度负责的态度，对每一件举报都要落实到单位，单位再落实到人，绝不能束之高阁；各单位要明确举报案件的办理与回复责任，在哪个环节影响了办理效果，影响了办理时间，就应该追究哪个环节的责任。

四是重点案件的公开查处制度。严肃查处违法排污造成严重后果的典型案件，是提高执法震慑力的有效措施。在实施过程中肯定会遇到困难和压力，因此必须用制度来规范，为办案人员撑腰，必须用制度来维护办案人员的权益。如果重点问题不查处，说一说打打招呼就算了，违法者不能吸取教训，下次可能再次违法，同时，执法者也没有权威可言。环保纪检监察部门要在职权范围内，加强环境行政监察工作的制度建设，推动制度化、规范化进程。

2.要健全提高执法效能的工作机制

各地在建立健全环境执法长效工作机制上进行了认真探索，总结了不少经验，要继续加强。一是部门联席会议制度。2003年开始，总局与监察部、发改委、工商总局、司法部、安全生产监管总局5部门设立了部际联席会议制度。在此基础上，总局与监察部已商定将建立司局级的协调机制，定期开会、定期沟通、共同研究有关问题。各地根据6部门的要求，也成立了环境执法部门联席会议制度，要总结经验，提高水平，继续坚持下去。二是责任追究制度。山东、重庆、北京、天津、湖北、江苏、山西、江西、河北、贵州、广东、浙江12个省、直辖市人民政府及其有关部门制订了关于违反环境保护法律法规行政处分管理制度。2004年环保专项行动中处理的155人中，政府及其有关部门工作人员81人。为使纠正损害群众环境权益不正之风的工作规范化、制度化、长效化，今年总局将会同监察部出台《违反环境保护法律法规行政处分办法》、《关于监察机关与环境保护部门在查处环境保护违法违纪案件中加强协作配合的通知》两个文件。另外，今年将协助最高人民法院出台《刑法》中破坏环境资源罪的司法解释。通过行政手段和司法手段加大典型案件的查处力度，专项行动中，总局将与监察部联手加大对违法排污企业的责任追究力度，公开查处一批典型案件。各地也要加强配合，整合资源，形成合力。三是重点违法案件的联合办案和移交移送制度。2003年总局下发了《关于加强环境保护重点案件的督办和移送工作的通知》，20多个省市建立了重点案件移送移办制度，进一步完善了多部门联合办案工作机制，实现优势互补，工作互动，充分发挥各自职能和技术手段上的优势，取长补短，形成合力，办案力度明显加大。要继续完善联合办案和移交移送制度，明确案件移办工作程序、法律文书、时限要求及相关责任。

3.发挥环境行政监察的警世教育作用

针对环境执法监察工作中发现的突出问题和典型事例，要采取通报、报告会等多种形式，有针对性地开展依法行政、执政为民的教育，促进国家公务人员增强依法行政的意识。

针对当前地方保护主义和行政不作为现象较为普遍的问题，特别是一些地方为了一时一地的经济利益，违背科学规律，违反环保法律和政策，损害群众的利益和身体健康的问题，通过有关案件的查处，要联合有关部门，建立健全依法行政的规章制度，规范政府、部门工作人员的从政行为，举一反三，完善有关管理。

同时，通过典型案例的剖析与曝光，要加强舆论宣传，处理一个、教育一片，强化环境行政监察的社会影响力和警世教育作用。

4. 加强队伍建设和能力建设

加强队伍建设，提升执法能力和水平，是全面推进环境执法工作和环境行政监察工作的保障。各级纪检监察部门和环境执法部门要不断提高自身综合素质，努力适应新形势、新任务对我们提出的新要求，努力建设一支"政治坚强、公正清廉、纪律严明、业务精通、作风优良"的环境监察和行政监察队伍。

一、要加强思想建设。各地要结合开展保持党员先进性教育，将党风廉政教育纳入环保整体培训教育工作之中，认真组织学习党章、有关党纪国法以及先进性教育规定的有关读本、材料，联系思想和工作实际，认真查找和解决思想上存在的问题和差距。

二、要加强作风建设。通过环境执法，要找准群众反映强烈的热点、难点问题，适时确定工作重点，认真研究环境违法违纪问题发展的新情况、新趋势，有针对性地开展工作，做到标本兼治、纠建并举，注重解决引发环境问题的深层次问题。要发扬公正无私、刚直不阿，不徇私情、敢于碰硬的精神；坚持敢于讲真话、讲实话、实事求是的作风；树立以事实为根据、以法规为准绳、秉公执法的法纪、法规意识；增强以身作则、模范带头、严于律己的观念。要牢记立党为公、执政为民的宗旨，以人为本，助人为乐，努力塑造"可亲、可信、可敬"的良好形象。

三、要加强业务能力建设。要始终把提高队伍政治素质、业务素质、加强能力建设作为一项战略任务抓紧抓好。要注重学习，不断提高自己的综合素质。不仅要加强党的基本理论、基本知识和行政监察专业知识的学习，还要学习环保知识、市场经济知识和法律法规知识等，不断拓展自己的知识面，提升工作的能力和水平。要重视队伍的培训，注重知识的更新提高。

四、深化环保"六项禁令"、环境监察"六不准"等政令、规定的贯彻实施，完善配套办法、措施，严肃查处一批违反禁令规定的违法违纪行为及典型案件，努力提高环境执法队伍的能力和水平。

同志们，纪检监察和环境执法监察工作同处环境执法执纪第一线，责任重大，使命光荣，我们一定要牢固树立爱岗敬业的精神，脚踏实地的工作，不断提高纪检监察和环境执法工作能力，为不断开创环保工作新局面而共同努力。

以科学发展观为指导努力做好2004年环境监察工作

——汪纪戎副局长在全国环境监察工作会议上的讲话
（2004年4月26日）

同志们：

在6部门联合召开全国"整治违法排污企业保障群众健康环保专项行动"电视电话会议之后，又召开这次全国环境监察工作会议，研究如何用科学发展观指导环境监察工作，发挥环境监察在环保专项整治行动中主力军作用，切实把握2004年环境监察工作的重点，实现新的突破。下面讲几点意见：

一、2003年是环境执法力度和执法机构建设取得重大突破、各项环境监察工作稳步推进的一年

2003年的环境监察工作，在各级环保局的高度重视和全体环境监察人员的共同努力下，以公开查处大案要案为标志，环保清理整顿行动取得重要进展；以国家环保总局成立环境监察局为标志，环境监察机构建设取得历史性突破；排污收费、环境应急、生态监察工作稳步推进，基础工作进一步加强，为完成环境保护重点工作作出了新的贡献。

1."清理整顿不法排污企业保障群众健康专项行动"取得实效

在国务院6部门组织开展的"清理整顿不法排污企业保障群众健康专项行动"中，全国共出动执法人员50万人次，检查企业20万家，查处环境违法问题2万多件，取缔关闭不法排污企业7 339家，责令停产治理2 079家、限期治理1 094家。通过"12369"环保热线接受举报电话33万个，处理群众反映问题28万件。

通过清理整顿行动，一是切实解决了一批群众反映强烈的环境问题。河北省保定市土法炼铅、贵州省六盘水市左家营土法炼锌、江苏省靖江农药厂光气超标、湖南省长沙县13家锰化工企业等长期危害群众身体健康的污染问题基本得到解决。二是公开查处了一批大案要案，对武汉晨鸣、宁夏美利、周口味精、重庆民丰、株洲化工等大型上市企业偷排偷放的故意违法问题进行了查处，起到了查处一家、震慑一方、教育一片的作用。三是促进了产业结构调整。全国共依法关闭未按期淘汰的落后生产能力、工艺和产品生产企业3 674家，取缔死灰复燃的"十五小"、"新五小"企业3 055家。山东省提前关闭了不能稳定达标的4条年产5万吨以下草浆生产线，淘汰了11条年产5 000吨以下酒精生产线，促进了产业升级换代。四是局部地区环境质量得到改善。河南省依法关停1 200余家污染严重企业，2003年三季度49个地表水质断面COD浓度比二季度下降

56.7%，比2002年同期下降11.8%。江苏省常州市对140家印染企业实行关停并转，使武进港、太滆运河水质有较大改善，成为短期内有效治理河流污染的典型。国务院领导先后8次作出批示，对清理整顿行动给予充分肯定。说明了我们不但要能干事，还要会干事，分析主要矛盾和把握矛盾的主要方面，找准切入点，就可以达到事半功倍的效果。

2.排污收费制度改革平稳推进

2003年是《排污费征收使用管理条例》正式实施的第一年，通过有关部门的共同努力，各项工作稳步展开。总局协调有关部委颁布了《排污费征收标准管理办法》、《排污费资金收缴使用管理办法》、《排污费减免有关规定》、《关于环保部门实行收支两条线管理后经费安排的实施办法》。各地按照国务院的要求积极推进排污收费制度改革，抓紧制订相关法规与规章制度，增强了排污费征收使用管理工作的可操作性。湖南、江苏、河南、云南等省颁布了省政府令；北京、安徽、江苏、重庆、海南、甘肃、吉林、黑龙江等省市环保局联合财政、物价、银行等部门制定了实施细则。各地努力克服困难，加大征收力度，扩大征收面和征收率。2003年全国共向70多万户排污单位征收排污费70.9亿元，较上年增长5.1%。全国排污费超亿元的省份达到24个。按照国务院关于非典期间减免部分服务行业行政事业性收费的要求，全国5～9月共减免排污费4.1亿元。

3.环境应急与日常监管工作得到加强

2003年总局成功地组织了环保系统第一次环境应急演习，实现了横跨化学反恐怖袭击、突发性环境污染事故处理两条战线，江苏、河南两个地点的同步演习和远程指挥，受到国务院领导肯定。演习得到河南省环保局、江苏省环保厅以及漯河市、吴江市政府的大力支持。这次演习历时3小时，现场参演人员200多人，投入环境监察与环境监测车40多辆、各种设备设施100多台套，借助地理信息系统、环境应急指挥系统、信息传输系统，利用互联网、卫星定位、无线传输等现代化技术，达到了指挥果断、处置迅速、行动协调、信息畅通的效果。

非典期间，各级环境监察机构加强环境应急管理及处理工作。总局及时印发了《环境应急手册》、《环境监察工作简报——“非典”防治专刊》、《预防“非典”期间重、特大环境事故应急行动预案》，并迅速处理了京冀、津冀水污染纠纷案。地方各级环境监察机构迅速出击，加强对医疗垃圾和医院废水处理处置的环境管理，为防止非典疫情传播作出了重要贡献。

工业污染源监察工作继续加强。各级环境监察人员采取突击检查、夜间和节假日巡查、互查等多种形式，运用在排污口下放乒乓球确定污水排向、查治污设施用电、看投药量确定正常运行情况、查企业内部考核台账等方法检查偷排问题，主动出击，速查速办，现场执法力度不断加大。2003年全国环境监察系统完成现场检查229万次，比上年增加8.4%。对41万台(套)污染防治设施检查101.5万多次，对新建和在建项目现场监督检查19.7万次，对5.2万项限期治理项目现场监督检查11.8万次，对排污许可证现场检查15.8万次。

各级环境监察部门加强环境污染事故与纠纷的处理处置。2003年全国发生环境污染事故801起、污染纠纷6.2万起，信访42.6万件，处理率分别达到98%、96%和91%。在“12.23”重庆开县特大井喷事件处置过程中，总局与重庆市环保局积极参与环境应急工作，为国务院与当地政府处理事故发挥了重要作用。

4.生态环境监察试点逐步展开

总局确定的107个生态环境监察试点地区的工作已全面启动，大多数试点地区成立了以分管市长、县长为组长，相关职能部门负责人为成员的生态环境监察试点工作领导小组，制订了具体的工作方案，并将该项工作纳入政府环境目标责任制。各地积极开展生态环境监察工作的探索，有的地区成立了机构，配备了人员，有的地区建立了工作机制，严肃查处破坏生态的环境违法行为。山东省环保局将生态环境监察工作列入生态省建设的重要内容，省环境监察总队成立了生态环境监察科，8个试点地区制定了20多项工作制度和规范，查处生态破坏案件1 200多起，取缔、关闭和迁移生态破坏企业320多家。垦利县通过实施案件移送和举报制度，查处油田生态破坏案件332起，恢复土地47公顷。云南省以资源开发、生态功能区和饮用水源地为重点，以“三同时”环境监察为抓手，配合政府组织的区域环境综合整治，着力查处了矿山开采、自然保护区管理等方面的生态破坏案件。海南、重庆、浙江、黑龙江、河北、江苏、江西、新疆、宁夏等地积极推进试点工作，将生态环境监察与生态省、生态功能区建设，与区域环境综合整治及环境监察标准化建设结合起来，取得了一定成效。秸秆禁烧工作得到加强，总局联合农业部、财政部、铁道部、交通部、中国民航总局对四川、山东、河北等省进行了检查，基本遏制了因焚烧秸秆污染环境、影响交通安全的问题。

5.队伍建设实现新的突破

在新一届政府机构调整中，国务院系统只增设4个司局级机构，中编办批准国家环保总局增设环境监察局，将环境监察职能正式纳入行政序列，进一步明确了环境监察队伍的职责，提高了环境监察队伍的执法地位。这既是注重科学发展观、实现统筹协调发展的客观需要，也是环保系统为经济社会健康发展保驾护航，成为不可或缺重要力量的地位得到国务院和社会认可的结果，也是全国环境监察系统团结协作，努力奋斗的成果。正所谓有为才有位。重庆市环保局在最近的两次严重事故处理中，为政府决策提供环境质量依据，发挥了重要作用，得到了政府的信任。河北省环保局率先得到省编办批准，在行政序列中增设环境监察机构。截至2003年底，全国共有环境监察机构3 063个，比上年增加71

个。21个省、自治区、直辖市和新疆生产建设兵团的省级环境监察机构已完成更名，其中天津、上海、重庆、江苏、浙江、贵州等省、市的县(区)级以上环境监察机构全部完成更名。环境监察系统实有人员45 913人，大专以上学历人数占总人数的52%，比上年提高4个百分点。

环境监察标准化建设继续推进。到2003年底，全国已有481个环境监察机构通过达标验收，其中达到一级标准的91个。江苏省环境监察标准化建设达标验收率达100%，提出了向现代化迈进的目标。广西壮族自治区提出了实施环境监察标准化建设的指导性意见，建设步伐不断加快。吉林、陕西、河北、浙江、甘肃等省的环境监察标准化工作也取得明显进展，环境执法能力得到提升。

环境执法人员职业操守教育和行风建设活动全面展开。自2003年10月开始，总局在全国环境监察系统开展了以3个系列教育、环境监察“六不准”和“三思”、“三查”、自查自纠为主要内容的环保系统执法人员职业操守教育活动。全国环境保护系统行风建设工作会议之后，又专门部署了全国环境监察系统行风建设工作，提出了更加严格的要求、更加具体的目标、更加得力的措施，有效地促进了环境监察系统的行风建设和职业操守教育工作。

以上成效的取得，是深入学习贯彻党的十六大精神，坚持以“三个代表”重要思想统领环境监察工作、以执政为民理念指导环境监察工作、以维护群众环境权益要求环境监察工作、以环保工作大局强化环境监察工作的结果；是坚持监察领域向全方位拓展、监督体系向多元化转变、执法手段向多样化转变的结果；是不断改进工作方法，坚持营造声势抓大案要案、借助外力解决老大难问题、政府承诺解决区域性污染、联合办案增强执法合力的结果；是全体环境监察人员齐心合力，艰苦奋斗，克服困难，开拓进取的结果。在此，我代表总局和解振华局长向你们并通过你们向全国环境监察战线的同志们表示感谢和慰问。

二、认清形势，认真查找环境监察工作存在的问题和不足

近几年，环境监察工作虽然取得了一定的成效，但在经济粗放型增长的情况下，加强环境执法是一项长期的、艰巨的、复杂的任务。当前，随着经济的快速增长、体制的快速转轨、公众维权意识的提高，环境执法工作正处于硬碰硬的攻坚阶段。一是粗放型经济增长方式造成的危害越来越严重。2003年，GDP增长速度达到9%，但主要原材料消耗却增长10%～20%，超过国民经济增长速度，出现了电力、煤炭、石油等基础能源的供应短缺。2003年全国GDP占世界的不到4%，消耗的钢材和煤炭约为30%～33%，50%的水泥在中国消耗，去年实现的GDP一半是靠固定资产投人拉动的。2004年一季度，钢铁、水泥、电解铝三大行业投资同比增长107%、101%、40%，过度投资尚未得到有效控制，对环境执法工作带来新的压力。二是企业片面追求经济利益最大化的矛盾日益尖锐，大企业故意偷排偷放，小企业连片污染反弹，违法排污导致严重危害群众生产生活的环境污染事件屡屡发生。四川化工厂违反“三同时”规定强行开工违法排污，导致沱江沿线100多万人喝不上水，直接经济损失3亿元以上；重庆天元化工厂氯气泄漏事故造成数万人紧急疏散，9人死亡；北京怀柔有毒化学品泄漏事故造成3人死亡。这些严重的环境问题，不仅使人民的生存环境遭到破坏，连起码的生命安全都得不到保障。三是环境执法和短期行为的冲突不断加剧，不法分子以身试法、铤而走险，去年山西忻州市连续发生3起暴力抗法事件，恰恰说明了这一点。四是人民群众对生活质量的要求明显提高，依法维护环境权益的意识普遍增强。群众对环境问题的投诉以每年近20%的速度递增，环境问题已经成为群众信访、上访的八大热点之一。

当前，环境执法工作中的突出问题仍是有法不依、执法不严、违法不究和违法难究。影响环境执法工作的因素，固然有法制、体制、机制等方面的外部障碍，有执法环境不宽松的影响，需要我们逐步加以解决。但是，环境监察工作中存在的一些突出问题，需要我们正确对待，下大力气加以解决。

1.消极执法、执法不到位、不作为的现象在一些地方严重存在。一些地方的环境监察队伍对群众反映的环境污染问题熟视无睹、不闻不问，群众意见很大，以至于越级上访者有增无减。到总局上访的群众，几乎都是在当地解决不了的问题，走投无路之下被迫进京。一些地方放松日常监管，依赖专项行动，经常性的工作靠突击抓，工作陷入被动。最近总局派出5个检查组，分赴5省、市，检查了124家造纸、化工企业、医疗单位和污水处理厂，全部超标排放，其中21家属应淘汰的落后生产工艺，95%的企业用治理设施作挡箭牌，50%的企业编造监测数据，偷排偷放。许多企业的治污设施常年停运，锈迹斑斑。这些情况，当地环保部门能不知道？有的企业前几年就查处过，又恢复生产、超标排污，严重影响环境执法形象。一些地方的环境监察队伍管理松懈，“12369”举报热线无人接，上班时间松松垮垮，常年不下现场。一些地方的环境监察机构负责人片面强调地方保护主义影响，消极保自己的“帽子”、“票子”，不敢碰硬、不敢执法、不愿执法。不少基层环境监察队伍存在“查了也处理不了”的顾虑，对开发区不敢查，对重点保护企业不敢查，领导不点头的不敢查，查过一次但处理不了的不敢查，危及人身安全的不敢查。有的县环保局不是在加强执法，而是千方百计对付上级检查，替企业说情。一些地方环保局不愿上报环境信息，瞒报环境污染事故，造成工作被动。有的地方政令不通，要求查办的案件、上报的情况，三番五次催不上来。在这样的情况下，往往是站得住的顶不住，顶得住的站不住，最终，顶不住也站不住。

2. 定位不准、不能依法履行职责的问题较为突出。前面讲的多数是不作为、不到位,但也有乱作为、越位的。我们的一些同志执法水平不高、学法不够,要么不接球,要么越线、触网,要么持球。对自己应管什么,管到什么位置,该和哪些部门配合,该移送给谁都不清楚,只凭热情是不行的。

3. 环境监察执法队伍素质仍需进一步提高。以情代法、以罚代法的现象较为普遍,吃拿卡要、随意收费、包庇袒护环境违法行为,甚至为企业通风报信、串通违法等问题依然存在,一些地方环境监察部门已经发生违反党风廉政建设的典型案件。

4. 环境监察执法能力还远远不能适应工作需要。环境监察标准化建设进展缓慢,2003 年底全国标准化达标率仅为 16%。特别是中西部执法能力落后,中部平均每个执法机构车辆为 1.02 部,西部 0.91 部,有 200 多个执法机构没有执法车辆,难以满足实际执法工作需要。出现以上问题,有社会环境影响的因素,有体制、机制等方面的原因,但主要还是我们主观努力不够的问题。希望各级环境监察机构结合当前正在开展的环境保护"六项禁令"和环境监察人员"六不准"专项检查,认真对照检查,制定整改措施,认真加以克服。对有令不行、有禁不止、屡教不改的,要坚决清除出环境监察队伍。

三、把握机遇,用科学发展观指导环境监察工作

当前,环境保护工作正处于历史上前所未有的战略机遇期。十六届三中全会明确提出,要坚持以人为本,树立全面、协调、可持续的科学发展观,统筹城乡发展、统筹区域发展、统筹经济社会发展、统筹人与自然和谐发展、统筹国内发展和对外开放。胡锦涛总书记在今年的中央人口资源环境工作座谈会上指出:"我们要始终把控制人口、节约资源、保护环境放在重要战略位置,把工作抓得紧而又紧、做得实而又实。要把握全局,突出重点,全面推进,着眼于加快解决关系人民群众切身利益的人口资源环境问题,力求每年都有新的进展。"曾培炎副总理专门到全国环保厅局长会议上,主持召开清理整顿违法排污企业座谈会,对环境保护工作落实科学发展观提出了明确要求,对整治不法排污企业作出具体部署。这是前所未有的。

树立和落实科学发展观,不仅是我国政治经济生活中的一件大事,也是环境保护工作中的一件大事。党中央、国务院针对当前经济发展中存在的突出问题,审时度势,制定了一系列宏观调控和遏制低水平重复建设的政策措施,这些都是加强环境保护和环境执法工作的难得机遇,我们必须牢牢抓住这一机遇,推进环境保护和环境执法工作。

1. 牢固树立以人为本的观念,是环境监察系统落实科学发展观的本质要求

科学发展观的本质是以人为本、执政为民。胡锦涛总书记指出,环境保护是涉及人民群众切身利益的工作,一定要把最广大人民的根本利益作为出发点和落脚点。随着人民群众生活质量的改善和生活水平的提高,生态环境质量已成为群众和社会普遍关心的热点和焦点。群众利益无小事,我们要牢固树立群众观念,把听取民声、维护民权、谋求民利作为环境监察工作的座右铭,时刻铭记在心、见诸于行。要像曾培炎副总理要求的那样,认真办理人大代表、政协委员的每一件提案、议案,认真办理群众的每一件来访,认真办理新闻媒体曝光的每一起环境污染事件,切实维护群众的知情权、议政权、监督权、索赔权,认真解决每一件群众关心的环境问题。

党中央、国务院高度重视群众问题,只要是关系群众的问题,国务院领导都亲自作出批示,各级政府也都认真对待,切实加以解决。我们要紧紧抓住这样的机遇,从群众关心的问题入手,切实推动各级政府解决一批突出的环境污染和生态破坏问题。当前,解决"三农"问题是党中央、国务院关心和重视的一项基础工作。随着经济的发展和城市退二进三,农村环境保护形势日趋严峻,农民的生存环境堪忧,农业生产环境恶化。各级环境监察部门要加大对乡镇企业、禽畜养殖业的执法力度,为农业增产、农民增收、农村稳定创造良好的环境。

2. 促进全面协调可持续发展,是环境监察系统落实科学发展观的主要内容

科学发展观的内涵是全面、协调、可持续发展。树立和落实科学发展观,首先必须转变粗放型经济增长方式,大力推进产业结构调整。针对当前局部地区、部分行业的经济过热和过度投资,国务院及时出台了遏制钢铁、水泥、电解铝行业过度投资的战略决策,最近还将对电石、铁合金行业进行清理整顿,环境保护手段已经成为遏制过度投资的重要措施之一。这是环境监察系统落实科学发展观的又一战略机遇。各级环境监察部门必须加大监督执法力度,充分运用法律、行政、经济等多种手段,帮助政府下决心取缔关闭违反国家产业政策的高能耗、高污染企业,停产整顿严重污染企业,清理整顿违法建设项目,促进产业结构调整和优化升级。同时,要及早部署,加大电石、焦炭、铬盐、皂素等行业的产业结构调整力度,尽快解决一些地方的结构性污染问题。加大执法力度,有些时候不破不立,置企业于破产边缘,反而会柳暗花明又一村。

3. 完善政绩考核,是环境监察系统落实科学发展观的重要机遇

树立科学发展观,是促使各级人民政府转变发展观念、转变经济增长方式、转变经济体制、转变政府职能、转变工作作风的重要思想武器。完善政绩考核是切实落实科学发展观的有效手段。树立科学的发展观,为环境执法工作创造了有利条件,为解决环境执法难、克服地方保护主义顽症奠定了基础。当前,国家有关部门正在研究新的干部政绩考核指标,将环境保护指标纳入干部政绩考核体系。我们要充分利用这一机遇,解决一些执法难的问题,提高执法效率。要逐步开展环境质量稽查,加强跨界污染的监督检查,克服以邻为壑的不良做法。要将环

境执法工作融入科学发展观的范畴，使之成为各级人民政府的自觉要求，而不是千方百计限制环境执法。要实行环境污染事故责任追究制度，建议各级纪检监察部门充分运用《中国共产党党内监督条例》、《中国共产党纪律处分条例》，落实环境执法过错追究制度，使各级政府的科学发展观落到实处。

4.提高执法能力，是环境监察系统落实科学发展观的重要手段

环境保护和环境执法工作不仅是科学发展观的重要内涵，也是落实科学发展观的重要手段。因此，加强环境监察基础能力建设也是提高环保行政能力和水平、落实科学发展观的重要措施。要密切与群众的联系，畅通“12369”环保热线，及时倾听群众的呼声，协助政府解决群众关心的环境问题。通过执法检查，及时发现突出的环境污染和生态破坏问题，提出意见供政府决策。加强污染源监控，做到底数清楚，一旦发现环境污染问题，可以随时启动应急预案，锁定污染源，采取有效措施，控制污染蔓延。

四、突出重点，力求2004年环境监察工作取得新的突破

今年的环境监察工作要点已经印发。下面我强调几点：

1.全力投入“整治违法排污企业保障群众健康环保专项行动”，进一步加大环境执法力度

今年的环保专项整治行动，是党中央、国务院领导亲自要求开展的。这次会议上，新元同志传达了胡锦涛总书记、温家宝总理、曾培炎副总理的一系列指示精神。党中央、国务院领导对这次专项行动高度关注，并将其作为推动各级人民政府切实解决群众关心的环境问题，促进经济结构调整和全面、协调、可持续发展的重要“抓手”，寄予厚望。根据曾培炎副总理的讲话精神，国务院六部门联合下发了《环保专项整治行动方案》，4月20日六部门联合召开了全国电视电话会议，对专项行动进行了全面动员和部署。下一步的关键是认真落实，切实抓出成效。

环境监察队伍是环保专项整治行动的生力军。在去年的清理整顿专项行动中，全国环境监察队伍战斗在第一线，很敬业也很辛苦。今年的专项行动，全国环境监察系统的同志们必须树立长期作战的思想，振奋精神，树立信心，真抓实干，务求实效。要将环保专项整治行动作为今年环境执法工作的主线，认真按照《环保专项整治行动方案》，全力投入，明确各阶段工作重点，确保专项行动取得实效。要认真组织力量，对照行动方案提出的6个需要全面清理的内容，进行全面的摸底检查，按照处理要求逐项提出整改意见。对于2001～2003年查处过的企业，要加大检查频次，做到一月一查，并主要采用暗查、突击性检查的方式，发现仍有超标排污行为的，一律从严处罚，加倍征收排污费，并责令停产治理。各省、自治区、直辖市环境监察总队要每月开展一次稽查、互查活动，及时发现基层专项行动中的问题，及时予以纠正。不仅要稽查环境污染问题，也要同时稽查环境监察人员的行政不作为行为和执法违法问题。

2.以排污申报核定工作为基础，全面实施《排污费征收使用管理条例》，“依法、全面、足额”征收排污费。

征收排污费是环境监察机构的一个主要职责，贯彻《排污费征收使用管理条例》，做好排污费征收工作，首先要做好排污申报核定工作。排污申报核定既是征收排污费的前提条件，也是环境执法、环境决策、环境管理的重要基础，还是提高环境监察执法地位和业务水平，向排污者宣传环保法律法规和知识、明确其责任义务的重要手段。切实做好排污申报核定工作不仅对统一污染物排放数据具有重要意义，同时对承担此项工作的环境监察系统也是一个极大的挑战。各级环保部门要充分认识排污申报核定工作的重要性、艰巨性、复杂性和长期性，加强对排污申报和排污收费工作的领导，与清理整顿行动紧密结合，支持环境监察机构加大执法力度。今年要着重抓好全国1.8万家重点污染源、城市污水处理厂、固废（垃圾）处理场以及电力、规模化畜禽养殖、水泥、钢铁、电解铝等行业的排污申报和排污费征收工作。要尽快按照总局统一部署，配备和使用“排污费征收管理系统”软件，用信息化手段提高工作效率、规范执法行为，及时准确地汇总报告工作情况。国家和省级环保部门都要组织开展排污申报核定核查和排污费征收的稽查，强化内部监督，查处弄虚作假、少征、漏征、人情收费、协商收费等问题，重点问题要进行通报。各级环保部门要积极研究排污收费制度改革中的新情况、新问题，协调有关部门做好进入城市污水处理厂超标污水收费、火电企业二氧化硫收费、环保部门经费保障等相关政策的补充完善，解决具体矛盾，调动积极性，促进排污费的“依法、全面、足额”征收和环保事业的发展。

3.认真总结生态环境监察试点经验，力争在生态环境监察机制上取得突破

生态环境监察是一项开拓性的工作，各地要充分认识总局推进生态环境监察工作的重要意义，把生态环境监察工作与生态省、市、县建设结合起来、与环保专项整治行动结合起来。今年总局与国土资源部、国家安全生产监督管理局联合开展矿山生态环境保护专项执法检查，通过检查，抓住各地资源开发中存在的突出生态破坏、环境污染问题，查处生态破坏重点案件，摸索资源开发中的生态环境监察工作程序，为提升生态环境监察工作整体水平打下基础。

各地要认真总结生态环境监察试点工作的经验，逐步建立健全生态环境监察工作制度、机制。要认真贯彻总局《关于加强资源开发环境保护监管的意见》，实施资源开发的全过程环境监管，加强对生态环境有影响的建设项目和“三同时”制度落实情况的环境监察。各地要建立资源开发生态环境监察制度，促进资源开发生态保护措施的落实。生态环境监察的工作领域要不断拓展，开展对自然保护区、风

景名胜区和旅游风景区等地生态环境监察。要加大畜禽养殖业污染防治的环境监管。今年总局将结合重点流域污染治理工作，对太湖、淮河流域畜禽养殖污染治理开展检查。

4.认真落实环境违法案件移送制度，力争在部门联动机制上取得新的进展

多年的执法经验证明，部门联动形成合力是保证环境违法案件查处到位的一条有效途径，而重点案件移送制度是从机制上保障多部门联动的一项重要制度。去年移送制度建设取得一定进展，总局办公厅印发了《关于加强环境保护重点案件的督办和移送工作的通知》，要求各地切实强化联合执法，保证重点环境违法案件及时处理。从总局掌握的情况来看，目前各地移送制度的执行情况有两大特点：一是各地的执行情况差异很大。北京、天津、重庆、辽宁、内蒙古、江苏、浙江、福建、陕西、江西、湖北、湖南、广西、广东、海南 15 个省、自治区、直辖市的移送工作已经展开，共移送案件 1 382 件，已经得到处理的 1 107 件，处理率达 80%。其中北京的移送力度最大，共移送 522 件，占总移送量的 38%。二是移送部门的执行情况差异较大。移送经济、监察、司法、工商部门共 352 件，处理率分别为 70%、93%、66%和 75%。究其原因：一方面部门之间联合办案缺少机制的约束；另一方面部分环保部门对于移送工作认识不足，对移送案件跟踪力度不够。

今年要争取建立 6 部门移送办案制度。一件事全过程不可能一个部门管到底，但一件事的某过程不能多部门管。移送能保证授权范围内到位、不越位，有利于部门协同配合，有利于案件查处到位，也是目前授权有限、手段有限情况下最有效、有力、有用的弥补手段。各级环保部门要按照《行政处罚法》的规定，理直气壮地开展移送工作，这是法律赋予的职责，不允许压着不移。否则，也是一种失职行为，因此造成严重后果的，也要追究责任。

5.制订和完善环境应急预案，提高环境应急能力

突发环境事件应急工作是一项关系国计民生的大事，涉及千家万户，对保障经济建设、社会稳定和人民利益至关重要。党和政府十分重视应急机制的建设，十六届三中全会提出了“建立健全各种预警和应急机制，提高政府应对突发事件和风险的能力”。总局已经起草了国家环境应急总预案和分类的环境应急预案，报请国务院批准后实施。各地要坚持预防为主、防治结合的原则，明确污染事故防范的重点，制订突发性环境污染事故应急预案；要组织环境应急演习，切实提高处理环境污染事故的应急能力。总局拟于今年秋季开展一次模拟大气污染事故应急处理演习，各地也应根据当地实际条件组织 1～2 次应急演习。各省级环保局要设立专家支持系统，聘请有关专家、学者组成环境污染事故应急专家组，成立专家库，发挥专家处理处置应急事故的参谋作用。要重视和加强突发性环境污染事故应急处理能力建设，包括采用先进的监测、监控、清污设备和技术，先进的交通、通讯设备和技术以及污染事故自动化管理、监控系统，努力建立起一套统一指挥、反应灵敏、协调有序、运转高效的预警应急机制。做到招之即来，来之能战，战之能胜，将环境突发事故可能造成的危害降低到最低程度，切实维护好人民群众的根本利益。

6.加强内部稽查和行风建设，不断增强环境监察队伍的凝聚力和战斗力

在执法监察工作中，队伍建设是根本和保证。根据环境监察工作的性质和特点，今年环境监察内部稽查的重点，就是要查处一批违反环保系统“六项禁令”、环境监察“六不准”以及行政不作为等典型案件。要从人民群众反映最强烈的问题查起和改起，坚决杜绝伤害群众感情、漠视群众疾苦、侵犯群众利益的行为发生。同时要建立和推行环境行政执法责任制，实行环境行政执法过错责任追究制，做到环境执法行为运行到哪里，对权力的规范、监督和制约就延伸到哪里，确保责任制落到实处。

要深入推进政务公开工作，拓展群众监督的途径，做到经常性工作定期公开，阶段性工作逐段公开，临时性工作随时公开，落实群众的知情权、参与权。逐步推行环境行政执法公示制，增强执法的透明度，畅通投诉渠道，认真听取群众对执法的意见和建议，及时处理举报、投诉和控告。

要严肃查处违反环境保护“六项禁令”和环境监察“六不准”的典型问题，一旦发现问题属实，首先吊销环境监察执法证件，并视情节轻重，给予纪律处分。环境监察执法证件信息已在 12369 网站公布，欢迎大家举报。

另外，讲一下大家关心的着装问题。国务院办公厅已就清理统一着装问题提出明确要求，并按照 1986 年批准的着装范围为依据进行清理。财政部、监察部、纠风办也已经组成清理工作领导小组，提出时限要求和具体措施。希望各级环保部门认真遵照执行。具体有以下几点意见：

(1)按照各地人民政府和清理工作领导小组的统一安排，妥善做好服装清理工作。

(2)妥善做好职工思想政治工作和稳定工作，妥善解决有关经费问题。

(3)研究加强现场执法的具体措施，执法车辆要有执法标志，人员持证执法，尽量避免暴力抗法事件。及时与公安部门沟通协调，执行危险任务，要邀请公安干警参加。

同志们，环境执法监察工作面临的任务艰巨、肩负的责任重大。各级环保部门要以“三个代表”重要思想为指导，大兴求真务实之风，进一步改善环境执法监察工作条件，加强环境执法监察队伍建设，提高执法监察水平，不断增强环境监察队伍执法为民的能力，为改善环境质量、维护人民群众的环境利益提供坚强有力的保证。

把握机遇开拓创新全面推进2005年环境监察工作

——汪纪戎副局长在全国环境执法工作会议上的讲话
(2005年6月29日)

召开这次全国环境执法工作会议,就是要研究如何抓住环境保护工作的战略机遇,加强环境执法,为落实科学发展观服务,为构建社会主义和谐社会服务。在这次会上,振华局长将就如何切实加强环境执法工作做重要讲话。下面,我就2004年全国环境监察工作重要情况和2005年工作要求讲几点意见。

一、2004年环境监察工作取得丰硕成果,各项工作取得重大进展

2004年的环境监察工作,在总局党组的领导下,在各级环保局的高度重视和全体环境监察人员的共同努力下,解决了大量环境违法问题,切实维护了人民群众的根本利益,得到了国务院领导高度肯定。

(一)"整治违法排污企业保障群众健康环保专项行动"成效显著

按照国务院领导要求,2004年5～11月,总局联合发改委、监察部、工商总局、司法部、安全监管总局等六部门组织开展了历时7个月的"整治违法排污企业保障群众健康环保专项行动"。全国共出动执法人员131万人次,检查企业60万家次,分别是上年的2.6倍和3倍。专项行动立案查处了2.7万件环境违法问题,取缔关闭了6 462家违法排污企业,责令停产治理3 861家、限期治理6 755家,处理有关责任人155名(政府及有关部门81人)。

这次环保专项整治行动着重针对群众反映突出的城市污水处理厂不正常运行超标排污、八大行业盲目发展污染环境、建设项目把关不严造成新污染、基层政府出台"土政策"限制环境执法4个方面的突出问题,全面检查,集中整治,落实到户。共检查污水处理厂587家,涉及处理能力153.4亿吨/年;钢铁、电解铝、水泥、电石、炼焦、铁合金、铬盐、黄姜八大行业企业9 880家,检查面在70%～90%;2000年以来上马的建设项目72.9万个。清理纠正208件基层政府出台的违反环保法律法规的"土政策"。

通过专项行动,一是促进了科学发展观的落实。全国有21个省级政府主管领导任领导小组组长,16个省级政府印发行动方案,18个省主动清理纠正了基层政府出台的"土政策";二是切实解决了一批群众关心的热点难点环境问题。各地共挂牌督办解决了3 365件群众反映强烈的环境问题,集中整治了100多个地区"十五小"企业连片反弹的问题;三是促进重点行业结构调整。结合国家宏观调控,对钢铁、水泥、电解铝等8个重点行业,进行集中整顿,查处环境违法企业7 057家,其中取缔关闭3 058家,停产治理496家,限期治理1 586家;四是形成全社会参与环境执法氛围。全国共受理群众举报36万件,中央电视台等主要媒体发布有关报道300余篇,各大网站反映有关信息19万余条次。

这次专项行动其范围之广、力度之大、工作之深入、社会关注之强烈,都是前所未有的。曾培炎副总理对此给予了高度肯定:"环保总局等六部门认真开展环保专项整治行动,切实解决了一批影响群众健康的突出环境问题,取得了显著成效,体现了环保工作执政为民的宗旨。"

(二)排污收费制度实施和排污申报工作扎实推进

2004年是《排污费征收使用管理条例》全面实施的第一个完整年度,也是环境监察机构全面负责排污申报工作的第一年,各级环境监察机构积极应对各种新问题,排污收费制度改革扎实推进,排污申报工作全面启动,成效明显。

排污收费制度全面实施以来,总局积极配合有关部门分析研究解决收支两条线管理后经费使用中出现的问题,在财政部提出的《政府收支分类改革方案(征求意见稿)》中增设了"环境监察执法"的三级科目,为从制度上解决执法经费问题奠定了基础;多次协调国务院法制办、发改委、财政部等部门,解决城市污水收费的政策障碍。最近,国务院法制办发文界定了进入污水处理厂与通过城市排水管网排向外环境的污水的收费政策,有利于加强对污水排放、特别是城市污水处理厂的监管。各地按照国家排污费征收的政策和规定,规范排污费收缴程序和制度,坚持排污收费稽查和审计制度。2004年全国共向73.4万户排污单位征收排污费94.2亿元,排污费征收额较上年增长34%。《排污费征收管理系统》软件已经进入全面普及阶段,全国已有16个省(区、市)开始安装使用。

为了全面启动排污申报工作,总局下发了《关于加强排污申报与核定工作的通知》,以举办专题培训和现场会形式加强业务指导和经验交流。对淮河、太湖流域4万余家排污单位,1 580家6 000千瓦以上机组火电厂、热电厂及自备电站的排污申报进行核定汇总。各省、自治区、直辖市突出重点,加强业务指导,结合本地重点流域和重点行业环境污染防治工作重点,以专题会、片会和培训等方式,积极开展污染源排污申报登记和审核核定工作。排污申报数据的真实性和准确性较往年进一步提高,全国已有51.75万个排污单位进行了排污申报。排污申报工作已经成为各级环保部门统一污染源排放数据、动态掌握其变化情况的有效手段,为发放排污许可证提供了基础数据,为科学决策提供了第一手材料。

(三)以督查、督办、联合办案为基础,污染案件的查处力度进一步加大在各级环境监察部门的密切配合下，从2003年3月以来，共办理国务院领导和总局领导批示356件(其中国务院领导95件)，基本做到了件件有回音、事事有着落。2004年环监局先后派出检查组、暗查组行程11.09万千米，现场查处四川沱江两次污染事故、淮河流域水污染、晋陕蒙交界地区环境污染、三峡库区支流“水华”现象、渭河流域污染、河北唐山钢铁企业污染、河北徐水县涉铅企业污染、广东韶关大宝山地区污染、山东冠县小造纸污染等案件22起。其中仅晋陕蒙交界区域环境问题的整治总局就先后派员7次进行明察暗访，促使当地政府加大电石、铁合金和焦炭行业进行清理整顿力度，区域环境问题的解决取得了一定进展。淮河流域水污染问题就组织了两次、8组持续近3个月的集中检查，检查重点工业污染源165家。2004年各省(自治区、直辖市)共派出暗查组和联合督察组1 000多个，有力打击了违法排污企业，解决了一大批环境污染突出的问题。

黑龙江七台河市搬走40万立方米“灰渣山”，解决了困扰全市人民多年的饮用水安全问题；宁夏固原市彻底取缔影响甘肃静宁县居民饮用水水源地的固原王恒造纸厂，避免了跨界污染纠纷；浙江省对造成500多儿童铅中毒的长兴县蓄电池行业进行集中整治，关闭115家没有治污能力的企业；江西省取缔南昌县蒋巷镇5家非法小炼油企业，解决了影响师生学习生活问题；河北省针对徐水县炼铅污染问题，对11家涉铅企业全部实施停产，依法拘留4家违法企业的法人代表，追究了徐水县县长、主管副县长行政责任；江苏省对严重损害农民利益的淮河化工有限公司依法停产整顿，并协调其赔偿群众损失450万元，维护了群众合法权益等。

(四)以生态环境监察试点和矿山生态环保专项执法为突破口，生态环境监察工作积极拓展

经过两年的实践探索，生态环境监察试点工作取得明显进展。总局确定的107个生态环境监察试点地区多数将该项工作纳入政府环境目标责任制，成立专门机构，配备专职人员，加强法制化建设，建立协调工作机制，逐步加大了资源开发、非工业建设项目的环境监管力度。2004年共开展生态环境监察1.6万次，查处生态破坏案件5 682个，取缔关闭违法企业5 148个，罚款2 869万元，部分地区生态环境质量有所改善。

联合国土资源部、安监总局开展了矿山生态环境保护专项执法检查。全国共出动执法人员12.6万人次，检查矿山企业5.2万家，关停、取缔1.6万家，限期补办环评手续7 087家，查处相关责任人77名。矿山生态环境保护专项执法提高了各级政府、有关部门和矿山企业对矿山生态环境保护的认识，初步形成了联合执法的协调机制，基本摸清了矿山生态环境保护监管情况，提高了社会各界对生态保护的认识，解决了一批群众反复投诉、社会影响大或长期难以解决的矿山生态环境破坏热点、难点问题。广东省韶关大宝山地区清理关闭了非法民采民选80多个矿点，使存在20多年、群众反映强烈的生态破坏和环境污染问题得到初步解决。同时，重点查处了河南禹州矿区生态破坏、内蒙阿拉善盟右旗板滩井生态破坏等40多件大案要案。并利用卫星遥感技术，对全国秸秆焚烧情况实施远程监控，适时有效地督促地方制止秸秆焚烧行为。

(五)以应急预案和应急演习为依托，环境应急响应能力逐步增强

组织制订国家环境应急预案。总局完成了《国家突发环境事件应急预案》的起草工作，已向国务院报批。制订了重点流域敏感水域水环境应急预案、大气环境应急预案、危险化学品(废弃化学品)应急预案、核与辐射应急预案等9个相关环境应急预案，获得曾培炎副总理和华建敏秘书长的高度评价。下发了《省级环保部门突发环境事件应急预案编制指南》，分类指导各地制订环境应急预案。山东、浙江、甘肃等省也根据本省污染事故防范的重点，制订突发性环境污染事故应急预案，地市级环境应急预案的编制工作也逐步展开。

在2003年成功组织突发性水污染事故环境应急的基础上，2004年总局又联合浙江省环保局、宁波市政府成功组织了以大气环境应急为主题的环境应急演习。通过采用视频讯号的实时传输、GPS卫星定位系统等先进技术，实现了总局指挥部对演习现场、现场指挥部的全方位的掌控。国家反恐办、发改委、公安部、安监总局等有关负责人现场观摩，国务院办公厅已将此次演习的综合情况印发简报，得到了国务院有关领导的肯定。部分省市也积极开展环境应急演习。环境应急预案的制订与环境应急演习的举办，探索了环境应急信息化建设的方式和方法，积累了应急工作经验，对于提高全国的环境应急响应能力具有十分重要的作用。

(六)环境监察能力进一步提升

总局配合人事部开展了全国环境监察系统依照公务员制度管理制度执行情况的调研工作，积极争取将环境监察人员纳入执法类公务员。加大环境监察能力建设投入力度。中西部地区执法能力建设专项资金在2003年3 000万元的基础上，2004年增加到了4 820万元，切实增强了部分地区执法能力。

在2003年国家环保总局增设环境监察局的基础上，2004年省级环境监察机构建设也实现了重大突破。陕西、江苏、河北和安徽等省相继成立了省级环境监察局，陕西、江苏省环境监察局还实现了增加编制，理顺了经费渠道，特别是陕西省还下发文件规范了全省环境监察机构的名称，从组织形式上保证了环境监察机构依法行政，对于各地环境监察机构建设起到了很好的示范作用。

环境监察标准化建设取得进展。截至2004年底，全国共有647个机构通过标准化建设验收，比上年增加155家，其中，江苏全面达标，河北、浙江、重庆、陕西、甘肃5个省市达标率超过40%，山西和四

川省进展较快,达标率已达30%以上。四川省省委目标办将全省21个市(州)级环境监察机构达标建设列入了考核内容之一。江苏省在全省实现标准化达标的基础上,提出了《环境监察现代化建设方案》。重庆、陕西等省市也分别制定了环境监察执法能力建设规划。

加强行风建设,推进政务公开,环境监察队伍的凝聚力和战斗力得到增强。总局下发《关于进一步加强环境监察系统行风建设工作的意见》,要求各级环境监察机构结合工作实际,建立和完善学习日制度、建立行风稽查制度、意见征求日制度、便民工作日制度、现场执法回单制度5项制度。开展了为期3个月的全国环境监察系统行风检查,结合环保系统"六项禁令"、环境监察"六不准"重点查处典型违法案件。深入推进政务公开工作,拓展群众监督的途径,落实群众的知情权、参与权。全国涌现出了重庆环境监察总队、山西省环境监察总队等省级行风建设先进单位。

2004年,全国环境监察工作在取得显著成绩的同时,不断改革和创新工作方法,摸索提高执法效能、巩固执法成果的新路子,总结出了一些成功的方法和经验。归纳起来有如下几个主要方面:

第一,加强基层环境监察能力建设是做好环境执法工作的重要前提。加强基层环境监察队伍的能力建设,是适应环境保护目标和任务、全面提高环境管理水平和严格执法监督的前提。近年来,我们通过推进环境监察标准化建设工作,搭建了环境执法能力建设的有效载体,也全面推动了环境执法和排污费征收工作。以重庆为例,24个环境监察机构标准化达标前后年度有关工作统计对比表明,排污收费年平均增长率达43%,环境行政处理案数年平均增长29%。通过开展以3个系列教育、"三思"、"三查"、自查自纠为主要内容的"环保系统执法人员职业操守教育活动",实行政务公开、阳光执法以及实施环境监察"六不准"、环境监察系统行风建设五项制度、行风建设专项检查,有效地促进了环境监察系统的行风建设和职业操守教育工作,提高了环境执法形象,提升了现场执法的能力与水平。正是由于持之以恒地抓基层能力建设,环境监察队伍才由小到大、由弱到强,在环境保护重点工作中发挥着越来越重要的作用。

第二,专项执法行动是加强环境执法工作的有效形式。专项行动是对日常监督执法工作的推动,搭建了一个很好的"平台"。以专项行动为手段,争取政府领导对执法工作的重视与支持,在短期内形成日常监督手段难以达到的强大威慑力量,集中解决了一批历史遗留下来的"老大难"问题。打击虽然是治标的手段,但对于遏制一个地区、一个时段的突出环境问题具有见效快的效果。专项行动还加快了环境执法体制、机制、法制和能力等方面深层次问题的暴露与解决。2003年环监局分析了环境执法难的表现及原因,2004年专门组织人员从体制、机制、法制和能力等方面剖析了环境执法难的深层次原因,提出理顺体制、健全机制、强化法制、增强能力的总体改革思路和方案,形成专题研究报告,上报国务院领导。今后一段时间,要始终抓住严打整治不放松,逐步建立严打经常性工作机制,切实增强严打的主动性、针对性和实效性,保持高压态势,震慑违法。坚决把各类环境违法案件特别是群众反映强烈的突出环境案件压下去,切实增强人民群众的安全感。

第三,服务国家宏观调控,是提升环境执法工作的机遇。严格环境准入和环境执法,在贯彻落实国家宏观经济调控措施中发挥了重要作用。2004年根据国家宏观经济调控的统一部署,针对资源消耗大、环境污染重、近期盲目发展严重的钢铁、水泥、电解铝等8个重点行业,进行集中整顿。依照《环境影响评价法》对2 783个违规项目进行严肃处理,停止建设项目1 977个,查处环境违法企业7 057家,有效地遏制了重点行业盲目建设势头,协助有关部门淘汰了一批落后生产能力,其中钢铁2 331万吨、水泥1 149万吨、电解铝22万吨。共减排工业粉尘103万吨,为2003年全国工业粉尘排放总量的10%;减排二氧化硫22.4万吨,为2003年全国工业二氧化硫排放总量的1.2%。总局自2003年10月持续开展对晋陕蒙交界区域高能耗企业环境违法的整治行动,推动国家发改委2005年12月出台了电石、铁合金、焦炭行业准入条件的颁布,有效遏制了高能耗企业的无序扩张。国家经济综合管理部门已经意识到环境保护在综合决策、宏观经济调控等方面发挥的重要作用。

第四,加强部门配合是做好环境执法工作的重要手段。随着监管力度的加大,环境违法企业应付检查、弄虚作假的手段也在提高。特别是那些已经责令停产的企业,白天不生产晚上生产,工作日不生产休息日生产。多年的执法经验证明,加强部门配合形成合力是保证环境违法案件查处到位的一条有效途径。近年来,环境监察执法力度逐年加大,离不开有关部门的支持和社会的理解。2003年总局下发了《关于加强环境保护重点案件的督办和移送工作的通知》,20多个省市建立了重点案件移送移办制度,进一步完善了多部门联合办案工作机制,实现优势互补,工作互动,共同发挥各自职能和技术手段上的优势,取长补短,形成合力,办案力度明显加大。2004年专项行动中,环保部门移送环境违法案件850件,其中移送工商部门191件,经贸100件,司法149件,监察16件,其他部门394件,保障了重点案件查处到位。

在充分肯定成效的同时,应当看到环境监察工作还存在一些不容忽视的问题和不足。这些问题的存在与体制、法制、机制不健全、能力不强等因素有很大的关系,需要我们逐步加以解决,总局正在组织人员,针对环境执法的法律障碍、能力障碍等方面进行专题研究。但是,我们自身监管不到位也是重要因素。近期总局组织专题小组,对突发环境事件、监督检查和查处环境违法案件、环保审查审批过程、环境违法案件移交移送或建议过程中易出现的环境监管失职行为，进行专门研究，将作为参阅材料供大家参考，指导工作。下面我再补充强调几点：

一是环境监察执法工作进展不平衡。从过去的情况看，总局部署的一些工作在各地的进展情况有较大的差异。如江苏省经济强度大，有淮河、太湖等国家重点流域，环境监察任务相当艰巨，但他们的环境监察绩效十分显著。2004 年，全省环境监察队伍出动 39.3 万人次，占全国总数的 14%，其中总队出动 2 000 余人次，查处了一批大案要案，督办了地方政府落实环保责任。但是，全国还有 10 个省区出动的执法人次少于 5 万，显而易见，不完全是环境问题少，可能是力度不够。因此，工作进展的不平衡，降低了整体工作质量。二是环境执法力度与人民群众环保需求之间存在明显不适应性。随着“以人为本”、“和谐社会”理念广泛深入人心，“关注环保”的舆论氛围越来越浓厚。但客观地看，环境执法能力与人民群众日益增长的环保需要之间、依然严峻的环境状况与全社会对环保工作越来越高的期望值之间还有较大的反差。群众对身边的环境违法行为反复投诉、越级举报的数量明显上升。2000 年以来，全国环境投诉和上访每年分别以 25%、35%的幅度递增，成为八大投诉热点之一。2004 年，总局环监局受理的越级举报达 400 多件，比上年增加一倍多。这既说明了群众参与环保的热情不断高涨，环境意识不断提高，也反映了确实还存在不少环境问题，我们的工作没有做到位，群众不满意；三是环境执法效果存在不稳定性和反复性。全国以及一些地方的工作虽然取得了较好成绩，但并不巩固，污染反弹、生态恶化的形势十分严峻，违法排污、生态破坏、损害群众利益的事件时有发生，有些地方还相当突出。

各级环保部门、环境监察机构在今后的工作中，务必从思想上高度重视这些问题，增强环境执法工作的紧迫感，克服不足，扎实工作，努力把全系统的环境执法工作提高到一个新水平。

二、抓住重点，再鼓干劲，扎实做好 2005 年环境监察工作

2005 年环境监察工作任务将更加艰巨。今年中央人口资源环境工作座谈会上，胡锦涛总书记、温家宝总理都明确指示要加大执法力度，维护群众健康。中纪委五次全会也将查办企业违法排污损害群众利益列入全国纠风工作的重点，又是实施“十五”环境保护计划的最后一年，任务十分艰巨。希望各级环保部门，按照《2005 年环境监察工作要点》着力做好下面几项工作：

（一）组织开展好 2005 年“整治违法排污企业保障群众健康环保专项行动”。今年专项行动是历次专项行动规格最高的一次，由国务院办公厅下发文件，电视电话会已经召开，方案已经印发，总局与监察部联合开展的专项检查有关文件也已印发。要按照国务院通知要求和国务院 6 部门《环保专项整治行动方案》全力投入。紧紧围绕国务院确定的城市噪声扰民、大气污染、饮用水源地污染和污水处理厂不正常运行等突出问题；钢铁、电解铝、水泥、电石、炼焦、铁合金等行业和自然保护区违规审批违法建设的问题；淮河和太湖流域、三峡库区、南水北调沿线、晋陕蒙宁交界地区等流域、区域存在的违法排污和生态破坏问题等整治重点开展工作。通过专项行动，使群众反复投诉的环境污染和生态破坏问题基本得到解决；基层政府违反国家环保法律法规的政策措施基本得到纠正；重点监管企业稳定达标排放率提高到 90%以上；环保“三同时”执行合格率达到 90%以上。

各地要根据本地区的实际情况，明确各阶段工作重点，对群众关心的突出环境问题，要认真梳理，集中整治，逐一解决；对淮河、太湖、黄河、三峡库区、南水北调沿线、晋陕蒙宁交界地区等重点流域、区域工业污染源超标排污和生态破坏问题，要整治到位；对 2004 年查处的 8 个重污染行业违法企业以及电力、化工、造纸等重污染行业进行全面检查；对全国各类保护区，尤其是国家级、省级自然保护区违反有关法律法规的问题进行检查和处理。

要着重落实中央纪委第五次全体会议和国务院第三次纠风工作会议要求，对各级政府及工作部门落实环境保护责任和执行环境保护法律法规的情况进行专项检查，坚决纠正损害群众环境权益的不正之风。对违反环境保护法律法规，在综合决策中出现重大失误，导致辖区或相邻区域环境受到严重污染或者造成破坏的；对环境违法行为查处不力，甚至包庇、纵容违法排污企业、致使群众反映强烈的环境问题长期得不到解决的；对环境保护主管部门不依法行使职权，并造成严重后果的，要依纪依法追究相关政府及部门负责人和有关人员的责任。各级环境保护部门要配合好当地监察部门，做好行政责任追究工作，严肃处理一批责任人。

（二）认真做好排污申报和排污费征收工作。各地要充分认识排污收费和排污申报工作的重要性、艰巨性、复杂性和长期性，加强对排污申报和排污收费工作的领导，结合排污收费这一执法手段，按照总局的统一要求全面开展排污申报工作，认真执行排污申报和排污费征收报告制度。总局将继续组织开展淮河、太湖、黄河流域排污申报工作，要将排污许可证与排污收费结合起来，排污许可证的发放要以排污申报数据为基础进行（不能另外再搞一套），多报多收费、少报少给量，统一一套数据。排污许可证的执行情况也要通过申报核定来进行检查，将削减污染物排放总量落到实处。各地要积极开展污水处理厂和造纸、食品、电力、燃气、水泥等重点行业排污申报核定汇总工作，省级环保部门要加强排污费稽查，强化内部监督，严肃查处弄虚作假、少征、漏征、人情收费、协商收费等问题，重点问题要进行通报。要积极研究排污收费制度改革中的新情况、新问题，总局将配合有关部门在《水污染防治法》的修改中进一步理顺污水收费的相关政策，着手研究二氧化硫收费标准的提高问题、补充完善环保部门经费保障等相关政策，解决具体矛盾，调动积极性，促进排污费的“依法、全面、足额”征收。

在不断完善相关政策的同时，地方各级环保部门一定充分认识到排污收费作为执法手段的严肃性。最近网上披露了一条“排污费，一个幼儿园的四年之痒”的消息，一个私立的幼儿园，4 年来当地环保局未经监测就开出了有排放浓度的缴费通知单，金额从 4 000 多元到 6 万多元不等，非常不规范，造成了不好的影响。这件事提醒我们，要认真学习领会《条例》及其配套规章的规定，要知道哪些该收、哪些不该收（公立幼儿园要申报但不收费、营利性幼儿园要申报也要收费），还要做好宣传解释工作，要严格按照法定的权限和程序征收排污费。

（三）继续深入开展生态环境监察工作。各地要广开思路，勇于开拓，善于总结，以推动生态环境监察试点工作为基础，以开展专项执法检查、查处重大生态破坏案件为手段，以制定生态环境监察规范为措施，推进生态环境监察工作全面开展。各试点地区要积极探索，认真总结试点工作经验，逐步建立生态环境监察工作制度，建立和完善协同配合工作机制。各地要积极开展自然保护区专项执法检查，大力查处自然保护区内的生态破坏行为和环境违法案件，规范自然保护区的管理秩序，增强环境监察部门对自然保护区环境保护的监管意识。要继续加大重点领域监督执法力度，加强对矿山、畜禽养殖、秸秆禁烧及国家重点资源开发建设项目等方面生态环境监管力度。

（四）加强环境应急基础建设。各地要制定和完善各级环保部门的“突发环境事件应急预案”，要指导有关企业制订“环境应急预案”。要在总局两年环境应急演习的基础上，开展本地区的环境应急演练工作。应急演练可以先搞一些“室内作业”或“程序推演”，然后，再进行实际的现场演练，逐步积累经验，完善应急预案和应急工作程序。增强突发环境事件的敏锐性和责任感，严格执行报告制度，及时准确报告重大和特别重大突发环境事件，不得以任何理由迟报、谎报、瞒报和漏报。

（五）抓紧建立和完善环境监察执法体制。总局将按照胡锦涛总书记提出的“研究探索健全国家监察、地方监管、单位负责的环境监管体制”指示，曾培炎副总理“环保总局和有关部门要加强协同配合，研究解决环境执法中存在的法制、体制、机制、能力等方面的问题，进一步提高环境执法水平”的要求，总局将从增设区域派出督查机构、实施环境监察专员制度、加强总局环境监察局建设等方面努力强化国家监察能力，克服地方保护主义。各省、自治区、直辖市环保局亦可参照，设立派出机构，加强监督协调，促使地方政府监管职责到位。

（六）切实加强环境执法能力。《2005 年环保工作要点》明确要求“东部、中部、西部环境监察标准化建设达标率分别达到 60%、40%和 30%”。总局将在 2003 年和 2004 年 8 000 万元用于环境监察执法能力建设的基础上，继续争取 5 000 万元投入。今年标准化建设已列入专项行动考核的重要内容，各地要积极争取资金支持，增强环境执法能力建设，加快环境监察标准化建设进程。要加快推进环境应急救援体系建设。总局将组建国家“12369”环境应急救援指挥中心，逐步建立信息畅通、反应快捷的应急救援工作机制。

（七）继续加强环境监察队伍建设。各地要结合开展保持党员先进性教育，进一步加强环境监察队伍的自身建设。首先，建立健全环境行政执法责任制，实行环境行政执法过错责任追究制，确保责任制落到实处。其次，深入推进政务公开工作，实行环境执法公示制度，实施“阳光”执法，增强执法的透明度，畅通投诉渠道，认真听取群众对执法的意见和建议，及时处理举报、投诉和控告。第三，要严肃查处一批违反环保系统“六项禁令”、环境监察“六不准”以及行政不作为等典型案件，一旦发现问题属实，首先吊销环境监察执法证件，并视情节轻重，给予纪律处分。

三、几点要求

今年时间将近过去一半，但有些工作刚刚部署。时间紧、任务重，就完成今年的目标任务提三点要求：

（一）认清形势，统一思想认识

当前，环境保护工作正处在历史上前所未有的战略机遇期。党中央、国务院高度重视，落实科学发展观、构建和谐社会给环境保护提出了更高要求。环境执法工作既面临着前所未有的机遇和动力，也面临着前所未有的压力和挑战。党中央、国务院针对当前经济发展中存在的突出问题，审时度势，制订了一系列宏观调控和遏制低水平重复建设的政策措施。在连续两年召开的中央人口资源环境工作座谈会上，胡锦涛总书记、温家宝总理都明确指示要开展环保专项整治行动，切实解决关系人民群众切身利益的突出环境问题。温家宝总理在 2005 年政府工作报告中提出“抓紧解决严重影响人民群众健康安全的环境污染问题”。这些都是加强环境保护和环境执法工作的强大动力和难得的机遇，我们必须牢牢抓住这一机遇，推进环境执法工作，必须结合社会经济发展的需求，发挥好环境监察执法工作的保障作用，不断增强做好环境监察工作的责任感和紧迫感；不辱使命，勤奋工作，严格执法，切实履行环境监察工作职责，积极为全国经济社会全面、协调、可持续发展作贡献。

（二）突出重点，狠抓落实

环境监察任务艰巨，头绪很多，要科学计划，合理安排，防止顾此失彼。各级领导要胸中有全局，手中有重点，对本单位今年的工作任务要认真梳理，分清轻重缓急，围绕本地区、本部门的中心工作，突出重点。各级环保局和环境监察机构将环保专项整治行动作为今年环境执法工作的主线，全力投入。中纪委五次全会将企业违法排污、损害群众切身利益的环境问题列为2005年重点工作。曾培炎副总理批示："2005年地方各级人民政府要全面落实科学发展观，加强组织领导，落实环保责任制，确保专项行动的深入开展，切实维护群众利益。环保总局和有关部门要加强协同配合，研究解决环境执法中存在的法制、体制、机制、能力等方面的问题，进一步提高环境执法水平，努力使专项行动取得更大的成果。"对国务院6部门统一安排部署的重点工作要认真研究，结合实际，抓好实施。要采取法律、行政、经济、舆论曝光等有效手段，切实加大环境违法案件查处力度，尽快解决重点地区的重点问题。主要领导对重点工作要亲自过问，分管领导要全身心投入，严密组织，一抓到底，抓出成效。

(三)加强机制创新，深化环境执法工作

建立和完善长效管理机制是遏制污染反弹和生态破坏的重要手段。各地要认真研究新形势，积极开展机制创新，完善监督执法措施，深化环境执法工作。一是建立环境信息公开制度。各地应按照《清洁生产促进法》的规定，在当地主要媒体上定期公布污染物排放超标或者超过规定数量的企业名单。对列入名单的企业，应要求其自行公开污染治理进度和治理效果。二是完善环境违法案件移交移办制度。总局将联合监察部下发两部门环境违法案件联合办案和移送办法。各地要认真贯彻，加强部门合作，切实形成合力。三是实行定期调度公告制度。各地要组织开展现场检查，发现问题及时处理、及时上报、及时解决。充分利用宣传手段，及时公布治理进展和环境质量状况，公布一批典型环境违法案件，选择一批项目列入为民办实事的范围，定期调度，及时公布进展，力争每年解决一批实际问题。四是试行企业环保监督员制度。扩大企业环保监督员制度的试点，从电力、造纸行业开展培训、指导，积极推行该制度的实施。

同志们，我们正处于可以大有作为的重要战略机遇期，加快环境监察事业发展，任务艰巨，责任重大。各级环保部门要重视和支持环境监察队伍的发展，力求把环境监察工作抓实、抓细、抓出成效。让我们在以胡锦涛同志为总书记的党中央领导下，坚持以"三个代表"重要思想为指导，不断增强环境执法能力与水平，振奋精神，严格执法，与时俱进，求真务实，以更加旺盛的斗志，更加扎实的工作，为全面完成2005年的各项任务，作出新的贡献。

政策法规

- ◎ 环境保护法律
- ◎ 国务院部门规章文件
- ◎ 国家环保总局文件

环境保护法律和国务院部门规章文件

中华人民共和国固体废物污染环境防治法(修订)

(1995年10月30日第八届全国人民代表大会常务委员会第十六次会议通过 2004年12月29日第十届全国人民代表大会常务委员会第十三次会议修订)

目　录

第一章　总　则

第一条　为了防治固体废物污染环境,保障人体健康,维护生态安全,促进经济社会可持续发展,制定本法。

第二条　本法适用于中华人民共和国境内固体废物污染环境的防治。

固体废物污染海洋环境的防治和放射性固体废物污染环境的防治不适用本法。

第三条　国家对固体废物污染环境的防治,实行减少固体废物的产生量和危害性、充分合理利用固体废物和无害化处置固体废物的原则,促进清洁生产和循环经济发展。

国家采取有利于固体废物综合利用活动的经济、技术政策和措施,对固体废物实行充分回收和合理利用。

国家鼓励、支持采取有利于保护环境的集中处置固体废物的措施,促进固体废物污染环境防治产业发展。

第四条　县级以上人民政府应当将固体废物污染环境防治工作纳入国民经济和社会发展计划,并采取有利于固体废物污染环境防治的经济、技术政策和措施。

国务院有关部门、县级以上地方人民政府及其有关部门组织编制城乡建设、土地利用、区域开发、产业发展等规划,应当统筹考虑减少固体废物的产生量和危害性、促进固体废物的综合利用和无害化处置。

第五条　国家对固体废物污染环境防治实行污染者依法负责的原则。

产品的生产者、销售者、进口者、使用者对其产生的固体废物依法承担污染防治责任。

第六条　国家鼓励、支持固体废物污染环境防治的科学研究、技术开发、推广先进的防治技术和普及固体废物污染环境防治的科学知识。

各级人民政府应当加强防治固体废物污染环境的宣传教育,倡导有利于环境保护的生产方式和生活方式。

第七条　国家鼓励单位和个人购买、使用再生产品和可重复利用产品。

第八条　各级人民政府对在固体废物污染环境防治工作以及相关的综合利用活动中作出显著成绩的单位和个人给予奖励。

第九条　任何单位和个人都有保护环境的义务,并有权对造成固体废物污染环境的单位和个人进行检举和控告。

第十条　国务院环境保护行政主管部门对全国固体废物污染环境的防治工作实施统一监督管理。国务院有关部门在各自的职责范围内负责固体废物污染环境防治的监督管理工作。

县级以上地方人民政府环境保护行政主管部门对本行政区域内固体废物污染环境的防治工作实施统一监督管理。县级以上地方人民政府有关部门在各自的职责范围内负责固体废物污染环境防治的监督管理工作。

国务院建设行政主管部门和县级以上地方人民政府环境卫生行政主管部门负责生活垃圾清扫、收集、贮存、运输和处置的监督管理工作。

第二章　固体废物污染环境防治的监督管理

第十一条　国务院环境保护行政主管部门会同国务院有关行政主管部门根据国家环境质量标准和国家经济、技术条件,制定国家固体废物污染环境防治技术标准。

第十二条　国务院环境保护行政主管部门建立固体废物污染环境监测制度,制定统一的监测规范,并会同有关部门组织监测网络。

大、中城市人民政府环境保护行政主管部门应当定期发布固体废物的种类、产生量、处置状况等信息。

第十三条　建设产生固体废物的项目以及建设贮存、利用、处置固体废物的项目,必须依法进行环境影响评价,并遵守国家有关建设项目环境保护管理的规定。

第十四条　建设项目的环境影响评价文件确定需要配套建设的固体废物污染环境防治设施,必须与主体工程同时设计、同时施工、同时投入使用。固体废物污染环境防治设施必须经原审批环境影响评价文件的环境保护行政主管部门验收合格后,该建设项目方可投入生产或者使用。对固体废物污染环境防治设施的验收应当与对主体工程的验收同时进行。

第十五条 县级以上人民政府环境保护行政主管部门和其他固体废物污染环境防治工作的监督管理部门，有权依据各自的职责对管辖范围内与固体废物污染环境防治有关的单位进行现场检查。被检查的单位应当如实反映情况，提供必要的资料。检查机关应当为被检查的单位保守技术秘密和业务秘密。

检查机关进行现场检查时，可以采取现场监测、采集样品、查阅或者复制与固体废物污染环境防治相关的资料等措施。检查人员进行现场检查，应当出示证件。

第三章 固体废物污染环境的防治

第一节 一般规定

第十六条 产生固体废物的单位和个人，应当采取措施，防止或者减少固体废物对环境的污染。

第十七条 收集、贮存、运输、利用、处置固体废物的单位和个人，必须采取防扬散、防流失、防渗漏或者其他防止污染环境的措施；不得擅自倾倒、堆放、丢弃、遗撒固体废物。

禁止任何单位或者个人向江河、湖泊、运河、渠道、水库及其最高水位线以下的滩地和岸坡等法律、法规规定禁止倾倒、堆放废弃物的地点倾倒、堆放固体废物。

第十八条 产品和包装物的设计、制造，应当遵守国家有关清洁生产的规定。国务院标准化行政主管部门应当根据国家经济和技术条件、固体废物污染环境防治状况以及产品的技术要求，组织制定有关标准，防止过度包装造成环境污染。

生产、销售、进口依法被列入强制回收目录的产品和包装物的企业，必须按照国家有关规定对该产品和包装物进行回收。

第十九条 国家鼓励科研、生产单位研究、生产易回收利用、易处置或者在环境中可降解的薄膜覆盖物和商品包装物。

使用农用薄膜的单位和个人，应当采取回收利用等措施，防止或者减少农用薄膜对环境的污染。

第二十条 从事畜禽规模养殖应当按照国家有关规定收集、贮存、利用或者处置养殖过程中产生的畜禽粪便，防止污染环境。

禁止在人口集中地区、机场周围、交通干线附近以及当地人民政府划定的区域露天焚烧秸秆。

第二十一条 对收集、贮存、运输、处置固体废物的设施、设备和场所，应当加强管理和维护，保证其正常运行和使用。

第二十二条 在国务院和国务院有关主管部门及省、自治区、直辖市人民政府划定的自然保护区、风景名胜区、饮用水水源保护区、基本农田保护区和其他需要特别保护的区域内，禁止建设工业固体废物集中贮存、处置的设施、场所和生活垃圾填埋场。

第二十三条 转移固体废物出省、自治区、直辖市行政区域贮存、处置的，应当向固体废物移出地的省、自治区、直辖市人民政府环境保护行政主管部门提出申请。移出地的省、自治区、直辖市人民政府环境保护行政主管部门应当商经接受地的省、自治区、直辖市人民政府环境保护行政主管部门同意后，方可批准转移该固体废物出省、自治区、直辖市行政区域。未经批准的，不得转移。

第二十四条 禁止中华人民共和国境外的固体废物进境倾倒、堆放、处置。

第二十五条 禁止进口不能用做原料或者不能以无害化方式利用的固体废物；对可以用做原料的固体废物实行限制进口和自动许可进口分类管理。

国务院环境保护行政主管部门会同国务院对外贸易主管部门、国务院经济综合宏观调控部门、海关总署、国务院质量监督检验检疫部门制定、调整并公布禁止进口、限制进口和自动许可进口的固体废物目录。

禁止进口列入禁止进口目录的固体废物。进口列入限制进口目录的固体废物，应当经国务院环境保护行政主管部门会同国务院对外贸易主管部门审查许可。进口列入自动许可进口目录的固体废物，应当依法办理自动许可手续。

进口的固体废物必须符合国家环境保护标准，并经质量监督检验检疫部门检验合格。

进口固体废物的具体管理办法，由国务院环境保护行政主管部门会同国务院对外贸易主管部门、国务院经济综合宏观调控部门、海关总署、国务院质量监督检验检疫部门制定。

第二十六条 进口者对海关将其所进口的货物纳入固体废物管理范围不服的，可以依法申请行政复议，也可以向人民法院提起行政诉讼。

第二节 工业固体废物污染环境的防治

第二十七条 国务院环境保护行政主管部门应当会同国务院经济综合宏观调控部门和其他有关部门对工业固体废物对环境的污染作出界定，制定防治工业固体废物污染环境的技术政策，组织推广先进的防治工业固体废物污染环境的生产工艺和设备。

第二十八条 国务院经济综合宏观调控部门应当会同国务院有关部门组织研究、开发和推广减少工业固体废物产生量和危害性的生产工艺和设备，公布限期淘汰产生严重污染环境的工业固体废物的落后生产工艺、落后设备的名录。

生产者、销售者、进口者、使用者必须在国务院经济综合宏观调控部门会同国务院有关部门规定的期限内分别停止生产、销售、进口或者使用列入前款规定的名录中的设备。生产工艺的采用者必须在国务院经济综合宏观调控部门会同国务院有关部门规定的期限内停止采用列入前款规定的名录中的工艺。

列入限期淘汰名录被淘汰的设备，不得转让给他人使用。

第二十九条　县级以上人民政府有关部门应当制定工业固体废物污染环境防治工作规划，推广能够减少工业固体废物产生量和危害性的先进生产工艺和设备，推动工业固体废物污染环境防治工作。

第三十条　产生工业固体废物的单位应当建立健全污染环境防治责任制度，采取防治工业固体废物污染环境的措施。

第三十一条　企业事业单位应当合理选择和利用原材料、能源和其他资源，采用先进的生产工艺和设备，减少工业固体废物产生量，降低工业固体废物的危害性。

第三十二条　国家实行工业固体废物申报登记制度。

产生工业固体废物的单位必须按照国务院环境保护行政主管部门的规定，向所在地县级以上地方人民政府环境保护行政主管部门提供工业固体废物的种类、产生量、流向、贮存、处置等有关资料。

前款规定的申报事项有重大改变的，应当及时申报。

第三十三条　企业事业单位应当根据经济、技术条件对其产生的工业固体废物加以利用；对暂时不利用或者不能利用的，必须按照国务院环境保护行政主管部门的规定建设贮存设施、场所，安全分类存放，或者采取无害化处置措施。

建设工业固体废物贮存、处置的设施、场所，必须符合国家环境保护标准。

第三十四条　禁止擅自关闭、闲置或者拆除工业固体废物污染环境防治设施、场所；确有必要关闭、闲置或者拆除的，必须经所在地县级以上地方人民政府环境保护行政主管部门核准，并采取措施，防止污染环境。

第三十五条　产生工业固体废物的单位需要终止的，应当事先对工业固体废物的贮存、处置的设施、场所采取污染防治措施，并对未处置的工业固体废物作出妥善处置，防止污染环境。

产生工业固体废物的单位发生变更的，变更后的单位应当按照国家有关环境保护的规定对未处置的工业固体废物及其贮存、处置的设施、场所进行安全处置或者采取措施保证该设施、场所安全运行。变更前当事人对工业固体废物及其贮存、处置的设施、场所的污染防治责任另有约定的，从其约定；但是，不得免除当事人的污染防治义务。

对本法施行前已经终止的单位未处置的工业固体废物及其贮存、处置的设施、场所进行安全处置的费用，由有关人民政府承担；但是，该单位享有的土地使用权依法转让的，应当由土地使用权受让人承担处置费用。当事人另有约定的，从其约定；但是，不得免除当事人的污染防治义务。

第三十六条　矿山企业应当采取科学的开采方法和选矿工艺，减少尾矿、矸石、废石等矿业固体废物的产生量和贮存量。

尾矿、矸石、废石等矿业固体废物贮存设施停止使用后，矿山企业应当按照国家有关环境保护规定进行封场，防止造成环境污染和生态破坏。

第三十七条　拆解、利用、处置废弃电器产品和废弃机动车船，应当遵守有关法律、法规的规定，采取措施，防止污染环境。

第三节　生活垃圾污染环境的防治

第三十八条　县级以上人民政府应当统筹安排建设城乡生活垃圾收集、运输、处置设施，提高生活垃圾的利用率和无害化处置率，促进生活垃圾收集、处置的产业化发展，逐步建立和完善生活垃圾污染环境防治的社会服务体系。

第三十九条　县级以上地方人民政府环境卫生行政主管部门应当组织对城市生活垃圾进行清扫、收集、运输和处置，可以通过招标等方式选择具备条件的单位从事生活垃圾的清扫、收集、运输和处置。

第四十条　对城市生活垃圾应当按照环境卫生行政主管部门的规定，在指定的地点放置，不得随意倾倒、抛撒或者堆放。

第四十一条　清扫、收集、运输、处置城市生活垃圾，应当遵守国家有关环境保护和环境卫生管理的规定，防止污染环境。

第四十二条　对城市生活垃圾应当及时清运，逐步做到分类收集和运输，并积极开展合理利用和实施无害化处置。

第四十三条　城市人民政府应当有计划地改进燃料结构，发展城市煤气、天然气、液化气和其他清洁能源。

城市人民政府有关部门应当组织净菜进城，减少城市生活垃圾。

城市人民政府有关部门应当统筹规划，合理安排收购网点，促进生活垃圾的回收利用工作。

第四十四条　建设生活垃圾处置的设施、场所，必须符合国务院环境保护行政主管部门和国务院建设行政主管部门规定的环境保护和环境卫生标准。

禁止擅自关闭、闲置或者拆除生活垃圾处置的设施、场所；确有必要关闭、闲置或者拆除的，必须经所在地县级以上地方人民政府环境卫生行政主管部门和环境保护行政主管部门核准，并采取措施，防止污染环境。

第四十五条　从生活垃圾中回收的物质必须按照国家规定的用途或者标准使用，不得用于生产可能危害人体健康的产品。

第四十六条　工程施工单位应当及时清运工程施工过程中产生的固体废物，并按照环境卫生行政主管部门的规定进行利用或者处置。

第四十七条　从事公共交通运输的经营单位，应当按照国家有关规定，清扫、收集运输过程中产生的生活垃圾。

第四十八条　从事城市新区开发、旧区改建和住宅小区开发建设的单位，以及机场、码头、车站、公园、商店等公共设施、场所的经营管理单位，应当按照国家有关环境卫生的规定，配套建设生活垃圾收集设施。

第四十九条 农村生活垃圾污染环境防治的具体办法，由地方性法规规定。

第四章 危险废物污染环境防治的特别规定

第五十条 危险废物污染环境的防治，适用本章规定；本章未作规定的，适用本法其他有关规定。

第五十一条 国务院环境保护行政主管部门应当会同国务院有关部门制定国家危险废物名录，规定统一的危险废物鉴别标准、鉴别方法和识别标志。

第五十二条 对危险废物的容器和包装物以及收集、贮存、运输、处置危险废物的设施、场所，必须设置危险废物识别标志。

第五十三条 产生危险废物的单位，必须按照国家有关规定制定危险废物管理计划，并向所在地县级以上地方人民政府环境保护行政主管部门申报危险废物的种类、产生量、流向、贮存、处置等有关资料。

前款所称危险废物管理计划应当包括减少危险废物产生量和危害性的措施以及危险废物贮存、利用、处置措施。危险废物管理计划应当报产生危险废物的单位所在地县级以上地方人民政府环境保护行政主管部门备案。

本条规定的申报事项或者危险废物管理计划内容有重大改变的，应当及时申报。

第五十四条 国务院环境保护行政主管部门会同国务院经济综合宏观调控部门组织编制危险废物集中处置设施、场所的建设规划，报国务院批准后实施。

县级以上地方人民政府应当依据危险废物集中处置设施、场所的建设规划组织建设危险废物集中处置设施、场所。

第五十五条 产生危险废物的单位，必须按照国家有关规定处置危险废物，不得擅自倾倒、堆放；不处置的，由所在地县级以上地方人民政府环境保护行政主管部门责令限期改正；逾期不处置或者处置不符合国家有关规定的，由所在地县级以上地方人民政府环境保护行政主管部门指定单位按照国家有关规定代为处置，处置费用由产生危险废物的单位承担。

第五十六条 以填埋方式处置危险废物不符合国务院环境保护行政主管部门规定的，应当缴纳危险废物排污费。危险废物排污费征收的具体办法由国务院规定。

危险废物排污费用于污染环境的防治，不得挪作他用。

第五十七条 从事收集、贮存、处置危险废物经营活动的单位，必须向县级以上人民政府环境保护行政主管部门申请领取经营许可证；从事利用危险废物经营活动的单位，必须向国务院环境保护行政主管部门或者省、自治区、直辖市人民政府环境保护行政主管部门申请领取经营许可证。具体管理办法由国务院规定。

禁止无经营许可证或者不按照经营许可证规定从事危险废物收集、贮存、利用、处置的经营活动。

禁止将危险废物提供或者委托给无经营许可证的单位从事收集、贮存、利用、处置的经营活动。

第五十八条 收集、贮存危险废物，必须按照危险废物特性分类进行。禁止混合收集、贮存、运输、处置性质不相容而未经安全性处置的危险废物。

贮存危险废物必须采取符合国家环境保护标准的防护措施，并不得超过一年；确需延长期限的，必须报经原批准经营许可证的环境保护行政主管部门批准；法律、行政法规另有规定的除外。

禁止将危险废物混入非危险废物中贮存。

第五十九条 转移危险废物的，必须按照国家有关规定填写危险废物转移联单，并向危险废物移出地设区的市级以上地方人民政府环境保护行政主管部门提出申请。移出地设区的市级以上地方人民政府环境保护行政主管部门应当商经接受地设区的市级以上地方人民政府环境保护行政主管部门同意后，方可批准转移该危险废物。未经批准的，不得转移。

转移危险废物途经移出地、接受地以外行政区域的，危险废物移出地设区的市级以上地方人民政府环境保护行政主管部门应当及时通知沿途经过的设区的市级以上地方人民政府环境保护行政主管部门。

第六十条 运输危险废物，必须采取防止污染环境的措施，并遵守国家有关危险货物运输管理的规定。

禁止将危险废物与旅客在同一运输工具上载运。

第六十一条 收集、贮存、运输、处置危险废物的场所、设施、设备和容器、包装物及其他物品转作他用时，必须经过消除污染的处理，方可使用。

第六十二条 产生、收集、贮存、运输、利用、处置危险废物的单位，应当制定意外事故的防范措施和应急预案，并向所在地县级以上地方人民政府环境保护行政主管部门备案；环境保护行政主管部门应当进行检查。

第六十三条 因发生事故或者其他突发性事件，造成危险废物严重污染环境的单位，必须立即采取措施消除或者减轻对环境的污染危害，及时通报可能受到污染危害的单位和居民，并向所在地县级以上地方人民政府环境保护行政主管部门和有关部门报告，接受调查处理。

第六十四条 在发生或者有证据证明可能发生危险废物严重污染环境、威胁居民生命财产安全时，县级以上地方人民政府环境保护行政主管部门或者其他固体废物污染环境防治工作的监督管理部门必须立即向本级人民政府和上一级人民政府有关行政主管部门报告，由人民政府采取防止或者减轻危害的有效措施。有关人民政府可以根据需要责令停止导致或者可能导致环境污染事故的作业。

第六十五条 重点危险废物集中处置设施、场所的退役费用应当预提，列入投资概算或者经营成本。具体提取和管理办法，由国务院财政部门、价格主管部门会同国务院环境保护行政主管部门规定。

第六十六条 禁止经中华人民共和国过境转移危险废物。

第五章 法律责任

第六十七条 县级以上人民政府环境保护行政主管部门或者其他固体废物污染环境防治工作的监督管理部门违反本法规定，有下列行为之一的，由本级人民政府或者上级人民政府有关行政主管部门责令改正，对负有责任的主管人员和其他直接责任人员依法给予行政处分；构成犯罪的，依法追究刑事责任：

(一)不依法作出行政许可或者办理批准文件的；

(二)发现违法行为或者接到对违法行为的举报后不予查处的；

(三)有不依法履行监督管理职责的其他行为的。

第六十八条 违反本法规定，有下列行为之一的，由县级以上人民政府环境保护行政主管部门责令停止违法行为，限期改正，处以罚款：

(一)不按照国家规定申报登记工业固体废物，或者在申报登记时弄虚作假的；

(二)对暂时不利用或者不能利用的工业固体废物未建设贮存的设施、场所安全分类存放，或者未采取无害化处置措施的；

(三)将列入限期淘汰名录被淘汰的设备转让给他人使用的；

(四)擅自关闭、闲置或者拆除工业固体废物污染环境防治设施、场所的；

(五)在自然保护区、风景名胜区、饮用水水源保护区、基本农田保护区和其他需要特别保护的区域内，建设工业固体废物集中贮存、处置的设施、场所和生活垃圾填埋场的；

(六)擅自转移固体废物出省、自治区、直辖市行政区域贮存、处置的；

(七)未采取相应防范措施，造成工业固体废物扬散、流失、渗漏或者造成其他环境污染的；

(八)在运输过程中沿途丢弃、遗撒工业固体废物的。

有前款第一项、第八项行为之一的，处五千元以上五万元以下的罚款；有前款第二项、第三项、第四项、第五项、第六项、第七项行为之一的，处一万元以上十万元以下的罚款。

第六十九条 违反本法规定，建设项目需要配套建设的固体废物污染环境防治设施未建成、未经验收或者验收不合格，主体工程即投入生产或者使用的，由审批该建设项目环境影响评价文件的环境保护行政主管部门责令停止生产或者使用，可以并处十万元以下的罚款。

第七十条 违反本法规定，拒绝县级以上人民政府环境保护行政主管部门或者其他固体废物污染环境防治工作的监督管理部门现场检查的，由执行现场检查的部门责令限期改正；拒不改正或者在检查时弄虚作假的，处二千元以上二万元以下的罚款。

第七十一条 从事畜禽规模养殖未按照国家有关规定收集、贮存、处置畜禽粪便，造成环境污染的，由县级以上地方人民政府环境保护行政主管部门责令限期改正，可以处五万元以下的罚款。

第七十二条 违反本法规定，生产、销售、进口或者使用淘汰的设备，或者采用淘汰的生产工艺的，由县级以上人民政府经济综合宏观调控部门责令改正；情节严重的，由县级以上人民政府经济综合宏观调控部门提出意见，报请同级人民政府按照国务院规定的权限决定停业或者关闭。

第七十三条 尾矿、矸石、废石等矿业固体废物贮存设施停止使用后，未按照国家有关环境保护规定进行封场的，由县级以上地方人民政府环境保护行政主管部门责令限期改正，可以处五万元以上二十万元以下的罚款。

第七十四条 违反本法有关城市生活垃圾污染环境防治的规定，有下列行为之一的，由县级以上地方人民政府环境卫生行政主管部门责令停止违法行为，限期改正，处以罚款：

(一)随意倾倒、抛撒或者堆放生活垃圾的；

(二)擅自关闭、闲置或者拆除生活垃圾处置设施、场所的；

(三)工程施工单位不及时清运施工过程中产生的固体废物，造成环境污染的；

(四)工程施工单位不按照环境卫生行政主管部门的规定对施工过程中产生的固体废物进行利用或者处置的；

(五)在运输过程中沿途丢弃、遗撒生活垃圾的。

单位有前款第一项、第三项、第五项行为之一的，处五千元以上五万元以下的罚款；有前款第二项、第四项行为之一的，处一万元以上十万元以下的罚款。个人有前款第一项、第五项行为之一的，处二百元以下的罚款。

第七十五条 违反本法有关危险废物污染环境防治的规定，有下列行为之一的，由县级以上人民政府环境保护行政主管部门责令停止违法行为，限期改正，处以罚款：

(一)不设置危险废物识别标志的；

(二)不按照国家规定申报登记危险废物，或者在申报登记时弄虚作假的；

(三)擅自关闭、闲置或者拆除危险废物集中处置设施、场所的；

(四)不按照国家规定缴纳危险废物排污费的；

（五）将危险废物提供或者委托给无经营许可证的单位从事经营活动的；

（六）不按照国家规定填写危险废物转移联单或者未经批准擅自转移危险废物的；

（七）将危险废物混入非危险废物中贮存的；

（八）未经安全性处置，混合收集、贮存、运输、处置具有不相容性质的危险废物的；

（九）将危险废物与旅客在同一运输工具上载运的；

（十）未经消除污染的处理将收集、贮存、运输、处置危险废物的场所、设施、设备和容器、包装物及其他物品转作他用的；

（十一）未采取相应防范措施，造成危险废物扬散、流失、渗漏或者造成其他环境污染的；

（十二）在运输过程中沿途丢弃、遗撒危险废物的；

（十三）未制定危险废物意外事故防范措施和应急预案的。

有前款第一项、第二项、第七项、第八项、第九项、第十项、第十一项、第十二项、第十三项行为之一的，处一万元以上十万元以下的罚款；有前款第三项、第五项、第六项行为之一的，处二万元以上二十万元以下的罚款；有前款第四项行为的，限期缴纳，逾期不缴纳的，处应缴纳危险废物排污费金额一倍以上三倍以下的罚款。

第七十六条 违反本法规定，危险废物产生者不处置其产生的危险废物又不承担依法应当承担的处置费用的，由县级以上地方人民政府环境保护行政主管部门责令限期改正，处代为处置费用一倍以上三倍以下的罚款。

第七十七条 无经营许可证或者不按照经营许可证规定从事收集、贮存、利用、处置危险废物经营活动的，由县级以上人民政府环境保护行政主管部门责令停止违法行为，没收违法所得，可以并处违法所得三倍以下的罚款。

不按照经营许可证规定从事前款活动的，还可以由发证机关吊销经营许可证。

第七十八条 违反本法规定，将中华人民共和国境外的固体废物进境倾倒、堆放、处置的，进口属于禁止进口的固体废物或者未经许可擅自进口属于限制进口的固体废物用作原料的，由海关责令退运该固体废物，可以并处十万元以上一百万元以下的罚款；构成犯罪的，依法追究刑事责任。进口者不明的，由承运人承担退运该固体废物的责任，或者承担该固体废物的处置费用。

逃避海关监管将中华人民共和国境外的固体废物运输进境，构成犯罪的，依法追究刑事责任。

第七十九条 违反本法规定，经中华人民共和国过境转移危险废物的，由海关责令退运该危险废物，可以并处五万元以上五十万元以下的罚款。

第八十条 对已经非法入境的固体废物，由省级以上人民政府环境保护行政主管部门依法向海关提出处理意见，海关应当依照本法第七十八条的规定作出处罚决定；已经造成环境污染的，由省级以上人民政府环境保护行政主管部门责令进口者消除污染。

第八十一条 违反本法规定，造成固体废物严重污染环境的，由县级以上人民政府环境保护行政主管部门按照国务院规定的权限决定限期治理；逾期未完成治理任务的，由本级人民政府决定停业或者关闭。

第八十二条 违反本法规定，造成固体废物污染环境事故的，由县级以上人民政府环境保护行政主管部门处二万元以上二十万元以下的罚款；造成重大损失的，按照直接损失的百分之三十计算罚款，但是最高不超过一百万元，对负有责任的主管人员和其他直接责任人员，依法给予行政处分；造成固体废物污染环境重大事故的，并由县级以上人民政府按照国务院规定的权限决定停业或者关闭。

第八十三条 违反本法规定，收集、贮存、利用、处置危险废物，造成重大环境污染事故，构成犯罪的，依法追究刑事责任。

第八十四条 受到固体废物污染损害的单位和个人，有权要求依法赔偿损失。

赔偿责任和赔偿金额的纠纷，可以根据当事人的请求，由环境保护行政主管部门或者其他固体废物污染环境防治工作的监督管理部门调解处理；调解不成的，当事人可以向人民法院提起诉讼。当事人也可以直接向人民法院提起诉讼。

国家鼓励法律服务机构对固体废物污染环境诉讼中的受害人提供法律援助。

第八十五条 造成固体废物污染环境的，应当排除危害，依法赔偿损失，并采取措施恢复环境原状。

第八十六条 因固体废物污染环境引起的损害赔偿诉讼，由加害人就法律规定的免责事由及其行为与损害结果之间不存在因果关系承担举证责任。

第八十七条 固体废物污染环境的损害赔偿责任和赔偿金额的纠纷，当事人可以委托环境监测机构提供监测数据。环境监测机构应当接受委托，如实提供有关监测数据。

第六章 附 则

第八十八条 本法下列用语的含义：

（一）固体废物，是指在生产、生活和其他活动中产生的丧失原有利用价值或者虽未丧失利用价值但被抛弃或者放弃的固态、半固态和置于容器中的气态的物品、物质以及法律、行政法规规定纳入固体废物管理的物品、物质。

（二）工业固体废物，是指在工业生产活动中产生的固体废物。

（三）生活垃圾，是指在日常生活中或者为日常生活提供服务的活动中产生的固体废物以及法律、行政法规规定视为生活垃圾的固体废物。

（四）危险废物，是指列入国家危险废物名录或者根据国家规定的危险废物鉴别标准和鉴别方法认定的具有危险特性的固体废物。

（五）贮存，是指将固体废物临时置于特定设施或者场所中的活动。

（六）处置，是指将固体废物焚烧和用其他改变固体废物的物理、化学、生物特性的方法，达到减少已产生的固体废物数量、缩小固体废物体积、减少或者消除其危险成分的活动，或者将固体废物最终置于符合环境保护规定要求的填埋场的活动。

（七）利用，是指从固体废物中提取物质作为原材料或者燃料的活动。

第八十九条 液态废物的污染防治，适用本法；但是，排入水体的废水的污染防治适用有关法律，不适用本法。

第九十条 中华人民共和国缔结或者参加的与固体废物污染环境防治有关的国际条约与本法有不同规定的，适用国际条约的规定；但是，中华人民共和国声明保留的条款除外。

第九十一条 本法自2005年4月1日起施行。

卫生部 国家环境保护总局令

（第21号）

根据《中华人民共和国传染病防治法》、《中华人民共和国固体废物污染环境防治法》和《医疗废物管理条例》，特制定《医疗废物管理行政处罚办法》。现予公布，自2004年6月1日起施行。

卫生部部长：吴　仪（兼）

国家环境保护总局局长：解振华

2004年5月27日

医疗废物管理行政处罚办法

第一条 根据《中华人民共和国传染病防治法》、《中华人民共和国固体废物污染环境防治法》和《医疗废物管理条例》（以下简称《条例》），县级以上人民政府卫生行政主管部门和环境保护行政主管部门按照各自职责，对违反医疗废物管理规定的行为实施的行政处罚，适用本办法。

第二条 医疗卫生机构有《条例》第四十五条规定的下列情形之一的，由县级以上地方人民政府卫生行政主管部门责令限期改正，给予警告；逾期不改正的，处2 000元以上5 000元以下的罚款：

（一）未建立、健全医疗废物管理制度，或者未设置监控部门或者专（兼）职人员的；

（二）未对有关人员进行相关法律和专业技术、安全防护以及紧急处理等知识培训的；

（三）未对医疗废物进行登记或者未保存登记资料的；

（四）对使用后的医疗废物运送工具或者运送车辆未在指定地点及时进行消毒和清洁的；

（五）依照《条例》自行建有医疗废物处置设施的医疗卫生机构未定期对医疗废物处置设施的污染防治和卫生学效果进行检测、评价，或者未将检测、评价效果存档、报告的。

第三条 医疗废物集中处置单位有《条例》第四十五条规定的下列情形之一的，由县级以上地方人民政府环境保护行政主管部门责令限期改正，给予警告；逾期不改正的，处2 000元以上5 000元以下的罚款：

（一）未建立、健全医疗废物管理制度，或者未设置监控部门或者专（兼）职人员的；

（二）未对有关人员进行相关法律和专业技术、安全防护以及紧急处理等知识培训的；

（三）未对医疗废物进行登记或者未保存登记资料的；

（四）对使用后的医疗废物运送车辆未在指定地点及时进行消毒和清洁的；

（五）未及时收集、运送医疗废物的；

（六）未定期对医疗废物处置设施的污染防治和卫生学效果进行检测、评价，或者未将检测、评价效果存档、报告的。

第四条 医疗卫生机构、医疗废物集中处置单位有《条例》第四十五条规定的情形，未对从事医疗废物收集、运送、贮存、处置等工作的人员和管理人员采取职业卫生防护措施的，由县级以上地方人民政府卫生行政主管部门责令限期改正，给予警告；逾期不改正的，处2 000元以上5 000元以下的罚款。

第五条 医疗卫生机构有《条例》第四十六条规定的下列情形之一的，由县级以上地方人民政府卫生行政主管部门责令限期改正，给予警告，可以并处5 000元以下的罚款，逾期不改正的，处5 000元以上3万元以下的罚款：

（一）贮存设施或者设备不符合环境保护、卫生要求的；

（二）未将医疗废物按照类别分置于专用包装物或者容器的；

（三）未使用符合标准的运送工具运送医疗废物或者使用运送医疗废物的运送工具运送其他物品的。

第六条 医疗废物集中处置单位有《条例》第四十六条规定的下列情形之一的，由县级以上地方人民政府环境保护行政主管部门责令限期改正，给予警告，可以并处5 000元以下的罚款，逾期不改正的，处5 000元以上3万元以下的罚款：

（一）贮存设施或者设备不符合环境保护、卫生要求的；

（二）未将医疗废物按照类别分置于专用包装物

或者容器的；

（三）未使用符合标准的专用车辆运送医疗废物或者使用运送医疗废物的车辆运送其他物品的；

（四）未安装污染物排放在线监控装置或者监控装置未经常处于正常运行状态的。

第七条 医疗卫生机构有《条例》第四十七条规定的下列情形之一的，由县级以上地方人民政府卫生行政主管部门责令限期改正，给予警告，并处5 000元以上1万元以下的罚款；逾期不改正的，处1万元以上3万元以下的罚款：

（一）在医疗卫生机构内运送过程中丢弃医疗废物，在非贮存地点倾倒、堆放医疗废物或者将医疗废物混入其他废物和生活垃圾的；

（二）未按照《条例》的规定对污水、传染病病人或者疑似传染病病人的排泄物，进行严格消毒的，或者未达到国家规定的排放标准，排入医疗卫生机构内的污水处理系统的；

（三）对收治的传染病病人或者疑似传染病病人产生的生活垃圾，未按照医疗废物进行管理和处置的。

医疗卫生机构在医疗卫生机构外运送过程中丢弃医疗废物，在非贮存地点倾倒、堆放医疗废物或者将医疗废物混入其他废物和生活垃圾的，由县级以上地方人民政府环境保护行政主管部门责令限期改正，给予警告，并处5 000元以上1万元以下的罚款；逾期不改正的，处1万元以上3万元以下的罚款。

第八条 医疗废物集中处置单位有《条例》第四十七条规定的情形，在运送过程中丢弃医疗废物，在非贮存地点倾倒、堆放医疗废物或者将医疗废物混入其他废物和生活垃圾的，由县级以上地方人民政府环境保护行政主管部门责令限期改正，给予警告，并处5 000元以上1万元以下的罚款；逾期不改正的，处1万元以上3万元以下的罚款。

第九条 医疗废物集中处置单位和依照《条例》自行建有医疗废物处置设施的医疗卫生机构，有《条例》第四十七条规定的情形，对医疗废物的处置不符合国家规定的环境保护、卫生标准、规范的，由县级以上地方人民政府环境保护行政主管部门责令限期改正，给予警告，并处5 000元以上1万元以下的罚款；逾期不改正的，处1万元以上3万元以下的罚款。

第十条 医疗卫生机构、医疗废物集中处置单位有《条例》第四十七条规定的下列情形之一的，由县级以上人民政府环境保护行政主管部门责令改正，给予警告，并处5000元以上1万元以下的罚款；逾期不改正的，处1万元以上3万元以下的罚款；对医疗卫生机构实施处罚的，县级以上人民政府环境保护行政主管部门应当将处罚决定通知同级人民政府卫生行政主管部门：

（一）未执行危险废物转移联单管理制度的；

（二）将医疗废物交给未取得经营许可证的单位或者个人收集、运送、贮存、处置的。

第十一条 有《条例》第四十九条规定的情形，医疗卫生机构发生医疗废物流失、泄漏、扩散时，未采取紧急处理措施，或者未及时向卫生行政主管部门报告的，由县级以上地方人民政府卫生行政主管部门责令改正，给予警告，并处1万元以上3万元以下的罚款。

医疗废物集中处置单位发生医疗废物流失、泄漏、扩散时，未采取紧急处理措施，或者未及时向环境保护行政主管部门报告的，由县级以上地方人民政府环境保护行政主管部门责令改正，给予警告，并处1万元以上3万元以下的罚款。

第十二条 有《条例》第五十条规定的情形，医疗卫生机构、医疗废物集中处置单位阻碍卫生行政主管部门执法人员执行职务，拒绝执法人员进入现场，或者不配合执法部门的检查、监测、调查取证的，由县级以上地方人民政府卫生行政主管部门责令改正，给予警告；拒不改正的，由原发证的卫生行政主管部门暂扣或者吊销医疗卫生机构的执业许可证件。

医疗卫生机构、医疗废物集中处置单位阻碍环境保护行政主管部门执法人员执行职务，拒绝执法人员进入现场，或者不配合执法部门的检查、监测、调查取证的，由县级以上地方人民政府环境保护行政主管部门责令限期改正，并处1万元以下的罚款；拒不改正的，由原发证的环境保护行政主管部门暂扣或者吊销医疗废物集中处置单位经营许可证件。

第十三条 有《条例》第五十一条规定的情形，不具备集中处置医疗废物条件的农村，医疗卫生机构未按照卫生行政主管部门有关疾病防治的要求处置医疗废物的，由县级人民政府卫生行政主管部门责令限期改正，给予警告；逾期不改正的，处1 000元以上5 000元以下的罚款；未按照环境保护行政主管部门有关环境污染防治的要求处置医疗废物的，由县级人民政府环境保护行政主管部门责令限期改正，给予警告；逾期不改正的，处1 000元以上5 000元以下的罚款。

第十四条 有《条例》第五十二条规定的情形，未取得经营许可证从事医疗废物的收集、运送、贮存、处置等活动的，由县级以上地方人民政府环境保护行政主管部门责令停止违法行为，没收违法所得，可以并处违法所得1倍以下的罚款。

第十五条 有《条例》第四十七条、第四十八条、第四十九条、第五十一条规定的情形，医疗卫生机构造成传染病传播的，由县级以上地方人民政府卫生行政主管部门依法处罚，并由原发证的卫生行政主管部门暂扣或者吊销执业许可证件；造成环境污染事故的，由县级以上地方人民政府环境保护行政主管部门依照《中华人民共和国固体废物污染环境防治法》有关规定予以处罚，并由原发证的卫生行政主管部门暂扣或者吊销执业许可证件。

医疗废物集中处置单位造成传染病传播的，由县级以上地方人民政府卫生行政主管部门依法处罚,并由原发证的环境保护行政主管部门暂扣或者吊销经营许可证件;造成环境污染事故的,由县级以上地方人民政府环境保护行政主管部门依照《中华人民共和国固体废物污染环境防治法》有关规定予以处罚,并由原发证的环境保护行政主管部门暂扣或者吊销经营许可证件。

第十六条 有《条例》第五十三条规定的情形,转让、买卖医疗废物,邮寄或者通过铁路、航空运输医疗废物,或者违反《条例》规定通过水路运输医疗废物的,由县级以上地方人民政府环境保护行政主管部门责令转让、买卖双方、邮寄人、托运人立即停止违法行为,给予警告,没收违法所得;违法所得5 000元以上的,并处违法所得2倍以上5倍以下的罚款;没有违法所得或者违法所得不足5 000元的,并处5 000元以上2万元以下的罚款。

承运人明知托运人违反《条例》的规定运输医疗废物,仍予以运输的,或者承运人将医疗废物与旅客在同一工具上载运的,按照前款的规定予以处罚。

第十七条 本办法自2004年6月1日起施行。

国家环境保护总局令

(第22号)

根据《中华人民共和国行政许可法》和《中华人民共和国环境影响评价法》等法律法规,特制定《环境保护行政许可听证暂行办法》。本办法已于2004年6月17日经国家环境保护总局局务会议通过,现予发布,自2004年7月1日起施行。

国家环境保护总局局长 解振华

2004年6月23日

环境保护行政许可听证暂行办法

第一章 总 则

第一条 为了规范环境保护行政许可活动,保障和监督环境保护行政主管部门依法行政,提高环境保护行政许可的科学性、公正性、合理性和民主性,保护公民、法人和其他组织的合法权益,根据《中华人民共和国行政许可法》、《中华人民共和国环境影响评价法》等有关法律法规的规定,制定本办法。

第二条 县级以上人民政府环境保护行政主管部门实施环境保护行政许可时,适用本办法进行听证。

第三条 听证由拟作出环境保护行政许可决定的环境保护行政主管部门组织。

第四条 环境保护行政主管部门组织听证,应当遵循公开、公平、公正和便民的原则,充分听取公民、法人和其他组织的意见,保证其陈述意见、质证和申辩的权利。

除涉及国家秘密、商业秘密或者个人隐私外,听证应当公开举行。

公开举行的听证,公民、法人或者其他组织可以申请参加旁听。

第二章 听证的适用范围

第五条 实施环境保护行政许可,有下列情形之一的,适用本办法:

(一)按照法律、法规、规章的规定,实施环境保护行政许可应当组织听证的;

(二)实施涉及公共利益的重大环境保护行政许可,环境保护行政主管部门认为需要听证的;

(三)环境保护行政许可直接涉及申请人与他人之间重大利益关系,申请人、利害关系人依法要求听证的。

第六条 除国家规定需要保密的建设项目外,建设本条所列项目的单位,在报批环境影响报告书前,未依法征求有关单位、专家和公众的意见,或者虽然依法征求了有关单位、专家和公众的意见,但存在重大意见分歧的,环境保护行政主管部门在审查或者重新审核建设项目环境影响评价文件之前,可以举行听证会,征求项目所在地有关单位和居民的意见:

(一)对环境可能造成重大影响、应当编制环境影响报告书的建设项目;

(二)可能产生油烟、恶臭、噪声或者其他污染,严重影响项目所在地居民生活环境质量的建设项目。

第七条 对可能造成不良环境影响并直接涉及公众环境权益的工业、农业、畜牧业、林业、能源、水利、交通、城市建设、旅游、自然资源开发的有关专项规划,设区的市级以上人民政府在审批该专项规划草案和作出决策之前,指定环境保护行政主管部门对环境影响报告书进行审查的,环境保护行政主管部门可以举行听证会,征求有关单位、专家和公众对环境影响报告书草案的意见。国家规定需要保密的规划除外。

第三章 听证主持人和听证参加人

第八条 环境保护行政许可的听证活动,由承担许可职能的环境保护行政主管部门组织,并由其指定听证主持人具体实施。

听证主持人应当由环境保护行政主管部门许可审查机构内审查该行政许可申请的工作人员以外的人员担任。

环境行政许可事项重大复杂,环境保护行政主管部门决定举行听证,由许可审查机构的人员担任听证主持人可能影响公正处理的,由法制机构工作人员担任听证主持人。

记录员由听证主持人指定。

第九条 听证主持人在听证活动中行使下列

职权：

（一）决定举行听证的时间、地点和方式；

（二）决定听证的延期、中止或者终结；

（三）决定证人是否出席作证；

（四）就听证事项进行询问；

（五）接收并审核有关证据，必要时可要求听证参加人提供或者补充证据；

（六）指挥听证活动，维护听证秩序，对违反听证纪律的行为予以警告直至责令其退场；

（七）对听证笔录进行审阅；

（八）法律、法规和规章赋予的其他职权。

记录员具体承担听证准备和听证记录工作。

第十条 听证主持人在听证活动中承担下列义务：

（一）决定将有关听证的通知及时送达行政许可申请人、利害关系人、行政许可审查人员、鉴定人、翻译人员等听证参加人；

（二）公正地主持听证，保证当事人行使陈述权、申辩权和质证权；

（三）符合回避情形的，应当自行回避；

（四）保守听证案件涉及的国家秘密、商业秘密和个人隐私。

记录员应当如实制作听证笔录，并承担本条第（四）项所规定的义务。

第十一条 听证主持人有下列情形之一的，应当自行回避。环境保护行政许可申请人或者利害关系人有权以口头或者书面方式申请其回避：

（一）是被听证的行政许可的审查人员，或者是行政许可审查人员的近亲属；

（二）是被听证的行政许可的当事人，或者是被听证的行政许可当事人、代理人的近亲属；

（三）与行政许可结果有直接利害关系的；

（四）与被听证的行政许可当事人有其他关系，可能影响公正听证的。

前款规定，适用于环境鉴定、监测人员。

行政许可申请人或者利害关系人申请听证主持人回避的，应说明理由，由组织听证的环境保护行政主管部门负责人决定是否回避。在是否回避的决定作出之前，被申请回避的听证主持人应当暂停参与听证工作。

第十二条 环境保护行政许可申请人、利害关系人享有下列权利：

（一）要求或者放弃听证；

（二）依法申请听证主持人回避；

（三）可以亲自参加听证，也可以委托一至二人代理参加听证；

（四）就听证事项进行陈述、申辩和举证；

（五）对证据进行质证；

（六）听证结束前进行最后陈述；

（七）审阅并核对听证笔录；

（八）查阅案卷。

第十三条 环境保护行政许可申请人、利害关系人承担下列义务：

（一）按照组织听证的环境保护行政主管部门指定的时间、地点出席听证会；

（二）依法举证；

（三）如实回答听证主持人的询问；

（四）遵守听证纪律。

听证申请人无正当理由不出席听证会的，视同放弃听证权利。

听证申请人违反听证纪律，情节严重被听证主持人责令退场的，视同放弃听证权利。

环境鉴定人、监测人、证人、翻译人员等听证参加人，应当承担第（三）项和第（四）项义务。

第十四条 行政许可申请人、利害关系人或者其法定代理人，委托他人代理参加听证的，应当向组织听证的环境保护行政主管部门提交由委托人签名或者盖章的授权委托书。

授权委托书应当载明委托事项及权限。

第十五条 组织听证的环境保护行政主管部门可以通知了解被听证的行政许可事项的单位和个人出席听证会。

有关单位应当支持了解被听证的行政许可事项的单位和个人出席听证会。

证人确有困难不能出席听证会的，可以提交有本人签名或者盖章的书面证言。

第十六条 环境保护行政许可事项需要进行鉴定或者监测的，应当委托符合条件的鉴定或者监测机构。接受委托的机构有权了解有关材料，必要时可以询问行政许可申请人、利害关系人或者证人。

鉴定或者监测机构应当提交签名或者盖章的书面鉴定或者监测结论。

第四章 听证程序

第十七条 环境保护行政主管部门对本办法第五条第（一）项和第（二）项规定的环境保护行政许可事项，决定举行听证的，应在听证举行的10日前，通过报纸、网络或者布告等适当方式，向社会公告。

公告内容应当包括被听证的许可事项和听证会的时间、地点，以及参加听证会的方法。

第十八条 组织听证的环境保护行政主管部门可以根据场地等条件，确定参加听证会的人数。

第十九条 参加环境保护行政许可听证的公民、法人或者其他组织人数众多的，可以推举代表人参加听证。

第二十条 环境保护行政主管部门对本办法第五条第（三）项规定的环境保护行政许可事项，在作出行政许可决定之前，应当告知行政许可申请人、利害关系人享有要求听证的权利，并送达《环境保护行政许可听证告知书》。

《环境保护行政许可听证告知书》应当载明下列事项：

（一）行政许可申请人、利害关系人的姓名或者名称；

（二）被听证的行政许可事项；

（三）对被听证的行政许可的初步审查意见、证据和理由；

（四）告知行政许可申请人、利害关系人有申请听证的权利；

（五）告知申请听证的期限和听证的组织机关。

送达《环境保护行政许可听证告知书》可以采取直接送达、委托送达、邮寄送达等形式，并由行政许可申请人、利害关系人在送达回执上签字。

行政许可申请人、利害关系人人数众多或者其他必要情形时，可以通过报纸、网络或者布告等适当方式，将《环境保护行政许可听证告知书》向社会公告。

第二十一条 行政许可申请人、利害关系人要求听证的，应当在收到听证告知书之日起5日内以书面形式提出听证申请。

第二十二条 《环境保护行政许可听证申请书》包括以下内容：

（一）听证申请人的姓名、地址；

（二）申请听证的具体要求；

（三）申请听证的依据、理由；

（四）其他相关材料。

第二十三条 组织行政许可听证的环境保护行政主管部门收到听证申请书后，应当对申请材料进行审查。申请材料不齐备的，应当一次性告知听证申请人补正。

第二十四条 听证申请有下列情形之一的，组织听证的环境保护行政主管部门不予受理，并书面说明理由：

（一）听证申请人不是该环境保护行政许可的申请人、利害关系人的；

（二）听证申请未在收到《环境保护行政许可听证告知书》后5个工作日内提出的；

（三）其他不符合申请听证条件的。

第二十五条 组织听证的环境保护行政主管部门经过审核，对符合听证条件的听证申请，应当受理，并在20日内组织听证。

第二十六条 组织听证的环境保护行政主管部门应当在听证举行的7日前，将《环境保护行政许可听证通知书》分别送达行政许可申请人、利害关系人，并由其在送达回执上签字。

《环境保护行政许可听证通知书》应当载明下列事项：

（一）行政许可申请人、利害关系人的姓名或者名称；

（二）听证的事由与依据；

（三）听证举行的时间、地点和方式；

（四）听证主持人、行政许可审查人员的姓名、职务；

（五）告知行政许可申请人、利害关系人预先准备证据、通知证人等事项；

（六）告知行政许可申请人、利害关系人参加听证的权利和义务；

（七）其他注意事项。

申请人、利害关系人人数众多或者其他必要情形时，可以通过报纸、网络或者布告等适当方式，向社会公告。

第二十七条 环境保护行政许可申请人、利害关系人接到听证通知后，应当按时到场；无正当理由不到场的，或者未经听证主持人允许中途退场的，视为放弃听证权利，并记入听证笔录。

第二十八条 环境保护行政许可听证会按以下程序进行：

（一）听证主持人宣布听证会场纪律，告知听证申请人、利害关系人的权利和义务，询问并核实听证参加人的身份，宣布听证开始；

（二）记录员宣布听证所涉许可事项、听证主持人和听证员的姓名、工作单位和职务；

（三）行政许可审查人员提出初步审查意见、理由和证据；

（四）行政许可申请人、利害关系人就该行政许可事项进行陈述和申辩，提出有关证据，对行政许可审查人员提出的证据进行质证；

（五）行政许可审查人员和行政许可申请人、利害关系人进行辩论；

（六）行政许可申请人、利害关系人做最后陈述；

（七）主持人宣布听证结束。

在听证过程中，主持人可以向行政许可审查人员、行政许可申请人、利害关系人和证人发问，有关人员应当如实回答。

第二十九条 组织听证的环境保护行政主管部门，对听证会必须制作笔录。

听证笔录应当载明下列事项，并由听证员和记录员签名：

（一）听证所涉许可事项；

（二）听证主持人和记录员的姓名、职务；

（三）听证参加人的基本情况；

（四）听证的时间、地点；

（五）听证公开情况；

（六）行政许可审查人员提出的初步审查意见、理由和证据；

（七）行政许可申请人、利害关系人和其他听证参加人的主要观点、理由和依据；

（八）延期、中止或者终止的说明；

（九）听证主持人对听证活动中有关事项的处理情况；

（十）听证主持人认为应当笔录的其他事项。

听证结束后，听证笔录应交陈述意见的行政许可申请人、利害关系人审核无误后签字或者盖章。无正当理由拒绝签字或者盖章的，应当记入听证笔录。

第三十条 听证终结后，听证主持人应当及时将听证笔录报告本部门负责人。

环境保护行政主管部门应当根据听证笔录，作出环境保护行政许可决定，并应当在许可决定中附具对听证会反映的主要观点采纳或者不采纳的说明。

第三十一条 有下列情形之一的，可以延期举行听证：

(一)因不可抗力事由致使听证无法按期举行的；

(二)行政许可申请人、利害关系人临时申请听证主持人回避的；

(三)行政许可申请人、利害关系人申请延期，并有正当理由的；

(四)可以延期的其他情形。

延期听证的，组织听证的环境保护行政主管部门应当书面通知听证参加人。

第三十二条 有下列情形之一的，中止听证：

(一)听证主持人认为听证过程中提出的新的事实、理由、依据有待进一步调查核实或者鉴定的；

(二)申请听证的公民死亡、法人或者其他组织终止，尚未确定权利、义务承受人的；

(三)其他需要中止听证的情形。

中止听证的，组织听证的环境保护行政主管部门应当书面通知听证参加人。

第三十三条 延期、中止听证的情形消失后，由组织听证的环境保护行政主管部门决定是否恢复听证，并书面通知听证参加人。

第三十四条 有下列情形之一的，应当终止听证：

(一)行政许可申请人、利害关系人在告知后明确放弃听证权利的；

(二)听证申请人撤回听证要求的；

(三)听证申请人无正当理由不参加听证的；

(四)听证申请人在听证过程中声明退出的；

(五)听证申请人未经听证主持人允许中途退场的；

(六)听证申请人为法人或者其他组织的，该法人或者其他组织终止后，承受其权利的法人或者组织放弃听证权利的；

(七)听证申请人违反听证纪律，情节严重，被听证主持人责令退场的；

(八)需要终止听证的其他情形。

第五章 罚 则

第三十五条 环境保护行政主管部门及其工作人员违反《中华人民共和国行政许可法》的规定，有下列情形之一的，由有关机关依法责令改正；情节严重的，对直接负责的主管人员和其他直接责任人员依法给予行政处分：

(一)对法律、法规、规章规定应当组织听证的环境保护行政许可事项，不组织听证的；

(二)对符合法定条件的环境保护行政许可听证申请，不予受理的；

(三)在受理、审查、决定环境保护行政许可过程中，未向申请人、利害关系人履行法定告知义务的；

(四)未依法说明不受理环境保护行政许可听证申请或者不予听证的理由的。

第三十六条 环境保护行政主管部门的听证主持人、记录员，在听证时玩忽职守、滥用职权、徇私舞弊的，依法给予行政处分；构成犯罪的，依法追究刑事责任。

第六章 附 则

第三十七条 《环境保护行政许可听证公告》、《环境保护行政许可听证告知书》、《环境保护行政许可听证申请书》、《环境保护行政许可听证通知书》和《送达回执》的格式，由国家环境保护总局统一规范。

第三十八条 环境保护行政主管部门组织听证所需经费，应当根据《中华人民共和国行政许可法》第五十八条的规定，列入本行政机关的预算，由本级财政予以保障。

第三十九条 环境保护行政主管部门受权起草的环境保护法律、法规，或者依职权起草的环境保护规章，直接涉及公民、法人或者其他组织切身利益，有关机关、组织或者公民对草案有重大意见分歧的，环境保护行政主管部门可以采取听证会形式，听取社会意见。

环境立法听证会，除适用《规章制定程序条例》等法律法规规定的程序外，可以参照本办法关于听证组织和听证程序的规定执行。

第四十条 本办法自2004年7月1日起施行。

附件：1.《环境保护行政许可听证公告》格式(略)

2.《环境保护行政许可听证告知书》格式(略)

3.《环境保护行政许可听证申请书》格式(略)

4.《环境保护行政许可听证通知书》格式(略)

5.《送达回执》格式(略)

国家环境保护总局令

(第23号)

根据《国务院对确需保留的行政审批项目设定行政许可的决定》，现公布《环境污染治理设施运营资质许可管理办法》，自2004年12月10日起施行。

国家环境保护总局局长 解振华

2004年11月8日

环境污染治理设施运营资质许可管理办法

第一章 总 则

第一条 为了提高环境污染治理设施运营管

理水平，规范环境污染治理设施运营市场秩序，根据《国务院对确需保留的行政审批项目设定行政许可的决定》的规定，制定本办法。

第二条 本办法适用于在中华人民共和国领域内从事环境污染治理设施运营的活动。

本办法所称环境污染治理设施运营，是指专门从事污染物处理、处置的社会化有偿服务或者以营利为目的根据双方签订的合同承担他人环境污染治理设施运营管理的活动。

第三条 国家对环境污染治理设施运营活动实行运营资质许可制度。

第四条 从事环境污染治理设施运营的单位，必须按照本办法的规定申请获得环境污染治理设施运营资质证书(以下简称资质证书)，并按照资质证书的规定从事环境污染治理设施运营活动。

未获得资质证书的单位，不得从事环境污染治理设施运营活动。

第五条 资质证书按照运营业务范围和污染物处理处置规模分为《甲级环境污染治理设施运营资质证书》(以下简称甲级资质证书)、《乙级环境污染治理设施运营资质证书》(以下简称乙级资质证书)，甲、乙级资质证书各分为正式证书和临时证书两种。

甲级资质证书和乙级资质证书有效期为3年，临时甲级资质证书和临时乙级资质证书有效期为1年。

各级环境污染治理设施运营资质分为生活污水、工业废水、除尘脱硫、工业废气、工业固体废物(危险废物除外)、生活垃圾、自动连续监测等专业类别。

资质证书由国家环境保护总局按照环境污染治理设施运营资质分级分类标准统一编号、印制。

环境污染治理设施运营资质分级分类标准由国家环境保护总局制定。

第六条 环境污染治理设施运营资质证书包括下列主要内容：

(一)法人名称、法定代表人、住所；

(二)运营类别与级别；

(三)有效期限；

(四)发证日期和证书编号。

第七条 县级以上环境保护行政主管部门依照本办法的规定，对本行政区域内资质证书实施管理。

第二章 申　请

第八条 申请甲级资质证书或者乙级资质证书的单位，应当符合下列条件：

(一)具有独立企业法人资格或者企业化管理事业单位法人资格；

(二)具有维护设施正常运转的专职运营人员；申请甲级资质的单位应具备不少于10名具有专业技术职称的技术人员，其中高级职称不少于5名；申请乙级资质的单位应具备不少于6名具有专业技术职称的技术人员，其中高级职称不少于3名。设施运营现场管理和操作人员应取得污染治理设施运营岗位培训证书；

(三)具有一年以上连续从事环境污染治理设施运营的实践，且运营的污染处理设施排放污染物稳定达到国家和地方的环境标准；

(四)具备与其运营活动相适应的环境污染治理设施运营资质证书分级分类标准规定的其他条件。

第九条 具备本办法第八条所列条件，但无从事环境污染治理设施运营实践或者连续从事环境污染治理设施运营实践少于一年的，可以申请临时资质证书。

第十条 申请资质证书的单位，应当依据本办法规定，向本单位所在地省级环境保护行政主管部门提出申请，填报资质证书申请表，并提交下列材料：

(一)企业法人营业执照副本或者事业单位法人证书复印件；

(二)上一年度财务状况报告或者其他资信证明；

(三)技术人员专业资格证书、操作人员污染治理设施运营岗位培训证书和聘用合同复印件；

(四)实验或者检验场所证明；

(五)预防和处理污染事故的方案；

(六)规范化运营质量保证体系有关管理制度；

(七)环境污染治理设施运营实例，包括运营项目简介、运营合同、用户意见、环境保护监测机构出具的设施运行监测报告，但申请临时资质证书的除外；

(八)环境污染治理设施运营资质证书分级分类标准要求的其他条件的证明材料。

第十一条 处理、处置本单位产生的污染物或者运行本单位环境污染治理设施，不需要领取资质证书，但应当具备下列维护设施正常运转的技术条件：

(一)专职运营人员(环境保护工艺、环境保护机械、管理、化验等)配置合理，辅助工种齐全，设施运营现场管理和操作人员应取得污染治理设施运营岗位培训证书；

(二)有固定的化验室，配备能满足日常监测需要的监测化验设备；

(三)建立规范化运营质量保证体系，有完善的运营管理制度和预防、处理污染事故的方案。

第三章 审　批

第十二条 省级环境保护部门自受理申请材料之日起20个工作日内进行审查，提出预审意见，对符合条件的，报国家环境保护总局。

省级环境保护部门在预审过程中，应当组织专家或者委托县级以上环境保护部门对申请单位及其运营设施进行现场核查。

第十三条 国家环境保护总局自收到预审意见之日起20个工作日内进行审查，并作出审批决定。对符合条件的,予以批准并颁发资质证书,并予以公告;对不符合条件的,不予批准,并说明理由。

国家环境保护总局同时将审批决定通知省级环境保护部门。

国家环境保护总局在审查过程中根据需要可对申请单位和运营设施进行现场核查。

第十四条 有下列情形之一的,持证单位应当按照本办法规定的条件和程序重新申请领取资质证书:

(一)需要增加新的运营专业类别的;

(二)临时资质证书需要转为正式资质证书;

(三)乙级资质证书需要升级为甲级资质证书;

(四)甲级资质证书或者乙级资质证书有效期届满,需要继续从事环境污染治理设施运营活动的。

申请前款第(二)项所列事项的,持证单位只需提供其300日以上连续从事环境污染治理设施运营的实践、且污染治理设施排放污染物达标情况良好的证明材料。

临时资质证书有效期届满,不得重新申请临时资质证书。

第十五条 持证单位有下列情形之一的,应当在30日内向国家环境保护总局申请办理变更手续:

(一)单位发生分立、合并的;

(二)单位名称、法定代表人或者住所变更的。

第十六条 持证单位办理变更手续,应提交下列材料:

(一)持证单位变更申请;

(二)技术人员专业资格证书、操作人员污染治理设施运营岗位培训证书和聘用合同复印件;

(三)单位变更后工商部门颁发的营业执照复印件;

(四)国家环境保护总局颁发的资质证书原件;

(五)持证单位所在地省级环境保护部门的审核意见。

第十七条 持证单位撤销或不再从事污染治理设施运营活动的,应当在一个月内向原发证机关办理注销手续。

第四章 监督管理

第十八条 持证单位可以按照资质证书规定的类别和级别,在全国范围内承接运营业务。

持证单位的运营活动应当遵守国家有关环境保护的规定,排放的污染物达到国家或地方规定的污染物排放标准和要求。

第十九条 县级以上环境保护部门应当通过书面核查和实地检查等方式,加强对持证单位的监督检查,并将监督检查情况和处理结果予以记录,由监督检查人员签字后存档。

公众有权查阅县级以上环境保护部门的监督检查记录。

县级以上环境保护部门发现持证单位在经营活动中有不符合原发证条件情形的,应当责令其限期整改。

第二十条 持证单位在其单位所在地省级行政区域以外承接项目的,其运营活动应当接受项目所在地县级以上环境保护部门的监督检查。

项目所在地环境保护部门不得要求持证单位重复申领资质证书或者其他类似的运营许可资质。

第二十一条 持证单位应当在与委托单位签署委托运营合同后30日内,向项目设施所在地县级环境保护部门填报《环境污染治理设施委托运营项目备案表》。

第二十二条 持证单位应当在每年1月底前,向本单位所在地省级环境保护部门提交上一年度《环境污染治理设施运营情况年度报告表》。负责运营的项目不在本单位所在省的持证单位,应同时将该项目的《环境污染治理设施运营情况年度报告表》抄报项目所在地省级环境保护部门。

省级环境保护部门应当根据《环境污染治理设施运营情况年度报告表》和日常检查情况对持证单位提出考核意见,应于每年3月底前将本行政区域持证单位上一年度环境污染治理设施运营情况和考核情况报国家环境保护总局,并予以公告。

第二十三条 禁止伪造、变造、转让资质证书。

第五章 法律责任

第二十四条 县级以上环境保护部门的工作人员,有下列行为之一的,依法给予行政处分;构成犯罪的,依法追究刑事责任:

(一)向不符合本办法规定条件的单位颁发污染治理设施运营资质证书的;

(二)发现未依法取得污染治理设施运营资质的单位和个人擅自从事运营活动不予查处或者接到举报后不依法处理的;

(三)对依法取得污染治理设施运营资质证书的单位不履行监督管理职责或者发现违反本办法规定的行为不予查处的;

(四)在污染治理设施运营管理工作中有其他渎职行为的。

第二十五条 违反本办法规定,未获得资质证书的单位从事环境污染治理设施运营活动的,由县级以上环境保护部门责令停止违法行为,并处2万元以上3万元以下罚款。

第二十六条 违反本办法规定,申请资质证书的单位在申请过程中弄虚作假的,由国家环境保护总局责令改正,并可吊销已获得的资质证书。

第二十七条 违反本办法规定,不按照资质证书的规定从事环境污染治理设施运营活动的,由县级以上环境保护部门责令改正,可以处1万元以上3万元以下罚款;情节严重的,并由国家环境保护总局吊销资质证书。

第二十八条 违反本办法规定,持证单位环境污染治理设施运营超标排放的,由县级以上环境保护部门依照有关法律法规规定予以处罚;在一年内发现两次以上超标排放的,可以由国家环境保护总局吊销资质证书,予以公告。

第二十九条 违反本办法规定，持证单位提交《环境污染治理设施运营情况年度报告表》时弄虚作假的，由省级环境保护部门责令改正，可以处2万元以下罚款；情节严重的，由国家环境保护总局吊销资质证书。

第三十条 违反本办法规定，伪造、变造、转让资质证书的，由县级以上环境保护部门责令改正，可以并处1万元以上3万元以下罚款，可以由国家环境保护总局吊销资质证书。

第三十一条 依照本办法规定，被处以吊销资质证书处罚的单位，3年内不得重新申请资质证书。

第六章 附 则

第三十二条 在中华人民共和国境内从事环境污染治理设施运营的外商投资企业，必须符合国家有关外商投资的法律规定和产业政策要求，并依照本办法的规定申请领取运营资质证书，取得运营资质证书后，方可从事污染治理设施运营活动。

第三十三条 下列文件的格式和内容由国家环境保护总局统一规定：

（一）环境污染治理设施运营资质证书申请表；

（二）环境污染治理设施运营资质证书；

（三）环境污染治理设施运营情况年度报告表；

（四）环境污染治理设施委托运营项目备案表。

第三十四条 本办法自2004年12月10日起施行。国家环境保护总局1999年3月26日颁布的《环境保护设施运营资质认可管理办法（试行）》同时废止。

国家环境保护总局令

（第24号）

《地方环境质量标准和污染物排放标准备案管理办法》已经2004年11月2日国家环境保护总局第七次局务会议审议通过。现予公布，自2004年12月15日起施行。

国家环境保护总局局长　解振华

2004年11月11日

地方环境质量标准和污染物排放标准备案管理办法

第一条 为了加强对地方环境保护标准的备案管理，根据《中华人民共和国环境保护法》、《中华人民共和国大气污染防治法》和《中华人民共和国水污染防治法》，制定本办法。

第二条 本办法适用于国家环境保护总局对省、自治区、直辖市人民政府依法制定的地方环境质量标准和污染物排放标准的备案管理。

地方机动车船大气污染物排放标准的管理，依照经国务院批准、国家环境保护总局发布的《地方机动车船大气污染物排放标准审批办法》执行。

第三条 省、自治区、直辖市人民政府或者其委托的环境保护行政主管部门应当在地方环境质量标准和污染物排放标准发布之日起30日内，向国家环境保护总局备案，并提交下列材料（一式三份）：

（一）报送备案的函；

（二）省、自治区、直辖市人民政府批准地方环境质量标准和污染物排放标准的文件，以及地方环境质量标准和污染物排放标准的发布文件。省、自治区、直辖市人民政府授权其环境保护行政主管部门批准地方环境质量标准和污染物排放标准的，应同时报送政府授权文件和环境保护行政主管部门批准标准的文件；

（三）地方环境保护标准文本的纸质文件和电子文件；

（四）地方环境质量标准、污染物排放标准编制说明和研究报告。

第四条 国家环境保护总局在收到备案材料之日起30日内，对符合本办法第六、七、八条规定的，予以备案，并在国家环境保护总局网站公布备案登记信息。对不符合本办法第六、七、八条规定的，不予备案登记，并说明理由。

第五条 地方污染物排放标准无法与国家污染物排放标准中的项目限值、控制要求比较宽严关系的，国家环境保护总局暂缓备案，并在收到备案材料之日起30日内书面说明理由，通知报送标准备案部门重新备案；重新备案的标准符合规定的，予以备案登记。

第六条 报送备案的地方环境质量标准应符合下列要求：

（一）已经省级人民政府或其授权的环境保护行政主管部门批准；

（二）对国家环境质量标准中未规定的项目，补充制定地方环境质量标准。

第七条 报送备案的地方污染物排放标准应符合下列要求：

（一）已经省级人民政府或其授权的环境保护行政主管部门批准；

（二）地方污染物排放标准应参照国家污染物排放标准的体系结构，可以是行业型污染物排放标准和综合型污染物排放标准。行业型污染物排放标准适用于特定行业污染源或特定产品污染源；综合型污染物排放标准适用于所有行业型污染物排放标准适用范围以外的其他各行业的污染源；

（三）对国家污染物排放标准中未规定的项目，补充制定地方污染物排放标准；

（四）对国家污染物排放标准中已规定的项目，制定严于国家污染物排放标准的地方污染物排放标准。

第八条 地方环境质量标准和污染物排放标准中的污染物监测方法，应当优先采用国家标准或环境保护行业标准。

地方环境质量标准和污染物排放标准中的污染物监测方法也可采用等效方法或替代方法，但应当与国家标准或环境保护行业标准进行对比试验和验证并符合要求。

污染物没有国家标准或环境保护行业标准监测方法时，应将该污染物的监测方法列入地方环境保护标准附录，或在地方环境保护标准中列出发表该监测方法的出版物。

第九条 有下列情形之一的，地方环境保护标准制定部门应当及时依法对地方环境保护标准进行修订或者废止：

(一)新制定发布的国家环境质量标准对地方环境质量标准中的污染物项目已作规定的；

(二)新制定发布的国家污染物排放标准严于地方污染物排放标准的。

地方环境质量标准和污染物排放标准经修订后，重新报送备案。

第十条 地方环境质量标准和污染物排放标准在报批前，应当征求国家环境保护总局意见。

第十一条 本办法下列用语的含义：

(一)地方环境质量标准包括大气环境质量标准、水环境质量标准，地方污染物排放标准包括大气污染物排放标准、水污染物排放标准。

(二)严于国家污染物排放标准是指：对于同类行业污染源或产品污染源，在相同的环境功能区域内，采用相同监测方法，地方污染物排放标准规定的项目限值、控制要求，在其有效期内严于相应时期的国家污染物排放标准。

第十二条 本办法自 2004 年 12 月 15 日起施行。国家环境保护总局 1999 年 5 月 13 日发布的《关于加强地方环境保护标准管理工作的通知》(环发[1999]114 号)同时废止。

国务院办公厅关于加强生物物种资源保护和管理的通知

(国办发[2004]25 号)

各省、自治区、直辖市人民政府，国务院各部委、各直属机构：

近几年来，我国生物物种资源保护和管理工作取得了一定成效，一批具有重要经济、科研和生态价值的生物物种资源得到了保护。但由于多种原因，我国生物物种资源丧失和流失的问题还很突出。为全面加强生物物种资源保护和管理，经国务院同意，现就有关问题通知如下：

(一)充分认识生物物种资源保护和管理的重要性。生物物种资源(包括生物遗传资源，下同)是维持人类生存、维护国家生态安全的物质基础，是实现可持续发展战略的重要资源。各地区、各有关部门要充分认识生物物种资源保护和管理的重要性和紧迫性，站在国家和民族长远利益的高度，以对子孙后代高度负责的态度，将生物物种资源保护和管理工作列入重要议事日程，确定工作重点，采取有力措施，切实抓紧抓好。要通过广播、电视、报刊、杂志等新闻媒体，开展生物物种资源保护和管理宣传教育，广泛普及科学知识，树立生物物种资源保护意识。要针对突出问题，抓住典型案例，深入开展警示教育，不断提高全社会生物物种资源保护和管理的责任感。

(二)开展生物物种资源调查。我国生物物种资源种类多、数量大、分布广，是世界生物物种资源最丰富的国家之一。为全面掌握我国生物物种资源状况，要迅速开展一次全国生物物种资源调查，争取用二到三年的时间，基本查清我国栽培植物、家畜家禽种质资源和水生生物、观赏植物、药用植物等物种资源的状况。

(三)做好生物物种资源编目工作。开展动植物特有种、我国起源的栽培植物、家畜家禽及其野生亲缘种、变种、品种和品系以及具有重要经济、科研价值或潜在用途的野生药用、观赏动植物和微生物等物种资源的整理和编目。要研究制定生物物种资源评价指标和等级标准，完善重点保护生物物种目录，建立国家生物物种资源协调交流机制、全国统一的数据库系统，实现信息网络联通和信息资源共享。

全国生物物种资源调查和编目工作，由环保总局会同国务院有关行政主管部门负责组织落实，各地区、各部门要积极支持和配合。

(四)制定生物物种资源保护利用规划。在开展生物物种资源调查的基础上，环保总局要会同发展改革委、科技部、财政部、农业部、林业局、中科院、中医药局等部门制定全国生物物种资源保护利用规划。各地区、各有关部门要分别编制本行政区和相关领域的保护利用规划。各级保护利用规划要纳入国家和地方国民经济和社会发展计划并认真组织实施。

(五)加强生物物种资源保护基础能力建设。加强野生动植物物种资源及其原生境、栽培植物野生近缘种、家畜家禽近缘种的就地保护和生物物种资源收集保存库(圃)、植物园、动物园、野生动物园、种源繁育中心(基地)建设，做好生物物种资源迁地保护和保存；建设一批离体保护设施和生物物种资源基因核心库，加强动物基因、细胞、组织及器官的保存和特异优质基因的保护。

(六)健全生物物种资源对外输出审批制度。进一步建立审批责任制和责任追究制，强化生物物种资源对外输出的管理和监督。建立国家生物物种资源联络机制，对外提供及国外机构和个人在我国境内获取生物物种资源，必须按程序报经国务院有关行政主管部门同意，并将有关进出口资料信息抄报国务院环境保护部门。

（七）建立生物物种资源出入境查验制度。建立生物物种资源出入境查验制度，加强对生物物种资源出入境的监管。携带、邮寄、运输生物物种资源出境的，必须提供有关部门签发的批准证明，并向出入境检验检疫机构申报。海关凭出入境检验检疫机构签发的《出境货物通关单》验放。涉及濒危物种进出口和国家保护的野生动植物及其产品出口的，须取得国家濒危物种进出口管理机构签发的允许进出口证明书。出入境检验检疫机构、海关要按各自职责对出入境的生物物种资源严格检验、查验，对非法出入境的生物物种资源，要依法予以没收。

（八）加强生物物种资源对外合作管理。对外提供生物物种资源，涉及生物物种资源的对外合作项目，要签订有关协议书，明确双方的权利、责任和义务，确保知识产权等研发利用的成果和利益共享，切实维护国家利益。对外合作项目必须严格遵守我国有关规定，应有我国研究人员的充分参与，所涉及的研发活动主要在我国境内进行。对于申请有关知识产权保护的生物物种资源研究开发成果，知识产权主管部门要按照有关规定加强审查，对符合条件的要予以保护。

（九）加强科学研究和技术开发。要制定专项科研计划，加强生物物种资源基础理论、保护技术和开发利用研究，开展生物物种资源遗传分析和综合鉴定，为科学保护和利用生物物种资源提供技术支撑。

（十）加强人才培养。要针对当前生物物种资源保护人才流失和业务骨干缺乏的实际，积极采取措施，创造必要条件，吸引和稳定专业技术人才，积极引进科技骨干人才，开展技术培训，切实加强专业和管理队伍建设。

（十一）加大资金投入。要建立稳定的投入机制，将所需经费列入中央和地方财政预算，不断加大投入力度，切实加强和完善生物物种资源保护基础设施建设，完善技术手段，提高生物物种资源保护和管理水平。

（十二）强化预警监督。建立生物物种资源监测预警体系，及时掌握重要生物物种资源的动态变化，科学预测近期、中期和长期发展趋势，为科学决策提供依据。开发建设项目要严格进行环境影响评价，对生物物种资源及其生长环境产生不利影响的，应制定和落实补救措施。

（十三）完善立法工作。抓紧起草生物物种资源保护法律法规，规范生物物种资源的保护、采集、收集、研究、开发、贸易、交换、进出口、出入境等活动。严格控制直接商品化利用野生资源，鼓励优先使用人工培育的生物物种资源。

（十四）加大执法力度。要明确职责，强化责任，严格执法，认真查找存在的问题并采取有力措施加以解决。当前要重点检查现有有关法律法规的执行情况，加强对有关部门和单位持有、对外交换和提供生物物种资源情况的监督检查。

（十五）加强领导和协调。生物物种资源的保护和管理涉及多部门和多领域，为避免工作重复和疏漏，国务院决定建立生物物种资源保护部际联席会议制度，统一组织、协调国家生物物种资源的保护和管理工作，部际联席会议由环保总局牵头，国务院有关部门参加。环保总局负责生物物种资源保护和管理的组织协调，会同监察部加强监督检查。教育、建设、农业、卫生、林业和中医药等部门负责本行业生物物种资源的保护和管理工作；工商、商务、海关、质检等部门负责市场和出入境管理；科技、知识产权等部门负责科研开发和知识产权管理；发展改革委、财政等部门负责制订经济政策并落实所需资金。各有关部门要加强协调，密切配合，通力合作，共同做好我国生物物种资源保护和管理工作。（附件：略）

（2004 年 3 月 31 日）

国家环境保护总局
国家发展和改革委员会
监察部　国家工商行政管理总局
司法部　国家安全生产监督管理局
关于开展整治违法排污企业保障群众健康环保专项行动的通知

环发[2004]57 号

各省、自治区、直辖市人民政府办公厅，新疆生产建设兵团：

根据胡锦涛总书记和温家宝总理在今年 3 月召开的中央人口资源环境座谈会上“继续开展打击排污企业保障群众健康的环保行动，尽快解决群众反映强烈的环境问题”的讲话精神，按照曾培炎副总理在清理整顿违法排污企业座谈会上“各省级人民政府要成立领导小组，政府主要负责同志要亲自过问，主管负责同志要牵头挂帅，组织本地整治行动”的要求，国家环境保护总局、国家发展和改革委员会、监察部、国家工商行政管理总局、司法部、国家安全生产监督管理局决定于 2004 年 4 月至 11 月，在全国范围内继续开展整治违法排污企业保障群众健康环保专项行动。现将《关于开展整治违法排污企业保障群众健康环保专项行动的工作方案》印发给你们，请遵照执行。

附件：关于开展整治违法排污企业保障群众健康环保专项行动的工作方案。

2004 年 4 月 16 日

附件：

关于开展整治违法排污企业保障群众健康环保专项行动的工作方案

2003年，环保清理整顿专项行动取得重要成果，切实解决了一批群众反映强烈的环境问题，查处了一批违法排污企业，局部地区的环境质量得到改善，促进了各地产业结构调整的步伐。但是，受生产力发展水平和经济增长方式的影响，污染反弹的因素仍然存在，环境形势依然严峻，加强环境执法，遏制环境污染反弹仍是一项长期、艰巨的工作，必须持之以恒，常抓不懈。为了贯彻以人为本，全面、协调、可持续的发展观，进一步改善环境质量，保障群众健康，经国务院同意，环保总局、发展改革委、监察部、工商总局、司法部、安全监管局决定于2004年4月下旬至11月上旬，在全国范围内继续开展整治违法排污企业保障群众健康环保专项行动(以下简称“环保专项整治行动”)。

一、指导思想和原则

以邓小平理论和“三个代表”重要思想为指导，以改善环境质量、保障群众健康为目标，以查处环境违法行为为重点，加大环境执法力度，加强部门联动和行政稽查，集中整治和严厉打击环境违法行为，努力遏制污染反弹，维护群众环境权益，促进产业结构调整，促进经济社会全面、协调、可持续发展。

1. 突出重点，严肃法纪。以人为本、以民为先，严厉打击危害群众环境利益的行为，依法处理违法责任人和追究主管部门、所在地政府责任，有效遏制污染反弹。

2. 标本兼治，综合治理。充分运用法律、经济、行政、舆论手段，遏制污染破坏环境的利益驱动行为，创造良好的守法环境，促进企业建立环境行为的自我约束机制。

3. 典型引路，疏堵结合。积极推进清洁生产和循环经济，制定政策，树立典型，引导和激励企业走经济效益与环境效益“双赢”的道路。

二、范围和重点

在巩固2003年环保清理整顿专项行动成果的基础上，扩大清理整顿范围，集中治理污水、废气和其他严重的环境污染和生态破坏问题。

1. 群众反映强烈，影响社会稳定的环境污染和生态破坏问题。尤其是严重危害群众身心健康和正常生活的饮用水源污染、烟尘污染、居民区噪声污染问题。

2. 淮河流域、太湖流域、三峡库区、南水北调工程沿线及环渤海地区等重点区域的违法排污问题。尤其是城市污水处理厂、垃圾处理场不正常运行问题、医疗垃圾、废弃危险化学品污染和乡镇“十五小”企业污染、农村畜禽养殖污染等问题。

3. 建设项目违反环境影响评价法的问题。尤其是钢铁、电解铝、水泥、电石、炼焦、铁合金和铬盐行业违规建设与结构性污染问题以及地方公路、矿山开发中的突出生态破坏和环境污染问题。

4. 地方人民政府出台的违反环境保护法律法规的政策和规定，尤其是干扰、阻挠环境执法的“土政策”。

三、具体要求

1. 各级人民政府要将解决关系群众切身利益的环境污染问题放在重要位置，对2003年以来群众投诉反映的问题进行一次全面清理，采取有力措施，集中整治；对长期得不到解决的老大难问题，要组织有关部门制定分年度计划，进行综合治理，切实加以解决，解决情况要向群众反馈。

2. 对2000年以来的建设项目进行一次全面清理。要逐一检查，认真复核，对没有依法执行环境影响评价制度的，已经投产的，要依法责令停止生产或者使用，在建的要立即停建，限期补办手续，通报批评，经审批后方能复产；对没有通过环境保护“三同时”验收擅自投入生产或者使用，或建成后环保设施不正常运行、污染物排放超标的，一律停产治理；新建项目没有依法领取排污许可证的企业，不准排污。

3. 严厉查处死灰复燃的“十五小”、“新五小”企业。对逾期未淘汰的落后生产能力、工艺和产品，一律依法取缔、关闭，有关设备就地销毁，严禁向其他地区转移。对违法转让淘汰设备的，按照有关法规予以处罚，追究相关人员责任。对从事接触职业病危害作业的劳动者，进行健康检查，并按照国家有关规定妥善安置职业病病人。

4. 对企业排污情况进行全面检查。对初次发现超标排污的企业，且污染物超标排放幅度不超过50%，尚未造成严重污染的，可依法责令其作出书面承诺，限期整改。对造成严重污染事故，以及不能稳定达标排放的企业，一律停产整顿。对于在2001年、2002年严查行动和2003年清理整顿行动中已经受到查处、现仍有超标排污行为的企业，一律按照有关法律法规规定的上限予以处罚，并责令停产治理，未经省级环保部门验收，不得恢复生产。对废弃危险化学品未做无害化处置的企业，一律责令限期改正；情节严重的，按有关法律法规规定予以处罚。

5. 对城市污水处理厂、垃圾处理场进行一次全面清理。凡是存在超标排污问题的，一律责令整改，并区别不同情况，采取相应处理措施。对污水处理厂不能坚持正常运营，要采取措施确保正常运营。对污水处理厂因不正常运营，造成污染事故的，要依法严肃处理。

6. 对于基层人民政府制定的违反环境保护法律、法规的政策进行一次全面清理。凡是利用招商引资、整顿经济秩序、对企业实行挂牌保护等活动出台的限制、阻碍环保执法，违规减免排污费的规定、办法和做法，一律予以纠正。对于已经造成严重环境污染和生态破坏的地区，要采取有效措施积极补救。对于地方保护主义思想严重，拒不纠正，包庇纵容环境违法行为，造成恶劣影响的政府及职能部门领导干部，要公开处理。

四、主要措施

1.切实加强组织领导

国家环境保护总局、国家发展和改革委员会、监察部、国家工商行政管理总局、司法部、国家安全生产监督管理局等国务院6部门建立环保专项整治行动部际联席会议制度，研究全国环保专项整治行动的重大问题，制定行动方案，督办重点案件，统一组织协调环保专项整治行动。联席会议在国家环境保护总局设办公室。

各省、自治区、直辖市人民政府要切实加强对环保专项整治行动的组织领导，主要领导亲自过问，并成立以政府主管领导为组长，各有关部门负责人参加的环保专项整治行动领导小组，建立联席会议制度，制订方案，周密部署，保障经费，狠抓落实，确保环保专项整治工作取得实效。

2.切实加强部门联动，合力打击环境违法行为

在环保专项整治行动中，环保部门负责对企业环境行为的统一监督管理，加大执法检查力度，及时发现和查处环境违法问题。经济主管部门负责监督检查应淘汰的落后生产能力、工艺和产品，并依法提请同级人民政府予以取缔、关闭。工商行政管理部门负责协助执行政府对违法企业下达的取缔关闭决定，依法注销或吊销其营业执照；对无照经营的不法企业依法取缔。监察部门负责对各级政府及其工作人员的环境行为进行监察，对违反环保法律法规，造成严重后果的，依法追究其行政责任；对基层人民政府出台的违反环境保护法律法规的政策、规定、办法和做法，依法予以纠正。司法行政部门负责组织环保法制的宣传与教育活动，为开展专项行动营造良好的法治环境，对群众维护环境权益的行为提供必要的法律帮助。安全生产监督管理部门要加强对企业安全生产的监管，促使企业完善安全生产条件，以防止或减少因生产安全事故引发的环境污染。

各级政府要组织有关单位，对决定取缔、关闭的违法企业采取停止供电、供水等强制措施。各级环保部门对构成破坏环境资源保护罪的案件，要及时移送公安、检察机关。

要加强部门间环境违法案件的协同处理，凡涉及其他部门处理权限的案件，环保部门要在查清违法情节后分期分批向有关部门提出处理意见，有关部门要予以积极配合，不得推诿扯皮。

3.挂牌督办突出环境问题

各地(市)、县人民政府要对近年来群众反复投诉的严重危害群众身心健康的突出问题逐一进行梳理，采取有力措施，组织有关部门进行综合治理，每年解决几件突出的环境污染问题。各省、自治区、直辖市专项整治行动领导小组办公室要梳理出一批重点问题，进行挂牌督办，并上报全国环保专项整治行动联席会议办公室。

4.公开查处环境违法大案要案

全国环保专项整治行动联席会议办公室将在《中国环境报》、《中国纪检监察报》、《中国经济导报》、《中国改革报》、《中国工商报》、《中国安全生产报》等新闻媒体设立“曝光台”，依照《清洁生产促进法》，定期公布典型环境违法案件的查处情况，并跟踪报道。各地将对依法查处的严重危害群众身体健康、屡查屡犯的典型环境违法案件，要加大行政处罚和行政责任追究力度，并通过电视、广播、报纸、互联网等新闻媒体公开曝光。各省、自治区、直辖市要将查处的典型环境违法案件上报全国环保专项整治行动联席会议办公室。对查处典型案件力度大的地方要通报表彰，对查处不力、污染严重的地区要通报批评。

5.广泛宣传，营造氛围

国务院6部门将联合发布环保整治通告，公布举报电话。各级环保部门要开通并公布“12369”环保热线电话。各省环保专项整治行动领导小组要制定分阶段新闻报道计划，确定宣传重点，积极组织新闻媒体做好宣传和跟踪报道，每月公布一次环保行动的进展情况，查处的环境违法案件一律在新闻媒体上公布。各市（地）、县(市、区)政府也要充分利用电视、广播、报纸、互联网、展览等各种媒体形式，加大环境保护法律法规的宣传力度，进一步增强全民的环境意识，为环保专项整治行动创造良好的舆论氛围。

6.严格报告制度，加强信息通报

环保专项整治行动报告制度是加强上下协调，确保政令畅通的重要措施。行动期间，各市(地)、县(市、区)每周要向省环保专项整治行动领导小组办公室上报一次工作进展情况，各省、自治区、直辖市每两周要向全国环保专项整治行动联席会议办公室上报一次工作进展情况，重要情况和工作中遇到的难点随时报告，重点环境污染问题和查处的典型案件要及时上报，不得瞒报。全国环保专项整治行动联席会议办公室将对各地专项整治行动的进展情况、重点督办问题的进展情况、典型案件的查处情况、环境违法问题的立案和结案情况以及信息上报情况，定期进行通报。

7.建立与完善长效工作机制

(1)各级人民政府要认真研究政府工作和干部任期综合考核指标体系，切实落实环境保护目标责任制。针对当地存在的突出结构性污染问题，制订调整产业结构、推进清洁生产和循环经济的计划和措施，分年度实施，从源头遏制环境污染。

(2)建立与完善公众监督机制。聘请各级人大代表、政协委员、工青妇代表为环保监督员，形成社会监督机制。完善政府环境信息公开制度，建立企业环境信息披露制度，保证环保执法的公开、公平、公正。要认真处理群众来信来访，建立有奖举报、环

保厅局长接待日、行风评议等制度。

(3)建立环境保护行政责任追究制度。已经建立环境保护行政责任追究制度的省、区、市要认真检查落实情况，尚未建立的省、区、市要结合本地实际情况，尽快制订并实施。

五、时间安排

1.准备动员阶段(4月下旬～5月中旬)

地方各级人民政府根据本《方案》要求制定实施方案，召开专门会议进行动员和部署，并将有关情况在5月10日前报告全国环保专项整治行动联席会议办公室。

2.自查自纠阶段(5月下旬～6月下旬)

各地(市)、县人民政府对辖区内重点污染问题和违反环境保护法律法规的"土政策"进行自查自纠，提出整治措施，逐步加以解决。在此基础上确定挂牌督办名单。各省、自治区、直辖市环保专项整治行动领导小组于6月30日前将阶段性工作总结和省级重点挂牌督办名单上报全国环保专项整治行动联席会议办公室。

3.全面整治阶段(6月下旬～9月中旬)

6月下旬～7月下旬，各地人民政府组织有关部门对清查出的重点环境问题进行集中整治，公开查处一批典型案件。各省、自治区、直辖市环保专项整治行动领导小组将本省典型环境违法案件的查处情况和基层政府"土政策"清理情况于7月30日前报告全国环保专项整治行动联席会议办公室。

8月上旬～9月中旬，全国环保专项整治行动联席会议组成联合检查组，对重点挂牌督办的问题进行现场检查。

4.总结提高阶段(9月下旬～11月)

各省、自治区、直辖市认真总结环保行动取得的成效与不足，提出加强长效管理的措施，认真加以落实。组织一次"回头看"，防止污染反弹。《2004年环保专项整治行动工作总结》于11月20日前报全国环保专项整治行动联席会议办公室。

国家环境保护总局 国土资源部 国家安全生产监督管理局关于开展矿山生态环境保护专项执法检查的通知

环发[2004]77号

各省(自治区、直辖市、新疆生产建设兵团)环境保护局(厅)、国土资源厅(局)、安全生产监督管理局：

近年来，矿产资源开发造成的环境污染与生态破坏日益严重，尤其是乡镇集体矿山企业和个体采矿者，开采、选冶过程中不落实环境保护措施，对生态环境和矿产资源造成严重破坏，对人民群众的生活环境质量、生命财产安全构成了严重威胁。矿山生态环境问题引起了党中央、国务院领导同志的高度重视，多次批示要求切实加强资源开发的生态保护，防止资源开发对生态环境造成新的破坏。为落实党中央、国务院领导同志指示，严格执行国家生态环境、资源保护法律法规，进一步加大矿山生态环境保护力度，国家环保总局、国土资源部、国家安全生产监督管理局决定联合开展矿山生态环境保护专项执法行动。现将有关事项通知如下：

一、检查目的

以矿山开采生态环境保护工作为重点，以有关资源与环境法律法规为依据，大力查处矿产资源开发中生态破坏和环境污染违法案件，突出解决群众反映强烈的区域性生态破坏问题，遏制矿产资源开发造成生态破坏、环境污染日益严重的趋势。探索并建立矿产资源开发生态环境监察的工作程序和工作机制，建立矿产资源开发项目全过程环境监管制度，推进矿山生态环境保护制度化、法制化建设。

二、检查的重点和范围

1.饮用水水源地保护区、自然保护区、风景名胜区、重要生态功能区以及生态环境敏感区等禁止采矿的地区，违法开采矿产资源的行为。

2.违反《环境影响评价法》、《建设项目环境保护管理条例》，未进行环境影响评价和"三同时"的矿产资源开发项目，或未落实环境影响评价及"三同时"有关生态保护与污染防治措施要求的严重破坏生态、污染环境的矿业企业。

3.群众反映强烈的破坏生态环境排放有毒有害固体废弃物、废水、废气污染环境的严重危害人民群众身体健康的矿业企业和行为。

4.违反《安全生产法》、《矿山安全法》、《安全生产许可证条例》等法律法规，不符合基本安全生产条件的矿业企业。

三、检查的内容

主要针对矿产资源开发过程中执行国家法律法规的情况以及采、选、冶生产过程中生态保护与污染防治措施落实情况进行执法检查。

1.矿山建设项目是否符合国家有关资源环境保护法律法规、政策要求；

2.矿山建设项目执行环境影响评价法及"三同时"制度情况；

3.矿山采、选、冶生产过程中废水处理、回用情况；

4.矿山开采、选冶过程中固体废物无害化处置和资源化利用情况；

5.矿山开采、生产过程中大气、噪声污染防治情况；

6.矿区水土保持、土地复垦和植被恢复情况；

7.矿山安全生产措施落实情况。

四、检查形式

采取各地区自查与重点地区抽查相结合的形式。

1.各级环保、国土资源、安全监管等有关部门，联合对本地区矿山生态环境保护情况进行自查，并将检查结果逐级上报。

2. 各省（自治区、直辖市）环保局会同有关部门，明确重点，对本地区矿山生态环境保护情况进行抽查，并对严重违法案件进行查处。

3. 国家环保总局、国土资源部、国家安全生产监督管理局等部门组成4个检查组，对主要矿区和群众反映强烈地区进行执法检查，检查采取明察暗访相结合的方式，对发现的重大问题，提出整改意见，并提出相关责任追究意见。邀请媒体记者跟踪采访，发现问题及时曝光。

五、时间安排

5月～7月，各地开展矿山生态环境保护情况执法检查自查和省级抽查，各省（自治区、直辖市）环保部门将各地自查及抽查情况汇总于8月15日前上报国家环保总局。

7月～8月，国家环保、国土资源、安全监管等部门组成检查组对重点地区进行抽查。

9月，三部门就全国矿山生态环境保护执法检查情况召开新闻发布会，并将有关情况向国务院汇报。

六、有关措施及要求

1. 各省（自治区、直辖市）环保、国土资源及安全监管部门要按照以上要求，根据本地特点联合组织开展矿山生态环境保护专项执法行动，加大对矿产资源开发的环境保护监管力度，查处矿山开发过程中环境违法案件，切实解决群众反映强烈的生态破坏和环境污染问题。

2. 对在禁采区开矿的企业，无证开采的应取缔关闭，有证开采的要限期关闭或补偿后予以关闭；对不符合安全生产基本条件的，由安全监管部门依法处理；对《淘汰落后生产能力、工艺和产品目录》中规定的矿产企业，环保部门应吊销其排污许可证；对未开展环境影响评价的矿业企业，由环保部门负责按有关规定责令停产补办相应手续；环保措施不落实，设施未验收或验收不合格的矿山建设项目不得投产，对强行生产的，由环保部门做出停产决定；对矿业企业污染环境、破坏生态行为，由环保部门负责进行查处，依法责令其限期整改或停产整顿，经整改整顿仍达不到要求的上报当地政府，由政府做出取缔、关闭的决定。凡环保部门吊销排污许可证、决定停产或政府决定关闭的矿业企业，由国土资源主管部门依法注销或吊销采矿许可证，由安全监管部门吊销安全生产许可证。并依据有关法律由工商行政管理部门吊销营业执照，供水、供电部门采取停止供水、供电措施。

3. 各级环保部门要将查处的典型矿山环境污染与生态破坏案件在新闻媒体上公布，以案说法，加强警示教育，提高地方政府、有关部门以及公众对矿产资源开发生态环境保护的认识。同时，在当地主要媒体上公布环保举报热线“12369”，鼓励公众监督。

4. 各级环保、国土资源、安全监管部门要切实提高开展矿山生态环境保护专项行动重要性、紧迫性的认识，加强领导，精心组织，落实措施，力求实效。同时，强化工作信息调度，定期调度与上报工作进展与工作成效情况。

2004年5月13日

国家发展和改革委员会关于沿淮四省污水处理费有关问题的通知

（发改价格[2004]2781号）

江苏、安徽、山东、河南省发展改革委、物价局：

为贯彻国务院最近召开的淮河流域水污染防治会议精神，加大淮河流域水污染防治力度，加快淮河治污工作进度，根据国务院领导同志的指示精神，现就沿淮4省污水处理收费有关问题通知如下：

一、充分认识淮河流域水污染防治工作的重要性和紧迫性

淮河流域水污染防治是我国经济社会发展的重大问题，它直接关系到人民群众的生活，关系到社会的稳定，关系到可持续发展战略的实施。沿淮4省要全面贯彻党的十六届四中全会精神，从贯彻落实科学发展观、提高执政能力的高度，增强使命感和责任感，明确目标，统筹协调，系统管理，综合治理，认真做好淮河流域水污染防治工作。

二、尽快将污水处理费征收标准提高到保本微利水平

沿淮4省要认真贯彻《国务院办公厅关于推进水价改革促进节约用水保护水资源的通知》（国办发[2004]36号）精神，结合淮河水污染防治形势和治污工作目标，于2005年底以前将淮河流域城市（城镇）的污水处理费提高到保本微利水平，暂时达不到保本微利水平的，应结合本地区污水处理设施运行成本，制定污水处理费最低收费标准，确保污水处理设施正常运行。同时，要采取有效措施提高污水处理费的收缴率，切实加大对自备水用户污水处理费的征收力度。严禁用水单位在城市排水管网覆盖范围内，擅自将污水直接排入水体，规避交纳污水处理费。

三、加快推进污水处理产业化进程

沿淮4省要按照《国家计委、建设部、国家环保总局关于推进城市污水、垃圾处理产业化发展的意见》（计投资[2002]1591号）要求，以建立城市污水处理产业化新机制为目标，转变观念，解放思想，加快推进城市污水处理项目建设运营的市场化进程，深化价格机制、管理体制、运营模式、投融资方式等多方面改革，努力实现投资主体多元化、运营主体企业化、运行管理市场化，形成开放式、竞争性的建设运营格局。

四、加大对污水处理厂建设的支持力度

国家将加大对淮河流域污水处理设施建设的支持力度，提高对污水处理项目的中央补助投资比例。今后，对沿淮4省污水处理厂和管网建设项目给予中央补助投资有两个基本前提：一是污水处理厂的建设运营要走市场化、产业化道路；二是污水处理费要达到保本微利水平，征收标准原则上要达到每立方米0.8元以上。污水处理厂和建设运营不遵循市场化和产业化原则、污水处理费征收标准达不到要求的，国家将不对其污水处理设施建设项目给予投资补贴。

沿淮的江苏、安徽、山东和河南4省要高度重视淮河流域水污染防治工作，认真按照本通知要求，结合本地实际情况，提高污水处理费征收标准，同时完善有关配套措施，确保污水处理收费政策顺利实施。

2004年12月3日

国家环保总局
有关环境监察工作的重要文件

国家环境保护总局
关于加强资源开发生态环境保护监管工作的意见

环发[2004]24号

各省、自治区、直辖市环境保护局(厅)：

为进一步贯彻落实国务院印发的《全国生态环境保护纲要》，加强资源开发的生态环境保护监管工作，防止开发建设不当造成新的重大生态破坏，依据国家有关环境保护法律法规，现提出以下意见：

一、强化资源开发的生态环境管理，遏制新的重大生态破坏

1. 各级环境保护部门要高度重视资源开发的生态环境保护，统一认识，加强领导，完善制度，严格监管，切实扭转当前一些地方在生态环境方面边建设、边破坏，建设赶不上破坏的被动局面。

2. 资源开发活动的生态环境监管必须坚持“预防为主，保护优先”的原则，以控制人为不合理开发活动为重点，坚持事先监管、全过程监管，把资源开发的生态损失降低到最低限度。

3. 各级环境保护部门应将资源开发活动生态环境监管纳入年度工作重点，研究采取有效措施，解决生态环境监管中的难点问题，健全机构，充实执法人员和装备，保证经费投入，分级监察和考核，全面推进资源开发活动的生态环境监管。

二、认真执行环境影响评价制度和“三同时”制度，对资源开发实行全过程管理

1. 依据《环境影响评价法》和《建设项目环境保护管理条例》，对资源开发规划和资源开发项目中有关环境影响评价的内容进行重点监督，防止不符合国家环境保护法律法规，可能对生态环境造成破坏的资源开发规划和项目的立项、实施。

2. 审批资源开发建设项目要严格实行逐级备案制度，做到环境影响报告书(表)无错编，无漏审；凡违反有关分级审批规定，越权审批或降级审批的一律无效；凡未按建设项目环境保护分类管理名录规定编制环境影响评价文件的，有审批权的环境保护部门不予审批。

3. 加强对环境影响评价资格证书持有单位的管理。凡超业务范围、借用或变相借用环评证书、或者评价结果失实及出现重大失误的，应依法追究评价单位和评价人员的法律责任，降低资质等级或者吊销环评证书，并予以经济处罚；对构成犯罪的，依法追究刑事责任。

4. 采取措施，严把环境影响报告书审批关。有下列情况之一的环境影响报告书(表)要退回编制单位重新编制：未开展生态环境调查；生态环境影响论述不清；未进行生态环境影响综合分析；生态保护措施缺乏针对性和可操作性。有下列情况的资源开发建设项目，环境保护行政主管部门不予审批环境影响报告书(表)：不符合生态功能区划和生态保护规划造成重大生态破坏。

5. 各地要制定资源开发项目生态环境监察管理办法，加强环境监察队伍的生态环境监察能力建设、制度建设和监察人员培训等工作，逐步建立资源开发建设项目生态环境监察体系。实施资源开发建设项目设计、施工、运行等全过程的生态环境监察，切实解决中小型资源开发建设项目环境影响评价执行率低和重审批轻管理的问题。

6. 严格执行建设项目环境保护措施和竣工验收制度。对环境保护和生态恢复措施达不到国家有关环境保护规定和环境影响报告书(表)批复要求的，由负责其项目竣工验收的环境保护部门责令其限期整改，由负责现场生态环境监察的环境监察机构出具整改现场环境监察合格报告后方可验收；超过期限未整改或整改后仍不符合要求的资源开发建设项目，依法责令其停止试运行。

三、预防关口前移，加大对重点资源开发的环境影响评价和监管工作力度

1. 各级环境保护部门要在生态调查基础上会同有关部门编制生态功能区划和生态保护规划，科学划定生态环境敏感区和各类资源开发“禁区”，明确不同生态功能区资源开发利用方式和生产力布局。生态功能区划和生态保护规划经同级人民政府批准后作为指导环境影响评价、环境现场管理和规范各类资源开发活动的依据。

2. 水资源开发规划和项目的环评审查和生态环境监管的重点是：流域水资源开发规划要全面评估工程对流域水文条件和水生生物多样性的影响；干旱、半干旱地区要严格控制新建平原水库，将最低生态需水量纳入水资源分配方案；对造成减水河段的水利工程，必须采取措施保护下游生物多样性；兴建河系大闸，要设立鱼蟹回游通道；在发生江河断流、湖泊萎缩、地下水超采的流域和区域，坚决禁止新的蓄水、引水和灌溉工程建设。

3. 农业资源开发规划和项目的环评审查和生态环境监管的重点是：禁止毁林毁草（场）开垦和陡坡开垦；在生态环境敏感区域，禁止建设规模化畜禽养殖场，已经建成的要限期搬迁或关闭；畜禽养殖区与生态敏感区域的防护距离最少不得低于500米；渔业资源开发要执行捕捞限额和禁渔、休渔制度；水产养殖要合理投饵、施肥、使用药物。禁止向农村公路两侧和河道倾倒建筑垃圾、工业废料、生活垃圾、尾矿碴、废土石碴、农作物秸秆等固体废物；禁止在农村集中饮用水源地周围建设有污染物排放的项目或从事有污染的活动；禁止使用污水浇灌生食蔬菜和瓜果；科学合理使用农药、化肥和农膜，防止农业面源污染。

4. 矿产资源开发规划和项目的环评审查和生态环境监管的重点是：在生态环境敏感区进行矿产资源开发必须进行生态环境影响专题分析；资源枯竭后必须复垦或恢复植被。不得在矿产资源开发管理部门规定的区域或生态功能重要的区域开采矿产资源。

5. 城镇道路设施建设、新区建设、旧城区改造项目的环评审查和生态环境监管的重点是：严格保护城市内的天然湿地、草地、林地、河道等生态系统；城市渠系、水体整治中不得随意对自然水体进行人为的"防渗处理"；城市绿化树（草）种应推广本地优良品种，严格控制对野生树木的采挖移植；禁止古树、名木异地移栽，防止"大树进城"造成原产地生态系统和生物多样性的破坏。

6. 林草资源规划和开发项目的环评审查和生态环境监管的重点是：禁止荒坡地全垦整地、严格控制炼山整地；在年降水量不足400毫米的地区，严格限制乔木种植和速生丰产林的建设；水资源紧缺地区，不得以灌溉大面积推进和维持人工造林。草原放牧要严格实行以草定畜和禁牧期、禁牧区以及轮牧制度；禁止采集国家重点保护的生物物种资源；在野生生物资源丰富的地区，应划定野生生物资源限采区、准采区和禁采区，对采挖方式进行严格规范。

7. 旅游资源开发项目的环评审查和生态环境监管的重点是：必须有生态环境保护规划和宣传教育专项方案；旅游区内禁止建设破坏景观资源的楼、堂、馆、所；严格限制索道、滑道、旅游列车、娱乐城等建设；科学核定景区旅游容量，做到"区内游，区外住"；禁止在自然保护区核心区、缓冲区内从事旅游开发，不得以开发为目的，擅自把自然保护区核心区、缓冲区调整为实验区。

8. 湿地等重要资源开发项目的环评审查和生态环境监管的重点是：穿越湿地等生态环境敏感区的公路、铁路等基础设施建设，应建设便于动物迁移的通道设施；在湿地内开采油、气资源应采取措施保护生物多样性，资源枯竭后，应及时拆除生产设施，恢复自然生态；禁止围湖、围海造地和占填河道等改变生态功能的开发建设活动；禁止利用自然湿地净化处理污水。

9. 外来物种引进和转基因生物应用的环评审查和生态环境监管的重点是：引进外来物种和转基因生物环境释放前，必须进行环境影响评估；禁止在生态环境敏感区进行外来物种试验和种植放养活动；严格限制在野生生物原产地进行同类转基因生物的环境释放。

四、加强领导，建立和完善生态环境保护统一监管机制

1. 将资源开发生态环境保护工作纳入当地政府环境保护目标责任制，对责任人定期进行考评，考核结果纳入其政绩考核内容。

2. 加强资源开发活动中生态环境保护的统一监管，建立资源开发活动的监察机制和体系。对工作中失察、失职，不报、迟报、漏报、瞒报生态破坏事件者，依法依规追究其责任。

3. 环保部门要会同有关部门，建立资源开发环境保护联合工作机制，加强与计划、财政、监察、国土、农业、水利、林业和旅游等部门在生态环境保护工作上的协调，各司其职，依法依规监管，及时制止、纠正和查处资源开发中的各种违法、违规行为，切实防止资源开发导致的新的重大人为生态破坏。

4. 建立公示、举报制度，完善公众参与机制，制定有关公众参与的管理办法。加强舆论监督，对资源开发违法案件及时曝光；资源开发环境影响评价审批工作要程序公开、办事制度公开、验收前公示和验收结果公开。广泛听取社会各界对资源开发活动中环境影响监管的意见。

2004年2月12日

国家环境保护总局关于减免家禽业排污费等有关问题的通知

环发[2004]43号

各省、自治区、直辖市环境保护局(厅)：

为认真落实《国务院办公厅关于扶持家禽业发展若干措施的通知》(国办发[2004]17号)和财政部、发改委《关于对家禽业减免部分政府性基金和行政事业性收费通知》(财综明电[2004]1号)，做好应对高致病性禽流感的工作，加强对相关行业污染物排放的管理，防止其他突发性疫病的传播，现就畜禽养殖、加工行业减免排污费等有关工作通知如下：

一、各级环保部门要迅速开展畜禽养殖、加工企业和养殖农户的排污申报登记工作，掌握辖区内畜禽养殖业的排污情况。

二、结合本地实际情况，与当地财政、物价部门提出2004年2月1日起至2004年7月31日期间减免家禽养殖、加工企业和养殖农产排污费的意见，报同级人民政府批准后执行。

三、各级环保部门要加强服务意识，帮助有关单位做好防治禽流感的环境保护工作，不得因减免排污费而放松对禽畜养殖、加工行业的监督管理，防止发生由污染引发的疫情传播。

四、请各省、自治区、直辖市环境保护局(厅)于2004年8月31日前将落实本通知的情况及附表以书面形式报我局。

2004年3月15日

国家环境保护总局关于贯彻《国务院办公厅关于加强生物物种资源保护和管理的通知》有关问题的通知

环发[2004]68号

各省、自治区、直辖市环境保护局(厅)：

为深入贯彻落实《国务院办公厅关于加强生物物种资源保护和管理的通知》(国办发[2004]25号，以下简称《通知》)精神，全面加强我国生物物种资源保护和管理，遏制生物物种资源的丧失和流失，现将有关问题通知如下：

一、认真学习领会《通知》精神，充分认识生物物种资源保护和管理的重要性和紧迫性。《通知》明确指出，生物物种资源是维持人类生存、维护国家和地方生态安全的物质基础，是实现可持续发展战略的重要资源，是一项“功在当代，荫福子孙”的事业。但是，生物物种资源保护管理起步晚，工作基础差，特别在经济利益驱动下，当前破坏、走私生物物种资源的问题还比较严重，加剧了生物物种资源的丧失和流失。要充分认识生物物种资源保护和管理的紧迫性、长期性和艰巨性，结合本地区工作实际和存在的问题，尽快将生物物种资源保护和管理工作纳入重要议事日程，以贯彻落实《通知》精神为契机，研究制定具体措施，健全完善相关制度，加强领导，严格管理，努力遏制本地区特有生物物种资源的丧失和流失。

二、建立以环保部门牵头的生物物种资源保护和管理机制。切实加强组织协调工作。生物物种资源保护涉及部门多，管理难度大。归口组织协调生物物种资源保护和管理是国务院赋予环保部门的一项重要职能。要充分发挥环保部门对生物物种资源保护管理的牵头组织协调与监督检查的职能作用，建立由相关部门组成的生物物种资源保护部门联席会议制度，定期召开会议，研究落实国家生物物种资源保护和管理的方针、政策、法规；研究审议本地区生物物种资源保护行动计划和具体对策措施；组织协调部门间生物物种资源管理和出入境生物物种资源查验管理等事项，形成统一监管、分工负责的工作机制。要牢固树立科学的发展观、资源观，充分发挥有关专家的作用，组建生物物种资源保护专家委员会，积极探索符合科学规律和本地实际的生物物种资源保护管理的模式和方法，针对本地区生物物种资源管理工作中存在的突出问题和薄弱环节，会同有关部门对现行法规政策进行全面调查评估，提出修改意见，抓紧地方性法规、规章和制度的建设，规范生物物种资源保护、采集、收集、研究、开发、买卖、交换、出口、出境等活动。

三、加大生物物种资源保护宣传力度。围绕每年的国际环境日、地球日和生物多样性日等，广泛开展形式多样的宣传教育活动，宣传科学的发展观、资源观，普及生物物种资源和生物多样性保护的知识。有关重点省区要针对珍贵稀有物种和遗传资源丧失和流失的突出问题，抓住典型案例，深入开展警世教育，增强各级政府和有关部门的责任意识，提高广大公众生物物种资源和生物多样性保护意识，形成自觉保护生物物种资源和生物多样性的社会氛围。

四、加大生物物种资源保护和管理的资金投入和能力建设。各地要会同相关部门编制本地区生物物种资源保护利用规划，明确生物物种资源保护和管理的指导思想、总体目标、主要任务和对策措施，将规划纳入各级政府经济和社会发展计划并切实组织实施。要争取地方财政和计划、科技等部门的支持，落实生物物种资源保护管理、科研、监测和宣传等经费以及保护利用规划中建设项目所需资金，确保列入当地政府的年度财政预算。要努力拓宽生物物种资源保护投资渠道，积极争取国内外资金支持，大力扶持生物多样性保护和可持续利用项目。

五、继续做好生物物种资源就地、迁地保护和离体设施建设，加强现有设施的保护管理。根据各地实际，要针对不同物种的特有、濒危、珍稀度水平，积极探索，总结经验，合理规划，会同相关部门在主要原产地建立起栽培植物野生亲缘种自然保护区、珍稀濒危家养动物和亲缘种保护区或保护场。根据现有情况和实际需要，建设一批离体保护设施和生物物种资源基因核心库，加强动物基因、细胞、组织及器官的保存和特异优质基因的保护，逐步形成合理的生物物种资源保护体系。

六、配合全国生物物种资源调查和编目工作，要继续做好本地区生物物种资源保护执法检查和调查工作。在2003年全国生物物种资源保护执法检查的基础上，各地应就野生动植物物种资源原生境、栽培植物野生近缘种和家畜家禽近缘种的就地保护情况以及生物物种资源收集保存库(圃)、植物园、动物园、野生动物园、种源繁育中心(基地)等迁地保护设施建设情况(包括种类、数量、地点、保护方式和保护措施等)进行补充调查，认真查找存在的问题，提出加强生物物种资源就地和迁地保护的对策措施和能力建设需求。已完成检查工作的地区，当前要重点监督检查科研院校生物物种资源持有、对外交换和提供生物物种资源的情况。并将以上工作情况的报告于2004年11月底前报我局。

附件：国务院办公厅关于加强生物物种资源保护和管理的通知(略)

2004年4月27日

国家环境保护总局关于贯彻落实《全面推进依法行政实施纲要》的通知

环发[2004]74号

各省、自治区、直辖市环境保护局(厅)：

《全面推进依法行政实施纲要》(以下简称《纲要》)已于2004年3月22日经国务院批准印发。现就各级环境保护行政主管部门贯彻实施《纲要》，通知如下：

一、充分认识《纲要》的重大意义，切实做好学习、宣传和培训工作

《纲要》以邓小平理论和“三个代表”重要思想为指导，总结了近年来推进依法行政的基本经验，确立了建设法治政府的目标，规定了今后十年全面推进依法行政的指导思想和具体目标、基本原则和要求、主要任务和措施，是依法行政、建设法治政府的纲领性文件，对进一步推进环保部门依法行政具有重大而深远的意义。

各级环保部门要树立严格依法行政的意识，要从立党为公、执政为民的高度，认真学习和领会《纲要》的精神实质和主要内容，要通过学习、贯彻《纲要》，推进环保部门依法行政，进一步加强环境保护监督管理。

国家环保总局将把《纲要》的学习、宣传和培训工作纳入《关于开展环境法制宣传教育的第四个五年规划》和全国环境法制岗位培训年度计划之中，并组织落实。地方各级环保部门要认真组织《纲要》的学习、宣传和培训工作，并采取自学与集中培训相结合的方式，通过组织自学和举办培训班、研讨会、报告会等形式，学习通用法律知识以及环保法律知识，不断加深对《纲要》的理解，提高环保部门领导干部和每个管理人员依法行政的意识和依法办事的能力。

二、不断改进环境行政立法工作，提高环境保护制度建设质量

加强环境立法，提高立法质量，是全面推进依法行政的重要前提。要紧密围绕全面建设小康社会的环境保护要求，科学合理地制定环境保护立法计划，逐步完善适应社会主义市场经济体制、符合可持续发展战略的环境保护法律体系和制度体系。环保部门在提出环境保护法律议案代拟稿、拟订环境保护行政法规草案、起草环境保护部门规章、提出环境保护地方性法规和地方政府规章草案、制定环境保护规范性文件等制度建设方面，要坚持环境行政立法为环境行政管理服务的方向，坚持环境法规体系的完整性与法规实施的可行性相统一的原则，更加注重环境立法的可行性，切实提高环境保护制度建设的质量和实施效果。

要改进环境保护制度建设的工作方法，增强各项管理制度的可操作性。提出环境立法项目，要实行环境立法项目的经济技术可行性论证；提出重大环境管理制度和政策方案，要深入分析成本和效益。要建立公众参与环境立法的机制，扩大环境行政立法的公众参与程度，进一步增强环境立法项目、立法过程的公开性和透明度。今后，环保部门提出涉及人民群众利益的环境立法草案，应通过媒体向全社会公布，广泛征求各方面的意见，并建立有关公众意见处理情况的说明制度，使环境立法充分体现最大多数人民群众的根本利益。环境立法及其确立的重大制度实施之后，要实行实施效果的定期评估和法规定期清理制度，并根据实施情况及时提出修改建议。

三、建立健全科学民主的环境行政决策机制，提高环境行政决策水平

建立健全科学民主的决策机制，是全面推进依法行政的重要内容。各级环境保护部门要严格按照法律、法规界定的权限范围行使环境保护行政决策权，不得越权决策。要按照《纲要》的要求，建立健全公众参与、专家论证和环保部门依法决定相结合的环境行政决策机制，并制定环保部门内部决策规则，完善环境保护行政决策程序，提高决策水平。除依法应当保密的外，环境保护决策的事项、依据和结果要通过媒体对外公开，便于公众查阅。发展规划的环境影响审查以及其他涉及全局性或者公众利益的重大环境保护决策事项，应当事先组织专家进行必要性和可行性论证。建设项目的环境审批、排污许可证的核发以及其他涉及公民、法人和其他组织利益的环境保护决策事项，可以通过适当形式向社会公布，或者通过举行座谈会、听证会、论证会等形式广泛听取意见。

要按照“谁决策、谁负责”的原则，建立健全环境决策责任追究制度。各级环保部门要加强对环境行政决策活动的监督，完善监督制度和机制，明确监督主体、监督内容、监督对象、监督程序和监督方式。对违法和不当进行环境行政决策活动的，要依法追究责任人的法律责任，实现有权必有责、用权受监督、违法受追究、侵权须赔偿的法治要求。

四、完善环境行政执法程序，规范环境行政执法行为

严格的程序和规范的行为，是全面推进依法行政的基本要求。为加强和规范环境保护行政执法工作，国家环保总局先后发布了《关于加强环境行政执法工作的若干意见》、《环境保护行政处罚办法》、《环境监理人员行为规范》、《环境监理工作程序》、《环境行政处罚和行政复议工作的勤政廉政规范及工作程序》、《全国环保系统六项禁令》等一系列文件，对环境行政执法的基本程序和要求作了统一规范。总局还将制定环境行政许可听证办法、环境行政监察办法等执法程序。

各级环保部门要落实《纲要》的要求，按照法定权限和法定程序实施环境行政行为。环保部门履行法定职责，不仅要遵守环境保护的实体法规定，还要严格遵守行政执法的程序法规定，特别是环境保护的现场检查程序、环境许可和审批程序、环境收费程序、环境处罚程序、环境复议程序以及行政应诉程序、行政赔偿程序、强制执行等程序，并使用国家规范的环境行政执法文书。

环保部门的执法人员要进一步增强文明执法意识，切实保障环境管理相对人和利害关系人依法享有的知情权、陈述权、申辩权和救济请求权，规范环境执法行为，减少环境行政执法的程序性错误。

五、完善监督机制，加强环境行政执法监督

强化行政执法监督，是全面推进依法行政的保障和制约。《纲要》提出，要推行行政执法责任制，建立执法评议考核制和执法过错追究制，并制定环境行政执法绩效评估和奖惩办法。

在总结部分地方试点的基础上，国家环保总局已经总结了环境行政执法责任制"一二三四五"的工作思路，即：贯穿行政执法责任制"一条主线"，实现既要保护公民的合法权益，又要提高行政效率"两个目标"，抓住立好法、学好法、用好法"三个环节"，做到执法主体、执法行为、执法程序和执法形式"四个合法"，确保执法的依据、责任、权限、手段和要求"五个明确"。各地环保部门要继续推行环境行政执法责任制。

在建设项目环境影响评价文件审批、环境保护设施验收、环境执法现场检查、排污收费、环境行政处罚等直接影响相对人权益的环境行政执法环节，各级环保部门要进一步健全对环境行政权力的内部监督制度和制约机制，按照权力与责任挂钩、权力与利益脱钩的要求，实行审批与验收分离、调查与处罚分开、罚款决定与罚款收缴分离、排污收费"收支两条线"，并逐步建立起公开、公平、公正的执法评议考核制和执法过错追究制。

六、加强领导，狠抓落实，切实推进环保部门的依法行政工作

加强领导是全面推进依法行政的组织保证。要进一步强化环境部门依法行政工作的组织领导，并实行部门和内部机构第一责任人负责制。各级环保部门要提出落实《纲要》的5年规划、年度安排和配套措施；环保部门内部各职能机构要结合业务工作，提出落实依法行政的具体措施；各个执法人员要明确其依法行政的岗位责任。要把《纲要》关于依法行政的各项要求，作为环境管理的基本准则，并落实到日常的环境行政监督管理工作之中。

全面推进依法行政，建设法治政府，对环境保护行政管理提出了新的更高要求。各级环保部门要切实增强依法行政的自觉性，不断加强环境行政监督管理，为全面推进环保部门依法行政，实现新世纪的环保目标做出应有贡献。

2004年4月30日

国家环境保护总局关于加快火电行业排污申报登记工作的通知

环发[2004]89号

各省、自治区、直辖市环境保护局(厅)，各区域电监局：

为实现全国二氧化硫总量控制目标，重点掌握火电行业排放二氧化硫的情况，经研究，决定在全国开展排污申报登记的基础上，加快进行火电行业排污申报登记。现通知如下：

一、充分认识加快火电行业排污申报登记的重要性，周密部署、精心安排，组织人员迅速开展工作。由环境监察、污染控制部门和环境监测站配合组成技术小组，负责排污申报登记的技术工作。各区域电监局要积极配合当地环保部门开展工作。

二、按照国家环保总局《关于排污费征收核定有关工作的通知》(环发[2003]64号)和《关于排污费征收核定有关问题的通知》(环发[2003]187号)的规定，所有2004年4月底以前已建成投入运行(含试运行)的单台装机容量6 000千瓦及以上火电机组的发电厂、热电厂和自备电站的企业，必须按《关于排污费征收核定有关问题的通知》(环发[2003]187号)及其附件1《〈排放污染物申报登记统计表(试行)〉及填报要求与说明》的要求进行排污申报登记。

三、此次排污申报登记数据将作为核发排污许可证、核定污染物排放总量控制指标及排污收费的依据之一。环保部门要对企业申报登记数据逐一核实，确保数据准确。2004年下半年，国家环保总局和国家电监会将对排污申报及核定情况进行核查，并依据有关法律、法规，对拒报、瞒报、谎报和申报数据不实的企业及虚假核定登记数据的环保部门进行处理。

四、请各省、自治区、直辖市环保局(厅)将上述企业排污申报登记汇总表和电子件及企业申报登记统计表的电子件(可从排污费征收管理系统软件导出)于2004年7月10日前报送国家环保总局。

联系人：国家环保总局环监局 阎景军 王玉宏

电　话：(010)67117764，66159820

电子邮件：epi—sepa@zhb.gov.cn

附件：火电行业排污申报登记汇总表(略)

2004年6月14日

国家环境保护总局办公厅卫生部办公厅关于开展医疗废物专项检查的通知

环办函[2004]480 号

各省、自治区、直辖市环境保护局(厅)、卫生厅(局):

为进一步贯彻落实《医疗废物管理条例》,加强对各地医疗废物管理和集中处置设施建设工作的指导,打击非法回收利用一次性医疗废物的行为,国家环保总局与卫生部决定联合开展医疗废物管理工作专项检查。现通知如下:

一、请各省、自治区、直辖市环保局(厅)和卫生厅(局)根据要求(附件1、2)对本辖区域内的医疗废物管理工作进行检查,并将检查结果和附件3于2004年9月30日前以书面和电子邮件形式报送国家环保总局与卫生部。

二、请各省、自治区、直辖市环保局(厅)和卫生厅(局)按照《医疗废物管理条例》、《医疗卫生机构医疗废物管理办法》和《医疗废物管理行政处罚办法》的规定,对检查中发现的违法行为进行查处并通报。

三、国家环保总局与卫生部将于第四季度对医疗废物管理及集中处置设施建设工作情况进行检查和抽查,并对检查情况进行汇总通报。

四、联系方式

联系人:国家环保总局污控司张嘉陵(010)67113432

通讯地址:北京市西直门内南小街115号 100035

传真:(010)67117424—8

电子邮件:zhang.jialing@zhb.gov.cn

联系人:卫生部医政司郭燕红(010) 68792208

通讯地址:北京市西直门外南路1号 100044

传真:(010)68792513

电子邮件:em0744@sina.com

2004年8月2日

国家环境保护总局办公厅关于加强排污申报与核定工作的通知

环办[2004]97 号

各省、自治区、直辖市环境保护局(厅):

根据各地排污申报与核定工作的进展状况,现就加强排污申报与核定工作的有关问题通知如下:

一、提高认识,加强领导,充实力量

各级环保部门要充分提高认识,按《排污费征收管理使用条例》(国务院令第369号)、《关于排污费征收核定有关工作的通知》(环发[2003]64号)和《关于排污费征收核定有关问题的通知》(环发[2003]187号)文件要求,切实做好排污申报与核定工作。各单位要将排污申报与核定作为一项长期的基础工作来抓,明确领导责任,落实工作经费,环境监察机构等各相关部门要建立有效的工作协调机制,组织专门力量负责排污申报与核定,保证工作的顺利开展。

二、明确目标,扎实推进

排污申报工作要以国务院《排污费征收使用管理条例》及其有关配套规章为依据,"排污费征收管理系统软件"为工具,按照"全面申报、准确核定、足额征收"的原则,分门别类、突出重点、稳步推进、建立排污申报的动态管理体系,促进排污费足额征收。

2004年,各单位在已全面开展污染源排污申报与核定工作的基础上,着重做好火电、钢铁、水泥、电解铝、造纸、城市污水处理厂、固体废物处理场和规模化畜禽养殖等重点行业以及淮河、海河、辽河、太湖、巢湖、滇池、二氧化硫污染控制区、酸雨控制区、环渤海等重点流(区)域、2000年达标验收的省控以上重点污染源的排污申报与核定和排污费征收工作,并按照排污申报核定和排污费征收工作报告制度(试行)的要求按期报送我局。

2005年度的排污申报工作,各单位要明确要求排污单位按照《关于排污费征收核定有关问题的通知》(环发[2003]187号)要求,根据不同的类型分别填报《排放污染物申报登记统计表(试行)》,实现各辖区内重点行业、重点流(区)域和重点污染源排污申报与核定数据的按季度汇总,全面实行排污申报与排污收费的信息化管理,实现重点污染源动态管理,加大重点污染行业排污费征收力度,推进排污费足额征收。

2006年各单位要完善排污申报核定与排污费征收管理体系,实现污染源排放数据的动态管理,确保基本实现排污费的足额征收。

三、严格执法,加强培训,提高业务水平,完善管理制度,切实做好排污申报与核定工作

1.严格按照《排污费征收使用管理条例》(国务院令第369号)及其配套规章规定的法定程序开展排污申报、审核、核定和排污费征收工作,准确掌握国家有关排污申报核定与排污费征收的法规、规章和工作程序。

2.采用通告、告知等方法要求所有排污者依法申报,要借助统计年鉴、工商注册登记等数据进行排查,搞清排污申报对象数量,做到应报尽报,并在此基础上确定重点申报对象。

3.充分利用监测数据以及工商、技术监督、水务、能源、电力、统计等部门的相关资料和数据对排污单位填报的申报数据进行审核。对重点污染源的基本情况、用水量及能源的使用量、生产工艺情况、污染物产生、排放情况要逐一审核，情况不清的应到排污单位进行现场调查核实。

4.持续开展排污申报、审核、核定有关的法规及实际操作培训，掌握相关法律、法规、规范、标准和各种工艺技术的污染物排放特点，着重培养一批业务骨干。

5.按照我局《关于使用排污费征收管理系统软件的通知》（环办[2004] 8号）的要求，全面使用"排污费征收管理系统"软件进行排污申报与核定和排污费征收；继续整治和建设规范化排放口，建设重点污染源自动监控系统，实现科学的动态监管。

6.采用自查、互查和上级对下级直接核查等方式开展排污申报核定的核查，督促企业如实申报，促进科学、公正核定，保证数据的全面准确。对弄虚作假等严重问题，除进行通报批评、责令限期改正外，还要按规定由上级直接核定排污量并征收排污费。

7.要结合各地的实际，制定、完善小型排污者和难以监测污染源的核算办法，建立健全排污申报与核定和排污费征收的各项工作制度，及时汇总报告相关情况，在环境监察工作的考核评比中要列入排污申报与核定和排污费征收的内容。

2004年10月19日

国家环保总局环境监察工作复函

国家环境保护总局关于排污费征收权限的复函

环函[2004]44号

大连市环境保护局：

你局《关于排污费征收有关问题的请示》（大环发[2004]15号）收悉。经研究，答复如下：

按照我局《关于排污费征收核定有关工作的通知》（环发[2003]64号）"县级环境保护局负责行政区划范围内排污费的征收管理工作。直辖市、设区的市级环境保护局负责本行政区域市区范围内排污费的征收管理工作。"的规定，对你市金州区、旅顺口区、开发区、保税区、金石滩国家旅游度假区、高新园区的排污者，可由你局负责征收排污费。

2004年2月23日

国家环境保护总局关于污水用于草坪绿化有关问题的复函

环函[2004]107号

福建省环境保护局：

你局《关于排污单位草坪绿化用水量如何扣除的请示》（闽环保法[2004]7号）收悉。经研究，现函复如下：

为鼓励节约用水，排污单位处理达标后用于自身绿化浇灌的污水，可从其污水排放量中核减。其他单位浇灌草坪用水量的经验数据，不能直接作为核定另一些单位浇灌用水量的依据。

福州市环保局反映的某企业产生的污水是否全部用于自身绿化浇灌或者存在偷排情况以及浇灌用污水渗入地下是否会对地下水造成污染等问题，环保部门应对其加强监测，在掌握有效证据后依法处理。

2004年4月22日

国家环境保护总局关于对排污收费有关问题的复函

环函[2004]108号

湖北省环境保护局：

你局《关于排污收费有关问题的请示》（鄂环保文[2004]30号）收悉，经研究，现函复如下：

一、关于是否向排入未建成的城镇污水处理厂的排污者收取排污费的问题，我局正在与国家发展和改革委员会、财政部协调。涉及排入污水处理设施，已经缴纳污水处理费，但排放污染物超过环保标准以及污水处理设施不能完全处理等问题，我局将与相关部门统一答复。

二、关于在殡葬机构内部因悼念者燃放鞭炮和奏乐造成噪声污染如何征收噪音排污费的问题。在殡葬机构内部因悼念者燃放鞭炮和奏乐产生的噪声属于社会生活噪声，直接产生噪声的是悼念者，殡葬机构为其提供了场地等有偿服务，但《中华人民共和国环境噪声污染防治法》中对此无具体规定。《排污费征收使用管理条例》规定，直接向环境排放污染物的单位和个体工商户是缴纳排污费的主体，并不征收个人的排污费。因此，目前征收殡葬机构因悼念者燃放鞭炮和奏乐造成噪声污染的噪声超标准排污费依据不足。

对于在殡葬机构内部因悼念者燃放鞭炮和奏乐造成噪声污染的问题，环保部门应会同当地公安、民政等部门共同制定切实可行的办法。

三、关于向电信局征收柴油发电机超标噪音排污费有关问题。《中华人民共和国环境噪声污染防治法》第二十四条规定："在工业生产中因使用固定的设备造成环境噪声污染的工业企业，必须按照国务院环境保护行政主管部门的规定，向所在地的县级以上地方人民政府环境保护行政主管部门申报拥有的造成环境噪声污染的设备的种类、数量以及在正常作业条件下所发出的噪声值和防治环境噪声污染的设施情况，并提供防治噪声污染的技术资料。

造成环境噪声污染的设备的种类、数量、噪声值和防治设施有重大改变的，必须及时申报，并采取应有的防治措施。”第十六条规定：“产生环境噪声污染的单位，应当采取措施进行治理，并按照国家规定缴纳超标准排污费。”

《排污费征收使用管理条例》第十二条规定：“排污者应当按照下列规定缴纳排污费：(四)依照环境噪声污染防治法的规定，产生环境噪声污染超过国家环境噪声标准的，按照排放噪声的超标声级缴纳排污费。”

按照以上规定，电信局应依法向环保部门申报造成环境噪声污染的设备的种类、数量以及在正常作业条件下所发出的噪声值和防治环境噪声污染的措施。如电信局发电柴油机噪声污染超标且严重扰民，环保部门应依法报请同级人民政府责令其限期治理，并按国家规定依法征收排污费。

2004 年 4 月 22 日

国家环境保护总局关于设区市级财政集中县(市、区)排污费有关问题的复函

环函[2004]121 号

江西省环境保护局：

你省《关于设区市级财政可否适当集中县(市、区)排污费的请示》(赣环法字[2004]7 号)收悉。经研究，现函复如下：

为体现“属地征收，分级管理”和加强国家和省级对排污费资金使用宏观调控的原则，我局《关于排污费征收核定有关工作的通知》(环发[2003]64 号)规定：“县级环境保护局负责行政区划范围内排污费的征收管理工作。直辖市、设区的市级环境保护局负责本行政区域市区范围内排污费的征收管理工作”。根据《排污费资金收缴使用管理办法》(财政部、国家环保总局第 17 号令)，你省《江西省排污费资金收缴使用管理办法》已规定了各市、县(区)环境保护行政主管部门收缴的排污费缴入中央国库、省国库、各市、县(区)国库的比例。

你省各设区的市和县级环境保护行政主管部门均是排污费征收的主体，收缴排污费除上缴中央和省国库外，70%已分别缴同级国库，用于重点污染源防治、区域性污染防治项目和污染防治新技术、新工艺的推广。设区的市已有其收缴排污费资金 70%的使用权，不宜再集中县级收缴的排污费资金。

2004 年 4 月 29 日

国家环境保护总局关于自来水厂排放废水中污染物排放量核定方法等有关问题的复函

环函[2004]126 号

四川省环境保护局：

你局《关于自来水厂底泥排污核算问题的请示》(川环[2004]16 号)收悉。经研究，函复如下：

自来水厂在制取生产过程中，将所产生的泥渣、废水排入外部水体，而泥渣、废水中含有导致水污染的物质，因此可以确认自来水厂为排污单位。

自来水厂应按照《水污染防治法》等环境保护法律、法规的规定，采取有效措施，处理在制取生产过程中产生的底泥，其污水排放口应进行规范化整治，并向环保部门申报排放污染物的数量和浓度。

自来水厂如拒绝申报，又不进行排放口规范化整治，环保部门应按照我局《关于排污费征收核定有关工作的通知》(环发[2003]64 号)的规定，直接以成品水量为基数，将原水中污染物总量扣除成品水中污染物总量和以固体废弃物形式贮存或者处置的污染物总量，按照差额核定其排放污染物的种类、数量，并依法给予处罚。

2004 年 4 月 30 日

国家环境保护总局关于各级环境监察部门受委托征收排污费有关问题的复函

环函[2004]259 号

福建省环境保护局：

你局《关于各级环境监察部门能否受委托征收排污费请示》(闽环保发[2004] 28 号)收悉，经研究，函复如下：

一、征收排污费不属于行政许可行为

1. 按照《行政许可法》、《排污费征收使用管理条例》及《最高人民法院关于规范行政案件案由的通知》(法发[2004]2 号)附件 2 关于“行政行为种类”的明确规定，行政许可行为与行政征收行为是两种不同的具体行政行为。行政许可是依申请的行政行为，而征收排污费(行政征收行为)是行政机关依职权主动实施，以公民、法人或者其他组织负有行政法上的缴纳义务为条件。

2. 国务院《关于取消第一批行政审批项目的决

定》(国法[2002]24号)、《关于取消第二批行政审批项目和改变一批行政审批项目管理方式的决定》(国发[2003]5号)、《关于第三批取消和调整行政审批项目的决定》(国发[2004] 16号)以及《国务院对确需保留的行政审批项目设定行政许可的决定》(国务院令第412号)中,无论取消、调整还是保留的涉及环保部门或与环保部门有关的行政许可或者审批项目中,均不包括征收排污费项目。

二、环境保护行政主管部门根据工作需要可以委托非行政机关组织征收排污费

行政委托行为是指行政机关将其行政职权的一部分交给其他行政机关或者组织行使的一种行为。《行政许可法》中只规定,受委托实施行政许可权的主体限于行政机关,这种规定对行政征收等行政行为不具约束力。受委托实施其他行政行为的主体既可以是行政机关,也可以是非行政机关性质的组织。如《行政处罚法》中规定可以将行政处罚委托给依法成立的管理公共事务的事业组织。环保部门对作为行政征收行为的排污收费行为,可以委托给事业编制的环境监察部门。我局《关于排污费征收核定有关工作的通知》(环发[2003]64号)中明确规定:县级以上环境保护局应当切实加强本行政区域内排污费征收管理工作的贯彻实施,其所属的环境监察机构具体负责排污费征收管理工作。因此,各级环境监察部门可以受委托征收排污费。

2004年8月10日

国家环境保护总局关于核定煤粉二次扬尘排污量问题的复函

环函[2004]338号

甘肃省环境保护局:

你局《关于呈报〈关于煤粉二次扬尘收费的请示〉的请示》(甘环发[2004] 98号)收悉。经研究,函复如下:

根据国务院《排污费征收使用管理条例》(国务院令第369号)第九条:"负责污染物排放核定工作的环境保护行政主管部门在核定污染物排放种类、数量时,具备监测条件的,按照国务院环境保护行政主管部门规定的监测方法进行核定;不具备监测条件的,按照国务院环境保护行政主管部门规定的物料衡算方法进行核定。"的规定,在我局未制定统一的物料衡算方法前,可暂参照《排污申报登记实用手册》等技术手册核定煤炭装卸、堆存过程中产生的扬尘等污染物排放量。

2004年9月30日

国家环境保护总局关于排放污染物的行政机关应否缴纳排污费的复函

环函[2004]342号

湖北省环境保护局:

你局《关于排污费征收对象的紧急请示》(鄂环保文[2004]130号)收悉。根据《国务院办公厅关于行政法规解释权限和程序问题的通知》(1999年)第二项:"凡属于行政工作中具体应用行政法规的问题,有关行政主管部门在职权范围内能够解释的,由其负责解释……";《环境保护法规解释管理办法》(国家环境保护总局令第1号)第三条:"环境保护法律、行政法规具体适用的问题,部门规章理解和执行中的问题,以及环境保护法律、行政法规授权国务院环境保护行政主管部门解释的问题,由国家环境保护总局解释"等规定,函复如下:

《排污费征收使用管理条例》(2003年,国务院第369号令)第2条第1款规定:"直接向环境排放污染物的单位和个体工商户(以下简称排污者),应当依照本条例的规定缴纳排污费。"该条例规定应征收排污费的"单位"不仅包括企业、事业单位,也包括向环境排放污染物的行政机关等单位。

你局请示能否向监利县水利局征收排污费的问题,应遵照国务院《排污费征收使用管理条例》的规定执行。

2004年10月10日

国家环境保护总局关于城市污水处理厂擅自停运后能否对其未处理的污水征收排污费的复函

环函[2004]417号

吉林省环境保护局:

你局《关于城市污水处理厂擅自停运后能否对其未处理的污水征收排污费的请示》(吉环文[2004] 90号)收悉,经研究,现函复如下:

《排污费征收标准管理办法》(国家计委、财政部、国家环保总局、国家经贸委第31号令)第三条第一款规定,"对城市污水集中处理设施接纳符合国家规定标准的污水,其处理后排放污水的有机污染物(化学需氧量、生化需氧量、总有机碳)、悬浮物和大

肠菌群超过国家或地方排放标准的，按上述污染物的种类、数量和本办法规定的收费标准计征的收费额加一倍向城市污水集中处理设施运营单位征收污水排污费，对氨氮、总磷暂不收费。”

为加强对城市污水处理厂的监督管理，国务院有关领导专门就此问题作过明确指示，“污水处理厂不能建起来不运行，更不能成为污染的‘保护伞’、‘避风港’”。“各级环保、建设部门必须加强监管，严格按照有关标准，控制城市污水处理厂的污水排放。对超标排污的不仅要限期治理，还要依法加倍征收排污费。”

长春汇津污水处理有限公司负责长春市北部地区的污水处理，在未经环保部门同意的情况下，擅自将污水处理设施全部停运，并将污水通过溢流管网直接排入环境，且出水超过应执行的国家标准。按照《排污费征收标准管理办法》的规定，可以按照长春市环保局核定的应处理污水量依法征收其污水超标排污费。

2004 年 11 月 23 日

国家环境保护总局
关于征收高等院校排污费等
有关问题的复函

环函[2004]466 号

黑龙江省环境保护局：

你局《关于征收高等院校排污费等有关问题的请示》(黑环函[2004]119 号)收悉。经研究，现函复如下：

一、关于征收高等院校排污费问题

《排污费征收使用管理条例》第二条规定，“直接向环境排放污染物的单位和个体工商户，应当依照本条例的规定缴纳排污费。”

《财政部、国家发展改革委、国家环保总局关于减免及缓缴排污费等有关问题的通知》(财综[2003]38 号)第四条规定，“养老院、残疾人福利机构、殡葬机构、幼儿园、特殊教育学校、中小学校(不含其所办企业)等国务院财政、价格、环保部门规定的非盈利社会公益事业单位，在达标排放污染物的情况下，经负责征收排污费的环保部门核准后可以免缴排污费。”

高等院校不在国家规定的免征排污费范围内，应依法缴纳排污费。

二、关于稻壳是否为工业固体废物及其燃烧收费的问题

在粮食及食品加工生产中产生的稻壳属于粮食及食品加工废物，应按照固体废物进行环境管理。

《排污费征收标准管理办法》规定，按照林格曼黑度征收排污费，每吨燃料的征收标准为：1 级 1 元、2 级 3 元、3 级 5 元、4 级 10 元、5 级 20 元。在使用稻壳等其他燃料时无需将燃料折算成标准煤，应直接核定燃料的数量，依照林格曼黑度的级别依法征收排污费。

三、关于采用水泥生产排污系数核定排污量问题

对于水泥生产企业大气污染物排放量的核定，应按照生产企业的生产工序及污染物排放源分别核定污染物的排放量。

四、关于采用煤炭堆存装卸系数核定煤粉尘排放量问题

我局已就此问题函复甘肃省环境保护局，请参见《关于核定煤粉二次扬尘排污量问题的复函》(环函[2004]338 号)。

2004 年 12 月 15 日

国家环境保护总局
关于露天煤矿产生粉尘征收排污费
有关问题的复函

环函[2004]483 号

内蒙古自治区环境保护局：

你局《关于征收露天煤矿产生粉尘排污费有关问题的请示》(内环字[2004]445 号)收悉。经研究，现函复如下：

一、露天煤矿产生煤粉尘的，应当缴纳排污费

国务院《排污费征收使用管理条例》(国务院令第 369 号)第 12 条第一款规定：“依照大气污染防治法、海洋环境保护法的规定，向大气、海洋排放污染物的，按照排放污染物的种类、数量缴纳排污费。”根据该规定，对露天煤矿在生产、堆放、破碎、装卸、运输过程中产生的煤粉尘应当征收排污费。征收标准按照《排污费征收标准管理办法》(原国家发展计划委员会、财政部、国家环境保护总局、原国家经济贸易委员会第 31 号令)附表废气部分中“一般性粉尘”的收费标准执行。

二、关于煤粉尘排污量的核算方法

国务院《排污费征收使用管理条例》(国务院令第 369 号)第九条规定：“负责污染物排放核定工作的环境保护行政主管部门在核定污染物排放种类、数量时，具备监测条件的，按照国务院环境保护行政主管部门规定的监测方法进行核定；不具备监测条件的，按照国务院环境保护行政主管部门规定的物料衡算方法进行核定。”根据该规定，在我局未制定统一的物料衡算方法前，可暂参照《排污申报登记实用手册》等技术手册，核定煤炭装卸、堆存过程中产生的扬尘等污染物排放量。

2004 年 12 月 24 日

国家环境保护总局关于夹杂在剥离土中的煤矸石征收排污费问题的复函

环函[2004]490 号

内蒙古自治区环境保护局：

你局《关于煤矸石是否应征收排污费的请示》(内环字[2004]444 号)收悉。经研究，现函复如下：

国务院《排污费征收使用管理条例》(国务院第 369 号令)第 12 条规定，依照固体废物污染环境防治法的规定，没有建设工业固体废物贮存或者处置的设施、场所，或者工业固体废物贮存或者处置的设施、场所不符合环境保护标准的，按照排放污染物的种类、数量限期缴纳排污费。

你局请示中所指的煤矸石夹杂在剥离土中排向排土场的情况，应根据以下情况分别进行处理：

1. 排土场符合工业固体废物贮存环境保护标准的，煤矸石夹杂在剥离土中不征收排污费。

2. 排土场不符合工业固体废物贮存环境保护标准的，应当分别核定煤矸石与剥离土的排放量，按照煤矸石和其他渣征收标准一次性征收排污费；对煤矸石与剥离土混合在一起的，应当采取措施进行分离，对不采取措施有效分离的，按煤矸石与剥离土的混合总量核定排放量并按照其他渣征收标准征收排污费。

另外，应对露天煤矿提出将产生的剥离土妥善处理、恢复生态的具体要求，防止对生态环境造成破坏。

2004 年 12 月 27 日

工作，办理环保信访、提案、建议，开展生态环境监察试点和多项专项执法检查工作，发挥环境监察联动机制，及时处理环境应急事件，完成了各项工作任务。

2004年，全市出动环保监察人员52 597人次，对44 103家(次)单位进行了现场检查，对665起环境违法行为进行了处罚，处罚总额5 545 620元。

【北京市环境监察工作会议】 为加强环境监察工作，促进全市环保监察部门的交流与合作，2004年3月30日，北京市环保局组织召开2004年全市环境监察工作会议，总结2003年全市环境监察工作，部署2004年的工作任务。

市环保监察队队长郑春景作工作报告，总结2003年全市环境监察工作，部署2004年工作。强调2004年环境监察工作重点以降低颗粒物污染为目标，加强工地扬尘污染控制，强化对各行业主管部门和执法部门责任落实情况的监督与考评，加大公众参与和舆论监督的力度；针对排污收费工作，强调要围绕污染源开展工作，扩大征收范围，推广排污费征收管理系统软件，建立信息公开和考核制度；并继续开展严查环境违法行为专项行动和生态环境监察等项工作，推进装备与行风建设，以求真务实的态度全面开展环境监察工作。

北京市环保局副局长裴成虎在会上作了讲话，肯定了全市环境监察人员的工作成绩，分析了北京市环境保护工作的形势和面临的主要问题，并结合"北京市第十阶段控制大气污染措施"工作，对2004年全市环境监察工作提出具体要求：强调建立信息公开制度；继续完善企业自律、公众和媒体监督、执法机关依法行政的多元执法监督体系；进一步强化各部门责任制，环保工作与政绩挂钩。同时指出环保工作任务仍很艰巨，环境监察工作的担子很重，动员全市环境监察人员，全面贯彻"三个代表"重要思想和党的十六大精神，抓住机遇，改革创新，加强自身建设，努力实现环境监察内容的全面化、体系的多元化、形式的多样化、装备的现代化4个转变，进一步落实环境监察的污染源监察、生态环境监察、农村环境监察和排污收费4项职能，努力建设一支敢打硬仗、善打硬仗的环境监察执法队伍，为首都的碧水蓝天、人民的健康生活提供保障。

朝阳、东城、海淀和丰台4个区的代表在会上就现场监察执法、排污收费和信访及提案、建议办理等工作作了典型发言，介绍了各自的先进经验。各区县环保局还就当前工作中存在的主要问题及今后如何切实加强环境监察工作提出意见和建议，均表示将在今后的工作中开拓思路，围绕全市大气污染治理中心工作，为实现全市空气质量的持续改善、办好"绿色奥运"、建设"新北京"、开创北京市环境监察工作的新局面而努力奋斗。

（北京市环保监察队）

【天津市环境监察工作概况】 2004年是天津市"环境保护执法监督年"，围绕"创建环保模范城市"核心工作，严肃查处环境违法行为。全年共出动执法人员2万余人次，检查排污单位2万余户次，立案查处环境违法行为807件，办理解决突出环境问题68件，集中整治连片污染问题60余件。在"整治违法排污企业保障群众健康环保专项行动"中，天津市共出动执法人员10 700人次，现场检查企业和单位3 172个，立案查处违法企业284家，依法停产治理36家、取缔关闭21家。共有6 847家排污单位履行了排污申报登记手续，加强了申报登记动态管理和信息化建设。"12369"环保热线全年共接到举报17 860件，实现全年办理率100%。

（市环境监察总队）

【河北省环境监察工作概况】 2004年，全省环境监察工作结合河北省环境保护四大主体战略和4项重点工作，以改善环境质量、保护群众健康、保障环境安全为中心，全面贯彻落实国务院《排污费征收使用管理条例》，坚持稽查、信访、举报三位一体的工作机制，认真做好环境违法案件查处工作，推进生态环境监察试点工作，改进和提高排污申报登记工作，加快环境监察能力建设。

2004年，全省各级环境监察机构加大对环境违法案件的查处力度，全省受理各类污染举报案件12 388件，各级领导批办件895件，省环保局举报中心共接举报电话802件，接到网上举报55件，共接待来访124批217人次，案件办结率达99%。贯彻实施国务院《排污费征收使用管理条例》，全省排污收费户数4.02万家，征收排污费5.53亿元。各级环境监察部门共对污染源实施现场监督检查19.1万次；2004年，污染源在线监控工作继续稳步开展，重点污染源在线监控工作进度加快，全省落实安装各类污染源自动监控仪器328台套；组织完成了全省2004年度24 992家污染源排污申报登记技术报告；全省环境监察机构标准化建设步伐进一步加快，执法人员不断充实，全省经培训合格持证上岗的监理人员达到4 199人，石家庄市、唐山市、保定市、衡水市环境监察机构通过了国家环境监察标准化建设一级标准验收。

（郭志中　李卫军）

【山西省环境监察工作概况】 2004年，山西省环境监察围绕环保中心工作，贯彻落实全国环境执法工作会议和全省环保工作会议精神，坚持以人为本和依法行政，创造性地开展各项工作，组织开展了"整治违法排污企业保障群众健康环保专项行动"；以建设项目监督检查为重点，强化现场执法；以焦炭生产排污收费为主要内容，加强排污费征收工作；加强环境监察标准化建设，使机构和队伍建设得到进一步加强；制定《处置突发环境事件应急预案》，环境应急响应能力得到提高；严肃查处环境违法行为，努力改善区域环境质量；妥善处理环境信访举报问题，保障群众身体健康。通过各级环境监察人员的共同努力，全省环境监察工作取得新成效。

2004年，全省环境监察力度加大，在查处涉及群众切身利益的案件上进一步加强。在“整治违法排污企业保障群众健康环保专项行动”、重点污染源和建设项目执法监察中，先后对全省11个市80多个县进行了专项督察；累计出动检查人员86 678人(次)，检查企业40 408家(次)，对550件环境违法案件实行挂牌督办，立案查处2 649起，结案1 707件。全省累计关闭土焦、改良焦、小机焦553家、4 000余坑(次)，减排烟尘总量6万多吨，减排二氧化硫10万余吨。共清查2000年以来的建设项目5 025个。其中，钢铁505个、水泥162个、电解铝14个。在5 025个建设项目中，共有4 092个执行了建设项目环境影响评价制度，“环评”执行率为81%；有2 384个执行了“三同时”制度并经验收合格，“三同时”验收合格率为57%。在建设项目环境监察中，全省检查建设项目企业8 193家，立案处理458余件。对重点区域实施重点监控，促进区域环境质量改善。以焦炭生产排污收费为重点，积极开展排污费征收工作。全省焦炭生产排污费已收缴入库2.7亿元。全年累计征收入库二氧化硫排污费1.075亿元，比2003年增加108%，全省累计征收入库排污费7.6亿元。全省各级环境监察机构协调和配合有关部门妥善处理了十余起突发环境应急事件，调查处理群众信访举报80件，召开污染纠纷协调会十余次，妥善解决了一批污染纠纷案件。同时加强环境监察标准化建设，机构和队伍建设实现新的突破。

存在问题：一是环境监察队伍素质有待进一步提高。全省基层环境监察队伍中仍有相当一部分人员业务水平较低、综合协调能力差、执法能力不强，与日趋繁重的环境执法任务不相适应；二是环境监察标准化建设水平低。截至2004年底，全省环境监察机构通过国家标准化建设验收的有33家，约占机构总数的33%，与国家环保总局的要求相差甚远，环境监察标准化建设任重而道远；三是环境监察执法经费严重不足。全省基层环境监察机构由于机制、体制等方面的原因，人员与工作经费仍有相当一部分由排污费列支，没有完全纳入财政保障范围。环境监察执法经费不足，严重制约着环境监察执法工作的开展。

（省环境监察总队）

【内蒙古自治区环境监察工作概况】 2004年，内蒙古自治区环境监察工作是在自治区环保局党组的领导下，在各盟市环保局的高度重视和全区1 000多名环境监察人员的共同努力下，查处了自治区境内的数十起环境违法案件，维护了人民群众的根本利益，得到自治区政府有关领导的肯定。

根据国家环保总局等6部委《关于开展整治违法排污企业保障群众健康环保专项行动的通知》(环发[2004]57号)的指示精神，自治区政府组织了自治区环保局、发改委、监察厅、工商行政管理局、司法厅、安全生产监督管理局6部门联合开展了历时7个月的“整治违法排污企业保障群众健康环保专项行动”。全自治区共出动环境执法人员15 438人次，检查企业8 807家，查处违法企业522家，取缔关闭违法排污企业157家，挂牌督办解决突出环境问题47件，进行行政处罚415人(政府及有关部门29人)。

全区12个盟、市政府针对自己的实际情况，出台了专项行动方案，主动清理纠正了基层政府出台的“土政策”；解决了一批群众关心的热点、难点环境污染问题，全区共挂牌督办解决了47件群众反映强烈的环境问题，集中整治了4个地区“十五小”企业连片污染反弹的问题，促进重点行业结构调整。结合国家宏观调控，对钢铁、铁合金、电石、焦炭等8个重要行业进行集中整顿，对147家企业提出黄牌警告，取缔关闭43家企业和高耗能矿热炉76台，形成了全社会参与环境执法的氛围。此次专项行动，“12369”环保热线投诉接报1 615起，立案869起、结案819起，结案率达94.2%。《内蒙古日报》、《法制报》、《北方新报》等自治区新闻媒体相继进行了跟踪报道。

（自治区环境监察总队）

【辽宁省环境监察工作概况】 2004年，辽宁省环境监察队伍以打击环境违法行为、排污收费和环境信访工作为重点，继续加大环境执法力度，贯彻落实科学发展观，坚持以人为本，服务意识明显加强，多次得到省政府领导的表扬。全省监察系统先后开展了矿山生态环境监察、重点污染行业专项整治、违法建设项目大检查、中高考期间噪声综合整治等专项检查，共出动环境执法人员41 667人次，检查企业21 177家，查处环境违法案件12 248起，行政处罚2 712.35万元。全省征收排污收费6.78亿元，比2003年多征收1.1亿元，增幅20%，其中辽宁省环境监理处征收大型电力企业二氧化硫排污费7 530万元。印发《关于解决突出环境信访问题化解社会矛盾纠纷专项治理工作方案》和《2004年全省环境信访定量考核办法》，对各市环境信访工作实施量化考核，受到群众好评。制定了《辽宁省环境突发事件应急预案》，使突发环境事件的调查处理纳入科学、制度的管理轨道。

（省环境监察局）

【吉林省环境监察工作概况】 2004年，吉林省环境监察围绕省环保局的中心工作，以改善环境质量和保护群众健康为目标，以环保专项整治行动为重点，履行职责，严格依法行政。排污费征收，现场环境监督管理、环境信访和环境监察队伍建设等各项工作都取得了新进展。

2004年，全省实施《排污费征收使用管理条例》，排污费征收额稳中有进，达到18 525万元，比

2003年度增长了3.1%；开展了"整治违法排污企业保障群众健康环保专项行动"，对钢铁、电解铝、水泥、炼焦、铁合金、造纸、纺织、食品加工等重点行业，城市污水处理厂及垃圾处理场，死灰复燃的"十五小"、"新五小"污染及农村畜禽养殖污染，建设项目"三同时"执行情况，群众反映强烈的环境问题及阻碍环境执法的"土政策"等进行全面清理和整治。共出动环境执法人员17 277人次，检查企业16 541家，立案查处违法案件1 745个。在全省各级人民政府的重视和领导下，全省的环保专项整治行动取得了明显成效，环境质量有了较大改善；坚持以人为本，认真做好环境信访工作，共受理环境信访案件15 235件，90%以上的投诉得到妥善解决，维护了群众的环境权益；加强自身能力建设，开展职业操守教育和组织多种形式的业务学习，提高环境执法人员的业务能力和执法水平，树立爱岗敬业和廉洁自律意识。开展评先争优活动，全省涌现出一批优秀环境监察集体和优秀环境监察员。

存在问题：各地环境监察工作职责履行不统一，有些环境监察工作职责还没有纳入一些环境监察机构的工作；地方保护主义依然存在，执法难的问题仍然很突出；执法装备水平还较差，影响环境执法工作的正常开展。

（程金灿）

【黑龙江省环境监察工作概况】 2004年，黑龙江省各级环境监察机构认真贯彻《排污费征收使用管理条例》和《黑龙江省排污费征收使用管理办法》，按照规定的征收程序和解缴比例，按时征收，及时解缴，严格实行排污总量收费，执行收支两条线，基本完成了排污收费制度的改革。全年实现排污收费2.043 7亿元，较2003年增长13.5%。认真开展排污费稽查工作，重点对鸡西、鹤岗、双鸭山、七台河4家矿业集团和啤酒行业、重污染企业缴纳排污费情况进行稽查，促进征收排污费719万元，直接征收排污费28万元。

4～11月，认真组织开展了"整治违法排污企业保障群众健康环保专项行动"，全省共出动执法人员25 664次，检查企业8 495家，立案查处企业717家，结案697家。确定省级挂牌督办案件10个，市、县级挂牌督办案件140个，限期治理37个，关停取缔83个。继续开展"两考"噪声综合整治工作，全省共出动执法人员4 600余人次，车辆800余台次，检查各类建筑施工场所311家，文化娱乐场所1 078家，对噪声扰民的场所和施工单位进行了及时处理，对屡教不改的坚决予以处罚或取缔。开展矿山生态环境保护执法检查，共出动人员8 772人次，检查矿山企业1 675家，其中露天采石、采土企业857家，煤矿780家，采金企业16家，石墨矿11个、石油开采3个，金属矿山8个。稳步推进大庆市、讷河市、农垦建三江管理局、镜泊湖风景名胜区4个生态环境监察试点工作。

环境监察基础工作和标准化建设得到进一步加强，截至2004年底，省、市、县三级121个环境监察机构共有89个完成了机构更名（省级1个、地市级10个、县区级78个）。哈尔滨市阿城市、哈尔滨市道里区、道外区、南岗区、香坊区、动力区、呼兰区7个县区通过了省总队组织的国家二级验收。2004年，全省共受理群众举报信访案件10 987件，立案查处10 850件，结案率达98.75%。

（省环境监察总队）

【上海市环境监察工作概况】 2004年，为加强对环境违法行为的执法效能和处罚力度，上海市环保局于2004年9月下发《关于委托市环境监察总队对违法案件实施行政处罚的通知》（沪环发[2004]327号），决定对由市环境监察总队立案、调查，拟作出3万元以下（不含3万元）处罚的环保行政违法案件，经市环境监察总队负责人审签后，直接以市环保局的名义做出行政处罚的决定，并要求市环境监察总队制订相应的工作程序。

全市环境监察系统在2004年现场执法工作中共出动17 790批次、57 493人次，现场监察污染源单位44 899家次；检查废水处理设施12 448套，正常运转率为97.13%；检查废气（烟尘）处理设施13 661套，正常运转率为95.66%；检查噪声处理设施3 608套，正常运转率为94.9%；检查固体废物处理设施1 729套，正常运转率为97.28%。

2004年，上海市环境监察总队对市级重点环保监管企业进行了每月一次的现场检查，共出动4 521人次，检查1 665家次。对其中1 030家次进行废水采样，经检测，其中有394户次污染物超标排放，占总数的38.25%；超标排放达两倍以上的有98家次，占总数的9.5%；对超标排放污染物的市级重点环保监管企业进行行政处罚共33家次，其中废水19家次、废气11家次、建设项目2家次、其他1家次，处罚金额89.6万元。11月，市政府对超标严重的17家水污染重点监管企业做出限期治理决定。

（彭振发）

【江苏省环境监察工作概况】 2004年，江苏省环境监察工作围绕"十五"环保目标，突出重点，扎实工作，开拓创新，努力进取，在落实党风廉政责任制、加强能力建设、创建文明单位、全面强化现场执法、开展各项业务工作、推行环境监察现代化建设等方面都取得较大进展。

2004年，监察总队坚持"抓重点、重实效"的工作思路，不断强化环境现场监察工作，严厉打击各类环境违法行为，抓重点流域的污染整治，调查处理事故纠纷及跨界污染，开展生态环境监察，充分发挥环境监察效能。全省环境监察队伍共出动约40万人次，现场检查污染源约20万厂次。全省共立案51 216件环境污染举报，结案50 882件、结案率达99.3%，共奖励100件135人次127 100元。全省排污费征收户数48 726个，征收解缴排污费87 223万元，连续4年全国排名第一。4～11月，在全省范围内开展了“整治违法排污企业保障群众健康环保专项行动”，各级环境监察机构联合相关部门，依法查处违法排污企业5 112家，移送案件116起，处理有关责任人23名，清理地方自定的违反建设项目环境保护管理法规规章、干涉阻碍环保现场执法检查及违反排污费征收使用管理规定等12件“土政策”。全省13个省辖市中有12个市的工业污染源自动监控系统通过验收考核，系统基本满足了实时监控功能。

面临新的情况与问题：完成环保“十五”计划的压力很大。主要流域进展不平衡，与太湖流域进度相比，淮河流域水污染防治工程进度还需加快；环境质量改善还不明显。太湖、淮河水质达标不稳定，非工业污染日渐突出；经济快速发展带来的环境压力依然很大，全省污染物排放总量仍然居高不下，远远超过环境的自净能力；环境执法工作中长期存在着“一低两高三难”（违法成本低，守法成本高、执法成本高，执行难、取证难、处理责任人难）的问题。究其原因，关系到政治、经济、社会等各个方面：地方政府的发展观和政绩观是影响环境执法的根本因素；企业追求短期利益的最大化是污染反弹的直接原因；体制、机制、法制、能力方面的障碍是影响环境执法的主要因素。

（省环境监察局）

【浙江省环境监察工作概况】 2004年，是浙江省深入实施“八八战略”，扎实推进“全面、协调、可持续发展”的抓落实的一年，也是全省环境执法工作最忙碌的一年。省环境监察总队坚持以“三个代表”重要思想为指导，贯彻落实中央人口资源环境工作座谈会和浙江省第十一次党代会精神，时刻牢记“群众利益无小事”，妥善处理环境信访、纠纷、污染事故；推进环境监察队伍标准化建设，抓排污收费工作。一年来，省监察总队带领全省环境监察人员，发扬吃苦耐劳、勇于奉献的精神，完成了年初制定的各项工作任务，为“生态省”、“平安浙江”建设作出了贡献。

（胡晓林）

【安徽省环境监察工作概况】 2004年，安徽省环境监察紧紧围绕国家及全省环保中心工作，继续深入开展“整治违法排污企业保障群众健康环保专项行动”，共查处环境违法企业741家，沉重打击了各类环境违法行为，有效遏制了污染反弹；切实深入贯彻国务院《排污费征收使用管理条例》，以加强排污申报登记为抓手，促进新排污收费体制下的排污费征收工作全面、扎实地开展；强化全省排污费征收与稽查工作，2004年，全省排污费征收总额23 185万元；正式启动装机容量30万千瓦以上电力企业二氧化硫直接征收工作，全年共征收电力企业排污费2 470万元；继续组织六安市开展全国生态环境监察试点工作；本着“环境信访无小事”的原则，认真做好环境信访和污染纠纷的调查处理，2004年，全省调查处理信访案件8 946起、环境纠纷993起、环境污染事故55起；继续加强环境监察队伍管理和行风建设，促进社会监督机制的逐步建立。

（袁永宏）

【福建省环境监察工作概况】 2004年，福建省环境监察部门组织开展专项环境监察16项，共出动执法人员78 400多人次，其中，“整治违法排污企业保障群众健康环保专项行动”出动执法人员43 475人次，检查企业17 924家，立案调查处理649家违法排污企业；开展日常环境监察14 850次；受理各类环境污染投诉26 083件；实施的环境行政处罚案件2 484件，对违法排污行为罚款1 037.3万元，为全省环境质量保持良好水平提供了执法保障。全省12条主要水系水质达到和优于Ⅲ类标准的水质占83.6%，水域功能达标率为81.9%；23个城市环境空气质量为优或良；生态环境质量优的区域占85.37%，良的区域占14.63%。

（省环境监察总队）

【山东省环境监察工作概况】 2004年，山东省环境监察队伍在各级环保部门的领导下，学习贯彻党的十六届四中全会精神，以“三个代表”重要思想和科学发展观为指导，努力提高在环境保护方面的执政能力和执政水平，牢固树立两个“服务”的思想，围绕环保中心工作，强化管理，扎实工作，廉洁勤政，开拓进取，较好地完成了各项工作任务。全省深入贯彻实施《排污费征收使用管理条例》，全年累计征收排污费6.93亿元，同比增长25.9%，其中省环境监察总队直接征收二氧化硫排污费1.45亿元，同比增长62.3%。全省全面开展了排污申报与审核工作，环境监察现场执法力度进一步加大，全年共进行现场监督检查165 411次，较2003年增加了12 292次，同比增长8%；开展“整治违法排污企业保障群众健康环保专项行动”，对环境违法企业进行了严肃处理，对重点案件实行挂牌督办；生态环境监察试点工作取得新进展，省环境监察总队编写出版《生态环境监察导论》一书，受国家环保总局环境监察局委托，起草了《生态环境监察试点验收办法与评估标准》和《畜禽养殖生态环境监察工作规范》等规章制度。

（省环境监察总队）

【河南省环境监察工作概况】 2004年，河南省环境监理总站围绕全省环保中心工作，确定了“围绕中心、突出重点、加强稽查、上下联动”的现场监察工作指导思想。积极参与和配合全省“整治违法排污企业保障群众健康环保专项行动”和“清查放射源，让百姓放心”专项行动；加强对重点流域、敏感区域和重点污染源的现场监察；加强对各省辖市现场监察工作的督导，注重发挥基层环境监察队伍的作用；加强省、市、县各级监察部门的沟通和联系，形成合力。2004 年，省、市两级环境监察部门共组织对省控、市控重点污染源现场监察约4 500次，出动8 600多人次，查处违法排污企业近 200 家。其中省总站组织或参与现场督察 62 次，共检查 376 家企业，查处或参与查处环境违法企业 74 家。其中，上半年省环保局公布的十大环境案件中有 7 起是省环境监理总站直接查处的。同时，省环境监理总站加大了对领导批件、重要信访件的查处力度，2004 年，共组织查处或参与查处各种环境信访件 86 起，其中，国家环保总局批件 7 起，省委、省政府领导批件 6 起，省环保局领导批件 6 起，群众直接来人来访 1 起，通过"12369"环保举报热线查处 66 起。加强对省控 108 家重点排污企业的现场检查，要求各省辖市对其每月不少于两次的检查。2004 年，省环境监理总站获得"省直机关'五一'劳动奖"、3 人被省环保局评为"河南省环境监理先进工作者"。

2004 年河南省环境监察统计

监察机构个数	省级		1	
	市级		18	
	县级		110	
监察人员数	在编数		3 388	
	在岗数		6 982	
	持证数		4 534	
监察装备	交通工具(辆)		268	
	取证设备(件)		74	
污染源情况	重点排污企业数		13 158	
	申报登记数		13 158	
现场检查情况	现场检查次数		8 600	
	行政处罚案件数		14	
	行政处罚金额(万元)		154	
污染事故发生数	特大		0	
	重大		0	
环境投诉举报	来信	件数		
		办结数		
	电话	件数	9 243	
		办结数	9 113	
排污收费(万元)	河南省	6 142	许昌市	2 253
	郑州市	8 568	漯河市	999
	开封市	985	三门峡市	2 398
	洛阳市	4 663	商丘市	595
	平顶山市	4 721	周口市	608
	安阳市	3 630	驻马店市	732
	鹤壁市	910	南阳市	2 205
	新乡市	2 257	信阳市	935
	焦作市	3 074	济源市	907
	濮阳市	701		
	合计			47 283

（荆国一）

【湖北省环境监察工作概况】 2004 年，湖北省以"整治违法排污企业保障群众健康环保专项行动"为重点，开展环境监察工作。成立了以副省长为组长、省政府副秘书长徐新、省环保局局长杨家志为副组长、省相关部门领导为成员的省专项整治行动领导小组，组建工作专班。与各市签订目标责任状，对专项行动各个阶段的任务进行分解，提出目标要求，同时制定了考核办法。各地市环保部门与各县(市)也分别签订目标责任状，形成了环保专项行动层层考核的机制。确定了三峡库区、丹江口库区为重点整治区域，钢铁、电解铝和水泥等为重点整治行业，结合湖北省的实际情况，将造纸、黄姜加工等行业及人民群众关心的噪声和油烟污染等问题作为湖北省2004年的环保重点。

各地市根据实际情况确定各自整治重点，荆门市将漳河水库纳入重点整治区域，制定了《关于进一步加强漳河水资源保护的决定》实施细则；襄樊市将化工纳入重点整治行业；黄石市将大冶秀山、铁山、磁湖、大冶湖和梁子湖等作为重点整治区域；神农架林区将建设“绿色社区”作为专项行动工作目标；黄冈市实施“四个一”工程等。武汉、黄石、鄂州等市在专项行动中将部门联席会议制度化；鄂州市在成立环保专项行动领导小组的同时，还专门成立了专项整治地条钢、小水泥、小磁选厂的领导小组，形成了上下联动、部门配合的专项整治机制，极大地推动了专项行动的进一步深入。黄石市政府组织市工商、环保、城管、公安等部门对油烟、噪声扰民问题进行集中整治，取得明显效果，得到了人民群众的拥护。

在专项行动全面整治阶段，省环保局5位局领导分别带队组成检查组，对全省16个市(州)进行全面检查，对重点排污企业进行明察暗访，对检查中发现的问题与当地政府交换了意见，提出整改要求，同时对重大问题在报纸和电视台上给予了曝光，促进重大污染问题的解决，推进了基层专项行动的开展，对地方政府和企业树立科学的发展观起到积极作用。各地也制定了重点督办计划，明确督办任务、时间和责任人，有的市、县领导亲自督促和指导重点企业的整改。2004年，全省共出动环境监察41 487人次，共检查企业14 760家，立案查处693家，261家作为重点挂牌督办，已结案204家。

全省各地结合辖区的工业布局进行了集中整治。如咸宁市集中关停16家小苎麻脱胶企业；黄石集中整治了60多家土法选金，同时为遏制矿山“五小”泛滥，该市大冶市政府组织供电、环保、公安等部门联合取缔了170家小选厂；荆州市依法取缔和关闭了32家造纸企业；鄂州市对辖区内64家小磁选全部实施停电、停产，关停小水泥21家，取缔38家地条钢生产企业。通过对违法企业的严厉打击，促进了一些环境突出问题的解决，较好地维护了人民群众的合法权益，提高了企业和公众的环境意识。

根据2004年7月的监测数据，湖北省长江干流水质优良，除进湖北省的巴东巫峡口断面水质为Ⅲ类外，其他断面都达到Ⅱ类标准。汉江干流所有断面水质都符合或优于功能区划标准，除3个断面为Ⅲ类外，其他均达到Ⅱ类标准。部分水库的水质明显好转。20个空气监测网络显示，仅宜昌、鄂州、黄冈和恩施4个地方分别有1～4天为轻微污染外，其余空气质量优良天数百分率为100%。

存在问题：工业结构性污染问题较为严重，由于历史原因及多种因素的影响，湖北省产业结构不尽合理，特别是县市少数污染企业因受资金等因素制约，在短期内难以得到有效改变，一些行业污染防治缺乏成熟的治理技术。如黄姜产业既关系到湖北省西部山区经济发展，又关系到生态环境保护，尽管环境监察总队对黄姜加工行业污染治理做了大量工作，但目前经认可的治理技术尚处于中试阶段；部分企业面临改革脱困和结构调整的双重压力，污染治理难度较大；在环境管理与执法方面，部分地方领导的短期行为严重，以牺牲环境为代价换取暂时经济利益的现象在县市比较普遍，一些地区地方保护主义问题突出，致使个别企业偷排、超标排放污染物的行为时有发生，中小型建设项目在县市环评执行率不高。

（省环境监察总队）

【湖南省环境监察工作概况】 2004年，湖南省环境监察围绕改善环境质量、保护群众健康、保障环境安全这一中心，以贯彻落实国家《排污费征收使用管理条例》和《湖南省实施〈排污费征收使用管理条例〉办法》为重点，在排污费征收、环保专项执法行动、违法案件查处、污染纠纷调处、排污申报登记、污染源在线监控系统推广、生态环境监察和监察队伍自身建设等各个方面都取得了不同程度的进展。

2004年，湖南省实施国家《排污费征收使用管理条例》和《湖南省实施〈排污费征收使用管理条例〉办法》，全面执行总量收费，全年实现排污费征收入库4亿元，超额完成预算任务。开展了“整治违法排污企业保障群众健康环保专项行动”，全省14个市州共出动环境执法人员36 618人次，检查企业9 928家，立案查处各类环境违法企业1 150家，查处结案968个，有力地打击了违法排污行为。2004年，全省环境监察系统共调查各类环境污染事故68起，查处各类环境违法案件2 891起，调解环境污染纠纷8 729件，接办环境举报投诉电话13 363次，受理来信来访11 430件次，办理提案议案492件。2004年，全省完成1 684家企业排污申报登记。6家30万千瓦以上机组火电企业和6家城市污水处理厂的污染源在线监控系统建设完成并投入运行。生态环境监察试点工作进展顺利。申请国家下拨能力建设资金285万元，用于加强湖南省基层环境监察队伍装备建设。为强化突发环境污染事件处置能力，制定了《湖南省环境事件应急预案》。

（兰　洋）

【广东省环境监察工作概况】 2004年，广东省环境监察工作在省局党组的直接领导和关心下，省监察总队加强了领导班子的建设，调整了内设机构，强化了现场执法的职能，新组合成立了综合财务室、征收稽查室、环境监察室。通过内部机构改革，各科室职能得到了充实和加强，更好地发挥环境监察的作用。

在全体人员的共同努力下，干部职工团结协作，积极进取，努力工作，较好地完成了各项工作任务，取得了一定成绩。

（省环境监察总队）

【广西壮族自治区环境监察工作概况】 2004年是实施“十五”环保计划的关键一年，广西自治区各级环境监察部门坚持以邓小平理论和党的十六大精神为指导，努力实践“三个代表”重要思想，模范执行党和国家的路线、方针、政策，积极推行环境保护各项制度和措施，严格依法行政，强化环境执法，具体体现在：现场监督制度化，保证对污染源的全面、长期管理；依法查处环境违法案件和环境污染事故纠纷；组织开展打击环境违法行为保障群众健康专项行动等各项执法工作；妥善处理群众信访，环保执法为社会稳定服务；稳步推进排污收费工作。为改善环境质量、维护群众的环境利益、促进广西壮族自治区经济健康发展作出了贡献。

（赖天天）

【海南省环境监察工作概况】 2004年，海南省环境监察继续以加强现场执法、巩固“一控双达标”成果为工作目标，突出“依法行政，规范管理，严格执法、优质服务”4个重点，不断加强“思想作风，道德规范，文明窗口、管理制度、业务能力”5项建设，在落实党风廉政责任制、加强行风建设、实行政务公开、全面强化现场执法等方面都取得较大成效。

2004年，全省加大现场监督检查力度，以日常监督管理为基础，开展不间断的执法检查，通过暗查、突击性检查等多种形式，严厉打击各类环境违法行为，发挥环境监察效能。全年出动5 864人次，现场检查企业3 122家，立案查处了47家违法企业，确保每年把全省1 988家达标考核企业排污反弹率控制在2%以内；全年共受理群众举报投诉环境违法行为1 388件，当年办结1 341件，结案率达97%，办结反馈率达100%。

存在问题：由于地方财政困难，全省现场执法装备能力差，日常执法工作困难大，突发性事故的处理能力低；环境执法难的问题未能及时解决，环境监察受地方保护主义干扰的情况依然存在，案件查处难度大。

（省国土环境资源监察总队）

【重庆市环境监察工作概况】 2004年，按照国家环保总局和市环保局要求，各级环境监察机构提高认识、加强领导、落实责任，对多种渠道收集到的意见和自查出来的问题进行梳理，制定整改措施，并认真整改落实。将行风评议整改工作与队伍建设相结合，力求提高执法人员素质；将行风评议整改工作与制度建设相结合，完善各项管理制度；将行风评议整改工作与强化环境执法相结合，力求在执法力度上取得突破；将行风评议整改工作与排污收费工作相结合，完善排污收费程序。全市环境监察机构通过行风评议整改工作，进一步转变工作作风，改进服务质量，提高办事效率。

强化制度建设。为加强内部管理，规范执法人员的行为，完善了环境执法工作制度和工作程序，严格用制度管人，按规章办事。市环保执法部门严格规定了环境执法的纪律、程序及职责分工，对一些重要环节做出了明确规定，从制度上预防和杜绝不廉洁行为。江北区完善了《考勤制度》和《工作纪律》，用制度管人，按制度办事，推进了排污收费和环境执法工作。忠县编制了《环境监察职责制度程序》，并将环境执法政务制度公开张贴，自觉接受群众、企业和社会各界的监督，取得明显成效。

规范执法行为。通过完善案件立案程序、移交程序，建立案件效率卡和案件查处分离制、疑难案件研讨制、重大案件集体审查制、错案责任追究制，提高办案质量和效率。完善日常环境监察程序，建立监察员工作日志、现场监察记录及污染设施管理制度，按重点污染源每月不少于一次，一般污染源每季度不少于一次的频次对污染防治设施进行现场检查。在对环境违法行为的查处中，坚持对每一个案件做到“六个清楚”，即“认定的违法事实必须清楚”、“采用证据及证据的证明目的必须清楚”、“管理相对人的陈述申辩意见及是否被采纳必须清楚”、“适用的法律依据必须清楚”、“从重、从轻、减轻处罚的理由必须清楚”、“管理相对人的救济途径必须清楚”。并借鉴司法审判文书改革的模式，将“六个清楚”体现在行政处罚决定书中，在一定程度上对被处罚的单位和个人起到沟通、宣传、教育的作用，减少了行政复议和行政诉讼，行政复议从2003年的49件减少到20件，行政诉讼案从7件减少到2件。

（市环境监察总队）

【四川省环境监察工作概况】 2004年，四川省环境监察系统围绕“建设西部经济强省、构筑长江上游生态屏障”的战略部署，吸取沱江两次水污染事故的深刻教训，履行环境现场监督职能，开展污染源巡查和污染源自动监控系统运行检查，加强排污申报和排污收费，全省环境监察工作取得全面进步。

2004年，全省环境监察部门共进行污染源现场检查12.3万人次，立案查处环境违法案件1 260件，罚款650万元。处理污染纠纷发生3 959件，受理环境信访举报投诉12 193件。认真贯彻《排污费征收使用管理条例》，全面启动了新的污染物排放申报登记制度，全省共征收排污费2.726亿元。全年完成了108家水污染源自动监控设备安装，实现省、市、县三级联网已达218台，自动监控设备正常运转率达80%。全省4个支队通过国家一级标准达标验收，16个支队通过了国家二级或三级标准达标验收。

存在问题：沱江两次污染事故暴露出四川省环境监察系统工作人员存在履行职能能力差和政治敏锐性不高等问题；全省环境监察执法能力薄弱和环

境执法任务繁重的矛盾突出；一些地方出现不同程度的环境污染反弹，查处环境违法行为工作十分艰巨。

（陈泽文）

【贵州省环境监察工作概况】 2004年，全省环境监察队伍在各级环保局的领导下，按照国家环保总局、省环保局对环境监察工作的部署和安排，在开展"整治违法排污企业保障群众健康环保专项行动"、加大污染源现场环境执法力度，贯彻落实《排污费征收使用管理条例》等方面做了大量的工作，推动了全省环境监察工作顺利开展。

2004年2月10日，全省环境监察工作会议在贵阳召开，副局长贺士成、纪检组长瞿春宝出席会议并作重要讲话。7月8日，贵阳市环境监察支队标准化建设一级达标工作通过国家环保总局的考核验收。国家环保总局环境监察局副局长陈善荣、省环保局机关党委书记王昭伟参加了考核验收工作。10月25～30日，省环保局会同省审计厅对毕节地区、黔西南州原煤"五统一"排污费征收、管理、解缴、使用情况进行专项检查。2004年省环境监察总队获国家环保总局表彰的"全国打击环境违法行为先进集体"荣誉称号。全省全年排污费征收额达2.22亿元，首次突破亿元大关。

2004年，贵州省环境监察队伍共进行现场监督检查47 661人次，立案查处环境违法案件852件，罚款520.56万元。其中：污染源现场检查16 091人次；污染防治设施现场检查12 737人次，设施正常运转率80%；建设项目现场检查3 914人次，"三同时"执行率85%；限期治理项目现场检查2 486人次，项目按期完成率68%；排污申报现场检查7 602人次；其他现场检查4 831人次。全省发生污染事故32起，处理32起，处理率、结案率为100%；污染纠纷发生1 328起，处理1 316起，处理率99%，结案1 274起，结案率96%；污染信访3 636起，处理3 531起，处理率97%，结案3 515起，结案率97%。

（省环境监察总队）

【云南省环境监察工作概况】 2004年，全省环境监察系统在省环保局的统一领导下，贯彻落实国家环保总局和省环保局的工作部署，围绕全省环保中心工作和重点工作，以"九湖"流域水污染防治、排污总量控制和实施排污许可证制度、建设项目环境保护管理、生态保护为重点，开展"整治违法排污企业保障群众健康环保专项行动"，全面实施新的排污收费制度，加强环境监察能力建设和队伍管理，为全省环境管理工作作出贡献，使全省环境监察工作有了新的进展。

2004年9月14～21日，国家环保总局、国土资源部和国家安全生产监督管理局3部门组成联合督察组，对云南省贯彻落实"整治违法排污企业保障群众健康环保专项行动"和"矿山生态环境保护专项执法检查"的工作情况进行了督察，通过实地检查昆明、玉溪、思茅和西双版纳4个州市的两个专项行动开展情况，督察组高度评价了云南省在两个专项行动工作方面的一些好的做法，同时针对云南省两个专项行动中存在的问题提出宝贵的意见和建议，对云南省今后进一步推进专项行动起到了推动作用。

（省环境监察总队）

【西藏自治区环境监察工作概况】 2004年，西藏自治区环境监察系统在国家环保总局环境监察局和自治区环保局的领导下，以"整治违法排污企业保障群众健康环保专项行动"为中心，以维护正常的社会经济秩序、严厉打击各类环境违法行为、进一步改善环境质量、确保环境安全为己任，以"让人民喝上干净的水、呼吸清洁空气，吃上放心的食物、睡上安稳的觉，在良好的环境中生产生活"为目标，积极克服高寒缺氧、气候恶劣、条件艰苦等诸多困难，完成了"整治违法排污企业保障群众健康环保专项行动"中的饮用水水源地环境保护、矿山生态环境保护、重点建设项目生态环境监察等18个专项执法检查，以及排污收费、日常污染源监督检查等工作，环境污染和生态破坏现象得到有效遏制。

（自治区环境监察总队）

【陕西省环境监察工作概况】 2004年，陕西省环境监察部门围绕环境保护重点工作，为完成环境保护的各项任务作出了贡献，在开展"整治违法排污企业保障群众健康环保专项行动"，重点流域、区域，重点行业专项整治和排污收费等方面做了大量工作，取得了可喜的成绩。

2004年，全省加大现场监督检查力度，以日常监督管理为基础，通过明察暗访、突击检查等多种形式，严厉打击各类环境违法行为，发挥环境监察职能。全省围绕5个重点流域区域、6个重点行业和6类重点环境违法行为，出动环境执法人员6.3万人次，检查企业2.2万家，立案查处环境违法案件685起，结案631起。全省确定挂牌督办的突出环境污染问题84个，确定典型环境违法案件50起，"12369"环保举报电话共接到群众投诉举报4 266起，立案查处4 190起。全省环境监察部门贯彻执行国务院《排污费征收使用管理条例》和省政府《关于排污费征收使用管理有关问题的通知》，2003年征收排污费2.56亿元，比上一年增加7 051万元，增长38%，创历史最高水平。另外，在秦岭北麓生态环境专项整治，区域、流域重大案件查处，环境污染事故应急处置、中高考期间噪声执法检查、秸秆禁烧等行动中，环境监察队伍都发挥了重要作用。

（省环境监察局）

【甘肃省环境监察工作概况】 2004年，甘肃省环境监察工作围绕全省环境保护重点任务，突出环境监管、现场执法、排污申报核定和排污费征收，加大环境违法案件的查处，加强环境监察队伍自身建设，不断探索开展生态环境监察各项工作。

从人民群众关心的热点、难点问题，开展了以黄河兰州段和白银段排污企业为重点的专项稽查、以关停取缔小造纸为重点的专项稽查、以上市公司排污申报登记、足额缴纳排污费和重点企业污染设施运行为重点的专项稽查、以矿山尾矿坝安全运行为重点的专项稽查。

2004年，全省各级环境监察机构在日常监督检查的基础上，通过联合执法、突击检查、抽查、暗查等形式，加大现场监督检查力度，严厉打击各类环境违法行为。全省现场监督监察总次数达到62 175次，监察污染防治设施4 976台(套)，现场监察建设项目314家，限期治理项目744家，发放排污许可证7 538家。

规范环境监察执法，提高环境监察人员的执法水平。9月中下旬分别举办两期全省环境监察人员岗位培训班，对182名环境监察员进行排污收费征收、排污申报与核查、污染源现场监察、建设项目、污染限期治理项目、生态环境监察等方面的培训，提高了全省环境监察人员的素质。

2004年，在全省环保系统中组织开展了民主评议行风活动，在评议工作上围绕“守禁令、严执法、树窗口形象”为主题，以提高环境监察队伍素质和服务水平，坚持“以建为主、以评促建、标本兼顾、纠建并举”的指导思想和“谁主管谁负责”、“管行业必须管行风”的原则，以维护环保法律尊严和人民群众环境权益为己任，解决全省环境监察系统行政执法方面存在的突出问题，群众关心的热点、难点问题，采取有效措施，进一步转变和改进工作作风，规范执法行为。

（杨　桦）

【青海省环境监察工作概况】 2004年，青海省环境监察系统发挥职能，突出“依法行政、规范管理、严格执法、优质服务”4个重点，不断加强“思想作风、道德规范、文明窗口、管理制度、业务能力”5项建设，在落实党风廉政责任制、加强行风建设、实行政务公开、全面强化现场执法等方面都取得了较大进展。以省会西宁为中心推行“蓝天、碧水、宁静”三大环保工程。空气环境质量优良率从2001年的42.19%上升到2004年的76.5%，城市声环境质量明显改善，区域环境噪声列全国113个城市第四位，跻身全国十大安静城市行列，地表水质量恶化的趋势得到有效控制，城市能源结构得到根本转变，已跨入全国清洁能源城市行列。市民环境意识和环保责任不断加强，2004年，经调查市民对环境的满意率较2003年提高了8.05个百分点。

2004年，全省环境监察部门加大环境现场监督检查力度，以日常监督管理为基础，开展不间断的环境执法专项检查，通过明察暗访、突击性检查等多种形式，严厉打击各类环境违法行为，发挥环境监察效能，全年共完成现场检查12 213人次，检查污染防治设施782台套，实现污染防治设施正常运转率达95%，下达限期治理项目177家，完成治理165家，完成率达93%，受理投诉举报794件次，处理污染纠纷30起，参与调查处理污染事故1起，处理率达100%，解决了一批群众关注的环境热点问题。全省实现排污费收入1 550万元。在“整治违法排污企业保障群众健康环保专项行动”中，全省共出动检查人员1 659人次，检查企业575家，99家企业被立案查处，取缔、关闭“十五小”企业15家，对73家违法排污企业实施停产或限期治理。

（省环境监察总队）

【新疆维吾尔自治区环境监察工作概况】 2004年是新疆维吾尔自治区环境保护工作全面发展的一年，全区的环境监察工作在自治区环保局的领导下，在各级人民政府的支持和全体环境监察人员的共同努力下，自治区的环境监察队伍得到了更大的发展。2004年，根据国务院精神和国家环保总局等6部委联合下发的《关于开展整治违法排污企业保障群众健康环保专项行动的通知》文件和自治区《整治违法排污保障群众健康环保行动方案》的要求，各级环境监察机构以公开查处大案要案为标志，清理整治违法排污企业环保专项行动取得重大进展；全区共出动环境监察人员19 002人(次)，检查排污企业8 958家，立案276起，结案155起，结案率为56.2%；通过专项行动，打击了各类环境违法行为，保障了人民群众的健康，锻炼了环境监察队伍的现场执法能力和执法水平。

排污收费、环境应急、生态环境监察工作稳步推进，基础工作进一步加强。年初，自治区各级环境监察机构根据国家环保总局的要求，按自治区环境监察标准化建设年度实施方案，加大了环境监察标准化建设力度，自治区环保局投资2 597万元用于基层环境监察机构建设，其中500余万元为全区15个地、州、市级和85个县级环境监察机构配备了交通工具、计算机等办公设备；投入2 097万元用于基层业务用房建设，解决了县级环保部门的办公用房问题，全区各级环境监察机构的自动化办公水平和现场执法能力得到了提高，全区的环境监察工作上了一个新的台阶。

存在问题：一是环境保护法律、法规宣传手段缺乏，宣传力度不到位；二是人员素质参差不齐，排污申报登记技术力量薄弱，影响现场执法和排污费的征收力度；三是企业片面追求经济利益最大化，大企业故意偷排偷放、小企业连片污染反弹；四是环境监察机构标准化建设由于受资金的影响还未全面展开，执法能力、执法手段和执法装备水平不能适应新形势下的要求，处置突发性环境污染事故应急能力不强；五是生态环境监察无资金和技术保障；六是招商引资项目中行政干预影响环境执法；七是现场无法着装给基层执法人员带来很大不便。

（刘寒峰）

【新疆生产建设兵团环境监察工作概况】 2004年，

新疆生产建设兵团环境监察工作以围绕兵团环保工作为中心，全面履行环境监察工作的职责，突出工作重点，加大现场执法力度，持续开展整治违法排污企业行动，控制污染排放，加强环境污染治理，贯彻落实国务院《排污费征收使用管理条例》，加强行风和执法能力建设，不断提高环境监管能力，完成了全年的目标任务，促进了新疆兵团环境保护工作的开展。

强化污染源的现场监察力度。兵团各级环境监察部门加大污染源现场监察频次，采取定期、不定期的检查、抽查方式，在现场监察中做到有目的、有重点、有手段、有结果，监督污染防治设施正常运行和稳定达标排放。2004 年，兵团环境监察共进行现场检查4 782人次，现场检查污染源1 968家。根据国家环保总局等 6 部委联合下发的《关于开展整治违法排污企业保障群众身体健康环保专项行动》部署，新疆兵团于 7 月开始对违法排污企业的环境违法行为进行专项检查，出动监察人员1 256人次，检查企业 322 家；加大排污收费力度，全年共向 712 户征收排污费1 330万元；做好群众投诉处理及市长热线答复工作。2004 年共收到群众投诉 876 件，处理回复 777 件，处理率达 95％。高考期间控制噪声污染，出动环境监察人员 512 人次，现场检查噪声污染单位 280 家。2004 年立案查处行政违法案件 20 起，其中 16 件已结案归档，4 件正在执行中，处理率达 100％，结案率达 80％。

（生产建设兵团环境监察总队）

【大连市环境监察工作概况】 2004 年，全市各级环境监察机构在市政府、市环保局的领导下，在完成环境监察各项工作的同时，把信访工作摆上突出位置，强调群众利益无小事，坚持以人为本的思路，高度重视环境信访工作，不断加大环境信访工作的力度，提高工作质量，取得了环境信访负增长的好成绩，抑制大连市环境信访上升的趋势。

2004 年，全市征收排污费13 133.1万元；信访受理7 180件，结案7 180件，结案率达 100％；在开展“健康环境”2004 查处环境违法行为环保行动中，查处了一批大案要案，有力地打击了环境违法行为，全年共查处环境违法案件1 228件；检查车辆 5.7 万余台，处罚超标车辆4 745台，路检合格率达 90％；全市完成烟尘整治区域 11 片，实现并网供热面积 310 万平方米，拆除锅炉 302 台，拆除烟囱 229 根。

2004 年，大连市环保局在近年来不断改革环境监察工作方式及实现工作信息化的基础上，为实现排污收费、环境信访、行政处罚工作的科学化、规范化、标准化，编制了《环境监察业务规范实施方案》，组织草拟了《环境监察业务规范手册》，实施了排污收费稽查制度，出台了《大连市排污收费稽查办法》（试行），实行了排污收费“核、收、查”三分离和行政处罚“查、处、缴”三分离，进一步规范了执法行为，坚持每月在市局月例会和市局网站通报全市环境信访、排污费征收、行政处罚的工作情况，坚持每季全市执法部门行政责任制工作考核。通过规范管理程序，强化内部稽查与工作考核，大连市环保局依法行政水平和执法人员素质有了大幅度提高。2004 年，大连市环保局被评为大连市“行政执法责任制工作先进单位”称号，成为代表市政府接受省政府行政执法大检查的市直两个部门之一。

【2004 年大连市环境监察统计】

监察机构个数	市级	1
	县(市、区)级	13
监察人员数	在编数	383
	在岗数	328
	持证数	327
监察装备	办公用房(平方米)	4 200
	交通工具(辆)	60
	取证器材(件)	155
	通讯工具(部)	405
现场检查情况	立案查处案件数	7 547
	行政处罚数	5 973
	行政处罚金额(万元)	710.7
污染事故发生数	特大	0
	重大	1
	一般	1

续表

环境事件投诉举报	来信	件数	189
		办结数	189
	电话	件数	6 873
		办结数	6 873
	其他	件数	118
		办结数	118
排污收费(万元)	合计		13 133.1
	市级		9 733.1
	县级		3 400.0

(孙　勇)

【青岛市环境监察工作概况】 2004年初，根据青岛市7区环保机构(人、财、物)实行市环保局垂直管理的实际情况，青岛市将排污收费等环境监察工作全部下放各分局，实行属地化管理。支队作为市级的环境监察机构，主要负责对各大队进行相关业务的宏观指导、督察和稽查。各大队主要负责辖区内各项环境监察工作的具体实施。

支队现编制人数30人，内设3个科室，分别为：办公室、稽查一科、稽查二科。

2003～2004年，按照标准化建设的要求，7区5市环境监察机构相继更名为环境监察大队。其中7区环境监察大队与各环保分局为一套机构两块牌子，内设综合业务科、环境管理科、环境监察科3个部门，日常的环境监察工作主要由环境监察科人员承担。7区环境监察大队成立之初，由于存在事业编制混岗人员，各监察科人员一般为10～12人，各环境监察大队作为基层专职环保执法队伍，承担了辖区内的所有具体执法工作，业务上接受青岛市环境监察支队统一指导和监督。

青岛市环境监察系统通过建立新的环境监察队伍体制，在上级环保部门的领导下，监察队伍不断壮大，人员素质和装备水平日益提高，环境监察工作取得了很大的发展，业务范围从单一的征收排污费扩展到全方位的环境监督管理，环境监察执法力度和水平不断提高，得到了各方面的肯定。特别是支队作为青岛市环境监察的宏观管理和指导部门，自成立以来，紧密围绕青岛市环保重点工作，按照强化服务意识、树立行业新风的思路和公正、文明、廉洁、务实、高效的原则开展环境监察工作，取得了较好的成绩，先后获得国家环保总局环境监察局“环境执法大家谈”征文活动优秀组织奖，省环境监察总队全省环境监察信息工作先进单位，2004年度市环保局先进基层党组织，2004年获市环保局文明单位等荣誉称号。

(市环境监察支队)

【宁波市环境监察工作概况】 2004年，宁波市环境监察部门根据监察工作自身特点，不断加强队伍自身建设，规范各项执法行为，强化队伍现场职能，严查环境违法行为，推进排污收费改革，提高监察工作水平，为全市环境保护长效管理工作提供了执法保障。2004年，宁波市环境监察机构现场监察1万多人次，受理群众投诉9 231件，征收排污费7 305万元，罚款总额799万元。完成了对污染源日常监察、饮用水源监察、“三同时”监察、重点行业环境监察等多项监察任务，确保了2004年全市人民的生命及环境安全。

(吴方民)

【厦门市环境监察工作概况】 2004年，厦门市环境监理中心所以厦门市环保局机关机构改革、厦门市区划调整和《厦门市环境保护条例》修订为契机，按照“市局精、分局强”的原则，调整内设机构，由市环境监理中心所向各环保分局派驻监察人员，成立环境监理分所，实行垂直管理，初步建立了依法、规范、有序、高效的内部工作机制；充实各分所执法人员、车辆、办公设备、取证设备，强化政治理论学习和思想教育，重视队伍政治思想和规范化建设，加强指导、规范、监督和检查，加强党风、行风和精神文明建设，营造了奋发向上、扎实工作、开拓创新的良好局面。

2004年，全市环境监察人员按照新的工作机制，投入厦门市餐饮娱乐业油烟噪声专项整治、工地、道路扬尘污染考评、高考噪声控制、禁煤、整治违法排污企业等专项工作，在“整治违法排污企业保障群众健康环保专项行动”中，共出动人员2 649人次，检查1 116家企业，立案查处87家企业，罚款26.45万元；参与污染事故与群众举报的调查处理，全年受理各类环境信访件1 931件，处理率达100%；开展生态环境监察试点工作，开展海岸工程建设项目和自然保护区的现场监察，规范生态环境现场监察的有关内容和执法表格，为生态环境监察试点取得成功打下坚实基础；加紧污染源自动监控系统的建设，组织比对验收。52家污染源自动监控系统通过了国家环保总局环境监察局组织的评审验收，获得了专家组的高度评价，成为全国率先实现在全市范围内对城市污水处理厂和重点水工业污染源实施自动监控的城市；规范排污收费行为，加大排污费征收力度，全年排污费开征户数9 052户，征收排污费3 282.6万元，完成全年目标136%。

（市环境监理中心所）

【深圳市环境监察工作概况】 2004年，深圳市环境监察部门加大了环境执法力度。在做好日常监督管理工作的同时，按照国家环保总局等6部委的统一部署，在全市开展了"整治违法排污企业保障群众身体健康环保专项行动"。针对少数违法企业大多利用夜间偷排的规律，开展了"子夜行动"。对龙岗坪山河流域和沙井镇沙头河沿岸等重点流域开展了专项执法行动，加大了对违法排污企业的高压打击态势。对市政环保基础设施及医疗卫生单位开展了专项执法检查，依照重点污染源的监管要求将其纳入日常监督管理范围。建立实行公众举报企业环境违法行为的奖励制度，拓宽了对污染源的监督管理渠道。2004年共有数家工业企业的违法排污行为经公众举报被及时查处。加大了处罚力度，对偷排、直排污水和超标严重的企业按照法律规定的上限予以处罚，对多次检查污染物超标的企业给予吊销排污许可证，通过报请公安部门实施刑事拘留等手段，通过新闻媒体对典型的环境违法行为进行曝光，有效改变了企业守法成本高、违法成本低的不正常现象，强化了环境执法的权威。2004年，全市环境监察机构现场检查26 620次，其中污染防治设施现场检查15 916次，建设项目现场检查4 036次，限期治理项目现场检查900次，排污许可证现场检查4 632次，排污申报现场检查1 136次。全市共对505起环境行政违法行为实施了行政处罚，责令停建停产85起。全市共征收排污费1.04亿元，其中市本级4 428万元，区级6 010万元，上交中央国库1 044万元，上交省国库522万元。全市共接到群众各类环境污染投诉121 208件，立案调查处理22 940件，比2003年增加了49.6%，所有的信访件均得到及时有效的处理，处理率达100%。

（张志宇）

【沈阳市环境监察工作概况】 截至2004年底，沈阳市环境监理大队共有干部职工38人，下设六科一室，其主要职能是对全市环境保护违法行为进行现场执法检查、处理和征缴排污费，负责各区、县（市）环境监察部门的业务指导工作。

2004年，沈阳市环境监理大队深入开展了打击环境违法行为的各种专项行动，继续加大了对违法企业的处罚力度；初步完成了国家生态监察的试点工作；正式启动监控中心，并在全国率先成立了独立机构，以规模最大、系统种类最多、采用技术最先进、体制运行最早的特点位列全国监控中心软硬件建设之首；全面实现了超标收费向总量收费的平稳过渡。

2004年，沈阳市环境执法工作围绕"整治违法排污企业保障人民群众健康环保专项行动"这一中心，不断加大执法力度，投入大量人力、物力，采取挂牌督办、公开查处、新闻曝光等一系列措施，严厉打击了各种违法排污行为，相继开展了畜禽养殖，铸（锻）造、中高考双优、蓄电池行业、冬季烟尘检查，造纸、电镀等污染行业的专项执法活动，并对建设项目、水源地保护、医疗废水处理等进行了大规模地清查及处理，全面开展生态监察，切实解决了一批关系到人民群众切身利益的环境问题。全年共出动执法人员35 100人次，检查企业达11 681家次，对1 150家次企业采取了警告、取缔措施，有效遏制了环境违法行为的滋长，增强了企业法人和市民的环境意识。

2004年5月，监控中心正式运行，主要由污染源在线等五大系统组成，并以规模最大、系统种类最多、采用技术最先进、体制运行最早的特点成为全国监控中心软硬件建设之首。为及时处理应急事件，市环境监理大队的13台执法车辆配备了GPS定位仪，基本满足了处理应急事件的需要。同时，完善了"12369"自动投诉系统功能，实现了市局与市内七区的投诉联网，使得信访投诉的受理、交办、反馈等全部在网上运行。

2004年，沈阳市环境监理大队被中共沈阳市直机关工作委员会授予"沈阳市直属机关勤廉双优先进处室"和"文明执法"单位称号。

（市环境监理大队）

【长春市环境监察工作概况】 2004年是实施"十五"环保计划的关键一年，长春市环境监察支队按照上级布置的工作任务和年初制定的工作目标，以"整治违法排污企业保障群众健康环保专项行动"为载体，公开查处典型环境违法案件，强化环境监察执法；通过全面开展排污申报审核核定工作，确保排污收费制度的顺利实施和排污费征收任务的圆满完成；加强行风建设，强化队伍执法能力和执法形象；做好环境信访投诉举报处理工作，探索建立环境监督多元管理模式，更好地为群众提供优质服务。2004年，长春市的环境监察工作又上了一个新的台阶，取得了较大进展。

环保专项整治行动取得阶段性成果，全市共出动环境执法人员2 500余人次，对群众反映强烈的环境污染问题进行全面清理，检查企业3 200余家。清查违法排污企业451家，确定重点挂牌督办企业30家；对2000年以来固定资产投资项目"三同时"执行情况进行了全面的梳理清查，共办理及补办环保审批手续442项，占项目总数的82.16%；对市委、市政府1998年以来出台的与国家环保法律法规相悖的政策文件进行了集中清理，共清理废止此类文件28件。

全市排污费征收工作进一步得到加强。全年征收排污费6 535万元，其中市本级征收5 938万元，市辖5个县（市）征收597万元。

环境信访工作进一步强化。共办理人大建议、政协提案及国家、省、市领导批转三级结果信访件19件，受理的市民咨询电话653次，信件43件，接待直接来访群众87人次；处理"12369"投诉案件3 090件，接办上级领导机关转办的信访381件，均按要求调查处理上报答复，结案率达100%，反馈率达100%。

（蒋步新）

【哈尔滨市环境监察工作概况】 2004年，哈尔滨市环境监察工作围绕全面推进市局开展了"五项重点工程"和"六项保障措施"及3个专项检查。继续开展"整治违法排污企业保障群众健康环保专项行动"。集中清理整治矿山环境违法企业、取缔"十五小"和对钢铁、水泥、电解铝等严重污染企业。全面落实《排污收费征收使用管理条例》。排污收费工作取得新的进展。环境信访工作发挥窗口作用，解决群众关心的环境污染问题。环境监察机构规范化建设和队伍管理工作得到加强。

（彭 伟）

【南京市环境监察工作概况】 2004年，南京市环境监察支队围绕创建首批国家"文明城市"、巩固"创模"成果、迎接十运盛会等中心工作为主线，抓污染源现场督查、污染举报查处、排污费征收和中高考期间噪声污染控制和队伍建设等重点工作，以"整治违法排污企业保障群众健康环保专项行动"为契机，全市的环境监察工作取得了显著成绩。

2004年，全市共出动人员23 635人次，检查排污单位8 991家次，工业企业污染治理设施正常运转率达98.4%。全年征收排污费12 147万元，超额完成年度工作目标；全年举报中心共接到各类污染举报投诉14 944件次，对所反映的4 545件污染问题进行了查办，投诉人对查办结果的满意率保持在90%以上。

2004年，全市积极研究新方法、探索新途径，来解决环境监察工作中遇到的问题。高淳县在县电视台"天天说新闻"栏目中开设专题，及时报道环保专项行动进展情况；江宁区专门到江宁电视台发表电视讲话，宣传法律法规和环保部门绿色护考措施；秦淮区结合区内卫生单位较多的实际，把卫生局列入专项整治领导小组，加大了对医疗废物的整治力度；鼓楼区针对群众反映强烈的餐饮油烟扰民问题，会同工商、市容、卫生、街道等部门，联合执法，集中力量对51家餐饮业进行综合整治；下关区邀请人大常委会领导到挂牌督办单位进行视察，督促落实整改措施；雨花台区邀请人大、政协领导与执法人员一道进行现场检查，并请区文广局随检查组报道环保整治情况；鼓楼区成立了环境保护注册志愿者服务大队，全区共240人成为首批注册志愿者。环保志愿者们协助环保工作者，多渠道、多方位、多形式地深入社区，为巩固和扩大绿色社区创建成果、提高城市环境质量做出努力。

（市环境监察支队）

【武汉市环境监察工作概况】 2004年，武汉市监察部门立足现场执法，在强化日常监管力度的基础上，加强对重点污染单位的现场检查力度，提高夜间抽查、抽测频次，加大对建设项目违反环境影响评价和"三同时"制度行为的查处。据统计，全年共实施环境现场监察2.7万余人次，检查排污单位10万余家、其中新扩改项目1 000余家，限期治理项目135家，下达处罚文书436份，促进了全市的污染防治工作。

在汛期以及国庆期间累计出动500人次，对贮存有毒有害物质以及存在或可能存在安全隐患的企业及垃圾填埋场进行拉网式检查，排查隐患，确保人民生命财产的安全。

中高考期间，出动监察人员1 200余人次，对全市各考点进行巡查，督促检查重点建筑施工工地、金属加工、卡拉OK等噪声源，为考生提供了安静的学习考试环境。

对全市52个工矿企业和医院的污染防治设施进行突击抽查，全市设施正常运行率为2/3。

（市环境监察支队）

【广州市环境监察工作概况】 2004年，市环境监察支队围绕广州市创建国家环保模范城市这一中心工作，以标准化建设为动力，全面加大监察执法力度，各项工作成绩显著。全市全年出动3.78万人次，现场监察执法1.2万多次，对2 191起环境违法行为进行立案和调查取证，行政处罚818家单位。受理群众环保投诉1.87万件，排污收费18 234万元。妥善处理突发性环境污染事故9起。向全市134家重点水污染企业和56家重点大气污染企业核发排污许可证共190个。

1. 调整思路，转变职能，强化监察。2004年，广州市环境监察支队以创模为契机，及时调整工作思路，工作重心从"排污收费型"向"执法监督型"转变。以执法为主线，创新执法方式，拓展环境监察领域。采取联合行动与日常巡查相结合、经常性与突击性相结合、群众举报与蹲点伏击相结合等多种形式，全面加大监察力度。全年组织各类联合监察执法行动10次，出动巡查人员520人次，巡查里程14 759千米，检查了542家企业，对105家企业分别依法做出了处理。环境监察领域扩展至生态环境监察和机动车排气污染监督，在"整治全市公交车冒黑烟"行动中，会同广州市环境监测中心站检测了1 386台公交车，对其中超标的115台车的50个单位做出行政处罚，罚款2.23万元。

2. 建章立制，规范环境监察行为。以标准化建设为动力，不断完善支队各项规章制度。印制了规范、统一的常用环境执法文书，规范了主要环境监察业务工作流程。推行岗位责任制考核试点，对每个工作岗位都规定了明确的考核项目、考核标准，考核结果与年度考核、评先晋升挂钩。通过建章立制，使环境监察人员在环境监察执法工作中较好地做到了

"四个合法"(即主体合法、行为合法、程序合法、形式合法)、"五个明确"(即权限明确、责任明确、任务明确、手段明确、尺度明确),促进支队作风纪律的转变,提高了队伍的凝聚力和战斗力。

3. 环境应急能力进一步增强。广州市环保局针对近年来突发性环境污染事件增多的趋势,2003年底制定了《广州市突发性环境污染事故应急预案》,2004年,市监察支队在加强日常环境隐患检查和预防工作的同时,加大了应对突发性环境污染事故的装备建设,购置了一批先进的仪器设备和防护装备,加强了污染事故应急培训,中层以上干部保持24小时通讯畅通,并在夜间值班制度的基础上,组建了两个重特大污染事故应急分队随时待命。全年共处理了9起突发性环境污染事件,做到快速反应、迅速出动、及时上报、处理得当,维护了广州市的环境安全。

(市环境监察支队)

【西安市环境监察工作概况】 2004年,西安市各级环境监察部门认真组织学习党的十六届四中全会精神,按照党的执政能力建设要求,不断提高政治思想素质,用科学发展观指导工作。结合环境监察工作实际,制定了"调整、充实、提高"的工作思路,并积极抓好各项工作的落实。在工作中坚持科学决策、依法行政,强化党风廉政建设,不断将环境监察工作推向前进。2004年,全市征收排污费5 865万元,其中市环境监察支队征收3 236万元,占全市征收总额的55.2%,较上年度增长12.1%;环境监察执法罚款231万元,较上年度增长48.6%;"12369"受理群众投诉1 200件,接待来访群众41批次,对28家单位进行了处罚,罚款23.7万元,各项工作指标均创历史新高。

(赵文军)

【济南市环境监察工作概况】 2004年,济南市环境监察部门按照市委、市政府提出的"实现新跨越,建设新泉城"的总体目标,围绕济南市创建国家环保模范城工作,抓现场执法监督检查和排污费征收等重点工作,以日常监督管理为基础,开展不间断的执法检查,通过暗查、突击性检查等多种形式,严厉打击了各类环境违法行为,环境监察工作取得进展。

按照"快速、准确、灵活、高效"的原则,全市各级环境监察部门,强化污染防治设施现场监督管理力度,坚持对重点污染源和已达标企业每月检查一次,一般污染源每季检查一次或不定期巡回检查。全年现场检查6 697人次,早、晚及节假日检查1 443人次,检查污染防治设施924台(套),查处不正常使用污染处理设施案件87起,使全市污染处理设施正常运转率保持在98%以上。

国家环保总局环境监察局下发《关于进一步加强环境监察系统行风建设工作的意见》后,全市各级环境监察部门结合本单位的实际制定了切实可行的"行风建设五年计划",在强化公仆意识、树立群众意识、提高队伍素质和完善执法监督等方面采取有力措施,做到依法履行现场环境监察职能和足额征收排污费。

目前,全市有环境监察机构11个,环境监察人员180人,其中大学以上学历160人,占总人数的88.9%。为适应不断发展变化的环境监察工作的需要,2004年,市、区环境监察机构先后选送17名环境监察人员参加国家环保总局举办的环境监察员培训班。市、区两级监察部门还定期组织各类业务培训、讲座和报告会20余次,使广大环境执法人员进一步提高环保业务知识水平和法律法规水平,增强了客观公正的执法意识,促进了执法能力的提高。

2004年,在全市环境监察人员的共同努力下,完成了各项目标任务,济南市环境监理总站被授予"省级文明单位"称号。

(市环境监理总站)

污染源监察

- ◎ 整治违法排污企业专项行动
- ◎ 污染防治设施运行监察
- ◎ 建筑施工环境监察
- ◎ 排污口规范化整治

【全国概况】 随着环境保护工作的不断深化，全国各级环境监察部门加强了环境现场监督检查：2004年全国各级环境监察部门对污染源现场进行监督检查共2 768 059次，比上年2 293 439次增加474 620次。

累计对361 290台（套）污染防治设施检查1 357 578次，污染防治设施中正常运转的有335 784台，运转率达到93%，污染防治设施运转达标率94%，比上年度增长4个百分点。

2004年对排污许可证现场检查182 154次，其中累计给排污单位发放了112 415个许可证，符合许可证的单位数106 672家，超证排污17 221家，占15%。全国统计排污单位总数556 708家，已进行排污申报的单位400 342家，环境监察部门累计检查的单位数达到476 149家。

全国环境监察机构在其他现场执法中进行了351 083次检查。

【全国整治违法排污企业保障群众健康环保专项行动概况】 2004年，国家环保总局联合发改委、监察部、国家工商总局、司法部、安全生产监督局6部门在全国范围继续开展了“整治违法排污企业保障群众健康环保专项行动”。全国共出动执法人员131万人次，检查企业60万家次，挂牌督办解决突出环境问题3 365件，集中整治连片污染问题100余件，立案查处环境违法问题2.7万件，取缔关闭违法企业6 462家，责令停产治理企业3 861家，限期治理企业6 755家，处理有关责任者155人，其中政府及有关部门81人。此次行动取得显著成效：一是推动各级政府落实科学发展观；二是初步掌握违法企业基本信息；三是促进重点行业结构调整；四是形成全社会参与环境执法的氛围。

按照6部委联合关于专项行动工作方案的总体要求，国家环保总局组织各地环境监察部门相继开展了城市污水处理厂、垃圾处理场、畜禽养殖、重点行业、2000年以来建设项目专项检查。掌握587个污水处理厂、760个垃圾处理场、3.6万个畜禽养殖场和9 880家重点行业企业的基本情况。

（国家环保总局环境监察局）

华东环境保护督查中心

【整治违法排污企业专项行动督察】 2004年9月，华东督查中心参与了国务院6部委组成的联合调查组对整治违法排污企业保障群众健康山西省、内蒙古自治区环保专项行动的督察工作，重点督察了山西（太原、临汾和运城）和内蒙古（呼和浩特和乌海）的炼焦、钢铁、电解铝、水泥、电石、铁合金6个行业。先听取当地政府汇报，然后对典型企业检查，并突击抽查了有问题的企业，最后和省级政府交换意见。其间共检查企业22家（山西10家、内蒙古12家），其中6家为临时突击抽查。各级政府都非常重视环保专项行动的组织落实，并取得了好的成绩。但也存在一些问题：一是各地行动进展不平衡，相邻地区力度不一；二是违法违规审批项目，“三同时”执行不到位，有些项目的审批制度不严格；三是环境监察能力差。环境监察人员少、资金投入不够，严重制约了环境监察工作的力度，这一问题在县一级的基层环境执法队伍中表现得相当突出。

【江浙边界工业污染源调查】 2004年4月，华东督查中心会同浙江省嘉兴市环保局、江苏省吴江市环保局，就江浙边界王江泾水域污染情况进行了现场勘察，同步对该区域的工业污染源进行了全面调查，并对全部交界断面进行了现场取样分析，初步查明了造成此次水污染的原因，通过对吴江市盛泽镇主要工业污染源采取“停4开3”的轮产方式，对盛泽镇的喷水织机企业进行限期治理，并加快盛泽镇内河区域污水的截流、集中处理等措施，减轻了江浙交界地区的水污染，使该地区水质迅速得到改善，自2004年5月以来，江浙王江泾地区的水质污染基本得到有效控制。

【太湖流域望虞河西岸污染防治调查】 2004年5月，由国家环保总局污控司、华东督查中心及江苏省环保厅组成的太湖流域望虞河西岸污染防治情况调查组，抽查了张家港市、常熟市、无锡市和江阴市的13家重点污染源；并对发生在无锡嘉菱塘死鱼事件进行了调查，同时针对存在的问题，提出了确保引江济太水质的5点对策和建议。

（华东环境保护督查中心）

北京市

【重点地区现场监察工作】 2004年，全市环境监察工作围绕大气污染治理中心任务展开。全市环境监察队伍承担着对重点地区重点污染源的现场监察任务，为保证监控到位，全体环境监察人员发扬“知难而进、迎难而上、扎实工作”的精神，战斗在第一线。2004年实现二级和好于二级天数229天，占全年天数的62.5%。

对污染源实行动态监察，取得良好效果。通过多年对空气监测子站周边重点污染源的监察和管理，污染源动态管理数据库已经形成。各级监察人员根据现场检查情况不断更新污染源动态管理台账，使子站周边各类工地、锅炉房、裸露土地、餐饮业等污染源得到控制。监察人员分析各子站污染源历史数据与现状，有针对性地提出对污染源管理的新对策，较好地控制了局地污染。

完善市区两级监察联动巡查机制。2004年，北京市环保监察队向城八区环保局下发了《关于加强重点地区污染源管理建立全市环保监察联动巡查制度的通知》，要求进一步完善市区两级监察的联动巡查机制，发挥市、区两级环保及有关部门的职能，对重点地区污染源的管理做到及时发现、反应迅速、统一协调、标本兼治。一年来，联动巡查机制运行良好，市区两级环境监察部门联手，及时处理污染隐患，取得了较好的效果，为完成全年二级天的任务奠定了良好基础。

【建筑施工环境监察】 2004年，北京市开复工面积为1.2亿平方米，施工工地数超过5 000个。围绕大气污染治理中心工作，全市环境监察部门继续加强对施工工地扬尘污染控制工作。

在建立并完善城8区各类工地台账的基础上，建立定期检查、信息公开制度：每两月对城8区所有施工工地扬尘污染控制措施落实情况进行一次全面普查。对不达标工地，实行挂账督察制度，监督其整改落实，并向市城管执法局进行案件移送。同时每两个月将城8区的工地达标率和案卷移送及处理情况向市领导报告或向社会公布。将工地检查情况登录数据库，实行动态化管理；将检查情况按街乡和建筑集团公司汇总并公布，调动基层管理部门的积极性，促进了行业自律。

在加强集中检查的同时，会同市建委、市园林局、市城管执法局等部分市扬尘办成员单位，对城8区的建筑、市政、拆迁、园林绿化工地进行了多次联合大检查。对扬尘污染严重的工地在电视、报纸、网站等进行了十余次曝光。

为快速处理施工扬尘污染问题，有效遏制施工扬尘对大气环境的污染，2004年共向市城管执法局移送扬尘污染案卷525件。

为加大宣传力度，加强公众参与，增强企业自律，在北京市环保局网站上公布了《施工工地扬尘控制标准》，并将《标准》印制成1万份宣传画发放到各施工工地。统一印制了《施工工地扬尘污染检查告知单》，通过全市各监察部门向不达标工地发放《告知单》，提高了各施工单位的自觉守法意识，有效地抑制了扬尘污染。

【固体废物管理和监察】 2004年，加强重点危险废物产生源、危险废物收集、贮存、转移及处理处置各环节的环境监察工作。

2004年，北京市各类危险废物的处置量及危险废物转移联单的发放量都比2003年有大幅增长，共处置危险废物1.1万余吨，比2003年增加了139.1%，处置医疗废物9 000多吨，增加了69.9%，发放危险废物转移联单2 800多份，增加了59.7%。全年共对6起环境违法行为实施行政处罚，处罚金额共计3万元。

【辐射环境监察工作】 2004年，为管好放射性废物及废放射源，做好适时贮藏，辐射中心完成了对北京市的47个单位的放射性废物及废放射源的收贮工作，收贮废放射源552枚，放射性废物133桶，体积6 623升，收贮的废放射源和放射性废物均安全运送至天津城市放射性废物库进行暂存。

2004年快速、有效地处理了5起突发性辐射污染事件，保障了首都的环境安全。

【机动车尾气排放监察】 2004年，北京市机动车保有量为230万辆。为加强对机动车尾气排放的管理，促进老旧车辆更新淘汰和车辆的维护保养，有效控制机动车排放污染，市环保局与市公安局交通管理局配合，组织全市各区县环保局和交通队开展路检路查工作。对上路行驶车辆的尾气排放情况、对使用环保标志情况进行定期检查；对违规和超标车辆依法处理，环保部门下达限期治理通知书，车辆治理后，经复检达标方可上路行驶；对公交、班车、省际客运和货运车辆尾气排放进行入户抽查；对夜间上路行驶冒黑烟的货车进行处罚和劝返。

2004年，全市共路检路查各类汽车610 502辆次（含进京路口），其中市区道路共路检路查各类车辆183 125次，占总量的8%；共处罚10 829辆次；对5家在机动车尾气检测工作中弄虚作假的检测场停止委托检测业务，对1家检测场实施了行政处罚。通过整治工作，起到了很好的教育警示作用，使全市机动车尾气检测更加规范。

【整治违法排污企业专项行动】 2004年4～11月，北京市环保局、市发改委等6部门在全市范围内开展了“整治违法排污企业保障群众健康环保专项行动”。本次环保专项行动以科学发展观为指导，以人为本、以民为先，重在维护群众的环境权益，重点对2000年以来已查处的企业进行复查，对各类企业污染防治设施及排污情况进行全面检查，清理1998年以来违反环境影响评价法的建设项目和违反环保法规的“土政策”。

环保专项行动领导重视、组织周密、调度有序、目标明确、重点突出、宣传到位，有力地配合了北京市控制大气污染中心工作，促进了区域环境质量的改善，解决了一批群众身边的环境热点、难点和重点问题，成为为民办实事、办好事的“德政行动”。全市累计出动22 907人次，检查14 127家单位，立案查处环境违法问题187件，对14家群众反映强烈、环境污染较重的企业，按规定取缔、关停或整改治理。

【“清查放射源让百姓放心行动”】 2004年，按照国家环保总局部署开展了“清查放射源，让百姓放心”专项整治行动。在此次专项整治行动中，对438家涉源单位的现场进行逐一清查，基本掌握了北京市放射源分布、使用、销售、保存等现状，对65家存在安全隐患的单位提出了相应的整改要求。

【污染物总量控制】 2004年，市环境保护部门完成大气、水环境容量测算研究工作，为总量控制和排污许可证制度的实施提供基础。根据《第十阶段控制大气污染措施》要求，2004年对工业污染排放实施严格控制污染增量，大力削减污染存量的方针，公布了28家实施污染物总量削减的单位名单，并督促单位落实削减方案。中小型项目已全部完成，电厂脱硫等大型项目已进入施工阶段，全部项目完成后每年可减少二氧化硫排放5万吨以上。

【排污许可证工作】 2004年，开展《北京市电力、水泥生产企业污染物排放配额分配办法》、《北京市排污口规范化设置管理办法》、《北京市污染物排放总量计量与核定技术规范》等技术规范的研究，为排污许可证的发放和管理提供基础。

（市环保监察队）

天津市

【小型化工企业污染综合治理专项行动】 2004年4月15日开始，天津市以查处北辰区西堤头地区污染企业为起点，在全市开展了对小型化工企业污染实行综合治理专项行动。天津市环境监察总队对西堤头地区进行了20次不定期、不间断的现场检查，检查企业94家。对在检查中发现有生产废水偷排偷放、污染物严重超标排放、建设项目违反环境保护管理规定、死灰复燃的“十五小”等环境违法行为均依法进行从重从严处理。

市环境监察总队参与起草了市政府《关于对小型化工企业污染实行综合治理的通知》，提出了具体的建议。《关于对小型化工企业污染实行综合治理的通知》发出后，天津市环境监察总队对市政府确定的西堤头等7个重点小型化工污染地区的综合整治情况进行重点督察。对20家违法企业提出了取缔、关闭或停产的建议。

【重点行业专项检查】 2004年，在天津市环保专项整治行动领导小组的统一指挥下，各区县政府依据全市工作方案的要求，对钢铁、水泥等重点行业污染问题进行了全面的自查，全市共出动执法人员2 400人次，检查单位565家，对荣程联合钢材公司和天丰钢铁有限公司等环境违法企业进行了立案查处，有效遏制了污染反弹的势头。

【实验室类污染环境监管】 天津市环境监察总队于2004年3月21日向全市各区县环保局下发了《关于转发国家环保总局关于加强实验室类污染环境监管的通知的通知》，要求各区县环保局按照国家环保总局要求，对辖区内科研、监测（检测）、试验等单位的实验室、化验室、试验场环境污染情况进行排污申报登记，做好污染情况的摸底调查；对科研、监测（检测）、试验等单位实验室、化验室、试验场的排污口进行规范化整治，将上述单位的排放口规范化整治纳入2004年排放口规范化整治工作内容，加强对各实验室、化验室、实验场的监督管理，建立污染事故预防和应急体系。

（市环境监察总队）

河北省

【整治违法排污企业专项行动】 2004年度，按照省委、省政府、省环保局的统一部署和要求，在落实国家6部委组织的环保专项执法行动中，全省环境监察机构深入扎实地开展此次行动，取得了明显成效，对各级落实科学发展观产生明显促进作用，增强了各级各部门实现经济与环境双赢的意识，克服了片面追求经济增长速度而忽视环境质量的倾向。抓住群众反映强烈、影响社会稳定的环境污染和生态破坏问题；重点流域，区域、行业的违法排污问题；建设项目违反《中华人民共和国环境影响评价法》问题；地方政府出台的有悖于环境保护法律法规的政策和规定4个重点问题，坚持做到违法情节没有查清的不放过，整改措施没有落实到位的不放过，对责任人没有处理到位的不放过，对该移送没有移送的不放过，真正把环保专项行动落到了实处。一些领导关注、群众关心的重点、难点环境问题得到解决。全省各级环境监察机构共出动执法人员106 607人次，检查企业49 210家，立案调查1 566件，结案1 138件，查处违法企业1 804家、罚款624.9万元，移送环境违法案件116件，处理相关责任人16人。

在专项行动中，合力办案的机制和环境执法的各项制度进一步得到落实。建立了提请政府决定、环境督察、重点案件移送、挂牌督办、公众监察、环境信息公开“六项”环境违法案件处理制度，各相关部门合力办案的机制进一步健全。

（郭志中　李卫军）

山西省

【整治违法排污企业专项行动】 2004年，山西省环境监察总队环保专项行动着重针对群众反映突出的城市污水处理场不正常运转超标排放，焦化、钢铁、水泥、电解铝、电石、铁合金、铬盐等重点行业，建设项目违法建设，基层政府出台“土政策”限制环境执法等4个方面的突出问题全面检查，集中整改，落实到户。全省共出动检查人员86 678人（次），检查企业40 408家（次），对550件环境违法案件实行挂牌督办，立案查处2 649起，结案1 707件。检查污水处理厂26家，焦化、钢铁、水泥、电解铝、电石、铁合金、铬盐等重点行业企业4 645家，检查面在95%以上；2000年以来上马的建设项目322个；清理纠正基层政府出台的违反环保法律法规的“土政策”32件。

环保专项行动取得成效：一是完成了对城市污

水处理厂、城市垃圾处理厂和畜禽养殖场的专项检查;二是保质保量完成了对重点行业专项检查;三是完成了“土政策”、“土规定”的清理工作;四是全面清查2000年以来的建设项目;五是实行挂牌督办,重点污染源治理和污染企业关停工作初见成效。六是不断加大执法力度,严查典型环境违法案件。

【工业污染源监察】 2004年,为保证全省工业污染源达标排放,全省各级环境监察机构对重点区域、重点流域和重点行业实施重点监控,着重加强了对冶金、焦化、电力、化工、建材、造纸等工业集中区的执法检查,强化对晋、陕、蒙接壤地区等环境敏感地区的监督检查,遏制了污染反弹,促进了区域环境质量改善。一是对定襄县土小锻造业进行监督检查,督促该县政府按照省领导的批示精神,加快其产业升级改造步伐,改善区域环境质量;二是督促“河、保、偏”三县,落实国家环保总局关于“晋陕蒙”《协调意见》,推动区域环境质量改善;三是严查造纸企业违法排污,保障汾河、黄河水质安全;四是严查长治市郊区、屯留县境内电石生产企业环境违法问题。全省共出动监察人员134 698人(次),检查企业213 358家(次),查处环境违法案件15 679件,有效地防止了工业企业环保设施运行不正常、污染物超标排放现象的发生。

【污染防治设施运行监察】 全省各级环境监察队伍对辖区内的重点污染源每月进行一次检查,一般污染源每季进行一次检查,对重点企业采取了专项检查与一般检查相结合、白天检查与夜间检查相结合、平时检查与随机抽查相结合的办法。各级环境监察队伍共对污染防治设施检查92 367次,全省污染防治设施总数27 886台(套),其中正常运转的26 604台(套),设施运转率达95.4%,运转达标率达95%。

【中高考期间噪声污染监察】 2004年,为严格控制中高考期间环境噪声污染,给广大考生提供一个安静的学习、生活和应试环境,全省各级环境监察机构根据省环保局《关于进一步加强中、高考期间环境噪声污染监督管理的紧急通知》要求,对高考考场和考生的住所地周边环境噪声污染进行了重点监控。全省在中高考期间共出动执法车辆1 330多辆(次),出动执法人员6 300余人(次),查处建筑施工、娱乐场所噪声污染源1 896处,有效地控制了全省噪声污染,为考生创造了一个安静、舒适的学习、考试环境。

(省环境监察总队)

内蒙古自治区

【整治违法排污企业专项行动】 自治区环境监察总队根据国家环保总局等6部委《关于开展整治违法排污企业保障群众健康环保专项行动的通知》的指示精神,为加大打击力度,2003年和2004年,自治区环保局会同自治区发展和改革委员会、自治区监察厅、自治区工商行政管理局、自治区司法厅、自治区安全生产监督管理局、自治区广播电影电视局6部门,在全区范围内联合开展了“整治违法排污企业保障群众健康环保专项行动”。此次专项行动全区共出动环境执法人员15 438人/次,检查企业8 807家,立案查处违法企业522家,取缔关闭违法排污企业157家,挂牌督办解决突出环境问题47件。

2004年,全自治区环保专项整治行动,着重针对群众反映突出的城市污水处理厂不正常运行超标排放、八大行业盲目发展污染环境、建设项目把关不严造成新污染,基层政府出台“土政策”限制环境执法4个方面的突出问题,进行全面检查,集中整治,落实到户。

从全区检查的14家污水处理厂(场)污水处理能力情况看,仅有两家污水处理厂达到设计能力,普遍存在着“大马拉小车”的问题,主要问题是城市污水管网建设滞后,导致污水入网率低。全区14家污水处理厂(场)仅有包头市已由事业单位转制为企业。政府包办环境基础设施的投入、运行、监管带来的问题也逐渐暴露;全区共检查钢铁、电解铝、水泥、电石、炼焦、铁合金、铬盐、黄姜八大行业企业788家,其中铁合金、电石行业406家,检查面达85%以上;检查2000年以来上马的建设项目企业510家。对18家未履行环境影响评价手续的企业下达了停建整改通知书。清理纠正10件基层政府出台的违反环保法律法规的“土政策”。

(自治区环境监察总队)

辽宁省

【整治违法排污企业专项行动】 2004年,整治违法排污企业专项执法行动是辽宁省确定的工作重点:一是以群众反映的环境污染问题为切入点,查处一批环境违法案件。二是查处2000年以来,特别是《环境影响评价法》实施至今,没有依法执行环境准入以及违反建设项目管理规定的违法行为。专项行动中全省共出动环境执法人员41 667人次,检查企业21 177家,立案查处违法排污企业1 680家,其中:依法取缔、关闭了184家环境违法企业;停产治理100家环境违法企业,限期治理611家。通过开展整治违法排污企业专项执法行动,集中查处了全省一批污染问题长期得不到解决、广大群众关注的环境热点、难点问题;制止并处理一批违法违规建设项目,整治和打击了违法排污企业,改善了辽宁省环境质量。

【中高考噪声污染综合整治】 2004年5月24日,辽宁省环保局印发了《关于开展中高考期间噪声综合整治工作的通知》,组织各市环保局及公安、文化、教育、建设等部门,集中开展全省噪声污染综合整治行动。共出动执法人员1.2万人次、4 000多车次进行现场检查,实行24小时巡查制,及时查处噪声扰民案件,并通过新闻媒体曝光一批环境噪声扰民的违法企业。副省长鲁昕批示:对省环保局为民服务的做法给予表扬。

(省环境监察局)

吉林省

【整治违法排污企业专项行动】 2004年,按照国家环保总局等6部委联合下发的《关于开展整治违法排污企业保障群众健康环保专项行动的通知》的部署和要求,吉林省结合本省实际,开展了对违法排污企业的专项整治工作。全省各级政府都成立了由政府主管领导任组长,发改委、工商等部门为成员的环保专项整治行动领导小组,制定并下发工作方案,确定了工作重点。省政府多次召开专门会议,听取环保专项整治行动进展情况汇报,对敏感和重大环境污染问题进行专题研究。对各市州整治工作的进展情况及挂牌督办企业的治理情况进行集中检查和督察督办。专项整治行动期间,全省共出动环境执法人员17 277人次,检查企业16 541家,查处环境违法案件1 745个,关闭了"十五小"和"新五小"企业150家。清理出与环境保护法律法规相悖的"土政策"56项,有37项已废止。确定了省、市、县三级挂牌督办企业280家,有204家得到解决。通过环保专项整治行动,使一批长期得不到解决的老大难污染问题得到彻底解决,部分停运的污水处理厂重新开始启动运营,一些重点环境问题已纳入解决日程。环保专项整治行动进一步增强了环境保护法律法规的威慑力,树立了环保部门管理环境的权威,扩大了环保工作在社会上的影响。

【中高考期间噪声污染监察】 2004年,吉林省各级环境监察部门按照国家环保总局《关于加强中高考期间环境噪声管理工作的通知》精神,联合公安、工商、新闻媒体等部门在中高考期间增加了对噪声源的检查频次,安排人员24小时值班,对考场附近的噪声源实施全天候监管,及时查处违法排污行为,为考生营造了一个安静的复习和应考环境,得到考生和家长及社会的普遍赞誉。

【有地域特点排污企业专项整治】 2004年,吉林省各级环境监察部门以环保专项整治行动为契机,针对本地存在的突出环境问题,开展了有地域特点的专项污染治理。针对近年糠醛产品市场价格好、糠醛生产企业逐年增多、行业污染日益加重的实际情况,吉林省开展了对糠醛生产企业的专项整治,要求企业开工建设及正式生产必须由省环保局审批,省环保局对有污染防治设施的8家企业批准了试生产,责令没有污染治理设施的35家企业停产治理。不达标坚决不允许恢复生产。

长春市对噪声污染严重的铝合金加工和石材加工、烟尘污染严重的废旧塑料加工、城乡结合区域和公路两侧的违法排污企业进行了清理和整治;吉林市针对辖区流域污染问题开展了对松花湖风景区的宾馆、疗养院所、饭店等排污单位的专项整治;辽源市对辖区内袜业漂染废水进行了集中整治,取缔无治理能力小袜厂的漂染工艺,改为集中染整。对烟尘污染严重的城乡结合部的多家小酒厂的土炉灶进行改造;通化市集中开展对饮用水源污染的专项检查,对辖区内主要河流哈泥河流域违规私建度假村和采沙、土法选金等环境违法行为进行取缔和处罚;白山市对辖区内"小土焦"进行集中整治和全面清理。延边州对小碳厂、小采金和浮石采选等进行了取缔。

(程金灿)

黑龙江省

【整治违法排污企业专项行动】 按照国家环保总局等6部委《关于整治违法排污企业保障群众健康环保专项行动的通知》要求,黑龙江省于2004年4～11月开展了为期8个月的环保专项行动。全省各级环境监察机构共出动执法人员25 664次,检查企业8 495家,立案查处企业717家,结案697家。确定市、县级挂牌督办案件140个,省级挂牌督办案件10个。通过开展4个专项检查工作,对不符合国家产业政策的水泥、钢铁、电解铝、炼焦、电石、石墨等重点行业51家企业,依法给予关停取缔,对污染物超标排放的7家企业,依法限期治理;对清查出36家小炼钢全部依法予以取缔,生产设备就地销毁;清理出违反环保法律法规的"土政策"5件,其中违反排污费征收使用管理规定的"土政策"4件,违反建设项目环境保护管理法律法规的"土政策"1件;对2000～2003年间的5 086个建设项目进行了清理,共清查出未执行环评制度94个,未执行"三同时"制度330个,责令停止生产51个,取消、缓建、停建项目147个。

【中高考期间噪声综合整治】 2004年4月12日,黑龙江省环保局下发《关于加强"两考"期间环境噪声综合整治的通知》,并制定了整治行动方案,于2004年5～6月在全省范围内开展环境噪声综合整治工作。各市、县环保部门根据行动方案,制订工作计划并加以落实。各级环保部门与公安、城管、教育等部门联合行动,利用报纸、电台、电视台等新闻媒体,向社会发布"两考"期间噪声综合整治通告,公布环境举报电话"12369",曝光典型案例,营造社会氛围。在本次整治工作中,全省共出动执法人员4 600余人次,车辆800余台次,检查各类建筑施工场所311家,文化娱乐场所1 078家,对噪声扰民的场所和施工单位进行及时处理,对屡教不改的坚决给予处罚或取缔,赢得考生及家长的赞誉。

(省环境监察总队)

上海市

【整治违法排污企业专项行动】 根据国家环保总局等6部委联合发出的《关于开展整治违法排污企业保障群众健康环保专项行动的通知》及市局的安排,从2004年4月20日到10月底,全市环境监察系统共出动9 327人次,检查企业10 929户次,查处违法企业579家,其中按处理权限移送相关部门处理的8家。被查处的违法企业中,涉及违反建设项目环保管理规定的有222家;超标排放污染物的有167家;有违法直排、偷排污染物行为的企业149家;具有其他环境违法行为的企业41家。按照相关的法律法规,环保部门对579家违法企业作了处罚,其中停产治理的89家,取缔或关闭的14家,限期治理的172家,责令停止违法行为的40家,处以警告等其他措施的7家;同时对301家企业给予经济处罚,共计462.92万元。

【行业专项执法检查】 2004年,根据国家环保总局和市环保局的安排,市环境监察系统在3月对全市钢铁、电解铝、水泥行业的排污情况进行专项检查,共检查119家企业,其中有12家企业存在违反环保法律、法规的行为。对此,市和区县环保部门做出了相应的处理,一家地条钢加工点被取缔,关停10家钢铁企业、关闭1座炼铁炉、关停5家水泥企业。

【中心城区重点污染企业现场监察】 2004年,根据上海市环保三年行动计划的要求,中心城区96家重点污染企业应在2005年底关停、搬迁或进行产品结构调整。4月,环境监察总队对2004年前已按要求"关、停、并、转"的35家单位的现状进行了复核,这些单位均已完成了"关、停、并、转"的工作;年底,对61家2004年应完成的单位进行了检查,其中要求于2004年完成"关、停、并、转"任务的有24家,全部按计划完成。有14家在2005年底前完成任务。

【固体废物处置情况专项检查】 2004年,在市环保局的部署下,5～8月,市环境监察总队协助市危险废物管理中心对1 341家产生危险废物的单位进行了检查,对16家违反危险废物管理规定的企业进行处罚,处罚金额18.4万元。

【城市污水处理厂和垃圾处置场专项检查】 2004年,根据国家环保总局的通知,市环境监察系统对全市37家污水处理厂、7家垃圾处置场进行了专项检查。37家污水处理厂均纳人排污管网,其中35家采用二级生化处理、两家为三级处理;设计处理能力超过1 000万吨/年的有12家,总设计处理能力为55 458.71万吨/年,实际处理量44 068.59万吨/年,设备负荷率为79.5%。闵行水质净化厂等5家污水处理厂超过了设计处理能力,设施超负荷运转,这类污水处理厂占总数的14.3%。7家垃圾处置场中有两家采用焚烧方式处置,1家采用堆肥方式处置,其余4家采用填埋方式处置。总设计处理能力为382.3万吨/年,实际处理量为379.84万吨/年。御桥生活垃圾发电厂等3家垃圾处理场的实际处理量也超过了设计处理能力,占总数的42.9%。

【"绿色护考"行动】 2004年,"绿色护考"行动从5月20日起制订方案,并根据市政府17号令的精神,与各区城管大队加强联系,共同加强对环境噪声的监管。从5月31日～6月10日,对全市建筑工地及其他固定噪声源进行夜间执法检查;在中高考期间,环境监察部门采用驻场监察和流动巡查相结合的办法,防止突发性噪声的产生。在护考期间,全市出动环境监察人员928批次,3 249人次,检查单位5 439家次,发现479家违章企业,当场制止380家,立案处罚99家,取得了良好的社会效果。

【重点工业区专项整治】 市环境监察总队分别在2004年2月、12月出动41人次,对宝钢集团上海五钢有限公司、宝钢集团上海一钢有限公司、申佳铁合金有限公司烟尘无组织排放和上海三冠钢铁有限公司烟囱冒黑烟情况作了专项检查,根据法规给予行政处罚,处罚金额25.1万元。吴淞工业区现有堆场单位36个,其中码头堆场27个,企业内部堆场13个,社会堆场6个。在宝山区开展的吴淞工业区烟、粉尘无组织排放整治中,环境监察总队负责5家重点企业,支队负责其他堆场的监督检查工作,城管负责行政处罚,形成既有分工,又有合作的局面,并组织了两次联合检查。按照监察计划,对桃浦工业区进行了执法检查。

【工业区内企业污染源检查】 2004年9～11月,市环境监察总队会同闵行、宝山等9个区、县开展了对已撤销的工业区内投产企业进行执法检查。检查的主要内容是工业区内已建成投产企业的环评、"三同时"执行情况;对有污染集中处理站工业区检查集中处理设施的运行、污水排放量、污染物排放浓度及最终排放去向;对无污染集中处理站工业区检查区内企业污水治理及排放情况,包括企业污水排放量、污染物排放浓度及排放去向。全市共出动1 322人次,检查1 587家企业,对48家违反环保法规的单位立案查处。

【排污口规范管理】 2004年,环境监察总队对116

家水污染重点监管企业192个排放口规范化情况进行了检查，其中符合规范化整治要求的排放口有40个，尚未做到规范化的排放口有152个。

（彭振发）

江苏省

【整治违法排污企业专项行动】 江苏省各级环境监察机构贯彻国家6部委《关于开展整治违法排污企业保障群众健康环保专项行动的通知》精神，在日常执法检查的基础上，继续开展“整治违法排污企业保障群众健康环保专项行动”，严厉打击违法排污、消耗大量资源的违法企业，保护和支持遵守环保法律法规、治理污染、实现达标排放的企业，维护正常的经济秩序，创造公平的市场竞争环境。2004年行动期间，全省出动执法人员193 946人次，集中检查各类污染源74 295厂/次，查处环境违法企业5 112家，其中决定取缔关闭703家，停产318家，限产28家，罚款1 702家(处罚金额1 916.24万元)，限期治理1 371家，搬迁77家，采取其他处罚措施529家，移送案件116起，处理有关责任人23名，清理少数地方自定的违反建设项目环境保护管理法律法规、干涉阻碍环保现场执法检查及违反排污费征收使用管理规定等12件“土政策”。通过专项行动，污染反弹的趋势得到有效控制，解决了一批突出的环境问题，改善了环境质量，维护了群众的环境权益和正常的经济秩序，得到了社会各界的支持和拥护。国家联合督查组对江苏省专项整治行动工作进行督察后，给予充分肯定。

【建筑施工环境监察】 随着城市建设规模的不断扩大，建筑施工噪声扰民成了环境事件举报投诉的热点。据统计，环保部门受理的夜间施工噪声扰民投诉占环境事件总投诉量的40%。为控制建筑施工噪声污染，全省各地环境监察机构采取了两项举措：一是加强建设项目的全过程管理，在项目审批时与建设单位签订建筑施工噪声环境管理责任书，规定建设单位在项目施工过程中有督促施工单位办理排污申报登记、解决信访、办理夜间施工许可及缴纳排污费的管理责任；二是在建筑工地周围公布施工时间、环保要求与投诉举报电话，实行24小时值班受理，接警半小时内赶到现场查处。这些举措规范了建筑施工单位的环境行为，减少了建筑施工噪声污染。

在一年一度的中高考期间，环境监察部门集中力量，对考场周围的噪声环境进行摸底检查，确定重点控制对象，通过新闻媒体公布噪声控制时段和地区，对噪声污染企业提出整改要求，对建筑施工单位限制作业时间，确保应试期间的安静环境。

（省环境监察局）

浙江省

【整治违法排污企业专项行动】 2004年，根据国家环保总局等相关部门要求，组织开展了城市污水处理、垃圾处理和畜禽养殖业专项检查、重点行业专项检查、违反环保法律法规的“土政策”专项检查、建设项目“三同时”制度执行情况检查，整治蓄电池行业污染专项检查、矿山生态环境保护专项执法检查、实验室类污染环境监管专项检查、保险粉行业环保专项检查、“清查放射源，让老百姓放心”专项检查等。专项整治行动期间，全省出动监察人员150 176人次，检查企业76 157家，立案查处违法企业4 250家，对3 751家企业进行了行政处罚，其中取缔、关闭企业458家，停产治理1 402家，责令限期治理379家，罚款1 177家，吊销排污许可证7家，其他处罚335家，有效打击了环境违法行为，维护了全省的环境安全。

（胡晓林）

安徽省

【“严查”专项行动】 2004年，安徽省根据全国专项行动电视电话会议精神，成立以分管副省长为组长，9个厅局为成员单位的领导小组，制定详细专项行动实施方案和专项行动工作时间表，组织全省专项行动工作。2004年，全省环保专项行动共出动执法人员40 194人次，检查企业12 661家次，立案查处企业741家，对32名相关责任人进行了处理处罚，严厉打击了环境违法行为，有效遏制了污染反弹。

专项行动期间，省环保局直接派出20个督察组和40余个暗访组，共对省内的300多家重点企业进行了暗访和督办，对108家严重超标排污企业进行查处，并向相关市政府发出21份环境监察通知，对41家重点污染源实行挂牌督办。

【污染防治设施运行监察】 结合开展“整治违法排污企业保障群众健康环保专项行动”，2004年，全省环境监察部门共开展污染防治设施现场监督检查21 636次，检查污染防治设施9 520台(套)，被检查污染防治设施正常运转率达90%，运转达标率90%。

【排污许可证制度执行】 2004年，安徽省环境监察部门共开展排污许可证执行情况现场检查1 033次，新颁发排污许可证964件，其中符合排污许可证执行要求的排污单位895家。

【排污口规范化整治】 安徽省在完成对1 070家重点达标排放工业企业排放口规范化整治工作的基础

上，2004 年，全面推进省内所有排污单位排放口规范化整治工作。目前全省大部分排污单位已完成排放口规范化整治，为日常环保监督管理奠定了坚实基础。

（袁永宏）

福建省

【企业环境管理制度监察】 2004 年，省环境监察部门进行了企业环境管理制度监察与污染隐患监察。全省重点抽查有污染物排放的工业企业3 086家，其中，设置有环保机构，配备有专职环境管理人员和建立了规范的环境管理制度的企业分别占 76.6％和 65％；环境管理职责放在其他内设机构和环境管理制度不健全的企业分别占 21.1％和 33.4％；环境管理职责不明确和没有建立环境管理制度的分别占 2.3％和 1.6％。

【污染防治设施监察】 2004 年，全省检查企业4 157家，检查污染防治设施7 317台（套），正常运行的6 838台套，正常运行率为 93.4％。查处了 127 家不正常使用污染防治设施的违法企业。其中泉州市出动环境执法人员7 279人次，现场检查污染防治设施2 463台（套）。省环境监察人员抽查了 11 个县（市、区）的化工、造纸、电镀、食品等行业的 33 家企业污染防治设施运行管理情况。

【流域、区域污染源限期达标排放监察】 2004 年，沿江各级环境监察部门采取措施巩固和扩大闽江流域综合整治成果。一是全面推行排污许可证制度，控制主要污染物排放总量，目前沿江已申领排污许可证的企业超过2 000家；二是对已划定的城市和县城集中式地表水源保护区建立了每周巡查一次的制度；三是加大对流域工业企业污染治理的执法监督，重点监督从省污染防治资金中安排的闽江流域工业企业污染治理项目，公布了流域 11 家污染物超标排放或超总量排放的省控重点工业企业名单，督促其开展清洁生产审核。三明钢铁厂、青山纸业等 20 家企业通过清洁生产审核，产生了 1.89 亿元的经济效益；四是对流域 10 家城市污水处理厂和 32 家重点企业排污情况进行实时在线监测监控；五是针对沙溪水质下降问题，派出执法人员随省环保局领导深入实地进行明察暗访，对超标断面周边可疑污染源进行突击检查。2004 年闽江流域水质达标率为 83％。

【排污口规范管理】 福建省环保局下发了《关于进一步做好排污口规范化整治工作的通知》，2004 年全省共检查了5 327家企业的排污口，对其中 673 家企业下达整改通知书，要求更换排放口标志牌，设置具备采样和测流条件的排污口，安装流量计或污染物自动监控设施等。

【污染隐患监察】 全省重点抽查了有污染物排放的工业企业 3 086家，对其中存在污染隐患的 234 家企业提出整改要求。

【建筑施工环境监察】 2004 年，全省环境监察部门共受理 2 122 起建筑施工噪声投诉，对 295 个存在违法行为的建筑施工场所责令停止施工或者采取相关防治措施，对其中 9 个在限制时间内擅自进行施工、经警告拒不改正的建筑场所，依据《福建省环境保护条例》规定，暂扣或者封存产生噪声污染的建筑施工设施，并给予罚款。

【固废处置转移监察】 重点加强化学原料、化学制品制造和医药制造业危险废物的环境管理。2004 年全省工业危险废物产生量 6.5 万吨，其中化学原料、化学制品制造和医药制造业产生的危险废物 5.4 万吨，占 83.08％。

【饮服行业环境监察】 开展餐饮服务行业油烟污染专项整治，全省环境监察部门出动执法人员4 567人次，重点检查位于敏感区域和列入限期治理的餐饮企业。2004 年共完成限期治理餐饮企业油烟污染 236 家，其中安装了油烟净化装置的 185 家，搬迁、停业的有 51 家。

【辐射环境监察】 2004 年，全省开展“清查放射源，让百姓放心”专项行动，全省摸查2 500多家企事业单位，已申报登记涉源单位 743 家，查明 823 家拥有放射源及射线装置的单位，有闲置废弃放射源 271 枚，已收贮 72 枚。

（省环境监察总队）

江西省

【整治违法排污企业专项行动】 2004 年 5～11 月，省环保局、发改委、经贸委、监察、工商、司法及安全生产监管 7 部门联合开展了“整治违法排污企业保障群众健康环保专项行动”。专项行动查处的主要任务是查处违法排污企业的环境违法行为，对严重危害群众身体健康的排污企业、行业集中进行重点整治，解决了各地存在的突出环境问题。

2004 年 4 月 20 日，省政府召开江西省环保专项整治行动电视电话会议，部署了查处违法排污企业的行动方案。江西省各级人民政府对这次环保专项整治行动十分重视，按要求建立了联席会议制度，并在 2003 年开展“清理整顿违法排污企业保障群众健康行动”的基础上，进一步强化部门间联动机制，加强领导，制定整治工作方案，确定查处重点。此次整治行动中，全省出动检查人员12 164人次，检查企业

8 516家，立案查处违法排污企业 132 家，打击环境违法行为，维护人民群众利益，改善环境质量，促进了江西省经济的健康发展，得到各级政府的肯定及群众的称赞。

【中高考期间环境噪声污染监管】 中高考期间，为确保考生有安静的学习和休息环境，全省各级环境监察部门组织开展了对环境噪声的监督管理。执法人员提前在辖区内调查噪声源的分布情况；利用当地的报纸、电视、广播等新闻媒体，做好环保法律法规的宣传工作；增加现场检查频次及夜间巡查，确保每一个噪声污染源处于有效的监控之中，使噪声扰民行为得到了依法从严从快的处理。

（省环境监察总队）

山东省

【整治违法排污企业专项行动】 2004 年，国家关于开展"整治违法排污企业保障群众健康环保专项行动"电视电话会议召开后，山东省根据《关于开展整治违法排污企业保障群众健康环保专项行动的通知》(环发[2004]57 号)和省环保局的要求，及时行动，开展了深入细致的工作，对环境违法企业进行了严肃查处，对重点案件实行了挂牌督办。据统计，在 2004 年环保专项整治行动中，全省共出动人员 8.23 万人次，检查企业 4.86 万次，对1 363起环境违法案件进行了立案查处，处罚金额 400 余万元，依照《山东省环境污染行政责任追究办法》的规定，对 20 名责任人给予了行政处分。

【污染防治设施运行监察】 2004 年，全省各级环境监察队伍对辖区内重点污染源每月至少进行一次检查，一般污染源每季至少进行一次检查。对重点企业增加夜查和节假日抽查，对存在污染事故隐患的企业派员驻厂，实行"全天候"管理。2004 年，全省各级环境监察队伍共检查污染防治设施116 593次，同比增长 33.2%；全省污染防治设施总数15 506台(套)，其中正常运转的15 258台(套)，设施运转率为 98.4%，运转达标率为 98.2%，分别比 2003 年增长 1.8 和 2.1 个百分点。

【建筑施工环境监察】 2004 年，全省各级环境监察队伍把加强建筑施工噪声管理作为一项民心工作常抓不懈，加强巡查与夜查，减少噪声扰民现象。在 2004 年中高考期间，会同建委、公安、文化等部门进行 24 小时巡查，为考生营造良好的学习和生活环境，赢得社会各界的赞誉。

【排污许可证现场监察】 2004 年，全省各级环境监察队伍共对发放排污许可证单位实施现场检查3 038次，全省排污许可证实际发放单位2 021家，其中符合许可证的单位2 010家。

（省环境监察总队）

河南省

【整治违法排污企业专项行动】 2004 年，河南省开展了"整治违法排污企业保障群众健康环保专项行动"，划定 108 家重点排污企业。7～8 月环境监理总站参加国家环保总局组织的淮河流域 4 省互查行动，检查了河南省 9 个省辖市的 53 家企业，查处有问题企业 9 家，处理违法企业 3 家。在暗查环境违法行为行动中，对淮河流域和海河流域 12 个市的污染防治情况进行了 5 次暗查，检查企业 68 家，有问题企业 19 家，并提出处理建议，要求当地政府进行处理。完成"整治违法排污企业保障群众健康环保专项行动"的各种报表 11 种。

【辐射环境监察】 2004 年，在"清查放射源，让百姓放心"行动中，参与清查全省放射源情况，经过 4 个月的摸底排查，截至 2004 年 8 月底，全省申报登记企事业涉源单位1 443家，放射源总数4 655枚。

（荆国一）

湖北省

【环保专项行动宣传工作】 2004 年，为配合环保专项行动的开展，湖北省成立了环保专项行动宣传工作领导小组，制定了宣传方案，确定《中国环境报》、《湖北日报》、《楚天都市报》、湖北电视台、湖北经济电视台等作为宣传媒体。各地市也制定了相应的宣传报道方案。同时，与"湖北省环保世纪行"组委会配合，组成采访小分队，分赴各地进行采访报道。专项行动以来，省环境监察总队在《中国环境报》、《湖北日报》、《楚天都市报》等报纸上发表了近 30 篇文章，对 24 家企业的违法行为进行了曝光，对一批"地条钢"、"十五小"企业的取缔进行了报道，对鄂州梁子湖、咸宁陆水湖、武汉汤逊湖等水域的保护和全省环保专项行动的开展进行宣传。同时在湖北电视台、湖北经济电视台对 6 家企业的违法行为公开曝光。全省各地利用当地新闻媒体进行报道，通过曝光，促进了地方和企业环境意识的提高，推动了突出环境问题的解决。

【生活垃圾处理设施建成并运行】 截至 2004 年，全省已建成并投入运行的垃圾处理场有 35 座，设计生活垃圾处置量 427 万吨/年，有 12 座正在筹建；对不符合安全处置标准、渗滤液和废气排放超标等存在着环境和安全隐患的垃圾处理场所，责令限期整改，并依法征收排污费。

【重点行业污染物排放专项检查】 在2004年环保专项行动中，对全省钢铁、电解铝、水泥、皂素等重点行业进行了专项检查。检查钢铁生产企业44家、电解铝生产企业10家、水泥生产企业180家。对污染物排放不达标的7家钢铁企业下达了限期治理决定，依法关闭了20家不符合国家产业政策的钢铁企业。10家电解铝生产企业中有6家环保不达标，已责令2家停产治理、1家限期淘汰自焙槽、3家实施限期治理。检查水泥生产企业中，环保不达标的有93家，已责令限期治理或停产治理，关闭了18家不符合国家产业政策的小水泥。

经检查，全省共有91家黄姜加工企业，年产皂素合计约4 400吨，外排废水总量约300万吨/年。通过专项行动，依法关闭了42家生产规模较小、无任何治污设施的黄姜加工企业。同时，责令一批超标排污的企业实施限期治理。

对于铬盐，湖北省只有黄石振华化工有限公司一家生产企业。该公司有3条生产线，年产红矾钠2万吨、铬酸酐5 000吨。每年的铬渣量约3万吨，为了加强渣场管理，寻找铬渣出路，该公司与黄石市的一些水泥企业联合进行了铬渣用作水泥矿化剂的生产试验，目前每月可以综合利用铬渣2 800吨。随着运用技术的成熟，将加大铬渣综合利用的推广力度，逐步消除铬渣的安全隐患。

通过专项行动，有效遏制了钢铁、电解铝和水泥行业盲目投资、低水平重复建设的势头，推动了这些行业的健康发展。

【医疗废物专项检查】 2004年，根据国家环保总局办公厅、卫生部办公厅《关于开展医疗废物专项检查的通知》(环办函[2004]480号)要求，省环保局和省卫生厅联合组织开展了全省医疗废物专项检查工作。对辖区内医疗机构及医疗废物集中处置设施医疗废物管理情况进行全面清理，对检查中发现的违法行为进行严肃查处。在本次专项行动检查中，全省共出动检查人员5 900多人次，检查医疗卫生单位1 700多家。通过检查，发现存在问题：

1. 由于各地医疗废物集中处置设施尚未建成(武汉市除外)，医院简易焚烧炉的处理能力有限，各地一些大医院的焚烧炉进行焚烧处理的危险废物只占所有医疗废物产生量的一小部分，且处理效果也不甚理想，相当部分的医疗废物利用土灶焚烧或直接混入生活垃圾排放。

2. 大型医疗机构执行《医疗废物管理条例》情况尚好，而很多城市小型门诊及乡镇卫生机构对医疗废物的管理基本上是空白，这些医疗机构排放的医疗废物存在较大的安全隐患。

3. 卫生部第36号令《医疗卫生机构医疗废物管理办法》规定，卫生部对全国医疗卫生机构的医疗废物管理工作实施监督。目前医疗卫生机构产生的医疗废物，均由各地卫生部门进行监督管理，环保部门对医疗机构医疗废物的监督缺乏制度上的保证。

4. 除武汉市外，湖北省医疗废物的收费政策尚未制定，直接影响到各地医疗废物集中处置中心项目的经济评估、业主招投标等工作。

【危险废物环境管理整治】 2004年，为了进一步贯彻落实《危险废物经营许可管理办法》，加强湖北省危险废物经营许可证审批及监督管理，提高危险废物收集、贮存、处置设施建设及运营水平，逐步实现危险废物集中无害化处置，省环保局于2004年12月1日下发了《关于加强危险废物管理的通知》，要求各地成立辖区内危险废物环境管理整治普查小组，落实危险废物普查人员及工作经费，制定危险废物整治和普查方案，对辖区内危险废物产生处置情况进行全面调查摸底，弄清危险废物产生本底情况。对于危险废物处置不符合国家标准的危险废物产生单位，责令其限期整改；对存在重大环境安全隐患的危险废物堆置场所，及时采取应急措施，立即整改，消除安全隐患。辖区内产生危险废物单位每季度末10日内向当地环保部门上报上季度危险废物产生、收集、处置、贮存、利用和处置情况。各地环境监察部门平时在现场执法时，将危险废物作为必检内容，发现违法行为及时上报环保行政主管部门依法处理。

【"清查放射源让百姓放心"专项行动】 按照全国"清查放射源，让百姓放心"专项行动有关要求，省环境监察总队和省辐射环境管理站于2004年4月底组织协调成立了专项行动领导小组；于2004年5月18日下发了《关于印发湖北省"清查放射源，让百姓放心"专项行动实施意见的通知》；5月中旬召开了湖北省"清查放射源，让百姓放心"专项行动会议；在6月28日《湖北日报》头版刊发了开展全省放射源申报登记工作的通告；下发了《关于进一步加强"清查放射源，让百姓放心"专项行动工作的通知》，要求各地开展放射源安全检查，签订放射源安全责任状。对相关人员进行培训，截至11月中旬，全省环保系统举办了20期专项行动培训班，700余名环保系统人员、重点涉源单位的操作人员和管理人员接受了专门培训。在做好专项行动各项工作的前提下，根据国家有关法律法规和文件的规定，下发了《省环保局关于加强放射源管理工作有关事项的通知》，对放射源申报登记、放射源登记许可、放射源准购等事项做出明确规定。"清查放射源，让百姓放心"专项行动中，湖北省115家涉源单位同环保部门签订了安全责任书，根据安全责任书内容，对所有签订单位和清查出的其他涉源单位，采取一听二查三看四督办五通报等形式，进行了执法检查。

1. 检查是否按规定办理了申报登记和审批手续。凡是有放射源不申报登记的，无安全许可证或安全许可证到期的，未进行环境影响评价的，限期要求补办。截至12月中旬，已掌握的涉源单位全部进行了申报登记，且数量清楚，账物相符、账卡相符；35

家企业补办了环境影响评价手续，28 家企业新领取安全许可证；有 5 次放射源的转移运输办理了手续。

2. 检查管理制度是否健全，是否有专人负责，防范措施是否落实，应急预案是否制订。要求每个涉源单位都要明确放射源管理领导机构，制定相关的管理制度和应急预案，责任层层分解，并落实各种防范措施。对涉源单位放射源安全管理工作中存在的薄弱环节和突出问题，提出明确的现场检查意见和整改要求，并由涉源单位主要负责人签字，记录在案。省环境监察总队对 180 家有问题的单位提出了限期整改要求，并不断督促落实。

3. 检查闲置、废弃放射源是否被全部强制收贮。将分散在不同单位、存有安全隐患的 463 枚闲置、废弃源和无主源进行强制收贮，对集中暂存在用源单位临时库房且基本处于安全管理条件下的其他 236 枚闲置、废弃和无主放射源，责成用源单位加强管理，并采取措施陆续予以收贮。

4. 对重点监管对象严查各项防范措施的落实。省环保部门根据清查结果，确定武汉钢铁(集团)公司、鄂城钢铁公司、武汉福瑞科技有限公司、湖北省农业科学研究院辐照研究中心等 10 家涉源单位为重点监管对象，在全面督察的基础上，局领导带队，采取"回头看"、突击检查等方式，反复同这些重点监管对象沟通联系，督促他们落实各项防范措施。全省出动专项行动人员4 268人次，动用车辆 369 台次，车辆行程约 5 万公里，现场核查 332 家，其中环保局和省辐射环境管理站分组到全省各地直接核查 253 家，占涉源单位的 76.2%。

通过深入扎实的工作，全省清查出涉源单位 332家，拥有放射源总数2 777枚，出厂总活度为5.52 $\times 10^{16}$ 贝可(折合 135 万居里)。其中在用源2 078枚，废弃、闲置和无主源 699 枚。按放射源的出厂活度分，Ⅰ类源 661 个，Ⅱ类源 39 个，Ⅲ类源 86 个，Ⅳ类源1 173个，Ⅴ类源 786 个，未知类别 32 个。其中Ⅰ类和Ⅱ类源主要分布在医院和辐照行业。按行业分，放射源主要分布在冶金、辐照、建材、石油开采与炼油、医疗等 17 个领域和行业。其主要用途为医疗、科研与教学、辐照加工等 19 种。

【排污许可证试点工作】 省环保部门稳步推进排污许可证制度，指导武汉、咸宁开展排污许可证试点工作。2004 年 5 月中旬在国家环保总局排污许可证立法调研会议上，湖北省介绍了排污许可证试点工作情况，就排污许可证管理条例讨论稿提出了修改意见。武汉市和部分条件较好的城市环保部门开展排污许可证试点工作，并取得一些试点工作经验，为下一步全面推行排污许可制度打下了良好的基础。

【重点企业环境监督管理】 按照国家环保总局《关于对申请上市的企业和申请再融资的上市企业进行环境保护核查的通知》(环发[2003]101 号)的有关规定，省环保部门对武汉钢铁股份有限公司(资产重组)等 4 家企业，出具相关核查意见，并按规定在网上进行了公示，严把监督管理关。

加强对进口废物的监督检查。2004 年 6 月底，省环保局会同荆州市环保局调查发现天发实业集团有限公司非法进口废玻璃，已于 7 月 9 日向武汉海关去函，依法提出明确处理意见，同时向国家环保总局报告，并及时将省环保局处理意见通报湖北进出口检验检疫局。通过此项工作的开展，有效地控制了境外废物对湖北省环境的影响。

【环境污染问题查处】 1. 对汉江丹江铝业有限责任公司环境污染问题进行了查处，主要违法问题是逾期没完成限期治理任务。经报请省政府同意，对电解铝一厂 2004 年 10 月底前实施彻底关闭，电解铝二厂实施治污改造，年底前不能按时完成达标任务，实行停产治理。电解铝一厂已于 10 月底前彻底关闭。

2. 省环境监察部门组织人员分 3 个组对武穴市 26 家工业企业环境污染问题逐一进行核查。其中，8 家被依法应取缔的企业，有个别出现反弹；8 家实行限期治理企业，大部分进展缓慢，未按期完成；8 家实行停产治理企业，停而不治，有的甚至照旧生产。武穴市对上述企业进行整改。

3. 为落实省政府关于鸭儿湖氧化塘问题的会议纪要，组织协调。在省政府和局领导的领导下，经过方方面面的努力，鸭儿湖氧化塘清淤工程已基本完成，并已监测完准备验收。

(省环境监察总队)

湖南省

【整治违法排污企业专项行动】 湖南省 2004 年环保整治专项行动中，全省 14 个市州共出动环境执法人员36 618人次，检查企业9 928家，立案查处各类环境违法企业1 150家，查处结案 968 个，打击了违法排污行为。

郴州桂阳县出动人员 500 余人次，车辆 200 台，铲车 2 台，炸毁土法选金池 26 座，铲除土法烧结铁炉 400 座和小炼油厂 3 家，关闭小炼铁炉 5 座，摧毁厂棚 60 余间。嘉禾县环保、公安、工商、质监等部门开展打击违法排污企业的联合执法行动，出动人员 499 人次，车辆 45 台，强行关闭了 3 家轧钢企业；湘潭市由政府牵头多次组织环保、公安、工商、经委、监察、城管、电力以及新闻媒体等单位开展环保联合执法，每次出动近百人，先后对湘潭市大欣化工有限公司、湘潭市建雄冶炼厂、湘潭市娄底化学试剂厂 3 家企业的输电、供水设施进行强制拆除，执行强制停产；长沙市环保局联合公安、城管、工商、文化等部门，出动 600 多人次，对卡拉 OK 厅、建筑施工工地进行执法大检查，查处了 98 家噪声排放单位，关闭和限期治理30多家噪声扰民严重的单位；怀化洪江市在矿山生态环保专项执法检查中，调集公安干警、民兵等200多人，清理查封了雪峰山上十余个死灰复燃的非法开采金矿洞口；湘江重金属“镉”超标问题是湘江流域综合整治的重点。特别是枯水季节，株洲、湘潭两市环境监察机构密切注意水质变化情况，在坚持不定期随时巡查的基础上，派员驻进排“镉”企业逐个进行跟踪监督，在25家排“镉”企业中，14家违法企业被执行关闭，其余的企业被依法责令整改，基本控制了“镉”超标问题。为加大现场执法力度，检验专项行动的执行效果，7月，省环境监察总队先后对常德津市雪丽造纸有限责任公司等4家造纸企业、湖南株洲化工集团有限责任公司永利化工股份有限公司的污染治理设施运行情况以及污染物排放情况进行明察暗访，并对存在的污染问题进行了处理。8月上旬，省环保局组织4个检查组对各地开展环保专项行动的进展情况进行了全面检查，共抽查各类重点挂牌企业50余家，对全省环保专项行动的开展给予了及时、有效的指导，保证了专项行动的正常进行。

【中高考期间噪声污染监管】 2004年，各级环境监察机构把高考期间的噪声污染防治工作作为一项为民办实事的“民心工程”来抓，各地提前公开发布《中高考期间噪声污染管理办法》，“12369”环保举报投诉电话24小时开通，各级环境监察机构指派专人值班随时处理，为全省42万考生营造了一个安静、舒适的复习、考试环境，受到了人民群众的赞扬，取得了良好的社会效果。

（兰　洋）

广东省

【整治违法排污企业专项行动】 2004年是全省“环保执法年”，“整治违法排污企业保障群众健康环保专项行动”是该年环境执法工作的主旋律，为此，省环境监察总队把专项行动作为工作的重中之重。结合总队的实际，把专项行动与环保执法年相结合，把专项行动与珠江整治和治污保洁工程相结合，抓好各项专项行动的现场执法。省环保局要求监察总队重点检查群众反映强烈的环境热点、难点，跟踪落实省环保局审批的建设项目，对挂牌督办环境问题的企业进行跟踪管理。在省环境监察总队领导的指导下，全年共出动1 846人次，检查企业951家，直接查处10家，罚款57万元。

【环境违法行为查处】 2004年，按照省环保局的部署，省环境监察总队与省环保局监督处通力配合，把严重危害群众身体健康、屡查屡犯、长期得不到有效解决、造成社会影响比较大的典型环境违法案件列入挂牌督办范围并对督办的情况进行跟踪落实；根据省环保局“环保执法年”的工作方案，2004年抓住重点，开展了多个专题的现场执法，对全省已建成的城市污水处理厂进行了现场检查；对新建重点项目执行“三同时”情况进行了现场检查；对全省5 000千瓦以上火电厂排污申报工作进行了检查，并开展了对全省“整治违法排污企业保障群众健康环保专项”的督察行动，抽调人员参加了七厅局组成的联合检查组赴全省各地检查。通过开展专项现场执法，查处了如广州番禺建滔石化有限公司、江门开平涤纶集团有限公司等企业违反建设项目环保管理规定的大案，为全面推进“环保执法年”现场执法工作打下了很好的基础。通过现场检查和直接处罚，打击了环境违法企业的嚣张气焰，遏制了环境污染反弹的势头，树立了省环境监察总队严格执法的形象，维护了环保法律法规，保护了人民群众的切身利益。此外，2004年总队出动426人次，日常巡查企业204家；出动155人次，检查进口五金类废物企业140家。对于检查中发现的环境违法行为，除给予严厉制止外，重大案件报省环保局作出行政处罚，立案查处的违法企业共10家，罚款金额共57万元。通过不断加大日常的监督执法力度，打击了违法排污企业的嚣张气焰，保障了人民群众特别是投诉人的合法权益。

【协调处理跨界污染纠纷】 2004年，省环境监察总队一直把协调处理跨界污染纠纷作为重要职责之一。2004年共协调处理跨界污染7起：深圳市兴华化工有限公司惠阳试验厂非法转移危险废物造成茂名市茂南区石岭狗管理区竹园坡村环境污染案；惠州市久策工业气体有限公司非法倾倒电石渣造成东莞市桥头镇部分农田灌溉用水受到污染案；茂名市茂南区山阁镇政府门口至高州市分界镇交界路段高岭土公路路面污染问题；三水大塘工业区污水污染花都巴江河问题；佛山南海区和顺官窑镇与广州花都炭步镇交界地区垃圾填埋场跨界污染纠纷问题；清远市清城区石角镇兴仁管理区电镀企业污染花都问题；番禺、中山黄圃镇垃圾填埋环境污染问题。另外，还派员参加了国家环保总局召开的粤桂九洲江水污染防治工作协调会，会同国家环保总局、广西区环保局、湛江市环保局以及湛江市政府组成的联合调查组对广西陆丰县对九州江的污染问题进行了调查，并建立了两省环保信息通报机制。

（省环境监察总队）

广西壮族自治区

【整治违法排污企业专项行动】 根据全国“整治违法排污企业保障群众健康环保专项行动”电视电话会议的部署和国家环保总局、发改委、监察部、国家工商行政管理总局、司法部、国家安全生产监督管理局《关于开展整治违法排污企业保障群众健康环保行动的通知》(环发[2004]57号)精神,广西壮族自治区于2004年4～11月在全自治区范围内开展了“整治违法排污企业保障群众健康环保专项行动”(以下简称:环保专项整治行动)。环保专项整治行动期间,自治区按照国家的统一部署,开展了5个专项检查,加强部门联动,挂牌督办重大污染问题,查结了2003年度环保专项整治行动中未结案的重点环境问题。全自治区共出动检查人员19 989人次,检查企业6 939家,检查污染物治理设施5 945台(套),立案查处企业315家,结案283起,解决了一批群众关心的热点、难点的环境问题,环保专项整治行动取得了较好效果。2004年广西环保专项整治行动特点:

1. 领导高度重视,部署周密。自治区政府副主席张文学对环保专项整治行动的开展进行了动员、协调。自治区7部门联合下发《关于开展整治违法排污企业保障群众健康环保专项整治行动的通知》、《广西环保专项整治行动工作方案》等文件,全面部署开展工作。自治区、14个地级市、76个县人民政府相继成立了以政府分管领导为组长的环保专项行动协调小组,制定了环保专项行动工作方案,建立工作制度,成立工作小组。

2. 广泛宣传发动,加强舆论监督。为宣传和营造环保专项整治行动的良好氛围,取得社会各界、特别是各级政府领导对环保专项整治行动工作的了解、支持和配合,推进环保专项整治行动顺利开展,自治区环保局制定了《2004年广西壮族自治区开展整治违法排污企业保障群众健康环保专项行动宣传方案》。

2004年,环保专项整治行动中,全区共编印工作简报95期,将环保专项检查情况、重点挂牌督办的进展情况、典型案件的查处情况、环境违法问题的立案和结案情况以及其他相关信息情况,及时报送国家环保总局、自治区有关领导、地方政府领导、相关部门。

自治区环保局还会同广西电视台《焦点报道》栏目组的记者到部分挂牌督办企业进行现场采访,做相关专题报道,揭露企业的环境违法问题。

3. 突出重点,抓落实,成效显著。在2004年环保专项整治行动中,全区共对49家重点污染企业进行挂牌督办,解决了一批长期得不到解决的环境问题,污染反弹的趋势得到控制,局部地区环境质量得到明显的改善,推动了环境保护工作的深入开展。

4. 多部门联动,开展重点督察督办。各部门的职能作用得到了充分发挥,自治区及各地方7个部门组成的环保专项整治行动协调小组在环保专项整治行动中发挥了积极的作用,有力地推动了环保专项整治行动深入开展。

【污染防治设施运转监察】 广西将污染源现场监管制度化,在保证例行巡查频率的同时,采取重点行业检查、突击抽查、暗查等多种形式相结合,开展现场监督管理和执法工作。其中,2004年度广西各级环境监察部门共进行污染防治设施现场检查19 408次,检查设施9 563套,其中9 044套设施正常运转,正常运转率为94.57%。

【重点水污染源调查】 2004年以来,广西环境监察部门将全面调查和重点调查相结合,有针对性地开展了广西主要江河及岩溶地区制糖、酒精、造纸、淀粉重点水污染行业的调查,掌握了企业污染物处理、排放现状,初步建立起全区重点污染源档案,并根据企业性质、生产状况、产权结构的变化及时更新,为现场执法工作打下了基础。

【污染事故隐患监察】 广西部分产生高浓度有机废水的企业现有污染治理技术水平较低,采用一定容积的池子、山塘贮存生产废水,靠自然氧化降解废水中有机物,该方法存在偷排便利和崩坝的隐患。2004年,广西各级环境监察部门在开展污染防治设施现场检查的同时,有重点地检查存在污染事故隐患的企业,发现问题及时处理,防患于未然,消除了大量环境污染隐患。

每年11月始,广西的糖厂、淀粉厂、酒精厂等重污染企业陆续进入生产季节。2004年,广西遭遇秋旱,左江、右江、邕江及其支流流量低于2003年,为防止水污染事故发生,保证“中国—东盟博览会”期间(10月25日至11月20日)南宁市饮用水的安全,在自治区环保局的统一领导下,南宁、崇左、百色3市环保部门有针对性地开展了邕江、左江、右江的水污染事故防范工作。通过加强领导、加强检查、加强监测等手段很好地完成了任务。

【辐射环境监察】 2004年,广西组织开展了“清查放射源,让百姓放心”专项行动,查清了放射源底数,消除了辐射污染隐患。

【污染源监察典型案例】 贵港市环境监察支队根据群众的举报,于2004年5月2～7日,租用船只在贵港红旗纸业有限公司废水排放口江段连续巡查6个夜晚,掌握了该公司在深夜利用暗管向江中心偷排废水的证据,贵港市环保局对贵港红旗纸业有限公司的环境违法行为处以6万元罚款,责令该公司整改。据当地环保监测站检测表明,贵港红旗纸业有限公司完成污染治理设施和排污口的整改工作后,排放的污染物基本达标。

(赖天天)

海南省

【整治违法排污企业专项行动】 2004年,海南省各级环境监察机构按照国家6部委和省有关要求和部署,制订工作方案,分阶段认真组织市县环境监察队伍对重点工业污染源、城市污水处理厂、垃圾处理厂(场)和畜禽养殖场,2000年以来对建设项目和环保相关的“土政策”进行专项检查。并及时收集汇总市县情况,编制了《环保专项行动专题简报》,按时编写周报、半月报、阶段专项工作报告上报国家环保总局,促进了环保专项行动的顺利进行。在开展执法检查中,全省共出动8 198人次,检查企业2 136家次,重点检查了625家污染源,主要涉及钢铁、水泥、橡胶加工、化肥、酒精、海水高位养殖和畜禽养殖等污染行业。发现违法企业70家,均已立案进行查处,其中取缔关闭2家,停产治理8家,限期治理58家,现场纠正2家。6家环境违法企业列入省级挂牌督办,限期2004年12月底完成整改。

(省国土环境资源监察总队)

重庆市

【整治违法排污企业专项行动】 2004年,重庆市环境监察部门按照国家环保总局和市环保局的统一部署,进一步加大环境执法力度,开展“整治违法排污企业保障群众健康环保专项行动”。在专项行动中,全市共出动执法人员13 302人次,检查企业9 248家,立案查处违法排污企业1 886起。其中,依法取缔233家,责令停产治理63家,行政处罚1 590家,罚款金额达432余万元。

(市环境监察总队)

四川省

【整治违法排污企业专项行动】 2004年4~11月,四川省按照国家的统一部署,深入开展了“整治违法排污企业保障群众健康环保专项行动”。全省各级环境监察机构结合环保目标责任和工作重点,精心组织了重点行业污染源监察、保护饮用水源监察、限期治理和挂牌督办污染企业监察、小流域环境治理监察和城市环境综合整治以及中高考“禁噪”、秸秆禁烧等一系列执法监察行动,巩固2003年专项整治行动成果,有力配合和推进了省委、省政府关于污染治理的目标任务。在专项行动中,全省出动人员5.56万人次,检查企业1.7万多家。省环境监察总队出动2 298人次,检查企业500多家。查处了一大批环境违法企业。通过专项整治行动,显示了环保部门的执法权威和维护广大人民群众身体健康的决心,一批长期影响群众健康、群众最为关心的重点环境问题得到解决。9月15~19日,国家环保总局专项行动联合督察组对四川省的环保专项行动进行了督察,重点检查了成都、广元和德阳3个市,对四川省环保专项行动取得的成效给予了肯定,同时也指出了存在的一些问题。对存在的问题,四川省立即整改,随后派出7个督察组对全省环保专项行动进行督察,推进了环保专项行动的深入开展。

(陈泽文)

贵州省

【整治违法排污企业专项行动】 2004年,根据国家环保专项整治工作的统一部署,按照《贵州省开展“整治违法排污企业保障群众健康环保专项行动”工作方案》的部署和安排,全省环境监察队伍全面开展专项行动,共出动现场执法人员22 499人次、检查企业11 795家、立案查处环境违法案件795件,行政处罚334.98万元。对饮用水源地的保护、城市烟尘污染和噪声扰民、城市污水处理厂和垃圾填埋场运行、畜禽养殖场等情况加强了监管,对工业企业执行环评和“三同时”、环保设施运行等情况进行了全面检查。严格按照国家产业政策的规定,督促各地认真落实关停、淘汰落后生产工艺和设备工作,全省取缔死灰复燃的土锌和土焦95家、小钢铁19家、小煤矿和选煤厂9处、小铁合金炉130台,关闭落后水泥生产企业109户、小玻璃生产线3条。进一步加强对钢铁、水泥、电解铝、电石、铁合金、焦炭等重点行业污染治理工作的现场监督和违法查处力度,对查实的环境违法行为,依法作出了警告、停产整改、关闭、限期治理、罚款等处罚,并将遵义磷肥厂等污染环境、危害群众健康的违法排污企业作为挂牌督办企业,限期整改,促使其按国家的规定完成污染治理任务,促进了环保专项行动的顺利进行,使环保专项行动工作取得较好效果,保障了人民群众的环境权益。贵州省的环保专项行动工作得到以国家环保总局副局长汪纪戎为组长的国家6部委环保专项行动联合督察组及省领导的肯定。

【污染源现场监察】 2004年,全省环境监察队伍在开展“整治违法排污企业保障群众健康环保专项行动”的同时,进一步加大了对工业污染源执行环评和“三同时”、环保设施运行、限期治理及其他环境保护制度的执行等情况的现场监察力度,加强了对重点行业(化工、钢铁、水泥、电解铝、电石、铁合金、焦炭等)、重点流域(赤水河、拖长江、三岔河流域)、重点区域(城市建成区、饮用水源保护区、高速公路两侧等)排污企业环境违法行为的查处和重点污染源治理的监督力度,重点查处了贵阳发电厂违反“三同时”制度排放烟尘污染小河区居民、贵州紫金公司贞丰水银洞金矿偷排生产废水、安龙县德卧工业园污染下游村民等环境违法行为,进一步维护了环保法律法规的严肃性,有效控制了企业的污染物排放总量,巩固了贵州省污染治理工作成果。

还加大汛期水环境安全、城市集中饮用水源安全、中高考期间噪声环境的监察力度,解决了群众反映强烈的社会热点问题,维护了群众的环境权益,得到了广大群众的好评。

(省环境监察总队)

云南省

【工业污染源日常监督管理】 2004年，为保证全省工业污染源长期、稳定达标排放，省环境监理所组织全省各级环境监察机构继续对污染源采取定期检查、不定期检查、抽查、暗查，在保证重点污染源现场监督检查频次每月至少一次，一般污染源每季度一次定期检查的同时，增加了突击检查、抽查频次，特别是被列为全省工业污染源全面达标排放的550家企业，开展了专项环境监察，重点检查各企业污染防治设施的建设情况及运行情况，有效地防止了工业企业擅自闲置污染防治设施、偷排污染物等违法行为的发生，促进了全省工业污染源全面达标排放工作的完成。

【排污许可证专项监察】 2004年，全省环境监察机构开展排污许可证专项监察工作，重点检查持证单位排污口状况、污染治理设施运转情况，是否按照许可证规定排污。结合开展"整治违法排污企业保障群众健康环保专项行动"和工业污染源全面达标排放工作，对于违法超标排污、超过"排污许可证"规定总量排污的企业，进行严肃查处责令限期治理，督促其加快治理步伐；对超标排放、存在污染事故和纠纷隐患的企业，责令其限期整改，加强管理，完善措施，落实责任制；对持临时许可证的单位重点检查污染防治设施整改情况，督促加快治理进度，严格检查污染防治设施与生产设施同步运转情况。全省排污许可证现场检查次数已达4 370次，检查持证单位2 054家，查处超证排污单位72家。

【中高考期间噪声监察】 保持做好"两考"期间环境噪声现场监督检查工作。全省各环境监察机构把中高考期间环境噪声现场监督检查列入年度工作计划中，对"两考"期间环境噪声监督管理工作提出"早安排、早动手、提前防范、严控污染"的要求。中高考期间"12369"热线电话24小时安排专人接听，群众举报的问题及时处理。各地还成立了巡逻小组和应急小组，对噪声源进行拉网式检查，对重点地区、重点污染源实行24小时昼夜监控，对出现的噪声扰民情况，发现一起处理一起，确保中高考顺利进行，赢得广大考生和家长的好评。据统计，在2004年中高考期间，全省共出动1 443人次进行现场监督检查，对造成影响的噪声源查处93起，处理群众举报、投诉104起，结案率达100%。

【整治违法排污企业专项行动】 2004年，国家环保总局等6部委局联合组织继续在全国范围内开展"整治违法排污企业保障群众健康环保专项行动"。全国环保专项整治行动电视电话会议召开后，全省及时召开了全省环保专项整治行动电视电话会议，传达和贯彻全国会议精神，制定了全省实施方案，成立了领导小组，建立了联席会议制度。省环境监理所承担了全省环保专项整治行动的具体组织实施和信息调度工作，在人手少、任务重的情况下，做到保持与全省各地环保专项整治行动领导小组办公室的信息畅通，及时掌握情况，编印了12期工作简报。完成了对城市污水处理厂、垃圾处理场及畜禽养殖业环保管理情况进行全面清查；对钢铁、电解铝、水泥、电石、炼焦、铁合金和铬盐行业违规建设与结构性污染问题进行认真清理和整治；对地方人民政府违反环境保护法律法规的政策和规定，尤其是干扰、阻挠环境执法的"土政策"进行清理；对1998年以来的建设项目进行全面清理整改。省环保专项整治行动检查组检查全省开展环保专项整治行动情况，组织人员对全省重点地区进行明察暗访，了解情况，掌握第一手资料，查处违法行为，保证了全省专项整治行动的顺利开展。在环保专项行动中，全省各级环境监察机构的人员始终战斗在第一线，摸情况、提方案、查问题、促整治、抓整改，严格依法执法，对曲靖市土法炼焦、土法炼锌问题，个旧市冲坡哨地区炼铅污染等问题都按法律法规进行了处理。据统计，在环保专项整治行动中，全省出动环境监察人员9 698人次，检查企业3 238家，查处违法排污企业202家，结案120起，取缔土法炼焦企业872家，清理纠正了限制、阻碍环保执法的"土政策"文件17份。解决了长期影响广大人民群众生产生活的环境问题，取得了阶段性成果。

（省环境监察总队）

西藏自治区

【污染源监察】 2004年，自治区环境监察部门结合西藏自治区尚无钢铁、电解铝、蓄电池行业的实际，加强了对水泥、啤酒、医院、制药等较大规模排污企业的环境监管，对高争水泥厂、远大水泥厂、羊八井地热电厂、拉萨啤酒厂、自治区人民医院等重点排污单位进行定期现场监督检查，了解污染治理设施的运行情况。要求各污染企业对污染处理设施定期维护，发现问题及时解决，确保污染治理设施的正常运行。通过检查，提高了排污单位管理者的环境意识，促进了污染治理工作进程的不断加快。

拉萨市环保局针对市区饮食油烟污染严重的问题，组织开展了油烟污染的专项整治工作。对规模较大的158家无油烟治理设施、直接排放污染环境的单位，在《拉萨晚报》上进行公布，提出限期治理要求。2004年，拉萨市95家餐饮业完成了油烟治理任务，有效控制了油烟污染。

加大对"十五小"、"新五小"企业的查处力度。日喀则地区环保局查处了1家小冶炼厂；林芝地区关闭了1家小型炼钢点。

【放射源清查专项行动】 按照《关于开展“清查放射源,让百姓放心”专项行动的通知》(环发[2004]56号)等文件精神,在国家环保总局的统一部署下,开展了“清查放射源,让百姓放心”专项行动。重点检查了拉萨市7家放射源使用单位。全区已有50余家单位进行了放射源申报登记,共清查出38枚密封放射源。

【毒鼠强专项整治工作】 按照国务院办公厅《关于深入开展毒鼠强专项整治工作的通知》精神,国家环保总局、工商局和自治区政府关于深入开展毒鼠强专项整治工作的要求,自治区环保局会同自治区工商、农牧、公安等有关部门,开展对全区毒鼠强等违禁杀鼠剂的清查清缴工作,检查各类市场66个,商场、超市、商店、摊点等各类市场主体3 400余户,对收缴的6吨毒鼠强等违禁杀鼠剂进行包装,并运至青海省进行了安全处置。

(自治区环境监察总队)

陕西省

【整治违法排污企业专项行动】 2004年,全省各级环境监察部门按照陕西省政府七部门联合部署,积极投入到“整治违法排污企业保障群众健康环保专项行动”,与陕西省人大常委会组织开展的《环境保护法》执法检查有机结合。经过7个月的连续作战,发挥了环境执法主力军的作用,作出了贡献。全省围绕5个重点流域区域、6个重点行业和6类重点环境违法行为,出动环境执法人员6.3万人次,检查企业2.2万家,立案查处环境违法案件685起,结案631起。全省确定挂牌督办的突出环境污染问题84个,确定典型环境违法案件50起,“12369”环保举报电话共接到群众投诉举报4 266起,立案查处4 190起。专项整治期间,对查处的环境违法企业分别采取了取缔、停产、限期治理、罚款、追缴排污费、补办相关手续等处理措施。追究政府、企业相关责任人员7名。陕西省的专项执法行动通过了国家组织的检查验收,给予了很高的评价。整治期间,国家环保总局先后3次向全国通报陕西专项行动情况。2004年,陕西省环境监察局等4个单位,被国家环保总局评为全国打击环境违法行为先进集体,弋红卫等17人被评为先进个人。

【建筑施工环境监察】 2004年,随着城市建设规模的不断扩大,施工噪声扰民成了群众投诉举报的热点,为了从制度上解决施工噪声扰民问题,陕西省环境监察部门主要采取:一是加强“12369”环保热线坚持24小时人工值班,及时将群众反映的环境污染问题分解到有关区县及时查处;二是部分区县采取了如召开施工单位专题会签订依法施工责任书、树立环保监督栏等切实可行的管理措施;三是召开新闻媒体报告会,向社会公布电话接受群众广泛监督等措施。

【石油开发企业环境污染专项调查】 近年来,随着陕北石油资源开发力度的不断加大,造成的环境污染与生态破坏日趋严重。2004年9月,陕西省环保局组织延安、榆林市环保局,用两个月的时间,对陕北石油开发企业的环境污染现状进行了详细调查,摸清了长庆油田公司、延长石油管理局和各县钻采公司存在的井场环保设施不全,未执行环境影响评价制度,未执行排污申报登记,污染事故高发等主要环境问题,制定了《陕北石油开发企业环境污染专项整治行动工作方案》,并决定从2005年起,用半年左右的时间,全面开展陕北石油开发企业环境污染专项整治。

(省环境监察局)

甘肃省

【整治违法排污企业专项行动】 2004年为确保专项行动取得成效,甘肃省要求各级政府负总责,“一把手”亲自抓。省政府召开环保专项行动联席工作会议,研究制定了《甘肃省整治违法排污企业保障群众健康环保专项行动工作方案》,各部门各司其职。从群众关心的热点、难点的环境问题出发,确定了专项行动的工作重点是:群众反映强烈、影响社会稳定的环境污染和生态破坏问题;2003年环保专项行动中已立案尚未结案的违法排污企业;黄河、石羊河、渭河等流域的企业违法排污问题;黑河、石羊河、泾河流域小造纸污染反弹问题;陇南地区尾矿坝安全运行问题;重点企业、上市公司污染防治设施正常运行和足额缴纳排污费问题;城市污水处理厂、垃圾处理场不正常运行问题;医疗垃圾、废弃危险化学品污染和畜禽养殖污染等问题;建设项目违反环境影响评价法的问题。在以污水处理厂、垃圾处理场、畜禽养殖业排污情况为重点的第一阶段环保专项行动,全省共出动人员5 000多人次,检查企业300多家,立案查处21家,对5家未办环评的畜禽养殖场限期补办了手续。在以硅铁、电石、水泥、焦化等整治蓄电池行业污染问题环保专项检查中,共出动人员3 000人次,检查企业600家,立案查处75家,结案26家,罚款20万元,补办环保手续10家。天水市共出动606人次,检查企业421家,挂牌督办13家,关闭水泥厂3家、铁合金厂2家,限期治理8家;白银市共出动400多人次,检查企业304家,挂牌督办15家,责令4家水泥厂和3家硅铁厂停产治理,关闭硅铁厂2家,补办环保手续6家。

在历时7个月的环保专项行动中,全省出动人员2.3万人次,检查企业1 500家,立案335件,已查处275件,30家企业延期至2005年结案,结案率达91%;全省共挂牌督办200多家,其中,省环保局联合八厅局确定了28家企业实施挂牌督办。

在环保专项行动中加强舆论监督和宣传力度，甘肃电视台“今日聚焦”栏目组、《甘肃经济日报·人与环境》等媒体记者全程跟踪报道。甘肃电视台、甘肃人民广播电台播放了专题节目，新华社、《中国环境报》、《甘肃日报》、《甘肃经济日报》、《人民之声报》、《兰州晨报》、《兰州晚报》、《科技鑫报》等媒体刊登了多篇专题文章，取得了很好的效果。全省编写《环保专项行动工作简报》8期，及时全面地反映了全省专项行动的动态。

通过开展专项行动，确立了以清理为基础、整顿为重点、治理为关键的工作思路和边清理、边整顿，以清理促整顿、以整顿促治理、以治理促环境质量提升的工作方法。通过对群众重复上访的难点和热点环境问题实施挂牌督办等到办法，解决了一批长期得不到解决的老大难信访案件。其中，兰州市以清理整顿行动为契机，加大污染防治力度，实施燃煤炉窑灶改气工程，努力改善冬季空气环境质量；嘉峪关市将整治行动与创建国家环保模范城市有机地结合起来，重点清查超标排污企业；酒泉市、武威市开展了循环经济试点；庆阳市、陇南地区等将整治行动与矿产资源开发秩序整顿、安全生产大检查相结合，推动了整治行动的开展。定西市通过整治沿国道“212”线的砖瓦窑、石灰窑等，改善了城市的面貌。

【中高考期间噪声污染监察】 2004年，为进一步做好全省中高考期间的噪声监察工作，全省建立了统一监督管理领导小组，统一调度、统一行动。各地按总体安排部署，制定了详细的昼夜巡查计划。同时加大宣传力度，鼓励群众积极参与噪声污染举报，庆阳市配合电视台，开办了《庆阳环保行》、《庆阳市环境质量预报》两个专栏，定期播放有关环境法律法规，对严重违法行为进行曝光。兰州市从4月开始，通过新闻媒体不断刊登有关城区环境噪声管理规定，使群众既学习了环保法规，又了解掌握了什么是噪声污染及市区建筑施工管理的时间界限。“两考”期间，全省共进行噪声污染现场监察1 372次，出动车辆901台，参加检查人员9 694人次，受理投诉举报电话1 213件，查处违法行为724起，处罚10.25万元。

（杨　桦）

青海省

【整治违法排污企业专项行动】 2004年4月20日国家召开电视电话会议后，青海省成立了以副省长苏森为组长的专项行动领导小组，向全省各地下发了《青海省整治违法排污企业保障群众健康环保专项行动工作实施方案》（青环发［2004］61号），对全省工作分阶段进行了统一部署，明确了各组成部门的职责。强调要密切配合，形成合力，齐抓共管，共同推进环保专项整治行动开展。各级地方政府按照全省环保专项行动的总体部署，成立了由分管州（市）、县长任组长的专项行动领导小组，制定并细化了本地区实施方案。在自查自纠和全面整治阶段，省、州（地、市）两级环保专项整治行动领导小组，组成督察组对辖区内各地区的工作开展情况进行了检查督导。在这次专项行动中，全省各级环境监察机构充分发挥了主导作用，根据当地实际对辖区内排污企业进行摸底调查、集中力量，围绕问题突出、群众反映强烈的重点、热点案件进行查处，对未履行环评手续、属淘汰产品、落后生产工艺的企业要求限期补办环评审批手续并停产整顿；属“十五小、新五小”的企业责令停止建设并依法取缔；未执行环保“三同时”擅自生产的责令一律停产；未达标排放的企业，包括污染反弹的企业责令限期整改；全省出动环境执法人员1 659人次，共清查各类排污企业575家，其中取缔、关闭“十五小”企业13家；对43家违法企业实施停产治理、限期治理。

【噪声污染环境监察】 随着西部大开发步伐的加快，城市建设规模的不断扩大，建筑施工、小型焊接加工厂、娱乐服务业等噪声扰民问题成为群众投诉、举报的环境热点。2004年，青海省各级环境监察机构，在高考期间开展了为期一个月的控制声环境专项检查活动，各级环境监察部门设立投诉举报环保电话，在新闻媒体上公布，实行24小时值班和巡查制度，对各类噪声污染源进行严格控制，对群众举报及时查处并将处理结果在24小时内告知举报人。全省出动执法人员1 006人次，查处群众投诉举报314件次，查处率达100%，集中查处了一批饮食娱乐服务业场所、建筑施工噪声污染案件，维护了广大群众的环境权益，受到社会的赞誉。

【锅炉烟尘污染监察】 青海省地处青藏高原，冬季采暖期长，煤烟型污染成为城镇冬季大气污染重点。部分城镇锅炉冒黑烟现象严重，锅炉烟尘污染问题突出，对地区环境质量影响极大。从2003年到2004年，青海省为了加强对锅炉烟尘污染监管，改善城镇冬季大气污染严重的状况，开展了冬季采暖期锅炉烟尘污染专项检查活动，结合“煤改气”工程的实施，对“涩—宁—兰”西气东输范围内的西宁、海东、海西“三点一线”作为本次检查的重点。现场出动执法人员1 278人次，共检查1 163台锅炉，污染防治设施261台（套），查处环境违法行为156起，其中对9家单位依法进行了行政处罚，50家排污单位责令限期改正，97家单位责令补办环保审批手续。通过严查锅炉烟尘污染违法行为，促进了排污单位遵纪守法意识，推动了煤改气工程的顺利实施。

【辐射环境监察】 按照2004年4月26日召开的全国“清查放射源，让百姓放心”专项行动电视电话会议要求和国家环保总局、公安部、卫生部《关于开展

“清查放射源，让百姓放心”专项行动的通知》精神，成立了专项行动领导小组和检查工作组，制定了“清查放射源，让百姓放心”专项行动方案，并向各放射源持有单位下发了《关于开展放射源申报登记工作的通知》，积极开展了全省放射源申报登记工作。在此次专项行动中共清查涉源单位72家，现场清查核实各类放射源720枚，其中未经许可的持源单位22家，放射源198枚。清查出28家单位闲置废弃放射源296枚，涉及核素19种，已收贮24家单位、17种核素的废弃放射源200枚，42枚军工退役废弃源安全转移贮置，两家两枚放射源返厂回收，检查1家70年代自行填埋处理的放射源1枚。

这次专项行动中，64家涉源单位进行了申报登记，申报在用源单位59家，在用密封源413枚，在用非密封源38枚，报废待贮源24枚。通过申报登记，全省在用一类放射源1枚，二类放射源5枚，三类放射源19枚，四类放射源214枚，五类放射源174枚，涉及核素15种，全面掌握了在用放射源现状，为实施对全省放射源科学安全监管奠定了基础。

（省环境监察总队）

宁夏回族自治区

【整治违法排污企业专项行动】 2004年4～11月，全区开展了“整治违法排污企业保障群众健康环保专项行动”工作，按照国家6部委(局)的统一部署，结合宁夏实际情况，针对性地解决了如下突出的环境问题：造纸、电石、铁合金、化工行业的超标排污问题；建设项目违反环境影响评价和“三同时”制度；“十五小”反弹及农村畜禽养殖污染问题；群众反映强烈、影响社会稳定的环境污染问题。在专项行动中，全区共播发有关环保专项行动电视新闻报道150余条，电视专题宣传节目20余期，报刊宣传稿件230多篇，广播稿件80余篇，编印信息简报200余期，发放宣传材料4万余份，达到了电视有影，广播有声，报纸有文，社会反响强烈。

在环保专项行动中，全区共出动执法人员9 000余人次，检查企业数2 881家，下达环境监察通知及各类整改通知400余份，立案查处企业175家，挂牌督办企业45家，处罚企业70余家，罚款金额250余万元。环保专项行动有力地打击了环境违法行为，全区环境质量得到进一步改善，2004年，黄河宁夏段水质从过去的劣Ⅴ类达到了Ⅳ类标准；银川市城市区域声环境质量跻身全国十大安静城市，名列第三；银川市环境空气质量排名全国47个重点城市第21位，居西部城市第2位。

【污染防治设施运行监察】 2004年，全区各级环境监察部门对污染防治设施运转情况进行现场监察5 081次，检查设施总台数6 451台(套)，正常运转5 946台(套)，运转率达到92%。

【排污许可证制度现场环境监察】 2004年，全区各级环境监察部门对许可证执行情况现场监察1 175次，许可证发放数647家，符合许可证排放的424家，达标排放率占到66%。

（自治区环境监察总队）

新疆维吾尔自治区

【污染防治设施现场检查】 2004年，全区环境监察机构加大了对辖区内各企事业单位污染治理设施的监督检查力度，提高了污染防治设施的运转率、处理率、完好率和达标率，使污染防治设施发挥最佳的环境效益、社会效益和经济效益。

2004年，乌鲁木齐市监察支队为配合市委、市政府实施第二期“蓝天工程”计划，彻底摘掉城市头顶上的“黑帽子”，一是继续从大力发展热电联产、集中供热，拆并分散采暖锅炉，推广使用清洁能源等方面入手，改进城市能源结构，不断加强污染治理力度；二是加强对城乡结合部的小锅炉的管理，运用合理补贴手段，促进立式小锅炉拆并改造。2004年，共检查锅炉825台次，私人住宅户682家，上路查堵原煤56 359.85吨，其中对755台锅炉进行了拆并或改造，有效减少了大气污染物的排放；三是各区(县)环境监察大队加强了对施工工地环境监察，通过开展“文明施工工地”评比活动，有效控制了扬尘污染。通过以上措施的实施，较好地控制了烟尘和二氧化硫等大气污染物的排放，如期完成了乌鲁木齐市下达的全年二级和好于二级的天数达到全年总数70%的目标。

2004年，全自治区污染防治设施共8 459台套，正常运转的污染防治设施有7 698台套，运转率达91%，污染防治设施运转情况现场检查22 634人次。(见下表)

全区污染防治设施现场监察情况

地区名称	防治设施总数	现场监察次数	正常运转台数	运转率%
自治区环境监察总队	44	30	38	86.4
乌鲁木齐市	4 423	9 278	4 059	91.8

续表

地区名称	防治设施总数	现场监察次数	正常运转台数	运转率%
克拉玛依市	213	286	213	100
石河子市	125	343	123	98
吐鲁番地区	105	375	92	87.2
哈密地区	160	703	154	96
昌吉州	960	3 283	771	80.3
伊犁州	1 289	1 670	1 160	90
塔城地区	75	306	75	100
阿勒泰地区	65	936	56	86.3
博州	22	373	22	100
巴州	241	2 232	231	95.9
阿克苏地区	146	1 429	140	96.4
克州	13	48	13	100
喀什地区	273	853	273	100
和田地区	305	489	278	96
合计	8 459	22 634	7 698	91

【排污口规范化整治】 2004年,自治区各级环境监察机构继续加强了对排污口规范化整治工作,全年已完成整治的排污口5 236个,未完成整治的排污口420个。

(刘寒峰)

新疆生产建设兵团

【污染防治设施运行监察】 2004年,兵团环境监察系统定期对辖区内1 968家企业1 180台(套)污染防治设施的运行情况进行了监察,现场检查4 782人次。污染治理设施运行率达85%。

【排污口规范化管理】 2004年,兵团环境监察系统组织完成了36个排污单位的62个排污口的规范化整治工作,树立了统一的标志牌,颁发了《排污口规范化标志登记证》。

【建筑施工现场监察】 2004年,加强对建筑施工工地的夜间检查,减少噪声对周围环境的影响。出动1 935人次,共检查建筑施工工地645家。

【固废处置转移监察】 2004年,兵团将24家大中型企业、44所医院、10家养殖场产生的固体废弃物和危险固废处置情况纳入日常环境监察。定期检查收储是否及时无遗漏,专用焚烧炉运行是否正常,固体废物的存放是否采取了防止二次污染,防渗、防扬散、防流失等措施。对工业固体废物排放,要求集中处置,做到减量化、无害化、资源化。

【饮服行业环境监察】 2004年,兵团环境监察系统采取定期、不定期和抽查、突击检查的方式,全年共对763个饮服企业进行了现场检查,现场检查2 392人次。全年共对饮服娱乐企业办理各类证书457份。

(生产建设兵团环境监察总队)

大连市

【污染源现场监察】 2004年,在开展环保专项整治行动的同时,加强对重点污染水源治理装置运转情况的检查工作,组织了一系列较大规模的环境监察活动。开展了水泥、钢铁和电解铝工业污染排放检查工作,参加了市政府组织有关委办局的汽修行业联合专项整治行动,开展了全市化学农药及有机化学产品制造行业污染专项整治工作,对全市37家造纸企业进行污染状况调查。启动了实验室类污染环境监管试点工作,对40余家重点实验室进行了环境整治。加强医疗废水环境监管,对市属15家重点医院废水处理情况进行了全面检查。全年共出动环境监察人员20 406批次,污染源现场监察10 765次,查处各类违法案件1 664件。

【整治违法排污企业专项行动】 2004年,全面开展了"严厉打击环境违法行为和清查放射源"两项环保专项整治行动。2004年4月20日成立了"健康环境"2004查处环境违法行为环保专项行动领导小组,制订了实施方案,对全市范围内的71家水产品加工企业、39家水泥生产企业、3家大型钢厂、5家污水处理厂及普兰店市安波地区的17家洗浴行业进行了重点检查，加大了处罚力度，查处了一批大案要案，如大连软件园开发有限公司、大连白银山房地产开发有限公司、庄河第三水泥厂、大连银东化工有限公司、宏达水处理设备厂等单位，查封了百合山庄未经环保部门批准私建的锅炉房，并在新闻媒体曝光。成立了辐射环境安全管理处，与市公安局、卫生局联合成立了清查放射源专项行动工作组，对全市440个企事业单位进行排查，对91家持源单位进行申报登记，对52枚废放射源强制收贮，进一步消除了废弃放射源的安全隐患。在中高考期间，开展中高考环境噪声专项行动，下发《关于加强中高考期间环境噪声监察的通知》，市环境监察支队组织各监察大队统一行动、统一调度，增加监察频次，各执法部门领导亲自参加监察。在中高考期间，全市出动监察人员1 158人次，车辆238台次，检查159家单位，查处33家单位，为考生创造了良好的考试和休息环境。

在环保专项行动期间，全市共出动环境监察人员4 871人次，检查1 935家单位，对279家违法企业进行了处罚，取缔违法企业19家，有效震慑和遏制了各种环境违法行为。

【烟尘污染源综合整治】 2004年，烟尘区域综合整治工作被列为大连市为民办的19件实事之一。大连市环保局成立了烟尘区域综合整治办公室，专门负责全市烟尘区域综合整治工作。年初，开展了市区烟尘污染源调查工作，建立了烟尘管理地理信息系统，实现了烟尘污染源的动态管理。重点对风光街、纪念街区域及中山路、中南路、石葵路、胜利路、迎客路等重点路段两侧的锅炉烟囱进行了整治，出台了《关于限期拆除市区内分散燃煤锅炉等污染设施的通知》(大政办发[2004]45号)，全年完成烟尘区域整治11片，实现并网供热面积310万平方米，总投资2.1亿元。完成了风光街锅炉房并网和纪念街锅炉房改造，拆除锅炉302台，拆除烟囱229根，当年可减少燃煤3.4万吨，削减大气烟尘417.9吨、二氧化硫389.9吨、氮氧化物325.8吨。

组织对高速公路两侧烟尘整治工作，根据《高速公路两侧烟尘整治方案》，于9月组织有关分局、区(市)县环保局进行了大规模的高速公路两侧烟尘监察活动。在冬季取暖期，制订了《大连市烟尘监察管理方案》，统一了全市的烟尘监察工作方式，加大了监察力度，实行了包片负责制度，查处了烟尘超标排放的单位。全年共计查处违章单位578家，限期整改306家单位。

【危险废物管理与监察】 2004年，强化了危险废物的管理，对452家危险废物产生和处置单位进行了申报登记，对42家重点单位进行危险废物的月报管理。妥善处理了绿源新化学公司违法跨省转移危险废物污染事件。加强了对进口废物的管理工作，与海关建立了进口废物协调管理机制，对13家进口废物利用单位进行了现场检查，对4家存在违规行为的利用单位进行处罚。2004年共对300余家企、事业单位进行了现场监察，对50家单位进行了行政处罚。全年共办理危险废物转移联单2 807份，共处置危险废物4.8万吨，综合利用1.3万吨，全市收缴化学危险品642千克(其中氰化物117千克)，并全部进行了安全处置。

【机动车污染防治与监察】 2004年，全市机动车污染防治工作以进一步提升机动车污染监督管理水平为目标，实行了车辆申报制度，启动了停放地检查，加强了巡检的频次和力度，开展了区域和行业专项整治，切实做到了严格依法行政与优质周到服务紧密结合。同时，结合《大连市机动车排气污染防治管理办法》的贯彻实施，积极筹备机动车污染年度检测工作，为落实机动车污染排放合格证制度，实现年检、路面监管、停放地抽检三位一体的防治体系做好各项准备工作。一年来，完成停放地抽检车辆两万余台、路上巡检测车辆3.7万余台，处罚超标车辆4 745台，有效地降低了机动车尾气环境污染。

(孙　勇)

青岛市

【水污染防治设施运行监察】 2004年，青岛市环境监察系统把提高现场执法能力、从严查处各类违法行为作为重点工作来抓，不断加大对水污染源、水污染防治设施的监察力度，全年累计对5 549家(次)水污染源和污水处理设施运行情况进行了现场监察，查处违法行为50余起。在例行监察的基础上，全市环境监察系统采取了形式多样的执法行动，开展夜间突击检查20余次、节假日巡查60余次，通过加大非工作时段的突击检查，有效遏制了偷、漏排以及擅自停运水污染防治设施等环境违法行为的发生。

【大气污染防治设施监察】 2004年，青岛市环境监察支队和各环境监察大队坚持把大气污染防治设施监察作为工作的头等大事来抓。具体做法：

第一，采取日常监察、节假日巡查、夜间突查、重点严查等方式相结合，不断加强和提高大气污染防治设施监察的力度，从源头上保证大气污染防治设施的正常运行，确保污染物达标排放。全市各环境监察大队保证对辖区内的重点大气污染源每月现场监察1～2次，青岛市环境监察支队每月对重点大气污染源进行稽查，发现问题及时纠正。

第二，结合冬季控制大气污染专项行动，全市开展了为期3个月的“早查和夜查”行动，市局领导带领市环境监察支队人员对全市的重点大气污染源进行稽查，各分局由分局领导带队，每天早6点到8点对辖区重点污染源、重点污染路段和重点排污单位的锅炉烟尘进行巡查，对锅炉烟尘超标的单位进行严厉查处。为了保证大气污染防治设施对污染物的去除效果，2004年组织监测人员对20吨以上燃煤锅炉的脱硫和除尘设施进行了全面监测，其中二氧化硫和烟尘的达标排放率分别为60%和80%以上，对因污染防治设施不合格而导致超标排放的单位下达了限期改正通知书并依据法律法规给予处罚；在此基础上，抓污染防治设施不正常运转的现象，全市全年监察大气污染防治设施9 887套(次)，有效遏制了二氧化硫和烟尘对青岛市的大气污染。

第三，采取多种有效预防措施，积极控制燃煤污染，降低二氧化硫排放量。各环境监察大队每月对辖区内燃煤单位使用的煤炭进行采样分析，严格控制高硫煤入市，对燃用煤炭含硫量超过规定标准的单位进行严厉处罚，支队每月对市内7个区20%的燃煤单位进行稽查，查出超过规定标准煤炭60多万吨，添加固硫剂80余吨，确保二氧化硫达标排放。实施环保“免检煤”工程，加大了对市优质低硫煤配煤场的监督管理，审核发放环保免检煤约8万多吨。

第四，继续加强推进淘汰燃煤锅炉工作。市、区两级环境监察机构互相配合，结合实际精心策划，组织实施、抓落实，2004年全市共淘汰燃煤锅炉164台，为改善青岛市大气环境质量起到了积极的作用。

【污染隐患监察】 2004年，全市环境监察系统加大了污染事故隐患单位的监察力度，在汛期、节假日、冬季等污染事故多发期和多发季节对污染隐患单位进行重点监控，发现存在问题立即监督整改，将事故隐患降到最低程度，并对重点环境污染事故隐患单位逐一落实应急预案。全年共监察事故隐患单位1 076次，责令存在污染事故隐患的3家单位进行整改。

【建筑施工环境监察】 2004年，青岛市环境监察系统进一步加强对建筑施工噪声的监管：随着《行政许可法》的实施，认真执行夜间建筑施工出具证明制度，严格控制夜间建筑施工；做好环保“110”联动夜间值班工作，对违章夜间施工的单位做到快速、准确查处；积极开展“为考生送安静”活动，通过统一行动、联合执法、考场周围环境监控等措施的实施，收到了良好的环境效益和社会效益。2004年，共现场监察建筑工地1 252家(次)，对其中的95家(次)违章施工进行了处罚。

【饮食娱乐服务业环境监察】 为保护和改善饮食娱乐服务企业周边的生活环境及生态环境，加强对饮食娱乐服务业污染防治设施的监督管理，防止其油烟、噪声和废水污染扰民问题的发生，全市环境监察部门全面、及时、有效地加强了对饮食娱乐服务业监察工作。开展了排污申报登记核定工作，共申报登记和核定2 850个单位，其中：经营性饭店2 213家，其他娱乐服务业637家；坚持对饮食服务企业的日常监督检查，全年共监察饮食娱乐服务业单位8 596家次。通过排污申报登记和进行污染防治设施监督进行检查，对不符合环保有关要求的进行相应的行政处罚，最大限度地控制扰民现象的发生。

【实验室环境监察】 根据国家环保总局《关于加强实验室类污染环境监管的通知》，青岛市自2004年6月起，全面开展了实验室类污染环境监管试点工作，制定了《青岛市加强实验室类污染环境监管试点工作实施方案》。7月底，全市已完成各行业的实验室摸底调查工作，对市内产生有毒有害物质的实验室、化验室、试验场，特别是重点实验室、化验室等污染源产生的废水、废气、废渣进行排查。截至2004年底，共监察实验室类污染单位623家，促进了全市实验室类污染环境监管试点工作。在调查总结实验室类污染特点的基础上，青岛市环境监察支队制定下发了《青岛市实验室类污染环境监管工作实施细则》，为实验室类环境污染的统一监管提供了依据。

【整治违法排污企业专项行动】 青岛市2004年的环保专项行动与往年相比，人员投入多，执法力度大，整治范围广，部门间配合密切，取得的效果显著。在专项行动中，全市共出动人员10 477人次，检查单位10 696家次。共立案处罚300余起，处罚额共计200余万元，向有关部门移送案件40余起。共取缔或关停污染严重的企业(生产线)22家(条)，搬迁企业(生产线)6家(条)，改造或重建污染防治设施40余台套，挂牌督办的57个环境污染问题已完成治理54个，其余3个已责令限期治理。在严厉打击环境违法行为的同时，有力地促进了污染治理，彻底解决了一批长期难以解决的环境污染难点问题。

主要做法：一是领导重视，齐抓共管。市环保局等6部门联合下发了全市环保专项行动工作方案，成立由分管副市长任组长，相关6部门及各区、市分管领导任成员的联席会议，并定期组织召开专项行动调度会。7区5市分别成立了相应的联席会议，其中胶州、胶南两市还将联席会议扩大到镇和街道办事处，形成了层层落实、部门联动、全员参与的良好格局；二是抓实干，抓落实。整治工作中，以开展建设项目清查、重点行业检查、城市污水处理厂和垃圾处理场专项检查、畜禽养殖业专项检查、信访回头看等一系列专项活动为主线，以查出问题、解决问题、杜绝问题为目标，对环境违法行为加大处罚力度，对难点环境污染问题进行挂牌督办，对难以解决的问题进行案件移送或申请法院强制执行；三是加强沟通，夯实基础。以市专项行动办公室为信息中枢，收集并整理上报有关材料、信息，定期编写刊出全市专项行动情况专报，总结通报全市专项行动开展情况，共刊出8期。在青岛市环保局域网上开辟环保专项行动专栏，建立环保专项行动工作信息平台。同时，加强工作档案的建立和整合，为建立长效管理机制奠定了工作基础。

青岛市将进一步抓好各项工作的落实，对专项行动中立案查处的违法排污企业，进一步落实处罚措施，使查处的案件做到件件有结果，事事有成效；对挂牌督办的57个环境污染问题，已完成的加大复查力度，确保不出现死灰复燃现象，对没有完成的进行限期治理，做到不解决不撤牌；以专项行动查处的突出问题为契机，借助政府、人大等部门的力量，加强对重点流域、重点污染区域的综合治理，做好环保把关、服务工作，促进产业结构的调整，实现经济良性循环，促进区域环境质量的尽快改善。

（市环境监察支队）

宁波市

【整治违法排污企业专项行动】 2004年，宁波市按照国家环保总局等6部委《关于开展整治违法排污企业保障群众健康环保专项行业的通知》要求，突出重点，抓落实，全面开展了清理整顿工作，打击了一批违法排污企业。在为期7个月的环保专项整治行动，全市共出动执法人员9 195人次，检查排污企业6 974次，立案查处企业444家，结案147件。位于科技园区的一家电镀锁厂违反环保法律法规，非法从事土法电镀生产，大量电镀废水长期直排甬江，严重污染环境，环保部门将此案及时移交到了当地政府，请新闻媒体将其曝光，用行政和新闻手段对企业形成高压态势，克服阻力，督促当地政府强制关闭了该厂。这些老大难案件的解决，对地方保护主义和行政不作为现象形成强大压力，树立了环境执法的权威，推动了各级政府从根本上解决环境污染问题。同时，结合环保专项整治工作开展“清查放射源，让百姓放心”专项行动，通过蓄电池行业整治，关闭了4家小型企业，行业污染防治水平得到进一步提高。

【饮用水源监察】 2004年，宁波市、县两级监察部门通过巡查、联查等方式对各水源地区，特别是对姚江下游、皎口水库、横山水库、亭下水库、东钱湖、梅林水厂、江东水厂、南郊水厂等取水口附近地的企业排污状况进行多次专项监察，同时，加强跨县（市）、区交界断面水质监管工作，特别是在高温干旱期间，及时部署加强巡查，强化监管工作。此外各地还积极开展创建合格饮用水源地保护工作，全市已有15个中心镇完成创建工作，全市饮用水源地的环境质量不断改善。

（吴方民）

厦门市

【整治违法排污企业专项行动】 2004年，厦门市吸取2003年违法排污企业专项整治的成功经验，对行动小组做了详细分工，设置综合协调组、放射源清查组、现场执法组、法律保障组、宣传报道组，采取“条块结合，以块为主”的处理原则，充分调动分所监察人员的力量，投入现场监察第一线。共检查1 116家企业，出动人员2 649人次，取缔9家小型、工艺落后、污染严重企业，限期整改65家企业，立案查处87家企业，处罚46家企业，处罚金额26.45万元，搬迁23家企业，清查环评项目1 997项，核查在建、拟建项目491项，整治违法排污企业专项行动取得阶段性成果。

（市环境监理中心所）

深圳市

【整治违法排污企业专项行动】 2004年是深圳市的“环保执法年”，深圳市环保局制定和落实《整治违法排污企业保障群众健康环保专项行动实施方案》。一是加强对重点污染源行业的检查。组织检查了全市315家电镀线路板企业、23家印染企业、13家火电厂、2家钢铁厂、1家水泥厂、2家铅酸蓄电池综合利用企业，查处各类违法行为13起，下达了4份限期治理决定书；二是加强对重点流域、区域的检查。通过采取全面普查与夜间突击检查相结合，溯源追踪调查与重点区域集中普查相结合的方式，分别组织对龙岗坪山河流域、宝安沙井镇污染集中区域进行检查。对坪山河流域，市区环保部门联合检查企业232厂次，查获各类违法行为16起，联合公安、工商部门查封4家无牌无证的企业；对其余企业也已分别给予处罚，并责令限期整改，其中对私设暗管的“宝裕华”厂和直排废水、严重超标的“统信电路”厂均处以10万元人民币的从重处罚；三是组织开展了对污染企业相对集中的沙井镇及环境敏感的东深水源保护区的执法检查行动，共检查企业1 032家，查处无牌无证企业14家。9月初，针对沙井镇沙头河重金属超标的情况，市、区环保部门开展了联合执法行动，查处了4起严重环境违法行为；四是针对全市大气污染形势严峻、工业废气污染有所增加的情况，市区环保部门开展对全市70多家电力行业、燃重油工业窑炉锅炉企业执法检查。国庆节期间，开展了节假日严查违法排污行动，重点检查南头半岛的废气污染源的排放情况；五是开展了打击违法排污“子夜行动”，深夜突击检查宝安、龙岗区群众举报的违法排污企业，在10月的“子夜行动”中，共检查市、区工业污染源450多厂次，查出违法行为12起，有力地打击了企业违法排污行为，提高了环保执法的威慑力；六是联合有关职能部门开展联合执法行动。11月，副市长吕锐锋率市环保局、工商局、监察局等6部门的执法人员联合开展“保障群众健康打击环境违法企业的专项执法行动”。

【工业污染源环境监察】 2004年，深圳市加大对工业污染源监督检查力度，尤其是重点区域、流域工业污染源的监督检查力度。贯彻污染源监督管理的月报制度，完善污染源档案建设和档案管理，做好污染源动态管理工作。完善日常监察工作的管理和监督机制，规范环境监察行为，提高工作效率和水平，促使工作人员自觉提高业务能力。集中力量有计划、分批次对工业污染源进行排查，强化污染源的内部管理和设施维护，确保污染源稳定达标排放。2004年，完成全市750家工业企业的排污申报登记工作和49家排污企业的排放口规范化整治工作，立标志牌共159块。全年对1 269台套污染防治设施开展现场检查15 916厂次，其中正常运转污染防治设施1 223台套，设施正常运转率96.4%。

【环境监察“十八字”方针工作模式】 2004年，深圳市在总结环境监察经验的基础上，不断探索工业污染源长效管理的新路子，并逐步探索形成了“底子清、责任明、规范管、严格查、依法处、舆论促”的工作新模式。“底子清、责任明”是指摸清工业污染源的底子，包括污染源的数量、分布和排污情况等，在此基础上将每家企业的日常监督管理责任落实到每个执法人员，明确执法人员的责任；“规范管”是指建立污染源环境监察规范，使每个执法人员按照规范的程序和要求进行日常监察；“严格查、依法处”是指执法必严，违法必究，环境监察部门在加大对企业白天的监督检查的同时，还加强了对企业夜间、节假日的检查，对被查处的违法企业依照现行法律进行从严从重处罚；“舆论促”是指发挥媒体的舆论监督作用，对违法企业进行曝光，起到震慑作用，并实行举报企业环境违法行为的奖励制度，让社会监督企业的环境行为。

【排污许可证试点工作】 2004年，深圳市全面推行排污许可证试点工作，建立持证排污、定期年审的排污许可证管理体系。一是完成了现有企业持证排污情况的调查和清理，下发了《限期补办排污许可证的通知》，要求应办证而未办证的企业限期补办，并为25家符合补办条件的企业办理了许可证，截至2004年底，深圳市工业污染源实际发放排污许可证的已超过95%；二是组织开展排污许可证总量监测工作，对占全市80%污染负荷的45家废水排放企业、8家废气企业进行总量监测工作，为实施全市的排污许可证总量控制打下了良好的基础；三是对超过排污许可证控制指标或不符合规定排放方式的企业进行了处罚；四是在总结现有排污许可证年检经验的基础上，制定了排污许可证年检基本程序、标准以及年检的结果运用等规范，2004年共对280多家工业企业进行了年审，建立了年检的基本制度体系。排污许可证工作的全面开展，为深圳市实现对污染排放的整个过程进行全面控制与动态评估，促进企业加强环境管理，持续减少污染排放，创造了良好的基础。

【公用设施环境监察】 2004年，深圳市继续加强市政污水处理、垃圾处理等设施的现场检查和监督管理。加强与市政设施管理单位的协调工作，对垃圾填埋场、焚烧厂等存在的环境污染问题进行协调。对清水河垃圾焚烧厂的排污企业环保审批和排污情况组织联合检查。对垃圾焚烧厂的废水污染限期治理加强跟踪检查和督促管理。对群众反映强烈的市卫生处理厂、垃圾焚烧厂、下坪场等带来的恶臭、废气污染问题进行调研，并督促有关单位加快相关臭气源的整治工程进度。

【固体废物管理和监察】 2004年，深圳市按照“清、管、治”的原则，在严格把好进口废物申请预审关的同时，采取日常检查与夜间突击检查相结合的方式进行全面检查，强化了对进口废物加工利用单位的监管；开展电镀、线路板、废矿物油污染等危险废物管理专项检查活动和珠宝行业、废有机溶剂的管理工作；严格执行危险废物流向报告制度，对危险废物跨市转移进行了有效的管理；报请市政府下发了《医疗废物处置应急预案》，开展了全市医疗废物管理工作专项检查，规范了医疗废物的日常监管，同时，推动全市医疗废物集中处置设施建设，并开始土建施工。2004年固体废物现场执法检查达1 800余人次，下达限期整改通知书59份，提交处罚建议44件，查处地下加工窝点5处。同时，认真做好危险废物的接收和处置，全年危险废物接收量10.07万吨，处置量为9.94万吨，处置率达98.67%，预处理基地和安全填埋场（二期）进展顺利。

【机动车尾气污染防治】 2004年，深圳市逐步建立和完善了环保部门与交警、交通等部门齐抓共管的工作机制；继续加大路检和抽检力度，并在车流密度大、排气超标出现频率高的路段设立流动监察点，全年共路检车辆40 154车次，上门抽检公交线路500条、公交车6 451车次，查处超标车辆566车次；严格把好源头控制关，8月1日起在全市强制执行新车上牌环保目录；强制淘汰更新和新开线路的大中巴执行欧Ⅲ标准；9月1日起对全市在用车实行了分类管理的黄绿标制度；强化了对社会检测站的日常监管，保证其检测数据科学、公正；完成了车用清净剂筛选工作和添加清净剂后车用燃油的加价方案，2005年1月1日起，在全市强制实施燃油添加清净剂措施；在全市公交车强制使用清洁燃油，强制加装柴油过滤装置，改善油质。

【“净畅宁工程”和“梳理行动”实施】 2004年，深圳市委、市政府继续开展和实施“净畅宁工程”和以市容环境综合整治为主的“梳理行动”。深圳市各级环境监察部门进一步加强“12369”环保举报热线的值班工作，确保电话畅通，方便群众反映各类环境污染问题；加强对建筑施工项目的监督管理和执法力度；对使用高音喇叭招徕顾客的商铺进行专项整治并加强跟踪管理；加强对歌舞厅等娱乐场所的管理，使华通娱乐城、红馆迪斯科等一批娱乐场所噪声扰民问题得到彻底解决；对群众反映的各类环境污染问题进行全面的清理；邀请新闻媒体参与环境监察部门组织的各项执法行动，加大宣传力度，对违法单位给予曝光；为配合市容环境综合整治梳理行动，深圳市开展了清理水源保护区内暴露垃圾行动，巡察工作每周两次，查处了坤华果场等一批违反环保法规的行为。

【辐射环境监察】 2004年，深圳市在清查放射源的基础上初步开展了核与辐射安全监管工作。按照国家环保总局、公安部、卫生部的部署，深圳市在全市范围开展了“清查放射源，让百姓放心”专项行动，查清了全市185家涉源单位的放射源管理情况，其中有175家用源单位，10家生产销售放射源单位，清查出各类辐射源1 953个，其中密封源1 205枚，为下一步的放射源管理工作打下了良好的基础；开展了专题培训，组织有关人员学习放射性、电磁辐射管理的基础知识，并就放射源管理进行了实战训练；根据国家的有关文件精神，争取市编委初步落实了深圳市放射源管理的机构和编制；对持有废旧放射源的部分涉源单位下达了限期收缴通知书，督促妈湾发电总厂的168枚闲置放射源在2004年底前按规定运送广东省城市放射性废物库贮存。

（张志宇）

沈阳市

【整治违法排污企业专项行动】 2004年，沈阳市环保局按国家、省及市的要求，制定了《沈阳市“整治违法排污企业保障人民群众健康环保专项行动”实施方案》，并结合沈阳市的特点，开展了针对铸造、锻造、水泥、造纸、电镀五大行业的专项检查活动。专项检查期间，共出动执法人员4 000余人次，对五大行业的建设项目环境影响评价和“三同时”执行情况、污染治理设施建设和运转情况、企业排污申报情况、限期治理情况、交纳排污费情况以及工业固体废物和危险废物处置和转移情况进行了集中检查，对存在问题的215家企业及时进行了整改。在辽中、于洪，康平等地的检查中，取缔、关停了76家污染严重且未办理环保“三同时”审批手续的小铸造、锻造企业。联合公安、工商等部门在东陵、于洪、新城子等地取缔土法熬制沥青非法加工点70个，收缴沥青锅100余口，原材料5 000余吨，确保了专项行动的有效落实。

【中高考期间噪声污染监察】 2004年，为给考生创造一个良好备考与考试环境，沈阳市环保局与公安局、工商局、行政执法局对各考点周围联合开展了两次大型执法检查，出动环保执法人员1 540人次，车辆290台次，检查学校和考点周围的600余家噪声点源单位，其中机械类123家、建筑施工132家、卡拉OK等社会生活噪声点源275家，关闭娱乐扰民单位84家、警告和限制经营及作业286家，限期治理66家，禁止违法夜间施工的工地94处，实施处罚25.8万元。

【放射源监察】 2004年，放射源一直是不可忽视的潜在污染源。为加强放射源的管理，经市环保局组织，各区、县(市)环保局、公安分局、卫生局共同参与并逐家排查可能拥有放射源的25个行业。共排查了1 164家企、事业单位，其中涉源单位70家，含密封源单位58家，新发现单位9家。从8月2日起联合检查组对全市58家密封源单位的所有在用和废弃放射源、放射性废物进行清理检查。强制送贮1家破产单位的2枚放射源，7枚放射源备案处理。

【蓄电池行业环境监察】 为贯彻国家环保总局《关于将蓄电池行业污染问题纳入环保专项整治工作行动的通知》(环办[2004]83号)精神，2004年10月，在全市范围内开展了对蓄电池行业基本情况的全面检查，对有违法行为的企业从严、从重、从快进行处理。

检查内容包括环评执行情况、“三同时”执行情况、污染防治设施运行情况，此次检查充分发挥了环保“片警”作用，采取自查与联合检查相结合的执法方式，对辖区内的蓄电池生产企业和废铅酸蓄电池再生处理企业进行了拉网式检查并登记备案，共出动执法人员120人次，检查了8家蓄电池生产企业和废铅酸蓄电池再生处理企业。对个别企业无视环保法律法规及规定、不办理环保审批手续、未安装环保治理设施、擅自停用环保治理设施的企业给予了严肃处理。通过这次专项检查，将全市的蓄电池企业进行了登记备案，摸清了底数，建立了长效监察管理机制。

【大气限期治理监察】 为进一步减轻沈阳市煤烟型污染，改善大气环境质量，按照除尘脱硫设施“冬病夏治”的原则，沈阳市环保局在2003～2004年度采暖期过后，就立即部署各区对辖区内现有锅炉的除尘脱硫设施运行情况进行调查，并要求对未达到环保标准的设施进行限期治理，2004年10月下旬，市环保局对各区限期治理情况及设备完好状态进行了检查。全市共检查锅炉房1 500个，锅炉2 500台，同时结合实际情况对80家企业的145台锅炉实行了限期治理。

【打击非法收集、炼制“地沟油”行动】 2004年，沈阳市非法收集、炼制地沟油的违法行为愈演愈烈，由市环保局、卫生局、工商局、综合执法局和公安局组成的联合执法队，对东陵、于洪、大东、和平等区的偏僻地区内存在的地沟油收集、炼制黑窝点进行了大规模的检查。共捣毁地沟油土灶及大锅11个，收缴

170余桶、约30余吨地沟油和部分加工工具，扣留地沟油运输车辆13台、清掏工具20多件，打击了沈阳市非法收集、炼制及销售地沟油的不法行为。

（市环境监理大队）

长春市

【整治违法排污企业专项行动】 2004年，长春市环境监察支队共清查整治违法排污企业451家，其中属"十五小"、"新五小"应取缔关闭的企业29家，违反建设项目规定的88家，属餐饮、酒吧、洗浴业的130家，对30家重点污染企业进行挂牌督办。

对市委、市政府1998年以来出台的与国家环保法律法规相悖的政策文件进行了集中清理，市级9件，县(市)、区、开发区19件，相关文件全部废止。

通过环保专项行动，较好地解决了长期困扰全市的三大环境难点问题：一是北郊污水处理厂因合同争议停止运行问题，2004年5月1日恢复生产运行；二是长春皓月清真肉食品有限公司废水治理工程，2004年8月底完工投入试运行；三是长春钢铁总厂污染问题，已被市政府责令停产治理。

各县(市)区、开发区结合实际，开展大规模污染整治战役：榆树市把2004年确定为"环境管理年"，市委、常委包保重点企业，市人大参与专项整治执法监督；朝阳区对辖区扰民严重的餐饮业进行了全面清理整顿；双阳区对24家白灰生产企业进行了集中治理；绿园区对辖区内非法生产的小铸造、小炼油、小电镀等落后工艺设备坚决予以捣毁；宽城区取缔了城乡结合部非法塑料加工点和北安路32家塑铝加工点，解决了群众反映强烈的污染扰民问题；二道区关停了16家破坏生态环境的采石厂；经济开发区取缔13家污染严重的石材加工厂点；南关区对486家无证餐饮企业进行了专项执法，其中428家企业办理了《排污许可证》，全区餐饮企业持证率达到95.63%，清查出的255家违法排污企业，全部实施整改，治理合格率达到100%。通过环保专项整治行动，环境污染信访大幅下降，群众对环保工作的满意率进一步提高。

【大气污染源监察】 2004年，在环境现场监察工作中，市环境监察支队利用冬季5个月的采暖期确定了"调查、研究、治理"三步走的工作路数，开展锅炉普查、集中检查和"打黑专项行动"。采取分区划片包干，责任落实到人并由稽查科对各责任区的管理情况进行考核的方式，重点加强对采暖锅炉"早、中、晚"3个运行时段的检查和巡查。对集中供热单位、供热能力、供热规划区域、网络覆盖面积、区域联片供热范围进行了摸底调查，重点对驻长部队、中省直部门、铁路所属单位等多年遗留的污染源及难点部位进行了突出治理。对锅炉冒黑烟现象进行严格管理，加大对违法违章行为的查处力度，有效遏制了锅炉消烟除尘设施因违章操作运行造成烟尘排放超标现象的发生，保障了锅炉消烟除尘设施的正常运行，减轻了冬季大气环境污染强度。同时对不合格锅炉严加排查，与普查登记相结合，翔实掌握了城区内所有锅炉的情况，建立了"长春市锅炉信息管理系统"，实现对锅炉污染源的微机化动态管理。绘制了《长春市大气污染源分布图》，全面掌握了锅炉分布的情况，在采暖期结束后开展大气污染源限期治理工作。全年共取缔治理不合格锅炉335台。截至2004年12月31日，全市城区空气污染指数(API)稳定在74，优良天数达到345天，占总监测天数的94.3%，列东北三省省会城市第一位。

【辐射环境监察】 2004年，长春市环境监察支队以开展"清查放射源，让百姓放心"专项行动为重点，对全市放射源应用单位进行了逐户排查，对放射源的种类、数量、存放使用地点等逐一核实。对全市57家放射源应用单位、561枚密封源进行重新登记备案，对16家存在安全隐患的单位下达了限期改正通知书，对3家单位98枚放射源实施了安全送贮。

（蒋步新）

哈尔滨市

【污染源现场监察】 2004年，全市环境监察系统实施污染源现场监察出动5 243人次，检查污染防治设施1 253台(套)，运转达标率达95%。市环境监察支队开展污染源现场检查排污单位481个，涉及水污染源366个，气污染源364个，噪声污染源1 335个。在污染治理设施现场监察方面，共检查设施327台(套)，检查在建和已建项目892个，发现问题276个，并依法进行了限期整改和补办审批手续。全年共开展3个专项检查。一是开展了以推进"蓝天工程"为核心的烟尘污染和扬尘污染专项检查。上半年与《新晚报》合作，加大了社会监督的力度，专项整治工作收到较好效果。进入采暖期，开展"冰雪节"期间和申办2009年第24届世界大学生冬季运动会期间烟尘、扬尘检查。在以推进"蓝天工程"为重点的烟尘扬尘现场检查中，做到天天有检查、周周有分析、月月有结果。共检查企业400余家，出动人员300人次，下达限期整改的20家；二是以推进"碧水工程"为重点的现场监督检查。对省、市控和市管单位水污染设施坚持每月检查一次，采取早晚检查、突击夜查等方式，查运行记录，采样监测，强化了企业水污染设施的运行，使企业水污染设施运行率达到100%。加强松花江水源地的现场检查，通过联合执法，取缔水源地采砂作业等环境破坏行为，全年检查污水处理厂15次，检查畜禽养殖业162户，检查生猪屠宰和肉灌制品企业65家；三是完成了中高考期间环境噪声整治工作。检查卡拉OK噪声污染源757个、生产噪声污染源422个、风机噪声污染源156个。

【整治违法排污企业专项行动】 2004年，市环境监察部门按照全国、全省电视电话会议精神，开展"整治违法排污企业保障群众健康环保专项行动"，制定和下发了专项整治实施方案，积极协调市直6个部门召开联席会议，各区、县(市)开展专项行动工作。全市环保系统出动执法人员4 713人次，检查企业2 414家，查处环境违法企业376家，结案258件，确定市级第一批挂牌督办环境违法行为37个，限期改正违法行为企业5家。市环保局被推荐为全国"整治违法排污企业、保障群众健康"先进集体，李广来等被推荐为先进个人。

（彭 伟）

南京市

【污染源现场监察】 2004年，全市共现场检查污染源约3.2万家次，检查污染治理设施约9 000台(套)次，工业企业污染治理设施正常运转率达98.4%。

2004年，全市贯彻《中华人民共和国放射性污染防治法》，市环境监察支队对所管企业的100多枚放射源全部进行了现场监察，并建立了直属企业放射性污染源基础台账，为强化监管打下了基础。

2004年，市环境监察支队全年共进行建设项目现场监察262家、571次，发现并及时提出整改意见230余条，促使企业在建设初期就能树立科学的环境管理理念，规范自身环境行为，有效防范环境违法行为。

2004年10月，南京市化学工业园区环保局成立，为推进园区环境监察工作，市环境监察支队在园区设立了环境监察派出机构。

【整治违法排污企业专项行动】 2004年是专项行动的第二年，市环境监察支队按要求完成了对城市污水处理厂、生活垃圾处理场、畜禽养殖场、重点排污企业、建设项目以及违反环保法律法规的政策与规定等专项的清理整治工作。检查工业企业8 991厂次，立案查处各类环境违法行为793件，结案720件。取缔关闭5家、停产治理23家、限期搬迁6家、限期治理67家、实施限期整改和经济处罚等613件，使一批严重影响环境质量和污染扰民的环境问题得到了解决。

【中高考期间环境噪声污染监察】 为做好2004年的中高考护考工作，市环境监察支队专门制定了《2004年中高考期间环境噪声污染控制工作方案》，推出了"十项措施与行动"；每天增加执法队伍，在原有24小时接诉人员的基础上，每晚22时至次日早晨6时再增加1人专门接转电话；共出动环境监察人员3 295人次，车辆892台次，对372件夜间施工噪声有效投诉进行现场检查，查处违法违规施工行为153起。有效保障了考生的环境权益和中高考的顺利进行。

（市环境监察支队）

武汉市

【整治违法排污企业专项行动】 2004年，根据国家环保总局等6部委(局)统一部署，武汉市以钢铁、电解铝、水泥3个行业超标排污为专项行动整治重点，严格规范城市污水处理厂、城市垃圾处理场的排污行为，严厉打击擅自停运治理设施、偷排和超标违法排污的企业，坚决杜绝"十五小"和"新五小"企业死灰复燃，巩固2003年整治成果。此次专项行动中共出动现场检查1.8万人次，清理整治违法排污企业62家，其中对25家钢铁、水泥和电解铝企业逐一认真清理检查，依法整顿8家超标排污的水泥企业和两家工艺落后的电解铝企业，关闭了污染严重的汉钢水泥厂。清查了1998年以来的1 324个建设项目，责令22个未执行"三同时"的违法项目暂停建设、限期整改；责令253个未经环境影响评价和"三同时"的固定资产投资项目限期整改。关闭了洪山区19家小炼铁厂，解决了武钢周边"十五小"屡禁不止的问题。武汉市还将城市污水处理厂作为专项整治的一项重要内容，武汉市环境监察支队组织专门人员对全市城市污水处理厂进行了一次专项检查，明确要求城市污水处理厂应严格按照国家规定进行排污申报登记，其排污口安装污染物在线监控装置。

除了环保执法人员加大现场检查力度外，武汉市还充分发挥新闻媒体监督作用，鼓励公众参与，将违法超标排污企业名单在报纸、武汉环境网上公示，公布"12369"环保投诉热线，鼓励公众参与监督企业排污行为。通过新闻媒体公示，有效地震慑一批超标排污的单位，巩固了整治成果，遏制污染反弹。市环境监察支队被国家环保总局授予"全国打击环境违法行为先进集体"。

【社区餐饮油烟噪声居民自治管理】 2004年2月，武汉市市长李宪生在武汉市环境保护委员会第一次会议上提出，通过社区居民听证自治的方式推进餐饮油烟噪声污染整治。4月，市政府召开专题会议决定在中心城区74个社区实行餐饮油烟扰民问题居民自治管理试点。市人民政府办公厅转发了环保、民政等部门拟定的《武汉市社区餐饮油烟噪声扰民问题居民自治管理试点方案》。副市长胡绪鹍先后两次主持召开动员部署会，多次听取汇报，亲自参加了部分社区的现场验收。市人民政府专门成立了由副秘书长蔡华章任组长的市试点工作班子。各区委、区政府均制定了具体工作方案，组建了以分管区长为组长、各相关职能局为成员的试点工作小组。市环保、民政、工商、城管、卫生、商业、劳动保障和市文明办等部门协调配合，统一行动，在宣传解释、组织听证、联合执法、取缔转向等方面做了大量卓有成效的工作。全市环境监察队伍在各级试点工作小组和各级环保局的直接领导下，积极发挥环保统一监督作用、制定和落实实施细则，深入社区征求反馈意见等，对听证会做出的听证决议坚决整治到位，取信于民，探索出一套居民听证、联合执法的管理模式，共组织联合执法150余次，出动执法人员2 250余人次，依法责成902家企业治理达标，267家企业取缔或转产，惠及市民10余万户、30多万人，解决了一批扰民的环境难题，提高了居民的环境意识，改善了社区环境，被评为武汉市2004年最受老百姓欢迎的十大实事之一。

【"清洁武汉、美化家园"行动】 2004年，武汉市环境监察部门积极参与武汉市"清洁武汉、美化家园"行动，创建绿色社区、创文明社区等环境综合整治工程，重点解决市民反映强烈的问题。在市政府"清洁武汉，美化家园"专项整治行动中，对全市1 100个餐饮单位油烟进行整治，取缔不达标餐饮户576家，限期治理524家，全市中心城区投入治理资金共计1 046万元。武汉市环境监察支队被市委、市政府授予"社区建设883行动计划"先进单位。

根据国家"十五"城考规划的要求，按武汉市锅炉总数的8%～10%的比例及噪声达标区每年按50%的抽查比例，共完成39片烟尘控制区的88台(座)炉窑、25片噪声达标区的80个固定噪声点源的复查。对武汉市江岸、江汉、桥口、汉阳和武昌区内环线两吨以下的燃煤锅炉、窑炉进行改造与治理，共投入资金1 230万元。拆除110台，改用燃料88台，仅此一项，全年节约燃煤3.9万吨，减少烟尘排放量1 901吨，减少二氧化硫排放量384吨。

（市环境监察支队）

广州市

【整治违法排污企业专项行动】 2004年，广州市环境监察支队全面加强了企业执行环保"三同时"制度、排污总量控制措施的监管，配合广州市环保局开展了对1998年～2002年间市管辖企业审批项目执行环境影响评价制度和"三同时"制度专项清理整治工作，共清理出违法企业529家。配合全市创模工作，对全市56家实施大气总量控制重点企业，重新核定了总量控制指标，对31家超标超量排放二氧化硫的企业立案查处，罚款达154万元。督促企业加快脱硫设施的安装，到2004年年底，56家企业中有25家共60台炉窑安装了脱硫设施，总投资3.94亿元，年脱硫能力达3.1万吨。

【污染防治设施运行监察】 2004年，广州市环境监察支队加强了对重点企业污染防治设施运行监察，建立了二氧化硫重点污染源数据库，将企业的脱硫设施运行、脱硫剂使用量、二氧化硫排放量等全部设施运转资料入库管理，实行对照核查，对134家水污染重点企业和56家大气污染重点企业治理设施加强巡查，全年对擅自停用或不正常使用治理设施的11家企业进行了行政处罚。

【排污总量控制与排污许可证制度】 2004年，广州市环境监察支队根据《广州市2003年～2010年珠江综合整治实施方案》和创模工作要求，强化了对水、大气污染企业的排污总量控制和许可证管理，对134家纳入广州河段综合整治重点水污染企业核发了排污许可证，对新联泰、丝绸印染厂、广东太古可乐、羊城纸箱、十一橡胶厂等27家超证排放污染物企业依法进行了立案查处，分别做出了限期治理和罚款处理。针对广州市创模二氧化硫指标仍未达标的严峻局势，对56家排放二氧化硫重点源企业按照总量控制的要求，重新核定了排污总量和排污许可证。全年立案查处了31家超标排放二氧化硫的企业。此外，完成了279家非重点工业企业排污许可证的审核。

【排污口规范管理】 广州市是国家排污口规范化整治试点城市之一。1997年8月，通过国家环保总局验收后，广州市环境监察支队把排污口规范化管理纳入监察业务范围，新建项目环保验收、企业排污申报登记和日常环保工作检查作为必备条件之一。2004年通过新建项目环保验收把关，新增符合排污口规范化企业达4 190个。

【家禽交易市场联合执法检查】 2004年10月19日，广州市环境监察支队会同广州市卫生监督、疫控中心、林业、工商、城管、农业等部门对本市新源、百兴、南兴、太和、岑村、庄头等家禽交易市场进行联合执法检查。

【联合查处违法生产项目】 2004年4月28日，广州市环境监察支队协同广东省环保局、广州市环保局、惠州市环保局和从化市吕田镇政府等有关单位组成联合调查组，前往从化市吕田镇，对从化富盈针织厂污染高明河一案现场突击检查。经查，该厂未经环保部门审批，擅自于2001年建厂并投入生产，生产废水超标排放，严重污染了龙门县地派镇的饮用水源，引起当地群众的强烈不满。联合调查组根据现场调查情况，现场责成从化富盈针织厂立即停产搬迁，检查当天，立即查封了该厂生产用电设备。从化市工商分局也于4月28日向该厂发出吊销工商营业执照的听证告知书，拟作出吊销该厂工商执照的行政处罚。

【垃圾填埋场环境污染执法检查】 2004年9月21日，广州市环境监察支队协同广东省环境监察总队前往中山市黄圃镇新沙村，对该村位于距番禺区横沥镇冯马一村约300米处新建一座生活垃圾填埋场污染问题进行联合执法检查。现场检查发现，该垃圾填埋场产生的恶臭废气及垃圾渗出液已严重污染周围环境。省环境监察总队当场责令该垃圾填埋场立即停止运进新的垃圾，对已堆放的垃圾用泥土加厚覆盖，并种上草木。省环境监察总队要求中山市环保局督促黄圃镇政府落实垃圾场的复土、复绿等各项消除污染措施并报告结果。

【珠江两岸景观区污染源调查】 2004年12月9～22日，为配合广州市政府整治珠江两岸景观区工作，广州市环境监察支队会同广州市海珠、荔湾、天河、芳村环境监察大队开展珠江两岸景观区污染源调查，并提出整改建议报广州市环保局。

【重点工业污染源监督管理】 2004年12月23～27日，为强化对重点工业污染源的监督管理，保证企业污染防治设施的正常运转，促进各类污染物稳定达标排放，保证总量控制措施的实施，广州市环境监察支队会同广州市环保局法规处、污控处组成3个检查小组，分别对广州市20家省控重点工业企业进行现场监督检查。

（市环境监察支队）

西安市

【整治违法排污企业专项行动】 2004年，西安市开展的“整治违法排污企业保障群众健康环保专项行动”，严肃查处环境违法行为的重点是：钢铁、水泥、铁合金等重点行业专项检查；清理整顿2003年以来已建和在建的建设项目1 451个；启动医疗废物整治行动，解决医疗垃圾污染问题；开展“清查放射源，让百姓放心”专项行动；检查蓄电池行业的污染问题等专项执法检查工作。共出动检查人员7 230人次，检查企业3 791家次，立案查处违法排污企业227家，结案198家，罚款155.82万元；处理基层干部1人；清理违反环保法律法规的“土政策”一项。关闭规模以下造纸企业72家。受理群众污染投诉2 487件，结案2 445件，结案率98%。

【污染防治设施运行监察】 2004年，西安市各级环境监察部门紧密围绕西安市创建省级卫生城市的中心工作，加大对各类污染源及污染防治设施的现场检查频率和力度。坚持重点企业每月检查一次，一般企业每季检查一次。通过检查运行记录，不定期监测，保证全市污染治理设施正常运行率达到90%。

【建筑施工环境监察】 2004年，为严格执行国家环境噪声污染防治法，切实解决建筑施工噪声扰民问题，给市民创造良好的生活学习环境，西安市各级环境监察部门按照《西安市建筑工地施工噪声环境保护管理规定》的要求，对夜间施工从严审批，确因施工需要，需夜间连续施工的，一次最多批3天。对经批准进行夜间施工的工地，必须提前1天在建筑工地周围100米内的居民区进行公告；对群众的建筑施工噪声投诉做到24小时人工值守；对违反上述规定的施工单位处以1万～10万元罚款。2004年，市环境监察支队组织全市百人以上规模的夜间施工大检查达8次，仅中高考期间，西安市各级环境监察部门现场检查280次，出动人员2 536人次，查处违法施工行为157件，新闻曝光12件，罚款44万元，得到了广大市民、考生以及新闻媒体的好评和赞扬。

【饮食服务行业环境监察】 2004年，按照西安市政府《进一步加强餐饮洗浴业烟尘、油烟污染防治的通告》要求，西安市各级环境监察部门加强对所有餐饮洗浴单位油烟、烟尘治理设施的日常监督管理工作，对所有新、扩、改建餐饮洗浴业建设项目的环境申报登记和审批手续进行检查，并联合工商行政管理部门、市政管理部门依法对无照经营或占道经营的餐饮户进行取缔。

《通告》要求规划范围内所有的餐饮洗浴单位，必须在本年内完成油烟和噪声污染治理。通过西安市各级环境监察部门7个月的整治工作，截至11月底，全市共完成1 495家规模以上餐饮洗浴单位的烟尘、油烟污染治理任务，超过原定计划的11%。

为防止夜市烧烤油烟的污染，并保留住群众喜爱的烧烤特色风味小吃，西安市并未对夜市烧烤一刀切地予以取缔。在市环境监察支队调研的基础上，西安市政府发布了《关于规范饮食烧烤的通告》，成立规范饮食烧烤领导小组，市环境监察支队配合西安市环保局污管处对各区烧烤点进行检查。共检查了全市市区142个烧烤夜市，1 371台烧烤炉中1 217台更换成环保型烧烤炉，取缔125家烧烤经营户，改善了西安市的空气质量。

2004年5月10日，旺园大厦群众投诉海中霸餐饮油烟噪声污染，经监察人员现场检查，噪声达65分贝，且营业至夜晚12点，对周围群众影响很大。市环境监察支队依法对其下达了行政处罚，并责令该单位一个月内整改。该单位加装油烟净化设备后，清除了油烟，噪声值降到55分贝，晚上仍然扰民。在市环境监察支队多次现场督促下，该单位投入资金进行改造，将噪声降到45分贝，基本消除了污染。市环境监察支队监察人员的工作作风也受到了群众和新闻媒体的好评。

【教育科研医疗单位环境监察】 西安市大专院校、科研院所、医疗机构众多，市环境监察支队依照环保法律、法规要求，对上述单位严格执行排污申报登记制度和排污收费制度，并加大对医疗单位污处设施的检查力度，有效减少了污染物的排放量。

从2004年11月起，西安市医疗废物处置结束过渡期，市辖区域内的医疗、预防、保健、血液中心、疾病控制中心、计划生育服务、医学教学、尸检等机构及兽医医院、宠物医院所产生的医疗废物，均统一集中处置。市环境监察支队依法监督上述医疗机构，并对废旧物资回收经营企业进行检查，确保医疗废物全部收集，按技术规范进行焚烧。

【新河污染专项整治】 2004年2～5月，西安市环境监察支队与长安区、户县环境监察大队采取行动，对新河沿岸的16家排污单位进行经常性的突击检查和监测，查出4家违法排污企业被依法关停，11家企业经治理实现达标排放。促使惠安化学公司加大投资，加快治理进度，采取有效措施减少污染物排放量。

（赵文军）

生态环境监察

- ◎ 生态环境监察试点
- ◎ 畜禽规模养殖业污染监察
- ◎ 水源保护监察
- ◎ 秸秆禁烧监察
- ◎ 矿产开采环境监察

【生态环境监察试点工作】 自2003年4月全国开展生态环境监察试点工作以来，试点单位成立试点机构，制订方案，建章立制，强化执法，在保护生态环境、查处生态破坏案件、打击违法行为等方面取得了一定成效。据不完全统计，2004年试点地区共开展生态环境现场监察15 654次，查处生态破坏案件5 682个，取缔、关闭违法企业5 148个，罚款2 869.2万元。各地加强了对自然保护区、风景名胜区、滩涂与湿地、饮用水源地、工业园区、矿区、油田开发、农村生态环境(秸秆禁烧、畜禽养殖污染、网箱养鱼、有机食品生产基地)、非污染性建设项目(高尔夫球场、水电站、公路、铁路、南水北调工程)以及野生动物及生物物种资源等生态环境监察，初步实现了预防为主、进一步加强保护生态环境的目标。

为做好2005年试点验收工作，国家环保总局环监局组织山东、河北等环境监察部门起草了《全国生态环境监察试点地区考核办法及验收标准》，下发各地征求意见，并召开两次研讨会专门讨论。组织华南和华东环保督查中心、河北、山东环境监察部门起草了《矿山生态环境监察工作规范》和《畜禽养殖生态环境监察工作规范》。编写了8期《全国生态环境监察试点工作专刊》。国家环保总局环境监察局在黑龙江齐齐哈尔市举办了第二期全国生态环境监察培训班。

【矿山生态环境监察】 2004年，国家环保总局首次联合国土资源部、国家安全生产监督管理局开展了矿山生态环境保护专项执法检查。在各地自查及省级抽查的基础上，由3个部门组成的4个督察组，对云南、广西、福建、江西、陕西、山西、黑龙江和吉林等矿山较为集中的8个省(自治区)、21个市(州)、25个县、58个矿业企业进行了现场督察。此次专项行动取得显著成效。一是进一步提高了各级政府、有关部门和矿山企业对矿山生态环境保护的认识，初步形成了联合执法的协调机制；二是基本摸清了矿山生态环境保护监管情况，环境影响评价执行率为34.40%，“三同时”执行率为17.27%；三是打击了矿产资源开发中生态破坏与环境污染违法行为，解决了一批群众反复投诉、社会影响大或长期难以解决的矿山生态环境破坏热点、难点问题，保障了群众身体健康。据不完全统计，全国共出动执法人员126 371人次，检查矿山企业52 414家，关停、取缔16 413家，限期补办环境影响评价环评手续7 087家，查处相关责任人77名。

【秸秆禁烧生态环境监察】 2004年，为进一步加强秸秆禁烧工作，科学、准确、迅速地了解全国秸秆焚烧情况，及时有效地制止秸秆焚烧行为，国家环保总局环监局与国家卫星气象中心合作，利用卫星遥感技术，对全国夏秋两季秸秆焚烧情况实施在线监控。在禁烧期间，将收到的有关焚烧火点数、焚烧时间、焚烧所在省地县名、经纬度、火区影响范围等信息以及卫星遥感火情监测图像编辑成《秸秆焚烧卫星遥感监测情况通报》及时电传有关省环保局，并电话告知秸秆焚烧严重地区，督促有关环保部门强化秸秆禁烧工作，同时在“12369”网站上公布监控结果。各地反映，国家环保总局的通报促进了秸秆禁烧工作，使有关地区能及时掌握情况，变被动为主动，提高了执法效率，取得了良好效果。

2004年监测结果表明，夏季共监测到火点数2 481个，影响61个地区、208个县，高于2003年同期监测到1 762个火点数的41%，低于2002年同期监测到2 708个火点数的8.4%；禁烧区内共监测到火点数910个(占整个农区火点数的36.7%)，高于2003年同期监测(火点数790个)的15%，其中河北、河南、陕西禁烧区内火点数比2003年同期有所减少；江苏、安徽秸秆焚烧现象严重。秋季秸秆焚烧现象较夏季较轻，共监测到火点数697个，影响62个地区、144个县，比2003年同期监测火点数233个增加199%，比2002年同期监测火点数593个增加17%；禁烧区内监测到火点数286个(占整个农区火点数的41%)，高于2003年同期监测(火点数103个)的178%，其中山东秸秆焚烧现象较为严重。由于2004年一些地区焚烧秸秆现象严重，影响了部分交通的正常运营。9月24日，济南国际机场因秸秆焚烧烟雾过大，导致9个航班被迫取消；7月9日，湖南省黄花机场周围村民乱烧稻草，导致4个航班备降武汉、一个航班延误起飞；5月7日夜，四川省成都市新津县区域内火光冲天、烟雾缭绕，直接影响了双流国际机场的正常运行。

【畜禽养殖生态环境监察】 为贯彻落实国务院办公厅《加强三峡工程建设期三峡水库管理通知》(国办发[2004]32号)精神，加大对畜禽养殖环境监管的力度，控制三峡库区农村面源污染，国家环保总局环监局组织开展了三峡库区畜禽养殖污染防治检查，听取了重庆、湖北地方环保部门情况汇报，查看了多家规模化畜禽养殖场和非规模化畜禽养殖小区环境污染状况及污染防治设施建设情况，与当地政府及环保部门交换了意见。针对检查中存在的问题，建议国家环保总局要进一步完善畜禽养殖环境监管法规体系，加强畜禽养殖环境监管力度，为地方污染防治工作提供多方支持。

【生态破坏案件查处】 2004年，国家环保总局环监局查处了河南禹州矿区生态破坏、内蒙阿拉善盟右旗板滩井生态破坏、河北铁矿污染等生态破坏案件。督察、督办了北京永定河大堤遭偷采砂石者破坏、苏州市吴中区下淹湖围网养殖污染水体、昆明石龙坝上游工业企业污染、贡嘎山莫溪国家级自然保护区实验区田湾河流域水电站建设项目等案件40多件。

(国家环保总局环境监察局)

华东环境保护督查中心

【生态环境破坏现场调查】 2004年7月，由国家环保总局监察局、自然司、华东督查中心及内蒙古自治区环境监察总队组成的调查组，对阿拉善盟右旗板滩井农业开发问题进行了现场调查，通过现场察看、与当地农民座谈、询问开发公司负责人、与当地政府和环保部门交流，初步摸清了板滩井农业开发区的历史和现状，查出了板滩井农业开发区在开发过程中存在政府急于招商引资，对开发项目中的生态环境保护问题重视不够；项目建设单位没有履行环境影响评价程序；当地政府及有关部门没有实施有效监督；开发缺乏科学性等问题，提出了限期完成环评及补办相关手续；对造成的生态破坏问题尽快制定恢复方案；对尚未开发的部分停止开垦等4条要求。

（华东环境保护督查中心）

北京市

【畜禽养殖环境监察试点工作】 依照2003年制定的北京市畜禽养殖环境监察试点工作方案，2004年进入现场监察试点实施阶段。顺义区环保局共出动128人次，对87个畜禽养殖企业进行了现场检查，10家养殖企业完成污水治理工作；密云县环保局对达到北京市规模化畜禽养殖场标准的75家养殖企业进行两次全面的环境监察，督促20家养殖场对粪污进行治理，对52家达到标准的规模化畜禽养殖场依法进行了排污申报登记，7个新建的畜禽养殖场全部执行了环保“三同时”制度。

5月下旬和6月上旬，市环保局分别对顺义、密云两区县试点工作进展情况和辖区内畜禽养殖企业执行环保法律法规情况进行专项检查。从检查情况看，此项工作已经取得初步成效，顺义、密云的畜禽养殖企业在遵纪守法上已形成新的局面，污染物排放得到控制。同时也发现一些问题：生态环境监察力量较弱；畜禽养殖小型单位违法排污行为比较普遍，并缺乏污染治理资金和技术。

【秸秆禁烧监察】 按照国家环保总局的要求，北京市对秸秆禁烧和综合利用工作进行了统一部署。农业、农机、环保、城管、公安等部门进行了联合检查，连续4年实现全面禁烧，保护了首都的大气环境。

【矿山生态环境监察】 按照国家环保总局、国土资源部、国家安全生产监督管理局3部门联合下发的《关于开展矿山生态环境保护专项执法检查的通知》的要求，严格执行国家生态环境、资源保护法律法规，进一步加大矿山生态环境保护力度，北京市环保局、市国土资源局、市安全生产监督管理局于2004年6～7月联合开展矿山生态环境保护专项执法检查工作。根据统一部署，此次检查涉及全市10个远郊区县，各区县均按要求成立专项检查组，有的区县增加了林业、劳动、公安、水利等部门介入此项工作，采取各职能部门自查与联合检查的方式，加强了执法力度。对未经环保审批、非法排污、存在安全隐患或无证开采等违法行为的97家企业进行了关停或整改处理。其中关闭46家，限期整改51家；没收偷采矿石700吨，对责任人罚款共计1.1万元。针对本市怀柔区金属矿开采企业相对较多及密云县为饮用水源保护区的特点，市环保局、市国土资源局、市安全生产监督局组成两个检查组，于2004年7月27日对怀柔、密云两个区县矿山生态环境保护检查工作进行了抽查，被查企业都能如期按计划整改和关停。

【黏土砖厂取缔】 为改善郊区大气环境质量，减少砖厂污染排放对大气与生态环境的影响，北京市自2003年5月起禁止生产黏土实心砖。2004年8月至12月，市环保局参与由北京市建设委员会牵头、相关委办局参加的北京市黏土砖厂取缔联合检查活动。在市政府的指导下，在市各委办和区县政府的共同努力下，全市共拆除、取缔黏土砖厂149家。

（市环保监察队）

天津市

【矿山生态环境保护专项执法检查】 按照国家环保总局、国土资源部、国家安全生产监督管理局《关于开展矿山生态环境保护专项执法检查的通知》要求，天津市环境监察系统于2004年6～8月组织对天津市矿山生态环境保护工作进行了专项执法检查，共抽调89人次，动用车辆32台次，历时1个月，对79个矿采项目进行了全面彻底检查。共查处有问题的项目25个，其中关停违法开采项目3个，下达停产决定4家，责令补办相关手续8家，限期整改和批评教育10家，为巩固和发展生态示范区的建设成果起到了较好地推动作用。

（市环境监察总队）

河北省

【生态环境监察试点工作】 2004年，河北省生态环境监察试点工作取得新进展。

1. 组织机构建设进一步得到加强。各试点地区都成立了以政府主管领导挂帅，环保、国土资源、安全生产、林业、农业、土地、旅游、建设和工商等部门参加的领导小组，设立了专门科室或与其他科室合署办公机构，环境监察机构内部设立了生态环境监察中(大)队，为做好生态环境监察工作提供了有力的组织保障；

2. 规章制度建设进一步完善。各试点地区结合本地实际，制定出台了一些地方规章、规范性文件以及内部管理制度。张家口市、昌黎县、遵化市、冀州市由政府颁布了《生态环境违法案件移交管理办法》、《生态环境监察试点实施方案》等规章和规范性文件；各试点地区都制定了《生态环境监察工作制度》、《生态环境监察工作程序》等管理制度，保证了工作的顺利推进；

3. 现场执法取得一定成效。河北省各试点地区针对各地突出的生态环境问题，抓住主攻方向，加大现场监察力度，采取联合执法、专项执法等灵活多样的形式，查处了一批生态破坏的违法案件。

【矿山生态环境保护专项执法检查】 2004年，按照国家环保总局、国土资源部、国家安全生产监督管理局3部门联合下发的《关于开展矿山生态环境保护专项执法检查的通知》要求，河北省环保局联合省国土资源厅、安全生产监督管理局制订了《河北省开展矿山生态环境保护专项执法检查实施方案》，在全省组织开展了矿山生态环境保护专项执法检查活动。各地环保、国土资源、安全监管等有关部门在当地政府统一领导下，密切配合，执法联动，全省共出动15 493人次，检查企业5 840家，关停947家，取缔566家，限期整改981家，查处案件415起，处罚金额415.88万元，取得阶段性成效，受到国家环保总局的通报表扬。同时，通过专项行动，生态环境保护工作已引起各级政府的高度重视与关注，对生态环境监察试点工作起到了推动作用。

（郭志中 李卫军）

山西省

【生态环境监察试点工作】 2004年，山西省生态环境监察试点工作在2003年的基础上进一步加强，试点市县结合当地生态环境特点将试点工作同日常环境执法工作有机结合起来，成立了由当地政府主要领导负责的领导机构，制订工作方案，积极探索生态环境执法有效途径，加强生态环境执法。省环保局联合林业部门开展了自然保护区生态环境专项检查，检查自然生态保护区30余个，基本摸清了自然保护区生态破坏状况，向省政府专题报送了加强山西省自然保护区管理、制止生态破坏的意见建议。

（省环境监察总队）

辽宁省

【矿山开采环境监察】 2004年3月5日，辽宁省环保局组织辽阳市人大、环保、监察、公安等执法部门和数家新闻媒体，对辽阳县、弓长岭地区的非法选矿企业开展了集中突击检查行动。现场共查封了迎春选矿厂等8家没有环保手续且严重破坏生态环境的违法企业，并由当地电业部门采取了拉闸断电的强制措施。2004年6月6日，辽宁省环保局、辽宁省国土资源厅、辽宁省安全生产监督管理局联合下发了《关于开展矿山生态环保专项执法检查的通知》。文件下发后，各市环保局、国土资源局、安全生产监督管理局组织联合开展矿山生态环境专项执法检查行动。8月，省环保局、国土资源厅和安全生产监督管理局组成联合督察组，先后对本溪、鞍山、抚顺等市进行了检查。全省这次矿山生态环境专项执法检查共检查矿山企业2 763家，查处违法案件553件、取缔违法企业152家，罚款220万元。

【自然保护区环境监察】 2004年，沈阳市作为国家生态试点市，在省环保局的领导下，加强湿地生态自然保护区的环境监察工作，颁布了《仙子湖湿地环境保护管理规定》。对卧龙湖、仙子湖周围的退耕还湖、退养还湖的进展情况进行了监督检查。卧龙湖周边72个村屯，已退出533.33公顷进行湖周绿化。投资50多万元治理仙子湖周围10多家工业污染源。

（省环境监察局）

吉林省

【生态环境监察试点工作】 2004年，吉林省按照国家环保总局《关于批准全国生态环境监察试点地区的通知》精神，制定并下发了《关于加强生态环境监察试点工作的函》，对延边州、前郭县和东辽县3个试点地区的生态环境监察工作提出了要求。3个试点地区按照国家和省的要求成立工作领导小组，制订工作方案。延边州由分管州长任组长，环保、林业、工商、矿产和国土等部门为成员，按照环保部门统一监管，各部门分工负责的原则，建立了例会制度和定期检查制度。东辽县由县长任组长，主管副书记和副县长任副组长，环保、国土、水利、农业、林业、计经、文体等部门为成员。县成立了生态环境监察管理综合执法大队，各乡镇设环境管理工作站，村设兼职生态环境管理员，形成了县、乡、村三组生态环境管理网络。

开展了长白山自然保护区生态环境监察、野生动物保护联合行动和矿产资源开发监察，对清除日本遗留化学武器的二期工程施工过程中的生态破坏情况和施工场地的污染物排放情况进行了监督检查；对保护区内的建设项目执行“三同时”制度情况、污染治理设施运行情况、旅游垃圾的清理情况、乱挖滥采火山浮石和植被破坏情况进行了监督检查；对典型违法案件进行了严肃查处；前郭县由环保、工商、土地、水利等部门联合开展了查处未执行环境影响评价和“三同时”制度、死灰复燃的“十五小”和“新五小”企业、向水体排放污水和倾倒废渣、私砍树木和猎捕珍稀鸟类等违法行为的“四查”执法专项行动。

对开矿、公路建设中出现的“乱采、乱挖、乱砍”现象进行了彻底整治，整顿石场23个，要求公路建设经审批原定点取料，杜绝了边建设、边破坏现象的发生。实施了裸露地治理、退耕还林和河道治理工程，两年来投资近1 450余万元，共植树2 039.6万株，治理裸露地93.4公顷，裸岩1 263米，河流47处，河道120千米，保护两岸农田1.18万公顷。

【矿山生态环境保护专项执法检查】 2004年，按照国家环保总局、国土资源部、国家安全生产监督管理局联合下发的《关于开展矿山生态环境保护专项执法检查的通知》要求，吉林省3部门联合对在册的能源、黑金属、贵金属、有色金属、非金属、水汽等六大矿种矿山开发企业进行了专项执法检查。省政府对此项工作高度重视，要求将此次专项行动与环保专项整治行动结合起来。环保、国土、安全生产监管部门按照各自的职责和所掌握的情况，对矿山开发企业进行了逐一排查。各地按照国家和省的部署，成立了组织领导机构，一些矿山企业集中的市、县还由政府分管领导带队检查。经检查发现，吉林省矿山生态环境存在的突出问题主要是：采矿废水造成矿山及其周围水体和土壤的污染；露天采矿占用土地并造成对耕地、林地、草地的破坏；地下开采产生地面塌陷、沉陷、裂缝；矿山废渣、尾矿和采矿废石的不合理堆放，不仅占用土地，造成水土流失，而且泥石流、滑坡、边坡失稳、矿坑突水等也时有发生。产生上述问题的主要原因：一是大部分矿山企业建矿时间早，多数没有经过环保审批，对生态环境的保护和恢复考虑不多，历史欠账问题突出；二是由于贫矿多，储量低，资源有限，建矿时也没有落实资源枯竭后生态恢复的环境保护资金，导致企业无力进行矿山恢复和环境治理。一些面临资源枯竭、已经闭矿的大型国有矿山，其生态恢复和隐患清除如没有国家资金投入和相关政策支持，生态恢复很难解决。此次专项执法检查，共检查矿山开发企业3 278家，取缔了无证非法开采的小矿山及国家明令禁止的矿山开发企业475家，对不符合环保和安全生产要求的近600家进行了处理。

（程金灿）

黑龙江省

【矿山生态环境保护执法检查】 2004年，根据国家环保总局、国土资源部、国家安全生产监督管理局联合下发的《关于开展矿山生态环境保护专项执法检查的通知》要求，黑龙江省环境监察总队协调黑龙江省国土资源厅、黑龙江省安全生产监督管理局等部门组织开展矿山生态环境保护专项执法检查，积极落实执法检查的重点范围和内容。检查共出动执法人员8 772人次，检查矿山企业1 675家，其中露天采石、采土企业857家，煤矿780家，采金企业16家，石墨矿11个，石油开采3个，金属矿山8个。2004年9月15～20日，国家环保总局、国土资源部、国家安全生产监督管理局组成的联合督察组对黑龙江省开展矿山生态环境保护专项执法检查情况进行了检查，对黑龙江省矿山生态环境保护专项执法检查工作给予充分肯定。

（省环境监察总队）

上海市

【畜禽牧场专项检查】 2004年在防止“禽流感”扩散期间，2月上旬，市环境监察总队对50家禽畜养殖场、屠宰场进行了现场检查，其中36家治理情况良好，占检查总数的72%；8家已关闭，对6家未经消毒处理、污染物直排河道的禽畜养殖场、屠宰场，责令其及时整改。3月，闵行等6个区、县环境监察支队对在第二轮环保三年行动计划中要求逐步关闭、搬迁的178家禽畜牧场进行了专项检查，已关闭63家，占总数的36.4%。关闭搬迁禽畜牧场的任务仍然比较艰难。5～6月，对138家养牛场、350家养猪场、781家养鸡场共1 269家禽畜养殖业进行了专项检查；7月又对本市35家屠宰场进行了现场检查，对其中一家外排废水严重超标的企业进行了行政处罚。

（彭振发）

江苏省

【矿山开采环境监察】 2004年，根据国家3部委的要求，省环境监察总队会同省国土资源厅、省安监局联合开展了矿山生态环境保护专项执法检查。组织、指导各地开展生态环境监察。如皋市拆除474座小土窑、立体窑，复耕土地达100余公顷，彻底解决了小土窑、立体窑的环境污染问题。全省共出动检查人员7 058人次，对全省1 606家矿山企业中的1 540家进行检查，立案查处50家，限期补办环评258家，关停、取缔违法企业506家。

（省环境监察局）

安徽省

【生态环境监察试点】 2004年，安徽省环保部门继续紧紧围绕安徽省委、省政府确定的建设“生态安徽”战略部署，加大环境执法力度，充分发挥环境监察队伍在生态省建设中的作用，组织督促指导六安市深入开展全国生态监察试点工作。六安市成立以分管市长为组长，市发改委等26个部门为成员单位的市生态监察领导组。出台两个专项《决定》、两项制度指导全市生态监察试点工作，举办两期专项知识培训，并进行广泛宣传。全市2004年开展生态环境监察共出动执法人员1 240人次，检查企业368家，查处生态破坏违法案件98起，促进生态监察试点工作的深入、有效开展。

（袁永宏）

福建省

【规模化畜禽养殖环境监察】 2004年召开全省畜禽养殖污染治理工作现场会，全面开展禁建区内畜禽养殖场的治理、搬迁和关闭工作。全省关闭治理无望或没有治理积极性的规模化畜禽养殖场24家，拆除猪舍75.62万平方米。福州市集中在4～6月开展大规模专项整治行动，迁移在市区内饲养的生猪9.5万头，拆除猪舍面积18万平方米。龙岩市新罗区拆迁龙津河（城市内河）上游两岸畜禽养殖禁建区和饮用水源保护区范围内的10个重点乡镇的生猪养殖场616户，拆除猪舍14.78万平方米。省环保局会同省农业厅制定并下发《〈福建省畜禽养殖污染防治管理办法〉实施细则》和《关于开展规模化畜禽养殖场禁建区划定工作的通知》，对养殖业的审批和监督管理做出了明确的规定。

【水源保护监察】 2004年，重点对集中式生活饮用水地表水源保护区的监督检查，限期拆除5处威胁到生活饮用水地表保护区的排放污水口，查禁7处从事旅游、游泳和其他可能污染水体的活动。全省9个设区市的22处饮用水源地水质达标率为89.1%。

【自然保护区监察】 至2004年底，全省共设立自然保护区90个，其中国家级9个，自然保护区总面积达50.70公顷。厦门市的珍稀海洋物种自然保护区生态环境监察列入全国生态环境监察试点，市环境监察部门把海域工程炸礁监管和查处违法开采海砂作为执法重点，每天在保护区内巡航一次，2004年共监管6个港区泊位炸礁60次，处罚非法开采海砂案件9起。

【矿产开采环境监察】 2004年，开展矿山生态环境保护专项检查，关闭或取缔非煤矿山123家，取缔洗金池21个，扣押挖金船21条，关停无证采石场239家，整治关闭同三线高速公路福建段和长乐国际机场专用线两侧禁采区内坛口447个，罚款8家企业，发出环保整改通知书4份。

【拆船行业环境监察】 2004年，重点组织对福安市赛江流域拆船行业的整治，出动环境执法人员218人次，对沿江两岸的40家拆船企业进行了5次巡查，取缔了两家零星、流动的企业，督促两家市重点拆船企业安装了自动监控设施。

（省环境监察总队）

江西省

【矿山生态环境保护专项行动】 2004年3～8月，全省环保局、国土资源厅、安全监管局3部委联合开展了“矿山生态环境保护专项执法检查”。专项检查的主要任务是通过大力查处矿产资源开发中环境违法案件，突出解决一批群众反映强烈的矿山生态环境破坏问题，初步遏制矿产资源开发造成生态破坏、环境污染日益严重的趋势。

2004年，省环保局、国土资源厅、安全监管局3部委及时召开工作协调会，研究制订了《江西省开展矿山生态环境保护专项执法检查方案》。对全省开展矿山生态环境保护专项执法检查进行具体部署。江西省各级环保、国土资源、安全监管部门高度重视这次矿山生态环境保护专项执法检查工作，贯彻执行国家有关精神。在这次矿山生态环境保护专项执法检查期间，各地共出动检查人数4 469人次，通过现场检查、抽查等方式发现有683家企业存在违法行为，各地已对50家违法企业采取停产、关闭等处理措施，对535家企业采取限期治理、补办环保审批手续等处理措施。打击了矿产资源开发中生态破坏等环境违法行为。

【生态环境监察试点】 2004年在南昌、德兴、井冈山继续开展了生态环境监察试点工作，较好地完成了试点区域《生态环境监察报告书》的编制、信息调度、生态环境案件的处理以及日常生态环境监察等工作。

（省环境监察总队）

山东省

【生态环境监察试点工作】 2004年，全省生态环境监察试点工作进展顺利。省环境监察总队印发了《山东省生态环境监察试点实施方案》，组织试点地区编写试点实施方案，由当地政府颁布实施，并将工作任务分解落实到有关职能部门，列入了政府环保目标责任书。编写了《生态环境监察导论》一书，在全省环境监察干部岗位培训班上讲授生态环境监察课程，并组织试点人员参加国家环保总局组织的有关培训。受国家环保总局委托，起草了《生态环境监察试点验收办法与评估标准》、《畜禽养殖生态环境监察工作规范》两个规范性文件。同时省环境监察总队还指导试点地区先后制定出台了20多项有关生态环境监察的管理规定、办法、制度或规范，其中有垦利县的《生态环境违法案件移交处理办法》、莱州市的统一监管3项制度、章丘市的《自然生态保护区域环境保护管理规定》、临邑县《鱼鸭混养基地污染防治管理办法》等。共刊印《山东生态环境监察试点工作简报》9期,《中国环境报》等新闻媒体登载了30多篇反映山东省生态环境监察试点工作的报道。各试点地区都成立了由政府分管领导为组长的生态环境监察试点工作领导小组,设立专门科室负责该项工作,初步形成了生态环境监察专职队伍。各试点地区围绕当地突出的生态环境破坏问题,克服困难,主动出击,共组织生态环境专项执法检查700多次,查处各类生态环境违法案件500多起,取缔、关闭或迁移严重破坏生态环境的违法企业、单位300多家。河北、江苏、黑龙江等兄弟省市来山东省考察并交流了生态环境监察试点工作经验。

(省环境监察总队)

河南省

【秸秆禁烧监察】 2004年,河南省监理总站根据省环保局领导要求,在全省环境监察系统进行了部署,收集网上卫星资料及各市上报材料,印发3期秸秆禁烧简报,派员15人次到敏感区的高速公路两侧、机场周围进行督促检查,收到了较好的效果。

(荆国一)

湖北省

【矿山生态环境保护专项执法检查】 按照国家环保总局、国土资源部、国家安全生产监督管理局3部委的要求,从2004年6月开始,省环保局和省环境监察总队及时组织布置全省矿山生态环境保护专项执法检查,联合国土资源厅等部门印发实施意见,结合湖北省正在开展的整治违法企业专项行动制订了实施方案,组织全省实施。截至11月,全省出动2 337人次检查矿山企业1 836家,配合政府和相关部门关停、取缔矿山企业158家,环保部门重点立案查处52家违法企业。

【畜禽养殖场所检查】 本次专项行动中,共检查规模以上的养殖场所1 022个,对检查中发现的问题逐一制定了整治计划并实施,其中几家扰民严重的养殖场所已责令限期搬迁。

(省环境监察总队)

湖南省

【生态环境监察试点工作】 2004年,湖南省以资源开发项目和开发建设活动、各类保护区(风景名胜区、自然保护区、森林公园、地质公园等)、非污染性建设项目(水利水电、交通建设、生态建设等)、小城镇建设、农村环境综合整治、农村集中式饮用水源地保护及畜禽养殖业污染整治等为重点,确定6个单位进行生态环境监察试点工作。试点中,张家界市专门出台了《关于限期取缔武陵源风景名胜区燃煤锅炉和大灶的通知》和《关于武陵源风景名胜区暂停审批建设项目的紧急通知》等管理规定;永州市依法取缔了位于九嶷山国家森林公园范围内的5家非法小铁厂,拆除了生产设备并恢复了生产场地原貌,使当地的自然生态系统免遭深度破坏;怀化洪江市组织环保、水政、国土、交通、建设、港监、安监等部门,对沅江洪江市段的非法淘金、违禁挖沙船只予以取缔,保护了沅江水系的生态环境。

【重点区域流域水污染环境监察】 2004年,湖南省人民政府召开了常务会议和湘江流域水污染防治工作会议,下发了《关于进一步加强湘江流域水污染防治工作的通知》,专题部署湘江流域水污染防治工作。按照省政府的要求,全省第七批26家企业的36个限期治理项目部分已经启动,责令关闭的两批共34家污染严重企业已经基本实施到位,多数水上餐饮娱乐设施被取缔。省环保局上收了湘江干流衡阳松柏至长沙月亮岛两岸20千米宽范围内新建有水污染项目的审批权限。2004年,"三湘环保世纪行"活动重点对湘江治污进行了集中采访报道,省人大常委会开展了湘江流域水污染情况调查,促使各市将治污责任落到实处。株洲市、湘潭市分别召开了清水塘工业区、竹埠港工业区污染整治专题会议,制订整治方案,落实整治措施,对排镉企业进行了全面摸底和专项整治,取缔、关停了30多家排镉企业。

(兰　洋)

广西壮族自治区

【生态环境监察试点工作】 2004年,广西环境监察总队组织列为国家生态环境监察试点的北海、钦州和防城港市有关工作负责人,参加了国家环保总局在黑龙江省齐齐哈尔市举办的第二期"全国生态环境监察试点培训班"。各试点城市按国家环保总局的要求,结合当地的实际情况,充实完善原有的海洋生态环境监察试点工作方案,并积极开展试点工作。

【矿产开采环境监察】 2004年,为扭转矿产资源开发造成的生态破坏、环境污染日益严重的趋势,切实加强资源开发的生态保护,广西自治区人民政府组织各级环保、国土资源、安监部门积极行动,开展矿山生态环保专项执法检查,全区共出动检查人员6 045人次,对1 934个矿山(点)进行了检查。各级联合执法检查组对检查中发现的问题和环境违法行为进行了处理:责令补办环保审批手续274个,限期治理187个,停产整顿90个,取缔254个,处理相关责任人7人。

2004年9月6～10日，国家环保总局、国土资源部、国家安全生产监督管理局组成的督察组，对广西开展矿山生态环境保护专项执法检查工作进行督察。在检查百色市、崇左市、贵港市、桂林市的部分矿山后，督察组对广西的工作给予充分肯定。认为广西能从实际情况出发，明确矿山生态环境保护工作的重点、难点和热点，重点查处了大批无证开采、污染环境、浪费资源的非法矿点，成效明显。

【水源保护监察】 2004年，南宁市对邕江饮用水源一级保护区进行清理整顿，完成凌铁水厂取水点上移，对位于邕江饮用水源一级保护区内的网箱养鱼、围江养鸭、船舶排污和堤内种养等进行了清理。

桂林市环保部门对自来水公司《关于发现饮用水中铊元素超标5～6倍的情况报告》高度重视，及时对相关水体的沿江企业进行污染源排查，确定污染源为灵川化肥厂。针对该厂无法对污染物进行有效治理的问题，桂林市人民政府采纳市环保局的建议，依法关闭了该企业，保障了桂林市饮用水的安全。

柳州市融安县四维河水库上游融水县九谋矿区部分非法采、选矿点排放的废水重金属超标，严重威胁库区群众的饮用水安全，柳州市有关部门联合行动，取缔了非法采选矿点，库区水质好转。

（赖天天）

海南省

【生态环境监察】 2004年，省环境监察总队联合省环境资源厅相关处室对海口、三亚、琼海、乐东、五指山等5个试点市县的旅游生态环境监察试点工作进行了检查，并通报检查情况，推动试点工作。统一制作了《生态环境监察试点区》告示牌，竖立在试点区入口的醒目位置。加强对自然保护区、风景名胜区、森林公园、水源保护区和沿海防护林带等重点生态环境保护区域内开发建设项目的环境管理和现场监督检查。针对畜禽养殖污染日益突出的问题，加强对大型畜禽养殖场特别是海口市罗牛山地区养猪场的现场监督检查。全年共检查生态环境保护区域64点次，查处了三亚市太阳湾景观道路项目、文昌市冯坡镇开采钛矿破坏生态环境、文昌市文教镇挖塘养鱼、文昌市铺前镇沿海开采钛矿和挖塘养虾、昌江县棋子湾非法围海养殖鲍鱼、万宁市后安镇挖塘养鱼、陵水县黎安镇高养虾池、海口市罗牛山养猪场、万宁市长丰镇开采钛矿等9起破坏生态、污染环境案件。

（省国土环境资源监察总队）

四川省

【生态环境监察试点工作】 2004年，为加强对全省生态环境监察试点工作的组织领导，四川省成立了以省环保局副局长谷声文为组长，以监察总队、自然处、污染控制处、建设项目管理处负责人为成员的全省生态环境监察工作领导小组。省环境监察总队组织成都、都江堰、攀枝花、雅安和阿坝州环境监察支队6人，参加了全国第一期生态环境监察培训班。一年来，全省环境监察系统重点开展了森林生态环境监察、水域生态环境监察、特殊保护区生态环境监察、农村生态环境监察和资源开发建设项目生态环境监察等工作。其中，雅安市制定《雅安市国家级生态示范区建设规划》，都江堰市编制《都江堰市国家级生态市建设规划》，攀枝花制定《攀枝花市生态环境监察试点工作方案》、阿坝州制定《阿坝州生态环境监察试点实施方案》，4个国家生态环境监察试点市先后制定了一系列生态环境保护政策措施，初步建立了生态环境监察工作程序和工作机制，生态环境监察试点工作上取得一定突破，为全国生态环境监察积累了经验。

（陈泽文）

贵州省

【生态环境监察】 2004年，生态环境监察工作在全省范围内进一步展开，各级环境监察机构在生态环境监察方面做了大量工作。其中，黔西南州开展煤金矿山生态环境治理工作，黔南州开展"文明大道"创建活动等为贵州省深入开展生态环境监察工作积累了宝贵经验，奠定了良好的基础。

赤水、余庆、贞丰3个国家级生态环境监察试点县在生态环境保护方面进展也比较大。一是成立生态环境监察试点工作领导小组；二是加强对生态环境保护及有关法律法规的宣传教育，提高了广大群众尤其是工程业主和施工单位的生态保护意识；三是制定相关的《生态环境监察工作方案》，保证了生态环境监察工作的顺利开展；四是对各类保护区进行认真检查，并加大对环境违法行为的查处力度。其中余庆县提出"四知五要"方针加强对构皮滩水电站开发建设的生态监察工作；赤水市和贞丰县采取措施，依法关停、淘汰了保护区内的一批违法项目；五是加强队伍建设，在有限的工作经费中挤出资金加强环境监察执法能力建设，为搞好生态环境监察工作提供了有力保障。

（省环境监察总队）

云南省

【生态环境监察试点工作】 2004年,省环境监理所加强了对全省生态环境监察试点工作的指导和检查。被列为全国生态环境监察试点的大理、文山两州和易门、宾川两县都进一步提高了认识,加大了工作力度,加强与资源管理部门的协调配合,建立政府领导、环保部门统一规划、统一监管,各部门各司其职、齐抓共管的工作机制,编制试点方案,组织实施,加强督促检查。对自然保护区、矿产资源开发区、农村生态区开展了生态环境监察,生态环境监察制度逐步建立,工作模式基本形成,生态环境影响评价和"三同时"制度执行率得到提高,生态环境破坏限期恢复治理制度在资源开发区全面铺开,遏制了污染和破坏生态环境违法行为的发生,保护和改善了当地的生态环境质量,加强了环境监察机构和队伍建设,初步摸索出生态环境监察的新思路、新方法。云南省生态环境监察试点工作经验在2004年全国环境监察工作会议上作了交流,得到国家环保总局的好评。各地做到每季度报一次监察信息、每半年书面上报试点工作动态,年终报工作总结。通过试点,也促进了全省生态环境监察工作的开展,2004年,全省生态环境监察次数已达4 700多次,为全省生态保护工作作出了贡献。

【"九大高原湖泊"流域环境监察】 九大高原湖泊流域现场环境监察工作继续加强。九大高原湖泊水污染综合防治工作是云南省环保"十五"计划的重点工作。2004年,省环境监理所继续组织"九湖"所在地的州、市环境监察机构按照省环保局的要求和部署,对"九湖"流域内的工业污染源、城市生活污水处理厂、建设项目及生态保护情况进行现场监察。已出动环境监察人员2 337人次,检查排污单位1 200家次,城市生活污水处理厂(站)141家次,建设项目756个次,流域内自然保护区、风景名胜区、旅游景区(点)及其他生态环境保护现场环境监察1 400多人次,查处环境违法事件24起。大理州监察支队结合洱海保护"三退三还"工作开展了专项环境监察,收效良好。丽江、红河、玉溪也按要求认真开展高原湖泊现场监察。省环境监理所重点对滇池、抚仙湖、阳宗海、洱海、异龙湖、泸沽湖流域内的"三同时"项目和重点排污单位进行了现场监察,对阳宗海机动船反弹、规模化养殖问题以及滇池入湖河道乱堆、乱倒,规模养殖场粪便污染滇池问题进行了明察暗访,并每季度按时向省局上报了"九湖"流域环境监察报告。通过继续加强环境监察工作,强化了排污单位的环境意识,提高了污染防治设施的正常运行率,促进了"九湖"水污染综合防治工作。"九湖"流域内重点排污单位污染防治设施正常运转率达98%,达标率76.45%;"三同时"执行率达97%,城市生活污水处理厂正常运行率达95%。

【矿山生态环境保护专项执法检查】 2004年,国家环保总局、国土资源部、国家安全生产监督管理局联合下发了《关于开展矿山生态环境保护专项执法检查的通知》(环发[2004]77号),省环保局与国土资源厅、省安全生产监督管理局、省煤炭安全监察局4部门共同研究贯彻意见,联合转发国家3部委的通知,制订印发了工作方案,向全省布置了矿山生态环境保护专项检查工作任务。通过部署调度、组织摸底和现场检查,重点检查了饮用水源地保护区、自然保护区、风景名胜区、重要生态功能区以及生态敏感区违法开采矿产资源的情况;矿山建设项目执行环境影响评价法及"三同时"制度、防止污染和生态破坏情况;矿山开采过程中固体废物、废气、废水和噪声对周围环境的影响以及处理处置情况;矿山安全生产情况;矿区水土保持、土地复垦和植被恢复情况等5个方面的情况。全省矿山生态环保专项执法检查出动执法人员7 204人次,检查企业2 488家,处理处罚666家,矿山生态环保专项执法检查取得了初步成效。

(省环境监察总队)

西藏自治区

【生态环境监察】 2004年,为全面掌握西藏自治区城镇集中式饮用水源地环境保护现状,进一步加强饮用水源地的保护,确保饮用水安全,各地(市)环保局认真开展了本辖区饮用水源地环保执法检查。全区共出动人员100余人次,车辆30余台次,检查了19个县、1个市、5个城镇集中式生活饮用水供水企业39家,占全区已建集中式生活饮用水供水企业的61.9%。对位于饮用水源地内的两家污染企业责令搬迁;对饮用水源地布局不合理、城市生活垃圾、供水设施年久失修等产生的污染隐患,分别采取了扩大保护范围、清理或关闭垃圾堆放点、维修现有设施等限期治理措施,减轻了饮用水水源地的环境污染。

自治区环保局主要领导和相关处室曾先后4次组织参加了矿山生态环境保护执法检查工作,全区共出动114人次,对全区铬铁矿、锑矿、铜矿、磁铁矿、锂矿、硼砂、铅锌、高岭土、煤矿等29家矿山以及68家黄金矿山进行了生态环境保护执法检查。基本摸清了全区矿山生态环境保护的现状,掌握了矿山生态环境保护存在的问题,加大了矿产资源开发中生态环境保护的监管力度,查处了矿产资源开发中不执行环境影响评价制度、"三同时"制度破坏生态的违法行为。依法关闭取缔了5家黄金矿山,对3家黄金矿山实行停产整顿,1家黄金矿山限期整改。

自治区环境监察总队完成了对青藏铁路、青藏公路、"两桥一隧"、中尼公路改建整治工程曲水大桥一大竹卡段、曲水一浪卡子段公路改建工程、直孔水电站工程等11个重点建设项目施工过程中的生态环境保护执行情况的监督检查工作。各地(市)环保局也对所辖各重点工程进行了检查,拉萨市、山南地区推行了重点工程环境监理试点工作。

针对拉萨市郊及拉贡(拉萨至贡嘎)公路沿线乱采滥挖、开山取石的行为,拉萨市环保局对违反建设项目环境管理规定,未履行环保手续、擅自开采,并将弃渣直接倒入附近河道的曲水县聂当乡3家采石场下发了取缔通知单,并要求对弃渣进行清理;对违法排放污染物的万鑫石材厂等6家石材开采、加工企业做出了停产治理的决定;查封了北郊夺底沟9家噪声、粉尘污染严重的石材厂。林芝县环保局会同县国土局,对八一镇觉木三村扎木沟、尼西村尼西沟等5处采石点依法进行了关闭。

【白色污染防治工作】 2004年,由自治区环保局和西藏广播影视报联合在全区范围内开展了大型环保公益活动——“布袋行动”。在启动仪式当天,150名环保志愿者在拉萨市范围内发放了环保布袋1万多个。6月13日,山南环保局联合地区有关单位,在泽当镇发起了“拒绝白色污染,支持布袋行动”的环保公益活动。7月1日,拉萨市环保局在市行政区域内组织开展了禁止销售、使用一次性发泡塑料餐盒和非降解塑料袋。同时推广使用布袋、可降解餐盒等环保产品。截至10月底,全区共查缴、没收塑料袋1.2亿个,餐盒1.8万个,一次性塑料口杯4 500个。

(自治区环境监察总队)

陕西省

【矿山开采环境监察】 2004年6月开始,陕西省环保局组织各市(区)环保局,利用3个多月的时间,开展了矿山生态环境保护专项执法检查。全省共出动检查人员4 600余人次,检查各类矿产资源开发企业1 242家,查处违法企业240家,其中,取缔、关停21家,责令108家企业补办了“环评”手续,罚款60.7万元,初步遏制了矿产资源开发造成生态破坏、环境污染日趋严重的趋势。

【秦岭北麓生态环境保护专项整治】 2003年9月,陕西省委办公厅、省政府办公厅转发了陕西省环保局《关于秦岭北麓生态环境保护专项整治工作情况的报告》,总结了专项整治工作取得的成效,提出了建立长效机制的要求。2004年,陕西省人大已将《秦岭北麓生态资源保护条例》列入十届人大5年立法规划,起草了《秦岭北麓生态资源保护条例》草案。自开展整治工作以来,对792家企业进行集中整治,关停、取缔、限期治理了一批企业,整治期间共清除河道垃圾、障碍物约19.2万立方米,每年可减少废水排放2 000万吨,废渣排放41万吨,削减COD约6 000吨,遏制了秦岭北麓区域内长期存在的“三乱”和“三不到位”的势头。先后修订完善了秦岭北麓区域内的风景名胜区建设规划、森林公园发展规划、矿产资源开发利用规划、生态旅游发展规划、公路建设规划等5个规划,社会各界反响较好,区域内广大群众普遍满意。

【秸秆禁烧监察】 2004年,陕西省各级环保部门从抓宣传、提高认识、思想动员入手,将《陕西省人民政府关于加强秸秆禁烧与综合利用工作的通告》两万份发到基层,张贴于乡镇、村头、路边。去年夏收、秋收期间,陕西省环境监察局和陕西省农机局组成检查组到关中的重点县区进行了现场检查。各级环境监察人员在秸秆焚烧的高发时期走上田间地头,认真巡查,严肃执法,有效地减轻了大气污染。关中各市执法巡查820余人次,现场灭火400多起,行政拘留46人,处理责任人32人,遏制了秸秆焚烧的势头。

(省环境监察局)

甘肃省

【生态环境监察工作】 2004年,甘肃省各地在省生态环境监察试点工作领导小组的领导下,稳步推进生态环境监察试点工作,借鉴其他省市的做法,探索生态环境监察工作机制、执法机制。

张掖市生态环境监察试点工作,得到市辖6县、区的高度重视。成立试点工作领导小组,制订工作方案,确定了工作重点:一是结合创建“环境优美乡镇”活动和水源地保护工作,开展农村生态环境监察;二是继续开展对乱采滥挖甘草、麻黄草和发菜等违法行为的现场监察;三是开展建设项目“三同时”监察,取得了一定的成效。

玛曲县针对境内采挖药材冬虫夏草、破坏草原植被的问题,及早安排,深入青海、四川两省的周边地区及临夏等地,采取发传单、张贴公告、电视媒体等多种形式,广泛宣传环保法律法规及生态保护政策。增强了查处乱挖野生植物和捕杀野生动物的检查频次和执法力度,据统计,共劝退采挖药材民工29 054人,捕鱼民工8人,扣缴采挖药材工具207把,捕鱼船1只,有效地遏制了乱挖滥捕造成的生态破坏。

榆中县在试点工作中,一是加强饮用水源保护,确保饮用水安全。针对兴隆山饮用水源保护区餐饮摊点多、旅游景点分散、沿河游客管理失控等问题,增加了现场检查频次,加大处罚力度。4月,配合县人大对兴隆山、官磨滩、石骨岔、官滩沟、烟末岔等饮用水源保护区进行了全面检查。对兴隆山旅游区、兰州石门工人度假村、官磨滩度假村等处废水处理、垃圾处理不符合要求的当场提出了整改意见,并进行回头看，反复检查督促落实环保治理措施。对检查中发现的兰州公路段榆中管理段在兴隆山公路施工中将路面废沥青等施工垃圾倒入河道、污染饮用水源的违法行为，立即下达了行政处罚决定书，责令进行清理和整治，并处罚款1万元，保证饮用水源的清洁。二是抓农村生态环境保护。榆中县临市区的乡镇被列为全省“无公害蔬菜生产基地”，生产规模逐年增大，由此带来的夏季烂菜叶污染已成为一大公害，群众反映强烈，针对这一问题，县环保局将烂菜叶污染治理列入县政府综合目标考核之中，责任落实到乡镇。邀请县人大就烂菜叶治理情况进行专项检查，收到了明显的效果。

民勤县加强了乱开荒、乱打井等破坏生态行为的现场监督检查，对石羊河民勤段和红崖山水库沿库区排污企业的排污情况进行了现场监督检查，确保达标排放。

（杨　桦）

青海省

【生态环境监察】 根据国家环保总局生态环境监察试点工作的总体安排，针对在青海省海南、海北、格尔木开展生态环境监察试点的需要，围绕该地区矿产资源开发、旅游资源开发以及自然保护区建设，与省国土资源厅、旅游局和自然保护区管理局进行沟通协调，完成了制定试点地区生态环境监察试点方案。

根据国家3部委局《关于开展矿山生态环境保护专项执法检查的通知》要求，结合青海省实际情况编制了《青海省开展矿山生态环境保护专项执法检查工作方案》，并联合省国土资源厅、安全生产监督管理局对海北州、海南州、海西州等部分地区进行了重点抽查。据统计，此次专项执法检查矿山企业415家，其中非煤矿山387家，煤矿28家，取缔非法采沙厂1家，限期补办环评手续8家。

依法取缔乌兰县塞坝沟金矿和湟中县上五庄部分村民使用国家明令禁止的土法选金设备145台(套)。

【道路建设项目环境监察】 按照《青海省生态环境监察试点工作方案》和《青藏铁路格唐段生态恢复技术要求》的要求，省环境监察总队开展青藏铁路格唐段环境监察工作，指导各施工单位开展对取弃土场、沙石料场、施工营地及施工便道等大型临时建设工程的生态环境整治与恢复工作。对全省在建的22条重点公路项目进行了现场监察，参与对已投入试运行的西湟、湟倒一级公路等项目进行交工验收前的环保检查，指导各施工单位开展临时占地的生态恢复整治工作；对在建的宁大、西塔高速公路等项目要求重点施工标段开展专项生态恢复方案设计，将已造成的生态环境影响降到最低程度。

【春灌期间水污染环境监察】 2004年春灌期间，为了保证农业灌溉用水安全，防止春灌期间水污染事故的发生，全省各级环境监察部门开展了为期两个月的防止水污染专项检查活动。先后对重点水污染企业张氏集团、青海白唇鹿有限公司、青海黎明化工厂、西部化肥有限公司、苏青氯酸盐厂等几十家重点排水大户采取环境监察人员驻厂监控和随机检查相结合等监察措施，省环境监察总队组织人员分赴各地进行抽查，解决工作中存在的疑难问题。在这次专项检查行动中，全省共出动执法人员1 176人(次)，检查污染防治设施43台(套)，对超标排污单位下达了限期整改通知，对9家违法企业进行了行政处罚，对5家未履行环境影响评价审批手续的单位责令补办环保手续。

（省环境监察总队）

新疆维吾尔自治区

【公路项目环境现场监察】 2004年，自治区环境监察总队对全区公路工程中的28条国道、省道、县乡道路在建、新建、扩建项目进行了环境现场监察，行程遍及北疆、南疆、东疆14个地州市，约1.2万千米。现场监察中发现，通过2003年的环境现场监察，奎一塞公路项目执行办按照自治区环境监察总队提出的要求，结合环境影响评价和环保行动计划书，2004年加大了对环境管理工作的力度，增加了对环境保护工作的检查频率，并要求各施工单位制定、落实相应的环境保护措施，特别是交通便道和施工便道建设规范，养护力度得到了加强，减少了环境污染和生态破坏行为的发生。公路局第十三执行办公室制定了一整套环境保护措施，下发各施工单位，对各施工单位提出了“不多砍一棵树、不多挖一棵草”的环保行动计划，并要求各施工单位将废油皮、废石方全部回收，无偿提供给各乡镇铺筑乡村道路，既保护了环境，又做到了废物利用。在植被发育区施工时，先将表层腐质土集中堆放，以备完工后恢复之用。

通过公路现场监察发现，由于部分项目没有进行环境影响评价，导致公路建设在设计时未认真分析项目建设对生态环境的影响，项目设计的合理性和施工中的环保未得到足够的认识。再加上近几年新疆公路建设市场低价中标现象较为普遍，导致正常的环保项目和措施难以实施。公路施工扬尘较大，个别施工单位固体废物乱弃现象严重，一些施工单位随意采挖，生态破坏严重。如：S315线尼勒克一乔尔玛公路穿越唐布拉草原，设计中应以减少土石方开挖为原则，同时要合理利用土石方，尽可能地做到填挖平衡，把对草原破坏降低到最低点。然而，该项目虽然是按三级公路标准设计，但设计中过多采用填方路基，平均高于地面1.5米，开挖土石方量较大；另外，设计料场成料率低，施工单位不得不另选料场或对个别料场加大开挖量，使唐布拉草原地貌、植被和景观遭到较为严重的破坏。

【矿产资源环境现场监察】 阿勒泰地区环保局为加大矿山开发环境保护执法检查工作力度，于2004年6月中旬，由阿勒泰地区环保局牵头，公安、国土资源局等部联合开展大规模清山行动，对乱砍滥挖、破坏林木、草场、矿藏等环境违法行为进行了彻底清理。共出动50名公安干警、武警战士和40多名相关部门执法人员，分成东西两队，深入老金沟、新金沟、乌士布拉克、哈龙等深山老林处，步行搜索。取缔非法淘金、采矿，处理各类违法人员200余人，没收吉普车3辆、发电机11台、炸药20余千克、导火索200米，雷管3枚及4吨多云母、宝石矿等，维护了山区秩序，加强了矿产资源保护。

【生态环境监察】 2004年，自治区各级环境监察部门严格按照国家和自治区有关生态环境保护的规定，始终以"找准定位、明确职责、发挥作用"为试点目标，在实践中研究生态环境监察"是什么、干什么、怎么干"等问题，结合当地的实际，积极探索，开拓生态环境监察的新思路、新办法。

乌鲁木齐市环境监察支队在位于乌鲁木齐河上游的环鹏公司进行生态检查时，发现在乌鲁木齐河绝迹了近20年的野生鱼又回来了。如今环境监察人员在河岸边可以清楚地看到成群的小鱼在水中游弋。这些野生小鱼呈青灰色，属高山冷水鱼类，最大的可达17.8厘米左右。这些鱼是在2004年夏季首先被发现的，这里的人都自豪地把这些鱼称作"生态鱼"。

（刘寒峰）

新疆生产建设兵团

【取缔"十五小"监察】 2004年，兵团环境监察系统利用开展"整治违法排污企业保障群众身体健康环保专项行动"为契机，加强部门之间联动，集中力量突出重点，共取缔"十五小"企业12家。

（生产建设兵团环境监察总队）

大连市

【生态环境监察】 2004年，进一步加大矿山环境管理工作，完成了《大连市矿产开采环境保护管理办法》的修改，进行普兰店市双塔镇矿山整治工作，现场检查了78个矿区、289个矿点。加强了安波温泉洗浴废水污染瓦房店市松树水库的监督检查，对17家安波洗浴企业进行重点查处，启动安波污水处理系统工程。为加强碧流河、英那河上游的环境监管，大连市环保局制定了"碧流河、英那河上游的环境监管实施方案"，并得到市政府批准。开展畜禽养殖业环境整治工作，完成87家规模化畜禽养殖企业排污调查和申报登记工作。与市海事局、海洋局等单位对部分港口和海岸线环境进行了联合检查，对8家单位进行了处罚。开展了禁磷、"白色污染"和煤品市场的监督检查，查处了38家煤品超标单位，对全市17家企业使用洗涤剂含磷量进行监督检查。开展了违法建设项目和破坏生态项目的专项执法监察，对甘井子南关岭地域的鱼粉加工企业的污染情况进行执法检查，检查了庄河步云山渔泉新建项目、庄河市港口建设项目，对金石滩旅游度假区内5家违法建设项目、大面积劈山毁林的白银山世纪公园进行严肃查处。黑石礁、凌水湾周边区域环境综合整治工作取得明显成效，启动大化棉花岛渣场环境治理改造工程，推进了鞍钢石灰石矿的关闭工作。

（孙　勇）

青岛市

【畜禽养殖业环境监察】 2004年，青岛市环境监察支队制定下发了《开展畜禽养殖业环境监察工作实施方案》，按照《方案》对全市畜禽养殖业进行了全面摸底调查和集中整治，共确定了157个规模化畜禽养殖重点检查对象。要求各分局和各市环保局按照《畜禽养殖污染防治管理办法》和《畜禽养殖业污染防治技术规范》的要求，对生活饮用水源保护区等禁养区内的养殖场点一律限期搬迁、关闭，对未办理环保审批验收手续的限期补办，对已办理环保手续但达不到污染防治技术标准、不能稳定达标的单位，列入限期治理计划或再提高计划。莱西市青岛万福集团股份有限公司第二养殖场、城阳区鹏飞养殖场等畜禽养殖企业通过整治收到了良好效果。

【水源保护】 为让广大市民喝上无污染的水，2004年，青岛市环境监察系统加大对水源地的监察力度，对水源地周围两公里范围内可能产生污染的单位进行拉网式检查，对存在污染隐患的单位进行限期整改，整改达不到环保要求的，提交政府部门限期关闭，确保了水源地的水质各项指标符合国家标准。

【白色污染防治监察】 2004年，加大了宣传力度，将防治"白色污染"内容纳入青岛市市民环保公约、市民环保行为规范，编印了5 000册《青岛市市民手册》，广为散发宣传。在"6·5"世界环境日宣传活动中，将防治"白色污染"作为重要内容通过新闻媒体进行宣传。2004年7月1日，结合开展党员奉献日活动，青岛市环境监察系统的党员干部，走上山头、景点拣拾"白色垃圾"，市直部门也积极响应。在创建绿色学校、绿色社区、绿色商店、绿色饭店、绿色企业、绿色工业园等为内容的创绿活动中，把防治"白色污染"纳入了考核标准。

为进一步防治"白色污染"工作，青岛市环境监察部门和工商等部门加大了联合执法力度，对塑料袋生产企业、大型超市、农贸市场、商场等生产和经营中使用塑料袋的情况进行了多次联合执法检查，查处在集贸市场内销售不合格塑料袋的业户100余户，查处无照销售塑料袋业户50余户，取缔非法批发点两处，督促市场主办单位为经营业户换发可降解的合格塑料袋10余万个，查获不合格塑料袋和一次性发泡塑料餐盒12万余个，通过联合执法检查取得了一定成效。

【近海陆源污染监察】 2004年，根据有关法律法规规定，市环保局对海洋环境保护的监管对象主要是陆源污染物和海岸工程建设项目。因此，在日常管理过程中，青岛市环境监察系统本着依法行政、强化监督、促进治理的原则开展了有关工作。一是以对直接排入胶州湾的工业企业污染源和城市污水处理厂的监督检查为重点，采取例行监察、突击监察、节假日巡查等方式，加大对污水处理设施的监督检查力度，确保设施正常运转、污水达标排放；二是以海岸工程建设项目的环评审批为抓手，加强对海岸工程建设项目的环保“三同时”制度执行情况的监察，对于违反环评和“三同时”制度的依法进行查处，严格控制新污染源的产生；三是对前海一线餐饮业、海产品加工养殖业实行拉网式检查，进一步加强环境监管力度。对有污染防治设施的保证其正常运转，保证污染物达标排放；对排污未入市政管网的单位，配合市政部门采取强制措施，推进截污入网工程。加强对云霄路餐饮一条街的专项检查力度，加强监管，确保污水达标排放；四是对前海一线排污口进行定期监测，及时将监测结果和分析情况报告市建委，为领导决策提供依据；五是以监督检查中发现的问题为突破口，督促企业建设和改造污水处理设施，促进企业的污染治理，提高污水处理率和达标率。

（市环境监察支队）

厦门市

【生态环境监察】 2004年，厦门市环境监察部门，贯彻落实《厦门市生态环境监察试点工作实施方案》，开展生态环境监察工作。以试点方案为指导，组织开展风景名胜区烧烤现状调查以及饮用水源保护区开发建设项目的执法检查，积极参与厦门市珍稀海洋物种自然保护区生态环境现状调查和入海排污口调查。以海岸工程建设项目和自然保护区的现场监察为试点突破口，探索生态环境监察的工作途径和方法，规范生态环境现场监察的有关内容和执法表格，为生态环境监察试点取得成功打下坚实基础。

（市环境监理中心所）

深圳市

【生态环境监察试点验收】 2004年，深圳市生态环境监察试点工作通过近两年的实施，在探索生态保护的内容、途径、机制等方面进行了大胆的尝试，并取得了初步成效。以市人大一号生态保护提案促进了生态监察工作，健全生态保护规章，把生态环境监察工作纳入法制化轨道是试点工作的重要内容。解决了生态监察的内容、手段、队伍、程序、处理等五大问题，落实了国家环保法关于“各级环保部门对环境保护工作实现统一监督管理”的规定，建立起由政府组织实施的监察工作机制，建立起环境监察基本工作制度，建立起生态环境监察公众参与机制，解决了主要生态破坏问题，使饮用水源和森林资源得到有效保护，采石取土行为得到规范管理，水土保持工作得到加强，海洋环境保护工作取得成效。2005年7月30～31日，由国家环保总局等单位共13人组成的评估考核组对深圳市生态环境监察试点工作组织验收，验收的考核项目共有9项，包括生态环境监察的组织管理、机构队伍、实施方案、规章制度、档案管理、宣传教育、现场执法、执法效果、工作创新。验收组通过听取深圳试点工作汇报，查阅资料，到宝安联发采石场、红树林保护区、深圳市环境监控中心、深圳水库和盐田港区进行现场检查，专家组成员一致认为，深圳生态环境监察试点工作进展顺利，达到试点要求，决定给予深圳97分的高分。深圳市在全国107个生态环境监察试点中成为首个通过国家生态环境监察试点工作验收的城市。

【城市生态环境监察“深圳模式”】 2004年，国家环保总局考核组一致认为，深圳市生态环境试点工作开创了城市生态环境监察工作的“深圳模式”，为全国起到了示范作用。第一，市政府高度重视，为试点工作的开展提供了有力保障。深圳市政府牢固树立和落实科学发展观，高度重视生态环境监察试点工作，成立了由主管副市长为组长的领导小组和市环保局局长为办公室主任的工作机构，切实加强了对生态环境监察试点工作的领导，为建设“和谐深圳、效益深圳”、人与自然和谐相处的社会进行了有益的探索；第二，政府各有关部门齐抓共管，使生态环境监察试点工作形成了合力。深圳市将生态环境监察工作纳入市政府的议事日程，形成了“环保部门统一监管、各职能部门各负其责”的生态环境监察工作机制。制订了操作性较强的工作方案，分解落实了工作任务，明确了责任单位，保障了试点工作的顺利推进；第三，初步建立了生态环境监察的制度体系。印发了《生态环境监察工作制度》、《生态环境监察违法案件移送制度》和《深圳市违法养殖业、屠宰业现场检查清理规范》等规范性文件，为实现生态环境监察工作的规范化和程序化提供了依据；第四，坚持预防为主,从源头抓起,探索了生态环境保护全过程管理的有效途径。编制了《深圳市生态市建设规划》、《深圳市绿地系统规划》、《深圳市基本生态控制线管理规定》等生态环境建设与保护规划,为开展生态环境监察奠定了基础;第五,深圳市的生态环境监察试点工作成效明显。建立了由政府牵头的生态环境监察工作机制,以办理市人大生态保护提案为契机,促成了相关生态环境保护政策、规章的出台。能够结合新型城市和滨海城市的特点,有针对性地开展饮用水源保护、矿产资源保护、海洋保护、水土保持和建设项目管理等方面的生态环境监察工作,遏制了毁林种果等生态违法行为,有效地解决了主要生态破坏问题。

【建设项目生态环境监察】 2004 年,深圳市环保局将生态环境监察纳入建设项目全过程管理,全面落实"三同时"环境管理制度,通过对部分重点建设项目的生态环境监察试点,建立和健全工作机制,及时查处污染和破坏生态环境的违法行为。编制《深圳市环境监察规范》,制定"建设项目生态环境监察工作实施方案"和"建设项目生态环境监察工作实施细则",对妈湾 5、6、7 号泊位建设项目等重点建设项目开展生态环境监察试点。

【水源保护监察】 2004 年,深圳市推进水源保护各项骨干工程的建设,完成梧桐山河流域水污染治理工程、牛湖河污染快渗处理二期工程、库坑河河道整治工程建设,促成库坑河污水快渗处理工程、西丽水库西北线麻勘支线管网动工,完成石岩河人工湿地二期工程、塘头河和黄麻布河支流整治工程的立项;清理全市 27 个主要饮用水源保护区内近 200 处较大规模的暴露垃圾,清理拆除水源保护区内的违章养殖场面积达 95.6 万平方米,清理生猪 8.24 万头,有效地净化了水源保护区的周边环境;加强对水源保护区内工业污染源的监督管理,加强对危险化学品及废物等隐患污染源以及市政设施、生活污水处理设施和医疗单位的监管。2004 年共查处擅自增设污染工序企业 12 家,消除和整治污染隐患 8 处,对检查中发现的 23 家违法排污企业和 120 多家违法施工单位进行了行政处罚;完成全市水源保护区划调整方案,明确各个水源保护区的界限坐标,加大对水源保护区土地开发的生态监察力度,查处非法土地开发行为 22 起,联合有关部门拆除了水源保护区内违法建筑 8.6 万平方米。深圳市主要饮用水源中西丽、铁岗、清林径等水库水质保持稳定,深圳水库水质明显改善,石岩水库水质略有改善。

【矿产资源保护生态环境监察】 2004 年,深圳市加大采石场关闭复绿政策的宣传力度,提高采石企业生态保护意识。举办了 200 多人参加的采石场整治复绿监管及实用技术培训班。生态环境监察试点工作期间关闭 15 家采石场。采取多种途径开展采石场整治复绿工作。完成了深圳市 55 家采石场整治复绿设计方案的审查工作。开展了 17 个废弃石场的治理工作。依法清理、查处了全市范围内砖厂的违法开采黏土矿行为。

【海洋环境保护生态环境监察】 2004 年,深圳市环保、农林渔业部门及深圳海事局高度重视海洋环境保护工作。市环保局以东部 3 家印染厂、南山污水处理厂、滨河污水处理厂为重点,进一步加强陆源污染防治工作。2004 年,对东部 3 家印染厂共开展监察 126 次,杜绝陆源污染海洋环境行为。市农林渔业部门组织深圳海域环境监测,发布《深圳市海洋环境质量公报》;实施增殖放流和人工鱼礁工程;深圳海事局依法加强海洋监察执法,执法船艇累计出航 212 天,查处多起违反《海洋环境保护法》行为。组建深圳市东西部海上防污联防体系,加强港口海域环境监视设备建设,2004 年启用直升机空中巡航机制,扩大了海上巡航区域,提高了巡航效率。

【物种资源保护生态环境监察】 2004 年,深圳市共拯救放生野生动物2 000多只(头),拯救珍稀植物 35 棵。市工商局自 2004 年开展野生动物专项整治行动,没收属重点整治对象的果子狸 14 只,收缴和罚没市场中非法经营的发菜 200 余千克。

【水土保持生态环境监察】 深圳市环保局、市水务局自 2004 年 4 月起,组织开展了雷公山石场治理区等多个建设项目现场监察;敦促水径石场群等 10 处裸露山体缺口治理工程执行水土保持方案。投入 4.5 亿元,完成重点整治地区共 64 处。

(张志宇)

沈阳市

【生态监察试点工作】 沈阳市作为国家生态监察试点,几年来,一直将生态监察工作作为重中之重,2004 年,分别制订了《沈阳市生态监察试点实施方案》和《沈阳市矿山生态监察实施方案》,组织全市环境监察人员对畜禽养殖场、饮用水源地等开展执法监察,对 93 家违法企业进行了处罚。与此同时,联合市规划和国土资源局的矿管部门,在全市范围内开展了矿山生态环境保护专项检查。关闭了 12 家矿山企业;拆除了 28 家砖厂。对苏家屯区、新城子区、法库县和康平县等郊区、县的主要矿区和群众反映强烈地区的矿山生态环境保护情况进行了抽查,共抽查 36 家矿山企业,查处了 29 家企业,并对典型矿山环境污染与生态破坏案件在新闻媒体上进行了曝光。

【畜禽养殖环境监察】 2004 年,为进一步加大畜禽养殖环境保护的监管力度,严防高致病性禽流感疫情的扩散，落实国家环保总局《关于加强畜禽养殖业环境监管、严防高致病性禽流感疫情扩散的紧急通知》精神，全市环境监察人员对全市的畜禽养殖场和畜禽集贸市场等场所进行逐一登记和严密监控，加强对畜禽养殖场水环境、畜禽屠宰点和畜禽集贸市场的监督管理工作，达到了“加强源头控制，切断污染源”的目的。

（市环境监理大队）

长春市

【生态环境监察】 2004年，自然生态监察全面展开。长春市双阳区、净月潭旅游经济开发区通过了国家生态示范区验收；净月潭旅游经济开发区玉潭镇被评为全国首批环境优美乡镇。全市生态示范区建设总面积19 015.8平方千米，达到了幅员的92.44%。石头口门水库和新立城水库两大饮用水源地退耕还林达4.7余公顷。

参与了伊通河城区段的综合治理。积极参与了伊通河治理方案的研究论证，形成了新的方案。督促相关部门对沿岸私接、乱接、错接和破坏排水设施的行为进行了专项治理，对整改情况进行了重点督察督办，积极促进雨污合流问题的加快解决。参与了西部串库水污染的集中整治，认真落实市政府综合治理西部串库的通告要求，对周边排污企业单位进行了集中治理。参与编制了《串库水系恢复治理规划》，组织相关部门对人工湿地技术进行了调研，对串库污水处理工程的选址和工艺进行论证。

【水源保护监察】 2004年，长春市对50家废水排放超标企业分别予以取缔、关闭和限期治理；对啤酒行业和万吨以下的小造纸厂进行了限期治理；对10家糠醛企业进行了停产治理；取缔了绿园区亚细亚电镀厂、车家造纸厂等“十五小”企业；取缔了净月旅游开发区污染严重的小电镀企业；取缔了宽城区奋进乡200多户非法塑料加工点，有效防止了地表水和地下水污染。

强化了水源地保护和监管。加强对石头口门水库、新立城水库饮用水源保护区流域内的污染源的环境监察，封闭污染企业、修建围堤、设栅拦污，从源头上治理污染。在库区周边设驻点37处，水源地周围形成管理圈；集中清理库区放牧；加强了对双阳污水处理厂、银瀑啤酒厂污水处理设施运行状况的监管，保证稳定达标排放，有效预防了对水源地造成污染。石头口门水库和新立城水库两处水源地水质达标率保持100%。

（蒋步新）

哈尔滨市

【生态环境监察】 2004年，市环境监察支队指导区县市对矿山开采企业进行检查，摸清底数，对27家无环评手续、无污染防治措施、不符合环保要求的单位进行了查处，为全市集中清理整治矿山生态企业打下了基础。取缔“十五小”、“新五小”和淘汰落后生产工艺32家。道里区环境监察大队与市有关部门配合开展了打击“小炼油”、“地条钢”专项清理行动，加大对机场路两侧小轧钢污染企业的打击力度，取缔该类企业15家。开展对钢铁、水泥、电解铝等严重污染企业的专项检查，落实上级督办案件，多次现场监察呼兰区、阿城市等严重污染企业，监督企业整改，促进了企业源头治理。

（彭　伟）

南京市

【生态环境监察】 2004年，南京市进一步加强了创建绿色社区的环境监察工作。在总结以往生态试点工作经验基础上，分析新情况，研究新方法，对原有工作方案进行了修改，增加了监察频次，拓展了监察范围。

夏、秋两季，全市组织人员坚持每天上路巡查，发现焚烧秸秆现象及时制止，并联合有关部门进行专项行动，有效遏制了秸秆大面积焚烧。

（市环境监察支队）

西安市

【取缔“十五小”监察】 2004年，西安市环境监察支队结合西安市环保专项整治行动，加大对取缔“十五小”工作的监察力度，先后依法取缔、关停属于“十五小”、“新五小”企业10家。其中小炼金3家、小炼油4家、小电镀3家。

【秸秆禁烧监察】 2004年，按照陕西省委、省政府部署及西安市《关于加强秸秆禁烧和实施综合利用的通知》的要求，市环境监察支队采取积极措施，指导、检查各区县秸秆禁烧工作。要求各区县环保部门领导高度重视、精心组织安排此项工作，同时搞好综合利用的宣传工作。市环境监察支队会同各区县农业局、交通局、公安局、电视台等部门深入田间地头进行巡回检查，对焚烧秸秆行为及时纠正，并录像曝光。在各职能部门齐抓共管下，西安市秸秆禁烧和综合利用取得了成效。

【矿产开采环境监察】 按照陕西省人民政府《关于

开展秦岭北麓生态环境专项行动的通告》，制定了《西安市开展生态环境监察试点工作实施方案》，并配套制定《巡回检查制度》、《主要案情上报制度》、《移案处理制度》、《阶段性工作汇报制度》、《案件移案管理制度》等工作制度和程序，保障此项工作开展得严谨、规范。2004 年，出动 60 余次、上千人次对 126 家矿山企业实施严格检查，共查处违法案件 31 件，其中 28 家矿产企业实行限期整改，取缔拟建非法采矿点 1 处，纠正弃石废渣乱堆乱放行为两起，保证试点区域和水源地无新增排污单位的出现。

（赵文军）

济南市

【生态环境监察】 2004 年夏、秋收期间，市环境监察部门列出禁烧秸秆的重点监察对象，配备专车，组成若干监察小组，出动6 151人次进行拉网式和突击检查，发现焚烧现象及时制止或通报有关部门联合灭火；将畜禽养殖的污染源监督纳入日常工作，初步摸清了全市畜禽养殖点源，开展了定期检查。关停土法轮胎炼油、小造纸、小化工、小水泥、小电镀、小炼铁、地瓜淀粉及三无企业 165 家，限期整改单位 29 家。

（市环境监理总站）

建设项目与限期治理监察

◎ 环境影响评价执行监察

◎ “三同时”制度执行监察

◎ 限期治理项目监察

【全国概况】 2004 年，全国各级环境监察部门对新建和在建项目现场监督检查 261 183 次，一年中项目实际投产数累计 62 191 项，污染防治设施投产数 48 187 项，建设项目“三同时”执行率 77.5%，比上年度降低 0.5 个百分点。

2004 年，全国各级环境监察部门对累计 31 360 项限期治理项目进行现场监督检查 139 912 次，其中应完成的项目数 26 187 项，按期完成了 21 823 项，项目按期完成率平均为 83%，项目的按期完成率提高了 9 个百分点。未完成的项目数 3 302 项，占应完成项目数的 12.6%。

（国家环保总局环境监察局）

山西省

【建设项目环境监察】 2004 年，山西省各级环境监察部门下大力抓建设项目环境监察工作，起草印发了《山西省建设项目环境监察办法》，对建设项目环境监察的内容、方法、程序进行了统一规范，对项目建设中各阶段检查重点、报告内容、违法行为的处置提出了具体要求。在建设项目环境监察中全省累计出动检查人员17 784人次，检查建设项目8 193个，立案处理 458 件。探讨了以建设项目环境监察为重点，从源头上控制污染的良性环保机制，并在全省环境执法中有序进行。

（省环境监察总队）

辽宁省

【建设项目环境监察】 2004 年，辽宁省重点清理和查处 2000 年以来，特别是《环境影响评价法》实施以来，没有依法执行环境准入以及违反建设项目环境管理规定的违法建设项目。从 6 月开始，统一布置、逐一排查，共清理 2000 年以来的各类建设项目 36 885个，查处3 836个。其中：未执行环境影响评价 2 942个、未批准项目1 103个、未执行“三同时”项目 729 个、责令停止生产项目 165 个，取消、停建、缓建项目1 400个。

（省环境监察局）

吉林省

【建设项目现场监督检查】 吉林省近几年加大了对建设项目的现场监督检查力度。2004 年，各级环境监察机构开展建设项目现场监督检查5 320次，“三同时”执行率达到 90%以上。

【限期治理监察】 2004 年，结合环保专项整治行动，全省共下达限期治理项目1 187个，开展限期治理项目现场监督检查8 622次，推动了企业加快污染治理。

（程金灿）

上海市

【建设项目专项检查】 2004 年，为防止新污染的产生，根据国家环保总局《关于开展建设项目环境保护“三同时”执行情况专项清查活动的通知》和市环保局的要求，环境监察部门重点检查了市、区两级环保部门审批的5 692个建设项目；项目审批后没有实施或实施后因其他原因关、停、搬迁的 492 个；在建项目 315 个。环保部门对违反“三同时”制度立案查处的企业有 100 家；在对环境影响评价制度执行专项检查中，查出未办环评手续、擅自开工建设的违法项目 122 个。对此，环保部门依法采取了限期整改、补办手续或责令停止建设、给予经济处罚等措施。

【高尔夫球场执行“三同时”情况检查】 2004 年，根据国务院办公厅《暂停新建高尔夫球场的通知》和市环保局的具体安排，2 月上旬，市环境监察总队对全市 25 家已建、在建、拟建的高尔夫球场执行“三同时”情况、环保设施运行情况进行了检查。

（彭振发）

江苏省

【建设项目与限期治理监察】 2004 年，省环境监察部门认真落实新建项目“三同时”管理制度，对未履行环评审批批复、不符合试生产条件的项目坚决不予通过。省环保厅共组织“三同时”新建项目检查 131 个，对未落实环境审批意见实施建设项目的予以责令整改，责令 33 家企业暂停试生产。

（省环境监察局）

安徽省

【建设项目监察】 2004 年，安徽省环境监察部门共开展建设项目现场监督检查 4 319 次，建设项目按计划竣工 95 家，项目实际投产 119 家，项目污染防治设施投入使用数 122 台（套），“三同时”执行率达 100%。

【限期治理项目监察】 2004 年，全省环境监察部门共开展限期治理项目现场监督检查 1 840 次，限期治理项目总数 485 家，应按期完成项目数 473 家，按期完成的项目数 465 家，逾期完成的项目数 8 家。

（袁永宏）

福建省

【建设项目环境影响评价专项检查】 2004年，福建省环境监察部门开展了建设项目环境影响评价专项检查工作，对2000～2004年建设项目执行环境影响评价情况进行全面排查。2000～2004年，全省共有建设项目41 023个，执行环境影响评价项目数39 968个，环评执行率达97.43%。其中，2004年共办理13 028个建设项目环保审批手续，环评执行率达99.70%。全省出动环保执法人员3 866人次，检查了1 607家企业，对涉嫌违法的52家企业进行立案调查，漳州市对未执行环评审批的38家企业下达了限期整改通知。

【“三同时”制度监察】 2004年，全省建成投产项目5 054个，其中应执行“三同时”建设项目3 052个，实际执行数为3 027个，通过验收合格项目3 010个，实际执行率和验收合格率分别为99.18%和99.40%。2004年，“三同时”建设项目环保投资为144 550.10万元，比2003年增长了56.5%。

【执行限期治理决定监察】 漳州市环境监察支队结合“创环保模范城市”，摸底查清城乡结合部441家未采取废气治理措施或治理设施不能正常使用的胶合板企业，由市政府统一下达限期治理通知。泉州市环境监察支队对晋江、洛阳江流域环保“零点计划”限期治理项目和重点监控的238家企业进行了全面检查。全省共督促完成限期治理项目433项，投资82 234万元，关、停、并、转、迁企业266家。

（省环境监察总队）

山东省

【建设项目现场监察】 2004年，全省各级环境监察队伍认真抓好建设项目“三同时”执行过程中的监督管理，经常深入施工现场巡查，对检查中发现的问题做到及时报告、快速解决、落实到位。全省共对建设项目实施现场检查12 836次，同比增长12.5%。全省按计划竣工项目数2 267个，实际投产项目数2 420个，污染防治设施投产数2 087台(套)，全省“三同时”执行率为100%。

（省环境监察总队）

湖北省

【建设项目环评和“三同时”执行】 全省各级环保部门共清查1998～2002年审批建设项目2 010项，其中国家环保总局审批43项、省环保局审批195项，其余为市县环保局审批。武汉、襄樊、宜昌、咸宁等地上报违规建设项目190项，其中未经环评审批26项、“三同时”设施不配套7项、试生产超过3个月未申请验收40项、主体工程未验收投入使用114项。

截至2004年7月底，湖北省共有各类开发区36个，其中国家级开发区3个、省级开发区33个。各类开发区中已有3个完成区域环评，3个区域环评正在进行中，另有3个开发区编制了环境保护规划或完成了环境容量分析工作。针对建设项目环评和“三同时”执行情况存在的问题逐一制定整改计划，并予以落实。

（省环境监察总队）

广西壮族自治区

【“三同时”制度执行监察】 2004年度，广西壮族自治区各级环境监察部门共开展建设项目现场监督检查7 104个次，全年共投产项目3 624个，3 502套污染防治设施投产，“三同时”执行率为96.6%。

【执行限期治理决定监察】 2004年度，广西共对856个项目下达限期治理任务，全自治区各级环境监察部门共开展限期治理项目现场监督检查5 019个次。832个应在2004年度完成限期治理任务的项目，共完成736个，限期治理任务完成率为88.5%。

（赖天天）

四川省

【建设项目现场监察】 2004年，四川省环境监察系统开始介入建设项目现场监察，保障了建设项目贯彻落实环境影响评价制度和“三同时”制度。新建项目实施环评856个，其中省本级151个，省本级的环评执行率达100%。建设项目执行“三同时”项目159个，其中省本级59个，省本级执行率“三同时”100%。全省一批重点建设项目，如英特尔芯片、瀑布沟水电站、二重集团技改项目、成都火车北站编组站项目等一大批项目自觉开展环评，严格执行“三同时”，有效防止了新污染源的产生。

【限期治理项目监察】 2004年，四川省对食品、化工、印染、制革、再生纸等五大行业564家重点超标排污企业，实行挂牌限期治理或停产治理。其中，省政府挂牌督办52家，市州政府挂牌督办512家。全省环境监察系统将564家限期治理或停产治理企业纳入重点监察范围，定期开展现场巡查，有力地促进了污染治理。

（陈泽文）

云南省

【"三同时"制度执行监察】 2004年，为进一步加强建设项目中后期环境管理，2004年省环保部门组织开展了建设项目"三同时"环境监察，并逐步纳入规范化管理。据统计，2004年，全省环境监察系统共出动环境监察人员3万多人次，现场监察1.2万家次，检查污染防治设施8 184台(套)，建设项目现场检查3 247次，限期治理项目现场检查1 238次。各企业基本做到污染防治设施正常运转和达标排放。全省污染防治设施正常运转率为89.5%，"三同时"执行率为80.3%。

（省环境监察总队）

青海省

【建设项目与"三同时"制度执行监察】 2004年，省环境监察总队对西部碳素有限公司年产6万吨预焙阳极炭块工程、西部锌业有限公司5万吨/年电锌、11万吨/年硫酸技改工程等96个建设项目环境影响报告书(表)、登记表的审查工作，其中对84个已完成审批工作的项目建设情况进行了现场检查，12个项目完成环评大纲的专家技术评估，列入环境现场监察范围。协调、督促西宁经济技术开发区管委会和青海甘河工业园区管委会，启动了开发区和工业园区区域环境影响评价工作。根据国家环保总局《关于开展建设项目环境保护"三同时"执行情况专项清查活动的通知》的要求，组织进行了近5年审批的建设项目"三同时"执行情况清查工作，提高了中小型建设项目环保审批和"三同时"执行率。

参与完成了马平高速、尼那水电站、青海桥头发电股份有限公司第5台125兆瓦机组扩建等22个项目竣工环境保护验收。会同有关部门对公伯峡水电站下闸蓄水前的库区清理消毒、垃圾清理、移民安置等进行检查验收，确保了下闸蓄水时各项环保措施的落实。同时，对西宁经济技术开发区、生物产业园区、甘河工业园区内的在建重点工业项目环保"三同时"执行情况、部分电解铝生产企业自焙槽改造情况进行了现场检查。组织对产业园内项目业主进行环保验收培训，督促产业园区建设项目环保验收工作的开展。

（省环境监察总队）

宁夏回族自治区

【"三同时"制度执行监察】 2004年，全区各级环境监察部门实施建设项目现场监察656次，检查项目竣工数36项，污染防治设施投运数36项，"三同时"执行率达100%。

【限期治理项目现场监察】 2004年，全区各级环境监察部门对限期治理项目现场监察1 058次，限期治理项目299个，按期完成限期治理任务216个，完成率达到72%。

（自治区环境监察总队）

新疆维吾尔自治区

【建设项目现场检查】 2004年，全自治区环境监察机构依据环境管理制度加强对辖区内建设项目的设计、施工和验收阶段的监督管理，在检查过程中：一是坚持检查的及时性，二是坚持检查的长期性；三是坚持检查的严肃性；四是坚持检查的科学性。建设项目不做环评或环评滞后的现象得到了有效遏制，建设项目"三同时"的执行率有所提高。2004年，西气东输管道工程已进入竣工验收阶段，自治区环境监察总队针对以往在西气东输管道工程施工过程中发现的环境问题，对工程指挥部提出了整改意见，项目业主和施工单位对整改方案进行落实，使竣工后的环境保护各项指标达到要求。2004年，自治区环境监察总队分别对南疆、北疆、东疆进行3次公路建设项目环境现场监察，现场监察公路建设项目占在建项目的比率提高到80%。在加强对新建公路建设单位和施工单位的环境保护培训工作的同时，加大了对施工过程中环境违法行为的行政处罚力度，控制了公路工程建设过程中的环境破坏。

2004年，全区建设项目实际投产数为1 442项，污染防治设施投产1 268项，比2003年有所增加，全区各级环境监察部门对建设项目现场检查9 913人次，"三同时"执行率为92.3%。(见下表)

全自治区建设项目现场监察情况

地区名称	现场监察总次数(人次)	按计划项目施工数	项目实际投产数	防治设施投产数
自治区环境监察总队	162			
乌鲁木齐市	3 264	551	468	465
石河子市	113	43	41	40

续表

地区名称	现场监察总次数（人次）	按计划项目施工数	项目实际投产数	防治设施投产数
吐鲁番地区	313	43	28	28
哈密地区	121	106	106	105
昌吉州	729	104	90	45
伊犁州	1 542	264	187	167
塔城地区	259	291		
阿勒泰地区	542	134	93	91
博　州	310			
巴　州	1 334	33	26	7
阿克苏地区	413	201	88	88
克　州	150			
喀什地区	434	165	163	165
和田地区	227	187	152	67
合　计	9 913	2 122	1 442	1 268

【限期治理项目检查】 2004年，全区限期治理项目共3 320项，应按期完成的项目2 696项，实际按期完成的项目2 365项，未按期完成的项目331项；各级环境监察部门对限期治理项目现场检查共8 649人次，比2003年增加1 195人次。（见下表）

全自治区限期治理项目现场监察情况

地区名称	现场监察总次数	限期治理项目数	应按期完成项目数	按期完成项目数	逾期完成项目数	未完成项目数	项目按期完成率%
自治区环境监察总队	15						
乌鲁木齐市	4 945	1 071	1 014	948	66	57	93.5
克拉玛依市	400	756	756	756	0	0	100
吐鲁番地区	120	55	42	36	6	13	85.7
哈密地区	60	18	16	11	5	2	68.8
昌吉州	336	822	401	207	194	421	51.6
伊犁州	230	45	40	31	9	5	68.9
塔城地区	48	156	60	60		96	100
阿勒泰地区	354	66	60	54	6	6	90
博　州	189						
巴　州	1 298	104	81	77	4	23	95.1
阿克苏地区	266	120	120	85	35		70.8
克　州	30						
喀什地区	287	84	84	84			100
和田地区	71	23	22	16	6	1	72.7
合　计	8 649	3 320	2 696	2 365	331	624	87.7

（刘寒峰）

新疆生产建设兵团

【环境影响评价及“三同时”制度执行监察】 2004年，兵团环境监察系统对42家企业、48项建设项目进行环境影响评价及“三同时”制度执行情况进行现场监察，出动152人次，完成建设项目监察报告35份。

（生产建设兵团环境监察总队）

大连市

【建设项目与限期治理环境监察】 2004年，以房地产开发和工业建设项目为监察重点，先后对31家房地产开发项目和18家企业的建设项目执行“三同时”制度情况进行全面检查，对13家违法建设企业进行了处罚。对大连市木材交易市场二期工程、金广集团星海会展中心等4家单位建设项目执行“环评报告”制度进行重点监督监察。查处了大连白银山房地产开发有限公司大面积劈山毁林、大连市结核病医院不履行环保手续、大连亿达集团软件园开发有限公司违章扩建锅炉房等违法案件。对20家水泥企业进行了检查，庄河市水泥厂、庄河市第三水泥厂等两家企业因未完成限期治理任务被处罚。2004年，全市建设项目监察6 818个，查处违法建设项目136个。加大限期治理工作力度，对下达限期治理任务的34家海莱加工类企业和37家鱼品加工类企业的废水限期治理执行情况进行了督促检查，对42家未能按期完成治理的企业进行了处理。督促大连大富彩印厂、大连中集集装箱制造有限公司、大连中药厂、大连仪表厂等8家企业完成了搬迁改造。

（孙　勇）

青岛市

【环境影响评价与“三同时”制度执行监察】 2004年，为掌握建设项目建设期环保设施“三同时”和其他环保措施的执行情况、建设期的污染防治措施落实情况和试生产过程中环保设施的运行情况等，青岛市环境监察支队发挥现场监管的作用，推进建设项目建设期环境监察工作，每月对在建的建设项目进行现场监察，收到了较好的效果。

2004年，青岛市环境监察支队加强环保“三同时”制度执行情况的监察，建设项目建设期环境监察工作不断深入。为进一步规范工作程序，提高办事效率，增强执法能力，2003年底，青岛市环境监察支队将ISO9001引入建设项目建设期管理之中，并开展体系认证工作，分别制定建设项目档案接收操作规范、建设项目监察分类策划工作程序、建设项目污染防治设施跟踪监察、竣工验收等操作规范，明确建设项目环境监察工作职责、程序和要求，加强对建设项目的监督监察，确保建设项目在建期和试生产期环境污染防治措施的有效落实。2004年，青岛市环境监察支队共接收新审批建设项目121个，实施现场环境监察396次，对没有落实“三同时”制度的两家单位依法责令限期改正，有效控制了新污染源的产生。

【建设项目竣工验收环境监察】 2004年，青岛市环境监察支队对达到验收要求标准拟验收的建设项目进行认真验收监察，将建设项目竣工验收环境监察工作纳入QE管理体系中，按照规范要求，环评管理处将《建设项目竣工环境保护验收环境监察通知单》发送监察支队后，由负责该建设项目环境监察的监察人员准备出具《建设项目环境监察报告》，监察人员会同其他验收组成员参加项目验收的现场勘验，对该项目的污染防治设施和主体工程的建设情况进行检查并从环境监察角度提出相关要求。整个过程按照相关程序规定进行。2004年，青岛市环境监察支队共进行建设项目竣工验收环境监察工作67家次。

【执行限期治理决定与污染治理再提高工作监察】 2004年，根据青岛市工业企业现状和污染物排放情况，结合对污染源污染防治设施的日常监管，在环境监察系统内部下发《限期治理工作管理办法》、《关于开展2004年污染源治理再提高工程工作的通知》和《青岛市2004年实施“污染源治理再提高工程”计划》，对全市不能稳定达标排放的污染源实施污染源限期治理与再提高工作，深化改进，有的放矢，取得显著成效。为按时完成治理任务，采取两种措施：一是深入企业，帮助企业制定切实可行的治理方案，要求各企业增强责任感和紧迫感，把治理污染作为事关企业生存和发展的大事来抓，集中人、财、物力资源，加快治理步伐；二是加强对治理工作的日常监督管理，帮助企业单位筛选治理技术、提供技术支持，定期到治理现场进行检查，并由专人负责对治理进度情况进行定期总结，及时汇报治理情况，确保按期完成治理任务。2004年，将涉及废水、废气、工业粉尘、落后的生产工艺等60家单位的63个项目列入污染源治理再提高计划，总投资额约1.4亿元，解决了一批重点污染源和扰民的热点、难点问题，污染物排放总量得到大幅度削减。

（市环境监察支队）

深圳市

【环境影响评价执行监察】 深圳市落实环保一票

否决制度，对不符合环保要求的项目坚决予以否决。2004年，全市共受理环境影响审批项目17 847个，其中被否决的有1 568个，否决率达8.8%；编制环境影响报告表1 050项、报告书74项，完成深圳市西部流域重金属污染现状调查课题、深圳市无氟制冷剂推广的实施计划、深圳市交通噪声污染综合控制的研究等基础工作。

【"三同时"制度执行监察】 2004年，深圳市加强"三同时"项目特别是市政项目和房地产开发等建设工程环保审批的后续管理，对盐田港三期等10项大型建设工程项目推行了施工期环境监察审核措施，督促业主和施工单位落实施工期的环保要求。2004年，完成95家污染源和167个建设项目的竣工验收，对建设项目现场监察4 036次，对95起不执行"三同时"的违法行为进行了查处，对76家企业下达限期治理决定，对限期治理项目现场监察900次。

（张志宇）

沈阳市

【建设项目环境监察】 2004年，全面开展辖区内的"四大行业"清理整治活动，严厉打击违法排污行为，解决了关系人民群众切身利益的难点、热点问题。共清理此类项目256家，有27家已经关停倒闭，124家办理了环保"三同时"审批手续，其中33家已验收。对不符合国家产业政策或环保政策的企业责令其关停，对符合国家产业政策未办理环保手续的，责令其限期办理环保"三同时"审批、验收手续。同时，组织各区、县(市)环保局在全市范围内开展对钢铁、电解铝、水泥行业执法清理检查工作，对造成沈阳市污染严重的房产水泥厂下达了限期停产搬迁的通知。

配合市计委进行固定资产项目的清理工作，对市计委提供的622个项目的环境保护问题进行了初步清查，其中有304个项目已经过市环保局审批或正在进行环境影响评价，其余318个项目未经过环保审批。根据《建设项目环境保护管理条例》，对未经审批的项目进行彻底清查；对未办理环境保护"三同时"审批手续但符合产业政策和环保政策的建设项目，责令其补办环保审批手续；对不符合上述政策的，责令其停止建设，限期整改。对拟建项目，市环保局主动帮助企业与相关部门接洽联系，协助企业尽快办理前期审批手续。

【超标噪声源限期治理监察】 为解决群众反映强烈的噪声扰民热点问题，2004年3月，印发了《关于开展2004年环境噪声污染源限期治理的通知》(沈环保[2004]42号)文件。市、区两级政府和环保局共发文下达限期治理单位206家。

根据对这些治理单位的跟踪检查和监测验收，到10月底，206家噪声污染源全部治理完毕，其中关、停、并、转、迁噪声源合计90家，采取其他治理措施的116家。噪声源限期治理共投入资金约102万元。

（市环境监理大队）

长春市

【建设项目环境监察】 2004年，长春市环保部门结合环保专项行动，对2000年以来固定资产投资项目"三同时"执行情况进行了全面的梳理清查，结合政府"验收年"活动，提高了环评审批效率。全市固定资产投资项目538项，其中已办环保审批手续123项，未办环保审批手续415项。通过排查清理，共办理及补办环保审批手续442项。

【限期治理监察】 组织了禁燃区建设。在深入的调查研究的基础上，按照《长春市人民政府关于防治空气污染的通告》(第7号)对建设禁止销售、使用高污染燃料区提出的明确要求，组织市区开展了禁燃区建设。强化了对燃煤分散供暖锅炉烟尘污染的有效控制，促进了城区环境空气质量的改善。

推进了餐饮业油烟污染专项整治。饮食业油烟污染是群众投诉的热点污染问题。按照长春市环保局下发的《关于加强饮食业油烟污染防治监督管理的通知》要求，对所有新建、改建、扩建的饮食业单位进行了执法监察，督促安装符合要求的油烟净化设备。对与居民楼连体设立的餐饮业单位，排放油烟的食品加工单位和非经营性单位内部职工食堂，督促安装符合要求的油烟净化设备，其他饮食业单位要采取逐步推开的方式，分批整改，限期治理。

加强了机动车尾气污染防治。自2004年5月31日起，开展了机动车排气污染路(抽)检工作。与交警支队技术人员和交通警察组成路(抽)检执法队伍，每月检测车辆500台。对检测超标车辆下发限期治理通知书，暂扣行车证，限期进行综合治理。治理后的车辆进行复检，复检达标后准许上路行驶。共路检车辆2 409台，治理达标935台。

（蒋步新）

南京市

【建设项目与限期治理监察】 2004年，全市共对335个建设项目和限期治理项目进行了监察。其中市环境监察支队全年监察建设项目262家，监察行动571次，发现并及时提出整改意见230余条，征收建设项目试运行期间排污费3万余元。

（市环境监察支队）

广州市

【“三同时”制度执行监察】 2004年，广州市环保部门审批建设项目4 190个，项目污染治理总投资达24亿元。治理设施运行技术融入了国际国内高科技含量，体现了城市环保管理水平和建设项目执行“三同时”制度的程度。广州市环境监察支队配合环保主管部门加强对新建项目“三同时”制度执行情况的监察，确保新建项目治理设施正常运行。不断加强对违反“三同时”制度行为的监察力度，全年查处违反“三同时”案件34件。

（市环境监察支队）

西安市

【“三同时”制度执行监察】 西安市环境监察支队强化对建设项目的监督检查，督促建设单位按期完成污染防治设施的建设，确保“三同时”制度的实施，项目竣工验收后，市环境监察支队进一步深入调查监管，确保新上设施的正常运转。

【执行限期治理决定监察】 2004年，西安市限期拆除4吨以下燃煤锅炉251台，直接减少燃煤8万吨，减少二氧化硫2 400吨、烟尘4 814吨、氮氧化物855吨，减少了燃煤锅炉对大气的污染，城市空气环境质量的优良天数达到260天。

（赵文军）

济南市

【建设项目环境监察】 2004年，济南市建设项目环境监察逐步走向正轨，对“三同时”执行情况进行重点监察，同时还对改建和扩建项目采取与日常污染源监察相结合的办法，做到有计划、有针对性地监察。2004年共出动2 270人次，监察668个建设项目，对没有履行环保审批项目的单位依法立案，查处20起，收缴罚款11.6万元，18个建设项目补办了环保审批手续。

（市环境监理总站）

排污费征收

- ◎ 排污申报登记和年审
- ◎ 排污费征收

【排污申报登记与年审】 2004年，国家环保总局环境监察局组织开展淮河、太湖流域排污申报核定汇总和火电行业排污申报汇总工作，对4万余家排污单位的申报数据进行了核定；联合国家电监委开展了6 000千瓦以上机组火电厂、热电厂及自备电站的排污申报核定工作。共汇总1 580家企业数据，占全国火电厂总装机容量的94%，为二氧化碳总量控制及排污收费标准调整提供了基础数据。

国家环保总局环监局指导全国县级以上环境监察机构正确实施申报、审核、核定工作。邀请了22个省14个市、县的环保人员对全国的排污申报情况进行座谈和调查，研究下一步如何推动排污申报工作，收集了一些好的经验和做法，了解到了各地对于排污申报工作重要性认识不足的实情。10月，在排污申报工作做得比较好的天津市召开全国排污申报工作现场会，学习交流经验，布置工作。

（国家环保总局环境监察局）

【排污费征收】 2004年，是《排污费征收使用管理条例》（国务院令369号）实施的第一个完整年，全国各级环境监察机构全面贯彻实施《排污费征收使用管理条例》及相关配套规章，克服任务重、经费不足等种种不利因素，加大收费力度，严格核查、严格征收，扩大收费面，征收总额941 845.75万元，比上年增加232 870.45万元，增长32.85%。开征单位733 621户，比上年增加285 457户，增加比率为63.69%。

2004年排污费收入情况表

单位：万元

项　目	排污费收入		各项收入占合计比重(%)	2004年比上年增减额	2004年比上年增减率(%)
	2003年	2004年			
排污费收入合计	708 975.30	941 845		232 870.45	32.85
污水排污费		343 168.14	36.44		
废气排污费		496 614.62	52.73		
噪声排污费		68 347.05	7.26		
固废排污费		33 715.94	3.58		

注：因2003年7月1日实施《排污费征收使用管理条例》，2003年全年收费情况无法分类统计。

2004年全国排污费征收情况

	金额(万元)				户数(个)			
省份	2004年	2003年	增减额	增减率(%)	2004年	2003年	增减额	增减率(%)
北京	13 908.25	11 718.80	2 189.45	18.68	3 877	3 696	181	4.90
天津	14 928.95	14 219.00	709.95	4.99	7 327	1 770	5 557	313.95
河北	55 383.49	42 462.10	12 921.39	30.43	40 161	31 679	8 482	26.77
山西	75 251.00	24 635.97	50 615.03	205.45	18 038	8 210	9 828	119.71
内蒙	14 310.69	9 650.77	4 659.92	48.29	15 469	12 967	2 502	19.30
辽宁	67 882.48	56 641.00	11 241.48	19.85	35 384	45 360	−9 976	−21.99
吉林	18 524.61	17 969.00	555.61	3.09	27 457	25 980	1 477	5.69
黑龙江	20 750.22	18 005.03	2 745.19	15.25	20 310	8 057	12 253	152.08
上海	22 010.98	13 196.00	8 814.98	66.80	6 222	3 589	2 633	73.36
江苏	87 221.56	78 510.00	8 711.56	11.10	50 024	36 067	13 957	38.70
浙江	69 783.21	37 634.00	32 149.21	85.43	51 211	16 795	34 416	204.92
安徽	21 840.41	15 953.28	5 887.13	36.90	23 330	15 083	8 247	54.68

续表

省份	金额(万元)				户数(个)			
	2004年	2003年	增减额	增减率(%)	2004年	2003年	增减额	增减率(%)
福建	25 236.67	22 122.95	3 113.72	14.07	22 034	18 065	3 969	21.97
江西	15 876.90	13 602.00	2 274.90	16.72	28 194	18 686	9 508	50.88
山东	69 632.38	55 068.97	14 563.41	26.45	35 072	25 000	10 072	40.29
河南	47 054.82	33 249.50	13 805.32	41.52	35 255	22 949	12 306	53.62
湖北	23 240.30	20 582.13	2 658.17	12.91	28 382	23 085	5 297	22.95
湖南	36 171.06	25 318.58	10 852.48	42.86	33 225	25 467	7 758	30.46
广西	22 317.09	14 961.73	7 355.36	49.16	24 559	17 476	7 083	40.53
广东	74 002.28	68 474.60	5 527.68	8.07	91 853	80 000	11 853	14.82
海南	1 750.59	1 266.73	483.86	38.20	2 854	3 449	−595	−17.25
重庆	18 443.93	13 265.10	5 178.83	39.04	13 781	8 441	5 340	63.26
四川	28 223.67	22 807.62	5 416.05	23.75	27 665	28 694	−1 029	−3.59
贵州	22 268.44	13 870.60	8 397.84	60.54	16 152	19 721	−3 569	−18.10
云南	15 351.94	9 147.63	6 204.31	67.82	10 920	2 562	8 358	326.23
西藏	384.22	356.59	27.63	7.75	2 391	1 569	822	52.39
陕西	24 244.26	18 590.97	5 653.29	30.41	18 037	20 172	−2 135	−10.58
甘肃	16 924.24	13 755.94	3 168.30	23.03	16 748	15 500	1 248	8.05
青海	1 562.57	865.82	696.75	80.47	2 384	2 386	−2	−0.08
宁夏	2 230.75	2 103.00	127.75	6.07	1 404	1 189	215	18.08
新疆	15 133.78	11 070.25	4 063.53	36.71	23 901	13 399	10 502	78.38
总计	941 845.75	708 975.30	232 870.45	32.85	733 621	448 164	285 457	63.69

（国家环保总局环境监察局）

北京市

【排污费征收与排污申报登记】 2004年，排污收费工作围绕北京市环保重点工作，全面完整执行新的排污收费制度。以征收废气排污费为重点，着眼于促进污染治理，减少污染物的排放量；进一步贯彻执行排污收费新条例，将依法征收排污费落到实处；同时建立相关制度，加强排污收费工作的管理。全市全年共征收排污费13 908万元，继续保持超过亿元的水平。其中废水排污费(包括超标排污费)829.6万元，废气排污费12 828.3万元(其中，二氧化硫10 040万元、氮氧化物1 297.5万元)，固体废物排污费163.6万元，噪声超标排污费86.8万元，滞纳金0.1万元。

截至2004年底，全市共申报7 700余家，已有5 000多家录入计算机，涉及工业企业、污水处理厂、固废处理厂、畜禽养殖场、部分施工工地和“三产”企业。

（市环保监察队）

天津市

【排污申报登记】 2004年，天津市共有6 847家排污单位履行了排污申报登记手续。天津市环境监察总队2003年12月26日下发了《关于做好排污申报登记工作的通知》，明确了每年12月为天津市排污申报登记制度专题宣传月。加强了申报登记动态管理和信息化建设。2003年12月30～31日，在天津市《今晚报》、《天津日报》上发布了“关于进行2004年排放污染物申报登记的通告”。宝坻区、河北区、静海县等15个区、县环保局通过各自区、县内的报纸、有线电视等宣传媒体对排污申报登记工作进行了广泛宣传，通过宣传大大提高了排污单位自觉申报、主动申报的意识。2004年11月，天津电视台对天津市的排污申报登记工作进行了专题报道。

编制并下发了《天津市餐饮、娱乐等服务行业排污申报登记简表(试行)》和《畜禽养殖场排放污染物申报登记表(试行)》，部署了全市餐饮、娱乐等服务行业和畜禽养殖场的排污申报登记工作。全市共有6 847家排污单位履行了排污申报登记手续，其中市属、区属重点排污单位604家，申报率达到100%，一般排污单位4 825家，其他排污单位1 418家。

2004年，天津市环境监察总队建立了全新的排污申报登记信息管理系统，全市的排污申报登记工作已经基本实现了联网，做到了对排污申报数据及污染源的动态管理。2004年10月，国家环保总局组织各省市环保局领导在天津市召开了排污申报登记工作现场会，着重推广了天津市环保局在申报登记工作中的经验。

【排污费征收】 2004年，天津市全面实施《排污费征收使用管理条例》，完成了由超标收费制度向总量收费和超标收费并行的收费制度的转变。全年共征收排污费1.47亿元，比上年增加3.52%。天津市保税区排污费征收工作实现了零的突破。

【家禽养殖业排污费减免】 2004年5月26日，天津市环境监察总队按照国家环保总局《关于排污费征收核定有关工作的通知》和《2004年环境监察工作要点》的要求，为落实畜禽养殖业的排污申报登记工作，向全市各区县下发了《关于开展畜禽养殖业排污申报登记工作的通知》，并将《畜禽养殖场排放污染物申报登记表(试行)》印发各区、县环保局。据2004年初步统计，天津市规模化养殖场共计403家，总存栏数达259万只(头)。从养殖种类来看，以蛋鸡的存栏数最多(199万余只)，其次为肉鸡(49万余只)和猪(近8.6万头)。从污水产生量来看，以奶牛最多(污水产生量为77.81万吨)，其次为猪(污水产生量为68.76万吨)和蛋鸡(污水产生量为49.48万吨)，但很多已经转变为养殖场提供种苗，由农户散养。天津市的畜禽养殖场没有污水处理设施，畜禽粪基本上还田使用，粪尿使用总量为35.90万吨，其中，粪尿还田总量为35.01万吨，综合利用率达到75.2%，粪尿使用水平达到0.06吨/亩。

禽流感疫情发生后，家禽业受到很大影响，企业效益大幅度下降。为减轻受禽流感影响较大的畜禽养殖加工行业的负担，帮助企业尽快恢复生产，对家禽业单位进行了排污收费核算，没有开征排污费。

(市环境监察总队)

河北省

【排污费征收】 2004年，为进一步贯彻落实《排污费征收使用管理条例》，推动全省排污总量收费政策更好地执行，省环境监察总队组织召开了全省环境监察工作调度会，对《条例》施行以来各市的落实情况以及2004年排污费征收工作进行了部署。为进一步做好全省30万千瓦以上电力企业排污费核定收缴工作，分别在张家口市、唐山市召开了全省电力企业环保工作会议和全省直收电力企业环保负责人座谈会，研究讨论电力企业如何更好地贯彻落实《排污费征收使用管理条例》。为省直收电力企业排污费的核定征收工作打下了良好的基础。

为促进新的排污收费制度更好地贯彻执行，2004年，组织全省环境监察机构积极开展了饮食服务业等小型排污单位排污量核算办法的课题研究，在组织各市抽样调查，搜集并调研外省市相关政策，安排部分市进行试点等相关工作的基础上，拟定了全省饮食服务业等小型排污单位排污系数核定办法。根据氮氧化物排污费核定工作的需要，针对石家庄市环保局的请示，研究出台了《关于燃料燃烧废气污染物排污费征收有关问题的复函》，对燃料燃烧氮氧化物产生量的计算方法做出了规范性的规定，为氮氧化物排污费的核定提供了技术依据。

2004年，全省征收排污费户4.02万户，征收排污费5.53亿元，比2003年增长了30%。全省饮食娱乐服务业等第三产业收费额比重加大，全省排污费足额征收率提高。

【排污申报登记和年审】 2004年，河北省排污申报登记和年审工作在总结经验的基础上，结合国家环保总局新的要求，谋求进一步创新和发展。一是2004年度全省统一使用国家环保总局印制的排污申报登记表，并本着对污染源做更深入的研究分析，充分发挥申报登记作用的指导思想，研究确定将年度排污申报登记技术报告改为年度污染源现状评价；二是首次制定了评比办法对全省申报登记工作进行评比表彰。为掌握和解决新表使用中出现的问题，保证申报登记工作质量，省环境监察总队制订计划对全省各级环境监察机构申报登记工作开展情况进行指导帮助和督察。2004年度，全省共有24 992家排污单位进行了排污申报登记，其中工业企业16 333家，非工业排污单位8 659家。排污申报登记单位数较上年增加146家。全省申报登记工作质量较以往有了较大幅度的提高。

【排污费征收稽查】 按照国家环保总局《关于排污费征收核定有关工作的通知》(环发[2003]64号)的要求，2004年，省环境监察总队制订计划，开展了对下级环保部门排污费征收的稽查工作，对部分重点市、县的重点企业的现场监督检查活动，对检查中发现的企业违法行为以及所在环保部门的行政不作为进行了现场查处和纠正。全年累计查处排污收费工作中违法行为30起，通过检查活动，进一步规范了基层环境监察部门排污收费行为，促进了有关地区一些重点、难点的环境问题的解决。

（郭志中　李卫军）

山西省

【排污费征收】　2004年，山西省征收排污费7.6亿元，同比增长200%，排污收费增幅为全国第一，征收总额为全国第二。为落实国务院《排污费征收使用管理条例》，山西省结合自身实际情况，制定了《山西省焦炭生产排污费征收核定管理实施细则》、《焦炭生产企业计费生产量核定办法》、《山西省焦炭生产排污费核定征收监督办法》、《山西省焦炭生产排污费核定征收实施方案》，为实施焦炭生产排污收费起到了积极作用。

（省环境监察总队）

内蒙古自治区

【排污收费制度实施和排污申报工作】　2004年是《排污费征收使用管理条例》全面实施的第一个年度，也是自治区环境监察机构成立后全面负责排污申报工作的第一年，自治区各级环境监察机构积极应对各种新问题，排污收费制度改革扎实推进，排污申报工作全面启动、成效显著。

各盟市按照国家排污费征收的政策和规定，规范排污费收缴程序和制度，坚持排污费稽查和审计制度。根据国家环保总局《关于加强排污申报与核定工作的通知》的指示精神，为了全面启动排污申报工作，自治区环境监察总队对全区30万千瓦以上火电行业排污申报进行核定汇总，为自治区2005年全面开展污染源排污申报登记和审核核定工作储备了基础资料，为发放排污许可证提供了基础数据，为科学决策提供了第一手材料。

【排污费征收】　2004年度，全区共收缴排污费1.4亿元，其中重点排污单位938家企业，收缴排污费6 100万元，占排污收费总额的42.45%；“三产”排污单位15 127家企业，收缴排污费7 900万元，占排污收费总额的54.7%；排污费征收总额较上年增长42%。按照财政部、国家环保总局的要求，在全区统一使用了财政部门印制的“一般缴款书”，并按照国家环保总局统一部署的《排污费征收使用管理系统》软件，开展了排污费征收计算机汇总上报。

（自治区环境监察总队）

辽宁省

【排污申报登记与年审】　2004年，辽宁省排污申报、核定、征收和解缴排污费都严格按照《排污费征收使用管理条例》的规定执行。根据国家环保总局《关于加强排污申报与核定工作的通知》（环办[2004]97号）及在天津召开的排污申报核定工作会议的要求，辽宁省立即组织各市开展了2004年排污申报、核定的汇总及总结工作。省环保局组织14个市统一购置了排污收费管理系统软件，邀请西安交大的专家对各市及有收费权限的县区收费骨干共计100多人进行了培训。为认真做好全省排污申报登记与年审的汇总工作，省环保局从盘锦、营口和铁岭等市抽调了工作骨干，集中半个月的时间对各市的排污申报核定报表逐一进行了核查，发现问题及时纠正，保证及时准确地完成了全省的排污申报核定汇总工作，得到了国家环保总局环境监察局的好评。

（省环境监察局）

吉林省

【排污申报登记】　2004年，全省各级环境监察部门按照国家环保总局《关于做好排污申报登记工作的通知》精神，认真开展排污申报登记。通过排污申报登记，全面掌握污染源底数，确保排污收费制度的顺利实施和排污费征收任务的完成。全省有69%的排污单位进行了排污申报登记。长春市为确保排污申报登记数据的准确性，一是利用环境监测部门和工商、技术监督、水务、能源、电力、统计等部门的相关资料及数据对排污单位申报数据的真实性进行核对和比较，对数据出入较大的进行复测；二是组织大型企业的环保管理人员进行环保业务培训；三是采取自查、互查和稽查等方式开展排污申报的核查，督促企业如实申报。

【排污费征收】　2004年，全省各级环境监察机构全面贯彻落实《排污费征收使用管理条例》，采取得力措施，使全省的排污费征收工作稳中有进，排污费征收额达到18 525万元，比2003年度增加了556万元，增幅为3.1%。全省9个市州在对本辖区部分第三产业和小型企业污水排放情况进行抽样监测的基础上，都分别制定了符合本地实际和易于操作的餐饮娱乐服务行业等小型排污者污染物排放量核定办法和排污费征收标准。辽源市组织了从排污申报到排污量核定和排污费计算全过程的辅导，做到了排污申报、核定和排污费征收的“标准统一，计算方法统一，数据选取统一”的“三统一”。白山市由环保局领导亲自授课，分期分批组织排污单位学习《排污费征收使用管理条例》，提高排污单位的缴费意识。

省及各市州环境监察部门还通过排污费稽查，促进了排污费征收工作的开展和收费任务的完成。

【排污费征收稽查】 2004年，吉林省环境监察总队和各市州支队为排除行政干预，支持基层环境执法工作，营造环境执法工作的良好氛围，加大了环境执法稽查的工作力度，重新修订了《吉林省排污费稽查办法》。省环境监察总队直接对吉林省新天龙酒业有限公司、辽源矿务局等企业实施了排污费稽查，各市州环境监察支队也都认真履行稽查工作职责，对所辖县、市征收而未征收或少征收排污费的行为开展了稽查。

（程金灿）

黑龙江省

【排污费征收】 截至2004年12月31日，黑龙江省实现排污收费2.043 7亿元，较2003年增长13.5%，创历史最好水平。按照解缴比例，已解缴中央国库2 043万元，解缴省级国库5 664万元。省级直接征收装机容量30万千瓦以上共计10家电厂二氧化硫排污费，核定排污费2 128万元，实际征收2 128万元，足额征收率为100%。

【制定《黑龙江省排污费征收使用管理办法》】 黑龙江省根据国务院《排污费征收使用管理条例》等有关规定，结合黑龙江省实际情况，制定《黑龙江省排污费征收使用管理办法》，经2004年4月22日黑龙江省人民政府第十一次常务会议讨论通过，并以省长令第1号予以发布，自2004年6月1日起施行。

【排污费征收稽查】 2004年，黑龙江省环境监察总队对全省煤炭、啤酒等行业开展排污费稽查，依法纠正了部分排污单位拒缴、拖欠排污费的违法行为和部分环境监察机构征收排污费的不规范行为，共促收排污费719万元，其中四大矿业集团590万元，啤酒生产企业69万元，西林集团阿钢公司60万元。省环境监察总队对哈啤集团海伦分公司直接稽查征收排污费28万元，实现了省级稽查直接征收排污费零的突破。

（省环境监察总队）

上海市

【排污费征收】 2004年，全市征收排污费22 238万元。其中，市环境监察总队征收14 277万元，区县支队征收7 961万元。各区县环境监察支队根据国务院颁发的《排污费征收管理条例》的要求，对排污单位进行了排污申报登记的培训工作；市环境监察总队对新《条例》实施前征收的超标准排污费进行了全面的清理。

（彭振发）

江苏省

【排污申报登记和年审】 2004年，根据国家环保总局的统一部署，为摸清全省排污总量，实现环境管理的科学决策，江苏省先后对淮河、太湖、长江流域2004年度排污申报登记及核定汇总工作进行了检查，把排污申报核定的真实性、全面性作为考核各地环保工作的重要内容之一。加强核查，力求数据来源真实，力保内容没有缺失；多项复验，不断提高核定水平。2004年，全省排污申报单位数达45 837家，其中废水排放单位排污申报企业数40 362家（淮河流域15 505家，太湖流域13 020家，长江流域11 837家），废水排放重点污染源达4 687家。

【排污费征收】 2004年，全省征收解缴排污费87 223万元，连续4年全国排名第一，比2003年增长13%，其中第三产业排污费20 810万元，占排污费总额的27%。13个市不含省级收费的征缴总额列前三名的是：苏州市、南京市、无锡市。江阴市征收解缴3 665万元，位居县级之首。

【排污费解缴管理】 2004年，全省继续坚持省、市、县（市、区）三级排污费征收解缴月报分析制度和收费稽查、审计制度。省环保厅制定了《江苏省排污费征收稽查暂行办法》，加强对重点地区、重点行业、重点单位收费情况的现场调度和检查。加强横向调度，与财政、物价、工商、水利、城建等部门沟通联系，建立与各级财政国库定期对账制度。加大对缴费大户的征管催缴力度，推行"窗口服务"、"上门缴费"，并根据省情及时印发了《关于坚决制止违法取消排污收费项目和降低征收标准行为的通知》、《关于在严查环境违法行为遏制污染反弹行动中切实加强排污收费工作的通知》和《关于加强第三产业排污收费工作的通知》，扩大排污费征收面，提高征收率。

（省环境监察局）

浙江省

【排污申报登记、年审和排污收费专项稽查】 2004年，浙江省全面开展排污申报登记工作，积极赴嘉兴、海宁、平湖和杭州等地进行排污申报、收费调研。

省环境监察总队明确收费工作程序为"排污申报登记——排污申报登记核定——排污费计算——排污费征收——排污费缴纳"。在此基础上，省环境监察总队于2004年11月组织了一次全省排污费专项稽查。通过稽查，全面掌握了各市新《条例》实施情况以及在排污收费中存在的问题、面临的困难，为全年排污收费工作打下良好的基础。

【排污费征收】 2004 年，浙江省环境监察总队以《排污费征收使用管理条例》实施为契机，进一步加大排污收费工作力度，多次组织召开全省排污收费工作研讨班，研究新排污收费政策，探索排污收费新手段、新方法；制定了排污收费工作程序、排污费征收内部审批制度、公告制度等工作制度，彻底杜绝协商收费、人情收费。在新《条例》规定污水进管企业不再征收排污费的情况下，全省排污收费总额仍有所提高，2004 年，全省共征收排污费 6.9 亿元，同比增长 43.8%，其中省本级征收11 975万元。

（胡晓林）

安徽省

【排污申报登记及核定】 根据国家环保总局统一要求，2004 年安徽省在全省范围内启动新排污收费体制下的首次排污申报登记工作，在着重抓好重点排污单位工作的同时，将排污申报登记工作逐步拓展到三产服务业、规模化畜禽养殖场、污水处理厂和固体废物处置场。2004 年 4 月，安徽省组织了《排污费征收管理系统》软件培训班，对全省 17 个市及近 100 个县、区环保部门的近 100 名环境监察人员进行了排污费征收管理软件和数据库的专业知识培训，并将软件系统及时发放到各级环保部门，这是新版排污费征收使用管理系统软件在全国的首次培训和使用，受到国家环保总局的充分肯定。

【排污费征收】 2004 年，安徽省排污收费工作继续深入贯彻国务院《排污费征收使用管理条例》，会同省财政厅全面规范和更换使用由财政部门统一印制的行政事业性收费票据。针对全省排污收费工作现状，省环保局第 11 次局长办公会议提出重点加强排污费征收工作，提出强化县、区排污费征收和征收稽查工作，促进全省排污费征收工作再上新台阶，安徽省 2004 年排污费征收总额达到 23 185.13 万元，同比增长 45.3%，增长率位列全国第三。

【电力企业二氧化硫排污费征收】 2004 年，安徽省正式启动对装机容量 30 万千瓦以上电力企业二氧化硫排污费征收工作。在对省内 11 家装机容量 30 万千瓦以上电力企业基础调查、现场监测等工作的基础上，召开专门会议，充分听取企业单位意见，制定切实可行的征收核定措施，保障电力企业二氧化硫排污费征收工作的顺利开展。2004 年，共计征收装机容量 30 万千瓦以上电力企业二氧化硫排污费 2 470 万元，取得开门红。

（袁永宏）

福建省

【排污许可证制度监察】 截至 2004 年 12 月 31 日，全省已办理水污染物排污申报登记企业9 205家，其中发放排污许可证3 108份；办理大气污染物排污申报登记企业3 538家，发放排污许可证2 040份；办理固体废物排污申报登记企业3 413家。

【排污申报登记与年审】 2004 年，规范全省第三产业污染物申报登记、核定和收费工作，下发了《福建省环保局关于印发福建省第三产业排污系数(试行)和排污申报登记简表的通知》。向省财政申请了 61 万元资金，为各设区的市、县(市、区)订购了 89 套排污费征收管理系统软件，与西安交大长天软件有限公司联合举办了一期排污费征收管理系统软件培训班，培训 57 人，在全省各级监理监察机构推广使用了排污费征收管理系统软件。开展了对全省 26 家 6 000千瓦以上火电机组发电厂、热电厂和自备电站排污申报核定工作。

【排污费征收】 2004 年，排污费入库数25 236.67万元，比 2003 年增长 10.74%。其中废水类9 765.12万元，废气类9 544.45万元，噪声类5 071.50万元，固废类 855.60 万元。

【排污费解缴管理】 2004 年，福建省环境监理所开展对 9 个设区市、31 个县(市、区)排污收费的专项稽查，督促各地加大征收力度，严格执行分级解缴规定。全省共解缴排污费入省级国库 3 955万元。比 2003 年增加2 785万元，增长率达 237.2%。

（省环境监察总队）

江西省

【排污费征收】 2004 年，为确保排污费及时、准确征收，江西省环境监察总队统一规范了年排污申报登记表，对各企业报来的排污申报数据进行认真核定。省环境监察总队对全省装机容量 30 万千瓦以上的电力企业征收排污费2 010万元。

2004 年 1～12 月，全省征收开单户数28 548户、征收开单金额16 441万元，解缴入库户数28 194户、解缴入库金额16 118万元(含 2003 年应缴未缴财政数约 300 多万元)。

【排污费稽查】 2004 年，全年共对九江源达水泥有限公司、九江县协力水泥有限公司、瑞昌盛达水泥有限公司等 22 家单位开展了排污费专案稽查，其中已结案的 12 家企业补缴排污费 194 万元。通过对排污单位的排污费专案稽查，纠正了一些地方违反《排污费征收使用管理条例》的做法，提高了排污费征收额，保证了全省排污收费工作的公平与公正。全年完成对省内42家环境监察机构的日常稽查。

【排污申报登记】 2004年，省环境监察总队对304家重点污染单位开展了排污申报工作，同时根据国家环保总局的要求，对所有2004年4月底以前已建成投入运行(含试运行)的单台装机容量6 000千瓦及以上火电机组的发电厂、热电厂和自备电站进行排污申报，并将汇总数据上报国家环保总局。

(省环境监察总队)

山东省

【排污费征收】 2004年，全省各级环境监察机构累计征收排污费6.93亿元，创历史最高水平，比去年增加1.43亿元，同比增长25.89%。其中省环境监察总队征收二氧化硫排污费1.45亿元，比去年增加0.56亿元，同比增长62.3%，继续位居全国前列。

【排污申报核定工作】 2004年，根据国家环保总局有关"三表合一"的规定，山东省各级环境监察机构积极开展了排污申报核定工作，确保辖区内所有排污单位都能按照规定，依法及时进行排污申报登记。一是按时完成了电力行业排污申报核定工作。按照国家环保总局、国家电力监督管理委员会《关于加快火电行业排污申报登记工作的通知》(环发[2004]89号)要求、省环境监察总队组织全省各级环境监察机构，对辖区内所有2004年4月底以前已建成投入运行(含试运行)的单台装机容量6 000千瓦以上火电机组的各电力企业，重点进行了排污申报登记、核实工作，按时完成了工作任务；二是完成了淮河流域排污申报核定汇总工作。省环境监察总队及时转发了国家环保总局《关于加快淮河流域2004年度排污申报核定汇总工作的通知》(环办函[2004]591号)，提出了具体要求，部署了工作任务。沿淮各市积极行动，加强了对排污申报核定汇总工作的组织领导，按照国家环保总局统一规定的申报表和要求，认真抓好辖区内重点行业和重点工业污染企业排污申报的审核，按时完成了省辖淮河流域排污申报核定数据汇总上报工作，为强化淮河流域污染防治工作的管理，全面掌握流域内污染物排放的翔实情况，为污染物排放的动态管理以及流域内污染防治工作的科学决策奠定了基础。

(省环境监察总队)

河南省

【排污申报核定】 2004年，排污申报核定工作是河南省环境监理总站新增加的一项工作任务(原为省局污染控制处管理)。这项工作任务重、时间紧、难度大、技术要求高，根据实际情况，省监理总站重点抓了规范、培训和技术指导等方面的工作。一是根据环保总局要求，结合河南省实际，编制了《排放污染物申报登记统计表(试行)》、《排放污染物申报登记统计简表(试行)》和《建设施工排放污染物申报登记统计表(试行)》，对每种表格编制了配套使用的填报要求与说明。将原来各种表格和填报说明由186页简化为153页。二是开展多种形式的培训。组织部分省辖市负责排污申报的管理人员参加了国家环保总局组织的排污申报培训；在全省环境监察系统组织学习排污申报核定的政策规定和技术规范；邀请有关技术人员对河南省各市申报管理人员进行现场指导和培训；督促市、县环境监察部门组织好对企业环保人员的排污申报培训。三是做好重点行业和区域的申报汇总工作。完成了省辖淮河流域重点企业申报汇总工作，共录入275家排水企业近1 500个申报表格的约8万个申报数据。完成了全省136家火电行业申报汇总工作，共填写和汇总2 720张表格的近14万个数据。

【排污费征收管理】 2004年是国务院《排污收费征收管理条例》和河南省政府《排污收费征收管理办法》全面实施的第一年，排污收费工作面临排污申报、收费程序、缴费方式的全面变革，工作量、收费难度加大，执行过程中不断出现新情况、新问题，为了确保新旧收费体制的平稳过渡，进行了以下方面的工作：

一是建章立制，进一步规范排污收费行为。研究下发了《关于进一步规范排污费征收行为若干问题的通知》、《关于装机容量30万千瓦电力企业二氧化硫排污费缴纳程序》等规范性文件，完善征收程序，规范征收行为。在对郑州、南阳、新乡等市组织的"对餐饮、娱乐等服务行业的小型排污者排污量的核定"测算基础上，制定并公开发布了《关于餐饮、娱乐等服务行业的小型排污者及油田落地油、碎石加工、煤场扬尘抽样测算办法的公告》，对部分难以监测污染源的排污收费进行了规范。

二是积极做好二氧化硫排污费的征收和提高标准的征收工作。2004年共征收二氧化硫排污费5 983万元，比去年增长122%。

【排污费稽查】 2004年，依据国务院《排污费征收使用管理办法》和《河南省排污费征收使用管理办法》，下发了《关于对全省开展排污申报核定的检查以及排污费征收稽查工作的通知》，对部分市、县排污申报核定和排污收费工作进行了稽查，对有问题的20家企业提出了整改要求，严肃查处了平顶山焦化厂、获嘉县中新化工厂等企业拒交和少交排污费的违法行为。对信阳、商丘、新乡等市排污收费专用票据的使用进行了专项稽查，对环保部门不按规定、不按程序、甚至乱收费的现象及时纠正。通过稽查，企业排污费补缴额达300多万元。

(荆国一)

湖北省

【排污申报核定与排污费征收】 2004年，贯彻《排污费征收使用管理条例》，加大排污费征收力度，依法征收排污费。根据新的排污收费条例，及时组织对全省30万千瓦以上电厂的二氧化硫排污费的申报、监测、审核、公示和征收工作，以及其他排污单位的申报核定工作。2004年，全省共对8 944家排污单位进行了申报核定，其中工业企业3 578家，小型三产5 366家，城市污水处理厂10家，固体废物处置单位30家。

2004年，省环保局征收9家电厂二氧化硫排污费3 321.7万元，全省共征收排污费2.324 0亿元，其中污水排污费1.208 7亿元，占排污费总额的52%；废气排污费8 432.02元，占比例的36.3%，其中二氧化硫排污费4 346.64万元，占排污费总额的18.7%；噪声超标排污费2 554.77万元，占比例的11%；固体废物排污费166.71万元，占比例的0.7%。

（省环境监察总队）

湖南省

【排污费征收】 2004年是湖南省实施国家《排污费征收使用管理条例》（以下简称《条例》）和《湖南省实施〈排污费征收使用管理条例〉办法》（以下简称《办法》）的第一年。根据国家新的政策要求和全面足额征收的原则，各级环境监察机构采取了一系列行之有效的措施：

1. 创新机制，强化手段。在《条例》和《办法》的贯彻执行过程中，注重强化制度建设，推行政务公开，优化核定模式，创新工作机制，使排污收费工作做到公开、公正、透明。如株洲，为了核准排污单位的实际排污情况，对100家重点排污单位实行总量监测。在内部推行核算、征收、稽查三位一体的模式，在定量考核、督察回访、强化监督、责任追究等方面取得了成功经验；

2. 以点带面，带头示范。为了“全面、足额”征收，各级环境监察机构统一认识、统一行动，对所辖范围内的排污大户实行重点攻关，以点带面，全面推进。在排污量核定上，采取科学合理的核定方法，严格履行法定程序。在排污费征收上，坚持原则、办法灵活，及时联络沟通和主动上门催缴，保证了排污费的征缴入库。与上年比，全省排污费总额实现了26%的增长。省环境监察总队负责征收8家30万千瓦以上机组火电企业的排污费，执行过程中，在维护《条例》和《办法》严肃性的同时，也考虑了电煤价格持续上涨而上网电价调整不大的实际情况，在排污量的核定上采用了企业申报、在线监控、物料衡算和现场实测等多种方法进行核定比较、合理计算，基本实现了一步足额征收到位，为基层的依法征收工作起到了积极的示范作用；

3. 用足政策，严格稽查。省、市两级环境监察机构普遍加大了稽查工作的力度，长沙、湘潭、常德、岳阳、娄底、衡阳、自治州把稽查工作列为日常执法的重要内容，并取得了较好成效。

2004年，湖南省实际征收排污费入库40 711.73万元。其中中央、省属单位征收入库17 927.34万元，完成预算173.21%，比2003年净增11 640万元；市、州及以下排污单位征收入库22 784.39万元，完成预算100.15%，比2003年净增1 355.36万元；8家火电企业入库9 843.92万元，完成预算246.1%，比2003年净增8 563万元。收费总额在4 000万元以上的有长沙、株洲；3 000～4 000万元的有湘潭、岳阳；2 000～3 000万元的有衡阳、娄底。长沙县、澧县、浏阳、醴陵、湘乡、望城等县（市）征收排污费均超过300万元。

【排污收费制度执行情况检查】 2004年7～8月，全省14个市（州）统一开展了排污收费制度执行情况检查。省环境监察总队直接或会同有关市（州）对湖南铁合金厂、韶峰水泥集团、湘乡铝厂、新生水泥厂、恒安纸业集团、湖南涉外经济学院、煤炭坝能源公司、衡阳钢管厂、安乡几家纸厂等排污单位依法缴纳排污费情况进行稽查。对查出的问题立即给予纠正。对一时难以纠正的复杂问题，采取开会商议、约见负责人、下达监察通知等形式，督促相关单位或当事人限期整改，及时解决了排污收费中的一些问题。另外，加强协调，注意争取支持与配合。排污收费是一项政策性强、牵涉面广、难度较大的工作。要做好这项工作，单靠环保部门一家是难以到位的，需要得到有关部门的支持与配合。长沙、株洲、岳阳、常德等地在这方面做得比较好，加强了与财政、监察、司法和行业主管等部门的协调，取得了各部门对排污收费工作的理解、配合和支持，为多渠道、多方式解决部分企业缴费不及时、不足额的问题创造了有利环境。

【排污申报登记】 排污申报登记是日常环境监督管理和排污收费工作的重要基础。湖南省对2004年的排污申报登记工作进行了认真研究和部署，举办了3期“排污申报登记及排污收费管理软件”学习班，完成了全省14个市州重点企业的数据汇总、审核建库工作，使用“排污收费管理软件系统”对1 684家企业进行排污申报登记。为解决申报汇总中出现的问题，专门下发了《关于进一步加强排污申报和排污核定工作的意见》；并邀请软件服务商的工程技术人员下到基层环境监察部门，对操作人员进行技术指导。湖南省的排污申报登记工作已基本步入规范化的轨道。

（兰　洋）

广东省

【排污费征收管理】 2004 年,省环境监察总队根据国家环保总局《关于使用〈排污费征收管理系统〉软件的通知》(环办[2004)]8 号)的要求,会同省环境信息中心、广州市监察支队于 2004 年 2 月 25 日前往西安交大长天软件股份有限公司考察调研《排污费征收管理系统》软件的使用情况。通过对该软件的排污申报、审核、核定、计算征收、银行对账、开单、查询、统计、分析等各种功能的测试,探讨和研究了该系统的使用问题。并在全省推广使用该排污费征收管理系统。

同年,参与了《广东省排污费征收使用管理条例》的初稿起草工作;完成了全省火电行业排污申报登记核查工作;拟订了对全省 30 万千瓦以上电厂二氧化硫排污费征收工作的调研计划;完成全省征收排污费报表统计核算等工作。

(省环境监察总队)

广西壮族自治区

【排污费征收】 2004 年,广西壮族自治区累计完成排污费征收额22 317.09万元,其中,自治区环保局直接征收2 681万元。全自治区与 2003 年相比增长率达 24.82 %,增长幅度较大的有百色市 119.4%、北海市 50.40%、柳州市 46.55%、崇左市 31.63%、贵港市 27.12%、南宁市 22.97%。

【排污申报登记】 2004 年,广西壮族自治区建立了 2003 年排污申报数据库,提交了 2002 年、2003 年排污申报登记技术报告,为全自治区的现场执法检查、事故纠纷的处理、污染源状况分析等提供了基础资料。

(赖天天)

海南省

【排污费征收】 2004 年,《排污费征收使用管理条例》实施以来,海南省环境监察总队认真做好全省排污收费指导工作。编制了排污费征收管理系统软件试用版的安装说明和使用说明,并将排污费征收管理系统试用版刻录了光盘供各市县使用;对各市县存在较多疑问的排污企业的排污系数、当量数的计算、排污量的核定、非税收入一般缴款书的领取手续和开具等问题,耐心进行指导并将有关材料复印给各市县供参考使用;联合省财政厅共同举办了全省环境监察机构非税收入收缴管理培训班,并会同省财政厅为具备条件的 13 个市县环境监察机构安装了非税收入缴款书电脑开票软件。加强对全省排污收费的稽查工作,对稽查发现的问题,当场责成纠正,并跟踪检查纠正落实情况。注意总结经验,召开全省海水养殖现场会,推动全省海水养殖排污收费工作。2004 年,海南省共征收排污费 1 986 万元,比 2003 年增长 30%。

(省国土环境资源监察总队)

重庆市

【排污费征收】 2004 年,重庆市环境监察机构进一步贯彻落实《排污费征收使用管理条例》,按照全面申报、准确核定、稳步推进的原则,保证排污费征收工作的顺利实施,实现了排污费的稳定增长。2004 年,全市共征收排污费18 425.4万元,比 2003 年增加了5 160.3万元,增长率为 38.90%。其中:市级排污费征收8 637.4万元,区县级征收9 788万元。奉节县、綦江县、合川市、长寿区、涪陵区、万州区、秀山县、南川市、大足县排污费征收额在 2003 年基础上大幅度增长,净增额均在 100 万元以上。

(市环境监察总队)

四川省

【排污申报登记与排污费征收】 2004 年,四川省按照国家环保总局“环发[2003]64 号”和“环发[2003]187 号”文件的要求,全面启动了新的污染物排放申报登记制度。全省各级环境监察机构贯彻实施国务院《排污费征收使用管理条例》及其配套文件的规定,全面推行了新的排污收费制度和收费标准。四川部分地方还从本地实际出发,拟定了针对餐饮、娱乐等小型排污者的排污系数,为相关污染物排放量的核定提供了方便。省环境监察总队重点开展了 5 000千瓦以上火电机组的排污申报工作,结合“属地化管理”和排污收费工作,对全省 30 万千瓦以上电力企业(集团)、四川石油管理局和中石油西南油气田分公司的排污申报工作,进一步提出了明确要求,从申报主体、申报表格、物料衡算办法等方面予以了规范。

2004 年,四川省共征收排污费 2.726 亿元,比 2003 年增长 14.7 %;其中省级排污费征收4 900万元,比 2003 年增长 25.64 %。

(陈泽文)

贵州省

【排污费征收】 2004 年是全面实施国务院《排污费征收使用管理条例》的重要一年,贵州省各级环境监察机构以开展环保执法专项行动为契机,通过加大环境现场执法力度和推动排污申报制度的贯彻落实，努力克服收费工作中的各种困难，使全省排污费征收额突破了两亿元大关，在较大压力下开创了全省排污收费工作的新局面。全省累计完成排污费征收额22 176.67万元，与2003年同期相比增长幅度达59.66 %；其中，省级征收的电力企业二氧化硫排污费9 901.75万元，占总收费额的44.48 %。从全省9个市、州、地收费情况看，全省除黔南州略低于2003年收费额外，其余各地增收额和增长率均较以往有较大幅度增长；贵阳市排污费征收额突破3 000万元，六盘水市排污费征收额突破2 000万元，毕节地区突破1 000万元，黔西南州、安顺市、铜仁地区征收排污费均实现了较大幅度增长。全省收费额超过500万元的直接收费单位有5个，上100万元的直接收费单位达到41个。

【排污费征收稽查】 2004年，贵州省环境监察总队为了确保全年排污费征收工作取得好成绩，加大了对排污费收缴工作的审计、稽查力度，并取得了明显成效。一是2004年11月会同省审计厅对毕节地区、黔西南州原煤"五统一"排污费征收、管理、解缴、使用情况进行专项检查，督促有关单位补缴2003年7月1日至2004年10月1日征收的煤炭排污费1 100余万元，并对部分地方未执行省政府规定的收费标准的行为进行了纠正；二是2004年12月组织对铜仁地区和黔东南州4个县8个排污单位缴纳排污费情况进行了专项稽查，责成未依法征收的个别县环保部门和有关缴费单位限期进行了整改；三是组织对中环电力有限责任公司试生产期间收费进行稽查，追缴排污费380余万元。通过这些工作促使全省排污费征收入库率明显提高，达到99.66%。

（省环境监察总队）

云南省

【排污费征收】 2004年是《排污费征收使用管理条例》在全省全面实施的第一年。各级环境监察机构通过组织人员认真学习宣传《条例》和相关配套规章以及云南省的贯彻意见，研究制定各地的具体实施意见，开展培训工作，着重抓《条例》的贯彻实施，认真开展排污申报登记工作，主动与财政、价格、经济、人民银行等部门进行协调，做好衔接工作，基本上按新的规定、方法、标准征收解缴了排污费。针对各地在贯彻执行《条例》过程中存在的问题，省环保局下发了《关于进一步加强排污费征收管理工作有关问题的通知》（云环发[2004]912号），通报了排污费征收情况，要求各地要进一步提高对排污收费制度改革工作的认识，加强对排污费征收、管理工作的指导，加大工作力度，严格按照《条例》及配套规章规定的征收范围、权限、时限和程序征收排污费，不得降低或提高征收标准，不得擅自扩大排污费减免和缓征的范围，做到依法、全面、足额和及时征收排污费，严格按规定比例解缴排污费，保证了2004年排污费征收任务的完成。

为了促进排污收费的规范化管理，省环保局在全省环境监察能力建设资金中安排了65万元用于购买排污收费软件，现已配发到全省各地，使排污收费工作上了一个新的台阶。

（省环境监察总队）

西藏自治区

【排污费征收】 2004年，为贯彻落实《排污费征收使用管理条例》（以下简称《条例》），针对各地（市）排污收费工作中普遍存在的人员素质低、排污单位环境意识不强等问题，自治区环境监察总队认真研究解决问题的办法，编印了《西藏自治区排污收费文件汇编》下发各地（市），加强对各地（市）的排污收费工作的管理和指导，要求各地（市）加强学习，全面掌握排污收费体系，严格收费标准，规范收费行为，杜绝收费过程中的一切不正当行为，切实做到依法征收。2004年，全区共征收排污费593.11万元，比2003年的356.59万元提高了近66%。

（自治区环境监察总队）

陕西省

【排污费征收】 2004年以来，随着各市污水处理厂的陆续建设并投入使用，各市政府相继加大了污水处理费的征收力度，给排污收费工作带来了巨大的冲击，全省的排污费征收工作一度遇到很大困难。陕西省各级环境监察部门采取有效措施，坚持依法征收，足额征收。全年开征单位1.8万户，征收排污费2.56亿元，比2003年同期增收7 051万元，增长38%，首次突破两亿元大关。按增长幅度统计，增长幅度超过30%的有5家：陕西省环境监察局增长162%、延安市增长152%、榆林市增长65%、汉中市增长34%、铜川市增长30%。按收费额统计，收费额超过5 000万元的有两家：西安市5 810万元、陕西省环境监察局5 673万元。收费额超过2 000万元的有两家：延安市3 163万元、榆林市2 186万元。收费额超过1 000万元的有4家：咸阳市、渭南市、汉中市、宝鸡市。超百万元以上的收费大县（区、市）38个，其中，500万元以上的1个（宝塔区），400万元以上的两个（碑林区、志丹县），300万元以上的4个（神木县、黄陵县、吴旗县、新城区），200万元以上的7个（莲湖区、子长县、韩城市、西安高新区、雁塔区、未央区、安塞县）。

（省环境监察局）

甘肃省

【排污申报登记工作】 2004 年，全省加大了对重点企业、重点污染源排污申报登记工作力度，全面部署了污染源申报核查工作。省环保局举办了全省排污申报登记与核定培训班，全省环境监察支队、重点县区监察大队和全省重点企业环保专干参加了培训。各地环保部门按照部署，均成立了由监察、管理、监测等部门为成员的核查工作小组，有重点、有组织、有计划地开展了排污申报登记数据核查。2004 年，全省共有13 350家排污单位按期进行了排污申报登记，其中：废水排污申报登记7 792家，废气排污申报登记6 579家，固体废物排污申报登记2 994家，噪声排污申报登记1 352家。

【排污费征收】 2004 年，全省结合"整治环保专项行动"，将拖欠排污费大户纳入严查对象，真正体现出在强化监督中促进征收，在促进征收中监督落实。积极配合各级财政、审计、物价部门开展了自查自纠工作，排污收费账目收支明细清楚，建立了严格的排污收费票据管理制度，票据填写规范，引用依据明确，核算计量准确。2004 年，全省共征收了排污费1.69亿元，开征户16 870户，较 2003 年增加了2 200万元，超额完成全年任务3 900万元。

（杨 桦）

青海省

【排污申报登记】 2004 年是青海省全面实施《排污费征收使用管理条例》的第一年，全省各级环境监察部门在作好宣传工作的同时，严格按照"全面申报、准确核定、足额申报"的原则，对辖区内污染源基本情况、生产工艺、污染物排放情况全面申报登记，全年完成申报登记核定户数2 695家。

申报核定污水排放户2 466家，污水达标排放量14 287.43万吨，超标准排放量8 018.77万吨。工业废水主要来自钢铁、有色金属采选和冶炼、电力、化工，排放污染物主要为化学需氧量、石油类和铅，排放量分别为4 065.1吨、90.2 吨、29.75 吨，工业废水达标率 63%。其中，化学需氧量和石油类超标排放分别为 918 吨、46.08 吨。

废气排放户2 133家，废气排放量12 378 609万标立方米，其中，废气超标准排放量10 016 962万标立方米，二氧化硫达标排放量 48 616.63吨，超标排放25 044 093吨，排放达标率为 66%，工业烟尘达标排放量34 236.02吨，超标排放41 844.03吨，排放达标率为 45%，工业粉尘达标排放量9 140.29吨，超标排放73 953.22吨，排放达标率为 11%，主要来自火力发电、非金属制品业、有色金属采选和冶炼、化工等行业。固体废物排放户 511 家，固废排放量60 500吨，其中，冶炼渣7 400吨，其他渣53 100吨。噪声排放申报户数 347 家。

重点排污单位申报 177 家，其中废水排放量占工业废水总排放量的 83%，废气中二氧化硫占工业总排放量的 92%，烟尘排放量占工业总排放量的 96%，固体废物排放量占总排放量的 93%。

【排污费征收】 2004 年，全省共有 8 个地区 23 个环境监察部门对 2 894 家排污单位征收排污费1 559.45万元，比 2003 年的1 048万元增长了511.45万元。其中省本级征收户 1 家，地市级征收户 986 家，征收排污费 760.17 万元，县级排污费征收户1 907家，征收排污费 799.28 万元。

重点行业排污费征缴情况，在钢铁、水泥、石油、金属采选冶炼等 18 个重点行业征收排污费，开征重点排污单位 181 家，征收排污费 927.66 万元；对小型"三产"等排污费征缴情况，开征单位2 535家，征收排污费 526.21 万元。对建筑施工单位排污费征缴情况，开征单位 178 家，征收排污费 105.57 万元。

（省环境监察总队）

宁夏回族自治区

【排污费征收】 2004 年，全区环保系统贯彻执行《排污费征收使用管理条例》（国务院 369 号令），推进排污收费制度改革，使全自治区排污收费从单一浓度收费平稳过渡到总量收费。主要做法是：一是完善了法规体系，自治区人民政府制定了《宁夏回族自治区排污费征收使用管理办法》，明确了环境监察机构执法地位，全区各级环境监察机构具体负责排污费征收工作；二是加强宣传，向排污者宣传排污收费方面的法律法规，公开办事制度及工作程序，增强其环境意识，明确其责任义务；三是加强现场执法，强化征收手段，加大征收力度，坚持公开、公平、公正依法征收，保证排污收费工作稳步向前推进；四是强化内部管理，严肃查处弄虚作假、少征、漏征、人情收费、协商收费等问题，保证依法、全面、足额征收排污费；五是严格执行"收支两条线"规定，按照"环保开票、银行代收、财政统管"的管理体制，将征收的排污费全部缴入各级财政专户，作为环保专项治理资金，用于污染治理，使全自治区环境质量得到进一步改善。

通过采取以上措施，2004 年全自治区排污收费工作迈上了一个新台阶，全自治区开征户数4 515户，共征收排污费4 935万元，比 2003 年增长 118%，创全自治区排污收费历史最高水平。

（自治区环境监察总队）

新疆维吾尔自治区

【排污费征收】 2004 年，全自治区共征收排污费为15 365.91万元，为计划指标的 117.4%（2004 年自治区环保局下达的征收计划为 13 086 万元，不含兵团），为 2003 年同期收费额的 138%。征收户数达到23 266家，其中征收工业企业为3 406 家，第三产业 17 133 家，乡镇企业2 262 家，其他征收户数为 465 家。全区 15 个地、州、市（包括自治区环境监察总队）除克州外全部超计划完成 2004 年排污费征收任务。（见附表）

2004 年全区排污费明细表

序　　号	名　　称	计划征收（万元）	实际征收（万元）	完成率（%）
1	自治区环境监察总队	4 801	4 801	100.0
2	乌鲁木齐市	3 152	3 668.379 8	116.4
3	昌 吉 州	516	700.53	135.8
4	石河子市	320	458.50	143.3
5	克拉玛依市	890	908.214 8	102
6	塔城地区	305	320.551 4	105.1
7	博　　州	122	156.5	128.3
8	伊 犁 州	453	706.832 1	156
9	阿勒泰地区	307	320.144 7	104.3
10	哈密地区	281	317.784 6	113.1
11	吐鲁番地区	211	314.00	148.8
12	巴　　州	563	795.523 5	141.3
13	阿克苏地区	610	1 161.273 5	190.4
14	克　　州	93	91.419 7	98.3
15	喀什地区	310	425.6	137.3
16	和田地区	152	219.56	144.4
17	合　　计	13 086	15 365.913 2	117.4

【排污费征收管理】 新疆维吾尔自治区对排污收费的管理是实行分级征收、分级管理的三级管理制度。2004 年，自治区环境监察总队和部分地、州、市排污费征收票据已纳入自治区财政票据管理体系，完全实现了执法单位开票、银行收款的收费体制。同时自治区环境监察总队对全自治区地、州、市排污费的收、管、用情况开展稽查，使全自治区的排污收费管理工作得到了进一步加强。

截至 2004 年 12 月 30 日，已收缴国库排污费15 020.84万元，其中：缴入省级国库6 180.21万元；缴入地（市）级国库8 379.67万元；缴入县级国库460.96 万元。

【排污申报及排污许可证制度执行情况】 2004 年，全自治区环境监察机构对全自治区污染源企事业单位的排污申报进行了全面核查，保证了全自治区污染源企事业单位排放污染物的浓度、种类、数量和排污费核算的准确性。并对辖区内饮食服务行业的排污申报进行了彻底的核查，确保了申报登记的准确性，使排污单位将环保设施和污染源管理纳入正常的生产管理中。2004 年，全自治区应申报单位43 223家，实际申报单位29 846家，符合许可证发放的单位共3 670家。

（刘寒峰）

新疆生产建设兵团

【排污申报登记与年审】 2004 年，兵团环境监察机构向工业企业、生活锅炉、医院、建筑施工单位及餐饮娱乐服务业下发排污申报登记通知，并在工作中开展查拒报、查谎报、查漏报的“三查”行动。共完成排污申报登记 896 家，发放登记注册证、排污许可证等各类证书 717 份。

【排污费征收】 2004 年，兵团各级环境监察机构克服各种干扰和困难，采取有效措施，加大征收工作力度，全面完成征收任务。全兵团共计对 712 户排污者征收排污费1 330万元。

（生产建设兵团环境监察总队）

大连市

【排污费征收】 2004 年，在总结上年排污收费工作基础上，加强了排污收费的管理工作，提出了由原来收费人员划片管理的方式改为“管、收、查”三分离的管理模式，即分片管理排污单位的年度申报登记、排污变更和环境监察工作；收费大厅负责排污单位的排污费缴纳工作；环境监察人员按照指令性计划对排污单位申报与缴费情况进行稽查。制订了《排污费核算办法》、《排污费减免及缴纳管理办法》、《排污费征收管理办法》、《排污申报工作办法》和《排污费公告制度》等规章制度，使排污收费工作走上了制度化、规范化的管理轨道。在开展服务型政府建设过程中，针对大连市三产行业的实际情况，印发了《关于小型三产行业排放废水暂不收费的通知》。调整了大、中型餐饮服务企业的排污费征收标准，减轻了企业负担。结合中小企业中特殊行业的特点，对建筑施工噪声污染物排放，机械制造业和造船行业使用油漆、砂磨、电焊等产生废气无组织排放，房屋拆迁、矿山开采、水泥行业扬尘无组织排放，餐饮、娱乐服务行业的噪声、废气无组织排放等制定了操作性强的核算办法。办法的制定为特殊行业收费提供了准确的依据，统一和简化了收费工作程序，使特殊行业排污费征收工作更加规范。

2004 年，全市共征收排污费13 133.1万元，其中市区内征收排污费9 733.1万元，区市县征收排污费3 400.0万元。

【排污费稽查】 根据排污收费工作“管、收、查”三分离的管理模式，2004 年大连市实施排污收费稽查制度，建立了一人两岗、内外稽查、两级稽查的排污收费稽查体系，出台了《大连市排污收费稽查办法》(试行)，确定了排污费稽查的工作程序、稽查内容和工作方法，开展了市区排污收费稽查的试点工作。市环境监察支队采用抽查与全面检查的方式对分局申报率、缴纳率和足额征收率进行考核，开展了餐饮、洗浴行业和中、小型企业排污费稽查工作。市内两级征收部门对 581 个排污单位进行了排污申报稽查，占缴费单位总数的 12.2%，对 18 个排污单位追缴了排污费 15.17 万元，其中中山分局追缴 8.15 万元，甘井子分局追缴 0.35 万元，监察支队追缴 6.67 万元。

（孙　勇）

青岛市

【排污费征收】 2004 年是全面实行总量收费的一年，为保证收费工作顺利进行，在全市环境监察系统人员的共同努力下，2004 年全市共开征排污单位4 868个，征收开单金额8 090.92万元，加上部分企业补缴的 2003 年排污费，总共解缴入库8 276.87万元。其中 2004 年征收污水排污费及超标准排污费5 195.96万元，开征户数 2 862个；征收废气排污费2 456.34万元(其中二氧化硫排污费1 017.26万元)。征收噪声排污费 299.28 万元，开征户数 431 个；征收固废排污费 139.34 万元，开征户数 95 家。

【排污费征收管理】 1. 明确目标任务，加强组织领导，为开展总量收费提供保障。一是划分职责，明确责任。根据属地化管理的原则，于 2004 年对青岛市的排污收费工作职责进行了重新调整，将原来由市环境监察支队负责征收的企业全部移交给各区环保分局征收，市环境监察支队主要负责对各区、市排污收费工作进行业务指导和稽查。二是定期调度，及时掌握收费动态。要求各区、市环保部门每月上报排污费征收情况，市监察支队每月组织召开一次排污收费调度会，交流各区、市排污收费工作经验，解决收费过程中出现的问题。三是领导重视，狠抓落实。2004 年总量收费遇到困难时，青岛市环保局领导亲自带领有关人员对总量收费工作进行了调研，现场解决各区、市存在的问题，推动了总量收费工作全面开展。

2. 强化业务培训，提高业务素质，为开展总量收费做好充分准备。2004 年，青岛市先后举办了两期排污收费培训班，对监察人员进行了总量收费业务、现场监测采样规范等相关知识的培训，进一步提高了监察人员的业务素质。

3. 全面细致地开展总量收费工作，抓好总量收费工作的基础环节。一是及时制定实施方案。根据 2003 年排污费征收情况，2004 年初组织人员对当年的排污费征收工作进行了预测，制订了排污收费实施方案，使排污收费工作有序进行；二是统一规范，加强指导。根据国家有关规定，组织各区、市对辖区内餐饮业的排污状况，分规模进行了调查，根据监测结果和排污状况，制定并下发了《青岛市餐饮业小型排污者排污量核算办法》，为餐饮业收费奠定了基础；同时，根据各区、市在排污收费开展过程中反映出来的问题，针对排污收费因子确定等问题制定了排污收费指导性意见和排污收费指南，为各区、市顺利开展总量收费工作打下了基础；三是结合企业生产工艺，认真作好排污核定工作。监察人员在核定过程中必须深入了解企业的生产状况和生产工艺，了解污染物产生及排放状况，以做到全面足额的征收排污费。同时，组织市监察支队有关人员到各区、市进行指导，帮助各区、市规范排污收费工作，解决实际过程中遇到的问题，与各区、市收费人员共同对重点污染源进行核定；四是各区、市环境监察部门将现场监察工作与排污收费相结合。市、区两级环保部门加强协作，实现监测数据共享，积极配合全市的排污收费工作；五是加强追缴欠费。在征收排污费的同时，加强了对欠费单位的催缴工作。对于有缴费能力而又拖欠不缴的单位坚决申请法院强制执行；对暂时没有缴费能力的单位要求其制定计划，分期缴纳。

4. 深化政务公开，增加总量收费工作的透明度。2004 年，各区、市环保部门均召开了辖区内排污企业排污收费工作会议，向排污单位讲解了《条例》及相关配套规章，逐项说明了排污费的计征情况，认真听取企业的意见，增强排污收费工作的透明度，公开了青岛市环保局排污费征收内部管理程序、排污费申报、核定和计征的管理办法，使企业进一步了解政策，明白程序。同时，将排污收费有关规定在碧海蓝天网站进行公开，对企业提出的问题在网上进行了答疑。

【排污申报登记】 2004 年，青岛市排污申报户数 2 814家。其中污水排放申报户数2 441户，核定污水排放量 10 881.71 万吨，化学需氧量达标排放 16 766.22吨，超标6 180.64吨，氨氮排放量4 020.71吨，超标 218.81 吨；废气排放申报户数 627 家，全市煤炭用量 856.7 万吨，燃料煤用量 754.35 万吨，废气排放量12 883 535.3万标立方米，二氧化硫排放量 66 737.98 吨(不含青岛发电厂和黄岛发电厂)，烟尘排放量17 928.4吨；固体废物申报户数 465 家，危险废物产生15 356.67吨，一般固体废物产生4 735 740吨；噪声申报户数 465 家。

从数据汇总情况分析，餐饮业排放的废水是造成化学需氧量超标的主要原因，一般超标废水能够进入城市污水处理厂进行再次处理后达标排放。

(市环境监察支队)

宁波市

【排污费征收】 2004 年，是实施国务院《排污费征收使用管理条例》的第二个年头，宁波市在排污收费的程序化、规范化、制度化上明显上了一个台阶，建立并逐步完善了计算机征收管理软件，建立了内部审核、抽查核查、票款分离、公告和排污收费公示等各项制度，进一步完善监督机制。同时，积极探索并全面完善落实新的排污收费体系，落实申报登记"三表合一"制度的改革。根据《排污费征收标准管理办法》规定，从 2004 年 7 月 1 日起开始征收氮氧化物排污费，市监察支队会同监测站对氮氧化物进行比较性监测，形成相对合理便于操作的氮氧化物排污量核定办法，并在全市得到了应用。今年全市共征收排污费7 600余万元，第三季度开征氮氧化物排污费1 273.04万元，占当季排污费总额的 51.4%。

(吴方民)

厦门市

【排污费征收】 2004 年 6 月 5 日新修订的《厦门市环境保护条例》施行后，各区环保分局成为征收主体，市环境监理中心所派驻各分局监察人员按照属地管理原则具体承担辖区排污费征收工作，市环境监理中心所通过对分所的工作进行指导、规范、监督、检查来规范其征收行为。市环境监理中心所及时调整工作思路，修改制定《排污费征收管理系统》软件，以适应新的收费制度，制定《排污费征收管理系统使用管理办法》、《排污费征收内部工作程序实施细则》、《排污费征收考核评分办法》等一系列工作制度，规范《排污收费审批单》等工作文书，实行排污收费分级审核，组织征收人员业务培训，全面规范各监理分所的征收行为，确保排污费的"依法、全面、足额、及时"征收。2004 年排污费开征户数 9 052 户，征收排污费3 282.6万元，完成全年目标 136%。

(市环境监理中心所)

深圳市

【排污费征收】 2004 年，深圳市排污收费改革工作由准备阶段逐步转向具体实施阶段。1 月，完成全市工业企业和第三产业的年度排污申报与变更工作。2 月，市财政局确定缴纳排污费商业银行，市、区环保部门陆续向有关排污单位发出《排污费缴款通知书》。6 月，完成全市电力行业、规模化畜禽养殖行业、城市自来水厂、污水处理厂、垃圾填埋场排污申报和核定工作，并开征建筑施工噪声超标排污费。7 月，开始计征二氧化氮排污费，同时将二氧化硫征收标准在原有基础上提高一倍。9 月，颁布排污收费数据交换规范，提高排污收费工作效率。2004 年，深圳市共征收排污费10 438万元，其中市本级4 428万元，区级6 010万元。

【排污费解缴管理】 2004 年，市财政局确定缴纳排污费商业银行按照委托协议书的有关规定，及时准确地将排污费解缴至中央国库和省国库，并及时完成向区财政的划拨。截至 2004 年底，共解缴排污费 10 438万元，其中 10%部分计1 043万元缴入中央国库，5%部分计 522 万元缴入省国库。其余 85%部分属市本级征收的共计3 764万元缴入市本级国库，属各区代征收的缴入区级国库，其中福田区 335 万元，罗湖区 375 万元，南山区 643 万元，盐田区 59 万元，龙岗区2 112万元，宝安区1 583万元。

(张志宇)

沈阳市

【排污费征收】 2004年1月1日起，沈阳全面实施了总量收费工作，全市环境监察人员在克服总量收费后第三产业排污费核定额降低的困难，顺利实现了超标收费向总量收费的平稳过渡。

为了准确反映排污单位的污染物排放状况，根据《排污费征收使用管理条例》要求，采用抽样监测的办法，先后制定了服务行业、燃料燃烧、铸造行业、屠宰行业、酿造行业、洁净型燃烧、建筑工地、畜禽养殖8个行业污染物当量核算办法，并向社会公开、公示。通过制定各行业污染物当量核算办法，统一了全市各行业的收费标准。

在全市各区、县环保局试推行排污费的核定、征收、缴费分开制度，结束了过去排污申报登记表、排污核定通知书保留在专管人手中的现象，使排污收费工作公开化、排污收费档案规范化。

统一高校、超市连锁经营单位的排污费核定，组织相关县、区用市环保局文书对连锁经营单位统一集中核定，对高校专门下发文件，给予统一的优惠政策，严格要求核定金额，任何人不得擅自减免，排污费的统一核定工作得到了市高校办等单位的好评。

【排污费征收管理系统软件培训】 为贯彻实施《排污费征收使用管理条例》，规范排污收费行为，提高工作效率，根据国家环保总局《关于全面推广应用排污费征收管理系统软件的通知》，全市排污费征收软件应用人员参加了省环保局举办的《排污费征收管理系统软件》培训班。培训解决了核定、计算、收缴程序的繁琐和核定金额不透明等一系列问题。

（市环境监理大队）

长春市

【排污费征收】 2004年，为积极推动《排污费征收使用管理条例》的贯彻落实，加强排污收费法规和政策的学习、宣传，长春市环境监察支队将新的收费条例和收费标准印制成《长春市环境监察公示卡》发放到全市各企事业单位。工作中注重抓排污申报、污染源监测等科学收费依据，采取“抓大不放小”等方法，不断扩大排污费征收面。实行排污费两级核算，三级审核制度，加大稽查力度。运用法律手段，对拒缴排污费的单位和业户分别给予了行政处罚和申请法院强制执行，强化了排污费征收，全市排污费征收工作进一步加强，较好地实现了向新排污收费制度的稳步过渡。

（蒋步新）

哈尔滨市

【排污费征收】 2004年是全面贯彻落实《排污费征收使用管理条例》的第一个整年，由于提高认识，抢前抓早、严格执行《条例》，排污费征收工作有序进行。在总结2003年下半年推行总量收费以来取得的经验基础上，对重点污染行业、企业进行分析，与上年进行对比，与兄弟城市进行对比，查找差距和不足，结合实际确定了排污收费的目标任务。2004年，全市征收排污费6 909.43万元，占全市GDP的0.04%，比上年增收837万元，增长15%，全市征收6 478户。其中市区征缴入库5 534.63万元，征收4 429户。市本级征缴入库4 143.88万元，征收441户，比上年增收837万元；6个区征缴入库1 391万元，征收4 018户；12个县（市）征收1 375万元，征收2 049户，比上年增收30万元。市本级申请法院强制执行排污费案件13件，实施排污费稽查69户，稽查排污费133万元，开发区征收排污收费97.73万元。

经过全市收费人员的共同努力，排污费征收工作提前完成了全年预定任务。在落实排污费征收制度、规范执行排污费征收程序和排污费稽查等方面也有了很大提高。

【排污费征收法规宣传】 为增强企业对收费工作的理解，在征收工作中，针对废气排污费增幅很大，部分企业一时存在不理解的问题，全市加大环保法律法规的宣传力度，不断调整工作思路。结合年度排污申报工作，对全市环境监察人员和企业环保干部进行了业务培训，提高环境执法人员的业务水平，明确企业缴纳排污费的知情权。市环保局领导、市环境监察支队领导多次深入哈尔滨制药总厂、哈尔滨热电厂、哈尔滨建成集团、哈尔滨飞机制造集团等重点排污企业，宣传环保政策，向企业征求收费工作的意见，不但增强企业缴费意识，而且增强企业对环保执法、环境管理、排污收费工作的理解。市环境监察支队针对个别企业、院校反映收费工作的具体问题，多次召开座谈会，宣传排污收费政策，解决反映的问题。在执行排污量核定系数和未完成限期治理任务加倍征收排污费方面，执行最低标准，为企业的经济发展创造宽松的经济环境。由于加强法律法规的宣传，提高企业依法缴费的意识，促进了收费工作的顺利进行。

【排污费征收管理措施】 1. 全面推进总量收费。2004年初制定了《哈尔滨市燃料燃烧排放大气污染物物料衡算办法和小型企业排污量抽样测算办法》，为扩大小户收费额，扩大难以监测的废气收费额打下了基础。

2. 扩大排污费开征领域。2004年全市征收污水类排污费3 298.45万元，其中污水超标排污费3 153.71万元，废气类排污费3 213.41万元，固废类排污费78.28万元，噪声类排污费31.92万元，征缴2003年欠缴排污费179.22万元。2004年还加强了对水泥行业、炼油企业的排污量核定工作，对4家重点工业企业工艺废气进行现场核定。

3. 制定排污收费内部运转程序，完善基础工作。实行排污费审核例会制度，对每一笔排污费都进行了审核，建立了征管科室、综合科、支队领导、局收费监督处“四级审核”制度。

【排污申报登记】 2004年，加强了排污申报登记工作，对16户拒绝排污申报登记的单位责令限期补报并进行了行政处罚；开展了“三表合一”试点的分析测算工作；9月在全市开始应用《排污收费征收管理系统软件》，进行了市管企业308家的微机录入工作。推行排污费政务公开，上网公示排污收费，做到“阳光收费”；对电力行业、大专院校，医疗等行业统一排污核定，力求使排污收费逐渐走向制度化、公开化。

【排污费稽查工作】 2004年，哈尔滨市环境监察支队将开发区的排污收费工作列为重点工作之一，配合开发区全面启动收费工作，对开发区所属两个工业集中区和中心区工业企业以及饮食服务业排污量进行了重新核定，全面开展排污申报，全年征收排污费近97.73万元，创历史最好水平。开展排污费稽查，拓宽开征面。对银行、电信、供暖公司等单位进行稽查，稽查单位197户，新开征90户，征收排污费135万元。对县(市)排污费进行稽查，对全市9家啤酒生产企业排污费进行了稽查，促收排污费76.4万元。

（彭　伟）

南京市

【排污费征收】 2004年，南京市全面贯彻新条例，进一步规范收费行为。在原有规范的基础上，建立监督机制，加强督察，一方面加强对收费人员的廉政教育和职业道德教育，增强自律意识；一方面修订排污征费规范，严格执行开票和收费分开，从制度上抓紧落实。在市环境监察支队及区县大队的共同努力下，全市共完成排污申报4 928家，其中重点工业污染源448家，一般工业污染源2 039家。全年实际征收排污费12 147万元。

市直与各区县年度目标完成情况

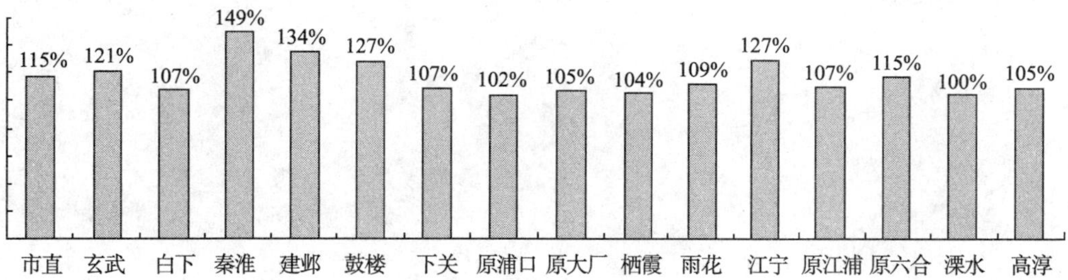

（市环境监察支队）

武汉市

【排污费征收】 2004年，武汉市排污费征收取得历史新突破，全市征收排污费8 988万元。按照《排污费征收使用管理条例》和《行政许可法》的有关规定，所有核定征收的市直管企业及收费额度已经全部在武汉市环保局网站上进行了公示，自觉接受社会监督。

2004年共完成排污申报及变更单位1 539家，比去年增加154户；对866家单位实施了排污许可证管理，其中，发放正式排污许可证94家，临时排污许可证772家。

（市环境监察支队）

广州市

【排污费征收】 2004年，广州市共征收排污费18 234万元，比2003年的18 559万元略有下降。其中，广州市环境监察支队征收排污费8 353万元，比2003年增长1.96%，各区、县监察大队征收排污费9 881万元，比2003年减少4.7%。2003年7月1日起，实施新的《排污费征收使用管理条例》后，由于多种原因，广州市排污收费出现了下滑的现象。2004年，广州市环境监察支队采取针对性措施，加强了申报、核定及强制执行等环节的管理，依法增加新开征项目，印发了《加强排污申报工作的通知》，重点对二氧化硫排污大户进行了全面核定，依法开征了氮氧化物排污费，加大对排污费的追缴力度，全年共申请法院强制执行52件，追缴金额达57万元。使全年排污费保持相对稳定。

（市环境监察支队）

西安市

【排污申报登记与年审】 2004年，为进一步规范排污费征收工作，做到足额、全面收费，西安市环境监察支队以从严核定排污申报作为突破口，结合同行业、同等规模排污者做横向比较，结合历年数据做纵向比较，克服以往把关不严可能出现的瞒报、谎报、拒报现象，做到科学准确核定排污量。为加大对3家电厂的收费力度，征收人员多次深入现场了解工艺状况，并根据其排污情况准确核定排污量，使得电厂收费工作井然有序，全年征收达583万元，占排污费总额的18%。

【排污费征收】 实施新的排污费政策对污水部分排污费的征收产生了较大的影响，监察人员为确保全年征收工作平稳进行，避免大起大落，采取了加大监测频率，抓住排污高峰，扩展收费面等措施，同时，对瞒报、拒报、谎报排污量及长期欠费的排污者，加大处罚力度，全年共计罚款35.7万元，有力地保障了排污收费工作顺利进行。

2004年，全市共征收排污费5 865万元，其中市环境监察支队征收3 236万元，较上年度增加12.1%，支队直接征收废气排污费971万元，较上年度增加227%，弥补了因政策影响造成的排污费减征的局面。

【排污费征收稽查】 2004年，西安市环境监察支队对各区县的环境监察工作中水污染防治设施、污染源调查管理、建筑施工噪声等工作进行检查、指导和监督，依照《西安市征收排污费稽查管理暂行规定》，开展排污费稽查工作，对不按程序标准收费，不足额收费的问题进行了纠正，促进了各区县环境监察大队的排污费征收工作。

（赵文军）

济南市

【排污费征收】 2004年，全市各级环境监察部门严格按照“依法、全面、足额、及时”的征收排污费方针，认真执行《排污费征收使用管理条例》，严格申报、审核制度。全年共计征收排污费5 882.6万元。解缴省财政1 121.5万元，解缴市财政1 333万元，解缴区财政3 428.1万元。排污单位5 009家，排污申报单位4 503家。

（市环境监理总站）

环境稽查与违法案件查处

- ◎ 监察稽查与督办
- ◎ 环境违法立案查处
- ◎ 环境污染与生态破坏典型案例实录

【重点污染源案件督察督办】 2004年，国家环保总局环境监察局共督办各类污染案件179件，赴现场直接查处案件65人次，计401人天，行程11.09万千米，及时督察办结了四川沱江两次污染事故、淮河流域水污染、晋陕蒙交界地区环境污染、三峡库区支流“水华”现象、渭河流域污染、河北唐山钢铁企业污染、河北徐水县涉铅企业污染、广东韶关大宝山地区污染、山东冠县小造纸污染案件等22起。其中对四川沱江污染案和天津北辰区西堤头污染案的处理得到了曾培炎副总理的充分肯定。

【环境违法立案查处】 2004年，国家环保总局环监局查办的大、要案与往年相比，区域、流域污染案件的比例明显上升。先后组织了三峡库区支流“水华”现象、黄河支流渭河、淮河支流洪河、整个淮河流域等流域的污染情况检查以及晋陕蒙交界区域环境污染检查、唐山钢铁行业整顿等。这种流域区域作战的方式符合自然生态规律，对解决环境污染问题长效有力。同时加紧对城市工业源污染案件的查处，先后查处了川化集团、兴发集团、首钢集团、皖淮集团、营口造纸、大连机车集团等一批大型企业或上市公司的违法案件，起到了查处一个、震慑一方的作用。

【依法查处沱江特大水污染事故】 “302”沱江特大水污染事故是一起无视环保法律法规的人为责任事故。四川化工股份有限公司（以下简称“川化公司”）违规技改并试生产，公然违反“三同时”的规定，在既未向当地环保部门申请报告，又明知解吸装置不能正常运行的情况下，仍强行投料生产，致使大量高浓度超标氨氮废水（浓度高达2 611～7 618mg/L，超标125倍）直接外排，经支流毗河流入沱江，导致了沱江水质严重污染。从2004年3月2日开始，沱江发现死鱼，沱江沿线城市简阳、资阳、资中和内江地区饮用水源遭受污染，到3月26日污染事故解除，共造成沱江下游死鱼100多万千克，近100万人饮水中断25天，沱江水生生态环境遭受严重破坏，大批工业企业和服务行业被迫停产。据四川省初步计算，这起水污染事故造成的直接经济损失达2.19亿多元。水污染事故发生后，四川省省委、省政府领导高度重视，迅速采用消防车调用生活用水，解决群众用水困难，引岷江水冲污，缓解水质污染。

“302”沱江特大水污染事故发生后，国务院领导和国家环保总局领导高度重视。曾培炎副总理作了重要批示：“要对不负责任排污的企业依法查处”，国家环保总局解振华局长批示：“要对造成后果的企业和负责人依法处理”，国家环保总局立即作出应急反应：一是责成四川省环保局加强对沱江主要有关断面的水质监测，对沱江流域所有工业污染源进行排查，严肃查处违法排污企业；二是要求四川省各级环保部门配合四川省各级政府和有关部门，采取措施尽快消除污染危害，确保群众生活饮水安全；三是确定专人做好情况调度和技术指导工作，时刻掌握水质水情变化，及时向国务院报告。并于3月10日派员前往四川，传达落实曾培炎副总理的批示精神，赶赴事故现场配合四川省政府督办污染事故处理，提供技术支持，尽快消除污染。为严肃法纪，国家环保总局向四川省环保局发出环境监察通知，要求依照环境保护法律法规，严肃查处川化股份有限公司的环境违法行为，追究有关责任人的责任。四川省环保局对川化股份有限公司造成污染事故罚款100万元。4月10日国家环保总局又派出监察局的领导同志再次前往四川，向四川省政府和省监察厅传达国务院领导的要求，督促四川省政府加快处理进度，依法严肃查处有关责任人员。川化股份有限公司先行赔付渔业损失1 179.8万元。

四川省政府对有关责任人员进行了如下处理（川府[2004]19号）：给予四川化工控股集团公司董事长赵彦博行政警告处分，勒令川化股份有限公司董事长谢木喜辞职。

撤销川化股份有限公司副总经理谷业康职务。免去青白江区副区长郑兴华职务。免去青白江区环保局局长赖建能党组书记和局长职务。给予青白江区环保监测站副站长顾天奕党内严重警告、行政降级处分。

对在沱江水污染事故中涉嫌构成重大环境污染事故罪、环境监管失职罪的直接责任人实施逮捕，移送司法机关处理。

2004年5月24日，国务院副总理曾培炎率领国务院有关部委领导亲赴四川成都，召开“302”沱江特大水污染事故现场会，要求四川省政府处理好污染事故给人民群众造成的损失，做好赔偿，加强污染治理，防止类似事故再度发生。

2005年9月，成都市锦江区人民法院对在2004年沱江特大污染事故中涉嫌构成重大环境污染事故罪、环境监管失职罪的案件进行审理，对6名被告作出一审判决。

成都市锦江区法院经审理认为：被告人李俭身为川化股份有限公司全面负责公司各项工作的总经理，忽视环境安全，没有及时掌握和控制川化公司的排污情况，作为直接负责的主管人员，其行为已构成重大环境污染事故罪；被告人吴贵鑫身为川化股份有限公司分管环保工作的副总经理，忽视环境安全，未认真履行其工作职责，没有及时掌握、控制川化公司的排污情况，作为直接负责的主管人员，其行为已构成重大环境事故污染罪；被告人何立光身为川化股份有限公司环安处处长，未认真履行职责，对川化公司出现的严重超标排污情况没有主动、及时向主管领导作专门汇报，作为直接责任人员，其行为已构成重大环境事故污染罪。据此，锦江区法院一审以重大环境污染事故罪，判处被告人何立光有期徒刑5年，并处罚金人民币4万元；判处被告人吴贵鑫有期徒刑4年，并处罚金人民币3万元；判处被告人李俭有期徒刑3年，缓刑3年，并处罚金人民币3万元。

锦江区法院经审理还认为，被告人宋世英、张明、张山分别作为青白江区环保局分管环境监测、环境监察、污染管理的副局长，环境监测站站长和环境监理所所长，均违反相关的职责规定，在工作中严重不负责任，未能及时有效地预防、阻止重大环境污染事故的发生，致使公私财产遭受重大损失，其行为均构成环境监管失职罪。据此，锦江区法院一审分别判处宋世英有期徒刑2年6个月，判处张明有期徒刑2年6个月，判处张山有期徒刑1年6个月，缓刑2年。

【内蒙古阿拉善右旗板滩井农业开发项目破坏生态环境案件】 2004年7月12～17日，根据国家环保总局领导指示，国家环保总局环境监察局、生态司、华东环境督查中心与内蒙古环境监察总队及中央电视台记者一行7人组成的调查组，赴内蒙古自治区阿拉善盟调查处理阿拉善右旗板滩井农业开发项目破坏生态环境案件。

一、基本案情

板滩井农业开发项目区位于内蒙古自治区阿拉善盟阿右旗曼德拉苏木境内，沙漠荒漠区，年平均降水量100多毫米。早在1997年阿右旗结合国家西部大开发政策和阿盟“转移发展战略”，从当地人口少，降水量小，自然环境恶劣，人工恢复生态难度大的实际出发，提出了“三区两边”的经济发展思路，其中建设农业小区的目的就在于把分散的农牧民集中到相对适合农牧业生产的“绿洲”，腾出草场和耕地自然恢复。板滩井是阿右旗的“绿洲”，有一定的农业开发基础。但是牧民从牧区到农区生活，没有农业生产经验，于是政府设法引进企业带动，计划通过饲草种植来发展畜牧业。

2001年9月，阿拉善右旗政府与所属陕西省秦丰科技有限责任公司(简称秦丰公司，下同)下属的内蒙古绿洲现代农业开发有限责任公司(简称绿洲公司，下同)签订了在曼德拉苏木板滩井承包2 666.67公顷(含已开发的666.67公顷)荒地，开发经营30年的协议。

2002年绿洲公司开始进行开发，围建面积1 200公顷，投入资金700万元左右。在围栏内引种了女贞子、薄皮核桃、金丝柳和美国大扁杏等外来物种，种植面积达573.33公顷，因对板滩井自然环境及气候条件估计不足，致使引种的树苗无一成活，导致了土地撂荒。该公司听取了当地相关部门和农民的建议，于2003年在原种植失败的林网区种植了梭梭、柠条、新疆杨和沙枣等当地物种，建成林地146.67公顷，在林网内种植了籽瓜、西瓜、青储玉米、苜蓿等200公顷，谷草30.67公顷。但又遭遇了两次冻灾以及后期的持续干旱，致使种植的农作物和饲草料枯死，又一次大面积撂荒，撂荒面积达到整个耕作面积的2/3。

二、违法事实及其后果与原因

1.不经环境影响评价，没有进行科学论证，违法违规、违背自然规律盲目开发。

陕西省秦丰公司所下属的绿洲公司，在没有项目可行性研究、没有履行任何环保、土地等审批手续的情况下，仅凭与阿拉善右旗人民政府签订的两页开发合同，就投入经费3 000万元并于2001年8月就启动了计划占地2 666.67公顷(含已经开发的666.67公顷)的大型农业开发项目。在没有具体种植计划的情况下就一次性大面积开荒，盲目引种，致使开发种植接连失败，直接导致大面积撂荒，土地裸露140公顷。修建8横9纵宽度为8～12米的道路，现已全面沙化；在开发前期一次性开发而大面积撂荒的土地也已沙化、活化，生态破坏十分突出。

2.当地政府急于发展经济，招商引资中存在盲目性。相关部门在项目实施过程中，没有实施有效监督。

阿拉善右旗政府在从未有过的招商引资大项目面前，头脑发热，没有经过必要的科学论证，没有办理任何法律手续，就与该公司签订合同，同意其开工建设。当地环保、土管等部门对该项目不闻不问，几年时间从未对该项目开发进行监管。

阿拉善右旗2002年以前，环保部门的职能是放在城建土地局里，只有1个人，2002年后成立了城建环保人防局，也只有两名工作人员，只知工业项目需进行环评，根本不知农业开发等项目也需环评。

三、查处结果

调查组与当地政府和相关部门交换了意见，要求限期进行开发项目的科学论证，依法进行环境影响评价；对已经开发而撂荒的土地尽快拿出生态恢复方案，防止进一步生态恶化；对签约土地中尚未开发的停止一切开垦行为。8月18日，阿拉善盟李新生副盟长给国家环保总局发来传真，对没有严格执行环保法律法规问题进行了检讨，并对已造成的生态破坏问题提出了补救措施。8月27日国家环保总局向内蒙古自治区环保局发出了监察通知书。

阿拉善盟环保局依法责令绿洲公司限期进行环境影响评价，制定生态恢复方案，采取措施，限期对已开垦和撂荒土地进行生态恢复。自8月下旬由阿拉善右旗曼德拉苏木政府牵头，农业、能力部门以及绿洲公司积极配合，对撂荒土地进行生态恢复，已播种沙拐枣250千克，籽蒿250千克，谷草2 100千克，牧草成活率达到80%。

阿拉善盟行政公署就绿洲公司在开发过程中，未依法进行环境影响评价，造成大面积土地沙化问题，向全盟发出通报批评，要求各级政府和相关部门引以为戒，认真吸取教训，严格程序，并要求今后在项目建设中必须严格审批手续，依法进行环境影响评价。阿右旗政府就此事作出了检讨，并研究制订了植被恢复方案。

(国家环保总局环境监察局)

华东环境保护督查中心

【淮河流域违法排污企业查处】 2004年6月，华东督查中心派出3名工作人员及部分车辆，参与国家环保总局对淮河流域违法排污企业的环保专项行动。对淮河流域江苏、山东和安徽的60多家企业及30多条主要河流进行了暗访调查，采集分析水样150多个，查处违法排污企业20多家。

（华东环境保护督查中心）

河北省

【环境违法案件稽查】 2004年以来，按照省委、省政府关于预防和处置群体性事件和做好信访，维护社会稳定工作的要求，河北省坚持从基础工作抓起，加大环境违法案件查处力度，并进一步规范信访举报工作，把各项规章制度上墙公开，环境稽查工作信息网上公开，工作人员工作规范公开，编印了《河北省环境污染举报手册》，下发了《做好环境信访工作的通知》和《做好预防和处置群体性环境事件的通知》，制定了工作方案。坚持了"环境信访举报月报"制度，主管环保工作的省长电话月报制度和领导接待日制度，受到省领导表扬。2004年全省受理各类污染举报案件12 388件，各级领导批办件895件，省环保局举报中心共接举报电话802件，接到网上举报55件，共接待来访124批217人次，办结率为99%。为了鼓励公众积极参与环境监督，2004年河北省继续对信访、举报案件的举报有功人员给予举报奖励，全年共完成审定举报奖励四批521人，合计金额达40.95万元。

（郭志中　李卫军）

山西省

【环境违法立案查处】 2004年，省环境监察总队加大了对环境违法案件的查处力度，全年共立案153起，对环保设施不能运转的环境违法行为，实施行政处罚53起，执行罚款92.1万元。

（省环境监察总队）

内蒙古自治区

【环境污染立案查处】 在各级环保监察部门的配合下，自治区环保局从2004年4月以来，累计查处40余件环境违法案件，基本做到了件件有回音、事事有着落。2004年自治区环保局会同自治区监察厅成立调查组对"6·25"黄河水污染事故案进行了调查、取证，对有关责任人进行了查办。协同国家环保总局环境监察局，中央电视台等单位到鄂尔多斯市、巴彦淖尔市、包头市、阿拉善盟对群众举报的重大环境问题进行调查、取证工作；针对全区以扎兰屯玖龙兴安浆纸公司超标排污案、沙林呼都格高新农业示范基地建设项目违反"三同时"案、杭锦旗"96"型改良焦炉违反产业政策案等10家自治区挂牌督办的企业做出处理，其中依法取缔1家，完成达标的4家，实施行政处罚、纠正违法行为的4家，拟停产治理1家。解决了一批严重危害群众健康的突出环境问题，打击了环境违法行为，促进了地区性产业结构调整和局部地区环境质量改善，推动了各地的环境保护工作，受到了自治区政府领导的肯定和人民群众的欢迎。

【环境污染违法案例】 赤峰市林西县鼎康矿冶有限公司于2004年3月10日收购林西锡冶炼厂，该厂原属民营企业，固定资产2 700万元，生产设计规模为年产3万吨粗铅。

林西县鼎康冶炼厂生产设备及生产工艺属国家经贸委《淘汰落后生产能力、工艺和产品目录》(第一批)；生产过程排放的烟气属超标排放，违反了《中华人民共和国大气污染防治法》第十三条规定。

自治区环保局督察组通过现场检查责令林西县人民政府限期对鼎康冶炼厂生产设备废毁取缔。

（自治区环境监察总队）

辽宁省

【环境污染典型案例】 根据群众举报辽阳恒业造纸有限公司超标排放造纸废水的问题，2004年2月18日，辽宁省环境监理处执法人员对辽阳恒业造纸有限公司进行了现场监察。在现场检查前，对该单位周围群众进行了解，群众反映距该单位约一公里处有一排污口，造纸废水直接排入河里。执法人员找到该排污口，环境监测人员采了水样，经监测确认外排废水严重超标。进入该单位检查时，首先发现该单位烟囱正在冒黑烟，经监测林格曼黑度为3级，属超标排放。在造纸车间检查发现，部分造纸废水未经处理直接排放。同时发现该厂有两个新蒸球，尚未投入使用，经对厂领导询问并制作调查询问笔录了解到，该单位由于最近发生火灾，确有部分造纸废水直接排放。同时承认了新上的两个蒸球未经环保部门审批。经辽宁省环保局法制委员会研究认为，该单位同时有3个环境违法行为，分别违反了《中华人民共和国大气污染防治法》第十三条、《中华人民共和国水污染防治法》第十四条和《建设项目环境保护管理条例》第十条的规定。经研究决定依法对辽阳恒业造纸有限公司实施了处罚：立即恢复正常使用污水处理设施，停止超标排放废水，罚款8万元；立即停止向大气超标排放的违法行为，罚款2万元；立即拆除新建蒸球，罚款3万元。辽阳恒业造纸有限公司接到辽宁省环保局的行政处罚决定后，缴纳了全部罚款，并进行了整改。环境违法行为往往具有隐蔽性，一家环境违法企业往往同时违反了多部环保法律法规，同时形成几个环境违法行为。这就要求环境监察人员在现场监察和执法过程中要认真仔细、彻底查清所有违法行为，维护法律尊严。

【典型信访案件挂牌督办】 2004年6月，本溪市溪湖区群众致信张文岳省长，反映后湖地区道路年久失修，路面破损导致粉尘污染严重，群众多次到市建委、市环保局和市政府上访，问题始终没有得到解决。6月30日，张文岳省长对来信做了批示。省环保局局长杜秋根立即要求有关处室与本溪市一起商量解决办法。并将此信访案件定为重点挂牌督办案件，由朱京海副局长负责督办。根据省环保局局长的要求，环境执法人员立即深入现场调查，走访当地居民。经调查了解到，群众反映的粉尘污染系道路扬尘所致，其中溪湖区大堡街近300米的路面破损严重，造成粉尘污染，路边有近80户居民深受污染之害。产生粉尘污染的主要原因是道路破损，凸凹不平，从而导致车辆行驶夹带扬尘量大，另一方面车辆运输水泥、沙石等粉状物颠簸散落，产生二次粉尘污染。针对污染产生的原因，环境执法人员经认真研究并与本溪市有关部门多次沟通，提出3条处理意见，一是立即对破损路面进行修复；二是在路面尚未修复前，适时对路面洒水，抑制扬尘；三是建议本溪市政府严格货运车辆管理，对企业运输粉状物料的车辆一律实施加盖篷布等密闭措施，杜绝产生粉尘污染。本溪市政府责成本溪市建委与有关部门逐步落实督办意见。2004年8月15日，破损路面全部修复完毕。8月27日，经回访检查，当地群众对省环保局的工作十分满意，对省政府领导能在第一时间安排职能部门调查、解决群众疾苦的亲民做法给予高度评价。

（省环境监察局）

吉林省

【环境违法案件查处】 2004年，全省各级环境监察机构结合环保专项整治行动开展了对违法排污企业的执法检查。省环境监察总队直接对吉林省明华农药有限公司、长山化肥集团长达有限公司等企业的违法排污行为进行了依法查处。

（程金灿）

上海市

【环境违法案件查处】 2004年，环保系统对全市1 595家违法单位进行了行政处罚，处罚金额2 094万元。其中：市环境监察总队处罚了82家次，处罚金额为149万元；区县环境监察支队共处罚1 513家次，处罚金额为1 945万元。

【典型案例实录】 2004年12月21日，市环境监察总队根据群众举报，对上海新鸿染整有限公司向黄浦江偷排废水的违法行为进行了调查。

上海新鸿染整有限公司属市级环保重点监管企业。主要经营色织、染整针棉织品的加工。主要的工业废水是染色废水和丝光整理废水。两种废水的排放量分别为200吨/天和300吨/天，工业废水经中和、曝气、脱色处理后排至黄浦江。该公司的生活污水则不经处理设施处理直接排至黄浦江。

执法人员租用船只，对该公司在黄浦江边排放口进行了检查，并了解到上海沪邦印染有限公司也通过这个排口排放废水，初步掌握了排口的废水排放规律。根据掌握的情况，执法人员认为上海新鸿染整有限公司有向黄浦江偷排废水的重大嫌疑。为了查实这一严重违反环保法律法规的行为，市环境监察总队会同市环保局有关处室制订了严密的取证方案。

首先对上海沪邦印染有限公司进行检查并采样，水样呈中性，pH值为7.47，下午3时55分并要求上海沪邦印染有限公司暂时停止废水排放2个小时，到5时30分，该公司完全停止向黄浦江排放废水。下午4时45分，执法人员发现排放口排放水量较大。5时许，江边排口开始有热气冒出，即分别在5时20分、40分、6时15分，采集了3组水样，水样均呈强碱性，外观均为蓝色，水温为33℃。

下午6时，另一组执法人员进入上海新鸿染整有限公司进行检查，发现该公司的废水处理设施正在运行，废水排放量较大，当即对排放水进行了采样，水样偏红，呈中性。经对当班的总值班和操作工询问，厂方人员承认江边排口的碱性废水系该公司所排放。晚上7时，在厂方的陪同下，执法人员对产生碱性废水的丝光车间排放的废水进行采样，水样呈强碱性，外观呈蓝色，水温为80℃；7时20分，对集水池进行了检查，共有红色和蓝色两股水进入集水池混合。执法人员采集了原水集水池中混合后的水样，水样呈中性外观为黑色。

次日，就设施后排放口排放水水质与江边排口排放水水质不一致的反常现象，执法人员再次对上海新鸿染整有限公司进行检查。厂方承认存在向黄浦江偷排高浓度废碱液的行为，称：当pH值达到13～14时，就不作处理通过生活污水管道直接排至黄浦江，排放频率为每周两次，每次排放量为20～30吨。随后，检查了该公司的生活污水排口、处理设施后的总排口以及储存高浓度废碱液的储存罐以及偷排废碱液使用的阀门和软管。执法人员对生活污水、处理后排放的废水以及废碱液进行了采样取证。

根据上海新鸿染整有限公司偷排废水污染环境的违法事实，市环保局责令该公司恢复正常使用废水处理设施，并处以10万元罚款的行政处罚。

（彭振发）

浙江省

【偷排废水违法案例】 1. 案情简介:2005 年 5 月 18 日下午,省环保局执法人员根据省人大环保执法跟踪检查组的统一部署,对江山市华盛纸业制造有限公司进行了现场监督检查,发现该公司总排口附近有一股红色废水(COD 为 784mg/L,色度为 200)经过简单过滤回收后通过渠道直排,执法人员沿着沟渠继续摸排发现,这股红色废水与一暗排口的大量混浊污水(COD 为2 800mg/L)汇合后排出厂外。发现情况后,执法人员当即质问该公司负责人暗排口污水来源,该公司负责人在事实面前不得不承认在公司车间集水池附近有一暗排口,污水就是从那里通过暗排口与红色污水汇合后排出厂外的。同时,经进一步查实,该公司因生产能力扩大,现有污水处理设施已无法处理公司产生的全部污水,因此该公司 3 号机、5 号机产生的废水通过暗管直接排放,6 号机产生的红色废水直接外排。

2. 处理结果:江山市华盛纸业制造有限公司的排污行为违反了《中华人民共和国水污染防治法》第十四条第二款规定,依据《中华人民共和国水污染防治法》第四十八条及《中华人民共和国水污染防治法实施细则》第四十一条的规定,省环保局责令江山市华盛纸业制造有限公司恢复正常使用污水处理设施,并处罚款人民币 10 万元。

3. 案情分析:在该案中,执法人员主动出击,明察暗访,在违法企业对偷排、直排管道作了特殊伪装后,执法人员仍能胆大心细,不被表面现象所迷惑,根据企业生产能力推断其污水处理能力不足,从而认定该公司存在偷排行为。在调查取证时,执法人员首先排除了从企业主口中获取直接证据的可能,而是循着红色废水一路摸排,发现了污水源头,并及时取样监测。由此获得的充分证据为做出行政处罚决定提供了证据支持。

4. 该案示范意义:执法人员在现场检查时要做到"眼勤",即要善于观察,善于发现;"脑勤",即要根据现场情况勤于分析,不要被表面现象蒙蔽;"腿勤",即遇到疑惑之处,要反复看现场,以获取违法行为的有力证据。

【废水超标案例】 1. 案情简介:2005 年 5 月 27 日,省环保局执法人员在执法检查中发现,某印染企业在未经环保部门批准的情况下,擅自停止运行污水治理设施约一周,造成大量废水未经预处理,直接纳入城市污水管网,现场采样监测结果显示,其排入城市污水管网的废水 COD 达到1 410mg/L。而当地环保部门在该企业的环评审批批复中明确要求,该企业生产废水与生活污水需经预处理达到 COD≤1 000mg/L、pH 值为 6～9 的标准后,才能纳入城市污水管网。

2. 处理结果:省环保局认为,该公司未经当地环保部门同意,擅自停运污水处理设施约一周,导致大量未经预处理、严重超标的废水直接排入城市污水处理厂,其行为已经违反了《中华人民共和国水污染防治法》第十四条第二款规定。依据《中华人民共和国水污染防治法》第四十八条及《中华人民共和国水污染防治法实施细则》第四十一条规定,省环保局责令该企业立即恢复正常使用污水处理设施,并依法做出了罚款 10 万元的行政处罚决定。

3. 法律适用分析:本案适用《中华人民共和国水污染防治法》第四十八条,其有 3 个适用要件:一是主体为排污单位,《水污染防治法》第四十八条是针对其第十四条第二款的法律责任规定(第十四条第二款所称的排污单位即是其前款所指的"直接或者间接向水体排放污染物的企业事业单位"),因此,排污企业作为间接向水体排放污染物的企业,符合本法条的主体规定。二是在本案中未经环保部门批准,该公司擅自停运污水处理设施约一周。三是排放污染物超过规定标准的,在本案中该公司环评审批意见中排放标准为 COD≤1 000mg/L,而该公司实际排放废水中 COD 为1 410mg/L,明显超过了纳管标准。

4. 本案示范意义:该案涉及浙江省普遍存在的纳管企业超标纳管问题。随着浙江省环境设施基础建设的逐步推进,污水处理厂的建设在全省大范围铺开,越来越多企业的生产废水纳入污水处理厂,部分企业借口已与污水处理厂签订污水处理合同,将大量超过排放标准的废水排入污水处理厂,使污水处理厂进水水质大大超过设计进水标准,从而造成污水处理厂外排废水难以做到达标排放,最后,集中处理为了集中排污。例如某地的城市污水处理厂,由于各排放企业对废水均不进行预处理直接进管,使污水处理厂外排污水的 COD 含量竟然与当初设计的进管标准相同。另外,一些地区的物价部门在规范污水处理厂收费时,因对超标排放收费标准作了相应规定,导致部分企业认为其已向污水处理厂缴纳了污水处理费,就不必再对企业生产废水进行预处理了,甚至有些环保部门的认识也发生了偏差,放松了对纳管企业的管理。而事实上,纳管企业与污水处理厂签订的合同属民事合同,物价部门对超标纳管收费标准的规定仅仅是对这类合同收费标准的一项规定,并不意味着对超标纳管排污行为的认可,因此,排污企业与污水处理厂之间签订的民事合同属民事行为,不能取代环保部门对纳管企业依法进行监督管理的行政职能。

(胡晓林)

福建省

【环境违法立案查处】 全省全年立案查处环境违法

案件2 484起，其中有50起举行了听证，受理环境行政复议案件23起，经复议后维持原具体行政行为的15起。2004年结案的环境行政诉讼案件两起。省环境监理所现场调查处理了国家环保总局督办和省政府、省人大、省政协领导批办的64起环境污染案件。

【福州同济公司违法处置医疗废物案】 2004年4月5日福州市环保局在例行检查中，发现福州同济医疗器械有限公司(以下简称“同济公司”)在未取得危险废物经营许可证、无任何环境安全防护设施和有效的污染防治设施、未执行危险废物转移联单制度的情况下，在全省82家医院收集医疗废物中的一次性塑料医疗用品进行处置，福州市环保局立即依法查封了同济公司厂房。查扣其生产设备，责令同济公司立即停止生产。4月6日，福州市环保局下达《关于责令福州同济医疗器械有限公司立即停止医疗废物回收处置活动的通知》，并将查获的23.33吨医疗废物和4.96吨半成品直接运往省危险废物综合处置场焚烧处置。

省委、省政府领导黄小晶、汪毅夫对此做出重要批示，要求迅速开展调查。4月16日，省环保局、省公安厅组成联合调查组赴泉州市医疗废物处置中心调查取证，认定同济公司不可利用医疗废物送往该中心的焚烧情况；5月15日调查组又赶赴浙江省台州市路桥鸿欣塑料厂调查了解同济公司产品的使用去向。4月9日，福州市环保局向市工商局发函建议吊销该公司工商营业执照，并责成仓山区环保局向同济公司下达了《关于收回福州同济医疗器械有限公司环境影响评价报告表中有关县级环境保护部门审查意见的通知》。4月14日福州市环保局委托福州铁路卫生防疫站对同济公司厂房的污水和残留血进行随机采样检验，检出绿脓杆菌、沙门氏菌阳性。4月20日，福州市环保局向同济公司下达《关于强制指定处置医疗废物的有关通知》和《关于责令立即消毒处理被查封厂房的通知》，责成同济公司按要求进行处置和消毒，但同济公司人员已不知去向。为此，福州市环保局委托市消毒站对该厂房内外环境、空气、污水、垃圾及废弃物、生产设备等强制进行疫源地终结消毒处理。

【福建富的乐公司行政复议案】 2003年福州市环保局向福建富的乐运动用品有限公司(简称富的乐公司)送达2003年7～9月排污核定通知书，核定共用水11 440吨，合计排水量10 296吨。“富的乐公司”收到核定通知书后，称其公司生活污水采用地埋式微动力污水处理系统进行处理，由于排放口低于市政管接入口，污水难以外排，且富的乐公司绿化面积近30亩，绿化用水量大，所以在污水流量计前又设计了中水回用池，将处理后的水用于浇花、浇树等，外排到市政管网水量并不多，流量计显示2003年7～9月共计外排污水21.36吨。于是富的乐公司向福州市环保局申请复核。福州市环保局经现场污水核实后认为富的乐公司浇灌污水未被草坪吸收，虽然部分未向地表水体排放，但这部分污水渗透到地下土壤里，同样是向环境排放，对地下水也会造成一定污染，仍应当缴纳污水排污费。同时考虑到浇灌污水中的部分污染物会被植被吸收、分解，参照福建登云高尔夫有限公司浇灌用水量对申请人排水量进行重新核算，核定富的乐公司2003年7～9月用水量扣除浇灌用水后排放污水7056吨，并于2003年12月17日向申请人送达复核决定通知书。富的乐公司认为复核排水7 056吨缺乏事实根据，与实际排放量21.36吨相差甚远，遂向省环保局提起行政复议，要求撤销福州市环保局《排污核定复核决定通知书》。

省环保局经调查后认为：1. 申请人生活污水经处理达标后，回收循环利用于浇灌公司内部的绿化草坪，流量计显示2003年7～9月共计外排污水21.36吨。富的乐公司向福州环保局申请排污核定复核，按福州市环保局建议装置回用水流量计，并投入使用。福州市环保局称富的乐公司无法准确提供回用水量之事实证据不足；

2. 福州市环保局认定富的乐公司浇灌污水未被草坪吸收部分会对地下水造成一定污染，缺乏有效的证据予以否定；

3. 福建登云高尔夫有限公司浇灌草坪用水量的经验数据，不能作为核定其他单位浇灌用水量的依据。省环保局据此认为福州市环保局做出的具体行政行为主要事实不清、证据不足。富的乐公司申请复议理由成立。根据《中华人民共和国行政复议法》第二十八条规定，撤销福州市环保局2003年12月17日《排污核定复核决定通知书》的排污核定复核决定。

(省环境监察总队)

河南省

【环境违法立案查处】 河南省环境监理总站参加了“2004中原环保世纪行活动”，对开封开化集团、开封东大化工集团AC发泡剂厂、郸城县李楼造纸厂、漯河钛白粉厂、漯河南街村制药厂等环境违法行为依法进行了查处，并在新闻媒体公开曝光。

(荆国一)

湖北省

【环境违法问题挂牌督办】 2004年，对于一些长期未得到有效解决的、群众反映强烈的环境污染问题，湖北省采取了挂牌督办的方式，明确了督办责任单位和解决时限，并纳入了目标责任考核。天门市对查出的突出违法问题进行分类，对典型违法案件，实行市政府主要领导挂牌督办，每个企业由一名市领导挂牌，组建一个专班，督促帮助企业进行整改，同时要求限期整改不落实的，一律停产治理。

全省共挂牌督办环境问题261个，其中省级督办13个、地市级督办135个、县市级督办113个。在这些挂牌督办的问题中，造成水污染的有158个，造成大气污染的有86个。对13家省级督办的环境违法问题，省环保局分别下达了督办通知，其中宜昌兴发、长阳纸业、武汉有机、天门福临经责令停产治理后已整改到位；丹江铝业关闭了过半数的自焙槽，按要求余下的将于10月底前全部关闭；迈亚股份、监利大枫、广济药业、长江纸业治污设施即将竣工验收；富民化工、长江赛孚工业园全面停产治理；枣阳化工、金龙酒业正在整改中 。

【清理废除"土政策"】 2004年，省环境监察总队通过检查，发现随州、荆门、黄冈、天门等市的部分地方存在违规减征排污费、"宁静日"、挂牌保护等"土政策"。针对这些问题，各地进行了自查自纠，有的市委、政府对此十分重视，召开专门会议，研究如何依法行政、改善执法环境，取消了不合法的规定。经过省环境监察总队的严查督办，这些地方的"土政策"基本上得到了纠正。

【环境违法立案查处】 1. 省环保部门对应城市长江赛孚科技工业园区工业企业违法排污、污染云梦县道桥镇明星村农田、受害农作物面积1 272亩的环境违法问题进行了查处，主要违法事实是园区11家从事精细化工产品生产的企业没有依法履行"环评"和"三同时"制度，没有建治污设施，生产废水直排老府河。应城市政府已责令园区企业停产治理，依法补办环保手续。

2. 省环保部门对天门市福临化工、天门益泰药业有限公司、天门得事发印染有限公司、沙隆达天门农化有限公司、兴成化工等5家企业环境违法问题进行了查处，其违法事实是1家企业设施不完善，4家企业没有落实"三同时"制度，超标排污。天门市已制定措施进行整改。目前，除天门得事发印染有限公司污染治理设施还在建设外，其余已基本整改到位。

3. 省市环保部门联动对仙桃市部分企业环境违法问题进行暗查。查处的湖北迈亚股份、仙磷化工、旺旺食品、亲亲食品4家企业存在设施不完善、没有按时办理"环评"手续、没有执行"三同时"制度、超标排污等违法事实。4家企业已按省环保局监察通知要求落实整改。

4. 配合国家环保总局环监局对兴发集团环境违法问题进行了查处，兴发集团已按要求完成整改。

5. 省环保部门对监利大枫纸业公司和石首楚源公司进行了重点检查和暗查，监利大枫纸业公司治理工程正在进行，石首楚源公司存在废水超标排污的环境违法行为，已向荆州市环保局下发了监察通知，要求进行查处。

6. 省环保部门对潜江市华润化肥公司、永安药业公司、远达化工公司等部分违法企业进行了查处，要求超标排污企业必须停产治理，并规范排污口。

当前环境执法主要问题是：一是有些地方政府、企业领导环境意识比较淡薄，企业依法生产、合法经营的观点还有待加强；二是地方制定"安静日"等"土政策"干扰环保部门依法行政；三是县级中小型项目"环评"、"三同时"执行率较低，环保第一审批权有待落实；环境监管的长效机制有待建立；四是守法成本高、违法成本低的法律问题有待解决。

（省环境监察总队）

广西壮族自治区

【清理"土政策"专项检查】 2004年，在清理违反环保法律法规"土政策"的专项检查工作中，环保、监察部门积极配合，及时纠正有关市、县存在的"土政策"。如南宁市监察局纠正了横县县委、县政府出台的"项目建设与优化投资环境'九不准'规定"中与国家环保法律法规相抵触的有关条款；梧州市监察局纠正了藤县县委、县政府颁布的《藤县关于改善投资环境保障企业正常生产秩序的三条禁令》中与环保法律抵触、有碍环境执法的有关条款。

【环境污染案例实录】 2004年，北海市合浦赛普酒精厂违反环保"三同时"制度，不能有效处理酒精废液，废液储蓄池产生的恶臭严重污染周边环境，影响了投资环境和群众的身体健康，当地政府和群众意见极大。自治区和北海市环保部门多次进行现场调查取证，最终依法责令其停产治理，并处予罚款。

桂平市旅游码头原建在市自来水厂取水口上游约50米处，影响了桂平城区饮用水源水质。桂平市环保局将情况报告桂平市人民政府，桂平市人民政府调查确认后，责令其搬迁，消除了该饮用水安全隐患。

广西环境监察总队经过数天暗查，查清了崇左市酒厂经常在晚上将酒精废液混入到冷却水，直排左江，造成严重污染的违法事实，责成崇左市环保部门依法进行处理，并向全区做了通报，收到了"查处一个，震慑一方，教育一片"的效果。

（赖天天）

四川省

【环境违法企业立案查处】 2004年，四川省加大对环境违法行为的查处力度，全省共立案查处环境违法案件1 260件，罚款650万元，较2003年增加83.6%。省环境监察总队直接处罚环境违法企业10家，罚款159万元。

（陈泽文）

陕西省

【区域环境污染问题督办】 自2003年8月底,府谷县区域环境污染问题被曝光后,国务院副总理黄菊、曾培炎,国家环保总局局长解振华等领导对晋陕蒙三省区交界区域的污染问题多次做出重要批示,中央电视台予以曝光。国家环保总局两次派员到该区域明察暗访,并召开了晋陕蒙三省协调会,形成了《关于解决山西、内蒙古、陕西交界区域环境污染问题的协调意见》。陕西省省委书记李建国、省长贾治邦曾多次做出重要批示,主管副省长洪峰多次听取省环保局汇报,并先后8次做出批示,及时指导省环保局开展督察工作。省环保局先后11次派员赴府谷县进行检查、暗查,下发环境监察通知书和督办、通报等文件共10份。府谷县自2003年下半年开展整治以来,依法取缔土炼焦企业6家,白灰窑炉10户29座,泡花碱企业3家,关停耐火材料企业12家、小炼铁厂3家。已按照榆林市委、市政府清理整顿"五小企业"工作的安排部署开展整治,经市有关部门认定,府谷县符合产业政策、允许准入的电石、铁合金、机制兰炭和金属镁企业共计192家。其中电石企业16家,1家企业的两台密闭型电石炉正在考察治理技术,1家正在搬迁,14家已经榆林市环境监测站监测,准备验收;硅钙企业34家,有20家经榆林市环保局批准试运行,剩余14家停产治理的企业已上报市环保局等待批准试运行;硅铁企业10家、硅锰企业1家完成了治理整改任务,等待监测验收;机制兰炭企业114家,已全部批准试生产;金属镁企业17家,其中有14家属新建项目,严格按照环评和"三同时"要求建设,其余3家企业已基本完成环保整改。

温家宝总理在新华通讯"国内动态清样"第2 839期"陕西户县小造纸厂仍在冒烟"一文上批示后,陕西省委、省政府高度重视,按照陈德铭省长批示精神,陕西省环保局和西安市环保局组织开展了暗查行动,共抽查造纸企业31家,其中,存在偷排、设施停运等明显环境违法行为的企业占61%,超标排污的企业占87%。针对上述问题,省、市环保局在2003年年底,联合召开了以"查停运、堵暗排、防反弹"和"规范排污口"为主要内容的造纸企业专项整治会议,决定从2004年1月起,利用3个月的时间开展专项整治。

(省环境监察局)

新疆维吾尔自治区

【环境违法立案查处】 2004年,全区环境监察机构受环境保护行政主管部门的委托对以下环境违法行为实施了行政处罚:未办理环评手续的;未按规定申报登记的;未按规定缴纳排污费,未执行"三同时"制度污染物超标排放的,全年自治区行政处罚案件共1 973件,罚款金额498.63万元。

【生态环境破坏案例实录】 2004年9月23日,由阿勒泰地区环保局领导带队,地区环境监察支队与布尔津县监察大队执法人员联合对布尔津县辖区内5 319北屯至布尔津县公路改建项目环境评价及"三同时"执行情况进行了现场检查。经对环评报告及施工各有关资料进行查阅了解,该公路改建项目投资7 531.5万元,改建公路全长78.526千米,在原有公路的基础上进行建设,目的是尽可能保护公路周边原有的生态环境,环评中对取料料场、沥青拌和、废料堆放、污水排放等都作了明确规定,但在现场检查中发现存在诸多问题,特别是K76+540段,未按环评要求定位取料、设立沙料场,所排污水未经处理直接排入河道,取料场离尔齐斯河较近,废料直接堆入河床,破坏河床与河谷林长度达300余米,非法开采沙石料面积达10余平方米,取土处深度最深达10米左右,对生态环境造成极大的破坏,给人畜过往造成危险,周边牧民反映十分强烈。在查明事实后,环保部门立即做出决定:责令长庆筑路公司立即停止违法行为,进行恢复,对深坑周边进行围栏,防止人畜过往发生危险,并依据《建设项目环境保护管理条例》第12条规定,对长庆筑路公司违法行为处以罚款1万元的行政处罚,并责令2005年6月底前完成所有料场恢复及沿线植被恢复工程。

(刘寒峰)

新疆生产建设兵团

【环境违法立案查处】 2004年,兵团环境监察部门对未按规定进行排污申报登记、拒不缴纳排污费、夜间违规施工噪声扰民等违法违规行为及时立案查处。全年共立案查处环境违法案件20起,其中16件已结案,4件正在执行中,处理率达100%,结案率达80%。

(生产建设兵团环境监察总队)

青岛市

【环境监察稽查】 2004年,所有的污染源点源都实行属地管理,市环境监察支队认真履行环境稽查职责,对各区市的环境监察工作中排污费征收、建设项目监察、污染源监察、标准化建设、"两区"建设等工作进行检查和指导,并进行日常的执法监督,把各方面稽查结果及时汇总、反馈,并纳入年终工作考核。

【环境违法立案查处】 2004年,全市共查处违法案件1 455起,罚款额共计394.625万元。其中擅自拆除或闲置防治污染设施的127起,占处罚案件总数的8.7%;违反环境影响评价制度和"三同时"制度的422起,占处罚案件总数的29%;夜间施工噪声扰民的108起,占处罚案件总数的7.4%;其他处罚案件798起,占处罚案件总数的54.8%。在处罚案件中罚款1 247件,警告206件,责令停止生产或使用的284件。为提高执法水平,加大执法力度,一是从规范执法人员的执法行为入手,重视抓好执法人员法律法规的学习培训,定期学习常用的法律法规,同时还不定期组织法律知识考试,以检验法律知识的掌握程度和法律运用水平;二是重新规范了执法文书,并对新文书的使用多次组织执法人员进行培训,从而使执法人员更加明确了执法权限、执法程序和工作责任,为执法工作步入规范化奠定了坚实的基础。

（市环境监察支队）

深圳市

【工业污染源监管稽查】 全面开展工业污染源监督管理稽查工作,推动环境监察管理水平的提升。2004年6月,开展了对南山区、龙岗区、宝安区和东深水源办工业污染源的稽查工作。共检查企业38家,查处违法行为4起。通过开展稽查工作,一是对一批环境违法企业予以严厉打击;二是反映了市、区环保部门工业污染源管理水平的差异,起到表扬先进和鞭笞落后的作用。针对各部门管理方面存在的薄弱环节,提出了具体的整改要求,进一步提高了工业污染源的监督管理水平。深圳市将制定措施,把工业污染源稽查形成一个日常制度,扩大应用在区域环境质量稽查、环境管理制度执行等情况的稽查。

【土地违法出租环境污染案例】 2004年8月,平湖林场将土地违法出租给平湖长城塑胶五金经营部的负责人谢某,谢某以兴建简易仓库的名义租用土地后未办理任何用地、工商、环保等相关手续,擅自开办炼铝厂,设置两台燃焦炭熔炉,进行非法炼铝活动,产生的废气未经处理直接排放,严重污染环境,影响周围居民健康,其行为严重违反了多项法律法规。市环保局接到举报,即组织市环境监察支队、市东深水源办等部门执法人员赶赴现场调查取证,对谢某擅自开办炼铝厂的违法事实作出认定。市环保局依据相关法律规定及时做出处罚决定:责令其停止经营,并处以罚款10万元。东深水源保护区内的土地租给非法炼铝厂的平湖林场也违反了《深圳经济特区饮用水源保护条例》,根据该《条例》第三十条第八项的规定,市有关部门责令其停止租赁行为,并处罚款5万元。执法部门仅用5个半小时就取缔了这家严重违法的企业。

【生态环境破坏典型案例】 西冲尖峰顶山毁林案件是深圳市2004年查处的生态破坏典型案例。2004年3月29日《深圳商报》刊登了西冲尖峰顶山大面积毁林的报道,引起各级领导高度重视,市生态监察领导小组办公室迅速派员赶往案件现场,并成立了由深圳市公安局森林分局、龙岗分局组成的专案组。专案组当日赶往毁林现场进行了勘查,发现:西冲尖峰顶山有4块毁林地块,毁林时间是2002年～2004年3月,最近的一块毁林现场的毁林时间是2004年3月,毁林面积为1.67公顷,毁坏林木蓄积量为24.62立方米,砍伐林木胸径5厘米以上的有965株,胸径5厘米以下的有2 933株。毁林方式为砍伐。根据国家林业局、公安部《关于森林和野生动物刑事案件管辖及立案标准》和《中华人民共和国刑事诉讼法》第83条的规定,此案为故意毁坏林木案。专案组通过仔细调查了解到"3·29"毁林案是钟某、林某所为。经审讯,钟某交代了作案的经过。2004年3月初,钟某在西冲雇请两名民工,以每人每天30元的报酬,指示其到尖峰顶山砍树种果,两民工一直实施砍树种果行为直至报纸曝光为止。林某否认参与"3·29"毁林案,只是协助钟某进行藏匿。钟某为谋取私利,擅自组织人员上山毁林种果,毁坏林木数量巨大,且造成恶劣影响,已触犯《中华人民共和国刑法》第275条的规定,涉嫌毁坏公私财物罪。林某在明知钟某实施毁林种果且被公安机关追捕的情况下,仍然带着钟某到其亲戚朋友处藏匿,已触犯《中华人民共和国刑法》第60、66条的规定。钟某、林某犯罪事实清楚,证据确凿,被依法分别判处有期徒刑8个月和1年6个月。龙岗区法院在毁林现场召开宣判大会,对毁林种果现象起到震慑作用。

（张志宇）

长春市

【典型违法案件查处】 2004年,长春钢铁总厂烟尘排放严重超标,群众反映十分强烈。但其作为多年的老国有企业,负担较重,企业提出的搬迁计划进展缓慢。该厂在环保专项行动中被列为市级挂牌督办企业后,市政府对其污染问题高度重视,祝业精市长亲自批示,钢厂必须停产治理。2004年7月31日,市政府下发了《关于对长春钢铁总厂第一炼钢厂停产治理的通知》。钢厂于2004年9月19日起开始停产治理工作,长春市环境监察支队多次进行督促检查,在政府及环境执法部门的严格要求下,基本达到了停产治理的要求。同时,该厂的搬迁计划进入实质性的阶段,预计用一年左右时间实现搬迁,困扰长春市民多年的"蘑菇云"得到了彻底解决。

（蒋步新）

南京市

【环境违法行为查处】 2004年,全市环境监察系统共立案查处环境违法行为616起,处罚金额约270万元。

(市环境监察支队)

广州市

【查处环境违法行为】 2004年,广州市环境监察支队采取联合行动、日常巡查、受理群众举报等手段,打击了各类环境违法行为。组织开展了整治水源保护区、整治饮食服务业扰民、整治家禽交易批发市场、整治公交车冒黑烟、整治地下洗染业、整顿禽畜养殖业、打击电镀企业环境违法、制止“十五小”企业死灰复燃等多项联合行动。参加全省“整治违法排污企业环保专项行动”,查出番禺大岗镇祈美燃料有限公司沥青项目、花都区、白云区等地小企业违法排污问题,予以挂牌督办限期整改。在广州“申亚”期间,组织各区、县级市监察大队开展大气监控巡查,查处了一批“冒黑烟”单位。市环境监察支队会同省环境监察总队对群众举报由国家环保总局批转的南沙开发区建滔化工集团未经环保部门批准擅自建设保险生产线项目一案现场调查取证,市环保局做出责令立即停止建设,限期补办环保手续和罚款的处罚决定。

【环境违法立案查处】 2004年,广州市环境监察支队共查处各种环境违法案件146起。其中违反建设项目管理规定34起;违反水、大气污染防治法规定,擅自停用或不正常使用治理设施11起,超标排放二氧化硫31起;其他违法行为为70起。罚款共450万元。查处案件数和罚款数额分别比去年增加2.4倍和5.2倍。

(市环境监察支队)

环境污染事故调查处理

【国家突发环境事件应急预案的编制】 2004年初，根据国务院应急预案工作会议精神和国家环保总局领导的统一部署，国家环保总局环境监察局开始环境应急预案的编制工作，经过反复研究讨论，借鉴以往的工作实践和资料，于3月下旬完成《国家环保总局突发环境事件应急预案(初稿)》。经4次预案工作领导小组专题会议和专家会议对初稿讨论修改，形成了《国家环保总局突发环境事件应急预案(征求意见稿)》。在征求有关部委意见后于4月29日经国家环保总局局务会议审议通过。4月30日形成《国家环保总局突发环境事件应急预案(送审稿)》报送国务院办公厅。6月9日，根据国办应急预案工作小组召开的预案工作座谈会议精神，国家环保总局环境监察局对预案结构和内容作了较大修改，形成了《国家突发环境事件应急预案（送审稿)》。根据国办应急小组召开的专家初审会议上有关部门和专家的意见作了相应修改。8月初，将预案修改稿非正式上报国务院应急小组。随后，国务院应急小组又多次将国务院办公厅领导对预案修改意见转至国家环保总局。

【突发环境污染事故的应急处置】 据各地环境监察报告统计，2004年，全国各类环境污染事故数比上年增长30%，处理率、结案率均比上年提高1个百分点；污染纠纷案件结案率比上年提高0.6个百分点；接待群众举报信访案件比上年增长10.3%，举报信访案件处理率比上年提高7个百分点，结案率比上年提高1个百分点。在环境监察部门参与下，各类环境污染案件的查处力度均得到加强。

2004年，全国共发生各类环境污染事故977起，处理966起，处理率达99%。结案946起，结案率达97%，比上年增长1个百分点。环境监察部门参与调查849起，参与处理769起。

2004年，全国共发生污染纠纷51 393起，处理48 914起，处理率达95%，结案47 623起，结案率达92.6%，比上年增长0.6个百分点。环境监察部门参与调查44 833起，参与处理41 989起。

截至2004年11月19日，国家环保总局环境监察局共处理60余起环境污染事故。按事故类型分：大气污染事故45起(占总数的73%)，水污染事故11起，其他类型事故6起(均为群体性事件)。按事故发生的原因分：因翻车、沉船等交通事故引起的污染事故20起(占总数的32%)，因企业设备问题或操作不当、管理疏忽致使有毒物质泄漏的事故22起(占总数的35%)，因环境污染问题引发的群体性事件6起，与企业排污有关引发人员中毒事件4起，其他原因引发的事故6起。国家环保总局环监局上报的事故应急处理信息中，共有30起向国务院办公厅值班室报送，其中盘锦硫化氢气体中毒事件的信息引起国务院领导重视并作重要批示。

【环境应急演习】 2004年，国家环保总局联合浙江省环保局和宁波市政府组织了以大气环境应急为主题的环境应急演习。此次演习现场参与演习人员共达220人，参加演习的环境监察车等有关车辆36辆，专用环境监测车6辆，演习所用各种设备和仪器100多台。采用GPS卫星定位系统，对应急力量定位跟踪，实现了国家环保总局指挥部对演习现场、现场指挥部的全方位掌控。通过此次演习，检验了应急预案和应急工作程序，并利用现代化信息传输、监测等技术进行现场处置和指挥，探索了环境应急信息化建设的方式和方法，强化了应对突发事件和紧急情况的能力。国家环保总局局长解振华、副局长汪纪戎、原中纪委派驻国家环保总局纪检组组长曾晓东、国务院办公厅应急预案工作小组副组长闪淳昌以及国家发展改革委、公安部、财政部、卫生部、国家反恐办、国家安监局等有关部门领导在国家环保总局指挥部观摩演习全过程，并给予高度评价。

(国家环保总局环境监察局)

华东环境保护督查中心

【环境污染事故调查处理与边界环境纠纷处理】 长江江阴港“沪闵林兴号”油轮沉没事故应急处置及事故调查。2004年7月，华东督查中心会同江苏省环保厅监察总队先后两次赶赴江阴港了解沉船事故情况，现场察看长江江阴段受油污染的情况，参与制定重油泄漏应急处置及沉船打捞方案，现场监督重油泄漏应急处置及沉船打捞方案的实施，并提交了《关于沪闵林兴号沉没事故情况报告》。

江苏安徽交界(盱眙—天长)地区水污染情况调查。2004年8月，根据国家环保总局要求，华东督查中心派3名同志前往江苏盱眙县与安徽天长市交界处调查盱眙县环球化工厂和金湖县金莲纸业的污染情况。通过走访群众，了解企业生产、排污情况，实地踏勘污水处理与排放情况，周围水体取样分析，查明了污染状况，协调处理了反映的污染问题。

石梁河水库遭受山芋制粉废水死鱼事故。2004年12月，华东督查中心接到江苏省环境监察总队转送的江苏省赣榆县人民政府《关于石梁河水库遭受山芋制粉废水造成死鱼事故的情况报告》，随即派员前往事故发生地展开全面调查，在听取了江苏省赣榆县环保局、山东省临沭县环保局对此次事故的情况介绍，现场察看了石梁河水库、主要入库河流的污染情况，访问了当地受害渔民。初步查清了当地主要工业污染源，并对当地山芋制粉点及4条入库河流现场取样分析后，初步查清了造成此次污染事故的原因，并对此次污染事故的处理及山芋制粉形成的季节性污染的预防工作提出了4点建设性意见。

(华东环境保护督查中心)

北京市

【环境应急体系建设工作】 2004年，北京市环境监察总队按照职责，制定《北京市突发性环境事件应急预案》，已报市政府审定。

将加强环境监管防止污染事故发生作为环保工作的重点，专门发布《关于加强环境监管防止污染事故发生的通知》，确定污染事故重点防范单位，通过区县申报、与安全生产监督管理局交换数据等措施，初步确定污染事故重点防范单位。

加强应急能力建设。确定并购买环境事件应急监察和应急监测所需防护物品和应急监测设备；确定应急决策支持系统建设方案，由北京市环保监测中心负责对应急监测软件进行修改满足全局环境事件应急的需要。

【环境突发事件处理工作】 2004年，北京市发生了由交通事故引起的化学物质泄漏、违规操作引起的火灾、爆炸等20余起环境突发事件，各级环境监察人员在事故处理过程中表现出良好的工作责任感和扎实的业务功底。为最大限度减少事故对环境的影响，监察人员在危机面前敢于挺身而出，提出合理的解决方案，使多起事件均未对环境造成重大的影响，有力地保障了人民群众的安全。

【汛期环境监察工作】 2004年，为防止汛期发生水污染事故，在汛期到来之前，市环保部门及时向有关单位转发了国家环保总局办公厅“关于防止汛期发生水污染事故的通知”，督促有关部门制定防止发生水环境污染事故应急预案，做到安全度汛。对密云水库水源保护区内隐患单位和位于房山区的燕化公司以及位于朝阳区的重点防范单位进行了为期3天的抽查。在各单位的共同努力下，北京市安全度过了汛期。

（市环保监察队）

山西省

【环境污染事故应急处置】 2004年，省环境监察总队成立环境应急中心，制订了《山西省处置突发环境事件应急预案》、《山西省环保系统处置突发环境事件应急预案》。2004年5月14日，太原市环保局接到市政府值班室电话：太原万柏林区某施工单位发现不明物体，施工人员将铅片盖敲烂后，散发出黄色烟气。接到电话后，太原市环保局领导高度重视，立即安排环境监察、监测人员赶赴现场。同时向省环保局报告并请求省环境辐射监督站的专家到现场检测。经检测认定该不明物体为非辐射性物质，相关部门把该不明物体初步定性为“疑似毒气弹”。6月6日，在专家和工作组的护送下，该不明柱形物体在太原狮头水泥集团回转窑高温焚烧处理。大同、长治环境监察支队配合其他部门果断处置相继发生的氯气泄漏、危险化学品泄漏事件。各级环境突发事件应急响应能力进一步增强。

（省环境监察总队）

辽宁省

【重大环境污染事故实录】 2004年5月21日下午1时50分左右，沈阳市于洪区赵家翻砂厂将附着有机沉淀物的废铁进行熔炼，排放的废气导致赵家村小学的18名学生、1名教师被熏中毒，中毒师生相继出现头痛、头晕、呼吸急促等症状，当即被送往于洪区人民医院和沈阳市第九人民医院接受检查治疗。次日，又有相同症状的11人相继前往医院就诊。事发后辽宁省环保局执法人员立即赶赴现场进行调查处理，现场检查发现，该厂用于熔炼铸造的部分废旧生铁管附着大量有机废物。经省环境监测中心站分析检测表明，附着的有机物为含有多环芳烃和氰类物质的混合物，在铸造加热过程中可产生苯类、氰类、一氧化碳等有毒物质。辽宁省环保局于次日上午向国家环保总局和辽宁省政府书面报告了有关情况。新华社《国内动态清样》第1 566期以《沈阳一个体铸造厂排放烟雾造成村民中毒》为题对此事进行了报道，曾培炎副总理对此作了重要批示。根据省政府领导的要求，沈阳市委、市政府对事故责任部门和有关责任人做出如下处理决定：一是鉴于沈阳市于洪区政府监管不力，予以通报批评；二是给予于洪区安全生产监督管理局局长白振明予以行政警告处分；三是彻底关闭赵家翻砂厂，并追究该企业法人的经济责任和其他相关责任。

（省环境监察局）

吉林省

【环境污染事故调查处理】 2004年6月23日上午10时许，松原市环保局接到群众举报，反映位于松原市长山屯镇的吉林长山化肥集团有限公司大量排放氨气，严重影响位于其下风向的长山热电厂职工和居民的正常工作和生活。松原市环保局立即将情况上报了省环保局，引起省局领导的高度重视。省环保局立即派出调查组，由主管局长任组长，赶赴现场进行调查处理。调查组在进行了现场勘查、监测和走访有关人员后认定，氨气泄漏主要是由于造粒塔生产过程中排放、合成车间贮氨罐泄漏和未经处理直接排入渗坑中的生产废水中含有高浓度的NH_3—N蒸发所致，是一起企业只顾生产而忽视安全和环境保护的污染事件。省环保局根据调查结果对企业做出了处理：一是企业立即停产治理，马上建设污染治理设施；二是将案件移交安全生产监督管理部门，对生产安全隐患进行全面排查，防止重大安全生产事故的发生；三是对企业处以5万元罚款，并将其违法行为向全省通报。

（程金灿）

上海市

【环境污染事故调查处理】 2004年7月18日凌晨4时15分，安徽省江海责任有限公司装载190吨浓硫酸的机动运输船，在前往浙江省南浔磷肥厂途中，与一艘载有15吨石料的机动运输船在上海市青浦区境内太浦河新桥以东1公里处的水域发生相撞，两船相继沉没。由于硫酸运输船的一个密封舱口未盖紧，致使浓硫酸泄漏，污染了太浦河水体。

由于事故发生地距松江自来水公司第二水厂等多家水厂仅4～5千米，可能对松江区30万居民的生活用水造成影响，市环保局、青浦区政府和市环境监测中心、市环境监察总队组成应急指挥部与相关部门相继赶到事故现场研究应对措施，组织力量打捞沉船，并要求距事故发生地上游1千米处的青浦水厂太浦河原水厂关闭取水口，确保用水安全。

环境监察和环境监测部门对事故发生地上游3千米至下游4.5千米范围内的水体进行了现场采样和实地观测。2004年7月18日上午8：00时距事故发生地上游1千米青浦水厂太浦河原水厂取水口pH值为5.7；10：20时距事故发生地下游400米处pH值为3.3，其他水域pH值正常；中午12：00时，现场监测后测得pH值在7.2～7.4之间。应急指挥部决定立即组织打捞工作，下午13：00时将硫酸运输船吊出水面并扶正。在打捞过程中，对沉船周围水体进行实时采样，并利用便携式pH快速测定仪对水体进行实时监控，及时掌握水体变化情况。

根据对硫酸运输船硫酸槽、压舱水及多个船舱的水质现场监测分析，pH值在1～2之间，应急指挥部决定紧急调用两艘驳船，将机动船内的硫酸及酸性液体抽至驳船上，并运至朱家角欣田污水处理厂处理。

7月18日上午10时至下午16时，松江区水厂各取水口的pH值在6.5～7.1之间，基本消除了对饮用水源的污染。市环境监察总队要求松江区支队继续保持对水厂取水口水质进行监控，并与上级部门紧密联系。

（彭振发）

浙江省

【环境污染事故处理】 2004年，省环境监察总队和各级环境监察部门参与突发性污染事故的调查处理，严格执行污染事故报送制度；进一步加强与公安、消防、交通等部门的协调和配合，做好每起污染事故的调处工作。全省环境监察系统的工作人员经常在节假日加班加点，在2004年的春节、五一、国庆节期间省总队都有人员因为处理污染事故而加班。2004年，全省共处理突发性污染事故80多起，由省环境监察总队赴现场查处10多起。其中妥善、及时处理了苍南县苯酚翻车泄漏事故。浙江省2004年没有延误报送一起环境污染事故，没有发生一起因工作延误而扩大经济损失的责任事故。

【环境污染纠纷调处】 2004年，省环境监察总队赴现场调查30多起环境污染纠纷。在针对跨市污染纠纷问题时，省环境监察总队勇于承担责任，通过实地勘测、召开协调会等方式认真解决。2004年，省环境监察总队及时、妥善处理了萧绍边界污染纠纷、长兴天力蓄电池有限公司污染纠纷、江浙边界污染纠纷、上峰水泥厂污染纠纷等多个较为尖锐的污染矛盾，维护了全省的环境安全。

（胡晓林）

安徽省

【环境污染事故查处】 2004年，安徽省共发生环境污染事故55起，环境监察部门均及时参与调查处理，结案率达100%。安徽省环境监理所直接调查处理环境污染事故9起，其中跨省非法转移危险废物案件6起，液氯泄漏案件两起，非法排污严重污染农田案件1起。

（袁永宏）

福建省

【污染事故报告制度】 2004年，全省认真执行事故报告制度。全省发生污染事故7起（水污染2起、大气污染1起，海洋污染4起），直接经济损失56万元（水污染损失1.5万元，大气污染损失4.5万元、海洋污染损失50万元），其中较大事故1起，一般事故6起。

【环境污染事故应急演习】 2004年，环境监察总队加强和规范应急污染事故的应对措施，制订了《福建省环境监察系统环境污染事故应急调查和处理工作方案》。福州市环境监察人员参加了在市硫酸厂组织实施了突发性环境污染事故应急处置演练，模拟氯气泄漏事故应急处置。三明市监察支队建立了《三明市突发性环境污染事故危险源档案库》、《三明市环境污染事故应急预案信息系统》，参加了市政府组织的“三明市危险化学品事故应急救援综合演习”。

（省环境监察总队）

湖南省

【环境污染纠纷调处】 2004年，各级环境监察机构按照规定程序依法行政、严格执法，认真办理了一批环境污染纠纷案件。全省各级环境监察机构共调查各类环境污染事故68起，协调办理环境污染纠纷8 729件，受理环境举报投诉电话13 363次，接待受理来信来访11 430件。重点调解了临澧县新安昌盛纸业有限公司因污染引起的纠纷、重庆秀山跨境污染纠纷、贵州玉屏跨境污染纠纷、郴州桂阳县小冶炼污染、邵东县两市镇金丹集团废水废气污染扰民问题。通过调处环境污染事故和纠纷，接待和办理信访举报推动了排污企业的治理，妥善解决了大量涉及人民群众切身利益的环境污染问题。

（兰　洋）

广东省

【突发性污染事故应急处理】 2004年3月22日，中山市黄圃镇吴栏小学有100多名学生因吸入不明气体造成身体不适进医院治疗。接到省委以及省环保局领导的指示后，省环境监察总队立即派员于当晚赶到事故现场，对事件进行了调查并及时做出处理。5月19日凌晨2时左右，一辆装运40吨粗苯的槽罐车在广西北流市清湾镇地段翻落公路下约5米的稻田，十几吨粗苯泄漏，面临着陵江及其下游罗江、鉴江水质受污染而造成人畜伤亡的危险，省环境监察总队长率员连夜赶赴茂名，会同茂名、湛江、吴川市环保局对事故采取紧急措施排除了险情。此外，还派员参与茂名小型炼油厂发生人员中毒事故的处理等。均在最快的时间、把最准确的数据向省环保局报告，使上级各部门能准确、快速掌握事态发展，把事故控制在最低的损害程度。

【跨界污染纠纷协调处理】 2004年，共协调处理跨界污染纠纷6起。其中有：深圳市兴华化工有限公司惠阳试验厂非法转移危险废物造成茂名市茂南区石岭狗管理区竹园坡村环境污染案引起的纠纷；惠州市久策工业气体有限公司非法倾倒电石渣造成东莞市桥头镇部分农田灌溉用水受到污染案引起的纠纷；茂名市茂南区山阁镇政府门口至高州市分界镇交界路段高岭土公路路面污染问题；三水大塘工业区污水污染花都巴江河问题；佛山南海区和顺官窑镇与广州花都炭步镇交界地区垃圾填埋场跨界污染纠纷问题；清远市清城区石角镇兴仁管理区电镀企业污染花都问题；番禺、中山黄圃镇垃圾填埋环境污染问题等。另外，还派员参加了国家环保总局召开的粤桂九洲江水污染防治工作协调会，会同国家环保总局、广西自治区环保局、湛江市环保局以及湛江市政府组成的联合调查组对广西陆丰县对九洲江的污染问题进行了调查，并建立了两省环保信息通报机制。

（省环境监察总队）

广西壮族自治区

【环境污染事故概况】 2004年，全区共发生各种环境污染事故221起，事故处理率达100%，造成直接经济损失约474万元。对事故责任人共处罚款11.3万元，协调损害纠纷并促成赔偿金额共327.7万元。具体情况见下表：

2004年广西壮族自治区环境污染与破坏事故情况汇总表

汇总项目		计量单位	全区合计
合计事故数		次	221
直接经济损失		万元	473.85
按事故程度	特大事故	次	5
		万元	218.12
	重大事故	次	9
		万元	67.8
	较大事故	次	34
		万元	73
	一般事故	次	173
		万元	114.93

续表

汇总项目		计量单位	全区合计
按事故类型	水污染	次	79
		万元	348.92
	大气污染	次	123
		万元	109.38
	固体废物污染	次	9
		万元	7.15
	噪声与振动危害	次	4
		万元	0
	化学危险品污染	次	4
		万元	7.5
	其　他	次	2
		万元	0.9
伤亡人数		人	0
其中死亡人数		人	0
农田污染面积		万平方米	512.305
污染鱼塘面积		万平方米	14.459
事故罚款金额		万元	11.3
事故赔偿金额		万元	327.7

【环境污染事故应急处置】 2004年，为完善事故应急处理运行机制，运用科技手段，进一步提高广西各级环保部门对突发性环境污染事故的应急处理能力，最大限度地降低事故造成的环境危害和经济损失，减少对事发地人民群众的生产生活的不利影响，维护社会稳定，开创环境监察新局面。2004年，广西环境监察总队开始组建自治区环境污染事故应急处理指挥中心，该中心包括事故应急处理系统、污染源在线监控系统、“12369”环保热线处理系统和排污申报系统。

【污染事故处理专题研究会议】 2004年上半年，广西污染事故频发。为从源头控制污染事故发生，消除事故隐患，2004年8月19日，广西环境监察系统召开专题会议，针对广西部分沿江企业寻机偷排高浓度有机废水入江、不便于监管的问题，研究相应的对策和措施，并制定了在污染事故查处中，环境监察与监测部门协调开展工作的程序。

【重大污染破坏事故实录】 2004年，广西平果凯特生物化工有限公司年产食用酒精3万吨。由于治理设施不完善，大部分酒精废液租用山塘储存，并将部分酒精废液排入溶洞，2004年先后两次导致右江平果——隆安段水质恶化，造成重大水污染事故，大量网箱养殖鱼死亡。2004年6月14日，平果县人民政府根据环保部门的建议，依法对凯特公司下达了停产治理通知，平果县环保局依法对企业进行了罚款处理。自治区环保局将平果凯特生物化工有限公司列为挂牌督办的单位，其间，自治区环境监察总队多次对该公司进行现场检查，督促企业切实做好污染治理设施整改工作，并对企业的整改工作给予技术指导。凯特公司投资近2 000万元，改造了生产废水处理系统。生产废水经厌氧、耗氧处理后达标排放，厌氧产生的沼气，用于烧锅炉，节省了燃料。2005年9月30日，自治区环保局对凯特公司进行了环保验收，现场核查表明，生产废水经过处理已经达到国家综合排放标准。

2004年11月9日，柳城县六塘镇与宜州市三岔镇交界处的龙江河段发生水污染事故，造成河段水质恶化、鱼类死亡，影响了沿河群众正常的生产生活用水。宜州、柳城共计死亡网箱鱼约1.9万千克，直接经济损失达数十万元。经调查确认，事故原因为多家企业超标排放污染物污染河水。宜州市桂鹰非金属矿工业有限公司、凤糖集团柳城县六塘糖厂、柳城县川东磷化工有限公司是这次事故的责任者，有关地方环保部门依法对责任人进行了行政处罚。广西环境监察总队对这起事故引发的污染损害赔偿纠纷进行了调解。通过对赔偿责任的认定以及死鱼量和价格等进行科学分析，摆事实、讲道理，经过耐心细致的工作，使这起污染赔偿最终达成了协议。在2005年2月9日前，3起事故责任者共按协议赔偿受害人47.7万元，使31个家庭的上百名群众能安心地欢度春节。

（赖天天）

海南省

【环境污染事故处理】 全省共处理了10起环境污染事故，其中9起污染事故全部得到妥善处理，污染基本得到控制和消除，赔偿经济损失共计80.41万元，行政罚款10.5万元；其中一起是在12月底发生的沿海海域及岸滩的油污染事故涉及跨省污染问题，当年尚未办结。

（省国土环境资源监察总队）

四川省

【特大环境污染事故应急处置】 2004年3月1日23时许，四川省环保局接到内江市、资中县、简阳市环保局报告沱江发现大量死鱼，经环境监测站监测，两市一县沱江取水水源氨氮含量超过地表水Ⅲ类水域水质标准50多倍。为此，省环保局立即召开会议，研究部署调查和应急处置工作，成立了以局长朱天开为组长、副局长谷声文为副组长的沱江水污染事故调查组，随即赴沱江流域开展调查工作。

2004年2月10日，川化集团二化技改项目完成后，于2月11日开始投料试生产，在机械设备发生故障以及合成系统发生故障的情况下，强行将尿素系统进行局部试车。自2月18日～3月2日，连续进行投料试生产。在整个试生产过程中，两台给料泵都没有运行，尿素水解系统未能投运，尿素生产系统产生的工艺冷凝液没有经过水解塔有效处理，大量高浓度氨氮废水直接外排，通过青白江区排污截流工程进入青白江区污水处理厂后（因氨氮浓度太高没有进行处理）排入毗河，再经毗河进入沱江，导致沱江水质氨氮浓度严重超标。2月27日、28日，成都市青白江区环保监测站对川化每两小时进行一次、连续24小时的监视性监测，川化集团的3个排污沟外排废水中氨氮浓度在2 611 ～7 618mg/L之间，超标43～126倍。据估算，从2月11日至3月2日止的20天试生产期间，该公司大约向沱江水体排放氨氮总量在1 600～1 800吨。大量超标废水的排放导致沱江中、下游地表水水质氨氮浓度严重超标，直接经济损失达2.19亿元，造成简阳市、资中县、内江市3个城市的自来水厂和8个乡镇的取水站停产，导致沱江中、下游地区100万群众连续26天饮水中断，内江市、资中县被迫开辟第二水源，简阳市完全靠车辆拉水解决群众的饮水困难。这次事故是近年来全国发生的一起特大水污染事故。

事故发生后，四川省委书记张学忠和省长张中伟当即做出部署，由省委副书记刘鹏、副省长张作哈赶赴事故处置工作一线，连续多次召开紧急会议，开展事故处置工作。

一是3月2日，立即责令川化公司立刻切断污染源，紧急从岷江调水5 500万方入沱江冲污，对沱江流域170余家污染企业开展拉网式检查清理，关停了50余家超标排放的污染企业，有效地减少了沱江的污染物排放总量。

二是3月4日起，在成都军区、公安消防武警部队的大力支持下，先后调集了军队、消防和成都、自贡等8个市的运水车110辆，运水官兵和工作人员430余人，支援内江运送群众生活用水，有效缓解了内江城区群众的基本生活用水需求，全力维护受污染影响地区社会稳定。

三是在事故处置期间，加强城市应急管理，采取有力措施，确保了社会稳定。消防公安部门紧急开展了消防安全大检查，排查清理了重点被污染的区域；工商、物价等部门加强了市场监管，严厉打击哄抬物价等非法行为，维护了市场正常秩序；公安、武警等部门加强了戒备，做好了处理突发事件的预案；卫生部门派出专家组到内江等地，指导当地做好抗灾防疫的准备工作，防止重大疫病的发生和蔓延。

四是把握宣传舆论导向。3月3日下午省政府及时向新华社和《四川日报》通报了有关情况。宣传部门采取有力措施，正面引导了省内媒体的宣传报道，防止了媒体炒作。

五是依法开展责任追究。3月15日，省环保局根据《中华人民共和国环境保护法》有关规定，对四川化工股份有限公司的环境违法行为依法做出罚款100万元的行政处罚决定。4月16日，省政府第32次常委会议做出了严格执行领导干部责任追究制和严肃追究经济责任的决定。4月30日，省委、省政府对事故责任人和损失赔偿问题做出了处理决定。四川化工控股（集团）公司董事长赵彦博对此次事故负有领导责任，决定给予党内警告处分；川化集团有限责任公司总裁、川化公司董事长、法人代表谢木喜对事故发生负有重要领导责任，责令本人引咎辞职；川化公司总经理李俭、川化公司副总经理吴贵鑫、川化公司环安处处长何立光、青白江区环保局副局长宋世英、青白江区环保监测站站长张明、区环境监理所所长张山涉嫌犯罪，被移送司法机关依法处理。川化股份有限公司副总经理谷业康、青白江区人民政府副区长郑兴华、区环保局长赖建能、区环保监测站副站长顾天奕等人被纪检监察机关立案调查。由于国家有关部、局和省、市各级反应及时，指挥有力，措施得当，事故处置工作进展顺利。

（陈泽文）

云南省

【环境污染事故、纠纷和信访案件调处】 2004年，全省各级环境监察机构发挥职能作用，做好"12369"环保举报热线的受理，继续加大对环境污染事故、纠纷和信访案件的调处力度，做到发现一起调处和查处一起。省环境监理所及各地环境监察机构对上级批转的和直接收到的环境污染信访案件逐一进行了现场调查处理，并加强了跟踪检查力度。2004年，全省环境监察机构受理并参与调处环境污染事故、纠纷、信访数分别为58、1 129、2 721起，结案率分别为98.1%、94.2%、94.3%。

（省环境监察总队）

陕西省

【环境污染破坏事故报告制度】 2004年，在环境污染事故与污染纠纷的调查处理方面，按照国家环保总局要求实行了污染事故月报制度，每月按时向国家环保总局报告全省污染事故的发生及处理情况。2004年，全省共发生污染事故41起，其中重大事故两起，较大事故4起，一般事故35起，无特大污染事故发生，由于全部及时进行了妥善处理，有效减轻了损失，维护了社会安定。

【污染破坏事故应急处置】 2004年，为增强事故预警能力和快速反应能力，协助市、县政府及时采取措施控制污染，防止事故扩大，并提供准确的报告和信息，消除或减轻污染事故带来的影响，确保环境安全，按照国家环保总局和陕西省政府要求，陕西省环保局组织制订了《陕西省突发环境事件应急预案》，全面加强了对突发环境事件的防范、应急处置、调查处理和报告工作。为指导各市、县的环境应急工作，组织编制了《环境应急手册》并发送到全省各级环保局及环境监察机构。2004年初，陕西省、市政府签订了关于加强环境污染事故应急处置，制订应急预案，加强应急能力建设的环保目标责任书，多数地市能按照责任书的要求，重新编制或修订了市、县两级突发环境事件应急预案，为突发环境事件的应急处置奠定了坚实的制度保障。

（省环境监察局）

甘肃省

【突发性环境污染事故应急预案】 2004年，根据《甘肃省人民政府突发公共事件总体应急预案》，为了有效防范环境污染事故的发生，全面提高应对突发性环境污染事故的能力，及时、合理处置各类突发性环境污染事故，有效控制和消除污染，保障人民群众身心健康以及生产活动的正常进行，保持社会稳定，促进国民经济持续快速协调健康发展，省环保局制订了突发性环境污染事故应急预案，并由省政府办公厅转发全省执行。预案明确应急处置遵循原则、领导机构及职责、预测预警标准、事故处置程序、后期处置、应急保障。

【环境污染事故、纠纷调查处理】 2004年，全省共发生污染事故60起，调查处理60起，处理率达100%，结案率达100%。调解处理各类环境污染纠纷184起，处理率达100%，结案率达99%，并建立了信访纠纷回访制度。

（杨　桦）

新疆维吾尔自治区

【污染事故、污染纠纷调查处理】 2004年，全区各级环境监察部门依照有关法律法规及时准确地对待每一件污染事故、纠纷案件，在查明污染事实、分清责任的基础上，予以妥善解决。参与了大量的污染事故、纠纷的现场调查及处理工作。

2004年，全区共发生环境污染事故20起，处理率达100%，环境污染纠纷798起，处理率达98.5%，信访投诉4 726件，处理率达98%。

【污水池坝体垮塌造成水污染事故】 2004年，泰昌实业有限责任公司棉浆粕分公司位于新疆巴州尉犁县西尼尔工业开发区内，该公司1994年开工建设，1995年5月投入试运行，主要产品为棉浆粕，设计年产量2.4万吨。

2004年3月26日13时30分左右，泰昌公司浆粕分公司污水池南岸堤坝垮塌，约100多万方污水下泄。首先进入距离污水池约400米东西流向的库塔干渠北干渠，顺干渠流向下游，最终污水到达库塔干渠南干渠的红光村分水闸。

2004年3月27日12点，自治区环保局接到巴州环保局"关于新疆巴州泰昌公司棉浆粕分公司污水池坝体垮塌污染情况的报告"后，立即由自治区环境监察总队、自治区环境监测中心站组成的事故调查小组，对污染事故进行了现场勘查、调查、了解，正在南疆出差的副局长井清河也于28日赶到现场，负责对污染事故调查处理。

1. 事故造成损失：由于污水未进入孔雀河，没有发生人畜伤亡中毒事件。库塔干渠受污染渠道近50千米，被冲毁300米，冲毁支渠近50米。污水造成巴州水管处、团结水库开发区89.27公顷农田和林带污染，包括已耕作地65公顷，其中污染较重的38.3公顷，污染较轻的有26.67公顷，荒地14.27公顷，退耕还林地10公顷，受污染的林带总长度21千米。造成库塔干渠停水5天。

2. 事故原因：一是棉浆粕公司对污水池维护没有到位，且排入的污水量超过了污水池的容量，是造成事故的主要原因；二是自然因素也是造成坝体垮塌的原因之一。据了解，事发当天(3月26日)污水池处风力在8～9级左右，风大浪高，直接导致坝体垮塌；三是公司领导环境意识不强，没有组织人员进行有效的防范。

3. 处理结果：一是棉浆粕分公司污水池坝体垮塌事故为污染事故，事故最终的定性待赔付、评估完成后做出；二是按照环境保护的有关法律法规对泰昌公司棉浆粕分公司处以行政处罚10万元，并要求该公司拿出污染事故应急预案；三是由于情况特殊，自治区环保局告知该公司，污水处理设施未进行验收可先运行，将处理后的水排入指定地点，尽快恢复生产，最大限度减小企业的损失。

【玛纳斯河水污染事故】 2004年，根据有关单位的举报，自治区环保局、自治区环境监察总队、自治区环境监测中心站等有关单位组成联合调查组，对玛纳斯澳洋科技有限责任公司棉浆粕生产污水排入玛纳斯河及夹河子水库并污染玛纳斯河及下游13.33万公顷农田的污染事故进行了现场调查。澳洋科技有限责任公司地处玛纳斯县城西工业区，位于玛纳斯河东部，紧邻312国道。2003年4月，在原棉浆粕厂的基础上，重组为玛纳斯澳洋科技有限公司。该公司于1999年投资约1 000万元兴建了一座日处理能力为8 000立方米的污水处理厂，由于公司生产规模不断扩大，排污量不断增加，现有污水处理厂的污水处理能力已无法达到环保标准。

自治区环保局依据《国务院关于环境保护若干问题的规定》，建议玛纳斯县人民政府对玛纳斯澳洋科技有限责任公司生产两万吨粘胶短纤扩建工程下达停产治理决定。在停产治理期间重点做好以下工作：

一是该公司必须正常使用现有的污水治理设施，确保生产污水长期稳定达标排放，如发生事故排放或检修污水治理设施应及时报告当地环保部门，并报自治区环保局备案；二是抓紧时间建设日处理能力达5万立方米的污染处理设施和60千米排放管线，待以上项目通过验收合格后，与棉浆粕一厂的生产废水一并排入60千米排污管线后，粘胶短纤扩建工程方可进行试生产；三是新建生产5万吨棉浆粕项目必须经过自治区环保局验收合格后，方可投入正式运行；四是以公告形式向社会公示有关停产治理的决定，接受群众监督。

（刘寒峰）

青岛市

【环境污染破坏事故应急处置】 2004年，市环境监察支队为有效防范和合理处置各类环境污染事故，特别是重、特大环境污染事故和突发事件，迅速控制和消除环境污染，及时调查取证和按规定进行后期处理，保护生态环境和生活环境，根据国家有关规定和市府、市环保局有关文件精神，修改和完善了《环境污染事故应急处理预案》，进一步明确了环境污染事故应急处置的组织机构与职责，规定了环境污染事故应急处置的工作程序。此方案为及时、有效、科学地处置突发性环境污染事故、减少环境污染事故造成的损害提供了制度保障。

（市环境监察支队）

宁波市

【环境应急演习】 2004年5～10月，国家环保总局和宁波市政府在宁波乐金(LG)甬兴化工有限公司联合举行了环境应急演习。在演习全过程中模拟了一次性化学环境污染事故处置的程序和方法，环保部门会同公安、卫生、消防、广电等部门精心筹备，编制完成具体演习方案，并多次演练，10月27日演习取得圆满成功。这次演习，市环境监察支队作为环境应急的主要力量，按照统一部署，抽调精干人员、组织队伍全力以赴投入到了演习筹备、队伍演练等各项工作中。市环境监察支队上下全体人员从监察现场指挥、现场行动到后勤保障、投诉受理等各司其职，熟悉任务，精心准备，反复演练，从5月演习筹备开始到10月演习结束先后进行了10多次各种准备、演练，确保了整个演习的成功。演习的成功举行，进一步完善了城市环境应急预案，提高了应对突发性污染事故的能力。

【环境污染事故调查处理】 2004年，宁波市先后发生了北仑小港危险废物倾倒事件、北仑区小港镇一化工企业反应釜冲料污染事件、浙江善高化学有限公司双氧水生产装置爆炸事故、余姚市"4·20"非法倾倒酸洗残液事件等大小污染事件、事故4起，环境监察部门在接警后都能第一时间赶到现场并进行及时有效的处理。4月20日，位于余姚河姆渡镇的天一不锈钢有限公司，将约20吨酸洗废液非法倾倒在附近的工业用地上，造成倾倒点附近30米范围内土壤受污染，市环境监察支队接到报告后及时赶到了现场，协同有关部门对现场采取处置措施，消除污染，恢复环境，经立案调查对肇事单位处以8万元重罚。

（吴方民）

深圳市

【突发性污染事故应急处理】 2004年，深圳市抓安全生产与突发性污染事故应急预案的起草工作，编制《深圳市环境保护局突发性环境污染事故应急预案》，预案的编写和制定使深圳市环保部门对可能发生的突发性污染事故的应急准备与响应有了明确的指引，为有效预防、及时控制和消除突发性环境污染事故对公众和生态环境造成的危害奠定了基础。组织参与2004年"全国安全生产月"活动，在环保系统内部开展安全管理自查自改活动，组织检查各单位安全档案的建立和健全安全管理的措施情况。组织开展安全生产大检查工作，堵塞了环保方面的安全漏洞，消除了隐患，及时对存在的问题提出整改要求，避免发生环保安全生产事故。

（张志宇）

沈阳市

【环境污染事故应急处置预案制订】 2004年，为及时、高效、妥善地预防和处置环境污染事故，保护国家、公民的财产和公众的人身安全，维护社会稳定，市环保局按照国家环保总局的要求，结合沈阳市实际制订了《沈阳市环境污染事故应急处置预案》。该《预案》明确适用范围、确立组织机构和职责分工，保证在发生污染事故时能够迅速出动一支有战斗力的环保应急处置、救援队伍，防止污染事故的扩大。

（市环境监理大队）

西安市

【环境污染破坏事故应急预案制订】 近年来环境污染投诉逐年增多，为应对突发大面积污染事故的发生，及时查处重大污染事故和污染纠纷，2004年，西安市环境监察支队制定了应急处理预案。预案分为登记受理、紧急报告；启动预案；现场处置、控制污染；调查取证和污染情况初报；依法处理结案；污染事故报告等六大部分。按照国家环保总局环境污染与破坏事故程度的划分标准分为4个等级，按不同等级启动相应的预案。该预案对登记受理、现场调查、应对措施、取证处理做出了具体规定，便于环境监察机构采取果断措施控制突发污染事件的发生，保障了群众的环境权益。

（赵文军）

环境监察公众参与

◎ 环保政务与信息公开

◎ 环境污染投诉举报与应急查处

◎ 来信来访办理

【环保政务与信息公开】 为充分发挥新闻舆论的监督作用，积极推进公众参与，公开查处典型环境违法案件，2004年1～8月，国家环保总局环境监察局在《中国环境报》设立"环境执法大家谈"专栏，产生了一定的社会影响。在"专项行动"中，全国已开通的1 153条"12369"环保热线，共受理群众举报36万件，中央电视台、新华社、《经济日报》等媒体发布有关报道300余篇，各大网站反映有关信息1.9万余条次，其中反映各地挂牌督办环境问题的1.2万条，曝光各类环境污染问题8 000余条，形成了全社会积极参与环境执法的新局面。

在国家环保总局宣教办的支持下，中央电视台、中央人民广播电台、新华社、《人民日报》、《中国环境报》等新闻媒体以及中国网、新浪网等大型网站等20多家中央媒体对矿山生态环境保护专项执法检查行动进行了广泛宣传和及时报道，共发布有关新闻50多篇，据不完全统计，全国各新闻媒体共登发3 000多条相关新闻。并在"整治违法保障群众健康环保专项行动"结束后召开新闻发布会通报了有关情况。

【环境污染投诉举报及来信来访处理】 2004年，国家环保总局环境监察局共受理群众电话投诉449件、信访投诉341件，分别比上年增长153.7%和99.4%；办理结案投诉案件588件，结案率为80%。其间共关闭取缔违法企业52家，停产治理110家，限期治理157家。大部分办理情况都向举报人反馈，多次受到群众好评。

2004年，全国环保部门共接待举报信访475 635件，处理469 703件，处理率达98%，比上年增长7个百分点。结案460 977件，结案率达97%，比上年增长1个百分点。环境监察部门参与调查315 316件，参与处理246 082件。

2004年，各地环境监察机构共受理"12369"电话投诉39万件(噪声扰民的投诉占41%，空气质量的投诉占35%，水污染的投诉占10%)，结案率达97%左右。主要城市环境监察机构建立了快速处理环境纠纷的接报出警和投诉回访机制，环境投诉满意率大都在80%左右，重庆、大连、上海等城市的群众满意率达到98%，重访、越级上访率明显降低。

(国家环保总局环境监察局)

北京市

【环保公众有奖举报活动】 为落实《北京市第十阶段控制大气污染措施》的要求，动员社会公众参与环境保护，2004年5～12月，市环保局与北京人民广播电台共同举办了"少一缕烟尘，多一分健康"的环保公众有奖举报活动。

"少一缕烟尘，多一分健康"环保有奖举报活动是一项由市环保局与媒体合作举办的公益性活动，旨在激发市民参与环保的积极性，动员社会力量监督污染环境的违法行为，通过对举报信息的查处，控制污染，保护市民身体健康，提高环保执法效率和环境管理水平。

此次活动历时8个多月，共受理群众来信、来访、电话等举报大气污染行为的信息11 597件；约1 200多人次参加了此次有奖举报活动。环保、城管监察、公安交通管理部门对所有的举报信息按职责进行了查处；其中，2 056条举报信息所反映的问题经核查属实，占举报总量的17.7%。在11 597条举报信息中，举报机动车冒黑烟的11 540件，占举报总量的99.5%，2 014辆汽车经核查排放超标；举报扬尘污染的57件，占举报总量的0.5%，42个扬尘污染举报件属实。环保局共发放奖金5.5万多元，约110多人次90多人受到奖励。

通过公众有奖举报活动的开展，激发了市民参与环保的积极性，加强了各执法部门间的协调配合，提高了环保执法效率，提高了北京市环境管理工作水平，取得了良好的社会效果。

(市环保监察队)

天津市

【环保政务与信息公开】 2004年，天津市环境监察总队在日常工作中注重将推行政务公开与加强环境监察队伍行风建设相结合，编制了《天津市环境监察政务公开工作指南》、《排污收费工作指南》和《环境监察实用手册》等大量材料，向社会公开印发。2004年，还以答记者问形式在报纸上刊登了排污申报登记、排污收费标准等相关政策。对排污收费和环境行政处罚公开、透明，接受社会各界的监督。每月第一个星期二作为天津市环境监察总队领导接待日，解决群众提出的问题，主动接受群众的监督。

【群众信访处理】 2004年7月5日，天津市环境监察总队接到国家环保总局环境监察局转来的蓟县礼明庄乡后潵水头村群众反映当地饮用水受污染问题。7月6日，天津市环境监察总队执法人员赴蓟县进行了调查。经调查，信访基本属实。在天津市环境监察总队建议下蓟县政府采取打深井、修污水渠道等措施给予解决，2004年8月31日完成打深井工作。污水渠道竣工后蓟县开发区生产废水走防渗暗渠，不再出现污水外溢现象。

(市环境监察总队)

山西省

【环保政务与信息公开】 2004年，山西省各级环境监察机构严格按照政务公开的要求，将排污收费的有关政务内容进行了"三公开"，即公开收费标准、公开收费依据、公开收费程序，较好地避免了收费中不良现象的发生，为企业提供了一个良好的外部环境。

【环境信访办理】 2004 年，全省环境监察机构受理群众信访举报 3.2 万余件，调查群众信访举报 3.15 万件，查处率达 96%、反馈率达 87%，接待群众来访1 876次，对来访的1 798批次反映的环保问题进行查处，结案率达 100%。解决了一批久拖不决、影响健康的环境热点、难点问题，维护了群众的环境权益，保障了环境安全。

（省环境监察总队）

辽宁省

【来信来访处理】 2004 年，辽宁省环境监察部门共处理环境信访28 378件，接待群众上访6 995批次。印发了《关于解决突出环境信访问题化解社会矛盾纠纷专项治理工作方案》、《2004 年省环境信访考核方案》，辽宁省环保局将信访工作纳入各市环保局的管理目标，进行量化考核，并将考核结果通报各市人民政府。2004 年 12 月，辽宁省环保局组织有关人员对各市环境信访工作进行了量化考核，经考核评议，盘锦市环保局、大连市环保局、营口市环保局、丹东市环保局获得环境信访先进单位。由于辽宁省环境信访工作取得了突出成绩，省环保局被省委、省政府评为 2004 年全省信访突出问题专项治理先进单位。

（省环境监察局）

吉林省

【环境监察政务公开】 2004 年，全省各级环境监察机构继续完善政务公开工作。长春市建立互联网站，公开工作信息。在大厅设立电子触摸屏，方便外来人员查询。取消着装后，制作了统一式样的胸卡，明确执法身份。将收费标准、收费项目、执法依据和咨询、监督电话印成“长春市环境监察公示卡”下发各企事业单位。

【推行环保监督员制度】 2004 年，吉林省贯彻落实国家环保总局《关于开展企业环保监督员制度试点工作的通知》精神，制定并下发《吉林省开展企业环保监督员制度试点工作实施方案》，并把这项工作作为推动公众参与环境管理的切入点，发挥公众的监督作用，增强企业自我规范的能力，将环境执法由过去政府对企业单向管理的“一元结构”向环保严格执法、企业自觉守法、公众全面参与监督的“三元结构”转变。

【环境信访办理】 2004 年，吉林省各级环境监察机构牢记全心全意为人民服务的宗旨，认真履行职责，做好环境信访工作，严格按照国家《环境信访办法》的规定办理环境信访事项，维护人民群众的环境权益。四平市每月召开一次环境信访专题会议分析环境信访工作形势，解决环境信访问题，被市委、市政府评为 2004 年度信访工作优秀单位。辽源市在城区建立了 20 个噪声责任区，全局工作人员全部落实责任，参与管理。通化市将环境信访工作同各项环境管理工作结合起来，工作管到哪，信访工作就做到哪。在夏季到来之前，就配合文化、工商、公安等部门对市区文化娱乐场所进行检查，使夏季噪声污染投诉量较 2003 年同期明显减少。2004 年，全省共受理环境信访 15 235 件，90%以上的投诉得到妥善解决。

（程金灿）

上海市

【环境污染信访投诉受理】 2004 年，上海市环保“12369”应急热线共受理投诉电话50 333个，其中受理有效投诉电话36 644个，其中有关环保投诉电话22 769个；非环保投诉电话13 848个。在环保投诉电话中，废水占 7.5%、废气占 23.3%、噪声占 65.7%、固体废物占 0.8%、辐射占 0.8%、其他占 2.3%。共受理环境污染信访 134 件，办结率为 100%。

2004 年上海市环保应急热线中心参与了由新闻媒体组织的“夏令热线”活动。受理“夏令热线”转来的投诉电话，同时派出环境监察执法人员随记者对群众投诉的环境问题进行现场处理。活动期间，环保应急热线中心受理《新民晚报》转来的群众投诉 100 余件，这些投诉件都在规定时间内进行了处理和回复。

（彭振发）

江苏省

【环保政务与信息公开】 2004 年，为营造公众参与环境监督的社会氛围，实行专职队伍环境监察与社会监督相结合，推动环境执法向纵深发展，江苏省各级环境监察机构主动接受社会监督，保证环境监察各项工作依法、公正、公开。

2004 年，江苏省普遍实行环境监察政务公开：一是加强“窗口”建设。在办事窗口和醒目场所公开工作职责、法律依据、工作制度、办事程序、工作质量标准、排污收费标准、行政处罚情况和监督举报办法等，并在此基础上开展“诚信建设看窗口”活动。二是坚持亮证执法。在执行公务中，环境监察人员要表明身份，出示证件，接受群众监督。三是采取聘请行风监督员，形成有效的社会监督网络。省环保厅在每个省辖市的各行业聘请 5 名行风监督员，全省共聘请70多名行风监督员。每年至少两次召开行风监督员座谈会，听取行风监督员的意见和建议。全省各市、县也在辖区内聘请了行风监督员。四是开展问卷调查、群众座谈等形式，广泛听取公众意见，接受社会监督。五是邀请新闻媒体参加重要的环境执法活动，加大环境违法行为的公开曝光力度，广泛接受舆论监督。

【群众投诉举报查处】 2004年，各地始终把关心和保护人民群众的合法环境权益放在首位，把污染举报工作视为环境管理耳目的外延，将人民群众满意度作为衡量办理质量的标尺和促进环保工作再上台阶的动力。省环保厅主动与省电视台等媒体联系，在《绿色家园》栏目公布环境污染投诉电话；苏州市在《苏州日报》开设了"投诉回音"栏目，徐州、扬州、南通、淮安等市还结合行风、政风热线栏目，有关部门负责人走进新闻直播室，倾听群众呼声，接受群众投诉咨询。各地认真查处每一件举报投诉，督促整改到位，并想方设法与举报人取得联系，告之结果，征求意见。2004年全省对举报的问题立案查处共51 216件，结案50 882件、结案率为99.3%。全省共奖励100件135人次127 100元。

（省环境监察局）

浙江省

【信访案件处理】 2004年，省环境监察总队在进一步完善信访制度，规范信访办事程序，落实信访工作"一把手"负责、信访专人监督办理、反馈举报人、信访月通报、保密及存档等制度的同时，从信息化管理着手，开发了"省转信访软件处理系统"，该系统投入使用以后，使每一件省转信访案件均通过网络交办、处理，全省环保系统人员都能通过该系统查看每一件省转信访案件的办理结果、及时处理率、群众满意率、退回重办率等情况，增加了信访处理透明度，提高了环境信访案件处理的时效和处理质量。截至2004年第3季度，全省共受理群众信访、纠纷38 730多件，平均每天142件，处理率达98%，结案率为97%。截至11月底，省本级受理各类举报513起，其中来电118起、来信316起、来访72起、网络举报7起；省环保局直接处理信访案件28起，其余均转至各相关市，处理率为100%。

（胡晓林）

安徽省

【环保政务与信息公开】 2004年，全省环境监察部门继续认真落实"环境监察五公开"、"排污收费六公开"要求，深入开展政务公开，各级环境监察机构将环境现场执法、案件查处、环境监察工作程序和排污费征收依据、标准、核定结果和征收额上网、上墙等工作形成规范和制度。目前全省各级环境监察部门已全部实现环保政务公开与信息公开的动态化管理，促进环境监察工作公平、公开、公正开展。

【举报投诉、来信来访办理】 2004年，全省环境监察部门共接听、接待环保举报投诉、来信来访8 946件，处理8 846件，处理率达99%，结案8 803件，结案率达98%。安徽省环境监理所直接接待处理环保投诉电话226件、电子邮件投诉112件、人民来信105件和55批次上访。

（袁永宏）

福建省

【环保政务与信息公开】 2004年，实行环境监察"六公开"、环境监察人员"六不准"、环境监察人员行为规范、排污费征收工作程序等制度，规范环境监察执法行为。将有关环境监察职责、制度、程序，福建省环保"110"联动统计表、福建省环境监察工作情况表等内容在省环保局网站上公布。全省环保系统聘请了2 300多名环保监督员和行评代表，对环保部门行风状况进行评议和监督。各级环保部门普遍建立了机关内部局域网，把各种事项办理进展和办理结果上网，进行资源整合和共享，便于查询和了解工作动态。初步建立了全省联网的环保系统自动传输系统，实现省、市、县三级环保部门信息的及时和定向传输。对应社会周知的法规、政策、标准、技术规范和工作部署等，通过省环保局网站公示或公开，增强行政工作透明度。

【来信来访办理】 2004年，全省环保部门共收到群众来信26 220件，其中反映环境污染与生态破坏类的23 961件，发明建议类28件，行业作风类17件，其他事项的2 257件。已处理来信25 020件，接待群众来访2 003批次，其中反映环境污染与生态破坏的1 998批次，已处理1 551件。

（省环境监察总队）

江西省

【环境污染投诉与信访处理】 2004年，省环境监察总队共接到污染投诉案件32起，转办14起，省环境监察总队组织办理18起，结案31起，结案率达100%。一些影响重大、在媒体上曝光的污染投诉案件如：省委、省政府领导批示的丰城尚庄街办云庄丰盛造纸厂等5家企业污染投诉件、国家环保总局转办新建县湾里区特异砂轮有限公司和南昌县蒋巷镇非法小炼油企业环境污染问题调查及省"两会直通车环保接听热线"接听群众投诉，反映中石化九江分公司恶臭气体污染问题都及时得到解决，其中蒋巷镇非法小炼油企业经多次查处，仍屡关屡建，就地恢复生产的问题已得到彻底查处，销毁了非法小炼油设备，蒋巷镇分管环保工作的领导和有关村领导均受到党内处分。此后，又相继取缔关闭了新建县、上高县、进贤县3家非法小炼油设备。

（省环境监察总队）

河南省

【群众投诉举报处理】 2004年1～9月，河南省级和省辖市级环境监察系统的举报热线共受理各类举报11 982件，其中属于环保系统的9 243件，结案9 113件，结案率达96%。省环境监理总站共受理举报投诉252次，结案236起，结案率达94%。

（荆国一）

湖北省

【信访与投诉处理】 2004年，湖北省环境监察总队安排专人负责信访、投诉工作，"群众之事无小事"，本着认真负责的态度对待每一次群众来访来电、信件的投诉，定期向全省通报各地案件办理情况。截至12月15日，省环境监察总队接到各类投诉144起，处理率达100%，结案率达92.4%，未按时结案的投诉，安排专人跟踪督办，要求做到有案必结。144起投诉中，水污染投诉的占39.9%，废气投诉的占21.3%，粉尘投诉的占21.8%，噪声投诉的占16.0％。

【群众投诉举报受理查办月报】 为强化湖北省环境监察队伍的日常管理，加强各级环境监察机构的信息沟通，对来信来访、投诉举报的受理、查办情况定期汇总，在全省环境监察系统通报交流。省环境监察总队2004年在全省范围内组织开展了环境监察政务月报工作，实施"湖北省环境监察政务月报制度"；"湖北省环境监察投诉处理制度"；加强基础工作，填报"湖北省工业企业环境保护基本情况表"；摸索执法形式，实行"部门联合执法"和"环保系统交叉执法"等。不定期地通过环境监察简报向全省通报环境监察系统执法情况。经统计，2004年湖北省环境监察机构接到群众投诉共17 673起；现场检查共出动103 987人次，检查单位34 213次，其中老污染源单位26 032家次，新、改、扩建项目3 333家次，限期治理项目926家次，生态项目57家次。在上述检查中发现有违法行为1 599起，其中不正常使用处理设施292起，占18.3%，违反环评制度786起，占49.2%，违反"三同时"制度376起，占23.5%，生态破坏17起，占1%，限期治理逾期未完成128起，占8%。发生纠纷共计2 255起，纠纷调解量为2 071起。

（省环境监察总队）

广西壮族自治区

【群众投诉举报处理】 2004年，随着广西经济的快速发展，新、扩建工业企业项目大量增加，人民群众环境意识越来越强，全区环境污染纠纷、环境投诉日渐增多。几个地方环保部门收到的群众投诉数量创历史新高。2004年，广西共接待、处理群众投诉环境问题的来访来信13 116起，当年处理结案13 023起，结案率为99.3%。比2003年增加5 456起，增长率达到71.2%。河池市环境监察支队坚持深入基层走访群众，为民排忧解难；南宁市环境监察支队加大了当场处罚的力度，提高了处理效率，同时积极与局信息中心合作，建立"12369"投诉案件转办和城区处理结果反馈电脑网络系统，提高了工作效率。

（赖天天）

海南省

【群众举报投诉处理】 2004年，海南省共受理群众举报投诉环境违法行为1 388件，当年办结1 341件，处理率达100%，结案率达97%，办结反馈率达100%。其中省里直接处理了9件，当年处理率和结案率均达100%。

【环境监察政务公开】 2004年，为主动接受社会监督，保证环境监察各项工作依法公正、公开，海南省各级监察机构实行环境监察政务公开：一是在办公醒目场所公开工作职责、执法人员、法律依据、工作制度、办事程序、排污收费标准、排污收费及行政处罚情况和监督举报办法等；二是申请省财政支持，拨付99万元开发建设"12369"信息系统平台，建立对外网络，实行政务公开；三是坚持亮证执法，在执行公务中，环境监察人员要表明身份，出示证件，接受群众监督。

（省国土环境资源监察总队）

四川省

【信访举报投诉受理】 2004年，四川省共受理环境信访举报投诉12 193件，环境监察系统参与调查处理10 994件，结案率达98%。省环境监察总队受理环境污染举报投诉268件，其中，国家环保总局交办18件，省委、省政府交办11件，群众直接投诉239件。

【公众举报奖励制度】 2004年，四川省环境保护局印发了《关于环境违法行为有奖举报的暂行办法》，建立起了社会公众有奖举报制度。

（陈泽文）

西藏自治区

【环境信访举报投诉处理】 2004年，自治区环境保护局共办理拉萨啤酒厂粉煤污染问题、谢通门县洞嘎金矿污染问题、日喀则地区江孜水泥厂粉尘污染问题等6起群众反映的重大环境污染问题。各地（市）环境保护局也加强了群众来信来访情况的调查处理工作和“12369”环保举报电话的监督管理，确保“12369”环保举报电话的畅通。对群众来信来访来电耐心接待，积极协调，妥善处理，做到了事事有落实，件件有回音。2004年，全区共受理群众来信来访及环保举报电话624次，处理率达95%以上。

为鼓励群众参与环保的积极性，自治区环境监察总队对全区各地（市）典型案例进行汇总审核，并进行了适当奖励。

（自治区环境监察总队）

陕西省

【环保政务与信息公开】 2004年，为使各级环境监察部门依法行政、文明执法，陕西省各级环境监察部门实行政务公开：一是加强“窗口”建设。各级环境监察部门设置政务公布栏，将办事机构和工作人员的职责、岗位上栏公示，将工作制度、工作程序和执法依据、收费标准上栏公示，将征收排污费情况上栏公布，将执法查处和行政处罚情况上栏公布，将投诉举报电话和受理部门上栏公告。二是坚持亮证执法。环境执法人员不得单独执法，在公务活动中，要向被检查单位表明身份，出示证件，接受群众监督。三是开展行风评议，对发现违纪违规问题严肃处理。陕西省环保局在全省各行业聘请了行风监督员，每年至少召开两次行风监督员座谈会，听取行风监督员的意见和建议，加强对环境监察部门执法活动的监督力度，对不作为、乱作为、胡作为的现象发现一起，处理一起，决不姑息。四是开展问卷调查、群众座谈广泛听取群众意见，接受社会监督。五是邀请媒体参加重要的环境执法活动，开展环境执法新闻发布会，加大舆论监督力度。

【来信来访处理】 2004年，为方便群众举报，提高工作效率，省环境监察总队要求各环境监察部门设立投诉举报值班室，干部轮流值班，值班人员为首问责任人，负责接待、办理或协助办理，并负责答复办理结果。同时要求值班人员接待热情文明礼貌，做到“三个有、三个一”，即来有迎声、问有答声、走有送声；一把椅子、一杯茶水、一次说清。对群众反映的一些重要的违法问题制定了重要事务督办与责任追究制度，对办理的原则、目标和完成时限提出具体要求，要求承办部门在承办期限内完成办理工作并报结果，不能按期办理完毕的，应在到达期限之前报告办理的进展情况和不能办结的原因，并制定了责任追究制度。

（省环境监察局）

甘肃省

【群众投诉举报处理】 2004年，全省加大群众信访举报的查办力度，严格落实信访制度，本着实事求是、客观、公正、依法办事的原则，做到有件必查、查必有果，件件有查处、件件有答复，使办结率和群众的满意率均达到95%以上。2004年，全省共处理群众来信来访及电话投诉6 633件，其中反映大气污染的2 618件、水污染407件、噪声污染3 424件、固废57件、其他污染问题104件，其他相关问题23件，查处率达到100%、结案率达到97%。特别是协调处理了3件跨省污染纠纷和答复省人大、省政协代表建议和委员提案。加强“12369”环保投诉热线的基础建设，全省78个地县开通了“12369”环保投诉热线电话，方便群众反映热点、难点问题。

（杨 桦）

青海省

【公众参与环境监察】 2004年，青海省各级环境监察机构高度重视公众参与环境监察，把群众来信来访、各类投诉举报及污染纠纷的查处放在为民办实事的高度去抓，营造公众参与环境监督的社会氛围。2004年各级环境监察机构共受理群众来信来访、各类投诉举报及污染纠纷824件，其中来信来访、各类投诉举报案件794件，查处率、结案率均达到100%。

【环境监察政务公开】 2004年，为了主动接受社会公众的监督，保证环境监察各项工作依法公正、公开，青海省实行了环境监察政务公开制度。一是在办事窗口和醒目场所公开工作职责、法律依据、工作制度、办事程序、工作质量标准、排污收费标准、行政处罚情况等。二是坚持亮证执法。在执行公务时环境监察人员要表明身份，出示执法证件，接受群众监督。三是邀请新闻媒体参加重要的环境执法活动，加大环境违法行为的公开曝光力度，广泛接受舆论监督。

（省环境监察总队）

新疆生产建设兵团

【环保政务与信息公开】 2004年，为主动接受社会公众的监督，保证环境监察各项工作依法公开、公正，兵团各级环境监察部门在办公场所公布工作职责、工作制度、办事程序、法律依据、排污收费标准及行政处罚情况等信息，重要信息还通过报纸、电视、广播等媒体向社会公布。

【群众投诉举报处理】 2004年，共收到群众来信来访环境投诉876件，其中市长热线转来19件，处理回复777件，处理率达95%，其中市长热线处理回复率达100%。群众投诉的主要是饮食娱乐服务业油烟、煤烟、噪声污染3个方面的污染问题。

（生产建设兵团环境监察总队）

大连市

【环境污染投诉与信访受理】 2004年，环境监察支队共受理环境投诉7180件，比上一年下降26%，处理率达100%，首次实现了年度信访量的负增长。其中热线电话6 873件，来信及网上投诉189件，来访76件，“12345”市民投诉中心转办35件，人大、政协转办两件，国家省环保局转办5件。按照污染种类分为：噪声污染投诉4 526件，占63.0%；大气污染投诉2 364件，占32.9%；废水污染投诉175件，其他污染投诉115件。

2004年，本着急群众之所急、想群众之所想的工作原则，不断提高信访办结率，实行了信访接待责任制，坚持谁接访谁负责、谁跟踪谁处理，做到一般信访3日内处理完毕，复杂信访处理不超过10天，并及时将处理结果通知信访人。拓宽了公众投诉渠道，在大连天健网上开通了市民投诉平台，全面倾听群众呼声，开通以来共收到群众来件868件，其中涉及环保方面的389件。同时，还健全和完善了“12369”环境投诉系统，坚持夜间值班制度，加大监察力度，及时解决群众反映的各种环境问题。特别是在处理重大环境信访案件中，注重不断提高应急处理能力。2004年，全市夜间环境监察中共出动监察人员近6 000余人次，查处违法案件219件，为全市人民创造了安静的生活环境，同时使环境信访投诉率显著降低。

在大连市监察局、大连市人民政府纠风办与大连人民广播电台联合举办的热线直播服务节目《行风热线》中，大连市环保局局长王忠彦亲自在直播间内与大连市民进行环保方面问题的交流，现场解答百姓投诉的环保热点问题，取得了较好效果。

2004年，大连市环保局在国家环保总局、省环保局的环境信访工作会议上介绍了题为《保护环境、诚信为民》和《加强“12369”建设，为民架起一条心连心的环境举报热线》经验。环境信访工作先后被省、市评为信访工作先进集体。

大连市2000—2004年环境信访情况

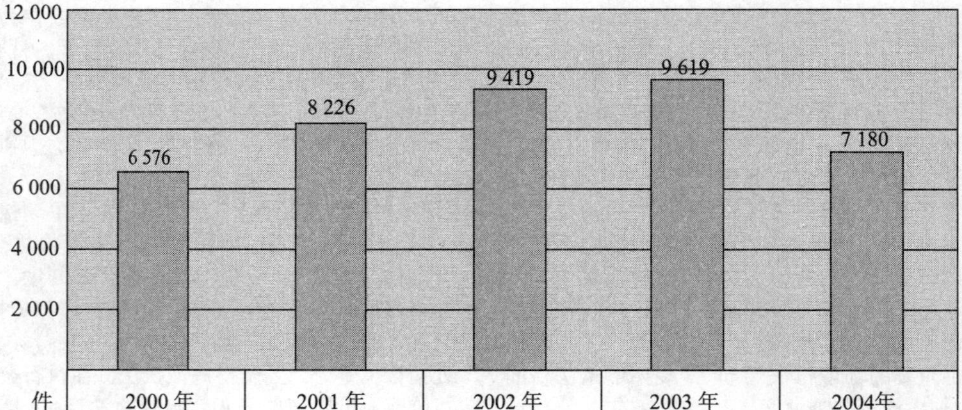

【集体上访案处理纪实】 2004年7月5日，大连市银东化工有限公司（以下简称“银东公司”）和瓦房店宏达水处理厂（以下简称“宏达厂”）两家企业私自扩大企业规模、更改企业生产项目，在居民区内进行化工项目生产，存在选址不合理，且没有采取有效的污染防治措施，产生有毒有害物质污染周围环境，危害群众健康，造成了50余名居民集体上访。7月5～7日，大连市环境监察支队、大连市固体废物管理处、大连市环境监测中心会同瓦房店市环保局，多次对两家企业污染扰民问题进行了详细的现场调查与监测。经查，银东公司、宏达厂原是一个工厂，现两家合用一个厂院，坐落在居民区中。银东公司主要生产苯乙烯，属化工生产企业。该公司在生产过程中无组织排放含苯类有机废气，且未经环保部门批准，

擅自购买含苯类物质的危险废物并作为生产原料进行处置。宏达厂多年来一直进行树脂等项目生产，该生产项目未办理环保手续，生产过程中产生的废气无组织排放到周围环境中，造成乙苯、二甲苯、苯乙烯等含苯类有机废气浓度增加，产生异味。两家企业的违法行为严重违反了国家环保法律法规。目前，已造成厂区周围土壤不同程度地受到苯乙烯、苯、甲苯、乙苯和二甲苯的污染。

根据调查报告的结果，大连市环保局约见企业负责人，进行多次交涉，并积极向大连市政府汇报，与瓦房店市政府进行研究和磋商；召开现场办公会，进行现场处理。8月4日，大连市环保局致函瓦房店市政府《关于对大连市银东化工有限公司、瓦房店宏达水处理设备厂环境违法行为予以处理意见的函》(大环函[2004]26号)，提出了责令企业立即停止生产，实施企业搬迁的处理意见。8月18日，瓦房店市政府下达《关于责令瓦房店宏达水处理厂树脂项目停产的决定》(瓦政发[2004]102号)和《关于责令大连银东化工有限公司停产的决定》(瓦政发[2004]103号)。据此，银东公司于8月24日停产，11月完成企业搬迁；宏达设备厂于8月26日停产，2005年5月完成企业搬迁。

(孙　勇)

青岛市

【群众来信受理】 2004年，全市环保系统共受理群众来信363封，群众来访199批、429人次。其中：领导阅批群众来信135封，接待群众来访99起，领导包案解决环境信访难点36件。全年未发生进京到省上访案件。为了落实中央、省、市关于做好信访工作的一系列指示精神，2004年，青岛市环保局下发了《关于进一步加强环境信访工作的紧急通知》、《青岛市群众环境信访逐级上访办法》、《青岛市环境信访公开承诺办法》等3项管理制度，开展了重点环境信访案件回查活动，将环境信访办理列入环境保护的重要内容进行考核，全年环境信访件下降12%。

(市环境监察支队)

宁波市

【环境监察公众参与】 2004年，宁波市发挥市环境投诉中心集中受理的作用，建立了24小时受理工作制，建立电话投诉、网上投诉、来信来访投诉统一受理机制，对群众反映的信访件做到及时规范办理，公开上网，公开督办，做到件件有着落、事事有回音。同时，按照《宁波市环保局重大信访案件的分析和查处制度》，加强有关部门和专家的综合"会诊"，保证案件处理的成功率。2004年，市环境投诉受理中心共受理有效投诉案件2 642件，办结率达98%，办理有关环境问题的人大议案、提案件132件，办结率达100%，满意率达100%。解决了一批人民群众反映的难点、热点问题。

(吴方民)

深圳市

【环境监察政务公开】 2004年，深圳市结合队伍建设和业务工作，加强政务公开的制度化建设。实行环境监察工作"五公开"，即：公开办事机构、人员身份、工作职责和工作权限；公开排污收费、环境监察、环境信访的工作制度、工作程序、工作标准；公开排污收费标准；公开行政处罚情况；公开举报电话和投诉受理部门，并做到制度上墙、上网，自觉接受社会监督，增强执法透明度。实行排污收费政务公开，在市环保网站上开辟了排污收费改革专栏，将排污收费改革的有关政策法规和国家、省、市各级文件向社会公布。以专题形式在《深圳晚报》做了排污收费改革宣传专版，对排污收费制度改革的有关情况、新《条例》的主要内容、新《条例》的基本特点以及新的征收管理使用要求分别进行了专题宣传。向排污单位发放排污收费改革有关文件，组织重点排污单位负责人和有关人员学习新《条例》，提高其依法缴纳排污费的自觉性。严格执行《排污费征收使用管理条例》第十三条关于公告的有关规定，在市环保网站建立排污收费公告栏，将每个周期排污者排放的污染物种类、数量，以及据此确定排污者应当缴纳的排污费数额予以公告。定期在新闻媒体上公开"12369"环保举报热线电话和监督电话，公布热线受理范围，同时宣传工业污染源违法排污公众有奖举报制度。

【实行公众有奖举报】 2004年，深圳市进一步完善公众举报环境违法行为奖励制度，制定《公众有奖举报奖金核发办法》。加强公众有奖举报的宣传力度，在打击企业违法排污行为方面取得明显成效。2004年，根据群众举报线索对数十家工业企业废水偷排、直排行为进行查处，对情况属实者予以罚款10万元的行政处罚，对违法情节严重的企业实施了吊销排污许可证的处罚，并对26名举报人实行500～5 000元不等的奖励，打击了环境违法行为，维护了广大人民群众的合法利益。

【来信来访办理】 2004年，深圳市环保部门共收到群众的来信、来电、来访、上级领导和部门批转及环保业务咨询121 208件，立案并到现场处理22 940件，比2003年15 336件增加了49.6%。按污染类型来分，噪声类14 305件，占总量的62.4%，废气类6 444件，占总量的28.1%，废水类1 198件，占总量的5.2%，固体废物及其他993件，占总量的4.3%；从信访方式来分，来访201批685人次，占信访总量的

0.9%，来信 446 件，占总量的 1.9%，其余是通过来电、传真、邮件等方式；按环境信访的来源行业来分，三产业10 283件，占总量的 44.8%，工业7 355件，占总量的 32.1%，建筑施工3 702件，占总量的16.1%，其他行业1 600件，占总量的 7%。所有的信访件均得到及时处理，处理率达 100%。

【环境信访工作稽查】 为加强环境信访案件处理落实工作，2004 年 4 月制定了《深圳市环保信访工作考核办法》，成立了以主管局领导为组长的信访工作稽查小组，从环保信访工作制度建设、机构人员、设备配置、群众投诉受理、领导接访、集体上访、信访件办理的时效性、办理质量、回复情况、统计上报及环保宣传等多个方面，实行考核计分方式进行考评。2004 年 6 月和 2005 年 1 月两次对各区环保局、市局各有关处室信访工作责任单位开展了稽查，发现问题及时限期整改，并将稽查情况在全市环保系统内予以通报，对各单位进一步做好信访工作起到了推动作用。

（张志宇）

沈阳市

【群众投诉举报受理】 2004 年，沈阳市环保局制订并颁发了《沈阳市环保局关于加强环境信访工作的实施方案》，确立沈阳市环境信访工作领导小组，负责对全市环境信访工作进行安排部署，指挥调度。为保证信访工作真正落到实处，市环保局还成立了信访办公室，健全信访工作的组织机构，明确了环境信访工作在全市环保工作中的重要位置。

2004 年，沈阳市环境信访与投诉中心共受理 9 031件环境信访案件，其中水污染 315 件、大气污染5 054件、噪声污染3 315件、固体废物 56 件、放射线污染 28 件、其他污染 263 件。完成对群众回访率达 100%、对环境信访案件处理率达 100%，案件办结率达 98%、群众满意率达 93%。实现了环境信访总量下降及群众满意率的提高，为沈阳市环保局创建亲民机构发挥了连心桥的基础作用。

【噪声信访受理查办】 2004 年，在全市集中开展了“双考期间噪声信访隐患排查行动”，为考生创造安静的迎考环境。为保证环境噪声综合整治工作的顺利实施，市、区环保局加大了信访案件的查处力度，及时向社会公开信访投诉电话，安排值班人员 24 小时接听电话，随时处理群众举报。“双考”期间，共受理噪声污染投诉1 524件，查处率达 100%、并及时向群众反馈处理情况，受到群众的好评 对“沈阳市黎明机械厂”等 37 家工业噪声扰民企业进行行政处罚，对“荣达酒店”200 家噪声污染的“三产”单位进行了限期治理。在大气污染综合整治行动中，信访办发挥了群众监控作用，提供了 73 件污染信息，立案 73 件，查处 68 家，及时制止了多起群体进京、到省上访事件，保护了人民群众的权益，化解了因环境污染引发的社会矛盾和纠纷。

【信访办理公开】 2004 年，在沈阳市环保局内、外网（沈阳环境热线）设置信访专栏、将全市每天受理环境信访的数量、类别和办理情况进行网上公示，市民通过上网了解环境监察工作，也可以在网上进行环境污染投诉。同时每月召开新闻发布会，将当月的来信来访情况，环保信访数量、热点、处理及媒体反映问题解决情况予以公布。在增加群众信访渠道的同时也让群众对沈阳市环境信访工作有了更进一步的了解和认识。

（市环境监理大队）

长春市

【环境监察公众参与 】 2004 年，长春市环境监察支队成立了“12369”环境信访直属大队，由专门机构、专职人员处理信访事务。坚持 24 小时值班服务，保证“12369”投诉热线畅通，做到有警必接，接警必出，快速到位，及时查处，依法办理。共调查办理人大建议、政协提案及国家、省、市领导批转三级结果的信访件 19 件，按要求时限把办理结果及时进行反馈或上报，逐一向人大代表和政协委员面复，满意率达 100%；受理市民咨询电话 653 次，信件 43 件，接待直接来访群众 87 人次；处理“12369”投诉案件 3 090件，其中噪声 1 856 件，烟尘投诉 760 件，其他投诉 474 件，出警率达 100%；接办上级领导机关转办的信访 381 件，其中国家环保总局转办 1 件，省环保局转办 19 件，市长转办 4 件，市软办转办 4 件，“12345”交办件 353 件，均按要求调查处理上报答复，结案率达 100%，反馈率达 100%。2004 年，长春市环境监察支队被吉林省委、省政府评为“信访办理先进集体”。

（蒋步新）

哈尔滨市

【环保政务与信息公开】 2004 年，监察支队向社会公开排污收费法律法规及相关的政策、标准，公开办事机构和收费人员，公开排污收费程序和行政处罚程序，公开监督举报电话，对每一笔排污费都进行上网公示。2004 年实现了网上受理群众投诉的环境污染举报案件。

【群众投诉举报处理】 2004 年，共受理全市各类信访4 720件，同比增长 14.3%，处理率达到 100%，办结率达到 98%以上，重复信访率控制在 2%以下。其中，环境监察支队直接处理 225 件，完成省、市领导交办和省市长热线交办 245 件，办理群众来信 66(封)、来访 122 批次、集体来访 6 件(次)。在4 720件信访事项中，反映社会生活噪声污染1 371件，生产噪声污染1 146件，饭店排油烟机污染 860 件，烟尘污染 677 件，其他污染 666 件。做到“件件有落实，件件有回音”，“12369”环保举报热线实现了网上受理、网上处理、网上反馈、网上回访、网上统计。中高考期间，市区联动执法 10 次，受理信访案件 276 件，共出动现场检查 750 人次，为考生创造了良好的学习和考试环境，受到考生和家长的好评。

【环境信访“六个工作机制”】 2004 年，为搞好信访工作，切实解决群众关心的环境信访难点、热点问题，信访工作以人为本，建立和完善“六个工作机制”。

1.“局领导每日信访接待制”。在局领导坚持信访接待日制度的带动下，环境信访工作发挥应有的作用，解决很多群众关心的环境难点、热点问题、集体访和重复信访问题。

2. 建立“每天信访例会分析制”。对每件信访案件进行分析，分级办理。

3. 建立“重点案件督办制”。确保了重点案件有效、及时的查处。

4.“坚持处理结果反馈制”。将信访案件及时反馈上访人，信访处理结果有日报、周报、月报和通报。制定了《环境信访调处制度》、《环境信访双向承诺制度》、《环境信访依法分流制度》等 16 项制度。

5.“建立疑难案件市区协办制”。使环境信访疑难案件得到有效解决。对哈尔滨铁路物业管理有限公司噪声污染，芳海丽都噪声污染等 36 件重大信访案件进行督办和跟踪查处，对 98 家排污单位下达限期整改通知书，并进行行政罚款。

6.“坚持目标考核制”。将环境信访工作列入对区、县(市)政府和环保部门的目标考核，实行“一票否决”。市委、市政府高度重视扰民噪声专项整治，成立了噪声专项整治领导小组，由主管副市长任组长，市直 7 个部门联合开展专项整治行动。受理信访案件 783 件，办结 718 件，办结率达到 90%。市环境噪声整治领导小组办公室每天召开例会，建立联络员制度，听取各区政府和有关部门的工作汇报，各执法部门加大举报受理和监督检查力度，推动专项整治工作深入开展，此项工作受到社会各界的好评。

(彭　伟)

南京市

【公众环境监察】 2004 年，全市着力解决关系群众切身利益的环保举报投诉，一是强化领导，健全机制。市环境监察支队领导每天都要听取前一天的投诉汇总情况报告；每周的办公会举报科要通报上一周的举报投诉情况以及查办情况。此外针对个别举报查办不力的情况，市环境监察支队建立督办机制，采用直接查办的方法，对查出问题的企业直接提出督办意见，并由区县督促落实。二是加强协调、扩大效果。为将每件举报落到实处，全市环境监察系统对内加强同管理、开发、监测等单位的协作，对外主动与公安、工商、建工、城管、街道、新闻媒体等部门联系，建立协调机制，乘势借力，通过以点带面、以线带面等多种形式，努力形成污染举报查办的整体合力，收到良好成效。

2004 年南京市环境污染举报中心污染举报查办情况统计表

	总件数	油烟	气味	恶臭	烟尘	粉尘	尾气	饮服噪声	铝合金	企业噪声	施工噪声	废水	固废	其他	放射源	新建项目	分转数	办结数
玄武	2 314	162	181	402	68	6	9	149	53	123	1 116	18	2	20		5	269	269
白下	2 514	158	116	184	100	6	3	350	44	218	1 309	15	1	3		7	342	342
秦淮	1 147	71	119	13	83	19	11	58	28	96	631	13	1		1	3	171	171
建邺	1 309	19	100	11	50	6	3	72	20	105	895	20		6		2	138	137
下关	1 201	42	128	35	123	25	13	70	13	258	473	16	2	2		1	211	211
浦口	304	8	50		32	10	8	7	1	26	128	31				3	99	99
栖霞	921	16	210	147	44	17	48	53	6	112	199	43	7	16	1	2	139	136
六合	433	4	106	8	25	10	17	28	3	42	159	47	2	1		1	101	101
江宁	446	28	37	1	36	8	11	21	3	58	196	44	1	1		1	127	124
溧水	69		13		9	1	3	1	2	14	8	16	1	1			32	30
高淳	46	2	13		2	7		9	1		6	5				1	21	21
雨花	539	14	61	4	35	30	19	13	3	58	273	27	1	1			126	126
市支队	327	3	76	1	27	23	99	6		37		39	6	6	2	2	2 640	2 639
合计	14 944	734	1 399	1 005	769	185	253	1 093	206	1 329	7 648	361	24	69	9	33	4 826	4 816

(市环境监察支队)

武汉市

【环境监察公众参与】 2004年,监察支队共接收群众投诉1 616件,其中,110报警452件,电子邮件119件,办结率达100%;市级领导批示8件,办结率达100%;中央领导和三级机关交办转办事项,办结率达100%;局领导批示132件,占来信量的24%,办结率达100%。各级环保局领导对信访工作给予了高度重视,2004年没有发生一起个人赴京上访,也没有发生集体赴省、赴京上访事件;没有发生重大集体上访事件。针对重大信访问题,武汉市环保局成立了工作班子,局长张培增亲任组长,并与副局长谢昉带队逐户落实,得到了市委的肯定。2004年4月,市环境监察支队信访科通过市委、市政府信访办考核,成为武汉市文明接待室;2004年,被湖北省环保局评为全省环保系统信访先进单位。

(市环境监察支队)

广州市

【来信来访处理】 2004年,广州市环境监察支队建立"一把手"负总责的信访工作领导责任制和领导负责处理重大问题的信访及各科室分工负责的工作制度。"12369"投诉热线从1条增至5条,实现5条热线24小时畅通无阻。坚持把信访办案与日常巡查和监察执法相结合,不断提高了信访处理效率和质量。全市共受理群众投诉18 963件。比2003年下降20%。其中广州市环境监察支队受理4 860件,比2003年下降25.2%,办结率达97%,回复率达100%。全市群众投诉热点是大气和噪声污染,尤其是大气污染问题,占57.5%。同时认真办理人大、政协的提案、议案,全年接办市人大、政协环保提案、议案155件,办结率达100%。

(市环境监察支队)

西安市

【环保政务与信息公开】 2004年,西安市各级环境监察机构做到十公开,即监察人员身份公开、收费项目公开、计算单位公开、收费范围公开、收费依据公开、程序公开、举报电话公开、行政处罚和收支情况公开。公开内容置于明显位置,便于接受监督。市环境监察支队被评为"西安市收费公示工作先进单位"。

【群众来信来访和投诉处理】 2004年,市环境监察支队在受理投诉时的服务态度、工作作风、处理效率方面要求严格,对来访群众耐心询问、详细记录,反映问题处理恰当,查处到位。2004年,受理投诉1 200件,接待来访群众41批次,件件都得到了查处,提升了环保部门的窗口形象。

(赵文军)

济南市

【群众举报和来访来信查处】 2004年,全市共接到"12369"举报和群众来访、来信等1 108件,本着"严格执法,热情服务"宗旨,坚持为人民群众排忧解难的思想,急人民群众所急,做到件件检查处理到位,件件有回音,办结率达100%,树立了环境监察人员的良好形象。

(市环境监理总站)

“两会”提案议案办理

【概况】 国家环保总局环境监察局2004年共办理全国人大会议提案和全国政协会议议案(简称"两会"提案议案下同)21件,其中主办12件,协办7件,与财政部会办1件,提出补充意见1件。提案议案内容涉及环境监察的各个领域。21件提案议案全部按时办理完毕,并与提案代表议案委员取得联系,从"两会"代表委员反馈的意见来看,均对答复满意或基本满意。

为保证提案议案办理的质量,承办部门领导逐级认真审阅提案议案,提出总体意见,指导办理,做好回复意见的把关。承办人在提案议案办理工作中,就有关问题深入调查研究,查阅了大量的法律法规、相关资料文献,并征求有关部门、地方环保部门和专家的意见,听取企业和群众的意见,做到件件有答复。

"两会"提案议案内容反映了广大人民群众关心的热点环保问题,抓住了目前问题比较突出的环境保护焦点和难点,符合当前我国环保工作实际,对环境监察工作起到了极大地推动作用。通过提案议案办理解决了一些突出的环境问题,如戴鸿代表提出的"重庆市梁平县7家造纸厂的整治建议"引起了当地政府的高度重视,其中6家小造纸厂在办理过程中被当地政府取缔、关停。楷清海等4名代表联合提出的"关于解决福建松溪河受浙江省庆元县企业污染问题的建议"是多年的老大难问题,在这次提案办理中得到较好的解决。

【"关于解决青天河水库遭受上游污染问题的建议"】(人大2216号提案)国家环保总局环境监察局收到这件提案即全面了解有关情况,并责成山西省环保局调查处理并提出具体要求。山西省环保局和晋城市环保局组成了专门调查组,经过一个多月的明察暗访和加大对超标排污企业的监督力度,目前,丹河水质已有明显改善,流入青天河水库前的氨氮已降到0.194mg/L,达到了地表水出境标准。具体情况是:

造成丹河水质恶化的污染源主要来自山西晋城市。通过现场检查、昼夜蹲点、连续监测等手段,调查组全面掌握了造成丹河污染的主要原因:除山西兰花集团第一化肥厂(现名为兰花科创公司化肥分公司,简称晋城一化)的超标废水和晋城矿务局的生活污水外,天脊集团晋城化工有限公司化工厂(简称6013化工厂)、晋城化工有限责任公司(简称1830化工厂)、兰花科创公司一化分公司(简称巴公化工厂)也是较大的污染源。

调查组现场发现,晋城一化合成氨技改项目正在生产调试阶段,存在污水超标排放问题;6013化工厂在扩建试生产时有污染物超标排放的现象;巴公化工厂外排废水不能稳定达标;1830化工厂因未建立事故池,至今晋城市环保局未批准其生产;晋城矿务局有生活污水处理厂5座,污水处理能力合计33 020吨/日;设计处理能力1万吨/日的机关家属区生活污水处理厂已完成立项、环评审批、征地等工作,年底有望建成投人运行,届时生活污水污染将能得到有效解决。

针对上述问题,调查组落实了一系列措施:

从2004年6月5日起,晋城市环境监测站对4家化工企业总排口和有关断面在一周内每天采样监测一次,并增加夜间抽查采样监测。

召集企业负责人会议,督促3家生产企业制定整改方案和措施,实行定岗位、定责任,保证污染防治设施正常运行,杜绝跑冒滴漏现象;要求企业每天自测3次,数据按时上报市环保局,并要求企业尽快建设污水排放在线自动监控系统,保证污水长期稳定达标。6月25～28日监测数据表明,丹河的氨氮值稳中有降,6月28日青天河水库的氨氮已低于地表水Ⅰ类标准。

提案承办单位要求晋城市环保局努力巩固现有成果,使丹河水质持续改善,并将密切关注青天河水库的水质情况。

【"关于环境监察执法过程中相关法律、法规条款规定的局限性等方面问题的再建议"】(人大2987号提案)国家环保总局环境监察局收到这件提案后即认真进行了研究,并及时做出如下答复:

一、关于限期治理问题

《环境保护法》和大气、水、固体废物、噪声等污染防治法均规定了限期治理制度,并明确限期治理的决定权在相应的人民政府。此外,《环境噪声污染防治法》第十七条规定,小型企业事业单位的限期治理,可以由县级以上人民政府在国务院规定的权限内授权其环境保护行政主管部门决定。

为保证限期治理制度的贯彻执行,国家环保总局已将限期治理监督管理列入了立法计划的调研项目,开展了相关的立法调研和论证。对提案中提出的关于中小型企业的停业及企业的非生产性设备的关闭由环保部门决定的立法建议,国家环保总局将在有关法规的起草和调研工作中认真予以研究。

二、关于建筑施工噪声污染行为罚款力度问题

《环境噪声污染防治法》等法律法规没有明确规定对建筑施工等噪声污染行为的罚款额度。环保部门在实施行政处罚时,可以综合考虑当事人的过错程度、违法行为造成的危害后果、当事人改正违法行为的态度和所采取的改正措施、当事人的违法行为是初犯还是再犯等情节,正确行使自由裁量权,确定罚款额度。

如果地方法规对建筑施工噪声污染违法行为的罚款额度过低,可以建议地方立法机关提高对建筑施工噪声污染违法行为的罚款额度,并进一步完善地方立法。

三、关于行政强制措施问题

我国采取的是以法院执行为主、行政机关为辅的强制执行权分配形式。人民法院的强制执行权是普遍的,行政机关的强制执行权是特定的、有限的,

只能在法律法规有明确规定时才能行使。特别直接强制权仅赋予了公安、税务等少数行政机关。我国的现行法律赋予环保部门的强制执行权极其有限，绝大部分须申请人民法院强制执行。

目前，《行政强制法》正在制定过程中，承办人已将提案中的建议反映给立法机关，建议立法机关赋予环保行政机关一定的强制权，确保环保法律法规的贯彻实施。

四、关于收费因子和排放标准不协调的问题

国家环保总局自1995年开始研究制定新的《排污费征收标准管理办法》(该办法已于2003年由国家发改委、财政部、环保总局、经贸委发布实施)，考虑到随着国家对环境污染治理和监管力度的进一步加大，在原有的污染物收费因子的基础上扩大了部分收费因子，包括"建议"中提到的氮氧化物。而当时的电厂、水泥厂、锅炉和工业炉窑标准中有部分污染因子没有标准，造成收费因子和排放标准不协调的问题。随着环境保护形势的不断变化，国家环保总局已修订了《锅炉大气污染物排放标准》(GB13271—2001)、《火电厂大气污染物排放标准》(GB13223—2003)，近期还将发布《水泥工业大气污染物排放标准》(GB4915—2004)，均增加了氮氧化物排放标准。国家环保总局在《关于燃煤电厂大气污染物排放核定问题的复函》(环函[2003]376号)中明确要求："在国家或者地方的污染物排放标准中没有对排放一氧化碳规定排放限值前，暂不核定排污量。2004年7月1日前，氮氧化物暂不核定排放量"。

国家环保总局正在组织有关部门、专家对氮氧化物污染控制与治理技术进行研究。2003年12月18～19日在北京召开了氮氧化物污染控制研讨会，就有关我国氮氧化物排放和污染现状、氮氧化物对酸雨形成的影响、国内外控制氮氧化物排放相关技术、国内外控制氮氧化物排放政策、法规、标准及今后的控制对策等进行了研讨。

五、关于加强医疗废物和畜禽养殖环境立法和监管的问题

自2003年6月4日国务院颁布《医疗废物管理条例》后，国家环保总局先后制定了《医疗废物集中处置技术规范》、《全国危险废物和医疗废物处置设施建设规划》、《危险废物和医疗废物处置设施建设项目环境影响评价技术原则(试行)》等相关配套文件。同时，还草拟了《医疗废物管理条例行政处罚实施办法(征求意见稿)》，加大对医疗废物的环境监管和处罚力度。

目前国家环保总局正在会同有关部门抓紧制定《畜禽养殖污染防治条例》。

【"关于要求解决福建省松溪河流域受上游浙江省庆元县企业污染的建议"】 (人大2970号提案)国家环保总局环境监察局收到这件提案后，即与有关地方政府部门联系了解具体情况，责成地方环保部门调查处理，对处理结果进行审核并答复人大代表。

浙江省环保局由局领导带队到庆元县开展调查，并专程前往福建，就有关情况与南平市环保局、松溪县政府、松溪县人大、松溪县环保局及地方人大代表进行了沟通，双方达成了谅解和共识。

松溪河上游污染主要来自流经浙江省庆元县城的一条支流松源溪，排污企业主要分布在庆元县城的下游。有庆元县吉庆公司、朝霞纸业公司、福利纸厂、凯达公司、佳斯化工公司、南明化工公司6家企业，年排放废水约80万吨；另外，松源溪进入福建省松溪县后还有1家塑料粒子加工厂。吉庆公司主要生产纤维板，建有污水处理装置一套，丽水市环保局的日常监测和近期的现场抽查结果显示，该企业基本达标排放；朝霞纸业公司是一家废纸造纸企业，建有污水处理装置一套，但管理较混乱，对环境有一定影响；福利纸厂生产瓦楞纸，也建有污水处理装置一套，尚未通过环保验收；凯达公司由于经营不善正停产；佳斯和南明化工公司生产医药中间体，外排废水有超标现象；松溪县的塑料粒子加工厂产生的高浓度废水未经处理直接排入河道。庆元县自2003年下半年以来干旱严重，松源溪得不到水源补充，而庆元县城镇生活污水处理设施尚未建设，每年约800万吨生活污水排入松源溪。地表水环境监测数据表明，松源溪出庆元县城的断面水质为劣Ⅴ类；松源溪末端与上游另一条支流竹口溪交汇前的断面水质为Ⅴ类，主要污染因子为氨氮。松源溪污染除受工业排水影响，还有庆元县城生活污水的影响。

松溪县政府曾致函庆元县，反映松溪河水质受上游企业排污影响，水质较差。对此，庆元县加强了对沿河排污企业的督察，庆元县环保局曾两次赴松溪县环保局进行协调沟通。通过努力，加上降水有所增加，从2004年3月开始交界断面的水质又恢复到了Ⅱ类水质标准，优于两县间达成的Ⅲ类水质的协议标准。

针对检查中发现的问题，采取了相应措施：①地方环保部门向企业发出了整改通知：吉庆公司强化污泥处置系统、增加机械化污泥脱水装置；朝霞纸业再增加一个调节池、改进斜板沉淀池、规范排污口；福利纸厂增加反应池、稳定池增设排污管、增加污泥处理设施；凯达公司改进加药装置、规范污泥干化装置、修复斜筛过滤工序等。②环保部门严把建设项目环保审批关，防止新污染源的产生。③庆元、松溪两县政府加强联系和沟通，并建立联合监督机制。

各级环保部门将督促企业落实整改，同时进一步加大对松溪河沿河工业企业的监督和管理力度，依法打击违法排污企业，确保浙闽交界水质常年达标。

【"关于整治重庆市梁平县龙门镇、新盛镇七家造纸厂的建议"】 (人大3304号提案)这件提案是提案人针对小造纸厂违法生产排污造成局部水污染而提出的。国家环保总局环境监察局接到提案后即指定专人办理，经重庆市与梁平县环保部门具体查办，解

决了小造纸违法排污问题，对承办人进行了核查，向提案人作了答复。

一、基本情况

重庆市梁平县龙门镇、新盛镇、文化镇（以下简称“三镇”）位于梁平县北部。三镇辖区内共有城镇居民1万余人，境内有新盛河、文化河，在距新盛镇两公里处的联盟村汇合流入明月江，流经四川省开江县任市镇，经渠江汇入嘉陵江。

梁平县西山百里竹海竹资源丰富。长期以来，当地居民就有以竹子为原料、用原始方法生产土纸的传统。2000年后，在未经环保部门批准的情况下，三镇部分私营业主擅自建起了梁平县龙门镇小青竹纸厂、龙门镇拱桥纸制品加工厂、文化纸品加工厂、明源纸厂、龙门镇黄定元纸制品加工厂和龙门镇黄定友纸品加工厂共7家造纸厂，这些造纸厂采用传统的石灰法或简易的化学制浆法，泡制竹子成竹纤维，再抄纸生产黄裱纸和土纸。

二、查处情况

2003年，梁平县环保局对明源纸厂和拱桥纸厂违反环保建设项目管理规定的违法行为作出了责令补办手续、罚款2000元的行政处罚，并建议梁平县政府取缔、关停使用碱法化学制浆的黄定友纸制品加工厂、龙门小青竹纸厂、乐都造纸厂、黄定元纸制品加工厂、文化纸制品厂。2003年8月6日，梁平县政府下达了《关于取缔龙门、新盛、文化三镇五家小造纸厂简易化学制浆的通知》。

2004年5月20日，重庆市环保局执法人员现场调查发现，除新盛镇乐都造纸厂彻底关停外，其他4家小造纸厂仅将原碱法蒸煮改为石灰浸泡竹子生产纸浆。这6家小造纸厂平均日产量2.8吨，累计年排放污水约7.5万吨。除龙门小青竹纸厂、龙门镇拱桥纸制品厂、文化纸品加工厂和梁平县明源纸厂4家有简易沉淀池外，其他两家纸厂无任何治理设施，产生的污水直接排入明月江，严重污染了下游任市镇大河的水质。经重庆市环境监测中心对龙门小青竹纸厂外排废水采样监测，其COD浓度为1050mg/L，超过造纸行业非木浆（本色）标准1.63倍。5月28日，梁平县环境监测站又对黄定元纸制品厂、文化纸品加工厂、龙门小青竹纸厂、拱桥纸制品厂外排废水和梁平县双河口出境断面河水采样监测，4家小造纸厂外排废水均有不同程度的超标，梁平县双河口出境断面COD浓度为21.7mg/L，超过地表水环境质量Ⅲ类标准的0.085倍。另外，三镇居民年排放生活废水36.5万余吨，没有治理，直排河流。经初步分析，梁平县双河口出境断面水质超标的原因是三镇6家小造纸厂排放工业污水和三镇未处理的居民生活污水所致。

重庆市环保局经研究认定，梁平县6家小造纸厂没有化学制浆的蒸煮工艺，但采用石灰作化学原料制浆，应认定为造纸业中的化学制浆法，因此属于被取缔、关停的“十五小”或落后的生产工艺。为此，重庆市环保局责令未进行环境影响评价和未办理环保“三同时”等手续的6家小造纸厂立即停止生产并被处以罚款。据复查，目前这6家造纸厂已停产和处罚到位。

【“关于用经济手段加强地方政府环保工作责任的建议”】（人大1667号提案）国家环保总局环境监察局对这件提案提出的3条建议认真进行了研究，并依据现行法律法规向提出建议的两名人大代表作了明确答复。

1.关于由地方财政交纳排污费，用经济手段量化办法落实地方各级政府环境保护责任。

按照排污收费的理论，排污费是向直接产生污染的生产或消费者征收的一种补偿性费用。《中华人民共和国环境保护法》、《中华人民共和国水污染防治法》、《中华人民共和国大气污染防治法》、《中华人民共和国固体废物污染环境防治法》、《中华人民共和国环境噪声污染防治法》、《中华人民共和国海洋环境保护法》都强调排污费征收对象是向环境排放污染物的单位和个人。

如要向地方政府征收排污费，用经济量化办法落实地方各级政府环境保护责任，将涉及一系列法律法规的修改。同时，如何较为准确地衡量某一地区污染物排放总量数量和对周围地区的影响程度，再据此征收地方政府的排污费在实际操作上难度较大。

为促进地方政府真正落实其环境责任，国家环保总局正在与有关部门制定绿色GDP指标体系，改变以牺牲环境为代价、片面追求经济发展速度的状况。

2.关于排污费征收标准和因子。

2003年3月，国家发改委、财政部、国家环保总局、国家经贸委联合下发《排污费征收标准管理办法》（第31号令），国家从统一管理、统筹规划的角度考虑，对于排污费的征收标准和计算方法作了明确规定。同时将根据形势发展需要，在此基础上扩大征收因子数量、提高征收力度。提案中提出的征收因子都已列入，并已有统一的征收标准。

3.关于排污费统一征收、全国使用。

按照财政部、国家环保总局下发的《排污费资金收缴使用管理办法》（第17号令）规定，各级地方收缴排污费的10%作为中央预算收入缴入中央国库，作为中央环境保护专项资金管理；90%作为地方预算收入，缴入地方国库，作为地方环保专项资金管理。专项用于重点污染源防治项目、区域性污染防治项目、污染；防治新技术、新工艺的推广应用项目、国务院规定的其他污染防治项目等项目的拨款补助和贷款贴息。

【“关于改变中省属企业收费体制的建议”】（人大2630号提案）国家环保总局环境监察局就王振鑫等6位代表提出的建议，按国务院《排污费征收使用管理条例》规定，作了答复。

排污收费作为我国一项重要的环境管理制度，主要起到两个作用：一是促进排污者减少污染物排放;二是筹集部分污染治理资金。随着我国社会主义市场经济体制的不断完善,并根据环境污染及其治理的特点,《排污费征收使用管理条例》(国务院令第369号)及相关配套规章规定,排污费原则上实行"属地征收",使用上实行"收支两条线"管理,全部用于污染治理。也就是哪一级环保部门征收排污费,主要就由哪一级财政、环保部门统筹安排使用,

由于30万千瓦以上电力企业二氧化硫治理投入通常需要数亿元,一家电力企业每年的排污费只能收一二百万元,差距很大,如果简单地实行属地征收、属地使用,很难满足其对治理资金的需求,所以《排污费征收使用管理条例》第七条第二款有如下特殊规定:"装机容量30万千瓦以上的电力企业排放二氧化硫的数量由省、自治区、直辖市人民政府环境保护行政主管部门核定。"这样便于将省内的二氧化硫排污费资金集中起来分期分批地用于电力企业的二氧化硫治理。尽管这样做操作上有可能会造成环境监管的脱节,为此各地在贯彻实施《排污费征收使用管理条例》时,对30万千瓦以上电力企业排污费的征收权限作了补充完善的规定,如北京、天津、重庆、河北、浙江、湖南、海南、四川、陕西、新疆自治区规定30万千瓦以上电力企业的所有排污费由省级征收;广东省是由省级核定、委托当地征收。

排污收费是环境监督管理的手段之一,30万千瓦以上电力企业等中央、省属企业的排污费征收使用权限,按照《排污费征收使用管理条例》的原则规定,由各省、自治区、直辖市结合自身实际情况再作具体的细化规定更有利于对排污企业的环境监督管理。

【"关于严厉打击违法污染大气的建议"】 (人大3018号提案)收到该提案后,国家环保总局环境监察局即组织人员对就提案中涉及的问题进行了认真调查,并根据调查情况作出了答复:

"建议"中反映的焚烧废轮胎和线路板的加工场位于丰顺县埔寨镇南村的雁窠和糟窠,这些加工场于2003年10月至11月间建成投产,规模小、工艺落后,属土法加工,没有办理任何环保审批手续,也没有任何环保治理设施。生产期间产生的废气直接排放,对周围的环境有一定的影响,特别是对相距约500米的茶场影响较大。

2004年2月9日,丰顺县环保局会同有关部门前往现场查处,对发现的违法加工场当即责令其停止加工作业,并责令2004年2月20日前自行拆除设备。3月5～11日,丰顺县环保局和有关部门的执法人员连续3次到现场检查,几间加工场除一名看场员留守外,拆除了部分设备,原材料已清理,未发现有加工行为。3月16日,梅州市环保局对几家违法加工厂进行了跟踪督察,均未发现有加工行为,并到白塔茶场通报查处情况,茶场负责人较为满意。

在收到建议案后,国家环保总局即要求广东省环保局对此案继续进行跟踪,防止死灰复燃。6月9～11日,广东省环保局组织省环境监察总队及市、县环保执法人员赴梅州丰顺和揭东县现场再次突击检查,发现加工厂已停止生产并拆除了设备,污染问题得到解决。同时,向白塔茶场负责人了解证实,近两个月再没有发生污染现象。

【"关于加强环境保护工作的力度,严禁'十五小'污染企业反弹的建议"】 (人大2258号提案)"建议"中列举的现象和提出的建议是国家环保总局环境监察局和全国各地环境监察机构近几年内的一项重要工作内容。国家环保总局环境监察局在办理该提案时对这项工作进行了全面梳理,从3个方面作了归纳,并答复了提出建议的人大代表。

一、"十五小"污染企业反弹的主要原因

对环境污染严重的小造纸、小化肥、小农药、小制革、小冶炼等"十五小"企业,国家早已明令取缔,但事实上并未"斩尽杀绝",有些明关暗不关,有些改头换面,有些向经济不发达和中西部地区转移,易地生产。究其原因,主要有以下几点:一是生产力发展水平不平衡。由于城乡发展、东西部地区发展、区域发展的不平衡,工艺简单,设备简陋,生产条件要求低的"十五小"企业便成了经济欠发达地区发展经济、致富奔小康的重要途径之一。这些企业在政府要求关停时大多采取断水断电、拆除设备等措施,一旦市场好转,马上就偷偷开工恢复生产。二是地方政府充当"十五小"企业的"保护伞"。由于利益的驱动,地方政府对于整治"十五小""睁一只眼闭一只眼"。一些干部存在"要想发展,污染难免,只有经济发展了,才能有钱治理污染"的思想,为了眼前的一点税收和管理费,不惜以牺牲环境为代价,对治污反弹视而不见。少数地方甚至迫使所属环保部门暗地里保护"十五小"企业等等。为求政绩和完成招商引资任务,中西部一些不发达地区竞相降低招商引资的门槛,选择"十五小"企业,为一时政绩,毁一方水土。"十五小"企业有了政府这个"保护伞",便有了死而复苏的土壤。三是执法监督机制不完善。就目前情况看,"十五小"企业数量多、分布面广,如河南省从1996年开始累计关停"十五小"企业4 100多家,但有近500家出现反弹。这些企业多数分散在交通不便的偏僻农村,甚至在人迹罕至的隐蔽地区,如果没有群众举报,执法部门很难发现,造成监管漏洞。又由于目前的法律法规尚不完善,环保部门的执法权限和手段与担负的责任不相适应,环保部门缺乏相应的执法授权,对污染严重的企业只能向当地政府提出停产整顿、关闭的处罚建议,如当地政府不采纳,环保部门就无能为力了。由于法律本身不尽合理,加上地方保护思想作怪,现行环保法律对违法者缺乏有效的约束和威慑力量。同时,我国缺乏有效的行政责任追究制度,招商引资的"十五小"和落后生产工艺的企业被查封后,招商引资人却没有受到任何行政处理。

二、已采取的应对措施

针对“十五小”企业反弹情况，国家环保总局连续几年将取缔关停“十五小”企业作为严查环境违法行为遏制污染反弹专项行动的重要内容之一，通过严厉查处，取得了初步成效。如在国家环保总局的积极推动下，晋、陕、蒙“黑三角”污染反弹问题已得到了基本解决。国务院办公厅已于2004年5月1日转发了国家发展改革委、国土资源部等7部门关于对电石和铁合金行业进行清理整顿若干意见的通知(国办发明电[2004]22号)，坚决淘汰所有敞开式电石生产工艺。在全国范围开展的严查环境违法行为遏制污染反弹专项行动中，2002年和2003年共取缔死灰复燃及非法生产的“十五小”和“新五小”企业5 601家。2004年又将严厉查处死灰复燃“十五小”、“新五小”企业列入环保专项行动的重点内容之一。国家环保总局要求各级环保部门采取强有力的措施，发现一个，取缔关停一个。河南省环保局在环保授权有限的情况下，积极向政府建议并以省政府名义下发了造纸工业结构调整政策和对屡查屡犯企业的处罚办法，拓宽了执法空间。山西省洪洞县充分发挥乡镇和村干部就地就近监管的优势，采取釜底抽薪、源头断水的办法，没收土小企业原料，并在销售环节上对其严加控制，断绝土小企业生存发展的途径。

同时国家环保总局还与国家发展改革委、监察部、工商总局等部门建立了“部际联席会议制度”和“案件移送制度”，加强对环境污染与违法案件的协调与督察。

三、强化土小企业监管措施

1.针对地方保护，国家环保总局积极倡导通过环境教育、环境立法、环境税收等手段，增强政府的“绿色控制”能力，建议在经济核算体系中，改变过去重经济指标、忽视环境效益的评价方法，开展绿色经济核算，并纳入国家统计体系和干部考核体系。重点开展环境污染和生态损失及环境保护效益计量方法和技术的研究工作，并进行统计和核算试点；强化各级政府尤其是基层政府的环境意识，建立以强化行政责任追究制度为核心的环境保护责任机制。

2.加强与有关部委的协调与沟通，努力完善环保法律法规。目前有的环保法律法规已列入修订计划或正着手修订。

3.强化环境监察人员环境执法、严格依法行政。建立长效管理机制，加强环境违法责任追究制度。提高对污染源的监控能力和监控水平，对重点污染源安装在线装置实现连续自动监控。

4.积极协助各级政府加大产业结构调整，推行循环经济和清洁生产，使企业按照生态规律健康发展，促进废弃物的最大资源化，走一条科技含量高、经济效益好、资源消耗低、环境污染少、人力资源优势得到充分发挥的新型工业化路子。

5.积极与各类科研部门加强协作配合，加快技术攻关和生产工艺、治污工艺的升级换代速度，降低治污成本，把科技转化成生产力。

【“关于加强对中小企业环境保护和劳动保护的执法监督力度的建议”】（人大3011号提案）国家环保总局环境监察局和安全监管局按原有职责分工对人大代表的这一建议作了分别办理，并就涉及国家环保总局环境监察局职责范围的问题作了答复：

一、关于对农村中小企业强制执行环境保护管理最低要求。我国的企业污染物排放标准主要是按照行业分类，国家法规或部门规章中也是针对部分行业的生产规模及生产工艺水平提出要求，并没有针对农村中小企业单独制定管理要求。

国家行业污染物排放标准适用于全国范围内的所有相关行业的污染源，农村的中小企业排放污染物也应遵守相应的排放标准。因此，为体现排放标准的公平性和公益性，不宜专门针对农村中小企业制定排放标准，而应通过强化执法力度来解决农村中小企业环境污染问题。

二、关于加大中小企业环境执法监督力度。中小企业的污染防治问题一直是环保工作的重点之一。各级环保部门在各级人民政府领导下依法取缔、关停“十五小”企业的环境执法活动，取得了显著成效。仅在1996年8月～1997年6月期间，全国取缔、关停“十五小”企业就达65 244家。但是，近几年中小企业环境污染反弹问题依然十分严重，部分地区甚至出现联片污染反弹。在2003年“清理整顿违法排污企业保障群众健康环保专项行动”查处的环境违法案件中，“十五小”、“新五小”企业高达23.5%，其他中小企业的环境污染问题也相当严重。

鉴于目前我国中小企业环境污染防治面临的严峻形势，各级环保部门不仅要持续开展环保专项整治行动，严厉打击企业环境违法行为，同时将积极开展农村环境监察工作，另外，将结合企业环保监督员制度试点工作，积极探索农村中小企业环境管理体制。

三、关于加强环境保护宣传。提高全民的环境意识，特别是提高领导干部的可持续发展意识和法制观念，是贯彻执行环保法规、治理环境污染的重要环节。一方面，国家环保总局正在同有关部门密切合作，利用各种舆论工具广泛宣传，加强环境保护的科普知识教育，对领导干部进行环境保护科普和法规培训，并从中、小学抓起，在教科书中纳入环境保护内容；另一方面，国家环保总局会同有关部门在全国执法大检查及流域治理行动中开展宣传教育，宣传了一大批环保先进典型，同时也报道了大量违犯环保法规的事件及其处理结果，展示了全社会向环境污染宣战的决心，增强了公众的环境保护和可持续发展意识。其中，在2004年国家环保总局、发改委、监察部、工商总局、司法部、安全监管局6部委联合开展的环保专项整治行动中，司法部也明确提出要在全社会加强环境司法宣传教育。

四、关于加大惩处屡教不改和造成重大环境损害当事人力度。执法手段软，处罚力度弱，环境损害赔偿机制不健全，被损害人合法权益难以得到有效保障,则是某些企业敢冒风险违法排污的重要原因,针对这一问题,国家环保总局正在积极配合全国人大环资委、人大法工委,力争在行政强制权、加大处罚力度、取消民事赔偿金额上限等方面取得突破。

【"关于从排污费中安排一定比例资金用于环境监测、科研及排污收费宣传、执法等支出的建议"】 (人大 2607 号提案)该"建议"针对地方环保系统环境监测、科研、宣传教育、环境执法等经费不足的现实状况而提出的。按照排污费收支两条线的原则,支出由财政部门负责,为此承办提案时向国家财政部提出承办意见如下:

一、关于环保机构经费保障问题

按照《排污费征收使用管理条例》(以下简称条例)的规定,排污费的征收、使用必须严格实行"收支两条线"政策,各级环保机构征收的排污费一律上缴财政,环境保护执法所需经费列入本部门预算,由本级财政予以保障。财政部、国家环保总局出台了《关于环保部门实行收支两条线管理后经费安排的实施办法》,以保障各级环保部门及其所属机构开展正常工作所需的经费。办法规定,各级财政部门应当根据环保机构开展工作的实际需要和各级财政的财力状况安排经费。环境系统的行政管理、监督执法、监测、信息、科研、宣传教育、放射性与危险废物管理以及自然保护区管理等环保机构经费均应纳入财政预算。各级财政部门应当根据财力状况和环保机构的工作需要,将人员经费、公用经费、监督执法经费、仪器设备购置经费等纳入同级财政预算予以保障。

建议国家财政部和环保总局共同对地方环保部门经费保障问题进行检查、督促,以解决基层环保部门实际困难。

二、环境保护专项资金使用规定

《条例》规定排污费必须纳入财政预算,列入环境保护专项资金进行管理,主要用于重点污染源防治,区域性污染防治,污染防治新技术、新工艺的开发、示范和应用,国务院规定的其他污染防治项目等四大块项目的拨款补助或贷款贴息,但不包括环保部门执法所必需的监测、宣传等费用。执法需要成本,建议共同组织研究、调查排污费征收成本问题,为财政部门确定环保专项经费提供参考。

【"关于执法部门打假也要讲环保的建议"】 (政协 0599 号议案)该议案涉及环保与质检两个执法部门的职能,为此国家环保总局办理该议案时向国家质检总局提出会办意见:

近年来,为了对造假者造成震慑力,部分地区将假冒伪劣商品露天焚烧,这不仅浪费了资源,而且露天焚烧产生的烟尘和各种有毒有害污染物直接排放到大气中,严重影响了空气质量,甚至危害人体健康。根据《中华人民共和国大气污染防治法》第四十一条第一款的相关规定,产生有毒有害烟尘和恶臭气体的假货不能在人口集中地区和需要特殊保护的区域内焚烧。鉴于对空气质量的严重影响,在其他地区露天焚烧假冒伪劣商品也是不适合的。

对于假冒伪劣商品的处理应该采取分类处理原则。假冒伪劣商品属于不合格产品,要首先进行资源回收,不能回收的假冒伪劣商品应视为固体废弃物,按照有关规定采取送焚烧炉焚烧或卫生填埋等方式处理处置。为了进一步加强对假冒伪劣商品焚烧等的环境监管,国家环保总局将与质检总局联合共同解决对收缴假冒伪劣商品进行处置可能引发的环境污染问题。

(国家环保总局环境监察局)

江苏省

【"两会"提案议案办理】 2004 年,江苏省环境监察局办理了关于加强太湖上游水资源保护、南京市恶臭污染、奎河治理、连云港市赣榆县龙王河流域污染、淮安市万香日化有限公司污染等 5 件人大提案和政协议案。并将办理情况和结果与有关代表见面沟通,代表和委员均表示理解和支持。

(省环境监察局)

广东省

【人大、政协提案议案办理】 2004 年,广东省环境监察总队办理的人大、政协提案、议案既有几年来想解决但又未能解决的老大难问题,如:沙湾水道污染问题见(《关于尽快从根本上解决有机工业废水污染沙湾水道的议案》省十届人大二次会议议案 0140 号),又有历时 3 年的省十届人大和政协的提案和议案见(《关于强烈要求制止从化市吕田镇漂染厂污染高明河的议案》省十届人大二次会议代表议案第 0298 号)、《关于解决兴宁市龙北镇霞洞乡兴建民营铁矿加工厂造成农田基本保护区严重污染问题的建议》。此外还具体办理了由全国人大转来、由国家环保总局环境监察局督办的建滔(番离南沙)石化有限公司的环境违法行为案。

(省环境监察总队)

新疆生产建设兵团

【"两会"提案议案办理】 2004 年,兵团环境监察总队共办理人大提案 4 件、政协议案 1 件,全部是反映噪声污染扰民的问题,尤其餐饮、娱乐服务业的噪声污染问题。环境监察部门会同其他有关部门对人大、政协的提案都进行了认真研究,依法进行了调查处理,并将处理结果回复了人大代表和政协委员。

(生产建设兵团环境监察总队)

青岛市

【“两会”提案议案办理】 2004年,青岛市环保系统共收到“两会”期间提案议案104件,其中人大建议56件、政协议案48件,截至5月底全部办理完毕。提案议案的办理率、回复率、满意率均为100%。为提高提案议案的办理质量,青岛市环保局对每一件提案议案都建立了监督卡,随时与人大代表和政协委员取得联系,征求他们的意见。并将提案议案办理工作列入环保干部学法的重要内容。

(市环境监察支队)

深圳市

【人大提案、政协议案办理】 深圳市环保局做好市人大提案、政协议案的承办工作,2004年,市政府交办的人大提案、政协议案共46件,市环保局对每件议案和提案都落实了责任单位,跟踪落实办理工作,采取切实措施解决提案和议案中反映的环境问题,对一时难以解决的问题,提出了解决的思路,并采取召开座谈会和组织现场视察等形式,加强与市人大代表和政协委员的沟通,顺利办结各项提案议案,得到有关人大代表和政协委员的肯定。

(张志宇)

武汉市

【人大、政协提案议案办理】 2004年,武汉市环保局共承办湖北省、武汉市人大、政协提案、议案共36件,其中省政协议案7件,市人大提案14件,市政协议案15件,所接提案议案全部按期办理完毕,提前一个月完成市政府下达的目标任务,受到武汉市政府督察室的好评,各级人大代表、政协委员对答复内容的满意率均为100%。

(市环境监察支队)

西安市

【“两会”提案议案办理】 2004年,市环境监察支队办理人大、政协提案、议案11件,多次到现场调查,处罚违法单位,建立完整的回复档案,直到问题圆满解决,受到提案人的肯定。

2004年,省人大常委会环资委向社会公布了环保举报电话,受理了大量群众投诉,其中通过陕西省环境监察局向市环境监察支队批转了202件污染投诉,经市区两级环境监察部门努力,202件群众投诉均得到了基本解决。市环境监察支队将查处结果按函号分类,及时书面答复陕西省人大和陕西省环境监察局,一函一档建立了档案,陕西省人大和陕西省环保局现场检查后对市环境监察支队工作给予了充分的肯定。

(赵文军)

环境

信息系统建设与管理

◎ 污染源现场监控系统建设

◎ “12369”环保投诉举报热线管理

【概况】 2004年,《排污费征收管理系统》软件已经进入全面普及阶段。通过对软件的不断完善,目前已有北京等14个省(区、市)开始安装使用。大部分地区在使用后认为该软件整体上比较符合排污费征收实际程序,操作简便,自动化程度较高,能大大减轻环境监察人员的工作强度和工作量。

利用"专项行动信息管理系统",实现网上实时上报信息和动态跟踪管理。全国2 991个各级环保局中有2 183个应用该系统。掌握了3 365个挂牌督办问题、2.7万家违法企业、587个污水处理厂、760个垃圾处理场、3.6万个畜禽养殖场、9 880家重点企业的实际情况。

国家环保总局环境监察局积极参与国家环保总局信息化建设工作。组织编写国家环保总局处置环境与核恐怖袭击事件应急项目规划、项目申报书,起草了《项目资金使用管理办法》。

淮河流域重点污染源信息系统已初具雏形。完成了部分基础资料的收集,为加强淮河流域污染的监管起到了重要作用。

环境信息采集为执法监察信息的主要来源之一。国家环保总局环境监察局全年共编辑《网络信息摘要》154期,《环境监察工作简报》12期。在国家环保总局电子政务综合平台上及时上传工作动态、环境要闻等信息共624条,位列各司办信息总数前茅。

【污染源监控系统建设与运行】 2004年内确立了污染源自动监控系统接口规范编制原则。按照国家环保总局的工作安排,着手开展了污染源在线自动监控(监测)系统数据传输和接口标准技术规范编制工作,在环保总局科技司、信息中心、环境监测总站配合下组织举办了相关单位和技术专家研究论证会,确定了技术规范的适用范围。

【"12369"环保热线建设】 2004年,按照《环境保护"十五"计划》关于"建设12369环保举报中心"的要求,国家环保总局自2001年开始在全国环保系统推动"12369"环保热线的开通和"12369"环保举报中心的建设工作,并在此基础上构建环境污染事故应急指挥系统平台。截止到2004年底,全国1 367个县级以上行政区开通了"12369"环保热线,覆盖了全国69.4%的县级以上行政区。大连、长春、郑州、上海、成都等十几个城市在此基础上建立起"12369"环境应急指挥中心,保障了环境监察人员接报出警,在第一时间到达现场,及时处理环境污染事故和纠纷,形成了日常环境执法与处置突发污染事件相结合的指挥调度系统和工作机制。

(国家环保总局环境监察局)

北京市

【污染源自动监控系统建设和运行】 截至2004年底,全市已安装锅炉烟气连续监测系统166套,监控277台燃煤锅炉。组织开展烟气连续监测系统验收工作,已完成83套系统的对比测试。

【"12369"环保举报热线管理】 2004年,"12369"环保举报热线共受理群众举报6 295件,其中反映大气污染的2 896件,占举报总数的46%,反映噪声污染的有2 643件,占举报总数的42%,其他环境污染举报756件,占举报总数的12%,其中6 213件已办结,办结率为98.6%,来电咨询约4.4万人次。

(市环保监察队)

天津市

【"12369"投诉举报热线管理】 2004年,天津市"12369"环保热线共接到举报17 860件,其中企业噪声1 131件,施工噪声6 269件,异味1 692件,烟尘1 031件,油烟374件,扬尘108件,污水437件,固体废物35件,不属环保部门管辖和错拨电话的6 783件,办理率达100%,办复率达100%,办结率达98%。"12369"热线成为群众举报环境问题的重要渠道,同时为严格执法提供了决策依据。

(市环境监察总队)

山西省

【"12369"环保举报热线管理】 2004年,全省安装举报信息自动化管理系统软件12套,开通了22条"12369"环保举报热线,方便了群众的环境污染投诉,全省共受理环境污染投诉举报53 687件,基本做到了事事有回音,件件有结果,有效地维护了群众的环境利益。

(省环境监察总队)

吉林省

【污染源自动监控网络建设】 2004年,通化市加强了污染源自动监控能力建设,安装了大气污染源远程监控系统,执法人员在监控室中就可通过大屏幕对市区大气污染状况进行24小时监控和记录。

【"12369"环保热线管理】 吉林省"12369"环保举报热线开通以来,运行良好,作为环境信访工作的一部分和群众举报环境问题的重要渠道,一直发挥着重要的作用，做到有警必接，接警必出，出警必办。长春市和吉林市在城区内配备了联动用车，由接待中心统一调动，做到及时出警，快速处理。延边州建立了州、县两级环境信访网络，使环境信访处理率达到100%，结案率达到99%。2004年，全省“12369”环保举报热线共接到举报7 234件，99%的案件都得到妥善处理和解决。

（程金灿）

江苏省

【污染源监控系统建设与运行】 自2001年江苏省开展重点工业污染源自动监控仪安装工作以来，到2004年底全省已完成377家省级重点污染源自动监控仪器的安装、调试和联网工作。绝大部分市建成了配有大屏幕投影系统的工业污染源自动监控中心机房，基本实现了自动监控系统的远程监控，自动监控系统数据在排污收费、排污申报登记等方面有了初步的应用。有12个市的工业污染源自动监控系统通过验收考核。

【“12369”投诉举报热线管理】 2004年，省环保厅对“12369”热线投诉系统进行了升级，实现了自动录音和网上受理等功能。南京、无锡、苏州、扬州、连云港、常州、泰州市环保局按照国家环保总局和省环保厅要求在举报中心配置“12369”自动受理系统，方便了群众的举报投诉，其他市也已积极筹建。全省推行“有诉必受、有受必查、有查必果、有果必复”的工作机制，接报后及时跟踪查办并及时向举报人回复查处情况，基本做到件件有回音，事事有结果。

（省环境监察局）

安徽省

【“12369”投诉举报热线管理】 截至2004年底，安徽17个省辖市已全部开通“12369”环保举报热线，县一级“12369”环保举报热线建设得到全面推广，已有20余个县开通。

（袁永宏）

福建省

【污染源监控系统建设与运行】 2004年，福建省环境监察总队采取积极稳妥、逐步扩展的方式建设省重点污染源自动监控监测系统。制订《福建省污染源自动监测监控系统管理暂行办法》；编《“十一五”福建省重点污染源自动监控系统规划》；组织15次省重点污染源自动监控监测系统的检查，对全省126个重点污染源自动监测监控系统安装、运行和管理情况逐一巡查。省环保局已实现对98家企业，126个点位的重点污染源24小时实施监控或在线监测。

【“12369”投诉举报热线管理】 2004年，制定印发了《关于加强环保“110”值班和省环保局总值班管理的意见》，明确应急事件的处置要求和违反值班制度的处罚措施。每季度对全省“12369”环保投诉电话管理情况进行抽查，并予通报。全省全年“12369”投诉举报热线共接到各类投诉26 083件，处理率为98.74%，其中噪声污染的投诉量占51.44%。

（省环境监察总队）

江西省

【污染源在线监控系统建设】 2004年，江西省环境监察总队对全省182家钢铁、水泥、电解铝重点行业下达了安装实施在线监控的工作要求，并要求电力等行业21家企业第一批完成此项工作。

（省环境监察总队）

山东省

【“12369”举报热线管理】 2004年，省环境监察总队继续在全省推广济南市“环保110”（“12369”举报热线）社会联动服务系统的经验和做法，转发了《济南市环保局关于印发济南市环保“110”（“12369”举报热线）工作标准及考核细则的通知》，使山东省环保“110”和“12369”环保举报热线工作规范化建设得到进一步加强。

（省环境监察总队）

河南省

【“12369”投诉举报热线管理】 2004年，省环境监理总站加强对“12369”环保举报热线的管理，认真做好群众电话投诉的受理工作，在建立健全各项制度的同时，进一步加强对“12369”环保热线的管理，做好电话投诉的受理工作，取得了明显成绩。完成了全省环境监理月报、季报和“12369”环保热线电话投诉件等上报汇总工作，为领导决策和正常工作的开展提供了可靠信息支持。

（荆国一）

湖北省

【污染源在线监控系统建设】 2004年，稳步推进污染源在线监控建设，逐步建立全省重点污染源在线监控系统。根据年初工作部署，继续加强全省污染源在线监控系统的建设，省环境监察总队对原100家全省重点企业名单进行了适当调整，向各市州下发了通知，要求各地进一步规范与推进全省重点企业在线监控系统建设。据统计，全省共建污染源在线监控系统85家。在线监控系统软件经过修改已基本定型，开始正式安装使用，省环保局在线监控系统已接入30家企业的在线监测数据。

（省环境监察总队）

湖南省

【污染源在线监控系统建设】 2004年是湖南省对重点污染源在线自动监测系统建设投入是最多的一年，共投入环保专项资金1 300多万元，分两批对36家重点企业下达了在线自动监测系统建设计划。目前，全省8家大型火电企业的烟气在线自动监测系统已全部建设完成，其中3家电厂已通过验收，另外5家电厂也已完成设备安装、调试、对比监测及资料准备，等待验收安排。6家城市污水处理厂的在线自动监测已建成并投入试运行，现已进入数据无线传送的联机调试阶段。针对设施在运行、维护和管理中出现的问题，相继出台了《关于加强污染物排放连续自动监控系统管理的通知》、《湖南省污染物排放连续自动监控系统数据传输通讯协议（试行）》、《湖南省烟气在线监控无线传输通讯协议》、《湖南省烟气在线监控电话线传输通讯协议》等规范性文件，把在线自动监测系统纳入正规管理渠道。

（兰　洋）

广东省

【信息系统建设与管理】 2004年，根据国家环保总局办公厅《关于报送整治排污企业保障群众健康环保专项行动有关情况的通知》（下称《通知》）（环办函[2004]238号），省环境监察总队要求各地在每年6月10日前向总队报送负责信息调度的部门、负责人和联系人电话、传真及电子邮件地址。各地每周要通过电子邮件报送一期《环保专项行动工作简报》，报送阶段性工作成果、重点督办问题进展情况、责任追究情况（单位、职务、处罚原因、处分内容），通过“12369”网络环保专项整治行动情况报送专用账户登录环境监察专用信息管理系统填报《挂牌督办环境问题基本情况明细表》、《城市污水处理厂（场）专项检查表》、《城市垃圾处理厂（场）专项检查统计表》、《畜禽养殖业专项检查统计表》、《重点行业专项检查汇总表》、《清理违反环境保护法律法规“土政策”情况报表》、《2000～2003年建设项目专项检查表》；并于每月10日和25日前通过网络填报《环保专项整治行动进展情况表》、《环境违法企业基本情况明细表》。

同时，在广东环保网站开辟环保专项整治行动专栏，及时报道专项行动情况、共播发的专项行动新闻稿件22篇，从而扩大了环保专项行动的影响，充分发挥社会舆论的监督作用。

为及时通报各地情况，交流经验，促进全省环保专项行动的深入开展，监察总队会同省环保局监督处建立了环保专项行动工作信息调度制度，共编印了8期《广东省环保专项整治行动工作简报》和5期《广东省“环保执法年”工作简报》。

【“12369”环保热线管理】 2004年，在抓好专项行动这一重点工作外，省环境监察总队还把各项专项行动与日常监督执法相结合，把投诉电话和举报信作为日常监督执法的主要案源，不断加大日常监督执法力度。2004年接听投诉电话1 370个，对于反映情况相对简单的，省环境监察总队交由局信访办批转当地处理，对于重大的、重复投诉的、案情复杂的投诉案件，均由总队直接处理，处理率达100%。全年总队出动267人次，处理投诉企业107家，其中经现场调查后移送其他部门处理的案件6起；另外，还积极处理了省环保局聘请环保社会监督员以来接到的第一起由社会监督员转来的污染投诉案件——汕头市澄海区洋心造纸厂污染问题，该厂已在环保部门的督促下对其环保治理设施进行了更新整改。

（省环境监察总队）

广西壮族自治区

【污染源在线监控系统建设】 2004年，广西环境监察总队负责建设自治区污染源在线监控中心，截至2005年，自治区污染源在线监控系统软、硬件建设基本完成。南宁、柳州、桂林、北海4个地级市建立了污染源在线监控中心。全自治区有53家企业安装了污染源在线监控终端，共66套。

【“12369” 环保热线管理】 2004年，广西环保部门接到约1.4万个“12369”热线电话，处理13 653个，处理率为97.5%。

（赖天天）

重庆市

【“12369”环保举报热线管理】 2004年，重庆市“12369”受理中心共受理群众投诉19 381件，移交相关部门处理480余件，向区县发出督办函645件。“12369”环保举报热线获得2004年市政府办公厅颁发的“全市公开电话值班工作先进单位”称号、重庆市直机关“青年文明号”称号。

（市环境监察总队）

四川省

【污染源自动监控系统建设】 2004年，四川省为深入贯彻落实省委、省政府《关于岷江、沱江、嘉陵江流域和重点区域污染防治决定》，继续对造纸、食品、酿造、制革、化工、制药等行业的重点水污染源实施安装自动监控系统工作，全年完成了108家水污染源自动监控设备安装。至年底，省、市、县三级联网已达218台，自动监控设备正常运转率达80%。为加强污染源自动监控系统的管理，省环境监察总队制定了《四川省水污染源自动监控系统监督管理办法》，建立了水污染源自动监控系统运行登记制度和系统安装单位周报制度，要求每周上报一次所安装的自动监控系统运转情况，强化了自动监控系统验收和监管工作，在全国处于领先水平。

【"12369"环保热线管理】 2004年，四川省凉山州和阿坝州相继开通了"12369"环保举报热线。至此，全省21个市州全面开通环保举报热线，畅通了公众积极参与环保的渠道。

（陈泽文）

云南省

【污染源在线监测和监控系统建设】 2004年，省环境监察部门为有效实施排污许可证制度，落实污染物总量控制措施，强化环境监察执法手段，促进企业污染防治技术和清洁生产的发展，建立完善的长效管理机制，省环保局印发了《关于在全省开展在线监测和运行监控系统安装工作的通知》，由2004年度的排污费省级专项资金中安排2 110万元经费，在全省建设污染源在线监控系统，做到实时监控企业的排污状况。该系统"指挥中心"设在云南省环境监理所，中心系统平台采用无线传输技术，正在建设中。

（省环境监察总队）

青岛市

【信息系统建设与管理】 青岛市环保"12369"投诉电话自2001年9月1日开通以来，先后投资70余万元在全省率先实现智能受理。2004年，"12369"受理中心共接听电话29 536个，登记立案5 917件，登记网上举报、电子邮件和传真152件。全部在青岛环保办公自动化综合业务信息系统上进行交办，做到事事有情况，件件有回音。"12369——为民解忧愁"的服务理念，成为青岛市的知名热线，受到了市民的好评。

为做好青岛市环境监控中心的建设工作，2004年2月，市环境监察支队和市局有关部门工作人员成立了调研小组，对哈尔滨、郑州、上海等3个城市环保部门的环境监控中心建设及运行情况进行学习调研，并于2004年底下发《关于在全市环保重点企业开展在线监测和运行监控系统安装工作的通知》，标志着监控中心建设正式启动。

（市环境监察支队）

厦门市

【污染源自动监控系统建设与管理】 2004年，市环境监察部门加紧了电镀行业自动监控系统的建设，2004年首批建设的12家电镀企业的排污口按照ISO1438的要求全部重新改造，以适应现阶段监控系统建设的要求。升级改造原有系统设备，升级更新软件系统，组织比对验收。验收内容包括系统通讯情况、现场设备工况、监控数据准确性、监控中心软件功能等。其中对监控数据的准确性的验收是全国其他城市自动监控系统验收工作未开展的一项内容。系统建设通过了国家环保总局环境监察局组织的评审验收，获得了专家组的高度评价。至此厦门市已有52家污染源实现了真正意义上的自动化监控，厦门成为在全国率先实现在全市范围内对城市污水处理厂和重点水工业污染源实施自动监控的城市。

【"12369"环保举报热线管理】 "12369"环保热线和"110"专线保持24小时值班接听受理，不断完善值班制度，建立预警和应急处警工作机制，对夜间投诉及重大污染事故限时赴现场调查取证、处理。在厦门市环保局局域网上建立"投诉平台"，在网上与市环保局办公室以及各环保分局之间建立链接，分别设有"每周汇总"、"反馈情况"、"催办情况"和"月情况分析"等，以新的方式实现承上启下，既节约人力资源和办公费用，又提高了工作效率。2004年共接到各类环保投诉1 931件，处理率达100%。

（市环境监理中心所）

深圳市

【"12369"环保举报热线管理】 2004年，深圳市环境监察队伍全员参与、继续做好"12369"环保举报热线受理和查处工作，及时为群众排忧解难。市环境监察支队建立与各区环境监察大队的联动机制，通过加强夜间现场巡查，严查违法施工行为，增大处罚力度和处罚频率，使施工噪声扰民投诉有明显下降。"12369"环保举报热线全年共出动2 920车次，7 300多人次，检查建筑施工、娱乐场所2 600多场次，对361起环境违法行为进行处罚。各区环保局也严格按照对外承诺的时间进行"12369"环保举报热线的接听工作，在2004年市环保局组织的两次环境信访稽查工作中，市、区环保热线电话的接通率均为100%。

【环境管理监控中心建设与管理】 2004年，深圳市环境管理监控中心是集"12369"环保举报热线系统、指挥调度系统、视频在线监控系统、GPS卫星定位系统、污染源管理和污染源在线监测等多功能于一体的动静态相结合的环境管理监控系统，监控中心建成以后，在环境信访、环境污染举报、污染源管理等方面发挥了重要的作用。2004年，市环境监察支队进一步完善该系统的各项功能，将全市市管工业污染源全部纳入监控中心污染源管理系统，通过该系统随时了解市管污染源的企业基本情况、生产状况和环保设施、环境管理现状，提高了环境管理的水平。市环境监察支队还制订监控中心二期建设计划，将工业污染源污染治理设施和污染排放口列入视频监控范围，并开展了监控中心二期的筹建工作，完成了技术方案设计，落实了建设经费，开展了招投标，监控中心二期已进入具体实施阶段。

【在线监测系统建设】 2004年，深圳市开展了在线监测的制度建设与推广工作，提高了全市的环保建设能力。一是做好技术规范与管理制度的起草修订工作，制定首批排污企业在线监测验收技术规范；修订《污染源在线监测管理办法》；二是做好企业选择与仪器选型工作，选定16家排放废水工业企业作为第二批实施COD在线监测的企业，以确保完成COD、SO_2省控重点污染源、占全市废水COD排放总量40%的废水污染源、占全市废气排放总量70%的废气污染源安装在线监测设备、联网运行任务；三是在强化管理的同时做好服务，印发经选型后推荐的在线监测生产厂商或代理商名单，为新老污染源安装在线监测设备服务；四是做好现有在线监测系统的管理与监督工作，对首批安装的废水、废气在线监测设备运行、传输等情况进行现场检查，对已安装在线监测设备的企业做好数据联网传输工作。

（张志宇）

沈阳市

【"12369"信息举报管理】 2004年，沈阳市环境监察大队为市内九区环保局配置了全市统一的"12369"信息举报系统专用计算机，安装了"12369"信息举报处理系统，实现了市区联网，信息互通。对于紧急信访案件，沈阳市采用了GPS卫星地理定位系统进行指挥调度。"12369"信息举报系统利用GPS卫星地理定位系统指挥环保人员处理紧急信访350件次，及时解决了群众反映强烈的信访和紧急污染信访案件245件，"12369"管理中心还开通了三方通话的功能，对于复杂信访案件，直接三方通话共同受理市民投诉，同时也可以作为对区局受理信访工作考核依据，监督区局信访办理工作。市环保局"12369"热线3部座机同时受理市民投诉，保证了沈阳市"12369"投诉热线24小时畅通。使沈阳市环境信访的受理、办理、回复等工作完全通过网络化办复程序进行管理，借助信息平台促进案件的督察督办和信访工作的市区联动功能。

【信息系统建设管理】 2004年4月，沈阳市环保局监控中心正式运行，该中心利用视频和污染源在线监控系统，提高快速反应能力和调查取证能力。该系统自运行以来，对在线污染单位进行了多次现场检查，对擅自停运设施，存在违法行为的8家企业予以查处，解决了执法目的不明确和调查取证难的问题，保证了所有在线重点污染源都能够正常使用污染防治设施。

在创模迎检中，该中心发挥了巨大作用。监控中心是创模迎检28个点位之一，负责接待技术核查组成员视察监控大厅。为保证各系统运转正常，针对个别点位系统存在的不规律和突发性的故障问题，及时进行维护，完成了创模迎检任务。

（市环境监理大队）

长春市

【信息系统建设与管理】 长春市环境监察支队进一步完善了环境监察自动监控系统的建设。该系统主要由大气污染源视频远程自动监控系统、污染源自动监控系统、污染源地理信息系统、GPS卫星定位系统、环境监察业务软件系统、办公自动化系统6部分组成。系统投入运行后，长春市工业污水排放的70%、大气污染排放的80%可以纳入监测监控，并可将重点污染源全部落实到电子地图上，即时统计污染源的排放状况，系统利用实施自动监控的方式，随时调取污染源的数据，对污染源流量、浓度等进行监控，并以曲线坐标等图形的形式展示；系统配合"12369"环保热线网络，采用GPS技术就近调动车辆现场执法，将监控数据与环境监察各项业务内容相结合，利用办公自动化系统，实现微机系统化管理，促进了排污费征收工作程序公开化、规范化和科学化。

为配合长春市环保局政务信息公开工作，建立公正透明的行政管理体制，支队结合长春市环境保护网站的建设，设立了环保政务信息公开专栏，向社会公开机构职能、政策法规、规划计划、业务工作和动态信息，提高了环保工作的办事效率。

（蒋步新）

哈尔滨市

【"12369"投诉举报热线管理】 2004年,哈尔滨市环境监察支队全体执法人员参与接听"12369"环保热线工作,实现24小时值班接听受理。全年受理环境污染投诉举报4 278件,比2003年同期增长14.3%,反映社会生活噪声污染1 346件,产生噪声污染1 128件,饭店排烟机噪声污染353件,饭店油烟污染513件,烟尘污染670件,其他污染277件,分别占投诉量的31.2%,26.3%,8.2%,16.96%,15.6%,6.74%。群众投诉事项处理率达100%,办结率达98%。

【污染源监控系统建设】 截至2004年,已经建立由6个监控摄像点位组成的烟尘黑度监控网络,基本覆盖市区城区。在38家企业安装了污染源自动监控设备,其中烟尘监控设备22家,共37台;污水流量计29家,共32台;污染防治设施运行情况监控设备11户,共12台。

(彭 伟)

南京市

【信息系统建设与管理】 2004年,全市环境监察系统进一步强化了远程环境监控系统的运用,对重点排污企业的在线监察,实现了24小时不间断监控,截至年底,全市共有27家企业安装了在线监控系统,其中安装COD在线监控仪的27家、pH值在线监控仪的6家、流量计在线监控仪的24家,通过远程在线监控,有效遏制了部分企业偷排和停用治污设施的违法行为。 (市环境监察支队)

武汉市

【信息系统建设与管理】 1998年武汉市率先推行联网监控管理试点,通过几年的建设,截至2004年,全市污染源排污口自动监控单位达到69家,安装污染源在线监测仪的重点企业21家,完成了二郎庙、沙湖、黄浦路等3家城市污水处理厂COD在线监控系统和同济医院等8家医院在线监测系统建设工作,初步形成了COD、余氯、烟气等多种污染物的在线监控系统,对企业的水污染监督管理起到了积极的作用。对武汉晨鸣纸业等排污状况较典型的单位进行了传输软件升级试点工作,武汉市环境监察系统监控中心日益完善。

(市环境监察支队)

西安市

【"12369"投诉举报热线管理】 2004年,西安市环境监察支队建立了"12369"环境投诉热线24小时回复制度。全市各级"12369"环境投诉受理,必须在受理当天将批办单传至各区县环境监察大队,提高受理批办的传递速度,为及时查处和回复群众投诉污染案件争取了更多的时间。

2004年,"12369"环保热线共接投诉4 600多次,受理有效投诉1 206件,除批转区县处理外,市环境监察支队对其中群众投诉较强烈的78件进行了直接查处,对28家单位进行了处罚,罚款23.7万元。

(赵文军)

环境监察自身建设与内务管理

- ◎ 环境监察机构建设
- ◎ 环境执法装备配置
- ◎ 环境监察人员培训
- ◎ 执法证件与执法标志管理
- ◎ 环境监察档案管理

【环境监察机构建设】 截至到2004年末，全国共设有环境监察机构3 090个，比上年增加27个，其中省级机构31个，地市级机构353个，县级机构2 706个。有派出机构(环境监察所)1 474个。

全国环境监察机构在编人员39 215人，比上年增加3 679人，实有人员50 609人。其中大专以上学历人数28 179人，比上年增加4 198人，其中大专以上学历人数占总人数的55%，比上年提高3个百分点，进一步提高了环境监察队伍的整体素质。

2004年，国家环保总局环境监察局坚决贯彻国务院有关着装问题的决定，下发了《关于整治环保系统统一着装的通知》和转发了《关于处理违规制式服装及其标志的通知》。共计收回制服51 400套，收回制式标志36 685套，收缴仿制服装12 309套。

针对全国仅有481个环境监察机构通过验收，达标率为15.7%的情况，完成了中、西部环境执法能力调查统计工作，下发了《关于进一步加快环境监察标准化建设的通知》。根据调查报告，在国家环保总局积极争取下，财政部下发了《关于下达2004年环保执法补助经费的通知》，使2004年用于中西部地区环境执法能力建设补助经费在2003年3 000万元的基础上增加到5 000万元，切实解决了部分地区执法能力不足的问题。

【环境执法装备配置】 2004年，全国环境监察机构用房面积416 703平方米，比上年增加87 835平方米，其中省级环境监察办公用房面积10 023.2平方米，人均15.2平方米；地市级环境监察办公用房面积88 917平方米，人均12.2平方米；县级环境监察办公用房面积317 763平方米，人均7.5平方米。各级监察机构人均工作用房面积均有所增加，进一步改善了办公条件。

为了提高执法水平，加大执法力度，各级环境监察部门不断加强现场执法工具的配备，其中执法车辆达4 802台，通讯设备达7 300台，取证工具(pH计、黑度计、便携COD、照相机、摄像机等)达9 491台(套)，设备总价值达48 718万元，均比上年有所增加。

【环境监察岗位培训】 2004年，国家环保总局进一步加大全国环境监察干部岗位培训工作力度，成效显著。一是增加了培训期次，全年共组织举办全国环境监察业务骨干培训20期，共培训约1 700余人。其中，组织举办全国环境监察处(队)长岗位培训班9期(包括组织教师赴新疆举办一期西部地区环境监察业务骨干培训)；全国生态环境监察员业务骨干培训班两期；全国排污收费业务骨干培训班8期；打击非法生产CFC专项业务培训1期。二是增加了培训内容。在原有培训课程的基础上，增加了排污申报与申报核定、臭氧层保护政策、廉政勤政警示教育、行风建设等培训内容。

【企业环境监督员制度试点】 2004年，根据《关于开展企业环保监督员制度试点工作的通知》，国家环保总局环境监察局与中日友好环保中心、日本JICA事务所于8月23～28日在北京举办了企业环保监督员制度培训班。

【执法证件】 2004年，全国共有3万余人申领环境监察执法证件，约2.8万符合持证条件的环境监察人员取得了环境监察执法证，约占申领人员总数的84.6%。

(国家环保总局环境监察局)

华东环境保护督查中心

【环境监察自身建设】 2004年，华东督查中心引进了大气物理、化工专业的本科毕业生两名，进一步充实了中心的环境管理专业覆盖面，增强了现场环境监察的队伍建设；先后派遣两人次参加国家环保总局环境监察局举办的环境监察业务培训，提高环境监察人员的业务水平，使环境现场执法更加规范化与科学化。先后投资10万多元，购置了笔记本电脑、台式计算机、打印机、扫描仪和环境监测装备等。

(华东环境保护督查中心)

天津市

【环境监察队伍建设与管理】 2004年，天津市环境监察总队被评为天津市规划建设系统窗口建设先进集体和天津市文明单位。天津市环境监察总队一直把加强内部管理、规范执法行为作为队伍建设的重要组成部分，落实各项规章制度的建立和实施工作。建立环境监察制度14项，内部管理制度16项，并在实践中不断完善。特别是2004年天津市环境监察总队建立查处分离和行政处罚案件审议两项制度，对规范执法行为，落实环境执法的公平、公正、公开原则起到了重要的作用。

【环境监察人员培训】 2004年，天津市环境监察总队先后对区县环保局主管局长、监察人员及部分新录用人员进行了排污收费制度、排污申报登记、环保的法律法规及岗前培训；对排污单位，进行了关于《排污费征收使用管理条例》及配套文件的相关培训。2004年组织了15期培训班，共培训各类人员1 100多人次。

(市环境监察总队)

河北省

【环境监察机构标准化建设】 2004年初，河北省环保局印发了《关于加快环境监察标准化建设的通知》。对2004年环境监察标准化建设达标验收工作提出了具体要求。省环境监察总队按照全省环境监察标准化建设达标规划，继续督促各市重视和落实环境监察标准化建设工作，提高监察队伍的整体效能。

2004年，配合国家环保总局完成了秦皇岛市环境监察标准化建设一级标准的达标验收工作，组织完成了对秦皇岛市海港区、邯郸市复兴区等多家县(区)级环境监察机构的标准化验收工作。全省市、县(区)级环境监察机构已有82个通过了标准化建设验收，其中市级8个，县(区)级74个，其中唐山、沧州、秦皇岛、衡水4市全市通过了环境监察标准化建设达标验收，全省环境监察机构标准化建设达标验收率达48%，高于全国平均水平。

【环境监察培训】 2004年，全省环境监察培训工作以工作重点为带动，以实际需要为导向，继续深化执法人员素质培训和能力培养。

督促各市继续深入学习排污收费制度。年内，省、市环境监察机构先后选送30多名业务骨干参加了国家环保总局举办的环境监察处(队)长岗位培训班。各市、县环境监察机构也结合工作重点和自身实际需要积极组织和开展业务培训和各种工作技能比武练兵活动。在排污费征收、生态环境监察、排污申报登记等工作中全省评选出了一批先进典型。

【生态环境监察工作培训】 2004年，全省生态环境监察试点工作继续稳步进行，5月，省环保局在张家口市赤城县举办了全省第一期生态环境监察工作培训班。10月，在石家庄市组织召开了全国生态环境监察工作研讨会，就生态环境监察中的执法机制、工作制度、生态环境监察试点地区考核验收办法等进行了探讨。2004年，先后两次组织试点地区赴山东环境监察总队和莱州市进行考察学习，就生态环境监察工作中考核验收标准的制定、联合执法，案件移送等重点、难点问题进行学习交流。省生态环境监察试点工作领导小组办公室创办《试点工作信息》，在省环保局网站开辟专栏，编发生态环境监察试点工作信息12期，各试点地区设立专职信息员，负责信息上报、工作汇总，形成了省、市、县三级信息网络。

(郭志中　李卫军)

山西省

【环境监察机构标准化建设】 2004年，山西省各级环境监察机构，抓住环境监察标准化建设这条主线，全面加强环境监察队伍和能力建设。一是健全机构，加强组织。山西省环境监察总队新成立了环境应急中心和稽查室，并单独设立党支部，进一步加强了组织建设，健全了机构；二是在全省建立了监察机构工作报告制度和监察机构工作例会制度。省环境监察总队每季、各市每月召开一次工作例会，加强工作交流。并成功组织了4次环境监察例会，对加强环境监察工作起到了积极作用；三是组织指导环境监察机构的标准化建设。重点指导太原市环境监察支队一级标准化建设，太原市环境监察支队通过了国家环保总局和省环保局的联合验收；四是省环境监察总队经省人事厅批准依照国家公务员制度管理；五是印发了《山西省环境监察标准化建设实施方案》，进一步推动全省环境监察标准化建设步伐。

(省环境监察总队)

内蒙古自治区

【环境监察自身建设】 在“十五”期间，全区建设了县级以上的环境监察机构97个，拥有监察人员1 246人，环境监察现场执法设备153套，车辆109辆，环境监察办公面积11 504平方米；加强了全区环境监察队伍的自身建设，环境监察机构辐射到自治区各旗县，监察人员经过培训持证上岗，提高了全区的环境执法能力，做到了《环境监理工作暂行办法》规定的要求。乌海市环境监察支队率先达到国家环保总局环境监察局制定的“环境监察标准化建设”二级要求，赤峰市环境监察支队积极准备争取在2005年底前通过“环境监察标准化建设”二级验收，这两个支队为自治区各环境监察支队通过“标准化”验收奠定了基础。

【环境监察行风管理】 环境监察部门是环保系统重要的对外窗口，“树立执法形象，密切联系人民群众，为民执政”是全区环境监察部门行风建设的工作重心。落实国家环保总局环境监察局的“六条禁令”、“十不准”制度，端正工作态度、牢记党的全心全意为人民服务的宗旨，正确对待手中的权力，廉洁执法。2004年度，全区环境监察机构没有一位环境监察人员被群众及企业举报，杜绝了“门难进、脸难看、话难听、事难办”的现象，遏制了腐败现象的滋生。在全区首届“人民满意的行政执法单位”评比过程中，自治区环境监察总队被自治区人民政府法制办、自治区党委宣传部、自治区政协社会和法制委员会评为“人民满意的行政执法单位”。

(自治区环境监察总队)

辽宁省

【环境监察机构建设】 至2004年末，辽宁省共有监察机构111个，批准编制数为1 740人，实有环境监察人员2 249人。2004年5月27日，辽宁省机构编制委员会印发了《关于调整省环境监理处机构编制事项的批复》(辽编办发[2004]65 号),同意辽宁省环境监理处人员编制由 10 名增加到 14 名,经费渠道不变,领导职数由 1 正 1 副调整为 1 正 2 副。

至 2004 年末,辽宁省共有环境监察用车 208 辆,平均每 10 人拥有一台监察用车。其中各市环境监察机构每 5～6 人一辆车,县(区)环境监察机构每 15 人一辆车。2004 年,全省共计投入2 019.1万元用于环境执法装备配置。在国家环保总局的支持下,辽宁省环保局积极争取国家财政东北老工业基地环境执法能力建设专项资金 200 万元,用于补助县级环境监察车辆及部分执法设备的购置。2004 年 12 月 17 日,辽宁省环保局在沈阳市与 17 个县级环境监察机构举行了隆重的“环境监察车配备交接仪式”,省环保局将 17 台环境执法专用车和数码相机等执法装备移交给 17 个县级环境监察机构,加强了辽宁省县级环境监察机构的执法能力。

【环境监察行风建设】 2004 年,根据省委、省政府《环境保护与环境建设方面存在的问题及整改责任单位分工》的要求,全省环境监察系统开展了“坚持执法与服务并重”的行风建设活动。2004 年 9 月,绥中发电责任有限公司到辽宁省环保局办理环保核查手续,省环保局环境监理处的执法人能正确运用公共权力,工作人员不仅热情接待、向企业介绍环保考核的申报程序及所需要的文件,而且实事求是地为企业协调了污染物总量排放指标。绥中发电责任有限公司对环境执法人员“坚持执法与服务并重”的做法深受感动,向省委、省政府写了表扬信。省领导对此做了批示并给予了充分肯定。

(省环境监察局)

吉林省

【职业操守教育】 2004 年,按照国家环保总局的部署,吉林省在全省各级环境监察机构和环境监察人员中开展了职业操守教育活动。通过组织环境监察人员学习“三个代表”重要思想、《国家公务员暂行条例》、《环境监察人员行为规范》、国家环保总局“六项禁令”、环境监察人员“六不准”,观看警示教育录像等,增强了环境监察人员做好环境监察工作的责任感和使命感,树立了积极进取、爱岗敬业的良好风气。吉林市与预备役师联合组建了防化伤害专业分队,接受了爱国主义和国防教育。四平市坚持两手抓,党风廉政建设和环境监察业务工作取得了双赢,市环境监察支队班子被四平市人民政府授予劳动模范集体称号。

【环境监察业务培训】 2004 年,全省各级环境监察机构坚持学习制度,通过各种形式组织环境监察人员学习业务知识。长春市、松原市组织业务骨干到环境监察工作走在全国和全省前列的兄弟省市学习取经,开展业务研讨和交流。吉林市实施全员培训,讲解排污费征收管理新《条例》在实施过程中应注意的问题,并组织了考试。辽源市聘请法制部门负责人讲解“行政许可法”。

【环境监察机构标准化建设】 按照国家环保总局标准化建设工作的要求,吉林省制定了全省所有环境监察机构要争取在 3 年内全部达标的奋斗目标。为实现这一目标,省环境监察总队加强了对基层环境监察机构各项工作的指导。2004 年,省环保局按照国家验收办法和验收标准组织各市州支队长对通化市环境监察支队、吉林市的昌邑区、龙潭区、丰满区和磐石市、舒兰市、永吉县等 6 个环境监察大队的机构设置、装备建设、业务工作等方面进行了全面考核,同意通化市环境监察支队通过国家一级标准验收,6 个环境监察大队通过国家三级标准验收。大安市等 4 个环境监察大队通过省级标准验收。2004 年,吉林省利用财政部为加强重点流域环境执法能力建设投入的资金,通过政府集中采购方式为 14 个环境监察机构各配备了 1 辆执法车和部分取证设备。

【执法证件管理】 2004 年,吉林省组织全省环境监察机构负责人参加国家环保总局组织的环境监察培训,并使用国家环境监察执法证件管理系统管理执法证件的发放,实现了环境监察持证人员的微机化管理。

(程金灿)

黑龙江省

【环境监察机构建设】 2004 年,阿城市、哈尔滨市道里区、道外区、南岗区、香坊区、动力区、呼兰区等 7 个县区通过省环境监察总队组织的国家二级标准验收。

2004 年 3 月 27 日,黑龙江省环境监察总队更名揭牌,国家环保总局环境监察局长陆新元、黑龙江省政府有关领导出席揭牌仪式。截至 2004 年末,全省市县三级 121 个环境监察机构共有 89 个完成了机构更名。其中省级 1 个,地市级 10 个、县区级 78 个。全省 1 371 名环境监察人员已有 907 人换发了环境监察证件,换发比例为 66.1%。

(省环境监察总队)

上海市

【环境监察机构标准化建设】 环境监察机构标准化建设是提高执法能力,强化内部基础管理的重要手段。市和区、县环保局领导十分重视环境监察机构标准化建设。截至 2004 年底,全市已有 8 个环境监察支队通过环境监察标准化验收，占全市环境监察机构的42%。全市环境监察机构在上级主管部门的领导下，计划在2005年全部完成环境监察标准化建设的任务。

【行政管理制度建设】 2004年，市环境监察总队为了规范执法行为，加强制度建设，建立或试行了一系列工作制度。市环保局下发了《关于委托市环境监察总队对违法案件实施行政处罚的通知》后，市环境监察总队为此相继制定了行政处罚工作制度和行政执法过错责任追究制度。

在行政处罚工作制度中明确了市环境监察总队实施行政处罚的内容、权限、案件来源和立案调查、案件审理的具体规定；简易程序和一般程序以及听证程序的具体实施办法，使行政处罚工作纳入程序化、规范化的轨道。

在行政执法过错责任追究制度中，明确了环境监察人员在执法过程中故意或过失违反法律法规和规章，违背公开、公正、公平原则，严重影响行政执法效率、质量的行为，明确了追究的原则、故意或过失的情形以及从轻或从重追究责任的规定。从制度上保证了环境监察人员必须依法行政、规范执法，防止违法、违纪或玩忽职守现象的发生。

【环境监察现场执法回单制度】 为贯彻国家环保总局《关于进一步加强环境监察系统行风工作的通知》精神，自觉接受社会监督，从2004年10月起，市环境监察系统实施了环境监察现场执法回单制度。要求环境监察现场执法人员向被检查单位发放执法单，执法回单实行收发分离制度，对被检查单位反映的重要情况、意见和建议进行跟踪处理，同时向被检查单位发放了告知书，要求协助做好对环境监察现场执法人员，遵守行为规范和执法程序的情况反馈。实施执法回单制度起到了提高执法透明度、保护环境监察相对人的合法权益的作用，有效地落实了环保系统工作人员"六项禁令"和环境监察人员"六不准"规定，促进了环境监察队伍的行风建设。

【人员装备情况】 截至2004年底，全市环境监察人员编制数为468名，在编在职数为353人，借用45人，实际在岗人数为398人；环境监察车辆为97辆；取证工具为416台(套)；通讯工具为271台(套)。

根据市政府再就业项目和市环保局的安排，在市环境监察总队的指导下，全市13个区县进行了环保协管员的聘用工作，共招聘了201名符合条件的下岗待业人员。经过培训、考核，已上岗的协管员在创建文明小区、污染源调查、协助信访工作等方面起到了重要的作用。

根据财政部、监察部、国务院纠风办财行(2004)15号《财政部、监察部、国务院纠风办关于做好整顿统一着装工作的实施意见》和市环保局《关于做好本市环境监察人员统一着装整顿工作的通知》，市环境监察总队通知各区、县环境监察支队，自2004年7月5日起，停止着装执法，帽徽、领章等标志统一集中上缴。

【环境监察人员业务培训】 2004年3月下旬，市环境监察总队举办了第八期环境监察人员培训班，38名新进的环境监察人员参加了培训。由于大部分环境监察人员废水采样技能合格证已满5年有效期，市环境监察总队组织了全市228名环境监察人员参加了废水采样技能强化培训。经考核，换发了新的资格证书。为了规范执法程序，还邀请了长宁区法院行政庭长为环境监察人员作了行政诉讼专题讲座，并结合高维精细化工厂案件的调处和行政诉讼的过程举办了专题讲座。

（彭振发）

江苏省

【环境监察机构规范化建设】 2004年，经省编办同意，江苏省组建了江苏省环境监察局，环境监察局内设综合室、环境违法行为举报中心、环境稽查室、申报与收费管理室、环境监察室5个机构，明确其职责，人员到岗到位。环境监察现代化建设迈出了关键性的第一步。

【环境监察队伍建设与管理】 2004年内，省、市环境监察机构先后选送54人参加国家环保总局举办的环境监察员培训班。省环境监察总队集中举办两期全省环境监察员培训班，291人参加了培训。镇江市支队组织行政执法培训，利用音像资料开展专业业务知识培训，结合实际问题定期组织研究和讨论，在全支队形成了良好的求知氛围。无锡市支队组织全市监察人员进行业务培训，举办以作风建设、环境污染事故应急响应与准备、建设项目的"三同时"监管等为内容的专题讲课。这些培训活动进一步提高了广大执法人员环保业务知识水平和法律法规水平，增强了客观公正的执法意识，促进了执法能力的提高。

【环境监察工作运行机制】 2004年，江苏省调动社会力量参与环境管理，建立健全符合市场经济条件的环保设施运行模式，积极推行企业治污设施市场化、社会化管理。通过调研，制定下发了《江苏省推行污染治理设施建设与运营社会化工作方案》，召开现场会，推行先进的理念和成功的经验。年前全省共有49家试点单位实行治污设施的社会化运营与管理。省主流媒体专题报道了这项创新工作，在中办、国办的信息通报上专门刊登了江苏省企业治污设施社会化运营工作情况，曾培炎副总理作了批示，肯定了江苏省的这一做法和经验。

（省环境监察局）

浙江省

【环境监察队伍建设】 2004年，全省环境监察系统开展了使命教育、警示教育、纪律教育，进一步增强了环境监察人员的使命感和责任感。同时，重视内部制度的健全与完善，修订并组织实施了《环境监察工作程序》、《环境监察工作制度》、《环境监察人员行为规范》、《浙江省环境信访工作管理办法》等规章制度。全年共举办了两期环境监察人员岗位培训班，培训人员300多人次，合格率达99.2%。另外，开展了全省环境监察队伍监察执法证申报汇总工作。

2004年，在省环保局领导的关心下，全省环境监察机构标准化建设取得较大进展。到2004年底，全省已有45个环境监察机构完成了标准化建设任务，达标率为55.5%，超过全国监察队伍标准化建设平均水平。

【行政许可项目受理】 2004年，省环境监察总队承担省环保局受理中心行政许可项目受理工作。2004年是《行政许可法》颁布实施的第一年，受理中心及时征求各有关处室意见，确定工作范围、受理程序和责任人，并积极与省局信息中心联系，将12项行政许可项目有关内容按省政府统一要求格式在省环保局对外网上向社会公布。同时，为进一步监督受理事项的办理、批复效率，受理中心建立了受理事项月分析制度，对每月受理事项的受理、及时批复情况进行统计并在省环保局域网内公布。2004年，受理中心共受理各项事项400多件。

（胡晓林）

安徽省

【环境监察机构标准化建设】 2004年，安徽省环境监察机构继续深入开展机构标准化建设。截至2004年底，全省共有环境监察机构109个，实有人员963人。全省17个省辖市已有15个更名为"环境监察支队"，其中副处级机构7个。

【环境监察工作装备配置】 安徽省环境监察机构按照《安徽省环境监察机构标准化建设计划》要求，加快标准化建设步伐。到2004年底，全省环境监察用房7 089平方米，交通车辆66辆，通讯设备74套，取证设备101台。

【执法证件、标志管理】 2004年，安徽省根据国家环保总局统一要求，严格把关，对不符合环境监察基本条件的人员进行清理，并进行环境监察执法标志更换工作，共新换发环境监察执法标志115套，原有的执法标志统一回收集中上缴。

（袁永宏）

福建省

【环境监察机构建设】 到2004年底全省共有省、市、县（区）环境监察机构96个，除厦门市所辖的6个区设立独立的监察派出机构外，全省各设区市、县（市、区）都成立了环境监察机构。漳州市、泉州市、三明市、莆田市、南平市、宁德市环境监理机构更名为环境监察支队，罗源县环境监察机构标准化建设达到一级标准并通过福州市环保局的验收。

据2004年统计，全省除厦门市外，其他8个设区市及所辖县（市、区）共有环境监察执法车72辆，摄像机41台，照相机70台，林格曼仪98台，水质快速测定仪14台、声级计50个，酸度计27个。全省仍有43个县一级环境监察机构没有交通工具，对照国家标准化第三级标准要求（低限要求），全省环境监察机构尚缺摄像机54台，照相机63台，林格曼仪81台，水质快速测定仪76台，声级计79个，酸度计77个。

【环境监察人员培训】 2004年，省环境监察总队举办两期环境监察和1期《排污费征收管理系统》软件培训班，培训人员380名，选派60多人参加国家环保总局举办的培训。全省现有984名环境监察人员，持证上岗率为85%。

【环境执法人员职业操守教育】 2004年，在全省环境监察人员培训班上开设了职业操守教育课程。组织对环境监察系统贯彻执行国家环保总局"六条禁令"进行检查，上报省环保局和国家环保总局环境监察局《关于贯彻执行环保系统六条禁令自查情况的报告》。

（省环境监察总队）

江西省

【环境监察队伍自身建设】 2004年，省环境监察总队开展了作风建设活动，制定了《作风建设活动实施计划》、《江西省环境监察总队行政执法责任制（试行）》、《江西省环境监察总队党建目标管理责任制实施办法》、《环境监察人员十二条工作纪律》、《江西省环境监察总队工作文明用语》等一系列规范执法人员行为的制度与规定，提高了环境执法人员思想道德素质与整体素质，进一步推动了环境监察各项工作的开展。

（省环境监察总队）

山东省

【环境监察机构建设】 2004年，山东省共有环境监察机构163个，与2003年相同。全省环境监察机构在编人数2 897人，较2003年增加了174人，同比增长6.4%；全省实有人数达3 645人，较2003年增加了180人，同比增长5.2%；全省环境监察人员中具有大学以上学历的人员数为2 080人，占人员总数的57.1%。全省环境监察机构用房面积23 765.5平方米，较2003年增加964.4平方米，同比增长4.2%。

随着近几年不断加大投入，山东省环境监察队伍快速反应能力和现代化监察水平明显提高。大多数市级环境监察机构的执法装备基本达到国家环保总局规定的一级标准。全省各级环境监察机构共有交通、通讯、取证等监察设备2 170台(套)，较2003年增加了261台(套)，同比增长了13.7%；设备价值达到3 829.3万元，较2003年增加了212.2万元，同比增长5.9%。

【环境监察人员培训】 2004年，省环境监察总队举办了两期全省环境监察干部岗位培训班，有240人接受了业务培训，另组织17人参加了国家环保总局举办的业务培训。

【环境监察档案管理】 2004年，全省各级环境监察机构加强对环境监察档案的管理。对档案的整理、借阅等环节作了进一步的规范，确保环境监察档案的科学性、真实性和完整性。2004年，省环境监察总队加强了档案室的基础建设，不断改善设施条件，建立专门的档案库房和阅览室，配备了档案密集架及相关设备，进一步完善了10余项档案管理制度，于2004年11月通过了省环保局的档案管理考核。

（省环境监察总队）

河南省

【环境监察机构标准化建设】 2004年，根据省环保局《关于推进环境监察标准化建设加强环境监察工作若干问题的通知》，召开南北片环境监察工作会，听取标准化建设意见，全面推进环境监察机构标准化建设。河南省18个省辖市中已有4个市和8个县(市)分别达到了一级标准。7个省辖市更名为环境监察支队，42个县(市)更名为环境监察大队。

2004年底，全省环境监察系统共有环境执法机构129个，其中省级1个，市级18个，县级110个，工作人员6 982人，其中在编环境执法人员3 388人。执法车辆268台，摄像设备68部，录像机10部，水质测定仪6部。其中，省总站执法车辆3台，摄像设备2部，录像机1部，水质测定仪1部。

【环境监察人员培训】 2004年，全省共组织10人参加了国家环保总局举办的环境监察人员培训班。省总队举办两期全省环境监察人员岗位培训班，共有722人参加培训。

（荆国一）

湖北省

【环境监察系统行风建设】 2004年，为加强环境监察系统行风建设和执法人员职业操守教育，树立公正执法、公开执法、文明执法的形象，依据国家环保总局“六项禁令”和《环境监理人员行为规范》以及环境监察“六不准”制度，省环境监察总队制定了内部管理规章制度，制定了环境监察执法人员职业操守教育方案，组织全省环境监察系统开展使命教育、警示教育、纪律教育，坚持环境执法职业操守教育与精神文明建设和职业道德教育相结合，增强执法人员的使命感和责任感，提高各级环境监察执法人员的依法行政水平和执法能力。

【环境监察机构标准化建设与人员培训】 为进一步提高环境监察系统执法能力，积极组织开展全省环境监察机构标准化建设，目前，全省已通过标准化建设验收的有14家。同时，组织开展环境监察系统执法人员培训，2004年，共组织了三期培训，培训了190名，全省共发放环境监察执法证946个。

【环境监察政务通报工作】 为强化湖北省环境监察队伍的日常管理，加强各级环境监察机构的信息沟通，省环境监察总队于2004年在全省范围内组织开展了环境监察政务月报工作，不定期的通过环境监察简报向全省通报环境监察系统执法情况。为进一步掌握全省工业企业一些基本情况，省环保局和省环境监察总队在全省布置开展工业企业环境保护基本情况调查，制定调查表，组织专班，组织开展调查。全省17个市州林区已完成3 100家工业企业环境保护基本情况调查，分市州制作了文本汇编和电子版，省环境监察总队已完成电子版汇总。

（省环境监察总队）

广东省

【环境监察人员业务培训】 为提高干部职工环境监察业务工作能力，2004年开办了两期环境监察人员上岗培训班，培训人数共243人，为基层执法工作打下良好的基础。省环境监察总队结合普法教育，学习了环保法律法规中有关环保监察方面的知识。具体有：2月，环境监察总队人员参加了在广州环保设计院组织的环保治理设施的业务培训；4月，组织了橡皮艇操作的训练班；5月，参加省政府举办的广东省清查放射源专项行动培训班及参加省局直属单位政府采购信息统计人员培训班；6月，参加了省政府组织的《行政许可法》和公务员英语的教育学习；8月，参加省环保局举办"环保执法年"的业务培训班。通过学习进一步掌握了环保执法的法律知识，较好地提高了环境监察的现场执法水平。

【环境监察机构标准化建设】 2004年，省环境监察总队内部机构进行了调整后，同时逐步健全、修订、完善了各种规章制度，重点抓好环境监察标准化能力建设工作，主要工作：完成了公务员队伍的过渡；修订部分工作程序和制度；完成执法制服的清理；做好2005年财政预算工作。

（省环境监察总队）

广西壮族自治区

【环境监察人员培训】 为提高广西环境监察队伍的素质，2004年自治区环境环察总队举办了两期环境监察业务培训班和一期监察人员监测技能培训班，共有152人参加培训。各环境监察支队、大队还根据各自的工作安排，选派人员参加国家环保总局举办的业务培训班。

【环境监察机构标准化建设】 2004年，广西共投入721.15万元用于环境监察机构的执法能力建设，环境监察机构的标准化建设水平有所提高，拥有的交通、通讯、取证设备都较2003年有所增加。南宁市横县、武鸣、邕宁3县的环境监察大队通过了广西一级达标单位验收；柳州市环境监察支队经多方努力，争取财政、编办的支持，于2004年增加了3名人员编制，补充了业务经费，增加了环境执法专用车；桂林市支队改善了办公条件，并添置了两辆环境执法专用车。

（赖天天）

重庆市

【环境监察机构标准化建设】 2004年，重庆市各级环保部门加大了环境监察标准化建设力度。南岸区率先通过二级标准化建设验收，对区县环境监察标准化建设的开展起到了示范作用。荣昌县达到了国家环境监察标准化建设一级标准。全市已通过环境监察标准化建设达标验收的区县(市)有24个，达标率为59%。

（市环境监察总队）

四川省

【环境监察机构设置】 2004年，四川省环境监察总队为适应环境形势的发展需要，加强机构和队伍能力建设，在环境监察总队设立了综合科、环境稽查与收费科、工业企业与城市环境监察科、区域环境与生态监察科，明确内设机构的职能职责，进一步强化内部管理，建立健全了各项规章制度。

【环境监察机构标准化建设】 2004年，四川省全面加强了环境监察机构标准化建设工作。年初将21个市(州)级环境监察机构达标建设纳入了省委、省政府对市、州党政"一把手"的环境保护责任目标考核内容之一。各地党委政府领导、环保部门领导高度重视，各市州环境监察部门积极行动，省环境监察总队对各地达标建设工作加强了业务指导。在国家环保总局、财政部的支持下，拨专款240万元用于购买环境监察执法车辆和取证器材，为了保证专项经费落到实处，省环境监察总队采取统一采购，统一标志，为达标建设提供了有力的物质保障。至年底，成都市、宜宾市、绵阳市和攀枝花市环境监察支队通过国家一级标准达标验收；内江、泸州、德阳、南充、达州、雅安、广安、巴中、遂宁、自贡、眉山、资阳、广元、乐山市支队通过了国家二级标准达标验收；阿坝州、甘孜州支队通过了国家三级标准达标验收。

【环境监察人员培训】 2004年，四川省环境监察总队共举办了3期环境监察人员业务培训班，培训人员达400多人。为加强对全省重点水污染源的监管，举办了四川省水污染源自动监控系统专管人员培训班，对102名专管人员进行技术规范培训。此外，省环境监察总队选送两名监察人员到外地进行培训。

【环境监察队伍作风建设】 2004年，四川省环境监察系统吸取沱江水污染事故的深刻教训，及时开展了环保系统行业作风整顿。为把全省环境监察队伍建设成"思想好、作风硬、懂业务"的铁队伍，省环境监察总队通过座谈会、研讨会的形式，认真组织学习有关党风廉政建设的规章制度，学习国家环保总局环境监察局《关于进一步加强环境监察系统行风建设工作意见》等通知精神，开展廉政、行风教育活动，号召全省环境监察系统严格执行"全国环保系统六项禁令"和"环境监察人员六不准"，做到了文明执法、公正执法、清正廉洁，在社会上树立了良好的执法形象。

【环境监察档案管理】 2004年，四川省环境监察总队加强了监察档案管理，落实了专人负责档案管理。将总队的各类文书、信访材料、行政处罚调查材料等文件资料，及时进行了分类归档，全年立卷归档15卷。

（陈泽文）

贵州省

【环境执法能力建设】 2004年10月初，省环保局组织在花溪举办了近160人参加学习的环境执法培训班，并为重点污染治理地区配置了有关环境监察执法设备，进一步提高了环境执法能力。同时加强了环境监察队伍正规化建设，在2003年清镇市环境监察大队（国家一级）和六盘水市环境监察支队（国家二级）的标准化建设工作顺利通过验收的基础上，2004年贵阳市环境监察支队在贵阳市环保局的领导下，加强自身队伍建设，通过了国家环保总局标准化建设的验收，达到了国家一级标准。

【环境监察队伍行风建设】 2004年，全省各级环境监察机构根据《贵州省环境保护局、贵州省政府纠风办关于开展民主评议环保行风的实施方案》的部署和李康民局长在民主评议行风动员大会上的讲话精神，开展民主评议行风工作，围绕内强素质、外树形象的主题，强化现场执法监督和认真做好服务的有机结合，在实际工作中转变工作作风。开通了"12369"环保投诉和举报热线，认真、及时地处理群众关注的热点问题，为群众排忧解难。开展政务公开工作，将监察机构职责、工作人员的姓名、岗位、职责、环境违法行为查处情况、排污费征收管理规定、各企业排污费缴纳情况、环境监察人员"六不准"等内容在办公地点或网络上进行公开，接受相关部门和公众的监督。

（省环境监察总队）

云南省

【环境监察机构建设】 2004年，省环保局按照国家环保总局的要求，加快了州市县环境监察机构的改革进度，13个州、市完成了"环境监察支队"更名，有8个州、市监察支队纳入了公务员管理，54个县（市、区）完成了"环境监察大队"更名。截至2004年全省环境监察系统共有机构142个，在编人员805人，实有人员783人，大专以上学历494人，占总人数的63.1%。

2004年，省环保局安排1 600万元专项资金用于各级环境监察机构能力建设，全省环境监察装备建设显著提高。积极组织各州、市9批40多人参加总局开办的环境监察岗位培训班、排污收费软件培训班学习，省所也组织了排污收费软件培训班，进一步提高环境监察人员业务水平。

【环境监察系统行风建设】 2004年，为加强思想政治工作，开展环境监察系统行风建设和职业操守教育，提高了队伍整体素质。全省各级环境监察机构加强了政治理论学习，树立和落实科学发展观。深入贯彻国家环保总局"环保系统六项禁令"和环境监察人员"六不准"制度，进一步开展环境监察人员职业操守教育。紧抓职工思想政治工作，强化环境监察机构和人员要在严格执法、依法执法、科学执法、文明执法上求生存、求发展的意识，认识到做好本职工作，就是保护和促进生产力和经济发展，增强了工作人员的责任感和使命感，使其爱岗敬业，尽职尽责。

（省环境监察总队）

西藏自治区

【环境监察行风建设】 2004年，西藏自治区环境监察系统首先加强思想政治建设，提高政治素质。在国家环保总局环境监察局和自治区环境保护局的领导下，按照"要建设一支思想好、作风正、懂业务、会管理的环保干部队伍"的要求，注重行风建设、制度建设、廉政建设，严格执行环境监察"六不准"制度、《西藏自治区环境保护执法人员行为规范》、《环保系统工作人员职业道德规范》，爱岗敬业，勇于奉献，廉洁自律、秉公执法，取得了良好的社会效果。其次实行了政务公开。根据国家和自治区有关政务公开的规定，结合全区环境监察工作的实际，制定了《环境监察政务公开方案》，增强了环境监察人员的责任意识、服务意识和廉政意识，推动了环境监察各项工作的落实。

（自治区环境监察总队）

陕西省

【环境监察机构建设】 2004年9月，经陕西省机构编制委员会办公室批准，陕西省环境监理处更名为陕西省环境监察局，陕西省环境监察局的设立，体现了陕西省委、省政府对环境监察工作的高度重视，标志着陕西省环境执法监管体制的进一步完善与发展，为环保系统进一步加强监督执法，依法打击环境违法行为提供了强有力的组织保障。为落实省编办的批复精神，进一步加强全省环境监察工作，陕西省监察局制定并下发了《关于规范全省执法机构名称切实加强环境监察工作的通知》，强调全省环保系统要完善环境执法体系，健全环境监察机构；加强标准化建设，提高执法装备水平；加强队伍自身建设，树立环境执法形象；强化环境监察职能，规范环境执法程序。该文被国家环保总局向全国转载推广。

各市十分重视和加强环境监察机构的升格和更名工作。截至2004年底，宝鸡、咸阳、铜川、渭南、榆林、商洛、杨凌7个市(区)完成了更名工作。全省现有环境执法人员2 300人,占环保系统总人数的44%,经过培训取得执法证件的有2 100人,持证上岗率达88%。

【环境监察业务培训】 2004年,陕西省环境监察机构先后共50多人参加了国家环保总局举办的环境监察人员培训班。

【环境执法人员职业操守教育】 2004年,陕西省环保局加强环境监察系统政务公开和行风建设。开展了全省环境监察系统执行环保系统"六项禁令"和环境监察人员"六不准"规定执行情况的监督检查,开展了对西安、咸阳执行情况的监督检查。

【执法证件与执法标志管理】 2004年,按照国家环保总局关于"新进入环境监察队伍的人员必须通过培训,取得培训合格证书,在职的环境监察人员每5年应接受一次培训。环境监察人员培训由国家和省级环保部门分别组织,县及县级以上环境监察机构主要负责人和省级环境监察机构人员由国家环保总局统一组织培训,其他环境监察人员由各省、自治区、直辖市环保部门组织培训。未取得环境监察培训合格证书的,不得颁给环境监察证件,不得独立执行现场监督管理公务"的要求,加强执法证件的管理工作。对调离环境监察执法工作岗位,在环境监察执法标志上进行涂改和在非公共场合使用或转借他人使用的和不再胜任环境监察工作岗位者,应收回环境监察证件及证章,并报环保局备案。对执法标志丢失的,应立即向当地环保行政主管部门挂失,声明作废后,方可办理申请补发有关手续。对申请符合办理执法证件的执法人员,应填写《环境监察执法标志申请表》,由各设区市环境监察支队统一办理有关手续,并加强执法证件的年审工作。

(省环境监察局)

甘肃省

【环境监察机构标准化建设】 2004年,省政府把环境监察机构标准化建设工作纳入各级政府目标责任书中,各地抓住有利时机,加快了环境监察机构标准化建设步伐,以强化硬件建设为基础,提高环境监察业务水平。2004年,全省共完成3个市、11个县的环境监察机构标准化建设考核验收任务,其中完成了由二级升一级的1个、三级升二级的2个,通过三级达标的11个。目前,全省环境监察机构通过验收达到一级的1个,达到二级的10个,达到三级的48个。2004年,全省15个市、州已有14个市、州完成了环境监察机构更名工作。全省共有环境监察机构102个,监察人员1 301人,有县级环境监察派出机构4个,人员18人。各级监察人员经费均纳入了各级财政预算。全省各级环境监察队伍拥有交通工具114台,通讯设备231台(套)、取证设备328台(套),监察设备总价值达到1 371万元。监察工作用房10 917平方米。

【职业操守教育】 2004年,全省环境监察系统有针对性地开展了三项教育活动。即使命教育、警示教育、纪律教育。要求全省环境监察人员强化公仆意识,树立良好的职业道德。从自身的工作职能出发,开展了增强全心全意为人民服务的公仆意识教育;提高贯彻"三个代表"重要思想的自觉性教育;树立"管理就是服务"的思想和爱岗敬业、自觉奉献的职业道德。结合企业环境违法案件与环境执法人员案件的查处情况,举案说法,以案施教。对照《环境监察人员行为规范》、《环境监察"六不准"制度》和党风廉政建设有关规定对照检查,强化环境监察队伍规范化管理。

(杨 桦)

青海省

【环境监察人员培训】 2004年,青海省组织各级18名环境监察人员参加国家环保总局举办的各类环境监察培训班。在黄南、海东、湟源等地举办环境监察执法人员培训班,培训环境监察人员80人次。

(省环境监察总队)

宁夏回族自治区

【环境监察机构建设】 2004年,宁夏回族自治区共设有环境监察机构18个,其中省级机构1个、地市级机构4个、县(区)级机构13个。全区环境监察机构在编人员176人,实有人员222人,其中大专以上学历人数104人,占在编人数的59%。

全区环境监察办公用房面积2 320平方米,其中省级环境监察机构办公用房面积90平方米,人均7平方米;地市级环境监察机构办公用房面积1 270平方米,人均9平方米;县级环境监察机构办公用房面积500平方米,人均4.5平方米。

截至2004年底,随着国家对西部地区环境执法能力建设的支持,全区环境监察系统共有执法车辆23辆(省级1辆),取证设备88台(套),建成"12369"环保热线管理系统6个,全年投入环境执法能力建设专项资金230万元,环境执法能力正在逐年提高。

(自治区环境监察总队)

新疆维吾尔自治区

【环境监察机构建设】 截至2004年底,全区共设有环境监察机构110个，其中省级监察机构1个，副省级城市环境监察机构1个，地、州、市监察机构16个，县（区）级监察机构92个，比2003年增长8.24%。全区共有环境监察派出机构10个，派出人员38人。还有两个偏远县因地区财政困难尚未设立环境监察机构。

2004年，全自治区环境监察机构在编人员数1 014人，实有人员数1 061人，分别比2003年增长7.53%、5.15%。其中大专以上学历人员827人，占实有人员数的81.56%，比2003年增长5.05%，持证上岗人员590人。

各级环境监察机构现有工作用房面积20 064.62平方米；其中地州市级监察用房面积4 238.6平方米，县级监察用房面积15 826.02平方米，分别比2003年同期增长8.33%、64.28%。

各级环境监察部门所配备的现场执法工具，执法车辆131辆，比2003年增加4.8%；其中地、州、市环境监察部门拥有执法车34辆，占全自治区执法车辆的25.95%；各县(区)环境监察部门环境执法车辆已达91辆，占全自治区执法车辆的69.47%，比2003年增长3.4%。通讯设备223台，取证工具174台(套)，设备总价值1 611.13万元，比2003年增长55.6%。

（刘寒峰）

新疆生产建设兵团

【环境监察机构建设与队伍管理】 截至2004年底，全兵团共有环境监察机构14个，1个总队，13个支队。根据国家环境监察标准化建设的统一要求，兵团将环境监察装备标准化建设作为提高队伍执法能力、强化现场执法的重要基础工作来抓。2004年，兵团利用国家"补助西部贫困地区环境执法专项资金"180万元，为14个师统一配备了环境监察执法车辆和执法取证装备。共有环境监察人员44人，其中，具有大专以上学历的占97.7%，具有高、中级职称的分别占7%、36%。兵团各级环境监察部门通过人员优化组合，加强内部管理，完善内部考核体系，健全各项制度，加强了机构建设，培养出一支政治和业务素质俱佳的环境监察队伍，使兵团的环境监察工作走上更加规范化、制度化、程序化的轨道。通过政治理论和政策、法规的学习培训及岗位练兵，扩充监察人员的知识面，强化纪律意识，增强环境监察人员的使命感、责任感，全面提高监察人员的素质和执法能力。

（生产建设兵团环境监察总队）

大连市

【环境监察队伍建设】 为规范大连市环境监察工作的执法行为，提高环境监察工作效能，2004年，大连市环保局启动了环境监察业务规范工作，根据《环境监察业务规范实施方案》，以"科学合理、全面严谨、简捷实用"为原则，以实现大连市环境监察工作的科学化、规范化、标准化管理为目标，分排污收费、环境信访、行政处罚等5个专题组织起草了近5万字的《环境监察业务规范手册》。

2004年，大连市环保局完成了《大连市环境保护局实施行政处罚工作程序规定》、《大连市环保局罚款实施细则》等5个规范性文件，进一步细化了自由裁量权，实行了查、处、缴三分离，全面规范了行政执法工作程序，促进了依法行政。为进一步加强行政执法责任制工作，对考核的标准进行了修改和调整，出台了《2004年执法责任制考核标准》，使考核更具有针对性和可操作性。同时，为确保过错追究规范化、制度化、程序化，出台了《大连市环境保护局行政过错追究实施细则》，加强了日常监督考核力度。

全面推进服务型机关建设，创建"最佳"服务品牌。按照市政府创"最佳服务品牌、最佳服务成果"活动的要求，大连市环保局确定了"保护环境，诚信为民"的服务品牌，并在全系统广泛开展了规范执法、热情服务、诚信为民的职业道德宣传教育活动和实践活动，在局系统"窗口"单位和部门全面推行了"服务质量评议卡"和"便民服务卡"(简称"双卡")，并加强了监督检查、考核和情况通报。各单位结合"双卡"的实施，积极探索可行的管理办法和新的工作思路，取得了明显的成效。中山分局实施了"两告制"，减少了扰民事件的发生；西岗分局开展了"便民服务站"进社区活动，为社区服务提供了方便快捷的服务；甘井子分局实施了"信访两制"制度，提高了信访处理质量和水平；高新园区分局试行了网上收费，提高了工作效率。2004年，回收的服务质量评议卡满意率达95%以上，收到表扬"窗口"单位和部门的信件达100余件。

（孙　勇）

宁波市

【环境监察机构标准化建设】 2004年，宁波市环境监察系统的标准化建设工作得到进一步加强，全市环保系统的能力建设得到进一步增强。4月15日，市环境监察支队通过省环保局组织的一级标准化验收，鄞州区、余姚市、慈溪市等8个环境监察大队也相继通过一级和二级标准化验收，至年底，全市所有环境监察机构均通过标准化验收。继2003年成立宁波市污染源监控中心以后，2004年，宁波市完成了重点污染企业自动监控系统的阶段性建设任务，至年底，监控中心可对70余家重点企业的排污情况实施监管。

（吴方民）

深圳市

【环境监察机构标准化建设】 2004年,深圳市环境监察支队加紧落实环境监察机构的标准化建设工作,制订标准化建设实施方案,参照《广东省环境监察机构标准化建设达标验收办法》,开展自查和整改,通过强化环境监察职能,完善执法程序、规范执法行为、推行政务公开、开展文明执法等措施扎实稳妥地推进标准化建设。制定并实施《深圳市环境监察规范》,对主要工作进一步细化,对业务的各个流程加以规范,明确行政执法的要求、程序、时限。2004年12月30日,广东省环保局成立验收工作组对深圳市环境监察支队标准化建设进行了考核验收,国家环保总局环境监察局领导亲临现场指导。验收工作组认为,深圳市环境监察支队标准化建设工作组织领导得力,工作目标明确,管理机制完善,工作措施得当,工作有创新、有成效,对全省环境监察机构标准化建设具有借鉴和示范作用。深圳市环境监察支队以99分通过验收工作组的考核验收,深圳市也成为广东省第一个通过环境监察机构标准化建设验收的城市。

【岗位责任制考核试点工作】 2004年,深圳市环境监察支队推行岗位责任制考核试点工作。3月,成立岗位责任制考核领导小组,颁布《深圳市环境监察支队岗位责任考核办法》,明确了每个工作岗位责任考核项目、标准和办法。各科室根据工作职责和工作计划把具体任务、目标分解到每位工作人员身上。2004年,根据"考核办法",对全队工作人员开展四次集中的岗位考核,对岗位责任制执行情况进行了检查,各科室也对本科室工作人员逐月进行了考核,不合格者被告诫,考核结果与工作人员的年度考核、评先评优挂钩。做到发现问题,及时解决。通过一年来的岗位责任制考核试点,提高了环境监察执法能力和效率,树立了环境监察队伍优良的形象。

【ISO14001环境管理体系认证】 2004年,深圳市环境监察支队对ISO14001环境管理体系进行持续改进。6月,深圳市南方认证有限公司对市环境监察支队开展了年度监督审核,认为市环境监察支队在环境方针的宣传、环境目标指标和环境管理方案完成情况、重要环境因素的控制以及法律法规的遵守和执行等方面都完全按照环境管理体系的设计文件运行,符合审核要求,同意该市环境监察支队保持ISO14001环境管理体系认证证书。

【党风廉政建设工作】 2005年3月,深圳市委召开党风廉政建设工作会议,确定深圳市环境监察支队为深圳市24个党风廉政建设工作联系点之一。市环境监察支队按照深圳市委党风廉政办公室的要求,结合自身特点和实际,认真开展党风廉政建设各项工作任务,保证和促进环境监察业务工作的开展。市环境监察支队还主动配合市委党风廉政办公室,研究党风廉政建设的新情况、新问题,创新实践党风廉政建设工作的新形式、新举措。

(张志宇)

沈阳市

【环境监理人员举办"写作培训班"】 2004年,为提高沈阳市环境监理队员的写作水平,市环境监理大队举办了全市各区信息联络员和大队人员参加的"写作培训班"。培训侧重信息和调查报告两方面的内容,包括结构、内容、语言运用、标题设置以及写作时常见的问题。通过培训,使监理人员清晰了写作要领,提高了公文写作水平。

【环境监理机构内部改革】 2004年,沈阳市环境监理大队进一步改革环境监理执法体制,将现场执法分为3个科,每科负责3个区,实行统一领导、属地负责、分片包干、责任到人、执法到位,明确各项工作指标,实现二级处罚,三级管理,四级监督,全面开展环保执法及督察、督办工作。

(市环境监理大队)

长春市

【环境监察自身建设】 2004年,长春市环境监察支队围绕"让人民满意"这一主线,强化职责意识,规范执法行为,求实创新,塑造环境监察队伍的新形象。全面落实市政府提出的"政务公开"要求,按照长春市环保局《在全市环保系统贯彻落实"六项禁令"和"职业道德规范",进一步树立良好行业形象活动方案》,开展了"四查四看"活动,全面加强执法队伍的自我教育,督促全市环境监察系统工作人员依法行政和文明执法。本着合法、真实、及时、便民的原则,大力推进了政务公开工作,强化服务意识,廉洁勤政,促进依法行政。建立了长春市监察支队的互联网站,设立了电子触摸屏,公布环境法律法规及收费执法标准和依据;在取消着装后,全体工作人员制作了统一的胸卡,标明了中共党员身份;印制了《长春市环境监察公示卡》下发全市各个企事业单位,对收费标准、收费项目、执法依据做了详细说明,公布了具体的咨询电话和监督电话,规范了执法行为和工作作风,增强了执法工作的透明度,提高了执法水平和办事效率。从促使排污单位"控排减污"入手,积极为企业提供优质高效的环保法律服务,努力探寻企业生产与群众利益最佳的结合点。一年来,先后召开协调会30多次,解决排污单位与周边群众的矛盾。为企业提供污染治理合理化建议100多条,促使社会效益、环境效益和企业经济效益的“共赢”。2004年，长春市环境监察支队被吉林日报社会事务调查组委会授予“吉林人民满意的金牌形象使者”称号，在全市执法系统行风测评中，环保部门首次进入前三名。

（蒋步新）

哈尔滨市

【环境监察行风建设】 2004年，环保部门被列为行风评议的重点，市环境监察支队按照系统“正行风、促发展”民主评议行风活动的部署，加强了行风建设和廉政建设，制定下发了活动方案，突出抓典型、查违规、正纪律、树形象的方针，接受公众的监督，严格执行“六条禁令”与“六不准”，切实做到履行职责。从每个执法人员做起，保证不出现违法违纪问题；抓行风建设，从树形象做起；抓党风建设，从廉政做起；抓工作作风建设，求真务实。围绕提高执法能力建设，对执法人员进行警示教育，举办了“预防职务犯罪讲座”和观看警示教育党风廉政建设、加强党的执政能力建设宣教片，提高了执法人员的廉政勤政意识、责任意识和公仆意识。

【环境管理制度建设】 2004年，哈尔滨市环境监察支队加强了制度建设和目标考核，强化基础工作，规范执法程序、环境信访程序和排污收费程序，坚持行政处罚集体讨论和排污收费例会制度。力求使执法、信访、收费的程序更加规范合法。

【环境监察业务培训】 2004年，市环境监察支队领导班子成员和部分区县环境监察大队长参加了国家举办的环境监察岗位培训班。全年举办《排污费征收管理使用管理系统》软件培训班两期，举办排污申报培训4次，收费财务人员培训两次，举办“12369”信访培训两次。

【环境监察机构队伍建设】 2004年，市环保局搬迁到新址办公，支队增加了办公用房，工作条件得到改善，更新了部分计算机，更新了4台执法车辆。支队在巩固环境监察标准化工作取得成绩的基础上，指导6个区3县（市）环境监察大队标准化建设，通过了国家二级验收。2004年，市环境监察支队健全了领导班子，中层干部实行竞聘上岗，调动了环境监察干部工作积极性。党员和干部认真学习贯彻《中国共产党党内监督条例》和《党员纪律处分条例》，加强了支队党的建设，在推进环境监察各项工作中，支队党组织和共产党员发挥了应有的作用。2004年公开招聘了4名大学生，调入两名军转干部。制订《哈尔滨市环境监察支队九定方案》，完成了事业单位机构改革，人员编制达到59名。

【环境监察档案管理】 2004年，市环境监察支队加强了环境监察档案的立卷归档和管理工作，指导区县加强环境监察档案的管理，整理归档环境监察业务档案210余卷。

（彭　伟）

南京市

【环境监察队伍建设】 2004年，在全面推行政务公开的基础上，南京市环境监察支队联系实际制定并践行《环境监察人员行为规范》，自觉接受社会监督。

市环境监察支队组织全市127名监察人员进行了为期一周的集训。按照军事化管理模式进行训练，并组织工作研讨、论文演讲、队列会操、技能竞赛等考核比赛，展示环境监察队伍风采，为各区县相互学习交流提供了机会，取得了整肃队伍纪律、整合力量、提升全市环境监察人员素质的良好效果。

（市环境监察支队）

武汉市

【环境监察机构建设】 2004年，武汉市环境监察支队编制45人，在岗人员34人。支队领导班子由1名支队长、两名副支队长、1名正处级调研员组成。支队设办公室、监察一科、二科、三科、信访科，其中监察一科负责排污收费工作，二科负责城市环境综合整治工作，三科负责全市排污收费稽查、现场监察和新建项目、生态环境监察等工作。目前有办公用房11间、会议室两个、档案室1个、荣誉室及活动室1个，使用面积500平方米。为提高办公效率和执法水平，工作人员每人配置电脑1台，利用局域网建成了内部自动化办公系统，实现了信息资源共享和科学化的环境管理模式。

为适应环境监察工作所面临的新形式，在国家环保总局、武汉市政府、湖北省和武汉市环保局的大力支持下，按照国家环保总局《关于进一步加强环境监理工作若干意见的通知》要求和考核验收标准，市环境监察支队的标准化建设取得长足进展，现配有现场执法专用车辆9台，配置电话13部（其中环保“110”投诉举报电话1部、“12369”投诉电话1部），传真机两台。现场取证设备36部，达到《全国环境监察机构标准化建设标准》一级配置要求。

武汉市环境监察支队进一步贯彻落实《公民道德建设实施纲要》，规范监察人员的行为。通过竞争上岗，选用敬业精神好、业务素质高、工作能力强的干部担任重要工作。武汉市环境监察支队人员全部通过国家环保总局及湖北省环保局环境监察培训，持证上岗率达到100%。为提高依法行政水平，支队通过培训班、专题研讨、听报告会等形式，组织职工学习贯彻《中华人民共和国行政许可法》、《武汉市行政机关工作人员行政过错责任追究试行办法》、国家环保总局“六项禁令”、环境监察“六不准”及其他重要环保法律法规。结合武汉市洪山区环保局发生的环境监管失职案件，开展行政执法警示教育，查摆单位和个人在依法行政、规范服务等方面存在的问题和不足。2004 年被武汉市环境保护局授予“新风杯”文明行业创建优秀单位。

（市环境监察支队）

西安市

【环境监察机构标准化建设】 2004 年，西安市将新城、碑林、莲湖、雁塔、户县环境监察大队的标准化建设纳入了市政府目标责任书。市环境监察支队向 5 个区县发出通知，要求将环境监察机构编制人员持证上岗情况、内部管理制度以及执法设备等情况逐一上报。支队积极向财政部门申请资金，为基层执法单位添置取证设备，加强上述区县环境监察大队的执法能力，到年底前，会同陕西省环境监察局对上述 5 个区县的标准化建设情况进行逐一考核，新城、碑林环境监察大队基本达到了三级标准化的条件，顺利通过验收。

【执法证件、标志与执法装备管理】 2004 年，西安市环境监察支队监察人员经培训考核后，全部持证上岗，所持证件为国家环保总局颁发的环境监察证，西安市政府颁发的行政执法证，西安市物价局颁发的收费员证。

建立执法装备使用管理制度，对取证设备计算机、车辆等的管理和使用都做了详细记录，并由市环境监察支队办公室指定专人负责管理，确保执法装备的正常使用。

【执法文书与监察档案管理】 2004 年，建立执法文书使用管理制度。规定执法文书专人负责管理，领用须经主管领导审批，要求填写内容规范，并按管理权限审核，两名以上监察人员送达。执法文书使用完毕，按一案一档的原则归档。

建立档案管理制度，按有关要求对归档材料及时进行整理、立卷编目、归档保存，并确保对归档材料的修复、鉴定和统计借阅等，按一定程序进行计算机管理。

（赵文军）

济南市

【环境监察自身建设】 2004 年，根据国家环保总局环境监察局《关于进一步加强环境监察系统行风建设工作的意见》，全市各级环境监察部门结合本单位的实际制定了切实可行的“行风建设五年计划”，在强化公仆意识、树立群众意识、提高队伍素质和完善执法监督等方面采取了有力措施，做到了依法履行现场环境监察职能和足额征收排污费。

截至 2004 年底，全市有环境监察机构 11 个，环境监察人员 180 人，其中大学以上学历 160 人，占总人数的 88.9%。2004 年，为适应不断发展变化的环境监察工作的需要，市、区环境监察机构先后选送 17 名环境监察人员参加国家环保总局举办的环境监察员培训班。市、区两级监察部门还定期组织了各类法律和业务培训、讲座和报告会 20 余次，使广大环境执法人员进一步提高了环保业务知识水平和法律法规水平，增强了客观公正的执法意识，促进了执法能力的提高。

（市环境监理总站）

环境

环境卫士风采录

国家环境保护总局关于表彰全国打击环境违法行为先进集体和先进个人的决定

环发[2005]9号

各省、自治区、直辖市环境保护局(厅),新疆生产建设兵团环境保护局,华东环境保护督查中心、华南环境保护督查中心:

自2000年在全国范围内基本完成"一控双达标"任务以来,全国环境保护系统不断加大执法力度,严厉打击环境违法行为,涌现出一批先进集体和先进个人,为维护群众环境权益,保障群众健康作出了重要贡献。为表彰先进,树立典型,我局决定:对自2001年以来在打击环境违法行为中作出突出贡献的先进集体和先进个人进行表彰,授予北京市环境保护监察队等101个单位"全国打击环境违法行为先进集体"荣誉称号;授予张锋等499名同志"全国打击环境违法行为先进个人"荣誉称号。

希望受到表彰的先进集体和先进个人再接再励,不断进取,充分发挥模范带头作用。各级环境保护部门要认真学习他们的先进事迹,以"三个代表"重要思想为指导,落实科学发展观,不断适应新的形势,进一步强化环境执法,切实维护好群众环境权益,为实现我国环境保护目标作出更大的贡献。

附件二:全国打击环境违法行为先进集体和先进个人名单

一、先进集体

北　京　北京市环境保护监察队
怀柔区环境保护局
天　津　天津市环境保护局
北辰区环境保护局
河　北　河北省环境保护局
河北省环境执法稽查大队
衡水市环境保护局
石家庄市环境保护局新华区分局
山　西　山西省环境监察总队
太原市环境保护局
晋城市环境保护局
晋中市环境保护局
内蒙古　乌海市环境监察支队
赤峰市红山区环境监察支队
辽　宁　沈阳市环境保护局
大连市环境监察支队
盘锦市环境保护局
辽宁省环境监理处
吉　林　吉林省环保局排污收费监督管理处
长春市环境保护局
吉林市环境监察支队
辽源市环境监察支队
黑龙江　黑龙江省环境监察总队
哈尔滨市环境监察支队
齐齐哈尔市环境监察支队
牡丹江市环境监察支队
上　海　上海市环境监察总队
宝山区环境监察支队
江　苏　江苏省环保厅
无锡市环境保护局
徐州市环境保护局
苏州市环境监察支队
浙　江　浙江省环境监察总队
杭州市环境监察支队
瑞安市环境保护局
德清县环境监察大队
安　徽　安徽省环境监理所
蚌埠市环保局
阜阳市环保局
淮南市环保局
福　建　福建省环保局污染控制处
泉州市环保局
福州市环境保护监察大队
仙游县环保局
江　西　江西省环境监察总队
上高县环保局
抚州市环保局
山　东　山东省环境保护局
东营市环境保护局
潍坊市环境监察支队
临沂市沂水县环境保护局
河　南　河南省环境保护局
郑州市环境保护局
许昌市环境保护局
焦作市环境保护局
湖　北　湖北省环境监察总队
荆门市环保局
黄石市环保局
武汉市环保局环境监察支队
湖　南　长沙市环境监察支队
湘潭市环境监察支队
郴州市环境保护局
澧县环境保护局
广　东　广东省环保局
肇庆市环保局
广州市白云区环保局
梅州市环境监察支队
广　西　南宁市环保局
贵港市环保局
柳州市环境监察支队
广西环境监察总队
海　南　海南省环境资源监察总队

昌江县建设与国土环境资源局
重　庆　重庆市环境监察总队
渝北区环保局
四　川　攀枝花市环境监察支队
四川省环境监察总队
内江市环境监察支队
贵　州　贵州省环境监察总队
贵阳市环境监察支队
六盘水市钟山区环境保护局
遵义市环境保护局红花岗区分局
云　南　楚雄州环境监察支队
文山州环境监察支队
西　藏　西藏自治区环境监察总站
拉萨市环境保护局
陕　西　陕西省环境监察局
咸阳市环境监理处
榆林市环境监察支队
延安市吴旗县环境监察大队
甘　肃　兰州市环保局
武威市环保局
陇南地区环保处
青　海　青海省环境监理站
西宁市环保局
宁　夏　宁夏回族自治区环境监察总队
银川市环境保护局
新　疆　新疆维吾尔自治区环境监察总队
巴州环境监察支队
沙湾县环保局
新疆建设兵团　新疆生产建设兵团农五师环境监察支队

二、先进个人

北　京
张　锋　北京市环境保护局
刘　平　北京市环境保护监察队
姚鸿滨　东城区环境保护局
梁巨生　朝阳区环境保护局
何建良　房山区环境保护局
胡建华　通州区环境保护局
梁　忠　昌平区环境保护局
吴子明　平谷区环境保护局
杨春雨　密云县环境保护局

天　津
皮屹峰　天津市环境保护局法制处
杨家辰　天津市环境监察总队
戴尚德　天津市环境监察总队
孙华林　南开区环境保护局
赵树芳　河北区环境保护局法制科
王玉荣　西青区环境保护局法制宣传科
葛汝祯　津南区环境保护局环境监察支队
李玲田　塘沽区环境保护局环境监察支队
李振先　宁河县环境保护局环境监察支队

河　北
杨智明　河北省环境保护局
陈建英　河北省环境执法稽查大队
胡　明　河北省环境监察总队
戴士杰　河北省环境执法稽查大队
苏庆春　石家庄环境保护局
路新芬　石家庄市环保局稽查大队办公室
尹春隆　承德市环境保护局
韩永峰　承德市环境执法稽查大队
孙国静　张家口市环保局污染举报中心
杨　富　唐山市环保局稽查大队
李见明　秦皇岛市环境保护局法规科
邱爱军　保定市环保局稽查大队
张　广　保定市顺平县环保局稽查大队
刘惠忠　廊坊市环境保护局
刘吉昌　廊坊市文安县环保局
张玉生　沧州市环境保护局
何锡振　衡水市环境执法稽查大队
闫九旭　邢台市环境保护局
赵保谦　邯郸市环境执法稽查大队

山　西
王景龙　山西省环保局
高志强　阳泉市环境监察支队
梁　岸　运城市环境监察支队
王　瑞　吕梁市柳林县环境保护局
高永彪　朔州市环境保护局
刘中和　大同市环保局南郊分局
柴桂生　大同市环境保护局环境稽查大队
于霍政　晋城市环境监察支队
董晋明　长治市环境监察支队
郑琪文　晋中市环境保护局
朱爱萍　侯马市环境保护局
杨兆丰　临汾市环保局
张　杰　保德县环境保护局
梁丽明　太原市环境保护局
孙保康　山西省环境监察总队
李建宏　山西省环境监察总队
李义贤　山西省环境监察总队
高建元　山西省环境保护局

内蒙古
夏元峰　赤峰市环境监察支队
张进忠　包头市环境监察支队
胡　寅　包头市环境监察支队
刘埃金　巴彦淖尔市环保局
刘　敏　巴彦淖尔市环保局
王家生　通辽市监察支队
达布希勒　阿拉善盟环保局
王悦峰　赤峰市克什克腾旗环境监察大队
尹广宇　乌海市海勃湾区环保局
李俊峰　鄂尔多斯市鄂托克旗环保局
侯世勇　锡林郭勒盟环境监察支队
宋庚辛　呼和浩特市环境监察支队
王玉宝　兴安盟环保局
张海贤　乌海市环境监察支队
苏利民　呼伦贝尔市环保局
段利华　乌兰察布市环境监察支队

辽　宁　陈建智　沈阳市环境保护局
孙　勇　大连市环境监察支队
申成凯　鞍山市环境保护局
罗卫仁　抚顺市环境监理处
郑惠斌　本溪市环境监察支队
张甲利　丹东市环境保护局
潘忠良　锦州市环境保护监理处
张家祥　营口市环境监理处
李福刚　营口市鲅鱼圈区环保局
王晓东　阜新市环境监理所
刘　义　辽阳市环境保护局
刘龙海　盘锦市环境监理处
赵黎明　铁岭市环境监理处
朱绍环　朝阳市环境监理所
崔　玉　葫芦岛市环境监理支队
陈香友　葫芦岛市连山区环保局
耿晓梅　辽宁省环境监理处
孙鹏轩　辽宁省环境监理处

吉　林　佟　才　吉林省环境保护局
赵翰一　吉林省环保局收费监理处
程金灿　吉林省环保局收费监理处
张俊先　长春市环境保护局
李洪峰　长春市环境监察支队
韩　泓　长春市环保局污染控制处
李伟华　吉林市环境监察支队
于国民　磐石市环境监察大队
刘克文　四平市环境监察支队
太史名华　四平市环保局污控科
史永安　辽源市环境保护局
杨绍军　通化县环境监察大队
李旭林　白山市环境监察支队
林军伟　白山市江源县环境保护局
赵力学　松原市环境监察支队
华景龙　白城市环保局污控科
全允哲　延边州珲春市环境监察大队

黑龙江　迟晓德　黑龙江省环境监察总队
李媛婷　黑龙江省环境监察总队
高利明　黑龙江省环境监察总队
李广来　哈尔滨市环境监察支队
刘学民　黑河市爱辉区国土资源环境保护局
张亚彬　大兴安岭地区环境保护局
李振宏　黑龙江省农垦环境监理站
刘国祥　牡丹江市环境监察支队
杨　庚　七台河市环境保护局
吴喜兴　双鸭山市环境保护局
赵立波　鸡西市环境保护局
吴连君　齐齐哈尔市环境监察支队
江永堂　大庆市环境监理大队
倪思晖　伊春市环境监察支队
梅国芳　佳木斯市环境保护局
王　戬　绥化市环保局
崔丰元　鹤岗市环境保护局

上　海　吴　健　上海市环境保护局
孙　华　上海市环境保护局
朱荣贵　奉贤区环保局
朱卫平　闵行区环境监察支队
邵志学　青浦区环境监察支队
陈晓云　松江区环境监察支队
郁　华　南汇区环境监察支队
卫　东　浦东新区环境监察支队
邱仁良　嘉定区环境监察支队

江　苏　王达浩　南京市环境监察支队
王江生　南京市浦口区环境监察大队
朱俊良　无锡市环境监察支队
林　丰　徐州市环境监察支队
何学东　常州市环境监察支队
徐　惠　常州市武进区环境监察大队
陆云鹤　苏州市常熟市环保局
陈其林　南通市环保局
徐　杰　南通市环境监察支队
刘　萍　连云港市环境监察支队
唐宜智　连云港市赣榆县环保局
颜永平　淮安市环境监察支队
董　纨　淮安市环境监察支队
张福建　盐城市环境监察支队
张连甲　盐城市建湖县环保局
方智勇　扬州市环境监察支队
王智敏　扬州市江都市环境监察大队
袁桂珍　镇江市环境监察支队
周鹏程　镇江市丹阳市环保局
陈玉琴　泰州市环境监察支队
羊　勇　泰州市靖江市环境监察大队
李培忠　宿迁市环境监察支队
贾继海　镇江市扬中市环保局

浙　江　陈珊萍　杭州市环保局污控处
戴忠水　宁波市环境监察支队
方安兴　宁波市环保局污控处
叶朝晖　温州市环境监察支队
金中棉　苍南县环保局
李杏震　嘉兴市环境监察支队
李金喜　平湖市环境监察大队
俞福才　永康市环保局
李期辉　金华市环境监察支队
吕永辉　绍兴市环保局
潘岳来　上虞市环保局
张富昌　温岭市环境监察大队
陆　峰　丽水市环境监察大队
朱晓飞　缙云环保局
江云珊　衢州市环保局
侯文胜　龙游县环境监察大队
余　勇　湖州市环境监察支队
郑　勇　岱山县环保局
包勇敏　舟山市环境监察支队

安　徽　徐家声　安徽省环保局

程文明 安徽省巢湖淮河水环境保护办公室
刘 伟 安徽省环境监测中心站
陈 卫 安徽省环保宣教中心
王晓枫 合肥市环保局
禹 雷 淮北市环境监察大队
袁绍令 亳州市环保局
吴 健 宿州市环保局
杨军华 蚌埠市环保局
胡 治 阜阳市环保局
杨永康 淮南市环保局
周连玉 全椒县环保局
程德安 六安市环保局
夏晓云 马鞍山市环境监察支队
梅占永 巢湖市环境监察支队
周 琦 芜湖市环境监理所
黄 杰 泾县环保局
伍 涛 铜陵市环境监察支队
张晓君 池州市环境监察支队
吴 云 安庆市环保局
胡松龄 黄山市环境监察支队
福 建 林顺梅 福建省环保局污控处
王标兴 福建省监理所
吴文飞 福建省环境监理所现场监理室
王钦建 福建省环境监测中心站检测一室
许文贵 宁德市环保局
傅 政 南平市环保局污控科
林荔煌 莆田市环保局办公室
许榕生 福州市环境监理所
吴其邻 漳州市环境监理所
彭绍先 龙岩市环境监理所
陈 明 三明市环境监理所
陈文艺 晋江市环保局
江 西 庄宏义 江西省环境监察总队
朱 宇 江西省环境监察总队监理科
王 战 宜春市环保局污控科
钟汉华 宜春市环境监察支队
章 文 抚州市环境监察支队
唐 军 上饶市环保局污控科
杨贞树 广丰县环保局
钟红光 新余市环保局
石 勇 九江市环境监察支队
袁永昌 南昌市环保局
熊战峰 鹰潭市环境监理所
陈 锋 赣州市环境监察支队
王亚平 景德镇市昌江区环保局
刘芝辉 萍乡市环境监察支队
刘国强 吉安市峡江县环保局
山 东 曲光远 山东省环境保护局政策法规处
杨柏林 山东省环境保护局污染控制处
鹿东华 山东省环境监察总队
韩 凯 山东省环境监察总队
金玲仁 山东省环境监测中心站
林立运 济南市环境保护局
周桂清 胶南市环境保护局
高 平 淄博市环境监察支队
杨家明 枣庄市环境保护局
毕乃东 东营市环境保护局
刘 君 烟台市环境监察支队
董 锐 潍坊市环境保护局
张 星 济宁市环境监理站
秦平安 泰安市环境保护局
林乐成 文登市环境保护局
厉彦金 日照市环境监察支队
董继喜 莱芜市钢城区环保局
徐敬清 临沂市环境监察支队
孟庆胜 德州市环境保护局
侯 威 聊城市环境监察支队
韩广智 滨州市环境监察支队
王文全 鄄城县环境保护局
河 南 李景明 河南省环境保护局
程有良 郑州市环境保护局
靳文义 新郑市环境保护局
王为民 洛阳市环境保护局
娄文聚 平顶山市宝丰县环境保护局
郭爱民 安阳市环境保护局
刘宏麒 鹤壁市环境保护局
李凤仙 新乡县环境保护局
郑喜胜 濮阳市环境保护局
杨华军 焦作市环境保护局
史世兵 许昌市环境保护局
曹耀东 漯河市环境保护局
金明记 三门峡市环境保护局
姬国昌 南阳市环境保护局
王海峰 商丘市环保局环境监理支队
刘建忠 驻马店市环境保护局
王余栋 周口市环境保护局
杨顺田 济源市环境保护局
任 人 信阳市环境保护局
吴 平 开封市环境保护局
陶 冶 河南省环境保护局
朱予建 河南省环境保护宣传教育中心
湖 北 汪新华 湖北省环保局环境监察总队
骆武山 湖北省环保局环境监察总队
吴长德 武汉市环保局污控处
彭 红 大冶市环保局
彭占银 襄樊市环保局
王 梅 襄樊市环保局环境监察支队
吴成昌 十堰市环保局
邓辉明 荆州市环保局
陈波平 宜昌市环保局环境监察支队
朱 钧 宜昌市环保局环境监察支队
鲁明才 京山县环保局
蔡和林 鄂州市环保局污控科
徐志翥 通山县环保局

宋　煌　随州市环保局曾都分局业务科
林支配　潜江市环境保护局二分局
贺拥军　天门市环境保护局环境监理科
刘治云　神农架林区环保局环境监察支队

湖　南　张力鸣　长沙市环境保护局
陈铁平　湘潭市环境保护局
曹浪波　株洲市环境保护局
田国防　湘阴县环境保护局
马孔安　衡阳县环境保护局
梁希凡　娄底市环境监察一支队
李　一　邵阳市环境监察支队
彭国友　桂阳县环境保护局
刘建军　常德市环境保护局
蒋国宏　永州市环境保护局
李　进　怀化市环境保护局
刘　军　湘西自治州环境监察支队
胡家忠　张家界市环境监察支队
吴神保　益阳市环境保护局
尚守国　湖南省环境监察总队
龚柏松　岳阳市环境保护局
曾亚琦　株洲市环境监察支队
曹元生　郴州市环境监察支队

广　东　陈锡奎　广东省环保局监督处
廖佩红　广东省环保局法规处
陈文生　广东省环境监察总队
陈伟元　深圳市环保局
毛东信　珠海市环保局
张庆进　汕头市环保局
梁海华　佛山市南海区环保局
何兴杰　韶关市环保局
黄文生　河源市环保局
欧阳云燕　惠州市环境监察支队
范　民　汕尾市环保局
任永康　东莞市环境保护监理所
郭文舟　中山市环境监察支队
黄伟强　江门市环保局
彭永源　阳江市环保局
李丕学　湛江市环保局
李郁伟　茂名市环保局
韦天宇　清远市环保局
陈银宏　潮州市环保局
刘鸿文　揭阳市环境监察支队
傅炳光　云浮市环境监察支队

广　西　程志宏　自治区环保局
蒙美福　自治区环境监察总队
梁雅丽　中国环境报广西记者站
李　敏　百色市环境监察支队
雷镇培　横县环保局
何　华　柳州市环境监察支队
廖　晗　梧州市环境监察支队
陈树德　北海市环境监察支队
黄建评　钦州市环境监察支队
李赞相　贵港市环境监察支队
梁灿忠　崇左市环境监察支队
黄　坚　贺州市环保局
郑大雄　防城港市环境监察支队
张亚南　柳州市环保局
张德忠　桂林市环保局象山区
潘　武　来宾市环境监察支队
甘并福　玉林市环保局
罗日福　罗城县环保局

海　南　韩源远　海南省环境资源监察总队稽查科
李建军　三亚市环境保护局
张国强　陵水县建设与国土环境资源局
李　钊　琼海市国土环境资源局
王大坤　澄迈县环境资源监察大队
刘壮荣　昌江县环境资源监察大队

重　庆　唐幸群　重庆市环境监察总队
石　李　重庆市环境监察总队
叶发春　永川市环境保护局
高晓渝　重庆市环境保护局
张　峰　南岸区环境保护局
周　力　忠县环境保护局
王　曦　沙坪坝区环境保护局
李洪勇　南川市环境保护局
何守易　酉阳县环保局

四　川　王　作　宜宾市环境监察支队
朱子义　雅安市环境保护局
王华俊　内江市环境环保局
廖永生　巴中市环境保护局
胡德忠　资阳市环境保护局
杜小华　广安市环保局监察支队
罗秀兵　泸洲市环境监察支队
庞　捷　绵阳市环境保护局
范宗荣　乐山市环保局
林晓明　阿坝州环境监察支队
李孝林　德州市环保局监察支队
陈家怀　南充市环境保护局
彭世益　成都市环境监察支队
赵友中　眉山市环境监察支队
袁筱康　自贡市环境监察支队
尧　江　攀枝花市环境监察支队
李德建　遂宁市环保局
周正才　凉山州环保局
张必勤　广元市环境保护局
四郎巴登　甘孜州环境监察支队

贵　州　王继英　贵州省环境保护局
王贵生　铜仁地区环境监察支队
翁　敬　贵州省环境监察总队
杨孟春　凯里市环境监察大队
马　丽　遵义市环境监察支队
刘义武　贵阳市环境监察支队
江维朝　盘县环境保护局
朱佐明　六盘水市环保局环境监察支队

李颖滨　贵州省环境监察总队
俞　涛　安顺市环保局
杜增广　普安县环境保护局
曾治黔　毕节市环境保护局环境监察大队
莫　睿　黔南州环境监察支队

云　南　邓家荣　云南省环境保护局
杨晓静　云南省环境保护局
曹　俊　云南省环境保护局监理所
邓　聪　云南省环境保护局监理所
吴　波　楚雄州环境保护局
杨树先　曲靖市环境保护局
吴亚斌　文山州文山县环境保护局
赵　明　大理州环境监察支队
唐发云　红河州建水县环境保护局
杨桂华　西双版纳州环境保护局环境监察支队
钱　勇　临沧市环境监察支队
刘汉军　华坪县环境保护局
李春文　玉溪市环境监察支队
陶　杰　思茅市环境监理所
鲜思才　昆明市环境监理所
吴明辉　保山市环保局
赵以信　楚雄州环境监察支队
熊向宝　兰坪县环境监察大队
邬永康　昭通市环境保护局
王素梅　德宏州盈江县建设和环境保护局

西　藏　阿旺次仁　阿里地区环保局
张杰军　山南地区环保局
郭选军　拉萨市环境保护局
赵　荣　昌都地区环境保护局
达娃多吉　日喀则地区环境保护局
赵　昆　西藏自治区环境保护局
才　佳　林芝地区环境保护局
旦增次乍　那曲地区环境保护局
王雪梅　西藏自治区环境监察总队
王丽萍　西藏自治区环境监察总队
江　宏　拉萨市环境保护局监察支队

陕　西　弋红卫　陕西省环境监察局
翁正强　西安市环保局
朱忠安　西安市临潼区环境监察大队
张周平　宝鸡市环保局陈仓分局
张红光　宝鸡市岐山县环保局
陈旭辉　咸阳市环境监理处
王建忠　渭南市环保局管理科
田文利　渭南市潼关县环保局
彭诚义　铜川市环境监察支队
纪新军　延安市环境监理总站
刘玉林　榆林市神木县环保局
赵小正　汉中市洋县环境监理所
叶鹏程　汉中市略阳县环境监察大队
罗洪泉　安康市环境监理总站
熊治山　安康市汉滨区环保局
李芳娥　商洛市环境监察支队
王耀斌　杨凌示范区环境监察支队

甘　肃　王得明　兰州市环保局
张　虹　兰州市环境监理所
王　鑫　嘉峪关市环境监察支队
范志强　金昌市环境监察支队
高有林　白银市环保局
曹　兴　天水市环境监察支队
王金全　天水市秦城区环保局
崔剑雄　平凉市环境监察支队
李正林　平凉市泾川县环保局
关鹏明　张掖市高台县环保局
张兴林　武威市环保局
张振宏　武威市凉州区环保局
许占青　庆阳市环境监察支队
樊甫龙　定西市临洮县城乡建设环保局
杨成全　陇南地区环境监察支队
张群慧　陇南地区文县环保局
白　彬　酒泉市环境监察支队
张志宏　甘肃省环境监理所

青　海　韩海龙　青海省环境监理站监察室
杨冬梅　西宁市环保局污控处
曹　练　西宁市环保局城东区工作站
张俊福　大通县城乡建设环境保护局环保科
严进忠　格尔木市环境监理所
王玉梅　民和县城乡建设环境保护局
张彦杰　互助县环境监理站
刘海洪　平安县环境监理站
李复成　门源县林业环保局
普化尖参　黄南州环境监理站
付海云　海南州环保林业局环保科

宁　夏　刘韵垠　宁夏回族自治区环境监察总队
杨发奎　灵武市环境保护局
马湘云　石嘴山市环境保护局
徐兴中　平罗县环境保护局
马忠成　吴忠市环境监察支队
丁玉山　吴中市利通区环境保护局
郭世宏　中卫市环境保护局

新　疆　王瑞忠　新疆维吾尔自治区环境监察总队
庞昌华　新疆乌鲁木齐市环境监察支队
郭　伟　乌鲁木齐市新市区环境监察大队
刘宁安　福海县环保局环境监察大队
梁自友　富蕴县环保局
李勇平　哈密地区环境监察支队
李建明　巴州环保局污控监管科
王　坚　巴州环境监察支队
张高勇　石河子市环境保护局
张治平　伊犁州环境监察支队
杨青松　伊宁市环境监察大队
赵新刚　阜康市环境保护局
宋彩虹　克拉玛依市环境监察支队
塔依尔·艾海提　巴楚县环保局

于建平　伊犁哈萨克自治州塔城地区环保局
朱治国　吐鲁番地区环保局
新疆建设兵团　许　明　农一师环保局
冯丹琳　农二师环保局
肖　罡　农四师环保局
毛佳心　农五师环保局
罗　春　农七师环保局
马　伟　农八师环保局
张　明　农十师环保局
赵绥英　农十三师环保局
罗洪明　环境监察总队
华东督查中心　蒋建国　国家环保总局华东环境保护督查中心
华南督查中心　李文禧　国家环保总局华南环境保护督查中心

【2004年度由吉林省环保局授予的环境监察先进单位】 长春市环境监察支队、吉林市环境监察支队、四平市环境监察支队、辽源市环境监察支队、通化市环境监察支队、白山市环境监察支队、白城市环境监察支队、松原市环境监察支队、延边州环境监察支队、农安县环境监察大队、磐石市环境监察大队、梅河口市环境监察大队、珲春市环境监察大队。

【由吉林省环保局授予的优秀环境监察员】 李洪峰、蒋步新、王锐、钱进、孙立杰、王书敏、李克、赵世营、刘克文、陈其伟、马文超、王朝霞、曲华、乔彩萍、董相东、张奎、赵伟、朱旭、王淑荣、刘红艳、于学林、刘树江、王云鹏、包锡有。

（吉林省环境监察总队）

【河南省环保局授予的2004年度环境监察先进集体】 焦作市环境监察支队、三门峡市环境监理支队、驻马店市环境监理站、许昌市环境监理支队、南阳市环境监理站、新乡市环境监理站、济源市环境监理站、卢氏县环境监理站、温县环境监理站、上蔡县环境监理站、汝州市环境监察大队、宝丰县环境监理大队、伊川县环境监理大队、新安县环境监理站、辉县市环境监察大队、邓州市环境监理大队、淮阳县环境监察大队、尉氏县环境监理站、光山县环境监理站、林州市环境监察大队、临颍县环境监理站、永城县环境监理大队、柘城县环境监察大队、新密市环境监理站、荥阳市环境监理大队。

【河南省环保局授予的2004年度环境监察先进个人】 刘鹏飞、李在龙、代西民、张玉琴、郭更森、刘勤学、白建庭、段开阳、狄东风、薛应钦、范重让、李长法、陈宏伟、高慧琴、尹静、张水平、郭庆华、李远兴、林艳军、薛安国、张义方、倪丰春、张荣祯、赵平忠、刘慧君、唐伟建、申军强、陈修斌、张宏伟、王拥军、肖树甫、顾随年、许志民、黄玉水、李圆森、丁志伟、姬遂东、陈飞森、张爱民、贾艳华、张玲娜、郭瑞民、王锋、解红星、梁华、张新奇、侯国美、史亚彬、周学杰、李克功、张晓荣、李兴起、关学增、李振学、雷庆贺、刘俊英、吴建明、王保宇、张廷才、李金中、王献文、韩清华、邢宏军、曾庆国、徐红梅、杨新永、周黎、刘敏、韩恩波、武超、王坚、刘国庆、李晟、谢玉国、王耀录、鲍涛、刘德政、王晓、顾瑞明、孙自臣。

（河南省环境监察总队）

【湖北省安全生产委员会授予的环境监察先进单位与个人】 2004年，湖北省环境监察总队被湖北省安全生产委员会评为湖北省安全生产先进单位；皮军民、朱近被湖北省安全生产委员会评为省安全生产先进个人。（省环境监察总队）

【2004年湖南省环保局表彰的全省环境监察先进单位】 株洲市环境保护局、岳阳市环境保护局、湘潭市环境保护局、长沙市环境保护局、衡阳市环境保护局、怀化市环境保护局、张家界市环境保护局、常德市环境保护局、娄底市环境保护局、益阳市环境保护局、邵阳市环境保护局、郴州市环境保护局、永州市环境保护局、湘西土家族苗族自治州环保局。

【2004年湖南省环保局表彰的全省环境监察先进个人】 杨大威、邹晓辉、李慧、李小红、杜明、丁华、吴峪峰、李德威、王德怀、成子珍、周晓娅、刘金华、谢晓荷、朱俊玉、颜少龙、肖婵、肖建设、杨承书、粟益波、谭佳阳、龚柏松、方卫华、何方明、吴尧平、严仲龙、翁晓年、唐海雄、艾丹、陈建国、魏利权、黄成林、刘立、倪骥、吴神保、刘文波、曾云国、陈炜东、梁希凡、赵瑞年、杨胜、马仁明、范洁、谢湘华、肖海波、彭昌良、刘铁平、刘晨、成刚、吴顺金、张黎勇、明思丽、王兆杰、吴焰莹、肖志颖、尚守国、徐春生、刘建富、欧阳蜜蜂。

（兰　洋）

【大连市2004年度先进集体和先进个人】 大连市环境监察支队被大连市人民政府分别授予“2003～2004年度大连市信访工作先进集体”、“2003～2004年度爱国卫生先进单位”，被辽宁省环保局授予“征收排污费先进集体”。

王建强被中共大连市委、大连市政府授予“2003～2004年度社会治安综合治理先进工作者”，刘晓东被大连市政府授予“2003—2004年度大连市信访工作先进个人”，张青、李广伟被辽宁省环保局授予“2003年辽宁省征收排污费先进工作者”，谭凤国、周强、李森、赵悦林、李振华、袁信军被辽宁省环保局授予“辽宁省打击环境违法行为先进个人”。

（市环境监察支队）

【沈阳市2004年度先进集体和先进个人】 市环境监理大队被中共沈阳市直机关工作委员会授予“沈阳市直属机关勤廉双优先进处室”和“沈阳市文明执法单位”称号。（沈阳市环境监理大队）

环境执法纵横谈

我国环境执法面临的机遇、挑战与对策

陆新元　陈善荣　陆军

依法治国，建设社会主义法治国家是我国治国的根本方略和长远的战略目标。构建和谐社会是我国当前时期发展的走向和目标。环境执法是维护群众环境权益、构建和谐社会的重要保障和体现。开拓适应市场经济新体制的环境执法新局面，对于促进各级政府树立科学发展观和正确政绩观，维护环境法制的尊严，加强环境保护的基本国策地位，实现我国社会、经济和环境的可持续发展，都具有重要的理论意义和实践意义。

近期，胡锦涛总书记、温家宝总理从落实科学发展观、构建和谐社会的要求出发，阐述了加强环境保护的重要性和紧迫性，并多次对环境执法工作提出了明确要求。在2004年和2005年连续两年召开的中央人口资源环境工作座谈会上，胡锦涛总书记明确指出："尽快解决群众反映强烈的环境问题，杜绝严重污染环境、破坏生态的违法行为"。温家宝总理在2005年的政府工作报告中强调"加大环保监督和执法力度，抓紧解决严重影响人民群众健康安全的环境污染问题"。中纪委五次全会首次将纠正企业违法排污损害群众利益的突出问题列入工作重点，吴官正同志和曾培炎同志先后到国家环保总局视察和指导工作，对环境执法工作提出了新的要求。这一系列重要指示，体现了党中央、国务院对新时期加强环境执法工作的高度重视。

一、当前环境执法形势

环境保护部门的职责是统一监督管理，环境监察队伍是环保部门惟一的一支现场执法队伍。目前，我国已初步建立了国家、省、市、县四级环境监察机构网络，到2004年底，全国有环境监察机构3 064个，其中，省级32个，地市级347个，县级2 684个。我国正逐步形成以集中式执法检查活动为推动，以日常监督执法为基础，以公众和舆论监督为支持的现场监督执法工作体系。

（一）联合执法专项行动有力地推动了执法工作

1997年以来，在监察部、原计委、原经委等有关部门的大力支持和配合下，我们连续8年组织开展了一系列环境执法专项行动，执法力度逐年加大，行动不断深入。1997～2000年"一控双达标"期间，全国取缔关闭了7万多家"十五小"企业，2000年12种主要污染物排放总量在1995年基础上削减了10%，排放污染物的工业企业90%以上完成了达标排放任务；46个环境保护重点城市中，33个城市地面水环境质量和22个城市空气环境质量实现了功能区达标；"33211"重点区域环境整治取得重要进展。2001～2002年，会同监察部、原国家经贸委等部门连续两年在全国范围内开展了"严查环境违法行为遏制污染反弹"的专项行动。2003～2005年，在曾培炎副总理亲自部署下，联合发展改革委、监察部、工商总局、司法部、安全生产监管总局等5部门组织开展了以"整治违法排污企业保障群众健康"为主题的环保专项整治行动，无论是行动的广度和深度，还是各级政府的力度和部门协调的程度，都是空前的。其中，2004年全国出动执法人员131万人次，立案查处环境违法问题2.7万件，取缔关闭违法排污企业6 462家、责令停产治理3 861家、限期治理6 755家，挂牌督办了3 365件群众关心的突出环境问题。专项行动切实解决了一批群众关心的热点难点环境问题，改善了局部地区环境质量，推进了产业结构的调整。

（二）日常监督执法力度不断加大

2001～2004年全国环境监察系统分别完成190、212、229和276万次日常现场检查，其中，2004年进行现场监督检查276万次，比2000年增加了68.7%。加强环境污染事故与纠纷的处理处置，2004年全国发生环境污染事故1 040起、污染纠纷5.1万起、信访47.5万件，处理率分别达到99%、95%和98%。

（三）生态环境执法工作也逐渐展开

西气东输、西电东送、青藏铁路等重点建设项目的生态环境执法逐步展开，秸秆禁烧和甘草、麻黄草等固沙植被禁挖的工作得到加强。2003年4月，国家环保总局在全国107个市、县开展了生态环境监察试点工作，对各种生态类型开展生态执法试点。目前生态环境监察已全面推进，并取得初步成效。

（四）排污收费制度改革稳步推进

各地按照国家《排污费征收使用管理条例》，规范排污费收缴程序和制度，坚持排污收费稽查和审计制度。2004年全国共向73.4万户排污单位征收排污费94.2亿元，排污费征收额较上年增长34%。积极开展污染源排污申报登记和审核核定工作。全国已有51.75个排污单位进行了排污申报，为发放排污许可证提供了基础数据，为科学决策提供了第一手材料。

（五）"12369"环保举报热线得到群众拥护

全国31个省、自治区、直辖市的312个地级市、374个县级市、677个县开通了"12369"环保举报热线，覆盖了全国69.4%的县以上行政区。主要城市环境监察机构建立了快速处理举报的接报出警制度，还有上海、长春、郑州、成都、大连等十几个大城市已经建立起“12369”环境应急指挥中心，形成了日常环境执法与处置突发环境事件相结合的指挥调度系统和工作机制，得到广大群众的拥护。

经过全国环保系统的共同努力和专项整治行动的有力带动，环境执法工作的地位越来越高，有法必依的意识逐年越来越强，环境执法工作取得了显著的成绩。环境执法工作既面临着前所未有的机遇和动力，也面临着前所未有的压力和挑战。

二、环境执法工作面临的挑战

（一）执法环境较差与党和国家较高要求不适应

对现在法治国家来说，其法治水平的高低，不仅取决于该国的社会文化背景、政治和经济发展程度等综合国力的影响，还直接关系到该国法律环境状况。法律环境包括立法的质量与完备程度、司法和执法的质量与水平、人们遵纪守法的观念及自觉程度等方面。由于历史的和现实的各方面原因，我国法律环境的培育工作启动时间晚，国家的立法质量、司法和执法水平、人们对法律的尊敬和遵守的观念和习惯等，都需要有较大的提高。在这样一种宏观的背景下，环境保护行政执法目前存在的种种问题和困难，也可以说是这种法律环境下的产物。地方和部门保护主义也是这一宏观背景下的产物。一方面，部分地方领导环境意识、法制观念不强，对保护环境缺乏紧迫感，甚至把保护环境与发展经济对立起来，强调“先发展、后治理”、“先上车、后买票”、“特事特办”，一些地方以政府名义出台“土政策”、“土规定”，明文限制环保部门依法行政，明目张胆保护违法行为，给环境执法和监督管理设置障碍，导致不少“特殊”企业长期游离于环境监管之外，所管辖的地区环境污染久治不愈，环境纠纷持续不断。另一方面，一些企业甚至暴力阻法、抗法。据不完全统计，2004 年全国发生 4000 多起执法受阻事件，120 多次暴力抗法事件。山东济南发生群殴环境执法人员造成有人脑震荡，江苏无锡发生环境执法人员被殴打成耳内淤血，陕西西安环境执法人员遭到建筑工地人员群殴等严重事件。

（二）严峻的环境执法形势与群众日益增长的环境需求不适应

我国的环境污染呈现结构型、复合型、压缩型特点，过去工业化国家在 100 多年的工业化过程中分阶段出现的环境问题，在我国已集中出现。目前主要污染物排放量已经远远超过环境自净能力，SO_2 和 COD 排放总量已分别超过环境容量 60％和 70％以上，七大水系有 70％受到不同程度的污染，75％的湖泊富营养化。人为因素造成的生态破坏在一些地方不断加重，资源环境与经济社会发展之间的矛盾将会越来越突出。当前“少数人发财、多数人受害、靠污染环境致富”的现象依然存在。一些地方边整顿边反弹，死灰复燃依然严重。2001～2004 年连续四年专项行动查处的环境违法企业中，“十五小”和“新五小”等在 2000 年以前就应取缔的企业，分别占到 30％以上；2004 年对淮河流域 165 家重点工业污染源抽查发现，有 31.5％的企业违法超标排污。各地不法排污企业违法排污，重大环境污染问题严重威胁群众身体健康问题凸现。据统计，2004 年全国环保系统受理群众来信来访达 62 万件。其中总局受理信访投诉 2 622 件，接待群众来访 420 批 1 431 人次，分别比前年上升了 30.7％、86.7％和 195％。有的地级市环保部门，一年受理投诉上千件。环境问题在一些地方已经成为突出的社会问题，群体性事件明显增加，有的还是恶性事件，在国内外造成了不良影响。

（三）体制、机制和法制障碍与全方位到位执法需求不适应

体制、机制、法制和能力方面的障碍是影响环境执法的主要因素。体制障碍主要体现在环境统一监管能力薄弱、各部门环境监管职能横向分散、上下级环保部门纵向分离、跨地区环保部门地区分割，造成政令不畅，难以发挥整体监管效果。在生态环境保护方面，虽有相关法律 17 部，法规 26 件，但执法主体分散在林业、海洋、水利、矿产资源等 10 多个资源开发部门，环保部门难以实施统一监管。同时，受位子、票子的影响，地方环保局局长只听令于政府领导，应付上级检查，甚至为排污企业通风报信。对于跨界污染纠纷，往往是各说各的理、各算各的账，难以统一协调。机制障碍主要体现在部门联动还未形成制度，企业守法激励机制和全社会参与监督机制不健全，被动地进行污染控制和生态破坏末端执法。法律规定可操作性不强，处罚力度弱，强制手段缺乏，是环境执法难以到位的根本性原因。“违法成本低，守法成本高”是企业违法排污屡禁不止、污染反弹屡打屡犯的主要原因。《水污染防治法》规定，最高处罚限额仅 10 万元，发生特大污染事故也只能处罚 100 万元。2004 年四川沱江特大水污染事故中，“2 亿多元损失、百万人饮用水受限，与 100 万元最高限额的罚款”引发了公众大讨论。目前国家规定每排放 1 公斤二氧化硫交排污费 4 毛多钱，而平均脱硫成本一般在每公斤二氧化硫 1 元左右，低了将近 60％。上海外高桥电厂一期脱硫工程需投资 8 亿元，按现行排污收费标准，用这 8 亿元可交排污费达 116 年，很难使企业做到主动投资治理。

（四）薄弱的环境执法能力与繁重的环境执法任务不适应

经过二十多年的建设与发展，我国的环境执法能力与水平有了较大的提高，但目前仍存在执法队伍人员少、装备差、监控手段落后、经费难以保障等问题。全国 3 064 个环境执法机构平均每个机构仅有 1.4 辆车、2.7 台取证工具，却监管了 23 万家工业企业、70 多万家三产企业、几十万个建筑工地，还要承担繁重的生态环境监察任务、90 多亿元/年排污费征收工作，以及 40 多万件/年和环境投诉 6 万多件/年污染事故与纠纷调查处理工作。目前，环境监察机构资金缺口达一半以上，还有相当数量的基层环境监察机构甚至执法车辆和取证设备也没有，更谈不上自动化监控设备，环境执法科技的含量低。

（五）环境执法又面临一些新情况新问题

由于地方保护、监管体制不顺等多种因素的制约，环境执法的老问题还没有很好解决，许多新情况、新问题不断出现，有法不依、执法不严、违法不究的现象还很突出。大型企业违法排污突出，一批有能力做到达标排放的上市企业也出现违法排污。小企业污染反弹屡禁不止，变化法人、变化经营范围等多种方式与环保部门"捉迷藏"。一些违法排污企业的老板，又是"红顶商人"，戴有政协委员、人大代表等多种政治"光环"，环保部门即使查到其环境违法行为也受多方制约难以查处到位。近年来江浙边界、苏皖边界、苏鲁边界都出现了跨省污染纠纷。晋陕蒙交界地区"黑三角"的问题尚未完全解决，又出现了湘黔渝交界地区"锰三角"问题。而跨界污染牵涉利益关系复杂，一直是环境统一监管的难题。污染企业向经济欠发达地区转移趋势明显。内蒙古、江西、湖北、四川、陕西、贵州等中西部地区环境污染事故明显增加，群众举报不断，媒体也不断披露这些地区的污染问题。而这些地区恰是环境监管的薄弱地区，执法能力弱，环境监管不到位。

三、进一步加强环境执法工作的对策

按照胡锦涛总书记提出的"研究探索健全国家监察、地方监管、单位负责的环境监管体制"指示，加强环境执法工作，立足于营造良好的执法氛围，落实地方政府对环境保护的责任，从体制、机制、法制、能力上进行必要的调整和加强，使环境执法真正严起来、强起来、硬起来。

（一）强化社会法制观念，营造良好的执法氛围

行政部门执法，必须与广大群众守法相协调，使遵守法律、法规成为群众的自觉行动。环境保护法制宣传是环境执法工作的基础，各级环境保护行政主管部门，要进一步加强环境法制宣传教育工作，努力提高广大干部群众的法律意识和法制观念，极大地提高广大人民群众、特别是各级领导干部的环境意识和法制观念，积极地鼓励群众参与环境监督管理，既监督执法部门执法情况，也监督企事业单位污染状况和守法情况。这是从根本上解决行政执法难的必由之路。应建立公众举报制度，充分发挥公众的监督作用。不断提高人民群众和企事业单位学法、懂法的自觉性，调动其维护环境保护各项法律、法规的积极性，为环境执法打下坚定的思想基础和社会基础。

（二）加强考核和责任追究，落实地方政府环境保护责任制

在社会主义市场经济条件下，政府作用主要是加强宏观调控，为经济发展创造公平、公正的环境，重视和加强环境执法工作是各级政府的本职工作。将环保指标纳入干部政绩考核指标体系，加强对地方政府环保目标责任制的指导。进一步加大行政责任追究的力度，实现"查人"与"查事"相结合，公开处理一批责任人，实行环境保护问责制，在此基础上试行对下级政府及有关部门的环境保护行政监察。

（三）理顺体制、健全机制、强化法制

理顺环境执法体制主要是从体制上来强化国家监察、落实地方监管、明确单位负责。强化国家监察主要是加大国家对地方政府及有关部门执行环保法律法规情况的监察力度，强化中央政府协调解决跨省界环境问题的能力，督促检查突出环境问题。落实地方监管主要是指地方政府对本辖区环境质量负责，组织完成污染防治和生态保护任务，落实环保机构职能、编制和经费、并负责监督下一级政府的环保工作和重点单位的环境行为。明确单位负责是指各类法人和其他组织负责解决自身的环境问题，承担污染治理和生态恢复责任。

重点建立健全"五种工作机制"。一是建立多部门联合执法和移送移办制度，定期召开会议，形成纪要，共同执行，进一步加强国家监察力度。监察部与国家环保总局已联合下发文件，建立了监察机关与环保部门在查处环境保护违法违纪案件中加强协作配合的机制，为与其他执法部门建立联合执法机制起到了示范作用；二是建立全过程环境监管制度。加强对建设项目环境影响评价文件审批后的环境监管，主要包括设计过程、建设过程中和建成投产后3个环节。三是完善社会监督机制。借助媒体的力量，对大案要案进行适度的公开揭露，引导公众参与监督，不断提高环境执法的影响力。四是健全信息公开制度。定期通过新闻媒体向全社会公布违法企业名单，充分利用各方面力量监督违法排污和破坏生态的行为。五是实施企业环境监督员制度。

实施"一罚两停权"，强化违法企业和单位的法律责任，使法律对其具有足够的震慑力和权威性，从根本上解决法律"软"的问题。一是加大处罚力度，做到"罚人"与"罚事"相结合的"双罚制度"；对重点违法排污企业，特别是屡查屡犯企业，由环保部门实行停产整顿；对污染物排放总量超过环境容量的污染严重的地区，上级环保部门暂停审批该地区建设项目。二是赋予环保部门对发生污染事故或拒不执行行政处罚决定的企业的查封、扣押等强制执行权，保证执行到位。三是尽快出台《刑法》"破坏环境资源罪"的司法解释，加强环境保护法律依据。

（四）加大投入，增强环境执法能力

执法手段和水平是影响执法效能的关键因素，环境执法能力的高低关系到统一监督执法是否可以落实到位。"十一五"期间计划重点推进全国环境应急网络建设、环境监察执法标准化建设、污染源自动化监控网络建设和"12369"环保热线网络建设，增强重点区域、流域、重点工程和重点生态保护区的环境执法能力。推进队伍规范化管理。严格环境监察人员"准入"制度，实施分级分类培训，考核合格，持证上岗，执法人员五年必须进行一次培训。加强行风建设和政务公开工作，完善环境执法公示制，实现"阳光执法"，增强执法效能。

（五）转变思想，实行"四个转变"，顺应新的形势开展行政执法

转变思想，适应市场经济新体制的环境执法形势，切实做到"四个转变"，即：执法内容要从工业污染执法向全方位的环境执法转变；环境执法体系要从一元执法向三元执法监督体系转变；执法形式要从单一的环保行政执法向多样化的联合执法转变；执法手段要从常规执法向自动化信息化的方向转变。

（六）持续开展环保专项执法行动

专项行动虽然是治标的手段，但对于遏制一个地区、一个时段的突出环境问题具有见效快的效果。今后一段时间，配合国家宏观调控，围绕"十一五"国家环境保护中心工作，持续开展环保专项执法工作，始终抓住严打整治不放松，逐步建立严打经常性工作机制，切实增强严打的主动性、针对性和实效性，保持高压态势，震慑违法。坚决把各类环境违法案件特别是群众反映强烈的突出环境案件压下去，切实增强人民群众的安全感。以专项行动促进环境管理资源的整合，促进环境的统一监管。

四、结语

保护环境是和谐社会的基础和标志，维护群众环境权益是和谐社会的重要体现。回顾我国环境保护的历史，如果说环境保护是靠宣传起家的，那么落到实处则是靠执法。中央提出构建"和谐社会"，把环境保护事业推上一个新台阶，也为环境执法工作提供了一个历史性的机遇。各级环境执法人员应该抓住机遇，努力进取，求真务实，勇于创新，使环境执法真正严起来、硬起来、强起来，为构建我国的和谐社会作出自己的贡献！

（作者单位：国家环保总局环境监察局）

确保环境保护行政执法责任制落到实处

孙振世

一、环境行政执法责任制及归责原则

环境行政执法责任制是近年来民主法治理念以及环境行政实务活动不断发展的结果，是指根据宪法和法律规定，规范国家环境保护行政机关执行法律法规的职权，明确机关及其工作人员的执法责任，完善执法程序，建立环境保护行政机关的过错责任追究的法律制度，促进环境执法活动实现规范化。

环境行政执法责任制是行政执法责任制的重要组成部分，行政执法责任制是一件新生事物，理论研究尚处于起步阶段。从世界各地行政执法责任制度发展历程来看，行政执法责任制度的确立初期，由行政执法人员个人承担行政执法责任，行政执法人员执行职务（主要是权力行为）违法侵害相对人，只承认行政执法人员个人责任。近年来，行政主体逐步承担自身对行政执法人员行使权力所致损害的责任，并保留对行政执法人员的追究权，或与行政执法人员负连带责任。

环境行政执法责任制归责原则，是指判断环境保护行政主体应否承担行政执法责任的最根本的依据和标准，它直接影响行政执法责任的构成要件、免责条件、举证责任的负担以及承担责任的程度，减轻责任的根据等方面。环境行政执法责任制归责原则不仅是构建整个环境行政执法责任制度的关键，也是司法实务处理案件的基本尺度，关系到受害者能否得到救济以及救济的种类和程度。我国环境行政执法责任制归责原则体系应以客观过错原则为主，无过错原则为辅。

二、实施环境行政执法责任制的依据

1.*法律依据*。十届全国人大二次会议在批准全国人大常委会工作报告的决议中，对执法责任制这种监督方式给予了充分肯定，指出："要加强行政执法监督，促进严格执法、公正执法和文明执法。实行执法责任制和执法过错追究制，完善并严格执行行政赔偿制度，做到有权必有责、用权受监督、侵权要赔偿"。另外，2004年国务院《全面推进依法行政实施纲要》第23条也明确要求"推行行政执法责任制。依法界定执法职责，科学设定执法岗位，规范执法程序。要建立公开、公平、公正的评议考核制和执法过错或者错案责任追究制，评议考核应当听取公众的意见。要积极探索行政执法绩效评估和奖惩办法"。全国人大的决议具有法律效力，国务院规范性文件具有法规效力，充分表明推行执法责任制的做法，符合宪法和地方法规的有关规定。依法行政，保证宪法、法律、行政法规在本行政区域内有效执行，也是依法治国的根本需要。

2.*理论依据*。法国启蒙思想家卢梭指出："没有制约的权力必将导致腐败"，监督制约应与执法权的行使相伴随。环境执法责任制中的"责任"，包括义务和后果两种含义，即首先有义务干某事，并且需要按照规定的程序，达到预期的目的，如果不能按规定完成，就要承担由此引起的不利后果，就是过错责任追究。环境执法就总体而言，具有程序性、经常性、连续性、分散性等特点，环境执法责任制就是根据环境执法的特点，在执法活动的不同环节采取相应的措施，实行执法监督的全过程控制，使监督产生系统性、连续性、广泛性的效果，减少了执法监督的真空

地带，避免末端控制。环境执法责任制作为一种行之有效的内部纠错机制，实际上是把保障执法职责的正确履行作为一项系统工程来看待，明确执法职责、提高执法者素质、强化内部经常性监督管理、强化外部监督制约、追究违法执法责任等则是这个系统的子系统。各子系统及其相互之间依次或同时开展活动，则形成整体的有机行动，发挥整体作用，达到最大功效，因此，推行环境执法责任制正是系统论原理的具体运用。

三、环境执法责任制的主要内容

环境行政执法责任制度内容相当丰富，主要涉及环境行政执法责任制定义、范围、归责原则、行为主体、责任主体、追究责任的程序及形式等因素。在全面推行环境执法责任制的过程中，应坚持从提高认识、健全制度、考核评议、责任追究、改进提高等几个方面入手，多管齐下，循序渐进，做到环境执法行为运行到哪里，对权力的规范、监督和制约就延伸到哪里，确保责任制落到实处。

1. *明确环境执法部门的执法范围和职责。*环境保护因其特殊性质，与其他部门职能交叉问题十分突出，我国《环境保护法》总则第七条就列举有国家海洋行政主管部门、港务监督、渔政渔港监督、军队环保部门、各级公安、交通、铁道、民航管理部门、县级以上人民政府的土地、矿产、林业、农业、水利行政主管部门。在实际的环境执法中，还要涉及除此之外的一些部门。环境执法机关要正确履行执法职责，首先得明确自己执法的范围。通过明确规定权力主体的权力界限范围，权力主体承担的责任以及承担责任的方式，使其以积极作为的方式在法定权力范围内履行权力和职责。在环境执法机关内部，也有不同分工，应设置不同的执法岗位，有的岗位之间同样存在配合、支持，或从不同的角度共同履行某项执法职责的问题，因此，对各岗位的职责也需加以明确，层层落实责任。只有这样，环境执法部门与其他执法部门之间、环境执法人员之间在执法过程中互相推诿、争夺执法权等问题才有可能避免。

2. *坚持持证上岗制度、培训制度、考核制度，提高环境执法队伍素质。*制定相应的环境执法人员素质标准，严格实行公开招考录用，经考试考核合格，发给执法证件，方可持证上岗；坚持培训制度，不断提高执法人员的政治理论水平，拓宽业务知识、法律知识，增强法制观念；坚持考核制度，奖优罚劣，淘汰不合格者。加强环境执法工作制度、工作程序和行为规范的检查落实，规范执法文书和档案管理。切实建设一支廉洁、勤政、务实、高效的环境执法队伍。

3. *落实行政处罚听证和复议制度、环境稽查制度、责任追究制度，健全内部监督机制。*依法行政，文明执法，关键要从行政执法部门内部抓起，强化内部经常性监督管理，做到内部监督管理制度化。各级环境保护行政机关应建立健全行政处罚听证制度、复议制度、审核制度，加大环境执法人员内部稽查力度，强化国家、省级环境执法部门环境稽查职能，加大对基层环境执法人员的内部稽查，规范执法行为，提高执法效率。对于环境执法人员由于过失或故意违法执法，应予以明确，并追究其责任。

4. *推进政务公开制度、公示制度、行风评议制度，增进社会和群众外部监督。*深入推进环境保护政务公开工作，原则上应将执法范围、职责、程序等一切不涉及机密的事项都公之于众，做到经常性工作定期公开，阶段性工作逐段公开，临时性工作随时公开，落实群众的知情权、参与权。逐步推行环境行政执法公示制，增强执法的透明度，真正实现阳光作业，不留阴影，提供公平竞争的环境。支持民众和舆论以权利制约权力，畅通投诉渠道，认真听取群众对执法的意见和建议，及时处理举报、投诉和控告，营造良好的执法氛围，接受群众监督。继续开展行风建设和行风评议活动，把评议作为提高队伍素质的契机，加强建设，整顿作风，改进工作。

（作者单位：国家环保总局环境监察局）

我国由交通运输引发的环境污染事故发生特点及建议

刘相梅

环境污染事故与一般的环境污染不同，有其自身的规律、特点和表现形式。主要包括：形式的多样性，爆发的突然性，结果的危害性，处理处置的艰巨性，影响的长期性。

我国环境污染事故的隐患比较严重，主要表现在以下几个方面：一是工业污染隐患多，特别是化学工业和石油化学工业行业问题突出；二是危险化学品的运输和安全管理不善；三是安全生产事故次生的环境污染事件影响大、比例高；四是海洋船只的溢油事故；五是放射源的流失等等。其中危险化学品的运输和安全管理不善引发的突发环境污染事故已占全部事故的三成以上。

危险化学品种类繁多且性质各异，事故发生时有大量有毒有害物质释放，易流失到环境中并造成环境污染。2003 年 1～5 月，环保总局环境监察办公室共接到 24 起环境污染的事故报告，其中 11 起由交通事故引发的危险化学品泄漏所致。针对以上情况，我国政府着手制定并实施了有关对策，其中包

括:坚持"预防为主,安全第一"的方针,严格控制新污染事故隐患的产生;制订污染事故应急处理方案,使救援工作专业化和社会化

一、原因分析

1.运输车辆严重超装、超载是造成事故的主要原因

2003年1~5月发生的11起事故中,查明有5起属严重超载:

"浙江富阳发生苯乙烯泄漏"事故车超载10吨,超载率达200%;

"浙江省宁波市发生二甲苯运输翻车泄漏"事故车超载2吨,超载率达22%;

"天津市武清区境内发生丙烯腈运输泄漏"事故车超载24吨,超载率为160%;

"广东佛山市南海区狮山开发区二甲苯泄漏污染"事故车超载5吨,超载率达167%;

"广东中山市五桂山镇城桂公路长命路段二甲苯泄漏污染"事故车超载10吨,超载率为200%。

2.无证违规运输是造成事故的祸端

查明两起事故属无证违法运输。"广东中山市五桂山镇城桂公路长命路段二甲苯泄漏"的事故车一无准运通行证,二无运输资质,三驾驶员和押运人员无资质,且超载在限速路段超速行使,导致车轴断裂,造成翻车事故的发生;"长江新生洲装载浓硫酸船舶沉没"的事故双方均不具备夜航设备,运输和押运人员均在无资质的情况下夜间行船,因航路选择错误,驾驶瞭望疏忽,避让措施不当造成沉船。

3.公安消防部门越权发证是事故发生的隐患

根据《危险化学品安全管理条例》第五条的规定:危险化学品运输单位的资质认定应由交通部门实施,而"浙江富阳发生苯乙烯泄漏事故"和浙江省宁波市发生二甲苯运输翻车泄漏事故是由公安消防部门发放的运输资质证,给事故的发生带来了隐患。

4.运输安全监督监管不到位放纵了事故发生

按照规定,公安部门对危险化学品道路运输安全实施监督,交通部门对危险化学品水路运输安全实施监督。对1~5月这11起事故中出现的违规超载上路、车(船)况不佳、无资质、无证运输、不当时间行驶,如果相关各部门监管到位,事故隐患应该在办理准运通行证等相关手续或事故发生前就能被发现并予以制止。

5.运输单位和托运人对危险化学品运输的安全意识不足是事故发生的直接原因

按规定,危险化学品运输企业应当对驾驶员、船员、装卸管理人员、押运人员进行有关安全知识培训;通过公路运输危险化学品,托运人只能委托有危险化学品运输资质的运输企业承运。因此,"广东中山市五桂山镇城桂公路长命路段二甲苯泄漏事故"的托运人委托没有危险化学品运输资质的运输企业承运,"长江新生洲装载浓硫酸船舶沉没事故"的运输单位在没有夜航设备、没有资质的驾驶员和在无押运人员情况下夜间运输危险化学品,"广东佛山市南海区狮山开发区二甲苯泄漏"的事故车在排污管设置有缺陷车况不佳情况下仍严重超载(载重3吨,实载8吨),运输企业和托运人对事故发生都应负有直接责任。

6.事故发生后的信息通报和处理措施不当加重了污染损害

按照《危险化学品安全管理条例》第四十四条的规定,剧毒化学品在公路运输途中发生被盗、丢失、流散、泄漏情况时,公安部门接到报告后,应当立即向其他有关部门通报情况;有关部门应当采取必要的安全措施。但在很多情况下,第一到达现场人员多为公安和消防人员,环保部门不能及时掌握信息和有效介入,常因有关部门处理不当,如消防水进入环境造成二次污染问题非常普遍,使不该扩散的点源污染变成了面源污染,增加了事故的后续处理的难度。

7.危险化学品准运通行证的发放机构不明确给危险化学品的运输管理带来困难

《危险化学品安全管理条例》没有明确剧毒化学品以外的其他危险化学品"准运通行证"的发证机关,造成多部门发放"准运通行证"。已调查的1~3月8起事故中,有航务局、公安消防、交通、港务局和公安部门5个部门发证,结果造成监管的不发证,发证的不监管。

二、建议

1.公安和交通部门应按规定界定危险化学品运输单位和运输人员的资质认定权限,切实加强运输通行证、运输工具的管理,对没有资质的运输车船或超载、超装的运输工具坚决不发运输通行证,并严格禁止上路;联合路政、城管等部门,对发现违规上路的危险化学品运输工具及时截停,并按相关规定严肃处理。

2.公安、交通、航务、港务等部门应确保运输危险化学品的企业和个人在规定的运载量、路线、时间和其他规定运输危险化学品,严格避免驾驶员疲劳驾驶,并避开闹市区或敏感地域和时段运输,最大限度减少因避让车辆、行人等造成的交通事故。

3.加大对事故责任人的处罚力度,并加强宣传,使危险化学品运输企业和托运人严格按照相关规定委托和承运危险化学品。

4.在污染事故发生后,各部门要及时把信息通报给相关部门,以便及时处理,防止不当处理造成污染扩散;对未及时通报危险化学品事故的相关人员,应依法追究其法律责任。

5.环保部门应加强与其他相关部门的沟通,及时掌握污染事态,做好对环境污染信息的统一公布工作,使公众能准确及时地了解情况,避免造成恐慌和社会不稳定。

6.相关部门尽快出台关于明确一般危险化学品"准运通行证"发证机构的法律解释,界定权限,防止乱发证。

7.建议各部门针对目前污染事故发生现状,建

立统一协调机制,理顺各部门的职责,使各项措施落到实处。建立通报制度,使危险化学品流动处于各部门的有效监控下;建立稽查制度,对危险化学品实施监督管理的有关部门或工作人员的监管失职行为予以追究;加大对事故责任单位和个人的处罚力度,使肇事者受到应有惩罚;加强处置危险化学品突发事故的能力建设和应急能力,使环境污染事故的危害控制在最低。

8.通过对运输工具、驾驶员、押运员等的培训,以及对危险化学品的外包装、准运证、上岗证、驾驶证、车号等信息的电子化管理,确保运输危险化学品的名称、数量、来源、生产或使用单位受到实时掌控。

总之,频发的污染事故不止涉及一事一物和人民的生命和财产,它还影响着我国的环境信誉和国际形象。安全生产、安全流通、安全使用、安全贮存,是政府、企业、社会都很关注的问题。随着经济的发展和加入WTO后各项规程逐步落实,相关各部门应联手作战,将突发环境事故及其危害降至最低,使化学品管理与国际接轨,保证和促进我国加入WTO后的商品交易。

(作者单位:国家环保总局环境监察局)

加快企业环境报告建设

孙振世

随着时代的发展和社会生态危机感的增强,企业竞争日益多方位化和加剧化,使得包括企业社会效益、公共责任感和自我约束能力等在内的非经济因素已日益成为企业竞争的重要内容。越来越多的大公司正在逐渐接受这样一种观点,即树立良好的环境形象是提高企业自身社会竞争力的重要手段,更是应对国际“环境壁垒”挑战的有效途径。基于环境因素对于公司运行措施的影响,企业环境报告应运而生。

一、环境报告的概念及其作用

1.企业环境报告概念

企业环境报告始于70年代,西方发达国家的公司,特别是著名的跨国公司,迫于政府和市场竞争的压力以及自身发展的需要,开始在财务报告中披露企业环境信息。经过近30年的发展,企业环境报告的内容由最初的环境影响信息扩展到环境业绩和环境会计信息,施行范围也从个别企业的试行发展到成为多数国际化企业的潮流。环境报告已经成为企业持续经营、业绩评价和投资决策过程中不可或缺的重要信息。一般说来,企业环境报告是指企业在公布的年度报告(包括财务报表)中或者公布一个独立的环境报告,向外部社会披露公司的运营对自然环境造成影响的有关信息。企业环境报告已经成为一份表达企业一定时期的环保方针、环保目标和具体环保行动与结果的书面文件,成为企业社会责任(Company Society Responsbility, CSR)的一种表达方式

2.企业环境报告内容

多数国家对于环境报告没有强制性的法律规范,环境报告的内容完全由企业自行决定,但根据国际上各种民间团体所规划的环境报告方针,企业的环境报告书一般包括企业最高经营者对本企业的环保的表述与承诺、企业的环保方针与环保目标、环境管理体系的组成、污染物的排放指标和资源利用指标、环境会计的货币化信息(企业环境活动所引发的环境支出、环境收益、环境资产、环境负债等环境会计要素的分析说明)等五个方面,部分企业环境报告书还包括环境审计信息。

3.企业环境报告作用

企业环境报告的面向对象主要是政府管理机构、投资者、金融机构、消费者和关注环境的社会团体等。企业环境报告的目标主要是企业向政府管理机构、当前和潜在的投资、债权人、消费者和关注环境的社会团体等环境利益关系人提供企业对其环境受托责任的履行情况和对于投资、贷款以及其他决策有用的信息。因此,企业环境报告具有以下作用:有助于促进社会资源的优化配置和社会的可持续发展;有利于企业树立良好的绿色形象,提高产品的国际竞争力;有利于社会公众监督企业履行环境社会责任。

二、国外环境报告的进展及趋势

1.各国政府积极在建立企业环境报告制度方面发挥指导作用

企业环境报告在多数国家属于政府引导,不具有强制性。丹麦是世界上第一个建立一部法律要求大约1 000家公司发布年度环境报告的国家,他们称之为“绿色报告”,法律要求这些公司发布年度“绿色报告”披露相关环境信息。英国政府环境部在1997年2月颁布了一份适用于所有企业的文件“环境报告与财务部门:走向良好实务”,推动企业环境报告制度的执行,它虽然不是强制性的,但作为政府部门的一份文件,自然起到规范化的作用。

2.社会各方面重视对企业环境报告工作进行研究和监督

联合国、会计协会、大学等国际组织、民间组织和研究机构,均在企业环境报告制度方面做了积极

的探索。如联合国国际会计和报告标准政府间专家工作组(1SAR)于1995年3月在第十三届会议上对"跨国公司环境绩效指标与财务资料的结合"、"跨国公司年度报告中对环境事项的披露"等文件展开了讨论。英国特许注册会计师协会(ACCA)1997年发布"环境报告和能源报告编制指南"。

3.跨国企业积极开展环境报告工作

许多大的上市公司,特别是一些跨国公司,现在都在年报和财务报告之外还单独披露一份环境报告书。一般说来,环境报告书没有规定的内容和统一的操作代码,公司可以发布任何他们愿意发布的信息,然而,许多公司的环境报告中还是服从于某种独立的观点或是审计程序的。据有关国际会计专业服务机构的一项调查,披露环境信息的跨国性大公司,1994年为65%,1995年增长为77%,2002年已经达到85%。2002年度日本有670家企业制定了环境报告书,并向社会公布。如丰田车体、东芝三重工厂和名古屋新钢铁公司等大型企业均编写了企业环境报告书,披露企业环境信息,大部分环境报告把政策的论证和自身行为的审视联系起来,报告书主要包括环境管理情况、针对环境问题采取的措施及排污情况、能源的使用情况以及公司的产品和服务对环境的正面影响。这些报告书比较详细,如对于CO_2贡献量多数分工段计算,有的报告书甚至长达数十页,做工十分精美。

4.政府与非营利组织环境报告建设推进了企业环境报告工作

香港康乐及文化事务署的环境报告包括最高领导者对本部门环保的表述与承诺、管理人员的主要职责、环境目标和方针、环境管理、工作表现分析及目标、缔造美好的未来等6个方面进行阐述。Sunderland大学在环境报告中分析了该大学在环境保护的学术研究领域作出了哪些贡献,在具体环境保护行为当中又有哪些管理,包括减少不必要的物资消耗。节约用水、减少污染物排放、节约能源、减少校园里汽车的使用等等,职工是如何在环境保护领域发展提高能力的,最后一部分是关于社会责任使命的理解。

三、加快我国企业环境报告制度建设的对策

1.引导媒体和舆论积极支持企业环境报告制度

积极引导一些以出口为导向的企业开展编写环境报告书,必要的时候政府环保部门可以提供必要的技术支持。将企业环境报告制度在广播、网络、报纸等媒体上加以宣传,引导社会各界关心支持企业环境报告制度,形成全社会重视环境保护的氛围。对于已经实施环境报告的企业,特别是通过实施环境影响报告促进环境保护工作的,可以立为典型,采取一些激励政策,树立其绿色环境形象。

2.率先在重点行业和上市企业实施环境报告

在工业类行业中,食品、纺织、造纸、电力、化工、黑色金属、医药、化纤、机械和建材等行业属于环境敏感型行业。据统计,这些行业的废水中COD和废气中SO_2均占当年工业废水COD排放总量和工业废气中SO_2排放总量90%以上。上市公司的未来发展受环保政策的影响将日益显著,企业的环境风险将日渐增加。新的环境法规可能使企业产生潜在的环境负债,环境信息成为影响使用者决策的重要因素,甚至有可能导致错误的决策。上市企业实施环境报告,符合所有利害关系者的需求,可以正确引导企业融资及经营发展方向、规范企业发展方式、促进产业结构调整。重点行业大型企业和上市公司的环境报告的具体内容应包括企业简介(上年生产状况),企业环境方针,环境控制标准及实际达标情况。能源利用、废弃物处理处置和再循环使用等信息,环境会计信息(包括环境支出、环境负债、环境治理准备金、环境收入等),环境绩效信息(环境治理与投资、奖励等),环境审计报告等方面。

3.建立和完善我国的企业环境审计制度

实施企业环境报告工作涉及会计、审计技术处理问题,需要有环境审计的配合,也需要通过环境审计实现在审核企业环境信息披露方面发挥监督作用。环境审计也称绿色审计,企业环境审计是环境审计的重要组成部分,企业环境审计的内容包括环保法制的合规性审计、环境管理体系的健全性审计、环境风险的预防性审计、环境责任的绩效性审计、环境信息的真实性审计等方面。通过评价活动协助企业有效地管理环境活动,达到节约利用资源的目标。

4.加强企业环境管理的基础理论研究

企业环境报告制度作为企业管理和经营的一项创新,从个别企业的试行发展到成为多数国际化企业的潮流仅仅几年的时间,很多理论和实践方面的问题还有待于深入研究。如企业环境报告的边界划定问题,明确什么性质的问题应该作为企业环境管理问题,并随着时代的发展不断改变这些指标。对企业环境披露的真实性、详细程度和披露方式进行监督问题。应多学科、多角度深入研究企业环境管理的理论和实践问题,为企业建立环境报告制度提供科学指导。

(作者单位:国家环保总局环境监察局)

对环境违法行为实施行政处罚难以执行到位问题探究

许大明　骆建中

保护生态环境是我国的一项基本国策，依法处罚环境违法行为是落实国策、保护生态环境的基本手段和重要内容。但实践证明，对环境违法行为依法实施行政处罚往往难以执行到位，给环境执法造成很大困难，必须引起高度重视，切实加以解决。

一、问题现象

现象之一：处罚对象故意抵触。部分处罚相对人从自身利益出发，置环境利益和社会影响于不顾，采取长期拖延、敷衍塞责或找门路、拉关系等方式，故意抵触行政处罚；甚至有的地方政府本位主义思想严重，为了本地区经济的一时发展，不惜以牺牲环境作为代价，庇护处罚相对人的违法行为，增加处罚难度。

现象之二：执法处罚力度不够。如执法力量不足，在单位时间内难以形成全方位排查，存在执法空白和漏罚现象；不能充分运用现有的环境法律法规进行依法行政和处罚，存在有法不依、执法不严、钻法律空子的现象；罚款额度过小，对环境和社会危害较大的处罚相对人，处以较小款额的处罚，存在“守法成本高，违法成本低”的不正常现象；不善于与相关部门、基层政府实施联合执法处罚，搞单一，执法处罚效果不理想等，这些都影响对违法行为处罚执行不到位。

现象之三：处罚行为不够公正。少数执法者难以摆脱社会上庸俗关系的束缚和人情关系的影响，在执法处罚过程中，思想顾虑较重，不能认真履行职责，依法严格秉公办事，遇到上级、领导、亲戚、朋友、熟人等打招呼、递条子，由于碍不得情面，淡化了法纪观念和责任意识，以致对违法者网开一面，造成环境违法行为得不到应有的惩处。有的作风败坏，以罚代管；个别的甚至以个人的感觉或好恶实施处罚，出现有关系的少罚，没关系的多罚；来头大的少罚甚至免罚，关系一般的多罚；不听话的、不配合的多罚，听话的、好说话的少罚；经济效益好的多罚，效益不好的少罚等，导致环境违法处罚不够公正。极个别的甚至执法犯法，以非法手段实施违法处罚。可见，以情处罚、随意处罚的现象客观存在，容易导致处罚执行不到位。

二、原因剖析

多年来的实践表明，环境违法行为往往不能得到有效的行政处罚，主要有以下5个方面的原因：

首先，思想认识不到位。有的认为国家地大物博，环境承载能力强，一般的排污现象不会造成多少不良影响；有的认为，接受环境违法处罚只要交了钱就行，少数的甚至罚款都不愿交；有的认为，对同一种类环境违法行为，法律规定不能重复罚款，不罚款怎处罚都可以等等。这些错误观念和想法，从根本上导致了一些环境违法者不以为然，也为自己的违法行为提供了错误指导。

其次，法律依据不充分。总体上讲，我国环境法律体系正在不断完善，给保护环境提供了必要的法律支撑。但从实践中看，我国现行的环境法律法规赋予环保部门的只有行政处罚权，没有足够的强制执行权力，缺乏有力的现场处置权，如对违法设备的暂扣权、查封权。当遇到环境违法行为发生时，环境执法人员往往只能在现场口头责令违法者停止环境违法行为，最终的执法必须依照法律程序由人民法院来强制执行，并且从立案到法院强制执行需要经过一个较长的时间，执法效率较低，难以从根本上解决环境违法行为处罚执行不到位的问题。

再次，监管职能不集中。环境保护法赋予环保部门统一监督管理的职能难以得到有效落实，也就是说，很多环境监管必须依靠其他职能部门来履行，如部分社会生活噪声和交通运输噪声必须由公安、交通主管部门来监督管理，航空噪声由民航主管部门监督管理，船舶污染由交通航政机关监督管理等，但环保部门对其他职能部门没有行政上的隶属关系，起不到任何制约作用。因此，很多环境问题得不到有效解决，使得环境违法者得不到应有的惩处。

第四，执法素质不过硬。有些环境执法人员对环境法律法规不够熟悉，实践中不能自觉自如地运用法律法规对环境违法行为实施有效的行政处罚，执法效能不高；有的对行政处罚的程序不够清楚，对罚款的额度确定不准；有的实施处罚的方式方法不够科学合理，不善于联合其他力量共同执法，效果不够理想；有的执法文书不规范，存在调查勘验笔录制作不及时，或事后补正、删改，或没有见证人签字盖章，或违背时限要求等等现象。

三、建议对策

首先，必须强化宣传，切实提高认识。注重加强对社会各界特别是企业主的宣传，强化环境保护基本知识的宣传，认清保护环境的目的意义；强化各级政府落实科学发展观、构建和谐社会的宣传，实施环境综合决策；强化环境保护法律法规的宣传，认清保护环境、接受处罚的法律责任；强化环境保护在经济社会可持续发展中的地位和作用的宣传，认清社会责任；强化环境保护主管部门职能的宣传，认清实施处罚环境违法行为的行政要求，从而增强依法接受处罚的自觉性。

其次，必须形成机制，合力协调监管。建立公众参与机制和全方位的协调监督机制，努力实现环境监管和处罚的综合效应。要加强环保部门内部各单位之间的协调与沟通，科学统筹执法力量，提高行政监管和依法处罚的科学性和有效性；加强与各乡镇的协调与沟通，利用乡镇能集聚各部门能量的优势，实施上下联动；加强与相关各部门之间的协调与沟通，形成环境监管的合力，充分协调各相关职能部门具有的现场处置权为环保所用；加强与友邻省、市（区、县）的协调与沟通，形成齐抓共管、合力监管处罚的良好局面。

再次，必须完善法律，采取强制措施。目前，对环境违法行为实施处罚执行不到位的一个根本因素就是环境执法法制不健全，环保行政机构缺乏查封、扣押、取缔等行政强制手段，对环境违法行为缺乏强制执行权力，对处罚相对人不主动履行环保行政处罚的决定，没有强制手段作保障。为适应环保形势和环境执法工作的需要，应增加环保行政机关可采取的行政强制措施种类，并将原来由人民法院实施的一部分环境强制执行权转由环保行政机关行使。我国正在施行的《行政强制法》立法中应当确立环境行政执法强制制度，赋予环保行政机关与公安、工商、税务、城市管理等部门同样的行政强制权。同时，为切实提高行政处罚规范化程度，进一步规范执法处罚秩序，必须建立完善环境违法案件交接登记制度、案件查处分工制度、罚缴分离制度、行政处罚核查制度、错案责任追究制度以及执法稽查制度和奖惩制度，不断规范撤案程序、行政处罚审批程序和执行程序，努力提高环保行政处罚的效能和水平，有效防止执法的随意性和不公正现象。

第四，必须强化素质，提高执法效率。要加强法律法规的学习，强化依法行政观念；要加强环境执法人员的专业素质培养和执法艺术的锤炼。要学习掌握环保法律法规，做到条条熟悉，款款精通；要加强环保业务培训，全面掌握各个行业污染物排放的特点和应当采取的治理措施，不让违法排污企业因执法人员业务技能的欠缺而逃脱应有的处罚；要规范执法程序，严格依法处罚，从处罚的提出到处罚的最终实施，都要符合法定程序；要不断提高执法艺术，对不同的执法对象采取不同的方式方法，善于引导执法对象充分认识到环境违法行为对自身和社会的危害，自觉接受环保部门的依法处罚；要培养执法人员良好的科技素养，为依法处罚提供强有力的科技支撑。比如，在现场检查时无法进行采样和照相取证的气味污染，要能提供必要的技术监测数据，为环境现场执法提供可靠的技术数据，保证执法对象在铁的证据面前自觉接受处罚。

（作者单位：宜兴市环保局宣传教育科
宜兴市环保局监察大队）

试论跨行政区水污染纠纷的处理

张　铮　张岳南

随着环境污染和生态破坏的加剧，跨行政区水污染纠纷有日益增多的趋势，如果不及时处理或处理不当，往往会影响到社会的稳定和经济的发展。因此，研究跨行政区水污染纠纷的处理具有重要的现实意义。

一、跨行政区水污染纠纷的特点

跨行政区的水污染纠纷是指由水污染引起的、跨及两个或两个以上县级以上行政区域的当事人之间关于责任、赔偿等的纠纷，其产生的原因复杂，类型各不相同，一般具有下列特点：

(1)损害面广。这种由水污染事故引起的纠纷，是流域性的，受害面积广泛，往往是上游污染，下游受害。上游随着污染物的逐步增多，形成污染流，一旦下泄，整个流域都将受害，只是程度不同而已。

(2)复杂度高。跨行政区的水污染纠纷一般较为复杂。一是产生污染的原因复杂，多个企业排污，造成同流合污，谁是污染的主要责任者，谁是次要者，难以分清，往往造成“冤无头，债无主”；二是有些地区存在地方保护主义，不肯提供污染源情况，增加了处理纠纷的复杂性。

(3)突发性强。跨行政区的水污染事故的发生往往是突发性的，如积蓄在淮河安徽段内的高浓度污水，经常突然放入江苏洪泽湖内，使下游防不胜防，湖内鱼虾几乎死光，许多渔民损失惨重，有的甚至倾家荡产。

(4)影响面大。前几年，山东污染江苏的边界水污染事故，使周边县的老百姓连水都喝不上，严重影响当地人民的生产生活，这起震惊全国的水污染事故造成的重大经济损失和社会影响至今还没有彻底解决。

二、跨行政区水污染纠纷处理中存在的问题

我国十分重视解决跨行政区的水污染纠纷，环境保护行政主管部门及人民法院以法律为准绳，处理了大量跨行政区的水污染纠纷，为化解社会矛盾、维护社会稳定作出了贡献，但在处理跨行政区水污染纠纷中也显露出一些问题，主要是：

(1)处理纠纷的行政手段过于单一。目前，我国环境纠纷行政处理的方式只有行政调解处理一种。

跨行政区水污染纠纷是跨及两个以上行政辖区的矛盾和冲突，只能由上一级环境保护行政机关作出调解。而当事人通常代表两个或者两个以上地区不同的利益，受害一方因遭受水污染而生产和生活等方面损失巨大，要求更多的赔偿；加害方可能因为支付高额的赔偿金和治理费用而影响生产或导致破产，要求尽量减少赔偿。这种纠纷的行政调解处理要想使双方满意，显然是有难度的，况且即使作出调解，因不具法定约束力，也无法圆满执行和解决。

(2)损害赔偿的归责较难确定。我国关于水污染侵害适用"无过失责任"的原则，即只要客观上对他人(包括单位和个人)造成了财产和人身损害，不管行为人主观上有无过错，客观上是否违法，都得承担赔偿责任。这从保护受害人合法权益的角度来看完全是应该的。但在跨行政区水污染纠纷中，侵害方往往是共同的，在这种共同侵害行为中，要正确认定各个行为人的过错程度和行为轻重很不容易，因此也很难确定各行为人的责任范围。

(3)损害赔偿还不够充分。对于经济损失的赔偿，《环境保护法》等法律法规中已有了明确的规定，但对于环境侵害造成的精神损害的赔偿，有关法律还未作出明确规定。虽然我国民法中有对精神损害赔偿的法律规定，但只限于名誉权、荣誉权和人身损害的赔偿。实际上，一些跨行政区重大水污染事故造成的损失，受害者不仅仅是倾家荡产的经济损失，由此造成的精神损失也是巨大的。对此，因为法律没有明文规定，操作中无法可依，使受害方不能得到充分的赔偿。

三、解决跨行政区水污染纠纷的基本途径

妥善解决跨行政区的水污染纠纷是一项值得重视的司法和行政任务，笔者认为应注重以下途径：

1. 高度重视跨行政区水污染纠纷的处理

一是要严肃认真对待跨行政区水污染纠纷。妥善解决跨行政区的水污染纠纷，一方面可以使受害人得到合理的赔偿，使之弥补损失或恢复身心健康；另一方面对加害人有震慑和教育的作用，最终达到改善环境质量、保障公民的合法权益、维护社会稳定、促进经济发展、实现可持续发展的根本目标。因此，各级领导和有关部门一定要站在以人为本、建设和谐社会的高度，充分重视跨行政区水污染纠纷的解决。二是要积极调处，化解矛盾，平息事态。环境保护部门发现跨行政区水染污纠纷时，应当迅速上报上级环保部门处理。同时，必须立即组织人员赶赴现场，以便搜集证据，控制事态，减少损失。对于受害人的激愤情绪，应当注意耐心疏导，做好群众的思想工作，理解受害人的心情，维护他们的合法权益。三是要坚持客观公正，坚决排除地方保护主义。在跨行政区水污染纠纷中，个别地方政府为保护地方利益，往往替企业的违法行为说情护短。因此，处理纠纷的机关必须全面认定事实和正确适用法律，不能以言代法，以情代法，以权代法。要坚决排除地方保护主义，公正处理，特别不能因为受害方是个人、小企业或经济落后地区而牺牲他们的合法权益，去维护大企业或经济发达地区的利益。四是要密切配合，通力合作。跨行政区的水污染纠纷涉及面广、情况复杂，要查清事实并求得圆满解决，当事人双方及当事人所在行政区域的有关部门，必须采取积极的态度，密切配合，共同与破坏环境和生态的行为作斗争。

2. 进一步明确跨行政区水污染纠纷的处理原则

根据跨行政区水污染纠纷的本质和特征，在处理跨行政区水污染纠纷中应当体现如下原则：

(1)污染者负担原则。这是环境立法中一项重要的原则，也是处理跨行政区水污染纠纷的基本原则。

(2)赔偿不免除排除危害责任的原则。《环境保护法》第41条规定："造成环境污染危害的，有责任排除危害，并对直接受到损害的单位或者个人赔偿损失。"可见排除危害和赔偿损失均是污染者的责任，不能因为污染者进行了赔偿，就免除其排除危害的责任。在处理跨行政区污染纠纷中，必须充分掌握这一原则，因为赔偿是对造成危害的一种经济赔偿，而排除危害是从根本上消除污染，恢复原有的生态环境。只有这样，才能从根本上解决纠纷。

(3)以调解为主原则。坚持以调解为主是我国解决一切民事纠纷的一个基本指导思想，环境纠纷属于民事纠纷，应当主要通过调解处理。在实践中，跨行政区的水污染纠纷大多请双方共同的上级环境保护行政部门或者法院调解处理，因为调解处理效率比较高。既解决了纠纷，又有利于促进当事人双方的团结，调动各种积极因素保护环境。但调解不是万能的，调解不成的，应当由人民法院依法判决。

(4)国家干预原则。在处理跨行政区水污染纠纷的实践中，常常由于污染因果关系过于复杂，以致找不出污染者，或者污染者虽然可以确定，但是其支付能力有限，无法承担赔偿费用。在这种情况下，倘若无法处理，便只有由受害者自己承担损失，而受害者往往在经济能力上无法承受，这样，就势必引起受害者的强烈不满，从而导致社会的矛盾和动荡。

(5)公众参与原则。《环境保护法》第6条规定："一切单位和个人都有保护环境的义务，并有权对污染和破坏环境的单位和个人进行检举和控告"。公众的日常生活与环境直接相关，水与人民的生产、生活息息相通，他们对环境质量的好坏最有发言权。所以公众对水污染的检举和控告是解决跨行政区水污染纠纷的有力证据之一。

3. 努力提高流域的水环境质量

解决跨行政区水污染纠纷的根本途径是贯彻"预防为主，防治结合，综合治理"的方针，从源头上减轻水污染的程度，提高水环境的质量，从而减少或防止水污染事故的发生。具体应抓好以下几点：一是要坚持可持续发展的战略，科学合理地利用环境资源。二是要采取积极的防治措施，加快水污染的治理步伐。有关资料表明，除部分内陆河流和大型水库外，我国水域普遍受到不同程度的污染并呈发展趋势。因此必须采取切实的措施、加快水污染的治理。同时，要抓住当前产业结构调整的机遇、努力发展低能耗、少污染的高科技产业。三是要加强环境监督执法力度，及时查处环境违法行为。要建立健全环境执法机构，规范执法行为、完善执法程序，提高执法水平，做到“执法必严，违法必究”，及时地查处环境违法案件，通过加大处罚力度使违法者吸取教训，彻底改变违法成本低于执法成本的状况。要充分运用刑法中有关破坏环境资源罪的条款，对那些环境造成重大污染，构成犯罪的人绳之以法，追究其刑事责任，以震慑环境违法者。

4.尽快完善解决跨行政区水污染纠纷的法律制度

(1)强化环境纠纷行政处理机制。首先，应早日制定《环境纠纷处理法》，详尽规定环境纠纷行政处理的机构，管辖范围、处理方式及程序等，对如何处理跨行政区划的环境纠纷应作专门规定。其次，设立流域环境保护部门，对各流域进行综合治理，规定上游地区排污总量和水质标准；在跨行政区的界面设监测点，实行统一监测，以解决跨行政区水污染纠纷处理中“冤无头、债无主”的难题。第三，增加环境纠纷的行政处理方式。我国处理跨行政区水污染纠纷的行政手段过于单一，在这方面，日本处理公害的方式可以借鉴。日本的公害纠纷的处理方式分别为和解的斡旋、调解、仲裁以及裁定四种，当事人之间的纠纷能以多种途径解决，我国可吸收其部分合理的内核，以更加公平、合理、快速的解决环境纠纷。

(2)实行环境仲裁制度。制定《环境仲裁条例》，规范仲裁执法行为，明确仲裁程序。在环境纠纷处理机构下设环境仲裁委员会，专门处理环境纠纷仲裁事宜。实行或裁或诉讼制度，即发生环境纠纷后，当事人要么选择仲裁，要么选择诉讼，仲裁后不得向法院起诉，法院对经过仲裁处理的环境纠纷不再受理。同时要实行一裁终局制，当争议一经仲裁即产生法律效力，一方不履行，另一方当事人可据此申请法院强制执行。

(3)引进赔偿保险机制。鉴于强制保险不仅能有效的保护危险企业的财产利益，使受害人能及时得到赔偿，而且也有利于污染纠纷的迅速解决，有利于整个社会的安定和经济的健康发展等明显优点，我国可以根据自己的国情，将污染责任保险确定为强制保险，并且具体规定承保的范围、合理的自负额和保险金的最高金额，以及详细的赔偿程序、以解决环境侵害行为造成的损害赔偿之难题，切实保障受害人的合法权益。

(4)对于环境共同侵权行为中责任的承担，应当适用“比例分割赔偿制”。借鉴西方国家的做法，以立法形式确定各侵权行为人责任范围，根据各行为人参与致害程度的大小而按比例承担损害赔偿责任，参与致害小的，少分担损害赔偿责任，反之多分担损害赔偿责任。如跨行政区水污染纠纷中有A、B、C、D、E五处工厂排泄有毒物质于河流、致使流域的居民遭受损害，对于各行为人的责任，应依各工厂的污染物排放量的比例使其分担赔偿责任。这样便于合理解决环境纠纷，以维护法律的公平和促进经济的发展。

(5)跨行政区水污染纠纷中的精神损害赔偿应纳入赔偿范围。我国《民法通则》规定，公民的人格权受到损害的，有权要求停止损害，恢复名誉，消除影响，赔礼道歉，并可以要求赔偿损失。这里的赔偿损失仅限于姓名权、肖像权、名誉权受到侵害。因水污染造成财产损害进而带来的精神伤害并不包括在内。日本对公害致生命健康的损害赔偿包括两个方面，即经济损失和对受害者或亲属精神损害的补偿。对此我国应借鉴吸收，把因污染造成的精神损害赔偿列入整个赔偿的范围。

(作者单位：江阴市人民法院
江阴市环境保护局)

城市环境执法问题及对策思考

程　进

环境执法是国家环境保护行政主管部门依照法定的职权与程序对环境行政相对人所实施的具有法律约束力的具体行政行为，是国家行政执法的重要组成部分。近年来，我国已建立起国家、省、地、县四级环境执法体系，拥有环境监察机构3 063个，环境监察人员4.5万人，每年开展现场执法200多万人次，环境执法能力和水平正在不断提高，在连续两年开展的环保专项行动中就查处环境违法问题近4万件。然而，随着城市经济和建设的高速发展，城市的环境污染具有新的特征，环境执法法定效力与实际效力之间落差愈加巨大，甚至出现城市环境越治理，污染越严重的态势。因此，如何在新形势下提高城市环境执法的能力和水平，保障城市经济和社会协调发展，已成为一个亟待解决的现实问题，本文就此进行一些初步的分析和探讨。

一、城市环境执法存在问题

受机制、体制、法制、能力诸方面的制约，城市环境执法工作仍然沿用传统的模式和手段，普遍存在有法不依、有法难依、执法不严、违法不究、以言代法、以权代法、以罚代刑等现象,环境执法难、执法软、执法无力的问题越来越突出。主要表现在以下几个方面:

1. 城市环境执法范围问题

当前,各级政府城市环境执法主要集中在对所属部门和广大企事业单位执行环保法规的监督检查。对企事业单位现场环保执法检查。主要检查污染治理设施的建设与运行情况、污染物排放达标(许可证要求)和排污费缴纳情况、环境污染事故与纠纷的处理情况等。由于当前我国正处于快速城市化时期,城市建设日新月异,城市环境问题呈现出城市水域水质严重恶化,城市空气质量严重下降等趋势。本人认为,城市环境执法在以下两个方面出现执法真空或是盲区:

(1)未将生活型污染纳入执法范围。目前城市环境问题变化的一个显著特征是:工业污染得到控制,生活污染比重上升。由于生活水平提高和消费方式的改变,城镇生活垃圾和生活污水迅速增长,已经成为令各大城市头疼的难题。由于城市污水处理厂、污水管网、生活垃圾处理场等基础设施建设远远滞后于城市建设和发展,同时,城市第三产业的大量发展,城镇人口的急剧增加,由此带来的生活型污染越来越严重。而城市环境执法的重点仍然停留在工业型污染的执法管理上,这对城市环境执法工作来讲不能不说是严重的缺憾。

(2)对面源型污染执法效率低下。城市环境问题变化的另一个显著特征是:随着点源污染得到一定的控制,面源污染逐渐上升为新问题。较之点源污染,面源污染个体排入量少,但面大量广,累积排放规模大。如在城市地区,随着人均收入水平的提高,机动车数量迅速增长,汽车尾气成为目前城市大气中最难治理的面源污染物。还有大量餐饮油烟、娱乐场所噪声、建筑工地、道路施工粉尘等问题。而对这类问题的环境执法通常是专项执法的阶段性集中检查多,经常性随时检查少,头痛医头,脚痛医脚,环境执法成效差。这类问题不仅造成城市污染,也严重干扰市民生活,市民普遍意见大、投诉多。

2. 城市环境执法权限问题

由于行政执法本身在法律执行中处于比较低阶的位置,相对应的行政执法部门的法律地位较低,它的法律地位缺少权威性和严肃性。因此,造成了在整个行政执法中法律手段效力不高,法律取证责任履行困难,执法的长期效应难以体现等。环境执法作为行政执法的一部分,亦同样如此。此外,由于立法系统性、协调性、可操作性尚有疏漏,因此,城市环境执法权限显得尤为不足:

(1)缺乏必要的强制执行权。现有的环境法律法规没有赋予环保部门任何强制执法手段,尤其是无工商、税务等部门所拥有的查封、冻结、扣押、没收、强制划拨手段,对环境违法行为,即使已作出行政处罚决定,当事人若不主动履行,环保部门只能向法院申请强制执行。而法院在具体行政行为处于行政复议或行政诉讼期间,一般不予强制执行,所以环保部门有时面对肆意污染和破坏环境的违法行为,力不从心或束手无策。实际工作中,使得环境执法不可避免地带有软弱性和不彻底性,特别是环保监察执法部门"脱帽"后,阻挠环境执法,甚至暴力抗法事件时有发生。据统计,去年全国发生120多起暴力抗拒环境执法案件、4000多起环境执法受阻事件。环保部门普遍感到需要必要的直接强制执行权力,来保证执法的权威性、严肃性。

(2)缺乏限期治理决定权等执法权力。目前我国环保法律除《环境噪声污染防治法》中规定了"对小型企业事业单位的限期治理,可以由县级以上人民政府在国务院规定的权限内授权其环境保护行政主管部门决定"外,其他法律均将这些权力赋予地方政府。然而地方政府往往以经济工作为中心,而难以以环境保护作为其考虑问题的出发点和立足点。这无异于客观上助长了污染者"有恃无恐"的心理,给环境执法带来一定的困难,无形中降低了执法部门的执法能力。环保部门从理论与实际的需要看,环保部门应拥有限期治理决定权,以及由此衍生的责令停业、关闭的权力,以加强环保部门执法的权威性与严肃性。

3. 城市环境执法机制问题

一个有效的执法机制往往应当具有下列效能,一是对违法行为能够遏制,使得企业不敢再犯;二是对违法行为产生的过失有补救措施;三是执法行为不能够成为守法者的负担和经营障碍。从这些可以看出,当前的环境执法机制还存在一定的基础性缺失。

(1)缺少有效的奖罚机制。目前对环境违法行为的处罚设置普遍过轻,惩罚性不足、制约力不够,造成某些违法者无所忌惮。而治理污染成本很高。企业按照国家环保要求来治理污染,生产的成本相对于同行业的违法企业来说就会大大增加,同时也失去了产品的竞争力,出现守法成本高,竞争力下降的怪现象,严重打击企业环保的积极性。而由于环境执法手段等问题,企业偷排违排行为被查到的概率很小,相应承担的经济风险较小。如去年四川沱江发生特大污染事故,造成经济损失2亿多元,川化集团仅被罚款100万元,这是《水污染防治法》规定的最高额度,而对川化集团这种大型企业来讲,治污设施的运行费用每天都在10万元以上。可以不夸张地讲,这种"倒奖罚"机制,对企业违法排放、偷排污染物起到推波助澜的作用。

(2)缺少补救和反馈机制。由于受诸多主客观因素的影响,当前的环境执法无可避免的出现重罚款轻管理的局面。对企业违排偷排事件本身,所造成的环境危害、治理补救措施缺少监督。"以罚代管"的现象也较为普遍。罚款虽然有一定的惩戒作用,但如果"以罚代管"甚至"罚了不管"、"只罚不管",其效果非常短暂。罚款只是一种手段,根本的目的是要解决问题。特别是环境执法，其根本职能就是要监督违法者还清洁于环境。以罚代管，罚款走人不仅对污染的环境于事无补，而且容易滋长违法企业的不良心理，滋生执法人员的腐败行为。

4. 城市环境执法手段问题

城市环境执法仍未摆脱利用行政手段遏制环境污染的传统思维方式，单一的行政执法手段，不仅造成执法手段简单化，更易导致环保部门在处理日趋繁重的环保事务时显得力不从心。突出表现在：

(1)经济技术手段明显偏弱。环境执法经济手段在上文已经提及，这里不再赘述。环境执法要求先进的技术手段支持，环境监测是最重要的技术手段，通过环境监测可以及时掌握环境质量状况和污染源的排放情况为环境执法提供技术依据，但目前受财力与人力所限，基层环境监测污染监控体系尚未完全建立，对排污单位不能做到全方位、全天候的监测监督，企业偷排偷放现象时有发生，对环境执法还缺乏有效和及时的保障。

(2)联合执法效果难以持久。当前环保体制实施的是环保部门监督管理与分部门监督管理相结合体制。即公安、城建、市政等各部门在完成自身职责的同时，必须履行各自范围内的环境监督职责。而各部门的环境监督的职责履行的好坏，和部门的政绩并无多少关系。可是作为统一监督管理部门的环保局，因没有法定的实施监督办法，也就无法行使统一监督权，也无权督促和处置相关部门履行职责。在实际工作中，藉创建国家环保模范城市、文明城市等整治活动，环境执法和相关部门执法常常联动出勤。由于联合行动涉及多个部门，这些部门的职权范围、执法依据各不相同，使得联合执法行动的组织、指挥和协调工作比较困难，而且各部门的执法力量配置较紧。部门联合执法，只能用于应对一个时段或重大个案的处置，而难以作为经常性的管理方法，效果难以持久，因而大大影响了环境执法的力度，致使了一些环境问题积重难返。比如当前群众反映比较突出的城镇餐饮业、娱乐业的油烟污染和噪声扰民问题。

二、环境执法问题成因分析

上述城市环境执法问题，不仅直接弱化了环境执法检查的实效，影响了法律监督的质量和效果，而且直接影响了环境执法应有的权威的树立。出现环境执法问题的根本原因还是中国生产力发展水平比较低，经济增长方式粗放，法律意识和环境意识淡薄。但从环境管理体制和执法机制的角度进行较深层次的分析，主要成因在以下几个方面：

1. 政府趋利性

政府的趋利性是影响环境执法的根本因素。主要表现在地方政府的发展观和政绩观背离可持续发展观念。一些地方政府还存在这样的错误观念——GDP是硬指标，环境是软指标、没指标。按照《环境保护法》的规定，地方政府应对本辖区内的环境质量负责。但在一些地方，政府行政干预在环境监督管理过程中依然存在，而且已成为阻碍环境执法的一大障碍，以致环境行政执法机关不能进行正常的执法活动，常常被迫延缓、削弱或撤销本该采取的行政执法措施。常常造成该处罚的企业难以被处罚，该关停的企业更是得不到关停。环评、"三同时"等制度在经济发展过程中往往被一些地方政府忽略，流于形式，致使老污染源没治理，新污染源又产生，包庇、纵容污染的现象却屡屡发生。最终，为了趋利，造成政府角色错位。

2. 企业趋利性

市场经济讲究企业内部利润和经济效益的最大化，而出现了企业外部的不经济性。因为，环境是资源，也是人人共有的公共财产，而市场经济激励人们以个人付出的最小代价去获取最大利润，因此势必产生逃避社会责任和义务，而向社会索取更多的现象。在环保上把原本应进行的污染治理置之度外，能拖则拖，不愿意进行必要的环保投人，环境保护变成市场经济条件下企业的"非自觉行动"。企业违法成本低、守法成本高、一些企业虽经多次查处，但仍采取各种方式违法排污。处理责任人不到位，偏重于对企业的处罚，而对责任人的处理寥寥无几，经济处罚多、对责任人追究法律责任少，难以对环境违法行为形成威慑。

3. 执法部门趋利性

行政机关的执法活动既同社会公共利益和公民个人利益密切相关，又同行政机关的自身利益存在一定的联系。在处理两者关系时，按理讲，应优先考虑社会公共利益和公民的个人利益。然而在现时，许多行政机关的执法活动都带有一定的趋利性，既在行政执法中优先考虑的不是社会公共利益和公民个人利益，而是行政机关自身利益，以至于在行政执法中利益化倾向越来越强烈。对自身有利的就管，对自身无利的就不愿意管或不管，严重违背法律赋予其职权的目的，由此产生了一系列不良后果：一是导致行政执法密集地带。对与自身利益有关的，各行政执法部门都争着管，抢着管，甚至借法扩权，争权夺利，导致行政相对一方被重复执法，严重违背行政法"一事不再罚"的基本原则；二是导致行政执行的空白带。对与自身利益无关的，各行政执法机关都不想管、不愿管，甚至互相推诿、各自为政，致使行政相对一方有机可乘。对环境执法而言，更多的是以经济处罚代管理，收到罚款了事，而无视企业所造成的污染危害，其实出现违规事件再去罚款，根本解决不了问题。环境已经被破坏了，经济制裁已经没有任何意义，因为花再多的钱也不能恢复原有的生态环境。

4. 执法自由裁量权导致不公平性

目前我国正处于经济体制的转型期，为了及时应对各种突发情况，法律、法规赋予了行政机关以较大的自由裁量权。由于我国的行政管理人治现象严重，几千年的集权专制传统使得人治的历史积淀成为依法行政的先天障碍。在权与法的冲突中，往往权大于法，情重于法，个人说了算，有时甚至以行政命令代替法律，习惯于按"长官意志"办事，而不习惯于按法律法规办事。同时社会上的人情关系、横向联系也会给执法的公正性带来影响。由此造成执法的主观随意性很大，责权利配置不对称，出现"多头执法"和"空区"，导致权力寻租行为等腐败现象出现，从而产生了对于同样的案例因为各种因素而产生不同的执法结果，使群众感到执法不公。执法不公严重影响了环保部门的执法权威，而且导致公众和企业对环境执法普遍存在轻视甚至对抗的心理，有时更加助长了一些违法企业的不法行为。

综上所述，由于环境执法与现实条件之间存在巨大差距，目前，环境执法工作在一定程度上存在与环境、经济的实际情况脱节的情况，环境执法障碍的大量存在，增加了环境法律的设计、实施及监督成本，影响执法效率和水平，导致执法低效甚至无效。

三、对策思考

上述问题的产生，既有主观原因，也有客观因素；既有监督主体方面的缺陷，也有客体方面存在的不足。环境执法难不单纯是一个法律问题，而是关系到政治、经济、社会等各个方面的综合问题。因此，仅靠提高执法频率、扩大执法影响、处罚违法对象等，不能真正解决执法难的深层矛盾。只有充分认清执法效益和环境执法之间存在的经济关系，消除环境执法障碍，才会提高执法质量和依法行政水平，使环境执法取得良好的社会效果和经济效果。环境执法难的问题需要在发展中逐步加以解决。解决这一问题，必须以打破地方保护主义为目的，以落实地方政府对环境执法负责为重点，以整合执法资源为手段，逐步理顺体制、健全机制、强化法制、增强能力，切实加大环境执法力度。针对存在问题，提出如下对策建议：

1. 理顺环境执法体制

理顺执法体制是提高执法效能、克服地方保护主义的关键环节。在美国、法国、北欧一些国家，环保部门实行垂直管理体制，把整个国家分成若干区域，区域环保部门有独立的执法队伍，不受当地政府管辖，可对各州市直接处罚，这样就避免了地方保护。但对中国国情而言，单纯的垂直体制往往由于管理能力的欠缺，导致监督管理不力。可借鉴垂直管理模式中的优化因素，建立兼顾两者的集成管理体制。即国家对环境总体性管理应体现于：环境资源的规划、保护、使用；组织和协调不同区域的环境管理；监督环境的质量状况；设置环保的运作机制，调控各利益主体的环保行为。对区域管理，将环境建设与环境执法分开，把环境建设任务交给地方各级政府，环保部门则全力履行执法职能，依法查处各类环境违法行为；集中监管权力，减少执法主体。地方政府应根据国家环境规划、当地环境资源特性和影响制定优化方案；在总量控制下，通过市场化形式配置环境使用权、排污权；进行日常监督和问题仲裁；吸纳非政府组织和公众参与。

2. 建立完善的领导干部环境保护实绩考核制度

政府官员的政绩考核指标是各级政府管理者工作方向的"指挥棒"，科学全面的官员考核指标可以引导政府管理者充分调动人民群众参与经济建设和社会发展的积极性，可以引导政府管理者从单纯追求 GDP 的盲区中跳出来。因此要建立起领导干部环保实绩考核制度，将领导干部对环保部门的机构建设、人员编制、财政投入等的重视程度作为环保实绩纳入领导干部本人的人事档案，作为评价干部政绩、评定年度考核等级、实行奖惩和干部晋升提拔的依据之一，而且应将各项考核的指标予以量化，使环保实绩考核制度明确、具体、可操作；并且应当在干部晋升提拔中实行环保工作一票否决制，加强环保实绩考核制度的权威性和执行力度。同时，也可实行环保目标责任制经济处罚。如美国有关环保法规规定，联邦政府和环保局有权对州政府不执行联邦环保法，出现环境质量恶化状况时可处以巨额罚款，上交联邦。同时，州政府和环保部门也可对下辖的市、县违反联邦和州环保法规的行为和造成环境污染与生态破坏的现象进行罚款。这样，从经济角度促使各级政府强化环境保护的责任感，体现环保目标责任制的严肃性和可操作性。

3. 强化司法介入机制

完全仰仗行政手段、经济手段制止环境污染，已成为落伍的观念和制度，环境刑法在全世界范围内均成为一个研讨的热点。我国刑法中未使用"环境犯罪"一词，只是在危害公共安全罪、破坏社会主义经济秩序罪以及渎职罪等类罪中零散规定了若干种涉及破坏环境的条款；在环保法、水污染防治法、海洋环境保护法、大气污染防治法、森林法、渔业法、草原法等行政、经济法律中，也设置了一些惩治环境犯罪的条款。但是，现行惩治环境犯罪的刑法规范比较零乱，内容含糊，实际工作中难以运作。民事法庭审理时限长，又缺少专业环保人士。因此，可试点组建环境法庭，专门审理环境案件，使司法形式可以以其独有的震慑力来避免违法案件的发生，警告新的违法现象出现。

4. 建立公众参与机制

社会的进步在很大程度上取决于政府和民众的沟通，以及民众对于决策的真实参与。公众参与可以帮助政府实现高效清廉的执政能力，同时也是决策的科学化、民主化的真实基础，是最终实现公众利益的最大化的保证。要通过报纸、电台、电视台等新闻媒介，使公众及时了解情况，并参与讨论，发表意见，保障环境执法的公平性和有效性。公众参与机制主要包括以下几个层面：

(1)公众的环境信息知情权。如环境的立法与对环境违法行为的行政处罚、城市环境质量状况、企业环境信息、工程的环境影响评价等。

(2)公众的监督权。如对环境工程决策的监督，促进环保决策科学化、民主化，对污染事件的举报控告监督等,必要时可吸纳市民参与执法。

(3)公众的责任义务。如生活垃圾分类,倡导可持续消费,节约型消费,节能性生活方式,让公众的环境意识和消费行为与可持续发展模式相配合。

5.实行环境执法个案公示制度

实行执法个案公示制度,可以加强执法的外部制约,即人民群众对环境执法部门自由裁量权的社会监督。环境执法个案公示制度,就是环境执法部门从公平、公开执法的基本原则出发,把案件具体内容及其处理的各个环节包括案卷向社会公开,接受社会公众监督,从而促进环境执法状况的改善,推进依法行政和依法治理的一种制度。同时建立违法追究和领导连带责任制度,完善内外结合的监督网络,形成上下贯通、层层负责的监督体系。这样,在环境执法的内部监督与外部监督的合力作用下,环境执法监督必然会取得更大的成效。

6.加强现代技术手段支撑

排污企业的污染物排放是一个动态过程,污染企业对周围环境的影响也随着时间的推移和企业生产经营活动的改变不断发生变化。环境污染具有流动性、潜在性、交叉性、易失性和复杂性等特点,这就给取证手段的现代化、科学化提出较高的要求。特别是对瞬间发生的环境违法活动根本就无法提取确凿的证据;目前在新的形势下,更需要强化对排污企业的后置管理,加强日常环境监察,要增加一线监察力量,对排污单位特别是群众较关注的污染源管住、盯紧。积极加强硬件建设,对重点污染源安装主要污染物在线监控装置,实现在线远程定量化监控。同时,利用电子政务技术,规范环境执法程序,减少办案人的自由裁量权限度,克服环境执法的任意性和盲目性,最大限度地保护相对人的合法权益,真正体现环保执法的公正原则。

(作者单位:南京市鼓楼区环境监察大队)

浅谈渔业环境污染事故的界定

甘　阳　陈晓菲

2003年4月10～14日,广西左江发生特大环境污染事故,扶绥至南宁河段局部水体逐渐变黑,扶绥县龙头镇、南宁市永新区中楞、下楞、杨美等村的群众在左江中进行网箱养殖的鱼类大量死亡。广西壮族自治区环保局牵头成立联合调查组,于2003年4月13～25日,历时10多天,完成了死鱼原因调查、污染源调查、损失核定等工作,确定了事故责任,核定网箱养鱼损失折合人民币约156万元。事故主要责任者受到停产整顿的严厉处理,后因治理无望被关闭。事故引起的污染损害赔偿纠纷因协调未果,受害人向人民法院提起民事诉讼。

在该纠纷的民事诉讼活动中,由于对一些证据的采用出现争议等原因,引出了环保部门和渔政部门是否对同一水污染事故均有调查处理权的问题,其实质就是对渔业污染事故的界定问题。就此,我们进行了一些研究。

一、法律明确了不同类型水污染事故的处理部门

《中华人民共和国水污染防治法》第二十八条第一款规定:"排污单位发生事故或者其他突然性事件,排放污染物超过正常排放量,造成或者可能造成水污染事故的,必须立即采取应急措施,通报可能受到水污染危害和损害的单位,并向当地环境保护部门报告。船舶造成污染事故的,应当向就近的航政机关报告,接受调查处理"。第二款规定"造成渔业污染事故的,应当接受渔政监督管理机构的调查处理。"《中华人民共和国水污染防治法实施细则》的规定更详细,其第十九条第二款:"环境保护部门收到水污染事故的初步报告后,县级以上人民政府环境保护部门应当组织对事故可能影响的水域进行监测,并对事故进行调查处理。"第十九条第三款:"船舶造成水污染事故时,必须立即向就近的海事管理机构报告。造成渔业水体污染事故的,必须立即向事故发生地的渔政管理机构报告。海事或者渔政管理机构接到报告后,应当立即向本级人民政府的环境保护部门通报情况,并及时开展调查处理工作。"

与此相关的法律,主要是《中华人民共和国渔业法》第三十六条:"……渔业污染事故的调查处理,依照……《中华人民共和国水污染防治法》的有关规定执行。"

可见,水污染事故一般由环保部门处理,当水污染事故属于法律有明确规定的类型时,才由其他部门处理。比如,渔业污染事故应当由渔政管理机构调查处理,船舶造成污染事故的应当由航政机关或者海事管理机构调查处理。

二、法律明确了什么是渔业污染事故

《中华人民共和国水污染防治法》第六十条第(五)点规定:"'渔业水体'是指划定的鱼虾类的产卵场、索饵场、越冬场、洄游通道和鱼虾贝藻类的养殖场。"这一解释在由谁划定和如何划定产卵场、养殖场等的问题上,确实存在一定的模糊。但是,我们对照《中华人民共和国渔业法》与此有关的规定,就会得到明确。

《中华人民共和国渔业法》第二条规定"在中华人民共和国的内水从事养殖等渔业生产活动,都必须遵守本法。"该法第十一条规定:"国家对水域利用

进行统一规划，确定可以用于养殖业的水域和滩涂。单位和个人使用国家规划确定用于养殖业的全民所有的水域、滩涂的，使用者应当向县级以上地方人民政府渔业行政主管部门提出申请，由本级人民政府核发养殖证，许可其使用该水域、滩涂从事养殖生产。核发养殖证的具体办法由国务院规定。”

因此，渔业污染事故是指在国家统一规划确定可以用于养殖业的全民所有的水域、滩涂内，渔业生产者获得县级以上人民政府根据国务院规定的具体办法核发的养殖证，合法从事渔业生产的过程中，受到环境污染损害的突发性事件。

至于非全民所有的水域、滩涂，具有合法使用权的单位和个人主要将其用于渔业生产的，是渔业水体，这些水域、滩涂受到突发性环境污染损害的，是渔业污染事故。

（作者单位：广西壮族自治区环境监察总队）

渔业污染事故调查处理难的成因与对策

邢化峰

当前，我国水体污染事故时有发生，其中发生频率最高、影响最广的当属渔业水质污染事故，而且，渔业污染事故存在发生频率高、范围大、处理难等特点。

一、存在的主要问题

尽管《中华人民共和国水污染防治法》的部分条款和农业部颁发的《渔业水域污染事故调查处理程序规定》，以及国家环保总局《对处理水污染事故适用法律问题的批复》对涉及渔业污染事故的处理都有明文规定，但这些规定不够系统、完整和一致，对渔业污染事故调处的法律规定不明确、机制不健全、技术保障不到位，从而导致事故的调处困难重重，调处结论难以被接受和执行。笔者认为，其存在的问题主要有：

1. 管理主体不清

《水污染防治法》第 4 条并没有赋予渔政部门实施水污染防治监督管理的职责，第 55 条没有规定渔政部门有权就赔偿责任和赔偿金额的纠纷进行处理，然而第 28 条和第 53 条却赋予其调查处理权和罚款权。

新施行的《水污染防治法实施细则》对此问题没有给出更合理、确切和可行的补充规定，但明确了渔政机构是渔业水体污染事故调查处理的主体。按照农业部的规定，所有水污染造成的渔业损失均由渔政监督管理机构实施调查取证、技术鉴定、赔偿调解和行政处罚。按照国家环保总局的批复，发生在划定的渔业水体范围内的渔业污染事故由渔政部门调查处理，船舶造成的污染事故由航政机关调查处理，赔偿责任和赔偿金额只能由环保和航政部门调解。

笔者认为，这种前后规定管理权限上的混乱、工作内容上的混杂、职责范围上的含糊，是当前处理事故关系不顺的主要原因，极易导致渔民投诉无门，看起来人人都有权管，但碰到棘手问题时却没人管或相互推诿。

2. 管理客体不清

渔业污染事故一般可分为 5 种类型：一是严重超标客水集中下泄导致下游引发渔业污染事故；二是面源污染造成水体本底不好，在不利的气象水文条件下，导致水质恶化，引发渔业污染事故；三是点源污染企业虽然达标排放，但由于污染物的富集和水体自净能力的弱化，在不利的气象水文条件下导致水质恶化，引发渔业污染事故；四是某一排污者的事故性排污导致水质急剧恶化，引发渔业污染事故；五是自身喂养管理不当、他人投毒等其他原因引发的渔业污染事故。那么渔业污染事故是指其中一类还是几类不明确。

《水污染防治法》规定：渔业水体是指划定的鱼虾类产卵场、索饵场、越冬场、洄游通道和鱼虾贝藻类的养殖场。据此，渔业污染事故则是指发生在划定的渔业水体范围之内的水污染事故。而内陆河流中有相当一部分水域被农民用网箱养殖等方式从事渔业生产，这些地表水域当地政府一般均按《地表水环境质量标准》的规定进行类别划分，都没有特别地划分为渔业水体，那么这些水体的渔业污染事故又该如何认定和调处也不明确。

3. 收集取证困难

在渔业污染事故中，鱼类全部或部分死亡的损害事实比较容易获取证据，而因为水污染事故的突发性、时效性和不可重复性，致使收集侵权行为和损害事实之间因果关系的证据比较困难，但有效的证据又是处理事故的必备条件。

突发性的水污染事故发生后，待有关人员赶到现场时往往“水过境迁”，这时获取的监测数据有时不能直接、准确地反映水体遭受污染时的状况。尽管我国对环境污染案件采用的是举证责任倒置的原则，但行政机关调处或鉴定事件时，仍应自己收集相关的证据。而搜集证据时被调查方往往又采取不合作的态度，加剧了有力的直接证据收集艰难，造成行政部门调解结论难以被当事双方所接受。

二、对策及建议

1. 修改和完善相关法律、法规

国家或有关部门在立法或出台立法解释时，应当充分认识到渔业事故、渔业污染事故、渔业水体污染事故是3个外延和内涵不同的概念。渔业事故是指鱼类受到损失和危害的事故；渔业污染事故是指鱼类生存水域受到污染，引起鱼类损失和危害的事故；渔业水体污染事故是指法律规定的特定的渔业水体受到污染，引起鱼类损失和危害的事故。另外，还应注意该法律在执法时的可操作性问题，并用法律保障调处机关调处行为的公正性。

2.建立跨区域环境污染责任制和责任追究制

对于跨区域渔业水污染事故，建议尽快制定跨区域环境污染行政赔偿方面的法律、法规，并把此类污染纠纷查处的程序、赔偿措施以法律的形式固定下来，使跨区域污染案件处理有法可依并依法治污。

3.建立专门的渔业污染事故的协调机构

建议明文规定环保部门负责水质现状的监测评价，评估水质有无突发性变化及其原因，查明周围排污者的生产及其排污情况；渔政部门负责损害事实的调查，估算损失量，剖析鱼类死亡的原因等。然后，各方再就各自负责获取的信息共同进行综合分析，判定各方资料的同一性、关联性和矛盾性，从而认定鱼类死亡的真实原因和相关责任。因此，笔者建议成立一个协调机构，以便能及时迅捷地调处渔业污染事故。

（作者单位：安徽省亳州市环保局）

建设项目环境监察问题的分析

沈大勇

建设项目是一个统称，它大体包括新建、扩建、改建、技术改造的项目。对建设项目的环境管理是基于我国“预防为主”的方针，从建设项目开始之前的谋划，到建设项目的竣工投产，全过程都要对该项目可能造成的环境影响进行预防。环境监察是环境管理的“下游”，是环境管理效果的保证。环境监察机构在建设项目建设过程中要不断对该项目进行检查，具体落实环境管理的各项措施，及时发现建设单位或施工单位的环境违法行为并予以处理处置。

一、建设项目环境监察特点及依据

建设项目环境监察有其特殊性，它虽然也包括水、气、声、渣的监察内容，但和一般的水、气、声、渣污染源的监察不同，一般污染源监察是对现存污染源的监察，是一种现状间监察，而建设项目监察是一个项目从无到有的一个监察，是一个过程监察。其监察内容除包括水、气、声、渣污染源监察的内容外，主要体现在建设项目在不同阶段所要监察的主要内容。其主要内容是：对建设项目执行环境影响评价制度情况的现场监督检查；对建设项目执行“三同时”制度情况的现场监督检查。

二、建设项目环境监察内容

环境监察部门在建设项目环境监察工作中，承担两方面的任务，一方面要在平常的监察巡视中发现未经审批的建设项目，对这些项目进行处理处罚，对符合审报条件的，要求其进行环评和办理环保审批手续，对国家明令禁止的“十五小”等项目坚决予以取缔；另一方面承担审批、建设过程中的项目环境监察，下面主要介绍几类项目监察内容。

1.设计阶段了解情况、提供信息

在项目建议书和可行性研究阶段，了解环境影响评价内容和要求、项目生产工艺、污染防治措施及可能排污情况。设计阶段，了解和掌握项目生产工艺、排污节点和去向、污染防治方法和工艺应达到的环保标准和环保部门对该项目的具体要求等。

2.项目施工阶段的环境监察

项目建设施工阶段的环境监察是建设项目环境监察的重点之一，这一阶段的主要工作如下：①建设项目的环评及环保审批手续是否齐全、完备；②建设项目在建设施工过程中，是否按照环保要求，最大限度地减少对环境的污染和影响；③建设项目的主体工程是否按设计施工，是否存在批小建大、改变生产工艺、改变产品结构、改变项目地点等问题，是否做到在生产过程中最大可能地提高材料、能源的利用率来减少产污量；④环境保护工程是否按规定设计施工，是否存在批大建小、改变治理工艺、减少环保投资等问题；⑤环境保护工程是否与工程主体同时建设；⑥排污路线和去向是否按照审批要求设立、施工、落实隐蔽工程；⑦各种排污计量、监控和标志是否按环保要求建设。在监察过程中，发现问题及时进行纠正和解决，并向环境管理主管部门及时汇报和反馈情况。工程建设完成后，根据现场监察情况，写出监察报告，对该项目能否进入调试提出意见。

3.项目调试运行监察

项目调试运行监察是在项目调试运行及竣工验收阶段的监察，这是建设项目环境监察的又一个重点，在这一阶段的环境监察主要内容有：①建设项目主体工程调试过程中，环保设施是否与工程主体同时运行；②工程主体排污是否正常，达到设计指标；③环保设施运行是否正常，污染物去除是否达到设计要求；④各种污染物排放是否达标，排放量是否达到总量要求；⑤排污单位各项规章、制度、管理措施是否建立健全，环境管理是否正规、严格；⑥排污路线和去向是否按要求做到；⑦各种排污计量、监控设备、仪器是否运行正常。项目调试结束后，根据项目调试过程中现场监察的情况，写出监察报告，反映项目存在的问题，应改进和完善的方面，对该项目能否验收提出意见。项目验收后将其纳入正常监察。

三、环境监察中有关问题分析

1. 建设项目向环境保护主管部门申请试生产问题

《建设项目环境保护管理条例》（以下简称《条例》）未规定建设项目试生产必须经环境保护行政主管部门同意。《建设项目竣工环境保护验收管理办法》第七条规定："建设项目试生产前，建设项目应向有审批权的环境保护行政主管部门提出试生产申请。"但是，建设单位未向环境保护行政主管部门申请试生产，国家现有法律法规并未设定相应的行政处罚条款。对于这类不申请试生产的项目，如主体工程建成投产3个月内污染物超标排放的，可依据环境保护法、水污染防治法、大气污染防治法等相关条款处理。如主体工程建成投产超过3个月，根据国家环保总局环函[2003]380号，《条例》第二十条规定，凡是建设项目自试生产之日超过3个月或建设项目主体工程建成投产超过3个月却未申请环境保护设施竣工验收的，环境保护行政主管部门可能认定为"其主体工程已经投入正式生产"；如其需要配套的环境保护设施未建成或未经环境保护行政主管部门验收，可依据《条例》第二十八条予以处理。

2. 企业工商变更登记环境影响评价问题

根据国家环保总局环函[2004]95号，办理工商变更登记的企业如果只是变更法人代表、企业名称，不涉及项目的性质、规模、地点或者采用的生产工艺不发生重大变动的，无须报批或者重新报批建设项目环境影响评价文件。

3. 建设项目监察频次问题

建设项目的监察频次，一般项目每月不少于一次，对于像造纸、化工、纺织印染、电镀等重点项目要加强检查的次数。在建设项目的施工阶段，项目隐蔽工程施工时，要加大监察频次，以利于能及时发现问题。注重在建设项目试生产期间的监察，试生产期间，由于生产设备处于调试阶段，污染防治设施运行不稳定，容易出现信访和污染纠纷，在这期间要加强监察频次，对试生产期间"三同时"达不到要求的，要限期改正，不能改正的要停止试运行。

四、结语

建设项目环境保护管理是从源头上控制环境污染和生态破坏，促进产业结构调整和合理布局，优化资源配置，加强宏观调控和促进经济增长方式转变的重要手段，是树立和落实科学发展观的迫切要求。做好建设项目的全过程监察是对环境管理的有效保证。

（作者单位：徐州市环境监察支队）

强化环境执法亟待加强执法者自身建设

陈战军

环境执法难在何处呢？环境法律法规多但操作性不强，缺乏过硬的执法手段，造成"守法成本高而违法成本低"；环境管理体制不顺，统一监督管理形同虚设；非法干预多，无法"挺起腰杆执法"，这是人们常谈到的环境执法难的原因，也是全国环境执法中存在的普遍性问题。

但在这些原因之外，环境执法难也有环境执法者自身的原因。

一、环境执法者自身存在的问题

笔者认为，当前在环境执法中，一些地方的执法者在一定程度上存在以下问题：

一是执法指导思想上有偏差。不少基层环保部门的领导和执法人员为了保"帽子"、争"票子"，对环境违法行为该查的不查，该罚的不罚，该管的不管，该批的不批，不该批的乱批等，对于眼皮底下的环境违法行为熟视无睹，甚至帮助企业逃避环境监管，对抗上级查处；对于群众反映的污染问题，听而不闻、受而不理。

二是依法行政意识不强，执法主动性不够。不少环保部门的领导和工作人员不同程度地存在"重技术，轻法制"、"重收费，轻执法"、"重审批，轻监管"等问题，存在着以言代法、以罚代法、以收费代处罚、人情执法等现象；一些环境执法人员主动性不够，有的存在畏难思想，看领导的脸色行事，遇到问题绕着走；有的热衷于搞形式主义、花架子，既不敢执法，也不善于营造一个良好的执法环境。

三是执法队伍法律素质不高，执法力量薄弱。环境执法涉及水、气、声、固体废物、辐射，要求执法人员不仅要具有广泛的科学知识和较高的专业技术水平，而且要具有较好的政治素质和法律水平。当前各地环保局专业技术人员不足，法律人才更是奇缺。而环保部门的人员编制先天不足，以湖南省为例，2003年湖南全省环保系统实有人数7 128人，而编制只有5 904个，行政编制仅1 202个，编制、人数与执法任务的要求差距很大，能现场执法的人员可能不到2 000人。面对全省两万多家有污染的企业和数万家有污染的个体经营者，繁重的环境监督管理和执法任务让环保部门力不从心、穷于应付。

四是执法能力差，执法不规范。在不少基层环保部门，环境执法人员缺乏必要的交通工具、取证工具、监测手段，有不少地方环保人员连工资都没有纳入财政预算，执法经费更没有保障，逼着执法人员自己"找饭吃"，容易出现"违法者养活执法者"、"培养费源"等现象。同时，一些环保部门也存在执法机构设置不规范，有的环保局几个机构对外收排污费或者实施行政处罚，存在多头执法的问题；有的执法程序不规范，没有严格按照法律、法规要求的程序实施，程序性违法极易导致执法不规范，在行政诉讼中败诉。

五是环境执法的内部考核监督机制不健全。有的执法部门对于环境行政执法，特别是行政处罚案件，没有形成立案登记，调查取证，案件审理、决定、送达和执行的合理工作机制，没有查处分离，往往一个机构由工作人员包办到底；有的没有建立健全办案制度、内部监督制度、考核奖励制度、错案追究制度和必要的工作程序。

二、加强环境执法的对策和建议

笔者认为，当前，要解决环保系统自身在环境执法中存在的问题，必须做好以下工作：

一是要端正执法的指导思想，努力为环境执法营造一个好的外部环境。环境执法者要树立"执法为民"的意识，坚决维护广大人民群众的合法环境权益。当前，应进一步加强环境宣传教育，特别是要加强对地方党委、政府领导干部和企业决策层的环境宣传教育；严肃查处环境违法行为，用依法行政治理"长官意志"、"权大于法"等问题；要加强协调配合，加强综合执法，形成多部门协调配合、齐抓共管的良性工作机制。

二是增强依法行政意识。各级环保部门及其执法人员要增强依法行政、依法管理的法治意识，既要敢于执法，严格执法，又要善于执法，正确执法。当前环境执法中要切实增强"五个意识"，即环保基本国策意识、法治意识、科学管理意识、勤政廉政意识和服务意识。

三是壮大执法队伍，提高队伍素质，加强执法能力建设。环境执法任务繁重，必须进一步充实执法人员，壮大执法队伍，要通过培训、考核、末位淘汰等措施，提高队伍的业务素质和法律素质。同时，必须保障执法经费，逐步解决执法人员缺交通工具、缺监测仪器、缺取证手段的问题。

四是规范执法机构和执法程序，合理划分内设机构在环境执法中的地位、职能和作用，建立业务机构立案、调查、检查，法制机构审核把关并提出处理意见，由主管领导决定或者重大、复杂案件由局务会决定的执法工作运行机制；建立完备的行政处罚、行政复议、排污费征管用、建设项目审批、污染控制、污染防治设施运行监督检查、执法委托等程序，完善行政处罚报告和备案制度，深入开展环境行政处罚、行政复议案件和法律文书的分析、检查活动，开展执法经验交流和执法比武活动，推动环境执法的规范化、程序化、制度化。

五是建立健全执法监督机制。1. 要建立和完善行政执法责任制，进一步明确每个执法岗位和执法人员的执法任务、权限、标准、程序及违法执法、不作为应承担的责任。2. 实行环境执法质量考核评议，对经考核评议不合格的单位，要限期整改；对于考核评议不合格的执法人员，要限期调离执法岗位或者实行末位淘汰、进行离岗培训。3. 建立执法过错责任追究制，对执法过错行为给予责任追究。4. 加强上级环保部门对下级的监督，使监督规范化和经常化。5. 积极推行政务公开，把环境行政执法的依据、执法程序、执法结果、廉政工作制度、便民措施、举报电话等，向社会公布，将执法活动置于全社会的监督之下。

（作者单位：湖南省环保局）

环境执法需引入公众参与机制

李　洁

随着环保执法的深入，公众参与越发显得重要。它是指社会公众均享有参与环境资源保护的权利，都能平等地参与环境决策和环境管理，并有权对政府的决策行为、管理行为和单位、个人的环境资源的利用行为进行监督。它是保证环保执法沿着正确方向发展的必不可少的条件，也是充分发挥民间环保力量，促使环保法律法规落实到位的有效保障。

一、目前影响环境执法效力的因素分析

1. 环境现场执法力量相对不足

自 1996 年以来，为充实现场环境执法力量，各地环保局成立了环境监察机构，增强了现场执法人员的数量、仪器和装备，但从发展的环保事业要求来看，需要环境执法监督的排污企业面广量大，群众反映的环境问题日益增多，仅仅依靠环境监察的力量还不能对每家企业的排污行为实施有效监控。

2. 企业排污行为的不自觉

由于企业往往追求最大利润化，而环境治理则增加企业生产成本。特别对一些化工、印染重点污染行业，企业的治理成本相对较大。有些企业在忽视社会效益、环境效益的情况下，就会采取偷排生产废水或故意不正常使用治理设施的手段，降低治理费用。在环境执法人员在场督察的情况下，治理设施能正常运转，可环保人员一走，企业的治理设施正常运转就无法保证。环保人员日常例行监察、经常性的杀回马枪、双休日或夜间督察，只能在一定程度上能有效震慑企业非法排污行为。

3. 企业环境信息渠道不畅通

目前，公众对企业主要污染物的产生、排放总量，对企业主要污染治理情况大多不太了解。环保管理中对治理设施运转率、环境违法行为的记录，发生污染事故损失及赔偿情况也大多不主动向公众公开。群众对这些环境执法情况的不了解和不知情，在一定程度上造成公众对政府决策和环保部门执法上的误区，对一些局部环境问题的发生，简单把原因归结于环保执法过软、过松。只有让公众更多地了解环保事业现状，掌握企业环境行为，才能充分发挥公众舆论监督力量，让环境执法得到更有力的支持和响应。

二、建立公众参与机制的必要性

1. 法律赋予的权利。在我国宪法中，有一些关于公民参与国家管理的条款。这是公众参与环境与资源保护的宪法基础。在有关环境与资源保护的法律法规中，也有一些关于公众参与的规定。如《环境保护法》第 6 条规定："一切单位和个人都有保护环境的义务，并有权对污染和破坏环境的单位和个人进行检举和控告"。在国发(1996)31 号《国务院关于环境保护若干问题的决定》中提出"建立公众参与机制，发挥社会团体的作用，鼓励公众参与环境保护工作，检举和揭发各种违反环境保护法律法规的行为"。在《建设项目环境保护管理条例》第 25 条规定："建设单位编制环境影响报告书，应当依照有关法律规定，征求建设项目所在地有关单位和居民的意见。"在《中华人民共和国水污染防治法》第 13 条第 4 款和《中华人民共和国环境噪声污染防治法》第 13 条第 3 款也都有相应的规定。

2. 公众是推动环保工作的动力。世界环保事业的最初推动力量来自于公众，一直以来，公众和环保组织是推动全球环境保护和可持续发展的重要力量。《寂静的春天》的发表，"地球日"的运动，各国民间环保组织与污染企业的斗争都表明了公众对于环境的关注是污染治理的强大推动力。当前，我国政府倡导的科学发展观、可持续发展道路仍遭遇传统发展思路模式的阻碍，企业追求短期利润，政府用单纯的 GDP 增长反映业绩，环保很难被真正摆上重要的议事日程，甚至有的地方保护主义还为发展地方经济替违法排污企业说情。建立和完善公众参与机制，扩大环保的公众参与程度，能提高全社会的可持续发展意识，让污染环境、破坏生态的行为得到制裁，实现环境与经济的双赢。

3. 有效监管企业排污行为。引入公众监督机制，可以弥补环境执法队伍人员、力量的不足，群众的力量是伟大的，在全社会各个层面实施监督机制，就能在一定程度上更直接、更方便地发现企业排污情况存在的问题，对违法排污行为实施进行更及时更有效的打击。公众的参与也使得污染问题的解决公开化，促进企业改进治理，保证环境执法的到位。

三、如何建立公众参与机制

1. 定期发布环境信息，公开企业环保行为。《环境保护法》第 1 条第 2 款规定"国务院和省、自治区直辖市人民政府的环境保护行政主管部门，应当定期发布环境状况公报"。通过新闻发布、媒体追踪、网上披露等形式公布相关信息，一方面让公众享有环境知情权和批评权，同时借用公众舆论和公众监督，对环境污染和生态破坏的制造者施加压力。

2. 设立环境公众监督口。对重点排污单位及其敏感区域企业聘请 1～2 名责任心强有正义感的人大代表或群众代表作为义务监督员，义务监督员可随时进厂察看企业治理设施运行情况。通过在企业排放口设立排污明渠，在厂区外设立公众监督口，便于群众对企业污染物排放情况随时进行有效监督。

3. 群众对于那些关系自身环境的决策有知道、了解、监督的权利。因此对可能造成不良环境影响并直接涉及公众环境权益的专项规划，应当在该规划审批前，采用论证会、听证会等形式，征求公众意见，切实保障公民的"环境权益"。

4. 实施有奖举报。江苏省环保部门已推出了省、市、县三级联动的环保有奖举报制度，并向社会公布了举报电话。

5. 支持引导民间环保组织。政府与民间组织通过座谈、培训、举办摄影展与书画展等多种形式鼓励引导公众的环境权益意识。让一切有责任心的中国人，都来积极推动和参与环保事业。

6. 加强执法责任、监督机制建设。把环保执法活动置于全社会的监督之下，接受法律监督；建立执法过错责任追究制，对执法过错行为给予责任追究。积极推行政务公开，把行政执法的法律依据、执法程序、执法结果、廉政工作制度、文明办公规范、便民措施、举报办法和电话等，一律向社会公布。

四、结语

在我国虽进行环境保护已逾几十载，环境却仍呈进一步恶化趋势的今天，对公众参与机制的探讨具有重大的理论和现实意义。民众享受着广泛的环境利益，民众既是良好适宜健康环境的受益者，也是恶劣环境的受害者，民间蕴藏着保护环境的力量，建立起公众参与机制可以有效地发挥环境觉悟较高人士的积极性，保证环境执法的严肃性、高效性，推动环保事业的健康发展。

（作者单位：海门市环境监察大队）

依托机制　以民为本　破解环境信访难题　扎实做好新时期的环境信访工作

孙　勇

随着社会的不断进步，城市的快速发展，人们环境意识的逐渐增强，环境信访工作处理得好坏直接影响到环保部门在人民群众心中的形象。近年来，大连市环保局针对持续上升的“信访洪峰”，积极探索建立信访处理新机制，坚持以“12369”环境投诉系统为载体，及时倾听群众的呼声，依托信访工作机制，认真解决群众关注环境的热点、难点问题，达到热情接待、有问必答、件件有回音，有效地解决了信访难、申诉难、重访率高等问题。2004年，大连市环境信访量总体呈下降趋势，比去年同期下降了26%，实现了环境信访量负增长的目标。

一、依托环境信访信息动态管理机制，构筑环保为民服务平台

1. 完善“12369”环境投诉信息管理机制。2002年10月，投资数百万元引进了“12369”环境投诉系统，并成立了工作小组，以此为载体利用系统软件全面规范大连市信访工作的运转机制，并结合大连市的实际工作，研究出修改方案，制定了120条改进措施，在原软件的基础上，开发了“电话转接导航系统”、“统计分析系统”、“12369信息管理系统”等，使系统功能进一步完备。2003年1月1日，该系统正式投入使用。该系统的主要功能特点为，一是市民投诉方便快捷，该系统一个主机，14个分机互联，确保了在大连市任何地方，只要拨打“12369”，24小时均有人接听。二是工作程序明确，从接听、批转、办理、回复，结案规定了明确的内容并将每个工作环节记录在案。三是信访的管理功能，如，一般信访件，在接访后7日内未办结，系统将自动提示，监察支队亦可在系统上下达督办件；再如，系统录音可将每一个接访者的接待态度等真实记录便于监督。四是统计分析功能为决策提供了依据。2004年6月，信访量大幅提高，通过系统分析，主要集中在“三产”扰民投诉。为此，大连市环保局召开专题会议，出台了“三产”项目审批规范，加大对“三产”扰民问题的整治，7、8两个月“三产”扰民信访比前一年同期降低25%左右。该系统的成功应用，使得大连市的环境信访管理手段更加科学。

2. 强化制度建设与组织保证。以“12369”投诉系统为载体，配套制度建设，明确组织保证是建立完善的信访管理体系的主要部分。大连市环保局首先是明确工作职责，规范统一程序，建立科学的规章制度。先后制定了《大连市12369环境热线管理办法》、《大连市环境有奖举报管理办法》、《12369环境举报受理范围》、《大连市重要环境信访报告制度》、《大连市12369环境信访考核办法》等规章，同时还制定了《12369环境投诉软件使用管理办法》、《环境信访值班工作制度》、《环境信访受理范围界定明细》、《三产扰民信访处结标准》、《12369投诉热线文明用语》、《大连市12369环境投诉热线工作流程图》等。规范的制度建设，使工作职责明确、工作程序清晰、工作标准明了。其次是加强工作的组织保证，在信访受理人员没有编制的不利局面下，采取雇佣合同工制的方式，确保接线受理人员到位，明确大连市环境监察支队作为市环境信访的统一管理部门，各分局监察大队作为信访办理的主要部门。

3. 拓宽渠道，建立公众参与机制。一是建立网上环境问题投诉平台。大连市环保局在现有的“12369”投诉热线的基础上，又在市政府创办的天健网上为市民开通了一个投诉环境问题平台，并指定专人负责。2004年，共收到天健网上的贴数868件次，涉及环保问题的389件次，投诉环境问题的75件次，解答网民环境问题200多人次，各类表扬19件次。2004年6月30日，大连电视台、电台、天健网“软环境建设年”战役性宣传报道专栏上，一篇《环境保护局〈为民服务大擂台〉上每贴必复，赢得网友广泛赞誉》的报道，从一个侧面反映大连市环保局的信访工作得到了广泛认可。二是实行“双卡”，推动为民服务质量的提高。“双卡”，即：“服务质量评议卡”和“便民服务卡”。“服务质量评议卡”，即一张明信片，可供来办事人员对办事单位、科室、人员的服务态度、办事效益、服务质量、廉洁情况进行评价，提出意见和建议。“便民服务卡”，即一张名片大小的服务卡，留下具体信访办理责任人的姓名、电话和监督电话，信访人通过便民服务卡可随时与办理人员沟通，与办理机关沟通。2004年，发放“双卡”359张，其中“服务质量评议卡”305张，回收302张，回收率97%，群众满意率100%；“便民服务卡”54张。三是设立环境有奖举报，逐步完善公众参与机制。2003年，制定了《大连市环境有奖举报管理办法》，鼓励广大市民对环境污染的违法行为进行举报，并对市民举报的事项快速查处，及时反馈。迄今为止，已有18位市民获得了有奖举报奖。这一举措不仅促进了公众参与，而且推动了环保执法工作的深入。

二、依托环境信访内部管理机制，践行执政为民本质

1. 建立信访工作接待制度。坚持做到“一日”、“二人”、“三声”、“四心”、“五不”，即“一日”值班制度：在“12369”投诉热线24小时接听的基础上，由支

队和各个局设立6个小组,每组二人配车一台进行夜间和节假日值班,对群众反映的问题,应在半小时内赶赴现场进行处理;“二人”工作制度:规定无论是接待信访、值班,还是出现场,都必须两个人一起工作;“三声”制度:来有迎声、问有答声、走有送声;“四心”制度:接待热心、倾听细心、回答耐心、处理公心;“五不”制度:不简单粗暴、不态度生硬、不打官腔、不摆架子、不推诿敷衍。

2. 实行环境信访责任人制度。在明确环境信访“一把手”负责制的基础上,实行信访责任人制度,即对信访件按其程度分级与具体的信访内容,依据各自职责明确责任部门和责任人。在实行责任人制度过程中,领导亲自包案处理群众投诉是其一大特点。2003年6月8日,大连市环境监察支队支队长谭凤国得知大连市沙河口区居民对某肥牛火锅城信访处理不满意的意见后,立即组织相关部门于晚7时赶赴现场,提出处理意见,组织处理,群众深受感动,事后送来了感谢的锦旗。

3. 实行环境信访月例会制度。由大连市环境监察支队组织,大连市环保局主管局长主持,各信访处理单位负责人参加,每月召开一次信访调度会。月信访调度会是在信访工作调度的基础上,重点以研究环境信访政策为主,通过各类信访处理问题分析,研究针对性的处理意见,协调工作部门之间的工作关系。相继印发了《关于部分信访问题的处理意见》、《关于监察与监测环境信访处理的工作程序》,提请政府法制部门协调环保与公安部门出台的《关于社会噪声管理分工的意见》等规定,进而促进了部分疑难信访的办理质量。

4. 实行环境信访考核与通报制度。由大连市环境监察支队代表市局组织对各分局实施考核,每月在市局处以上干部工作例会进行通报,同时在市局局域网上公布通报情况。信访考核,分为两类6项,即考核分局信访管理指标3项,分局信访办理质量指标3项,由市环境监察支队组织考核,每月打分,年终评比。信访通报内容主要为四项,分别是各分局当月和累计信访量及与去年同期对比增幅,越级访件明细,重访件明细,群访件明细。

5. 实行环境信访回访制度。为减少越级上访,避免重复上访,规定每件信访件处理后必须回访。通过回访,了解群众的思想动态和环境污染可能出现的新问题,提前防治,避免重复发生污染危害。

三、依托环境信访查处机制,提高环境信访办结质量

1. 建立环境信访查处预警机制。为使环境信访变被动为主动,大连市环保局认真总结历年来水、气、噪声等信访发生的原因、特点,及早介入,做到早分析、早调查、做好预警,努力达到预控、预测、预知,超前防范,未雨绸缪,把矛盾和纠纷消灭在萌芽状态,减少群众投诉量。在实际工作中,大连市环保局采取主动“靠上去”做工作,变“等访”为“走访”,变“上访”为“下访”,深入基层,深入群众,发现问题及时解决。例如每年中高考期间,我们都对影响考生学习生活的建筑工地、各种营业性场所加大执法的频次和力度,广泛听取群众意见,直到群众满意为止。

2. 建立环境信访快捷查处机制。坚持“有报必接、接报必查、出动迅速、查处及时”的原则。环境信访具有偶然性、突发性的特点,调查处理的时效性很强,我们在服务承诺中规定,接到举报后市区范围内30分钟内必须赶赴现场,并在最短的时间内给予负责任的答复,做到“小件不过周、大件不过月”。

2003年,建在居民区的大连大富塑料彩印厂的废气污染与大连中集集装箱有限公司的废气与噪声污染,造成数人联名上访的局面。经分析,两件信访解决的惟一方案是企业搬迁改造,大连市环保局多次到企业调查了解情况,召开现场办公会,召开群众座谈会,倾听他们的意见,积极与市政府有关部门协调,提出建议,并为企业搬迁提供新厂选址信息及审批服务,使两企业顺利地完成了搬迁任务。

3. 建立环境信访从严查处机制。我们严格按照法律程序查办违法案件,在法定期限内尽快结案。2004年9月23日,亿达集团大连软件园开发有限公司,不顾大连市拆炉并网工作大局,在未经同意和未办理任何环保审批手续的情况下,擅自将原来3座20吨锅炉非法改建成3座40吨锅炉,大连市环境监察支队接报后,对此违法行为迅速进行查处,依法对其做出责令补办环保审批手续,并进行罚款的行政处罚。

4. 建立联合查处机制。对有严重违法行为的,联合法制、审批、监测部门协同调查,依法查处;对造成污染损害的,及时请公安、城管、综合执法、农业、林业、渔业等相关部门协调配合,联合办案,提高查处效率。2004年10月19日,大连百合山庄开发有限公司,不顾大连市拆炉并网,集中供热的文件精神,在未经同意和未办理任何环保审批手续的情况下,擅自建设1座10吨锅炉和1座20吨锅炉,大连市环境监察支队对此违法行为迅速进行查处,依法对其做出停止建设的处理决定,并会同大连市公安局巡警支队二大队,对其进行查封。10月19~21日,大连市环境监察支队和大连市公安局巡警支队派人连续守候三天三夜,防止意外问题的发生。

(作者单位:大连市环境监察支队)

环境举报错位的成因与对策

周长军　张恒美

近年来，随着经济社会的快速发展和人民群众环境意识的不断提高，环境信访问题呈逐年上升趋势。然而，因生活噪声纠纷请求环保部门调处，环保与环卫、环保与城管不分等造成信访举报错位的情况也越来越多。信访案件的错位举报给环保部门带来了负面的社会影响，亟待认真分析并积极探寻解决问题的办法与途径。

首先，环境管理职能多元化是造成错位的因素之一。环境管理工作并不是环保部门"一枝独秀"，而是多职能部门共同管理的系统体制。但是，法律规定的不明确，造成环保部门统一监督管理与应实施监督管理部门之间有时出现管理脱节或空白。

其次，政府职能划分公示欠缺也容易造成举报错位。如对文化主管部门公示核发文化经营许可证的职能，而未将新建营业性文化娱乐场所符合国家规定的环境噪声排放标准列入其中。一旦出现娱乐业噪声扰民事件时，群众只知向环保部门投诉，而不知向文化主管部门请求撤销许可。

再次，相关职能部门自身认识不足也易造成错位。如有些部门的某些人员对一些新修改和颁布的法律、法规缺乏研究和领会，对法律新规定的管理职能不能准确地贯彻执行；或部门之间横向配合与交流不够，当有的举报涉及多部门时，各部门只是按自身权限处理，缺少部门间的沟通与协调。

结合基层环境信访工作的实践经验，笔者认为，解决环境举报错位问题，应从以下几个方面入手：

一是进一步健全环境法律体系与环境保护行政管理体系。对"环保部门统一监督管理"做出明确具体的规定，改变部门职责不清的局面；尽快制订相关环境法律、法规的配套规定，增加环境法律的可操作性；完善环境监督体系，对相关部门在环境工作中的失职、渎职行为，应规定一套行之有效的监督管理办法，确保环境职能得到全面实施。

二是进一步完善协调与配合机制。如制订《环境管理职能划分》，各部门共同制定明确的环境管理职责划分明细表，从根本上避免错位现象的发生；开展联合执法，形成合力，增强环境执法力度；完善信息畅通机制，各部门互通环境管理方面的信息，对一些大的环境问题建立一体化的联合解决机制。

三是进一步强化环保部门统一监管。环保部门要充分履行统一监督管理职责，积极主动地与相关环境职能部门配合，形成齐抓共管的新局面；加大对建设项目审批的监督管理和对环境污染纠纷、环境污染事故隐患监督检查的力度；建立健全环境管理目标责任制，强化对环境违法案件的查处，把环境问题消除在萌芽状态。

四是进一步加大面向公众的宣传力度。各级地方政府加大政务公开力度、强化职能公示手段、明确界定政府各部门职责与权限；环保部门多深入基层、贴近群众做宣传，使环保职能为民众所熟知；以世界水日、地球日、世界环境日为契机，建立相关环境管理职能部门的联动宣传机制，突出部门职能宣传，预防举报错位，提高环境问题、环境纠纷的调处效率。

（作者单位：江苏省射阳县环保局）

从水泵噪声案件审理看环境标准的综合适用

许　琳

目前环境标准仍是审理环境类案件最直接的依据。笔者认为，如果适用某标准能够保护原告的环境权即应严格参照，如果参照后不能体现环境立法精神和原则，应该再从无过错责任、举证责任倒置等来进行考量。

一、水泵噪声案件事实及裁判要旨

原告李某、王某夫妇于2001年6月与被告庄维房地产开发公司签订《商品房买卖合同》，购买了北京市庄维花园7号楼房屋一套，并于同年12月31日入住。入住不久楼内地下室水泵房即出现噪声问题，影响其正常休息和生活。其后，开发公司对管道进行了改造处理，但噪声问题依然存在。2004年9月10日，李某委托北京市丰台区环境保护监测站对其住房噪声进行检测，检测结果为，当天22：10，主要声源是楼内地下室水泵，实测值客厅中心为39.7分贝、客厅中心本底值为29.4分贝。随后，原告诉至丰台区人民法院要求被告彻底消除其住房内的噪声污染并赔偿入住以来的精神损害抚慰金10万元。

2004年12月23日，李某及王某到医院就诊，经诊断为脑供血不足、神经衰弱等。2004年12月28

日,原告之子到北京儿童医院就诊,病历记载主诉是两三个月以来出现间断、无规律头痛现象。

案件审理期间,丰台区人民法院委托北京市丰台区环境保护监测站对原告住房再次进行了噪声检测,主要声源是水泵,实测值为:水泵启动时昼间为44.1分贝,夜间为43.5分贝;水泵正常运转时昼间为36.2分贝,夜间为35.4分贝;本底值昼间为30.6分贝,夜间为30.0分贝。

一审法院认为,国家环保总局为保护公民的生活环境,制定了环境噪声的最高限值标准,其中《城市区域环境噪声标准》规定,以居住为主的1类区域,白天噪声标准为55分贝、夜间噪声标准为45分贝;《城市区域环境噪声测量方法》(GB/T14623—93)第5.4条规定:“不得不在室内测量时,室内噪声限值应低于所在区域标准值10分贝”;在《工业企业厂界噪声标准》中同样规定,以居住为主的1类区域,白天噪声标准为55分贝、夜间噪声标准为45分贝;《工业企业厂界噪声测量方法》(GBl2349—90)的第2.6.2条规定:“若厂界与居民住宅相连,厂界噪声无法测量时,测点应选在居室中央,室内限值应比相应标准值低10分贝。”

北京市环保局于2001年12月17日在针对居民楼内电梯、泵房、变电器等设备产生的噪声问题做出的《关于室内噪声污染有关问题的函》中答复:“由于国家和北京市对此类问题没有明确规定,但依据《中华人民共和国环境噪声污染防治法》第六条第二款‘县级以上地方人民政府环境保护行政主管部门对本行政区域内的环境噪声污染防治实施统一监督管理’的规定,为解决人民群众的实际问题,环境保护部门可以对此类噪声问题进行管理,依照《城市区域环境噪声测量方法》(GB/T14623—93)和《城市区域环境噪声标准》(GB3096—93),不得不在室内测量时,室内噪声限值应低于所在区域标准值10分贝。监测时应当关闭窗户,并防止室内、外其他噪声源的影响。”

原告购买的住宅属《城市区域环境噪声标准》和《工业企业厂界噪声标准》规定的1类区域,经环境保护监测站两次进行噪声检测,夜间噪声实测值分别为39.7分贝、43.5分贝(水泵启动时)和35.4分贝(水泵正常运转时),均超过了《城市区域环境噪声标准》和《城市区域环境噪声测量方法》规定的夜间最高限值标准;如果充分考虑被告利益,按照《工业企业厂界噪声测量方法》(GB12349—90)第3.2条“背景噪声的声级值应比待测噪声的声级值低10分贝以上,若测量值与背景值差值小于10分贝应进行修正”的规定,考虑李某住宅的本底噪声因素,39.7分贝、43.5分贝的噪声值超过了《工业企业厂界噪声标准》和《工业企业厂界噪声测量方法》规定的夜间最高限值标准;水泵在夜间启动时产生的噪声也高于被告坚持适用的国家强制性标准《住宅设计规范》第5.3.1条“住宅的卧室、起居室(厅)内的允许噪声级(A声级)夜间应小于或等于40dB”的标准。

综上所述,法院判决:一、被告庄维房地产开发公司于判决生效之日起60日内对庄维花园7号楼水泵采取有效、可靠的隔声降噪措施,使原告李某、王某住宅内的水泵噪声达到国家环保总局规定的最高限值以下;逾期未达标准,按每日100元对原告李某、王某进行补偿。二、被告庄维房地产开发公司于判决生效之日起7日内赔偿原告李某、王某精神损害抚慰金10万元。

二、对现行环境标准的综合适用

环境标准是国家依照法定程序制定的具有较强科学性、技术性的强制性法律规范。环境标准是随着环境法制的建立而建立和发展的,同我国环境法律制度一样还很不完善,不少内容滞后于现实生活。

依照《环境噪声污染防治法》第二条的规定:“环境噪声污染指超过国家规定的环境噪声排放标准,并干扰他人正常生活、工作和学习的现象。”所以,环境噪声污染必须具备两个条件,一是排放的环境噪声超过国家规定的环境噪声排放标准,二是环境噪声干扰了他人的生活、工作和学习。也就是如果超过国家规定的环境噪声排放标准,就应认定构成环境噪声污染,而构成侵权。

案件适用的环境噪声标准是评判案件事实是否侵权的依据。由于现行的环境法律法规和标准滞后、不完善甚至矛盾,造成案件审判的困难。有关部门目前尚未出台专门针对住宅室内的低频噪声标准,而20世纪90年代制定的《城市区域环境噪声标准》、《城市区域环境噪声测量方法》、《工业企业厂界噪声标准》和《工业企业厂界噪声测量方法》等都是为了保护地方区域环境制定的区域性质的环境噪声衡量标准。

在此案中,被告曾提出应由建筑工程质量监督、鉴定单位检测,并适用《住宅设计规范》标准。法官认为,环保部门监测站已做出司法鉴定,且鉴定结论具有客观、科学、中立和权威性,能够维护当事人的合法权益;而且环境噪声不属房屋建筑工程质量问题,由建筑工程质量监督、鉴定单位检测不妥,故未同意被告申请。

然而,根据环保部门多年前制定的区域环境噪声标准衡量个案,会使公民因所住地方区域不同而适用不同的噪声限值标准。如北京市通州区人民法院审理的赵某一家诉楼内水泵噪声污染损害赔偿纠纷案中,其噪声值已达47.4分贝,老人患神经性耳聋,外孙女智力残缺,但此案因为水泵的噪声没有超过通州地区的环境噪声标准限值而一审败诉。

希望我国的《宪法》和环境法律、法规做出更多更细的保护公民环境权的明文规定,健全和完善各种环境标准,以更好地保障公民的环境权,实现社会的和谐发展。

(作者单位:北京市丰台区人民法院)

大事记

2004 年国家环境监察大事记

1 月 12 日，国家环境保护总局发出《关于对晋陕蒙交界地区环境污染企业查处情况的通报》(环发[2004]4 号)，就晋陕蒙交界地区环境污染问题状况作出了通报及下一步工作要求。

1 月 13 日，根据国家环境保护总局《关于总局机关部分职能与机构调整的通知》(环发[2003]190 号)，国家环保总局下发了《关于启用国家环境保护总局环境监察局印章的通知》(环发[2004]3 号)，自通知印发之日起启用国家环境保护总局环境监察局印章。

1 月 15 日，为贯彻执行好《排污费征收使用管理条例》(国务院令第 369 号)，财政部、国家环境保护总局《关于印发〈关于环保部门实行收支两条线管理后经费安排的实施办法〉的通知》(财建[2003]64 号)，国家环保总局下发了《关于做好环保部门经费保障工作有关问题的通知》(环发[2004]5 号)。

2 月 25 日，国家环保总局召开"清理整治违法排污企业保障群众健康"环保活动第五次新闻发布会，国家环保总局副局长汪纪戎通报了 2003 年度环境违法案件的落实情况。

2 月 26 日，为加强环境监察队伍建设，提高各级环境监察人员执法水平和业务素质，根据持证上岗的有关规定，国家环保总局环境监察局下发了《关于举办 2004 年第一期、第二期全国环境监察处(队)长岗位培训班的通知》(环办函[2004]99 号)，并分别在 3 月 17～24 日及 4 月 8～15 日举办了第一期、第二期全国环境监察处(队)长培训。

3 月 2 日，四川省沱江发生特大水污染事故，国务院领导非常重视，曾培炎副总理明确批示："要对不负责任排污的企业依法查处。"国家环保总局解振华局长也做出了指示："要对造成污染后果的企业和责任人依法处理。"为落实曾培炎副总理和解振华局长的批示精神，严肃查处违法企业和责任人，确保沿线群众的饮水安全和社会稳定，总局环境监察局下发了《关于依法查处沱江特大水污染事故责任的监察通知》(环监[2004]2 号)。

3 月 10 日，胡锦涛总书记主持召开 2004 年中央人口和资源环境工作座谈会，吴邦国、温家宝、贾庆林、黄菊、吴官正、李长春、罗干等中央领导出席，胡锦涛总书记和温家宝总理分别发表重要讲话。

3 月 11 日，全国清理整治违法排污企业座谈会在京召开。中共中央政治局委员、国务院副总理曾培炎出席会议并讲话。会议指出，要以科学发展观为指导，深入开展环保专项整治行动，着力解决关系人民群众切身利益的突出环境问题。国家环保总局局长解振华和天津、黑龙江、江苏、湖南、重庆、陕西、甘肃省(市)环保局(厅)主要负责人作了汇报和发言。国家环境保护总局负责人和省、自治区、直辖市环境保护局(厅)，全军环办，新疆生产建设兵团，计划单列市及副省级省会城市环保局主要负责人参加了会议。

3 月 15 日，国家环境保护总局印发《关于减免家禽业排污费等有关问题的通知》(环发[2004]43 号)。

4 月 5～6 日，全国污染防治工作会议在京举行。国家环境保护总局副局长汪纪戎出席会议并讲话。各省、自治区、直辖市、解放军、新疆生产建设兵团和副省级城市环境保护局(厅)主管负责同志参加了会议。

4 月 16 日，6 部委联合印发《关于开展整治违法排污企业保障群众健康环保专项行动的通知》(环发[2004]57 号)。

同日，国家环保总局、监察部、交通部和农业部联合发出通知，决定开展海洋环境保护联合执法检查(环函[2004]111 号)。

4 月 20 日，国家环保总局、国家发改委、监察部、工商总局、司法部、安全监管局联合召开 2004 年全国"整治违法排污企业，保障群众健康"环保专项行动电视电话会议。会议提出了 2004 年环保专项行动的范围和重点。会议由国家环境保护总局副局长祝光耀主持。国家环境保护总局副局长汪纪戎、监察部副部长屈万祥、国家工商总局副局长刘玉亭和国家安全监管局副局长孙华山出席了会议。

4 月 26～27 日，国家环保总局在北京市召开了 2004 年全国环境监察工作会议。总局副局长汪纪戎作了重要讲话，重点就环境监察系统深入贯彻中央人口资源环境工作座谈会和清理整治违法排污企业座谈会精神，在环保专项整治行动中发挥主力军作用进行了再动员，并部署了2004年环境监察6项重点工作。各省、自治区、直辖市和部分重点城市环境保护局(厅)、环境监察部门负责人参加了会议。

5月13日，国家环境保护总局、国土资源部、国家安全生产监督管理局决定联合开展矿山生态环境保护专项执法检查，并下发了《关于开展矿山生态环境保护专项执法检查的通知》(环发[2004]77号)。

5月24日，中共中央政治局委员、国务院副总理曾培炎赴四川成都慰问沱江特大污染事故受灾群众，并主持召开现场会，强调要汲取教训，强化管理，消除隐患，落实责任，严格执法，切实维护人民群众的环境权益，决不允许此类事故再次发生。会上，四川省人民政府、国家环境保护总局的负责同志作了汇报发言。

6月14日，国家环保总局、国家电力监管委员会联合印发《关于加快火电行业排污申报登记工作的通知》(环发[2004]89号)。

6月16日，为落实全国环保系统行风建设工作部署，进一步推动环境监察系统行风建设，国家环保总局环境监察局下发了《关于进一步加强环境监察系统行风建设工作的意见》(环监发[2004]3号)。

6月22日，为整治违法排污企业，部署下一步淮河流域水污染防治工作，推动《淮河流域水污染防治"十五"计划》的进一步实施，总局在安徽省淮南市召开淮河流域整治违法排污企业通报会。

6月28日，为贯彻落实《国务院办公厅关于整顿统一着装的通知》(国办发[2003]104号)和《财政部、监察部、国务院纠风办关于做好整顿统一着装工作的实施意见》(财行[2004]15号)，按照2004年全国环境监察工作会议对整顿统一着装工作进行的部署，国家环保总局环境监察局下发了《关于整顿环保系统统一着装的通知》(环办[2004]59号)，整顿环保系统统一着装。同时，积极主动向"纠风办"报告环境执法人员的必要性和紧迫性。

6月29日，曾培炎副总理在《河北一些铅酸电池企业给当地造成巨大灾害，我国废铅蓄电池回收难题亟待解决》(互联网信息摘要特刊第810期)一文上做出重要批示。国家环保总局和河北省委、省政府领导均作出批示要求严肃查处。国家环保总局与河北省环保局组成联合调查组，分4次对徐水县涉铅企业进行现场检查和督察(8月17日联合调查组再次进行现场督查时，涉铅企业已全部停产，相关责任人也已受到追究)。

7月3日，中央电视台《整点新闻》栏目报道"黄河包头段发生污染事件"，国家环境保护总局副局长汪纪戎立即指示环境监察局迅速调查事故原因及处理情况，责成内蒙古自治区环保局采取有力措施，控制和消除污染。

7月5～11日，为推动生态环境监察试点工作，提高试点地区各级环境监察人员生态环境监察执法水平和业务素质，国家环保总局环境监察局在黑龙江省齐齐哈尔市举办2004年第一期全国生态环境监察培训班。

9月3日，根据《国务院有关部门和单位制定和修订突发公共事件应急预案框架指南》(国办函[2004]33号)，和《省(区、市)人民政府突发公共事件总体应急预案框架指南》(国办函[2004]39号)的总体要求，结合环境应急工作实际，环境监察局编写了《省(区、市)突发环境事件应急预案编制指南》，并印发各省、自治区、直辖市环境保护局(厅)(环办函[2004]545号)。

10月23～24日，淮河流域水污染防治现场会在安徽省蚌埠市召开，中共中央政治局委员、国务院副总理曾培炎出席会议并发表重要讲话。国家环境保护总局局长解振华、江苏省副省长何权、安徽省副省长田唯谦、山东省副省长赵克志和河南省副省长刘新民作了发言，江苏省环保厅、安徽、山东、河南省环保局、发改委、财政、建设、水利厅局和沿淮35个城市政府、环保局及中央国家机关有关部门的负责同志出席会议。会上，国家环境保护总局受国务院委托分别与江苏、安徽、山东、河南4省签订了《淮河流域水污染防治目标责任书》。

10月27日，为积极响应中央、国务院加强突发公共事件应急工作的要求，未雨绸缪，积极演练，防患于未然，国家环保总局环境监察局联合浙江宁波市人民政府举行了环境应急演习。国家环保总局局长解振华，国务院参事、国务院办公厅应急预案工作小组副组长闪淳昌观看了北京总指挥部的演习并讲话，国家环保总局副局长汪纪戎、纪检组长曾晓冬和国务院有关部委的相关同志参观了演习。

11月11日，国家环保总局公布《地方环境质量标准和污染物排放标准备案管理办法》，自2004年12月15日起施行。

12月10日，为了巩固淮河治污已取得的成绩，防止流域污染反弹，国家环保总局环境监察局印发了《关于对淮河流域重点污染源加强监管防止污染反弹的紧急通知》，并对重点地区进行现场督办。

2004 年地方环境监察大事记

河南省

2月15日，经郑州市机构编制委员会批准（郑编[2003]60号），同意在市属5区、郑州高新技术产业开发区和郑州经济技术开发区分别建立环境监理大队。各大队规格为正科级，领导职数两名（1正1副），经费实行全额预算管理。

2月15日，经郑州市机构编制委员会批准（郑编办[2004]3号），同意郑州市环境保护监理支队内设机构调整为办公室、排污申报核定科、环境监理稽查科、排污费征收管理科、人事教育科、“12369”热线受理科、环境监控应急科。增加中层领导职数1名，增加后中层领导职数达到8名。

3月10日，河南省环境监理总站（以下简称总站）发文《2004年环境监察工作要点》。

3月15～17日，召开全省环境监察工作会议，表彰了全省环境监理先进集体和先进工作者。

3月16日，经南阳市机构编制委员会批准（宛编[2004]9号），南阳市环境监理站更名为南阳市环境监察支队。

3月中旬，郑州市环境保护监理支队所属7个大队正式成立。

5月19日，总站工会成立，马书勇任主任，荆国一、程芳为成员。

5月20日，总站统一印制《全国环保系统六项禁令》和《环境监察人员六不准》“行为规范卡”，下发全省环境监察人员随身携带。

6月1日，郑州市监理支队所属监理大队正式派驻各区工作，至此真正理顺了郑州市本级排污收费体制，并依法全面开展工作。

6月30日，根据河南省环保局党组《关于张德举等13位同志任职的通知》（豫环党[2004]23号）文件，马书勇任省环境监理总站副站长。

7月15日，经鹤壁市机构编制委员会批准（鹤编办[2004]20号），鹤壁市环境监理支队更名为鹤壁市环境监察支队。

7月28日，根据河南省环保局党组《关于毕相荣等同志任职的通知》（豫环党[2004]25号）文件，张迅同志任省环境监理总站站长。

8月18日，经济源市机构编制委员会批准（济编[2004]54号），济源市环境监理站更名为济源市环境监察支队。

9月21日，经郑州市机构编制委员会批准（郑编办[2004]26号），郑州市环境保护监理支队更名为郑州市环境监察支队。所属各大队分别更名为郑州市环境监察支队金水大队；郑州市环境监察支队二七大队；郑州市环境监察支队中原大队；郑州市环境监察支队管城大队；郑州市环境监察支队惠济大队；郑州市环境监察支队郑州高新技术产业开发区大队；郑州市环境监察支队郑州经济技术开发区大队。原机构规格、人员编制、领导职数、经费形式不变。

12月6日，经中共郑州市环保局直属机关委员会批复（郑环直党[2004]6号），建立中共郑州市环境监察支队总支部委员会。同时建立了支队派驻各区大队党支部。

12月7日，经中共郑州市环保局直属机关委员会批复（郑环直党[2004]7号），同意建立中共郑州市环境监察支队机关支部委员会、中共郑州市环境监察金水大队支部委员会、中共郑州市环境监察支队二七大队支部委员会、中共郑州市环境监察支队中原（高新）大队支部委员会、中共郑州市环境监察支队管城（经开）大队支部委员会、中共郑州市环境监察支队惠济大队支部委员会。

12月30日，经安阳市机构编制委员会批准（安编办[2004]27号），安阳市环境监理支队更名为安阳市环境监察支队。

（省环境监察总站）

贵州省

2月10日，全省环境监察工作会议在贵阳召开，省环保局副局长贺士成、纪检组长瞿春保出席会议并做重要讲话。

7月8日，贵阳市环境监察支队标准化建设一级达标工作通过国家环保总局的考核验收。国家环保总局环境监察局副局长陈善荣、局机关党委书记王昭伟参加了考核验收工作。

10月25～30日，省环保局会同省审计厅对毕节地区、黔西南州原煤"五统一"排污费征收、管理、解缴、使用情况进行专项检查。

12月，省环境监察总队荣获国家环保总局表彰的"全国打击环境违法行为先进集体"荣誉称号。

12月31日，全省排污费征收额达2.22亿元，首次突破亿元大关。

（省环境监察总队）

宁夏回族自治区

3月10日，自治区环境监察总队对西气东输管道工程开展首次生态监察。

3月15日，自治区环保局发文禁止石嘴山发电厂等4家电厂燃用含硫量大于1%的小窑煤，自治区环境监察总队负责监督检查。

3月30日，自治区党委书记陈建国、政府主席马启智带领政府有关领导和单位负责人对全区环保工作进行专题调研，并分别就落实科学发展观，正确认识环境保护面临的机遇和挑战，加强环境执法，实现环境保护的有效监管发表重要讲话。

4月20日，国家环保总局等6部委联合召开全国"整治违法排污企业保障人民群众健康环保专项行动"电视电话会议，自治区主席助理郝林海、政府副秘书长严军参加银川会场会议，自治区环保局、发改委、经贸委、工商局、司法厅、监察厅、银川市政府及相关部门负责人参加了会议。会后，郝林海对自治区开展"整治违法排污企业保障人民群众健康"环保专项行动工作进行了部署。

4月21日，自治区环境监察总队按照《排污费征收使用管理条例》和自治区政府常务会议纪要，对大坝电厂等3家火力发电厂征收二氧化硫排污费。

4月27日，自治区环保局等7厅局联合印发《关于开展整治违法排污企业保障群众健康环保专项行动的通知》，全区环保专项行动工作全面展开。

5月21日，自治区"整治违法排污企业保障群众健康环保专项行动"领导小组召开会议，自治区主席助理兼环保专项整治领导小组组长郝林海、区环保局局长兼环保专项整治领导小组副组长邸国卫、区环保局副局长兼环保专项整治领导小组办公室主任马利明及领导小组成员参加了会议。郝林海对下阶段的工作提出要求。

5月24日，自治区环境监察总队部署2004年高中考期间环境噪声现场监察工作。

7月1日，自治区环境监察总队组织宁夏电视台等7家新闻单位，开展环保专项整治行动2003年十大环境违法案件"回头看"行动，加强对违法企业的舆论监督。

7月5日，国家环境监察局转来"宁夏五企业祸及一村庄"信息，自治区环境监察总队会同银川市环保局进行现场监察，要求相关企业进行全面整改。

8月4日，自治区环保局局长邸国卫指示，要求妥善处理固原王恒建材厂造纸分厂违法排污行为，避免跨省环境污染纠纷发生，由环境监察总队全面负责调查处理。

8月6日，自治区环保局副局长马利明带领自治区环境监察总队对宁夏紫荆花纸业有限公司COD自动在线监测装置进行现场检查验收。

8月10日，自治区环境监察总队组织各市、县环境监察部门对辖区内钢铁、水泥、电解铝行业进行专项执法检查。

8月18日，自治区环保局局长邸国卫率监察总队对峡光纸业集团、昊盛集团纸业公司、宇华纸业、新源纸业公司安装使用COD自动监测装置的运行情况进行暗察。

9月1日，财政部下达宁夏2004年环保执法补助经费230万元。

9月30日，全区4家重点造纸企业自动监测装置与自治区监察总队联网。

11月2～5日，自治区"整治违法排污企业保障群众健康环保专项行动"领导小组在自治区环保局副局长马利明的带领下，对银川市、吴忠市、石嘴山市、中卫市开展环保专项行动工作情况进行检查，听取了各市政府开展专项行动的工作汇报，反馈了对重点污染企业进行执法检查的情况，提出了长效管理的要求。

11月4日，中卫市环境监察支队正式挂牌成立。

11月18日，自治区环境监察总队组织对银川、石嘴山、吴忠、中卫四市22家重点排污企业进行明察暗访。

12月28日，自治区政府颁布《宁夏回族自治区排污费征收管理办法》。

12月31日，据排污收费快报统计，全区共征收排污费4 935万元。

（自治区环境监察总队）

青岛市

1月1日，青岛市环境监察支队将排污收费权限完全下放到各分局和各市环保局，由对部分企业的直接核定、收费变为宏观指导稽查，实现排污收费工作的职能转变。

6月，汉红燕同志任青岛市环境监察支队支队长。

8月，青岛市环境监察支队被国家环境监察局评为“环境执法大家谈”征文活动优秀组织奖。

2004年，青岛市环境监察支队被评为全国环保系统先进集体。

2004年也是青岛市环境监察机构成立20周年，支队组织全市环境监察人员和曾经在环境监察岗位上工作过的老同志们欢聚一堂，共同缅怀过去，展望未来。

（市环境监察支队）

广州市

1月6日，广州市环保局副局长李辛到环境监察支队就支队机构内设架构调整事宜调研，听取支队中层以上干部对内设架构调整意见。

1月17日，广州市副市长许瑞生一行亲临支队慰问并发表讲话，肯定支队2003年工作成绩，对2004年支队工作提出希望。

3月25日，广州市环境监察支队会同广东省环境监察总队对国家环保总局批转的南沙开发区建滔化工集团未经环保部门批准擅自建设保险生产线项目一案现场调查取证，并向市局提出责令立即停止建设，限期补办环保手续的处罚建议。

4月28日，广州市环境监察支队会同广东省环保局、广州市环保局、惠州市环保局和从化市吕田镇政府等有关单位组成联合调查组，前往从化市吕田镇，对从化富盈针织厂污染高明河一案现场突击检查。

9月21日，广州市环境监察支队会同广东省环境监察总队前往中山市黄圃镇新沙村，对该村位于距番禺区横沥镇冯马一村约300米处新建一个生活垃圾填埋场污染附近村民的信访件进行联合执法检查。

10月19日，广州市环境监察支队会同广州市卫生监督、疫控中心、林业、工商、城管、农业等部门对本市新源、百兴、南兴、太和、岑村、庄头等家禽交易市场进行联合执法检查。

11月3日，广州市环境监察支队根据群众举报，严肃查处了对燃用边角废料超标排放烟气损害某试验小学师生身体健康的广州百利文仪家具有限公司。

12月9～22日，广州市环境监察支队会同广州市海珠、荔湾、天河、芳村环境监察大队开展珠江两岸景观区污染源调查，并提出整改建议报广州市环保局。

12月23～27日，广州市环境监察支队会同广州市环保局法规处、污控处组成三个检查小组，分别对全市20家省控重点工业企业进行现场监督检查。

（市环境监察支队）

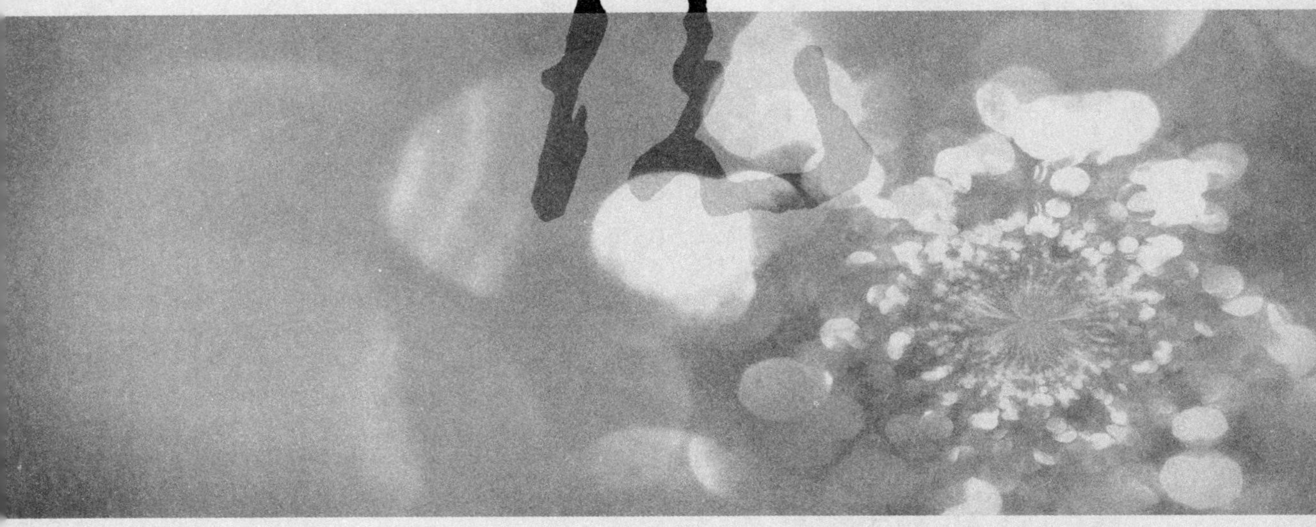

环境监察统计

各地环境监察统计表

省(自治区、直辖市)			机构数(个)	在编人员数(人)	实有人员数(人)	人员工资来源(万元)		大专以上学历人数(人)	派出机构数(个)	派出机构人员数(人)	环境监察用房(平方米)	执法装备台数(台套)				设备价值(万元)
						财政拨款	环保补助资金					交通	通讯	取证	其他	
1	北京	省级	1	65	65			65			400	11	21	11		200
		地市级														
		县级	46	472	459	1 444		426			6 435	61	62	83		730.68
		总计	47	537	524	1 444	0	491	0	0	6 835	72	83	94	0	930.68
2	天津	省级	1	53	53	165		50			400	6	10	20		120
		地市级														
		县级	20	267	267			90			1 489	35	86	72		613
		总计	21	320	320	165	0	140	0	0	1 889	41	96	92	0	733
3	河北	省级	1	13	17		127.2	16			170	4	15	12		120
		地市级	10	267	360	308.2	275.46	267			3 100	67	109	158		508
		县级	171	2 671	3 822	706.4	4 026.4	1 535	204	606	11813	317	257	311	22	1 963
		总计	182	2 951	4 199	1 014.6	4 429.06	1 818	204	606	15 083	388	381	481	22	2 591
4	山西	省级	1	17	17	86		16			226.8	3		7	15	101.8
		地市级	12	228	339	561.92	179.26	264			1 997	43	74	189		464.7
		县级	126	1 829	3 308	1 961.16	2 047.85	1 428			15 525	191	100	207	20	811.32
		总计	139	2 074	3 664	2 609.08	2 227.11	1 708	0	0	17 748.8	237	174	403	35	1 377.82
5	内蒙古	省级	1	15	15	28		15			400	3	9	10	3	60
		地市级	11	171	214	340.7	185	167			3 730	28	43	76		279.58
		县级	86	730	1 017	773.6	352.2	604	6	57	7 374	77	64	63	6	504.09
		总计	98	916	1 246	1 142.3	537.2	786	6	57	11 504	108	116	149	9	843.67
6	辽宁	省级	1	11	11	33		10			120	3	12	26	11	85
		地市级	21	571	613	1 109	440	546	5	103	8 988	110	177	244	106	1 839
		县级	80	1 172	1 460	1 339	691	1 263	14	89	14 002	95	164	111	16	1 352
		总计	102	1 754	2 084	2 481	1 131	1 819	19	192	23 110	208	353	381	133	3 276
7	吉林	省级	1	18	11	55	0	11	0	0	80	0	4	0	5	1
		地市级	9	287	279	321	608	236	0	0	4 842	64	145	63	24	446
		县级	58	1 360	1 709	507	407	1 084	18	72	12 334	151	271	188	56	907
		总计	68	1 665	1 999	883	1015	1 331	18	72	17 256	215	420	251	85	1 354
8	黑龙江	省级	1	18	18	75.2	29.8	18			2 100	4	1	9		78
		地市级	14	237	269	434.72	178.1	242			2 905	44	67	139		902.9
		县级	103	823	1 148	338.44	1 050.89	658	21	84	15 445	63	69	189		468.3
		总计	118	1 078	1 435	848.36	1 258.79	918	21	84	20 450	111	137	337	0	1 449.2

续表

省(自治区、直辖市)		机构数(个)	在编人员数(人)	实有人员数(人)	人员工资来源(万元)		大专以上学历人数(人)	派出机构数(个)	派出机构人员数(人)	环境监察用房(平方米)	执法装备台数(台套)				设备价值(万元)
					财政拨款	环保补助资金					交通	通讯	取证	其他	
9 上海	省级	1	49	57			43			500	14	65	38		
	地市级														
	县级	19	300	250			249			4 061	80	321	307		
	总计	20	349	307	0	0	292	0	0	4 561	94	386	345	0	0
10 江苏	省级	1	23	19	72		17	0	0	535	5	12	27	19	90
	地市级	13	399	360	264	41	319	0	3	8 528	88	210	497	89	1 440
	县级	179	1 944	1 932	528	209	1 382	193	700	49 031	346	566	859	92	3 427
	总计	193	2 366	2 311	864	250	1 718	193	703	58 094	439	788	1 383	200	4 957
11 浙江	省级	1	12	14			13			190	2		14		80
	地市级	11	228	208			155			3 433	43	45	119		827
	县级	82	1 353	1247			919			22 880	213	234	479		2 017.4
	总计	94	1 593	1 469	0	0	1 087	0	0	26 503	258	279	612	0	2 924.4
12 安徽	省级	1	12	12			11			80	3	4	2		60
	地市级	17	287	327			206	31	97	2 653	33	35	53		184
	县级	91	505	614			270		67	4 356	30	35	45		186
	总计	109	804	953	0	0	487	31	164	7 089	66	74	100	0	430
13 福建	省级	1	15	15			15			180	3	11	13		100
	地市级	11	189	192			123	2	16	2 570	29	115	46		423.5
	县级	94	580	777			235	31	68	6 348	101	96	96		993.1
	总计	106	784	984	0	0	373	33	84	9 098	133	222	155	0	1 516.6
14 江西	省级	1	24	25	0	186.24	26	0	0	0	5	15	4		125
	地市级	12	219	260	293.46	182.052	194	151	200	721	22	13	30		201.58
	县级	93	615	859	402.806	768.602	417	138	346	2 538	43	27	41		111.45
	总计	106	858	1 144	696.266	1 136.89	637	289	546	3 259	70	55	75	0	438.03
15 山东	省级	1	19	23	123.8	66.1	21			1 300	6	15	43		98.4
	地市级	21	394	405	1 582.2	328.7	344			5 381.2	76	240	314	21	1 135.3
	县级	141	2 484	3 217	2 859.3	2 604.2	1 715	134	940	17 084.3	265	553	658	18	2 595.6
	总计	163	2 897	3 645	4 565.3	2 999	2 080	134	940	23 765.5	347	808	1 015	39	3 829.3
16 河南	省级	1	20	18	18		16			220	3	5	2		50
	地市级	18	576	650	253	397	397			5570	88	146	140		967
	县级	160	2 846	6 276	1 080	5 196	2 019	337	2 210	24 612	300	280	232		1 620
	总计	179	3 442	6 944	1351	5 593	2 432	337	2 210	30 402	391	431	374	0	2 637

续表

省(自治区、直辖市)			机构数(个)	在编人员数(人)	实有人员数(人)	人员工资来源(万元)		大专以上学历人数(人)	派出机构数(个)	派出机构人员数(人)	环境监察用房(平方米)	执法装备台数(台套)				设备价值(万元)
						财政拨款	环保补助资金					交通	通讯	取证	其他	
17	湖北	省级	1	8	8			8			60	2	2	2		27
		地市级	17	203	261			198			4 982	44	71	57		189
		县级	108	2 047	2 691			1 310	35	105	9 375	164	278	289		543
		总计	126	2 258	2 960	0	0	1 516	35	105	14 417	210	351	348		759
18	湖南	省级	1	16	10	50		10			105	2	3	3		87
		地市级	14	329	324	181	293	251	3	8	2 455	31	46	94		501
		县级	122	1 324	1 926	453	2 316	905			12 986	98	149	118		1 057
		总计	137	1 669	2 260	684	2 609	1 166	3	8	15 546	131	198	215		1 645
19	广东	省级	1	25	25	218		20			400	6	10	6		216
		地市级	25	432	540	3 292.16	1 203.22	345			6 760	80	140	155	6	1 840.42
		县级	118	1 089	1 425	4 172.64	4 533.43	682	16	29	11 329	154	120	135	13	2 076.86
		总计	144	1 546	1 990	7 682.8	5 736.65	1 047	16	29	18 488.5	240	270	296	19	4 133.28
20	广西	省级	1	18	15	82.76		15			260	2	5	5		69.29
		地市级	14	212	215	208.74	118.95	175	7	38	2 899	35	51	78		381.6
		县级	73	512	660	246.3	356.14	388	17	91	6 548.26	49	29	62		270.26
		总计	88	742	890	537.8	475.09	578	24	129	9 707.26	86	85	145	0	721.15
21	海南	省级	1	20	19	36.26		16			248	5	15	17		129.95
		地市级	2	29	59	18.03	35.32	14			180	13	4	6		126.43
		县级	16	143	216	47.97	27.8	81			986	39	18	13		321.66
		总计	19	192	294	102.26	63.12	111	0	0	1 414	57	37	36		578.04
22	重庆	省级	1	50	37			35			500	6	15	9		90
		地市级														
		县级	40	521	492			394			4 629	56	169	186		920.2
		总计	41	571	529	0	0	429	0	0	5 129	62	184	195	0	1 010.2
23	四川	省级	1	13	15	50.8	60	13			140	5	8	5		98.38
		地市级	21	394	387	827.2	538.8	291	9	14	4028	82	99	287		1 154.4
		县级	143	1 217	1 350	2 066.8	1 105.4	823	39	45	11 729	125	273	382		1 425.87
		总计	165	1 624	1 752	2 944.8	1 704.2	1127	48	59	15 897	212	380	674	0	2 678.65
24	贵州	省级	1	23	19			13			180	3	6	19		92
		地市级	9	111	94			87	2	18	972	11	19	113		234
		县级	90	534	519			387	19	61	3 190	42	24	62		405
		总计	100	668	632	0	0	487	21	79	4 342	56	49	194	0	731

续表

省(自治区、直辖市)			机构数(个)	在编人员数(人)	实有人员数(人)	人员工资来源(万元)		大专以上学历人数(人)	派出机构数(个)	派出机构人员数(人)	环境监察用房(平方米)	执法装备台数(台套)				设备价值(万元)
						财政拨款	环保补助资金					交通	通讯	取证	其他	
25	云南	省级	1	16	16	32.64		13			350	2	8	25		102.3
		地市级	16	157	140	316.28		114			849.3	22	25	35		438.83
		县级	126	632	659	566.52		367	9		5 360.38	72	88	101		907.54
		总计	143	805	815	915.44	0	494	9	0	6 559.68	96	121	161	0	1 448.67
26	西藏	省级	1	5	8	18.29		3				1		3		38.2
		地市级	2	14	32	40.53		17				9				222.45
		县级										7				210
		总计	3	19	40	58.82	0	20	0	0	0	17	0	3	0	470.65
27	陕西	省级	1	23	19	45		19			400	3	10	19		96.5
		地市级	11	211	220	183.99	58.9	179			1 220.4	24	120	93		542.94
		县级	108	1 967	2 196	1 323	126.3	1041	9	65	10 795.3	144	193	302		1 406.8
		总计	120	2 201	2 435	1551.99	185.2	1 239	9	65	12 415.7	171	323	414	0	2 046.24
28	甘肃	省级	1	12	14	16	32	12			238.4	2	6	2		43.4
		地市级	15	215	213	326	174	172			2 621	35	87	104	29	594.69
		县级	86	878	1 074	761	390	577	4	18	8 058	77	138	222	13	732.87
		总计	102	1 105	1 301	1 103	596	761	4	18	10 917.4	114	231	328	42	1 370.96
29	青海	省级	1	25	24	24		19			120	2	8	9		73.18
		地市级	6	49	43	43		35	4	16	1 593.49	8	20	18		88.54
		县级	22	162	139	139		102			1 124	13	17	14		75.2
		总计	29	236	206	206	0	156	4	16	2 837.49	23	45	41	0	236.92
30	宁夏	省级	1	11	11			8			120	1				
		地市级	4	77	100			49	6	39	1 700	14		14		
		县级	13	89	111			47			500	3		6		
		总计	18	177	222	0	0	104	6	39	2 320	18	0	20	0	0
31	新疆	省级	1	20	29	7.34	0	27	0	0	0	6	7	2	0	148
		地市级	17	234	242	183.9	10.8	201	2	18	4 238.6	34	67	41	6	548.95
		县级	92	760	784	401.58	134.14	599	8	17	15 826	91	149	131	15	903.93
		总计	110	1 014	1 055	592.82	144.94	827	10	35	20 064.6	131	223	174	21	1 600.88
省级			31	669	659	1 237.09	501.34	594	0	0	10 023.2	123	302	364	53	2 680.4
地市级			353	6 720	7 346	11 089	5 247.56	5 588	222	570	88 917	1 177	2 168	3 163	281	16 481.81
县级			2 706	31 826	42 604	22 117.5	26 342.4	21 997	1 252	5 670	317 763	3 502	4 830	5 964	271	29 556.13
总计			3 090	39 215	50 609	34 443.6	32 091.3	28 179	1 474	6 240	416 703	4 802	7 300	9 491	605	48 718.34

2004年污染防治设施现场检查情况

省、市、自治区		现场监督检查总次数	设施总数（台套）	现场检查总次数	正常运转台套数	正常运转达标台套数	运转率（%）	运转达标率（%）
1	北　京	62 281	4 517	16 590	4 511	4 465	99.00	99.00
2	天　津	13 562	8 008	6 922	7 608	7 608		
3	河　北	191 373	17 736	106 914	13 663	12 980	95.00	90.00
4	山　西	143 824	11 137	75 232	10 064	6 124	90.00	55.00
5	内蒙古	48 053	6 081	15 755	5 802	5 664	96.00	93.60
6	辽　宁	105 247	15 854	48 078	14 291	13 636	90.00	86.00
7	吉　林	77 947	11 806	52 466	11 057	10 627	94.00	90.00
8	黑龙江	53 041	6 851	26 624	6 681	6 280	97.00	94.00
9	上　海		34 371	35 707	34 371	34 371	96.26	
10	江　苏	392 977	37 217	174 220	35 533	34 289	95.50	96.50
11	浙　江	141 998	26 218	100 610	24 920	24 920	95.00	
12	安　徽	79 832	9 520	21 636	8 581	7 723	90.00	90.00
13	福　建	43 406	9 851	26 479	9 248	8 684	95.40	93.90
14	江　西	25 773	6 184	8 598	5 621	4 497	93.00	80.00
15	山　东	165 411	15 506	116 593	15 258	14 983	98.40	98.20
16	河　南	258 925	9 867	236 808	9 435	9 076	96.00	96.00
17	湖　北	103 987	8 677	26 032	8 069	7 262	93	90.00
18	湖　南	16 957	3 894	9 942	3 725	3 502	95	94.00
19	广　东	182 320	49 993	66 828	44 977	39 989		88.91
20	广西	63 050	9 563	19 408	9 044	9 044	94.57	
21	海　南	4 568	1 082	1 769	1 020	962		94.33
22	重　庆	18 561	2 879	8 429	2 744	2 607	100.00	95.00
23	四　川	99 440	5 449	32 528	5 109	5 109	94.00	
24	贵　州	47 661	3 519	12 737	2 783	2 783	80.00	
25	云　南	30 565	8 184	12 460	7 326	7 326	89.50	
26	西　藏	3 596	17	85	16	12	94.00	71.00
27	陕　西	51 602	6 315	27 266	5 955	5 538	97.00	93.00
28	甘　肃	62 175	4 976	28 545	4 807	4 807	96.60	
29	青　海	12 213	782	4 689	743	743	95.00	
30	宁　夏	28 309	16 777	14 994	15 126	13 159	90.00	87.00
31	新　疆	124 883	8 459	22 634	7 696	7 311	91.00	95.00
合　计			361 290	1 357 578	335 784	316 081	92.94	94.13

2004 年建设项目现场监督检查情况

省、市、自治区		现场检查总次数	按计划项目竣工数	项目实际投产数	防治设施投产数	“三同时”执行合格率(%)
1	北 京	8 218	4 203	2 880	2 880	100.00
2	天 津	963	123	123	204	100.00
3	河 北	13 529	411	568	541	95.00
4	山 西	7 479	236	151	152	95.00
5	内蒙古	5 186	1 592	1 145	1 002	87.00
6	辽 宁	1 8681	9 096	8 739	6 565	75.00
7	吉 林	5 320	828	770	724	94.00
8	黑龙江	3 513	1 432	1 533	1 406	100.00
9	上 海	6 079				
10	江 苏	49 494	8 538	7 807	7 103	91.00
11	浙 江	24 074	3 146	3 918	3 252	
12	安 徽	4 319	95	119	122	1.00
13	福 建	6 609	1 909	1 954	1 896	97.00
14	江 西	2 834	454	486	392	91.00
15	山 东	12 836	2 816	2 588	2 241	100.00
16	河 南	4 134	480	462	438	95.00
17	湖 北	3 333	3 333	2 998	2 998	90.00
18	湖 南	3 863	628	620	609	98.00
19	广 东	30 966	13 767	16 578	7 716	
20	广 西	7 104	3 623	3 624	3 502	
21	海 南	696	90	70	52	
22	重 庆	2 078	764	760	758	98.00
23	四 川	9 343	518	556	447	80.00
24	贵 州	3 914	394	506	401	85.10
25	云 南	3 247	841	745	598	80.30
26	西 藏	265	142	129	116	83.80
27	陕 西	6 512	319	327	306	0.94
28	甘 肃	3 850	314	307	296	96.00
29	青 海	1 499	132	119	119	100.00
30	宁 夏	1 332		167	82	100.00
31	新 疆	9 912	2122	1 442	1 268	91.00
合 计		261 183	62 346	62 191	48 187	77.48

2004年限期治理项目现场监理情况

省、市、自治区		现场检查总次数	限期治理项目总数	应按期完成项目数	按期完成的项目数	逾期完成的项目数	未完成项目数	项目按期完成率(%)
1	北京	5742	1 563	1 508	1 497		11	99.00
2	天津							
3	河北	5 990	810	539	532	2	3	98.00
4	山西	12 816	1 825	1 621	1 394	115	99	86.00
5	内蒙古	8 648	1 692	1 624	1 527	77	162	93.20
6	辽宁	4 298	1 448	1 448	1 076	372	177	74.00
7	吉林	8 622	1 187	1 091	901	58	132	83.00
8	黑龙江	3 702	1 383	1 301	1 248	46	7	96.00
9	上海	89						
10	江苏	17 046	1 085	755	380	108	99	50.30
11	浙江	8 682	3 222	2 393	1 865	251	339	78.00
12	安徽	5 981	894	863	736	103	24	0.85
13	福建	2 926	346	315	168	34	113	53.30
14	江西	876	280	365	183	57	85	87.00
15	山东	5 472	2 254	1 701	1 427	133	146	83.90
16	河南	957	1422	575	522	52	25	91.00
17	湖北	926	161	161	38		123	24.00
18	湖南	957	473	468	451	10	7	98.00
19	广东	4 981	1 458	1 478	1 288	190	170	
20	广西	5 019	856	832	636	100	182	76.44
21	海南	248	76	60	52	0	8	
22	重庆	1 601	738	751	661	159	34	88.00
23	四川	10 495	1 124	1019	778	60	134	76.00
24	贵州	2 486	523	370	204	48	118	68.00
25	云南	1 238	272	272	191	38	43	70.20
26	西藏	208	177	175	102	1	70	
27	陕西	4 546	945	912	824	53	42	
28	甘肃	2 770	744	487	370	11	106	76.00
29	青海	2 029	194	177	157	8	12	0.89
30	宁夏	1 912	888	230	250		207	
31	新疆	8 649	3 320	2 696	2 365	331	624	87.70
合计		139 912	31 360	26 187	21 823	2 417	3 302	83.34

2004年许可证现场检查情况

省、市、自治区		现场检查总数	已发放排污许可证数	符合许可证的家数	超证排污的家数
1	北京				
2	天津				
3	河北	8 570	2 944	3 105	341
4	山西	1 423	386	299	10
5	内蒙古	5 461	3 740	3 740	162
6	辽宁	13 545	7 055	5 358	1 961
7	吉林	31	31	31	
8	黑龙江	2 852	1 477	1 459	8
9	上海				
10	江苏	14 427	9 620	9 099	1 012
11	浙江	8 632	6 459	7 227	129
12	安徽	1 033	964	895	
13	福建	1 364	3 564	7 447	99
14	江西	668	236	213	135
15	山东	3 038	2 021	2 010	
16	河南				
17	湖北	5 532	1 222	851	371
18	湖南	2 195	1 853	1 968	43
19	广东	29 409	26 122	25 904	5 655
20	广西	11 448	10 928	10 465	446
21	海南	521	863	829	10
22	重庆	3 754	1 953	1 698	255
23	四川	14 342	4 514	2 440	2 117
24	贵州	16 091	6 124	5 979	145
25	云南	5 388	2 219	1 886	333
26	西藏				
27	陕西	4 383	1 277	1 679	32
28	甘肃	8 457	7 538	7 538	265
29	青海	2 673	814	902	
30	宁夏	8 221	4 930		3 025
31	新疆	8 686	3 561	3 670	667
合计		182 154	112 415	106 692	17 221

2004年排污申报情况

省、市、自治区		排污单位总数	已办排污申报的企业数	检查单位数	其他监察次数
1	北　京	1 981	1 427	1 542	30 189
2	天　津	9 276	6 847	4 566	
3	河　北	16 478	15 648	56 370	8 986
4	山　西	14 231	10 854	19 879	33 217
5	内蒙古	9 099	8 263	8 263	4 770
6	辽　宁	36 693	32 101	27 712	3 630
7	吉　林	28 762	19 798	23 636	11 508
8	黑龙江	15 098	11 865	12 970	3 380
9	上　海				
10	江　苏	24 747	23 688	57 192	86 381
11	浙　江	28 550	14 415	13 562	8 261
12	安　徽	5 905	6 569	5 693	7 569
13	福　建	11 651	7 447	3 121	2 907
14	江　西	12 121	6 273	5 184	4 703
15	山　东	28 932	27 052	27 472	23 396
16	河　南	21 438	18 509	17 026	
17	湖　北	18 871	18 002	15 820	6 945
18	湖　南	18 642	9 543	8 729	
19	广　东	100 651	57 136	44 724	5 412
20	广　西	16 738	14 925	13 956	6 115
21	海　南	8 040	1 759	1 437	341
22	重　庆	7 715	7 710	7 236	2 879
23	四　川	11 670	6 959	24 224	8 508
24	贵　州	8 065	4 768	7 602	4 831
25	云　南	4 920	4 380	4 380	8 128
26	西　藏	3 032	647	3 038	130
27	陕　西	16 893	10 345	7 230	15 516
28	甘　肃	25 844	19 639	18 553	16 347
29	青　海	2 500	2 264	2 264	1 323
30	宁　夏	4 942	1 663	1 635	1 843
31	新　疆	43 223	29 846	31 133	43 868
合　计		556 708	400 342	476 149	351 083

2004年环境监察信访纠纷事故统计表

			发生数	参与调查数	处理数	参与处理数	处理率(%)	结案数	结案率(%)
1	北 京	事故							
		纠纷							
		信访	6 171	3 522	6 159	2 795		6 149	
2	天 津	事故							
		纠纷							
		信访	92		92		1.00	83	0.90
3	河 北	事故	4	4	4	4		4	
		纠纷	451	451	451	375		443	98.00
		信访	11 138	10 186	11 101	9 522		11 066	
4	山 西	事故	6	6	6	6	100.00	6	100.00
		纠纷	160	160	160	160	100.00	157	98.00
		信访	5 905	2 595	5 802	2 455	98.00	5 766	99.40
5	内蒙古	事故	18	18	18	18	100.00	18	100.00
		纠纷	418	418	417	417	99.76	417	99.76
		信访	4 654	4 654	4 653	4 653	99.98	4 653	99.98
6	辽 宁	事故	75	73	73	2	97.00	71	95.00
		纠纷	724	724	515	209	72.00	511	71.00
		信访	29 836	29 537	29 537	299	99.00	29 239	98.00
7	吉 林	事故							
		纠 纷							
		信访	21 032	19 202	20 286	691	99.00	20 274	96.00
8	黑龙江	事故							
		纠纷							
		信访	11 554		11 554			11 242	
9	上 海	事故							
		纠纷							
		信访	54 931		54 931		100	53 711	98
10	江 苏	事故							
		纠纷	2 024	1 854	1 993	1 836	98.40	1 988	99.70
		信访	81 232	68 410	80 421	67 937	99.00	78 330	97.00

续表

			发生数	参与调查数	处理数	参与处理数	处理率(%)	结案数	结案率(%)
11	浙　江	事故	83	18	83	20		78	
		纠纷	4 396	138	4 395	129		4 119	
		信访	44 839	5 507	44 673	5 148		43 460	
12	安　徽	事故	55		55		1.00	55	1.00
		纠纷	993	637	956	634	0.96	921	0.93
		信访	8 946	7 563	8 846	5 278	0.99	8 803	0.98
13	福　建	事故	6	6	6	6	100.00	6	100.00
		纠纷	11 865	11 865	11 627	11 627	98.00	11 509	97.00
		信访	8 401	8 401	8 232	8 232	98.00	7 989	95.10
14	江　西	事故	32	31	27	26	86.00	27	88.00
		纠纷	1 900	988	1 849	926	97.00	1 834	95.00
		信访	8 939	6 061	8 850	4 320	98.00	8 462	93.00
15	山　东	事故	11	11	11	11		11	
		纠纷	131	131	131	131		126	
		信访	22 375	21 294	22 271	21 220		21 923	
16	河　南	事故	7	7	7	7	100.00	7	
		纠纷	543	529	543	537	99.00	54	
		信访	11 297	10 920	11 052	10 901	98.00	10 920	
17	湖　北	事故							
		纠纷	2 255	2 255	2 071	2 071		2 071	
		信访	2 017	2 017	2 017	2 017		1 875	
18	湖　南	事故	153	153	153	153	100	153	100
		纠纷	982	982	917	917	93	875	95
		信访	2 816	2 537	2 528	2 528	89	1 684	66
19	广　东	事故	19	17	19	13	100	15	79
		纠纷	4 133	3 768	2 567	2 388	62	2 654	64
		信访	60 026	38 579	57 815	36 468	98	5 7841	96
20	广　西	事故	221	221	221	221		212	96.00
		纠纷	6 231	6 169	6 231	6 212		6 216	
		信访	13 116	12 225	13 116	1 228		13 023	
21	海　南	事故	2	2	2	2	0	2	
		纠纷	475	315	459	304	0	376	
		信访	1 873	1 556	1 765	1 444	0	1 643	

续表

			发生数	参与调查数	处理数	参与处理数	处理率(%)	结案数	结案率(%)
22	重庆	事故	2	2	2	2		2	
		纠纷	2 010	2 010	2 010	2 010		2 010	
		信访	20 624	20 624	20 624	20 624		20 579	
23	四川	事故	28	28	28	27	100.00	28	
		纠纷	6 649	6 626	6 616	6 324	99.50	6 535	98.30
		信访	17 028	16 346	16 997	15 764	99.80	16 365	96.10
24	贵州	事故	32	32	32	32		32	
		纠纷	1 328	1 322	1 316	1 316		1 274	
		信访	3 636	3 543	3 531	3 531		3 515	
25	云南	事故	107	105	104	104	97.20	105	98.10
		纠纷	1 591	1 562	1 582	1 577	99.40	1 491	94.20
		信访	3 308	3 297	3 305	3 301	99.90	3 118	94.30
26	西藏	事故							
		纠纷	202	202	202	202		195	
		信访	442	442	442	442		419	
27	陕西	事故	34	34	34	34	1.00	34	1.00
		纠纷	715	715	712	712	1.00	712	1.00
		信访	4 509	4 417	4 456	4 437	0.98	4 366	0.97
28	甘肃	事故	60	60	60	60	100.00	60	100.00
		纠纷	184	184	184	184	100.00	183	99.00
		信访	6361	6 361	6 361	6 361	100.00	6 348	99.00
29	青海	事故	1	1		1	100.00	1	100.00
		纠纷	30	30	25	5	100.00	30	100.00
		信访	794	794	794		100.00	778	98.00
30	宁夏	事故	1		1			1	
		纠纷	205		199			149	
		信访	3 017		3 006			2 957	
31	新疆	事故	20	20	20	20	100.00	18	91.70
		纠纷	798	798	786	786	98.50	773	98.40
		信访	4 726	4 726	4 486	4 486	94.90	4 396	98.00
合计		事故	977	849	966	769	98.87	946	96.83
		纠纷	51 393	44 833	48 914	41 989	95.18	47 623	92.66
		信访	475 635	315 316	469 703	246 082	98.75	460 977	96.92

2004年环境监察重要文件目录

2004年重要文件目录

总局文件：

文件名称	文件号
关于对重庆市环保局圆满完成“12·23”井喷事故环境应急救援工作予以表彰的通报	环发[2004]1号
关于启用国家环境保护总局环境监察局印章的通知	环发[2004]3号
关于对晋陕蒙交界地区环境污染企业查处情况的通报	环发[2004]4号
关于做好环保部门经费保障工作有关问题的通知	环发[2004]5号
关于全国秸秆禁烧工作情况的报告	环发[2004]30号
关于减免家禽业排污费等有关问题的通知	环发[2004]43号
关于贯彻落实清理整顿违法排污企业座谈会精神的报告	环发[2004]53号
关于开展整治违法排污企业保障群众健康环保专项行动的通知	环发[2004]57号
关于开展矿山生态环境保护专项执法检查的通知	环发[2004]77号
关于加快火电行业排污申报登记工作的通知	环发[2004]89号
国家环保总局关于黄河包头段水污染事故调查处理情况的报告	环发[2004]99号
国家环保总局关于“环保专项整治行动”城市污水处理厂专项检查情况的报告	环发[2004]106号
关于徐水县涉铅企业污染问题查处情况的报告	环发[2004]123号
关于淮河流域违法排污企业互查情况的报告	环发[2004]125号
关于开展矿山生态环境保护专项执法检查情况的报告	环发[2004]175号

总局局函：

文件名称	文件号
关于确认燃煤二氧化硫排污量物料衡算方法的复函	环函[2004]4号
关于排污费征收权限的复函	环函[2004]44号
关于报送贵州省黔南州龙山工业区污染问题查处情况的复函	环函[2004]89号
关于川化股份有限公司环境违法问题的通报	环函[2004]93号
关于污水用于草坪绿化有关问题的复函	环函[2004]107号
关于对排污收费有关问题的复函	环函[2004]108号

续表

文件名称	文件号
关于设区市级财政集中县(市、区)排污费有关问题的复函	环函[2004]121号
关于自来水厂排放废水中污染物排放量核定方法等有关问题的复函	环函[2004]126号
关于安徽丰原生物化学股份有限公司环境违法行为的情况通报	环函[2004]236号
关于各级环境监察部门受委托征收排污费有关问题的复函	环函[2004]259号
关于宁夏美利纸业集团有限责任公司整改环境违法情况的复函	环函[2004]289号
关于《铁路危险化学品运输事故应急预案》意见的复函	环函[2004]320号
关于核定煤粉二次扬尘排污量问题的复函	环函[2004]338号
关于排放污染物的行政机关应否缴纳排污费的复函	环函[2004]342号
关于通报云南省宣威市田坝镇生铁冶炼企业环境污染情况的函	环函[2004]386号
关于整顿环保系统统一着装工作情况的报告	环函[2004]401号
关于城市污水处理厂擅自停运后能否对其未处理的污水征收排污费的复函	环函[2004]417号
关于环境应急演习评估情况的报告	环函[2004]433号
关于征收高等院校排污费等有关问题的复函	环函[2004]466号
关于露天煤矿产生粉尘征收排污费有关问题的复函	环函[2004]483号
关于夹杂在剥离土中的煤矸石征收排污费问题的复函	环函[2004]490号

总局办公厅文件:

文件名称	文件号
关于使用《排污费征收管理系统》软件的通知	环办[2004]8号
关于加强实验室类污染环境监管的通知	环办[2004]15号
关于印发环保专项整治行动宣传工作方案的通知	环办[2004]44号
关于落实国务院领导批示加强环境监管的通知	环办[2004]55号
关于整顿环保系统统一着装的通知	环办[2004]59号
关于矿山生态环境保护专项执法行动情况的通报	环办[2004]72号
关于开展矿山生态环境保护专项执法检查情况进行督察的通知	环办[2004]73号

续表

文件名称	文件号
关于将整治蓄电池行业污染问题纳入环保专项整治行动的通知	环办[2004]83号
关于进一步加快环境监察标准化建设的通知	环办[2004]91号
关于加强排污申报与核定工作的通知	环办[2004]97号
关于转发陕西省环保局《关于规范全省环境执法机构名称切实加强环境监察工作的通知》的通知	环办[2004]103号
关于对淮河流域重点污染源加强监管防止污染反弹的紧急通知	环办[2004]106号
关于进一步加大查处非法生产销售消耗臭氧层物质的通知	环办[2004]108号
关于加强环境突发事件防范确保两节和“两会”期间社会稳定的紧急通知	环办[2004]110号
关于环境监察执法证件办理工作的通知	环办[2004]113号

总局办公厅函：

文件名称	文件号
关于启用国家环境保护总局环境监察局文件的通知	环监发[2004]1号
关于认真做好环保专项整治行动第一阶段专项检查工作的紧急通知	环监发[2004]2号
关于进一步加强环境监察系统行风建设工作的意见	环监发[2004]3号
关于做好环保专项整治行动重点行业专项检查的通知	环监发[2004]5号
关于对淮河流域重点地区污染反弹问题进行检查的通知	环监发[2004]17号
关于报送国务院安全生产督察组第10组所查出的突出问题和重大事故隐患的函	环办函[2004]34号
关于对《全国突发公共卫生事件应急预案》意见的复函	环办函[2004]39号
关于举办排污费申报登记核定培训班的通知	环办函[2004]116号
关于对《农业环境污染突发事件应急预案》意见的复函	环办函[2004]216号
关于迅速排查危险化学品污染隐患的紧急通知	环办函[2004]234号
关于报送整治违法排污企业保障群众健康环保专项行动有关情况的通知	环办函[2004]238号
关于对交通应急预案意见的复函	环办函[2004]250号
关于《国家林业局突发沙尘暴灾害应急预案》意见的复函	环办函[2004]254号
关于《国家林业局重大生态破坏事故应急预案(征求意见稿)》意见的复函	环办函[2004]260号

续表

文 件 名 称	文 件 号
关于对《关于出版〈中国环境年鉴(监察分册)〉的请示》的复函	环办函[2004]295号
关于填报《排污费征收季报表(试行)》的通知	环办函[2004]298号
关于“国家安全生产应急救援指挥中心主要职责”意见的复函	环办函[2004]408号
关于对《全国石油安全保护部际联席会议制度(征求意见稿)》的复函	环办函[2004]421号
关于建议立即暂停征收中国中煤能源集团公司大屯煤电(集团)有限责任公司电厂第三灰池粉煤灰排污费的通知	环办函[2004]428号
关于组织淮河流域四省对辖区内污染情况进行互查的通知	环办函[2004]442号
关于文化部三个应急预案意见的复函	环办函[2004]445号
关于举办企业环保监督员制度培训班的通知	环办函[2004]455号
关于《国家重大食品安全事故应急预案》意见的复函	环办函[2004]469号
关于贡嘎山莫溪国家级自然保护区实验区田湾河流域水电站建设项目调查情况的复函	环办函[2004]475号
关于整治违法排污企业保障群众健康环保专项行动城市污水处理厂专项检查情况的通报	环办函[2004]483号
关于报送《重大突发环境事件处理标准》的函	环办函[2004]510号
关于印发《省(区、市)突发环境事件应急预案编制指南》的通知	环办函[2004]545号
关于报送实验室污染环境监管进展情况的函	环办函[2004]552号
关于加快淮河流域2004年度排污申报核定汇总工作的通知	环办函[2004]591号
关于突发公共卫生事件应急能力有关情况的复函	环办函[2004]608号
关于印发《晋陕蒙有关地区环境污染防治工作汇报会会议纪要》的函	环办函[2004]609号
关于《城市供气系统重大事故应急预案》、《城市供水系统重大事故应急预案》和《城市桥梁突发事故应急预案》意见的复函	环办函[2004]637号
关于组织对三峡库区畜禽养殖污染防治工作执法检查的通知	环办函[2004]652号
关于做好2004年环保专项整治行动总结阶段工作有关问题的函	环办函[2004]679号
关于《国家安全生产事故灾难应急预案》意见的复函	环办函[2004]706号
关于报送《全国生态环境监察试点工作阶段性报告》的通知	环办函[2004]734号
关于陕西省紫阳县红星化工厂污染环境问题查处情况的报告	环办函[2004]766号

总局环境监察通知书：

文 件 名 称	文 件 号
关于查处漳卫南运河、徒骇马颊河、金堤河污染问题的监察通知	环监[2004]1号
关于依法查处沱江特大水污染事故责任的监察通知	环监[2004]2号
关于查处大连机床集团铸造有限责任公司环境违法问题的监察通知	环监[2004]3号
关于查处兴发集团环境违法问题的监察通知	环监[2004]4号
关于查处禹州矿区生态破坏问题的监察通知	环监[2004]5号
关于查处渭河流域违法排污企业的监察通知	环监[2004]6号
关于加强山东省淮河流域污染防治工作的监察通知	环监[2004]7号
关于加强江苏省淮河流域环境污染防治工作的监察通知	环监[2004]8号
关于加强河南省淮河流域环境污染防治工作的监察通知	环监[2004]9号
关于加强安徽省淮河流域环境污染防治工作的监察通知	环监[2004]10号
关于严肃查处徐水县涉铅企业环境污染及违法问题的监察通知	环监[2004]11号
关于核查郑州市王新庄污水处理厂运行状况的监察通知	环监[2004]12号
关于唐山地区钢铁企业环境违法问题的监察通知	环监[2004]13号
关于查处内蒙古绿洲现代农业开发有限责任公司生态破坏问题的监察通知	环监[2004]14号
关于查处永高精细化工有限公司环境污染问题的监察通知	环监[2004]15号
关于查处河北省无极县磁河污染问题的监察通知	环监[2004]16号
关于查处云南省宣威市田坝镇生铁冶炼企业污染问题的监察通知	环监[2004]17号
关于查处东乌旗环境污染问题的监察通知	环监[2004]18号

附 录

◎ 全国环境监察机构名录

全国环境监察机构名录

序号	单位	地址	邮编
1	国家环保总局环境监察局	北京市西直门南小街115号	100035
2	国家环保总局华东环境保护督查中心	南京市蒋王庙街8号	210042
3	国家环保总局华南环境保护督查中心	广州市天河区员村西街7号大院	510566
4	北京市环保局	北京市海淀区车公庄西路14号	100044
5	北京市环保监察队	北京市海淀区车公庄西路14号	100044
6	天津市环保局	天津市南开区复康路17号	300191
7	天津市环境监察总队	天津市南开区复康路17号	300191
8	河北省环保局	石家庄市裕华西路106号	050051
9	河北省环境执法监察局	石家庄市裕华西路106号	050051
10	河北省石家庄市环保局	石家庄市体育中大街32号	050021
11	河北省石家庄市环境监察支队	石家庄市体育南大街167号	050021
12	山西省环保局	太原市滨河西路21号	030024
13	山西省环境监察总队	太原市滨河西路21号	030024
14	山西省太原市环境监察支队	太原市桃园三巷93号	030002
15	山西省太原市环境监察支队	太原市府西街211号	030002
16	内蒙古自治区环保局	呼和浩特市新城区艺术厅南街6号	010010
17	内蒙古自治区环境监察总队	呼和浩特市乌兰察布东路园艺所环保楼	010010
18	内蒙古自治区呼和浩特市环保局	呼和浩特市通道北街1号	010050
19	内蒙古自治区呼和浩特市环境监察支队	呼和浩特市通道北街1号	010050
20	辽宁省环保局	沈阳市于洪区崇山东路34号	110034
21	辽宁省环境监察局	沈阳市于洪区崇山东路34号	110034
22	辽宁省沈阳市环保局	沈阳市沈河区正阳街254号	110011

续表

序号	单位	地址	邮编
23	辽宁省沈阳市环境监察支队	沈阳市沈河区正阳街 254 号	110011
24	辽宁省大连市环保局	大连市中山区华乐街 1 号	116013
25	辽宁省大连市环境监察支队	大连市中山区华乐街 1 号	116013
26	吉林省环保局	长春市人民大街副 54 号(省政府 4 号楼)	130051
27	吉林省环境监察总队	长春市人民大街副 54 号(省政府 4 号楼)	130051
28	吉林省长春市环保局	长春市解放大路 102 号	130021
29	吉林省长春市环境监察支队	长春市解放大路 102 号	130021
30	黑龙江省环保局	哈尔滨市香坊区衡山路 6 号	150090
31	黑龙江省环境监察总队	哈尔滨市南岗区宣文街 19 号	150001
32	黑龙江省哈尔滨市环保局	哈尔滨市松北区世纪大道 1 号	150028
33	黑龙江省哈尔滨市环境监察支队	哈尔滨市道里区通达街 499 号	150076
34	上海市环保局	上海市大沽路 100 号	200003
35	上海市环境监察总队	上海市南丹路 1 号	200030
36	江苏省环保厅	南京市北京西路 70 号	210013
37	江苏省环境监察局	南京市凤凰西街 241 号	210036
38	江苏省南京市环保局	南京市珠江路 280 号	210018
39	江苏省南京市环境监察支队	南京市成贤街 43 号	210018
40	浙江省环保局	杭州市文一路 306 号	310012
41	浙江省环境监察总队	杭州市文一路 306 号	310012
42	浙江省杭州市环保局	杭州市新华路 112 号	310003
43	浙江省杭州市环境监察支队	杭州市新华路 112 号	310003
44	浙江省宁波市环保局	宁波市柳汀街 545 号	315012

续表

序 号	单 位	地 址	邮 编
45	浙江省宁波市环境监察支队	宁波市柳汀街545号	315012
46	安徽省环保局	合肥市长江西路8号	230061
47	安徽省环境监察局	合肥市长江西路8号	230061
48	福建省环保局	福州市福飞南路138号	350003
49	福建省环境监察总队	福州市福飞南路138号	350003
50	福建省福州市环保局	福州市广达支路3号	350005
51	福建省福州市环保监察大队	福州市广达支路3号	350005
52	福建省厦门市环保局	厦门市湖滨南路56号	361004
53	福建省厦门市环境监理中心所	厦门市开元区天湖路46号恒滨名宫11楼	361004
54	江西省环保局	南昌市湖滨南路16号	330006
55	江西省环境监察总队	南昌市湖滨南路16号	330006
56	江西省南昌市环保局	南昌市民德路411号经济大楼	330008
57	江西省南昌市环境监理所	南昌市叠山路248号	330006
58	山东省环保局	济南市制锦市街12号	250012
59	山东省环境监察总队	济南市济兖路393号	250012
60	山东省济南市环保局	济南市天桥区朝阳街22号	250012
61	山东省济南市环境监理总站	济南市少斧路8号	250012
62	山东省青岛市环保局	青岛市南区延安一路39号	266003
63	山东省青岛市环境监察支队	青岛市南区延安一路39号	266003
64	河南省环保局	郑州市顺河路1号	450004
65	河南省环境监察总队	郑州市顺河路1号	450004
66	河南省郑州市环保局	郑州市中原西路71号	450007

续表

序　号	单　　位	地　　址	邮　编
67	河南省郑州市环境监察支队	郑州市中原西路 71 号	450007
68	湖北省环保局	武汉市武昌区八一路 346 号	430072
69	湖北省环境监察总队	武汉市武昌区八一路 346 号	430072
70	湖北省武汉市环保局	武汉市汉口天门墩 13 号	430015
71	湖北省武汉市环境监察支队	武汉市汉口天门墩 13 号	430015
72	湖南省环保局	长沙市左家塘城南东路 75 号	410007
73	湖南省环境监察总队	长沙市左家塘城南东路 75 号	410007
74	湖南省长沙市环保局	长沙市朝阳路 138 号	410001
75	湖南省长沙市环境监察支队	长沙市朝阳路 138 号	410001
76	广东省环保局	广州市天河龙口西路 213 号	510630
77	广东省环境监察总队	广州市海珠北路福泉三巷 25 号 10 楼	510180
78	广东省广州市环保局	广州市府前路 1 号市府大院 5 号楼	510032
79	广东省广州市环境监察支队	广州市光塔路仙邻巷 50 号	510180
80	广东省深圳市环保局	深圳市福田区福中路市民中心	518026
81	广东省深圳市环境监察支队	深圳市福田保税区桂花路一号 3 楼	518038
82	广西自治区环保局	南宁市民乐路 1 号	530012
83	广西自治区环境监察总队	南宁市教育路 6 号	530012
84	广西自治区南宁市环保局	南宁市青山路 17—2 号	530000
85	广西自治区南宁市环境监察支队	南宁市青山路 17—2 号	530000
86	海南省国土环境资源厅	海口市海府路 59 号	570204
87	海南省国土环境资源监察总队	海口市龙昆南路 12 号	570206
88	海南省海口市环境监察支队	海口市龙华路 38 号	570102

续表

序号	单位	地址	邮编
89	重庆市环保局	重庆市渝中区人民路212号	400015
90	重庆市环境监察总队	重庆市江北区红石路8号	400020
91	四川省环保局	成都市西御街31号	610015
92	四川省环境监察总队	成都市西御街31号	610015
93	四川省成都市环保局	成都市人民西路4号	610012
94	四川省成都市环境监察支队	成都市芳邻路8号	610072
95	贵州省环保局	贵阳市遵义路83号	550002
96	贵州省环境监察总队	贵阳市遵义路83号	550002
97	云南省环保局	昆明市五华区西园南路27号	650032
98	云南省环境监察总队	昆明市五华区西园南路27号	650032
99	云南省昆明市环保局	昆明市五华区花园南路52号	650032
100	云南省昆明市环境监理所	昆明市五华区花园南路52号	650032
101	西藏自治区环保局	拉萨市金珠中路61号	850002
102	西藏自治区环境监察总队	拉萨市金珠中路61号	850002
103	陕西省环保局	西安市新城省政府综合办公楼	710006
104	陕西省环境监察局	西安市伍道什字南街32号	710048
105	陕西省西安市环保局	西安市大学东路东村4号	710068
106	陕西省西安市环境监理处	西安市大学东路东村4号	710068
107	甘肃省环保局	兰州市东方红广场统办二号楼	730030
108	甘肃省环境监理所	兰州市东方红广场统办二号楼	730030
109	甘肃省兰州市环境监理所	兰州市城关区张家园32号	730000
110	青海省环保局	西宁市南山东路116号	810007

续表

序号	单位	地址	邮编
111	青海省环境监察总队	西宁市南山东路116号	810007
112	宁夏自治区环保局	银川市民族北街79号	750004
113	宁夏自治区环境监察总队	银川市民族北街121号	750004
114	宁夏自治区银川市环保局	银川市兴庆区进宁北街95号	750001
115	宁夏自治区银川市环境监察支队	银川市兴庆区进宁北街91号	750001
116	新疆维吾尔自治区环保局	乌鲁木齐市健康路11号	830002
117	新疆维吾尔自治区环境监察总队	乌鲁木齐市健康路11号	830002
118	新疆维吾尔自治区乌鲁木齐市环境监察支队	乌鲁木齐市南湖路西三巷副4号	830000
119	新疆兵团环保局	乌鲁木齐市光明路15号	830002
120	新疆兵团环境监察总队	乌鲁木齐市光明路15号	830002

索　　引

说明：
- 本索引根据汉语拼音分类系统排列，以方便广大读者查阅
- 条目后面的数字，表示内容所在的页码

A

B

C

D

E

F

G

H

I

J

K

Q

R

S

T

W

Z

广州市环境监察支队

GUANGZHOUSHI HUAN JING JIAN CHA ZHI DUI

广州市环境监察支队前身是1981年4月成立的广州市排污收费所，2003年10月更用现名。支队编制57人，下设5个科室，办公用房1 270多平方米、专用执法车辆9台、服务器3台、电脑98台、“12369”投诉热线5条，建有独立的门户网站http://www.gzepi.com。已开发应用的环境监察信息管理系统包括：办公自动化管理系统、排污收费管理系统、执法信访管理系统、大气远程监控系统、污染问题控制系统等，办公、执法、应急、防护等仪器装备齐全先进，已通过国家标准化建设一级标准验收。

2005年，支队围绕广州市“创建国家环保模范城”工作，按照局党委关于环境监察工作“四个统一”的要求，加强队伍思想作风建设，发挥监察执法优势，创新工作思路，探索污染源长效监管机制，在环境执法、排污收费、环境信访、生态监察、环境应急等主要业务工作中取得了长足的进步。全年查处环境违法案件2 709起、征收排污费近11 000万元、办结信访投诉4 648件，为改善全市环境质量，维护环境安全和群众的环境权益做出了积极的贡献。

国家环保总局环监局领导视察工作

支队领导班子讨论工作

广州市环境监察支队成立挂牌仪式

以人为本、执法为民

广州市环境监察支队"12369"环保热线

局领导带队现场执法

辽宁省大连市

LIAONINGSHENG DA LIAN SHI

大连市环境监察支队在大连市委、市政府及市环保局领导下，“十五”期间紧紧围绕“保护环境，诚信为民”为品牌，以“建设一流队伍、培养一流作风、创造一流业绩”为目标，创新思维，开拓进取，加大基础建设，狠抓依法行政，狠抓队伍自身建设，以解决关系群众切身利益的污染问题为重点，强调群众利益无小事，坚持以人为本的工作思路，加大严厉打击环境违法行为和环境信访的工作力度，提高工作质量，为大连市的可持续发展和构建和谐社会做出了应有的贡献。

五年来，大连市环境监察支队不断推动环境监察工作的信息化、科学化、现代化，全面实行政务公开、服务质量评议、行政责任制度，实行排污收费核、收、查三分离，行政处罚查、处、缴三分离制度；切实抓好行政执法、排污费征收、收费稽查、环境

大连市副市长宋增彬（左四）、大连市环保局局长王忠彦（左三）等环保专项行动领导小组成员向省环保专项行动督查组汇报工作

土法木材烘干窑专项整治现场办公会

信访等重点工作，先后开展了大型建设项目专项监察、重点企业污染处理装置大检查、烟尘综合整治、环保专项行动等大型环保专项整治活动，加强生态监察与农村监察的工作力度，对市辖区（市）县52家重点大型工业企业实行监管，实现了环境信访负增长，较好地抑制大连市环境信访上升的趋势。2005年，经市编委批准，大连市环境监察支队进行整合，由原来32人增编至136人，共设9个大队（副处级）。同时，购置2 300平方米办公大楼一座。“十五”期间，大连市环境监察支队在各项工作中取得了显著的成绩，得到了国家、省、市及社会各界的广泛认可，先后荣获全国环境监察先进单位、市信访工作先进集体、市行政执法责任制工作先进单位等多项集体荣誉称号。

大连市环保局副局长马成恩（左二）等环保专项行动领导小组办公室成员现场督查污染企业整改情况

支队长王建强在大连市环境监察支队乔迁揭匾仪式上讲话

环境监察人员检查污染处置设置运转情况

训练有素的环境监察队伍

沈阳市环境监理大队

SHENYANGSHI HUAN JING JIAN LI DA DUI

沈阳市环境监理大队于1995年建队，现由监理大队、信访办、监控中心三个部门组成，现有干部职工58人，其中监理大队38人，信访办10人，监控中心10人。

近年来，沈阳市环境执法工作紧紧围绕“整治违法排污企业，保障人民群众健康”环保专项行动这一中心，不断加大执法力度，投入大量人力、物力，采取挂牌督办、公开查处、新闻曝光等一系列措施严厉打击了各种违法排污行为，相继开展了畜禽养殖，铸（锻）造，中、高考双优，蓄电池行业，冬季烟尘检查，造纸、电镀等污染行业的专项执法活动，并对建设项目、水源地保护、医疗废水处理等行业进行了大规模地清查及处理，全面开展生态监察，切实解决了一批关系到人民群众切身利益的环境问题。有效遏制了环境违法行为的滋长，极大地增强了企业法人和市民的环保意识。

2004年5月，沈阳市监控中心正式运行，该中心由污染源在线监控等五大系统组成。为及时处理应急事件，沈阳市环境监理大队的13台执法车辆配备了GPS定位仪。同时，“12369”自动投诉的受理、交办、反馈等全部在网上运行。

队长李国宏

监理人员整装待发

全国政协原副主席钱正英院士来沈检查污水处理工作

沈阳市环保局办公大楼

上海市徐汇区环境监察支队

SHANGHAISHI XUHUIQUHUAN JING JIAN CHA ZHI DUI

2000年以来，徐汇区环境监察支队在市环境监察总队、区环保局的领导下，认真贯彻党的十六大和十六届三中、四中全会精神，结合本区环保工作的实际，紧密围绕着实施“一控双达标”、两轮环保三年行动计划及创建上海市可持续发展实验区、上海市环保模范城区和国家环保模范城区等系列工作，积极推行可持续发展战略，全面落实科学发展观，努力实践“三个代表”重要思想。5年来，支队上下齐心协力，努力拼搏、开拓进取，扎实工作，为区域环境质量的稳步改善做出了一定的贡献。同时，支队本身的队伍建设通过行风评议、行业规范服务达标活动、创建文明单位、创建国家环境监察标准化建设一级机构等系列活动取得了较大成效，队伍的人员素质、社会形象、服务质量、管理水平等都得到了显著的提高。

支队长　徐龙麟

社区服务活动

支队领导班子成员

江苏省无锡市环境监察支队

JIANGSUSHENGWUXISHIHUANJINGJIANCHAZHI DUI

支队长　柏宗平

环境监察执法人员整装待发

环境监察执法人员实施现场监督检查

现代化的污染源在线监控中心

无锡市环境监察支队成立于1991年，先后被命名为无锡市环境监理总站、无锡市环境监理支队，于2003年更名为无锡市环境监察支队，共有编制人数41人，现有在编人员32人。

该支队紧紧围绕改善环境质量、保障环境安全和人民群众身体健康的总目标，坚持以服务社会、服务企业、服务基层为宗旨，以环境保护为载体，以承诺服务为主要形式，以健全制度和激励机制为基本手段，以建一流队伍，出一流人才，创一流业绩为方向，强化现场执法、严惩环境违法案件，加强排污收费，加强队伍建设、规范监察行为，开展环境稽查、健全监督体系，完善现场监控手段、增强快速反应能力，稳步推进生态环境保护监察工作，为打击环境违法行为、服务经济建设、维护社会稳定做出了重大贡献。在支队一班人的带领下，经过多年努力，无锡市环境监察支队已逐步建设成为一个政治素质好、业务素质过硬、团结协作、积极向上的战斗集体。支队的环境监察工作整体水平也上了新台阶，先后被评为全国环境监察先进集体、江苏省和无锡市文明单位、江苏省和无锡市创建文明行业示范点、无锡市环境保护先进集体和无锡市“11 0”社会联动服务先进集体等荣誉称号，无锡市环境监察系统也被评为无锡市文明行业。

江苏省苏州市环境监察支队

JIANGSUSHENGSUZHOUSHI HUAN JING JIAN CHA ZHI DUI

苏州市环境监察支队加强队伍管理，提高人员素质，积极开展标准化建设，建立一支“政治强、业务精、纪律严、作风正”的一流环保现场执法队伍。2001 年全市环境监察机构全部达到标准化建设“一级标准”；2004 年支队被授予苏州市“文明单位”，支队团支部被评为“五四”红旗团支部，2005年被国家环保总局授予“全国打击环境违法行为先进单位”的荣誉称号。

苏州市环境监察支队参加〝苏州市危险化学品事故演习〞

苏州市环境监察系统举办军事化训练

张家港市、常熟市环境监察大队

ZHANGJIAGANGSHI CHANGSHUSHIHUAN JING JIAN CHA DA DUI

张家港市环境监察大队铁腕执法、服务为民，以改善和提高区域环境质量为目标，为张家港市创建生态市保驾护航。2001年被省环保厅评为全省先进集体，2003年被国家环保总局授予“全国环境监察标准化建设一级达标单位”称号。

常熟市环保远程监控系统于 2003 年 11 月 18 日正式投运。下阶段将建成 COD 排放企业、烟尘及SO_2在线监控、水质自动站，空气质量自动站和城市噪声的全面监测系统。

张家港市环境监察大队现场执法

常熟市环境监察大队远程监控系统

江苏省常州市环境监察支队

JIANGSUSHENG CHANGZHOUSHI HUAN JING JIAN CHA ZHI DUI

常州市环境监察支队成立于1986年，现有干部职工23人，内设综合科、排污费征收科、监察一科、监察二科、监察三科、信访科。2001年5月，支队通过国家环境保护总局环境监察标准化建设一级达标验收。作为常州市环境保护局下属的基层执法单位，在省环境监察局的悉心指导下，在局党组的正确领导下，深入贯彻“三个代表”重要思想，围绕创建“国家环保模范城市”和“生态市”的工作重点，认真贯彻“团结务实、勤政廉洁、秉公执法、开拓创新”的队训，不断加强自身能力建设，切实抓好执法、信访、申报、征费、稽查等重点工作，先后开展“零点行动”、“一控双达标”、“饮用水源地保护”等专项行动，建立一支“拉得出、打得响、打得赢”的全天候环境监察队伍，为确保环境安全和改善环境质量，保障经济可持续发展，维护社会稳定，创建和谐社会做出了积极的贡献。先后被授予省排污申报先进集体、省排污收费标兵单位、省信访工作先进单位等光荣称号。

部署环境监察工作

检查治理设施处理效果

查看断面水质

受理信访投诉

江苏省连云港市环境监察支队

JIANGSHUSHENGLIANYUNGANGSHI HUAN JING JIAN CHA ZHI DUI

江苏省连云港市环境监察支队始建于1990年。1995年更名为连云港市环境监理总站，2002年更名为连云港市环境监察支队。多年来，支队紧紧围绕全市环保中心工作，以维护人民群众的环境利益为已任，严厉查处环境违法行为，有力地促进了全市环境质量的改善。

支队按照国家和省有关要求，不断拓宽思路，加大硬件投入，完善管理机制，提高执法人员素质，努力塑造一支文明执法、精干高效的环境现场执法队伍，2000年底通过了环境监察机构标准化建设一级达标验收。为提高环境监察现场执法能力，支队2001年建成了全市首批重点污染源现场监控系统，并实现联网运行，得到国家环保总局和省环保厅有关领导的肯定。先后两次被省人事厅、省环保厅授予“全省环境监理先进集体”，2001年至今，连续两届被省委、省政府授予“省文明单位标兵”称号，多次被省环保厅评为“排污收费先进集体”、“排污申报先进集体”、“环境信访工作先进集体”。连续多年被评为“连云港市110联动先进单位”、“信访工作先进单位”。

支队长　刘 萍

支队深入现场，加强监管

一支高素质的执法队伍

浙江省杭州市环境监察支队

ZHEJIANGSHENG HANGZHOUSHI HUAN JING JIAN CHA ZHI DUI

领导班子研究工作

领导班子现场执法

杭州市环境监察支队成立于1984年，始终把“改善环境综合质量，提高市民满意度”作为工作重心，切实抓好执法、申报、许可证、征收、信访、稽查和环境污染事故处理等重点工作，有奖举报、“蓝天、碧水、绿色、清静”工程等专项整治，实施总量收费试点，基础设施建设得到有效加强，建立一支守纪律、能吃苦、能战斗的全天候环境监察队伍，为确保环境安全，保障经济发展，维护社会稳定，做出了积极的贡献。先后被国家环境保护总局评为全国打击环境违法行为先进集体，顺利通过环境监察机构标准化建设一级达标验收；被杭州市环境保护局评为局系统先进党支部、先进单位；局长公开电话受理中心连续5年被杭州市市长公开电话受理中心评为先进集体。

福建省漳州市环境监察支队

FUJIANSHENGZHANGZHOUSHI HUANJINGJIANCHAZHIDUI

漳州市环境监察支队前身为漳州市环境监理所，成立于1986年，2004年更名为漳州市环境监察支队，支队内设：办公室、监察一大队、监察二大队、监察三大队和监察四大队。现在编人员20人，其中副科级以上领导5人，高级工程师两人，工程师6人，监察装备及自动化办公设备齐全。

漳州市监察支队主要负责市直单位排污费征收工作、市直污染源和省、市重点污染源的现场巡查、生态环境监察、市区环保110服务、环境污染案件处理、市直审批建设项目执行环评和环保“三同时”制度的现场检查工作。负责全市11个县（市、区）环境监察工作的稽查。几年来，漳州市环境监察支队从小到大，稳步发展，环境监察和排污收费工作取得了较大进步，在实践中逐步摸索出了一套切实可行的环境现场监察的工作方法，在全国生态环境监察试点工作中，走在全省前列。

漳州市2004年度监察工作会议

高考期间夜间噪声专项活动

福建省晋江市环境保护行政执法大队

FUJIANSHENGJINJIANGSHIHUANJINGBAOHUXINGZHENGZHIFADADUI

福建省晋江市环境保护行政执法大队系晋江市环境保护局直属机构，前身是市环境监理所和6个基层环境监督管理所，始建于1992年，是全国实行环境监理员制度的第二批试点单位，试点工作受到了上级环保部门的充分肯定。2004年8月，根据中编办赋予晋江市创建公共行政体制改革试点任务要求，全市7个环境监理所整合成立环境行政执法大队，下设三个中队，承担环境保护监督管理职能中现场监督执法工作。

为不断适应形势和社会各界对环境监察工作的要求，市环保局领导十分重视，强调树立“发展、创新、激情、责任”意识，注重加大对环境监察执法能力建设的投入，坚持不懈抓好环境监察队伍综合素质建设，加快环境监察标准化建设，配备执法用车7部和一批现场执法取证设备，并积极筹建环境自动监测监控中心，环境监察执法力度持续增强。多年来，环境监察工作紧紧围绕经济发展这一中心，按照晋江市“努力建设民富市强、和谐发展的现代化制造基地，商贸中心、滨海港口城市”的要求，确保晋江市社会事业、经济发展与环境保护的协调发展。

局领导班子成员在研究工作

局法制委员会在研究环境行政处罚事件

局办公大楼

环境行政执法大队全体工作人员合影

湖北省环境监察总队

HUBEISHENG HUAN JINGJIAN CHAZONGDUI

湖北省监察总队成立于2000年，现有在编干部职工11人。办公地点位于坐落在人杰地灵的珞珈山脚、秀丽宜人的东湖之滨。这美好的山水赋予了这年轻的队伍山一样的巍严、水一样的清明，热情服务、严格执法是他们的理念。

湖北省环境监察总队在国家环保总局环境监察局和湖北省环保局的领导下，不断加强思想作风和能力建设，认真履行“三查两调一收费”的工作职责，在指导全省监察机构标准化建设、生态环境监察、环境现场监察、“12369”环保举报热线的建设、排污申报与收费、污染源在线监控系统的建设与运营等工作中都做出了突出的贡献。

在“三年环保专项行动”中，2004年全省共出动监察人员41 499人次，查处693起违法排污案件；2005年出动38 634人次，查处870起违法排污案件。全省由126个监察机构和2 958名监察人员组成的环境监察队伍基本形成了一支作风过硬、执法有力的环境卫士。

为构建和谐湖北，总队全体干部职工奉献着自己的才智和激情，曾先后荣获“全国打击环境违法行为先进集体”、湖北省环保局“保持共产党员先进性教育”先进支部等荣誉。

总队长　李国斌博士

总队研讨工作

副总队长汪新华、省监察厅执法室副主任刘晓林（左）检查小钢铁

副总队长汪新华暗查排污口

湖北省武汉市环境监察支队

HUBEISHENG WUHANSHI HUANJINGJIANCHAZHIDUI

武汉市环境监察支队前身为武汉市环境监督管理处。2003年11月更名为武汉市环境监察支队，是武汉市环境保护局直接领导下的一支环境保护现场执法队伍。近年来，支队始终落实科学发展观，坚持以人为本，以改善环境质量为目的，切实解决老百姓关心的环境问题，不断加强队伍建设，提高环境执法水平，2000年以来先后被国家环保总局授予“全国环境监察先进集体”、“清查违法排污企业、保障群众身体健康”专项行动先进集体、“全国环境监察标准化建设一级达标单位”；获武汉市政府“环境保护‘一控双达标’工作先进集体”、“社区建设883行动计划”先进单位等荣誉称号；获“武汉市建设系统目标管理工作先进集体”、“武汉市建设战线先进‘吴天祥小组’”等表彰；连续多年被省、市环保局评为“环境监察工作先进单位”。

市领导深入社区，倾听社区居民对试点工作的反映

支队长　张 军

市领导现场检查企业环保工作

广东省环境监察总队

GUANGDONGSHENGHUANJINGJIANCHAZONGDUI

广东省环境监察总队前身为广东省环境监理所，成立于1983年，2003年2月更名为广东省环境监察总队，同年8月经省人事厅批准依照国家公务员制度管理。建队20多年来，在国家环保总局和省环保局的领导下，不断加强思想、作风、能力建设，认真履行“三查二调一收费”职责，严格执法、廉洁勤政，为保障人民群众健康权益、促进环境与社会经济协调发展、建设和谐广东做出了积极贡献。

总队经过全体人员团结协作、努力奋斗，2005年10月通过国家环境监察标准化建设验收，并指导各市、县（区）监察机构完成标准化建设。

在标准化建设的基础上，总队正加大现场执法力度，强化污染源管理，推动了全省清理整治违法排污企业工作深入开展，向环境监察的现代化迈进。

总队长　吴洪杰

专项行动广东分会场

领导班子研究工作

广东省梅州市环境监察支队

GUANGDONGSHENGMEIZHOUSHI HUANJINGJIANCHAZHIDUI

梅州市环境监察支队成立于1988年，原名为梅州市环境污染监理所，2003年更名为梅州市环境监察支队，为科级事业单位，人员编制15名。现内设办公室、监察室、信访室、征收室四个室。

在梅州市环保局历届领导班子的关心重视下，监察人员的政治意识、责任意识、监督意识、廉政意识、服务意识明显增强，能力建设由无到有，由弱变强，依法行政水平进一步提高。从而使支队工作重点从原来的单纯收费向收费与现场监察并重，从原来单一的污染源监督检查向建设项目的监督检查和生态环境监察等工作全面开展，成为市环保局领导下的一支从事现场监察的执法队伍。

支队在监察过程中严格执法、文明执法，热情服务，做到“四个合法”，即主体合法、行为合法、程序合法、形式合法；“五个明确”，即明确权限、明确责任、明确任务、明确手段、明确尺度，多次得到上级和群众的好评。2004年被国家环保总局评为“全国打击环境违法行为先进单位”。

局长　肖 平

支队负责人向局领导汇报工作

支队领导班子研究工作

支队领导现场执法

四川省环境监察总队

SICHUANSHENGHUANJINGJIANCHAZONGDUI

总队长 张攀俊

支队长 刘光华

四川省环境监察总队前身为四川省环保局排污监理处，成立于1984年9月。1985年1月更名为四川省环境监理处。2003年5月，成立四川省环境监察总队，为省环境保护局管理的行政执法机构。省级环保监察机构自成立以来，在国家环保总局和省环保局的领导下，不断加强思想、作风和能力建设，特别是2004年经历了沱江特大水污染事故应急调查处理的严峻考验，基本形成一支作风过硬、行动迅速、执法有力的环境监察队伍。2004年，被国家环保总局表彰为"全国打击环境违法行为先进单位"。

内江市环境监察支队

NEIJIANGSHIHUANJINGJIANCHAZHIDUI

内江市环境监察支队在研究现场执法工作。

内江市环境监察支队成立于1985年，前身为内江市环境监理站，是隶属内江市环境保护局的独立法人单位，是内江市级环保现场监管的专门执法队伍，并已通过国家二级环境监察机构达标验收。支队始终按照"爱自然、忠事业，甘奉献、讲廉洁，严执法、勇创新，重实效、求团结"的要求建设高素质监察队伍，不断适应环境监察工作的新形势、新要求。由于在环保专项行动中成绩突出，被授予"全国打击环境违法行为先进单位"的荣誉称号。

四川省攀枝花市环境监察支队

SICHUANSHENGPANZHIHUASHIHUANJINGJIANCHAZHIDUI

攀枝花市环境监察支队是一支实施环保现场监督执法的队伍，现有职工37人，其中高级工程师3人，工程师11人，执法人员均为大专以上学历，持证上岗率100%。建立完善了“12369”指挥系统、自动监测（监控）系统等现代化环境监察手段，正在建设环境应急指挥系统。按照国家环保总局《关于进一步加强环境监理工作若干意见的通知》（环发[1999]141号）的要求，建立了一支政治过硬、业务精湛、设备先进、反应快速的准军事化现代环境执法队伍，2005年3月经国家环保总局批准，成为全国环境监察一级达标单位。

攀枝花市环境监察支队强化环境监督管理职能，规范现场监察行为，提升环境执法能力。目前排污费征收、打击违法排污企业专项行动、饮食业油烟污染治理、机动车尾气防治、“中、高考”禁噪、污染源在线监测设备安装、处理群众投诉、解决环境污染纠纷等各项工作走在全省前列。

2003年获得四川省环保局授予“全省环境监察先进集体”称号，2004年获得国家环保总局授予“全国打击环境违法行为先进集体”荣誉。

支队领导班子

支队长现场检查工作

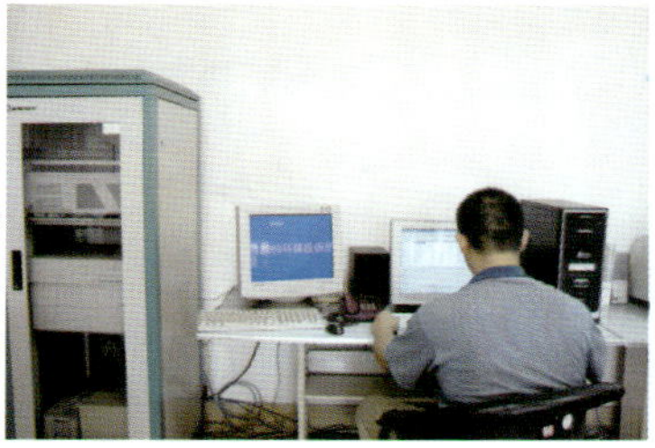

“12369”环保投诉热线

整装待发

取缔改良焦炭小企业

四川省遂宁市环境监察支队

SICHUANSHENGSUININGSHI HUANJINGJIANCHAZHIDUI

四川省遂宁市环境监察支队是隶属于遂宁市环保局、依照公务员管理的事业单位，原为遂宁市环境监理大队，成立于1999年，2002年更名为遂宁市环境监察支队。支队严格按照《环境监理工作暂行办法》的要求，内强素质、外树形象、团结奋进，锐意创新。畅通“12369”环保热线实行政务公开，加强社会监督公布执法信息，实行阳光下执法。支队认真开展环保专项行动，严查环境违法行为，保障群众身体健康。他们及时妥善处理群众投诉，维护人民群众的环境权益，开展“中、高考”禁噪，为广大考生创造了一个安静的学习环境。支队认真履行职责，加强区域环境监管，牢固树立科学的发展观，认真实施可持续发展战略。

近年来先后被评为“四川省环境法制工作先进集体”、“全省环境监察工作先进单位”、“城市管理先进单位”、“市环保系统先进集体”、“创卫先进单位”等。遂宁市环境监察支队正在努力建设一支思想好、作风好、懂业务、会管理、善于做群众工作的环境监察队伍。

支队长　沈剑飞

监察支队现代化办公室

两考禁噪期间，执法人员夜查OK厅

坐落在清山绿水间的遂宁市环境监察支队

云南省环境监理所

YUNNANSHENGHUANJINGJIANLISUO

云南省环境监理所成立于1988年，下设办公室、监察科、收费科三个业务科室，是依法对云南省内一切单位和个人履行环保法律、法规，执行环境保护各项政策、标准的情况进行现场监督、检查、处理的专职机构。

近年来重点开展的工作有：工业污染源的日常监督管理，新建项目“三同时”监察，生态环境监察，“九大高原湖泊”流域现场环境监察，排污许可证专项监察，“中、高考”期间噪声监察，违法排污企业专项整治现场检查，环境污染事故、纠纷和信访案件查处，排污费征收等各项工作。据统计仅2004年度，全省共出动环境监察人员3万多人次，现场检查企业1.2万家次，其中省级环境监察人员出动3 000余人次，现场检查1 000余家次。通过加强环境现场执法，促进了环境保护宏观决策和微观管理，改善了环境质量，为全省经济社会可持续发展做出了贡献。

副局长杨志强（左一）对云天化进行环境安全检查

所长方雄（左），书记、副所长李焱昆（右）

副局长高正文（左二）对宜良东山片区进行现场检查

副局长任治忠（左二）对云峰化学工业公司进行环境安全检查

所长方雄（右二）一行检查小龙潭火电厂

办公室主任崔震宇（左一）、收费科科长张守君（左二）、所长方雄（左三）、监察科副科长曹俊（右一）、监察科科长邓聪（右二）、书记李焱昆（右三）

西安市环境监察支队

XIANSHIHUANJINGJIANCHAZHIDUI

西安市环境监理处1984年由西安市人民政府批准成立，属事业编制，正处级建制。2003年增挂西安市环境监察支队牌子，纳入公务员管理序列。

近几年来，支队始终坚持“团结、求实、创新、发展”的宗旨，紧紧围绕全市环保工作重点开展业务，各项工作都取得较大成绩。近年来先后获得一次国家环保总局先进集体、八次省级先进集体的荣誉，两人获得省环保局和省人事厅先进个人、三人获得省级先进个人、五人获得市级优秀党员称号。2005年荣获西安市物价局“全市收费公示工作先进单位”，中共西安市直属机关工作委员会“环境监理处党总支先进基层党组织”，省环保系统“精神文明建设先进集体”的称号。

1995年开通了环境污染投诉电话，在2001年改为全国统一号码“12369”。努力解决影响人民群众生活的环境污染问题，受到社会的好评。

2004年全市共对5 600多家单位征收了6 000万元排污费，促进排污单位加强经营管理、治理污染、改善环境。支队加大执法力度，查处大批环境违法行为，收缴罚款231万元。

在开展无燃煤区锅炉拆改、煤质检查、含铅汽油抽检、餐饮洗浴业烟尘油烟污染治理、夏秋两季禁止焚烧秸秆、夜间建筑施工噪声等各项专项执法检查中，发挥了重要现场执法作用。

开展绕城高速公路两侧1千米内烟尘综合整治

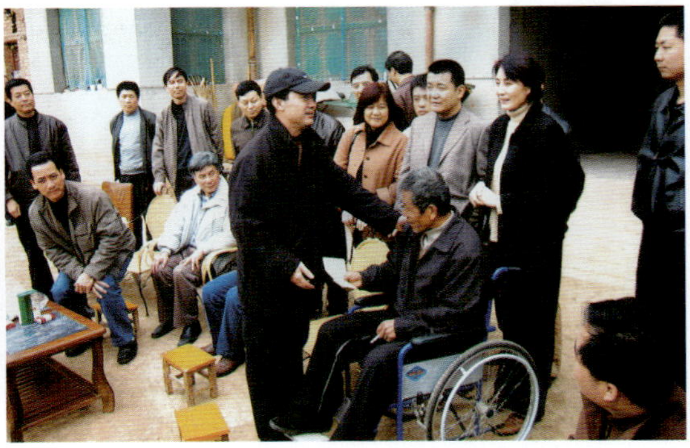
支队定期邀请行风监督员开展环境监察行风建设

陕西省延安市吴旗县环境监察大队

SHANXISHENGYANANSHIWUQIXIANHUANJINGJIANCHADADUI

陕西省延安市吴旗县环境监察大队于2005年3月成立，前身为吴旗县环境监理站。

该队成立以来，在上级部门的领导下，从当地环境实际出发，围绕“蓝天、碧水、朝阳、生态”四大环保工程，以大气污染治理为突破，以石油开发环境保护为重点，以改善环境质量、为经济发展创造优良环境为目标，认真贯彻落实各项环保法律法规，全面开展各项执法活动，严厉打击各种环境违法行为。1998年以来共计查处各种环境违法行为260多起，完成排污收费1 100多万元，清洁文明井场建成率达到85%以上，为当地环保事业的发展做出了积极贡献。2001年被县委、县政府授予“五星级文明单位”，连续6年被评为全市“环境保护先进集体”，2004年被国家环保总局评为“全国打击环境违法行为先进单位”。

省、市领导现场检查指导工作

监察大队全体人员正在业务学习

监察大队大队长 宗旭明

正在建设的清洁文明井场

监察人员在现场执法检查

陕西省绥德县环境监察大队

SHANXISHENGSUIDEXIANHUANJINGJIANCHADADUI

绥德县环境监察大队成立以来始终加强环保队伍政治、业务和廉政建设，城乡生态环境保护并抓的原则，严格执法、文明管理，为推动全县经济持续、健康、协调发展，共建和谐社会做出了不懈努力。绥德县环境监察大队紧紧围绕“一控双达标”中心任务，几年来在收费工作上始终坚持四早、六定的工作原则，基本克服了人情、关系、协议等收费不正之风。绥德县环境监察大队先后受到上级部门的奖励：1999年被省环保局评为“全省先进监理集体”，2000年被市环保局评为“全市先进监理集体”，2001年被市环保局评为“全市先进集体”，2003和2004年连续两年被评为全省先进集体。

局长　刘务喜

局领导班子成员

办公大楼

西安市环境保护局长安分局环境监理站

XIANSHIHUANJINGBAOHUJUCHANGANFENJUHUANJINGJIANLIZHAN

长安分局环境监理站于1998年成立，现有人员32人。其中，有大专以上学历人员15人，占总人数的70%，持证上岗率100%。

长安分局环境监理站认真贯彻执行国家地方环境保护有关法律、法规、政策和规章制度；依据环境保护部门的委托，依法对辖区的单位及个人执行环保法规的情况进行监督检查，按规定进行处理；对辖区企事业单位排放污水、废气、固体废弃物、噪声及放射性物质征收超标排污费；参与辖区内污染事故、纠纷，来信来访的调查处理。

长安分局环境监理站自成立以来，在长安区委、区政府的关怀指导下，在长安分局直接领导下，全体人员团结奋斗，排污收费逐年增加，各项监察执法工作逐步走上了规范化，法制化的轨道。2001～2002年被市环保局评为“环境监理先进单位”，2003年被陕西省环保局评为“全省环境监察工作先进集体”。

陕西省榆林市环境监察支队

SHANXISHENGYULINSHIHUANJINGJIANCHAZHIDUI

陕西省榆林市环境监察支队成立于1988年，为副处级事业单位，内设三个科室（监察一科、监察二科、环境投诉科），定编12人，现有环境执法人员15人。近几年支队一班人在新的领导班子带领下团结奋斗，开拓创新，排污费每年以41%的速度递增，增幅年年名列全省前茅；环境执法规范有力度，每年都要直查直处环境违法案件5起左右，罚款额都在100万元左右；环境投诉继设置了环境投诉科后，又固定执法人员进行处理，基本做到了件件有落实，事事有回音。由于工作成绩突出，1999年～2002年，连续四年被省环保局评为“全省环境监察先进集体”，2003年被榆林市政府评为“环境法制工作先进单位”，2004年被国家环保总局评为“打击环境违法行为先进集体”。

支队长 周培斌

支队全体成员

在医院现场执法

西安市环保局碑林分局环境监察大队

XIANSHIHUANBAOJUBEILINFENJUHUANJINGJIANCHADADUI

碑林环保分局领导检查建筑工地环境工作（右后二：胡柱志局长，右前一：王新义副局长）

西安市环保局碑林分局环境监察大队积极履行区域环境监督管理职能，促进依法行政、改善环境质量的目标，在提高干部素质、规范环保执法、查处环境投诉、整治各类污染方面做了大量工作，有效维护了环保法律的尊严和人民群众的利益，树立了亲民爱民为民的执法队伍新形象，连续三年获陕西省环境监察工作先进集体荣誉称号。2004年面对环境信访投诉逐年增多的现实，专门成立环境信访中队，全力化解群众烦心事，做和谐社会的稳压器。在环境信访中制定首问责任制、科学界定污染事实、实行24小时值班制，严格办案程序、避免反复投诉，两年来共受理各类环境投诉2 500多件，被授予碑林区信访工作先进集体，市行风建设示范窗口。

执法人员深入留验站一线抗击非典

宁夏吴忠市环境监察支队

NINGXIAWUZHONGSHIHUANJINGJIANCHAZHIDUI

监察支队队长　马忠诚

吴忠市环境监察支队的前身是吴忠市环境监理站，成立于1985年，2003年更名为吴忠市环境监察支队，2005年4月按照吴忠市市委、市政府的要求，与原利通区环境监察大队实行合署办公，组建成立了新的吴忠市环境监察支队，支队现有在编人员30人。

近年来，吴忠市环境监察支队把“建一流班子、带一流队伍、创一流业绩”作为工作目标，牢固树立“全心全意为人民服务”的思想，强化现场环境监察，严厉打击违法排污行为，积极贯彻落实国务院《排污费征收使用管理条例》，扎实开展生态环境监察试点工作。在围绕当地环保中心任务而开展的环境执法和监察工作中发挥了生力军的作用，取得了突出的成绩，先后于2000年、2002年被宁夏回族自治区环境保护局授予“全区环境监理工作先进集体”荣誉称号。

监察支队人员在企业检查

监察支队人员在企业检查

广州市环境监测中心站

GuangZhou Environmental Monitoring Center

联系地址：广州市吉祥路95号
邮政编码：510030
业务电话：020-83357844
020-83399492
传真：020-83334315
http//www.gemc.gov.cn
E-mail:gemc@gz.gov.cn

辽宁省化工环境评价中心

LIAONINGSHENGHUAGONGHUANJINGPINGJIAZHONGXIN

法人代表　陈 信

环评中心主任　赵海龙

大连市轻化工研究所及大连经环建科技服务有限公司所属辽宁省化工环境评价中心，是大连市较早建立的环境评价机构之一。初步形成了以辽宁省化工环境评价中心为基础，以新加盟该机构的专业技术人员和本专业大专院校毕业生为骨干的专兼结合，理论与实践相结合的复合型评价队伍。同时，中心正在加紧软硬件的建设，投资人民币300万元，对办公场所、办公设备及交通工具等进行全面更新、改造和升级，对中心的管理工作、技术服务和质量保证体系进行全面的完善。多年来，中心为大连市各行业提供了满意的环境评价服务。仅2005年前10个月就为近百家企业提供咨询服务，先后做出报告书一项，报告表近百项，受到了广大客户的好评。

邮编：116033

电话：0411 － 86895490

传真：0411 － 86895415

地址：大连市甘井子区高云路140号1 － 1 － 2

上海环境节能工程有限公司

SHANGHAIHUANJINGJIENENGGONGCHENGYOUXIANGONGSI

环境保护设施运营资质证书

上海环境节能工程有限公司创建于1985年4月，是资深的科技型环保企业。公司在职员工中科技人员占57%，其中中高级职称35%，持有国家环保总局颁发的环境影响评价上岗证书18人。公司素以诚信立业，坚持以优等服务、优质工程、优良品牌获得社会信任。

公司拥有国家环境保护总局颁发的环境影响评价证书（国环评证乙字第1809号）、专项工程设计证书（国环设乙字970165号）、环保设施运营资质证书（国环0314号），上海市建委颁发的环保工程专业承包二级证书等。服务内容：建设项目环境影响评价；环保工程设计；环保工程承包；环保设施运营管理承包。

邮　编：200011

地　址：上海市黄浦区国货路236号

电　话：021 － 63146110

传　真：021 － 63083613

联系人：周孝俊

哈尔滨师范大学环境科学研究所

HAERBINSHIFANDAXUEHUANJINGKEXUEYANJIUSUO

哈尔滨师范大学环境科学研究所成立于1986年1月1日，是黑龙江省最早成立的环境科学研究所之一。目前该研究所的研究队伍拥有博士后1名、博士5名、硕士15名以及教授10名、副教授15名，其中在读博士两名、硕士9名。研究所所长是由国际知名的国家级专家哈尔滨师范大学校长陈述涛教授兼任，主抓环境科研工作的副校长王选章教授是国家级专家并在国际学术领域有一定的知名度。

研究所主要从事区域环境研究、农业生态研究、城市生态环境研究以及环境影响评价和规划工作，并提供环境咨询和技术服务。近年来，研究所承担和完成了国家级、省部级、市级科研及国际合作项目近60项；荣获国家、省部级科技进步奖5项；在国际和国内高水平学术刊物和国际会议上发表各种学术论文近400篇；编写专著20余部，在国内外享有较高的声誉。目前研究所承担的国际合作项目以及国家、省、市科研和技术服务项目近20项，为促进国家和地方环境科学事业和国际合作交流的发展做出了重要贡献。

哈尔滨师范大学环境科学研究所诚望与国内外专家、学者进行交流和合作，并希望得到指导和帮助。

常务副所长研究员 华德尊

哈尔滨师范大学环境科学研究所所长助理副研究员李春艳（右二）在指导硕士研究生实验

哈尔滨师范大学环境科学研究所

邮　编：150080
地　址：哈尔滨市南岗区和兴路50号
电　话：86-451-86372311
传　真：86-451-86306654
E-mail: hsdhks@163.com

东华大学

DONG HUA DA XUE

东华大学环评负责人

建设项目环境影响评价资格证书

松江校区

东华大学是教育部直属的全国重点大学，是经国家发展计划委员会正式批准立项重点建设的“211工程”院校之一。东华大学环境科学与工程学院拥有博士、硕士、学士三级学位授予权，并设有博士后流动站。东华大学环境影响评价室是我国最早拥有国家甲级环境影响评价证书的单位之一。多年来，东华大学环境影响评价室本着“诚信、求实、创新、严谨”的工作态度，积极承担各类建设项目环境影响评价项目，近年来已完成编制国家环保总局审批的建设项目环境影响报告书5本，完成编制上海市和外省市环保局审批的建设项目环境影响报告书25本，完成编制上海市各区县环保局审批的建设项目环境影响报告书50本，还完成编制近1 000份建设项目环境影响报告书。

环评负责人：陈亮

手机：13817582629

邮　编：200051

传　真：021-62379404

E-mail：chliang@dhu.edu.cn

地　址：上海市延安西路1882号

同济大学环境影响评价室

TONGJIDAXUEHUANJINGYINGXIANGPINGJIASHI

同济大学的环境影响评价机构——国家环保总局同济大学环境保护科学技术研究所自上世纪八十年代初期开始从事建设项目的环境影响评价工作，于1986年获国家环保局颁发的甲级环境影响评价证书；该证书并于2004年12月20日由国家环保总局重新颁发。该所现有40人持有环境影响评价上岗证书，可承担以下行业建设项目的环境影响评价：①轻工、纺织、化纤；②化工、石化及医药；③机械、电子；④建筑、市政公用工程；⑤交通运输；⑥建筑材料；⑦区域开发；环境影响评价的业务范围包括地表水、地下水、海水、气、声、固体废物、生态和社会经济。

该所自2000年以来主持、参与完成编制环境影响报告书80多份，涉及的建设项目的行业有轻工、化工、建筑材料、机械、电子、房地产开发、市政公用工程、交通运输和区域开发等；其中9份环境影响报告书由国家环保总局主持评审。近两年内完成的环境影响报告书30份、环境影响报告表120份。

邮编：200092

地址：上海市四平路1239号

电话：021-65982690　传真：021-65986313

研究所正门

办公楼侧面

江苏省东海县环境科学研究所

JIANGSUSHENGDONGHAIXIANHUANJINGKEXUEYANJIUSUO

法人 韦汝诗

东海县环境科学研究所成立于2000年8月，为全民所有制事业单位。现有各类技术人员18人，其中高级工程师5名，工程师5名。有各类监测仪器及电脑、打印机、复印机等办公设备60台套。本所环评室多年从事环境影响评价工作，有持证上岗的环评人员7人，其中高级工程师3人。自2003年取得乙级环评资质以来，已独立完成各类环境影响报告表近200份。与有关单位合作完成环境影响报告书6份，涉及化工、热电及开发区区域环评等类型。所有环评报告都获得环保行政部门的批准。

邮编：222300
地址：江苏省东海县牛山镇利民西路6号

建设项目环境影响评价资格证书

单位名称：东海县环境科学研究所
评价机构：环评室
证书等级：乙
证书编号：国环评证 乙 字第 1960 号
有 效 期：2005年1月1日至2006年12月31日
业务范围：[illegible]

苏州科技学院环境科学与工程系

SUZHOUKEJIXUEYUANHUANJINGKEXUEYUGONGCHENGXI

苏州城建环保学院环境保护系于1985年成立，在国内外环境保护领域享有一定声誉的学科群体。目前全系设有环境工程、环境科学、给水排水三个本科专业,全系拥有一支高素质的教学、科研和工程设计队伍，其中教授10人，副教授和高工18人，具有博士和硕士学位的教师30余人。

苏州科技学院环境评价室隶属于该院环境科学与工程系，从1986年开始就是全国第一批拥有甲级环境影响评价证书的单位之一，近年来每年完成环境评价项目100余项，在我国率先为张家港、盐城、连云港等城市制定了“生态城市规划”，评价室已有持证上岗人员35人，拥有设备齐全的分析监测设备和仪器以及严格的质量保证管理系统。环保应用技术研究所是环境科学与工程系下属的科研和对外服务机构，主要承担纵向、横向科研项目，对外进行各种形式的技术服务(城市污水低耗处理、工业点源废水处理、城市管网设计、城市垃圾处置、废气治理等)，其中农产品加工废水处理技术已达到国际先进水平，研制开发的小城镇生活污水低耗处理技术已在苏南和其他地区得到广泛推广。

邮编：215011
地址：苏州市新区滨河路1701号
电话：0512-68247000 传真：0512－68241416

环保实验楼

丰原生化废水工程

浙江省环境工程公司环评中心

ZHEJIANGSHENG HUANJING GONGCHENGGONGSIHUANPINGZHONGXIN

浙江省环境工程公司环评中心成立于1986年初，经国家环保局核准持有环境影响评价证书（国环评证乙字第2012号）。

环评中心现共有环评专职技术人员13人，其中高级职称7人，9人持有环评上岗证书，环评专职人员半数以上具有10年以上的环评工作经验。

中心宗旨：服务第一、质量第一、信誉第一，坚持发展经济、保护环境，力求做到经济、环境、社会三个效益的统一。收费合理，欢迎各建设单位前来合作。

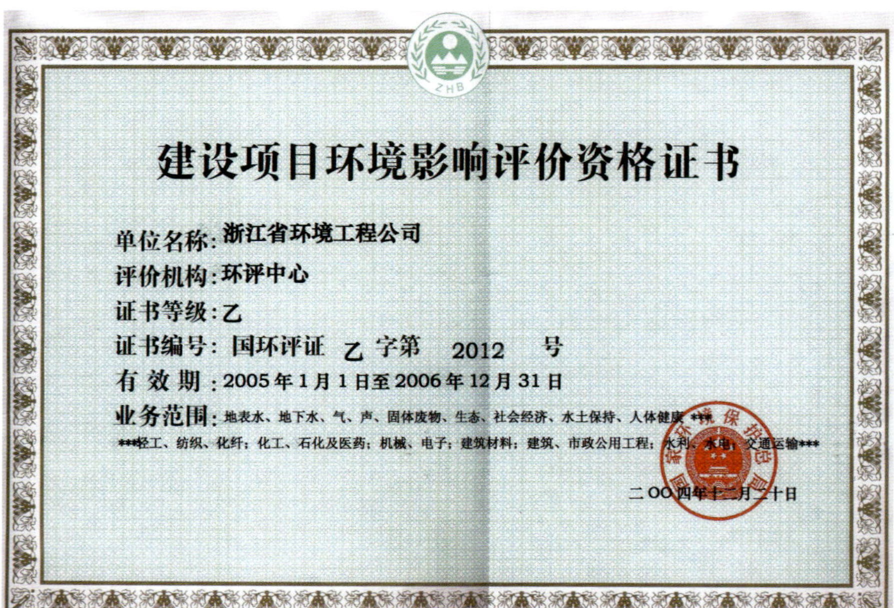

ZHB

建设项目环境影响评价资格证书

单位名称：浙江省环境工程公司

评价机构：环评中心

证书等级：乙

证书编号：国环评证 乙 字第 2012 号

有 效 期：2005年1月1日至2006年12月31日

业务范围：地表水、地下水、气、声、固体废物、生态、社会经济、水土保持、人体健康***

轻工、纺织、化纤；化工、石化及医药；机械、电子；建筑材料；建筑、市政公用工程；水利、水电；交通运输

二〇〇四年十二月二十日

邮编：310007

单位地址：浙江省杭州市天目山路109号521室

联系人：沈涤清

联系电话：0571-87055416，87055553

传真：0571-87055416，87055553

浙江大学环境影响评价研究室

ZHEJIANGDAXUE HUANJING YINGXIANGPINGJIAYANJIUSHI

浙江大学环境影响评价研究室是浙江大学从事建设项目环境影响评价的执行机构，成立于1990年，持有甲级建设项目环境影响评价资格证书（国环评证甲字第2002号），现有持证（环评上岗证）人员110多名，其中高级职称60余名（教授22名），是浙江省规模最大的评价机构。

作为全国著名学府浙江大学的评价机构，该室始终坚持为经济建设服务，为教学服务，依托学校的科研优势、人才优势和综合实力，不断进取，努力创建一流的社会服务。每年承接600余项环评任务，环评经费超过2000万元。

近年来，本着“求是、创新”的校训，该室坚持以环评质量为中心，针对市场经济发展中出现的各种问题，结合学校的特点，制订了一系列严格的规章制度，进一步强化了内部管理，有力地保证了环评质量。同时积极开展体制创新，建立实体运转机制，配备专职审核队伍，组建环评课题组等，使环评行为更加规范，环评质量更加保证，以适应不断发展的环评市场。

浙江大学环境影响评价研究室，充分依托浙江大学的多学科、综合性的优势，环评人员均是从事专业教学、科研的教职工，专业覆盖环境与资源学院（专业有环境科学、环境工程、植物营养、土壤化学、土地规划与利用等）、理学院（专业有地球化学、分析化学、物理、化学、数学等）、机械与能源学院（专业有热能工程、能源与环境、汽车与内燃机等）、建筑工程学院（专业有建筑声学、城市规划、土木工程、市政道桥等）、材料化工学院（专业有化学工程、生物化工等）、农业与生物技术学院（专业有生命科学、生物技术等），该室环评人员的专业教学科研支撑两大特点，有力地促进环评质量的不断提高。

浙江大学环境影响评价研究室将本着“求是、创新”的校训，与时俱进，不断进取，依法依规做好环评工作，竭诚为经济建设服务。

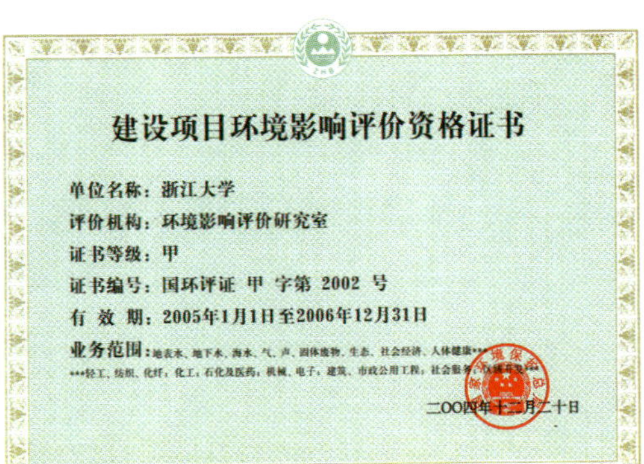

建设项目环境影响评价资格证书

单位名称：浙江大学

评价机构：环境影响评价研究室

证书等级：甲

证书编号：国环评证 甲 字第 2002 号

有 效 期：2005年1月1日至2006年12月31日

业务范围：地表水、地下水、海水、气、声、固体废物、生态、社会经济、人体健康***

轻工、纺织、化纤；化工；石化及医药；机械、电子；建筑、市政公用工程；社会服务；区域开发

二〇〇四年十二月二十日

邮编：310027

地址：杭州市西湖区浙大路38号

机构负责人：汪大翚

电话：0571-87951239，013958184258

联系人：史惠祥

电话：0571-85852628，013306537932

苏州市吴中区环保技术开发服务部

SUZHOUSHIWUZHONGQUHUANBAOJISHUKAIFAFUWUBU

苏州市吴中区环保技术开发服务部2002年取得环评资质，服务部现有从事环境影响评价工作的专业技术人员15名，其中高级工程师4名、工程师6名，具有国家环保总局环评上岗证书人员13名，均有多年的环评工作经历，先后与国家环境保护总局南京环境科学研究所、江苏省环境科学研究院、化学工业部连云港设计研究院、苏州市环境科学研究所等10多家专业从事环评的单位进行合作，参与环境影响报告书的编制工作。

2002年～2004年，技术开发服务部共完成环评表256个，涵盖了化工、建材、机械、电子、轻工、餐饮、房地产等多个行业。

邮编：215128

法定代表人：邹根源

地址：苏州市吴中区龙西路257号

电话：0512-65252442

传真：0512-65277490

服务部办公楼

服务部绿化区

莱州市绿诺环境科学技术研究有限公司

LAIZHOUSHILUNUOHUANJINGKEXUEJISHUYANJIUYOUXIANGONGSI

总经理　李长海

莱州市绿诺环境科学技术研究有限公司成立于1991年，改革后于2003年5月挂牌成立的有限责任制环保科技研发单位。公司主营业务范围是：引进、开发、推广环保适用型高科技产品与精细化工清洁生产工艺的开发、转化工程，提供环境影响评价等环保科技咨询服务工作。

公司持有乙级环评资质证书。先后完成了仓土金矿一、二、三期工程等几十个建设项目的环境影响评价报告书的编制工作，独立完成了数百项建设项目环境影响评价报告表的编制工作。公司拥有一支技术精湛、经验丰富的环保工程队伍。在印染、造纸、废水治理（与传统技术相比）方面采用了现代高分子滤料技术，取得了非常好的环境效益、经济效益和社会效益。在莱州、烟台、威海等市几十个单位进行应用技术推广并取得成功。公司拥有燃煤锅炉“煤改气”和“油改气”专利技术，在莱州、青岛、潍坊等市推广应用，取得了明显的节能降耗效益，环境效益十分明显，得到当地环保部门和用户的好评。

邮编：261400

地址：山东省莱州市文化东路党校教学楼四楼

山东省环境保护学校

SHANDONGSHENGHUANJINGBAOHUXUEXIAO

校长　王振新

山东省环境保护学校是经山东省人民政府批准的全日制普通中等专业学校，学校始建于1984年，隶属山东省环境保护局。学校坐落于美丽的泉城济南的东南部，位于省级文化、教育和科研单位集中区，毗邻风景秀丽的浆水泉风景区。地理位置优越，环境幽雅，具有良好的文化氛围。学校在开展教学活动的同时，还主编或参编多部全国中职及全省环境保护培训教材，并主持过省内多项环境保护科研课题的研究工作。

山东省环境保护学校拥有国家环保总局颁发的乙级环评资质证书。在新的形势下，不断更新知识，积极参加相关的继续教育，不断提高技术服务水平，严格遵守国家法律、法规及《建设项目竣工环境保护验收管理办法》的各项规定，坚持科学、客观、公正的原则，恪守职业道德开展工作。

地址：山东省济南市经十东路258号　　邮编：250014

电话：0531－8586769　　传真：0531－88586769

湖南郴州市环境保护科学研究所

HUNANCHENZHOUSHIHUANJINGBAOHUKEXUEYANJIUSUO

郴州市环境保护科学研究所成立于1993年，为独立的法人单位，成立以来一直从事环境影响评价和专项环保科研课题，获得国家环保总局颁发的环境影响评价乙级资格证书。研究所拥有多名高、中级专业技术人员，建立了比较健全的内部管理规章制度，环评人员熟悉和遵守国家与地方颁布的环境保护法规、标准和环境影响评价技术规范，能够完成环境影响评价工作中主要污染因子的调查分析和主要环境要素的影响预测，有能力开展生态现状调查和预测，有分析、审核协作单位提供的技术报告、监测数据的能力。研究所自成立以来，独立和合作完成环境影响评价报告二百多份，对促进建设项目的环境管理，控制新污染起到了积极作用。

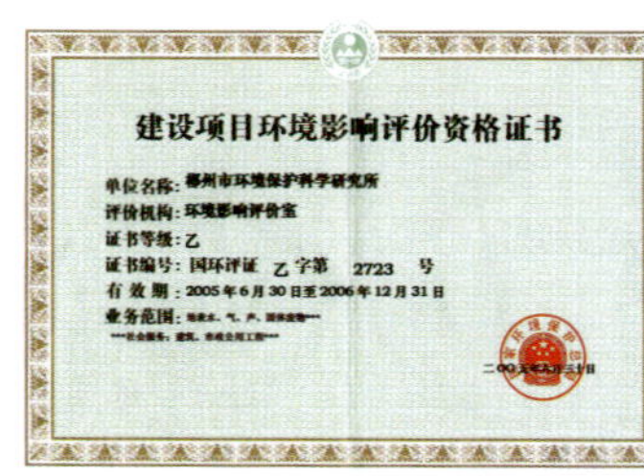

建设项目环境影响评价资格证书

单位名称：郴州市环境保护科学研究所

评价机构：环境影响评价室

证书等级：乙

证书编号：国环评证　乙字第　2723　号

有效期：2005年6月30日至2006年12月31日

业务范围：

邮编：423000

地址：湖南省郴州市青年大道环保局院内

办公大楼

湘潭市环境保护科学研究所

XIANGTANSHIHUANJINGBAOHUKEXUEYANJIUSUO

湘潭市环境保护科学研究所成立于1975年，是湘潭市环境保护局直属的事业单位，是一家集环境科学研究、环境影响评价、环保新技术及新产品开发与推广、环境治理工程设计的综合性环境保护科研单位，主要为环境管理提供技术支持，为企业提供环境咨询服务。

研究所现有在职职工22人，其中科技人员15人，专职环评人员14人，高、中级技术职称的人员 有8人，全部经过国家环保总局举办的岗位培训并取得上岗证书，且都具有从事环境影响评价工作三年以上的工作业绩，能熟悉和掌握国家与地方颁布的环境保护法律、法规、标准和环境影响评价技术规范等。研究所注重科研成果质量和科技创新，以质量第一为根本，以开拓、进取、求实、创新为发展方针。制定了较为完善的内部管理和质量保证体系，力求使研究所的课题研究、环评报告做到调查全面、依据充分、标准适宜、数据准确、评价切实、重点突出、结论科学、措施可行、报告规范。

多年来，研究所在上级主管部门的指导和有关部门的配合下，团结拼搏，勇于开拓，认真贯彻执行各种环保法规、标准及产业政策，促使各方面工作取得新的进展，为湘潭市的建设项目环境管理、产业结构的调整与配置提供了强有力的技术支持，对湘潭市经济、社会和环境、资源的可持续发展起到重要作用。

所长 王蔚知

负责人：王蔚知

邮　编：411104

电　话：0732-8520278（办）0732-8662176（传真）

地　址：湖南省湘潭市岳塘区长潭路6号

研究所微机室

研究所工作人员

邮编：410004
地址：湖南省长沙市井圭路12号
电话：0731-5583066 传真：0731-5584019

深圳市海滨生态新城—葵涌

SHENZHENSHIHAIBINSHENGTAIXINCHENG-KUIYONG

葵涌街道位于深圳市东部，西连深圳经济特区，南濒大鹏湾与香港九龙半岛隔海相望，东临大鹏湾，北接大亚湾经济开发区。辖区总面积103.9平方千米，海岸线长31.9千米，下辖9个居民委员会、59个居民小组，总人口9万多人，其中户籍人口9 287人。

葵涌具有优越的生态自然环境，森林覆盖率达75%，自然风光秀丽，山青水秀，浪碧沙白；气候温和，属亚热带海洋性气候。

2005年，预计全街道完成工农业总产值120亿元，同比增长27.3%，其中工业产值110亿元；完成税收总收入6亿元，增长64%；社会消费品零售总额3.6亿元，增长7.6%；固定资产投资总额2.4亿元。

近几年来，葵涌街道以“生态环境”和“科技创新”为本，注重保护生态环境和可持续发展，先后荣获了“全国环境优美乡镇”、“国家卫生镇”、“广东省生态示范镇”、“广东省文明镇”、“广东省教育强镇”和“深圳市绿色村镇”等一系列荣誉称号，党工委书记李伟文2004年被评为全国首届十大环保人物。

邮编：318119
地址：深圳市葵涌街道办事处

2003年喜获首批全国环境优美镇，图为李伟文（右二）在颁奖仪式上

葵涌镇四套班子领导成员

葵涌呈现以生态原色为主的海滨城市主色调

葵涌腾飞标志广场

环境优美的别墅区

广东省清远市环境工程设计研究所

GUANGDONGSHENGQINGYUANSHIHUANJINGGONGCHENGSHEJIYANJIUSUO

广东省清远市环境工程设计研究所成立于1991年，研究所内设环评室、设计室、综合室、环保公司。现有专职环评人员12人，其中高级工程师4人，工程师8人，持有国家上岗证书的成员12人，环评专业技术人员占环评室职工总数的86%。研究所现有固定资产500万元，环评设备齐全，有完善的计算机网络管理系统，办公条件良好。

研究所已取得国家环境保护总局颁发的建设项目环境影响评价资格证书，国家建设部颁发的废水治理工程乙级专项设计证书，广东省环保局颁发的废气治理工程丙级专项设计证书，广东省工程咨询协会颁发的环境工程咨询丙级资格证书。

自成立以来，共独立完成评价项目800多项（书、表），废水治理工程200多项，废气治理工程50多项，噪声、固废治理工程20多项。在建设项目环境影响评价领域和环境污染治理工程领域 积累了丰富经验，具备较强的技术实力，所完成的评价项目和工程治理项目均获得了好评，取得了良好的社会效益和经济效益。

环评室负责人　陈文雄

邮　　编：511515
地　　址：广东省清远市环境工程设计研究所环评室
联 系 人：陈文雄
联系电话：0763-3866958、0763-3370591
传　　真：0763-3378606
电子信箱：gzsmbjs@yahoo.com

办公区一角

环评人员讨论环评项目

湖北鄂州市环境监测站研究所

HUBEIEZHOUSHIHUANJINGJIANCEZHANYANJIUSUO

站长　万细华

鄂州市环境监测站研究所成立于1984年2月，鄂州市环境研究所成立于1992年3月，2000年3月因改革调整，站所合署办公，形成一套班子，两块牌子（以下简称站所），属社会公益性事业单位。

鄂州市环境监测站自成立以来，经过二十多年的奋斗，特别是对鄂州的大气、地表水、地下水、土壤、噪声、生态环境和室内监测等环境质量进行了比较全面的监测与研究，为政府加强环境管理和宏观产业调控，提供了科学依据，是鄂州市环境质量监测的网络中心、数据中心、技术中心和培训中心，是湖北省骨干监测站，也是国家酸雨监测网络的成员单位。鄂州市环境保护研究所属国家环保总局确认的乙级环境评价单位，自2000年并入鄂州市环境监测站以来，主要从事环境科研工作，开展了地表水、地下水、气、声、固体废物、区域开发、建筑、市政公用工程等领域的研究和评价工作，特别是近几年，每年编制各类环境评价报告130余份。在全国环评工作全面推向市场的同时，鄂州环保研究所的环评工作也推向市场，并且也走出鄂州，每年与周边市、县开展了各项环评科研项目达10余项。

邮编：436000　地址：湖北省鄂州市石山路西山街办综合楼

扬州市环境科学研究所

YANGZHOUSHIHUANJINGKEXUEYANJIUSUO

扬州市环境科学研究所是扬州市专门从事环境科学研究、建设项目环境影响评价、ISO14000环境管理体系咨询认证、生态产品研发、环保技术咨询的专业性科研机构。

研究所技术力量雄厚，拥有环境工程、化学、物理、气象、地理、生物、监测分析、电子计算机等各类学科的专业人才50多名，其中具有高级职称的10人，中级职称的30余人。研究所现有科研、实验用房4 300平方米，各类仪器设备160多台(套)，已初步实现了办公自动化、信息网络化、测试现代化，在同类科研院所中处于领先水平。

多年来，研究所为扬州市的化工、医药、轻工、纺织、电子、建筑、农林等建设项目提供环评中介服务，屡受好评，有力地支持了地方经济的发展。

研究所奉行“团结、奋进、务实、创新”的宗旨，将以最优的质量、最快的速度、最低的价格为客户提供满意的服务。热忱欢迎各界人士前来指导、交流、合作，携手共保蓝天碧水，同创辉煌业绩。

研究所办公大楼

邮编：225003　地址：江苏省扬州市扬子江北路446号

四川乐山市环境科学研究所

SICHUANLESHANSHIHUANJINGKEXUEYANJIUSUO

环评负责人 徐 凡

四川乐山市环境科学研究所有专业技术人员30人，其中高级职称6人，环境影响评价持证12人，环评工程师3人，业务范围：地表水、地下水、气、声、固体废物、生态、水土保持、轻工、纺织、化纤；化工、石化及医药；机械、电子；建筑材料；金属冶炼及压延加工；建筑、市政公用工程；区域开发等。

主要业绩：（主要完成和参与完成的环评文件）国家级1个；省级16个；地(市)、县级117个。获奖情况：参加四川省2001年环境影响评价文件编写质量评比，获得环评报告表三等奖。

邮　编：614000

地　址：四川省乐山市海棠路72号

电话/传真：0833-2115636/2132953

E-mail：why388@tom.com

联系人：徐凡　万洪云

办公楼大门

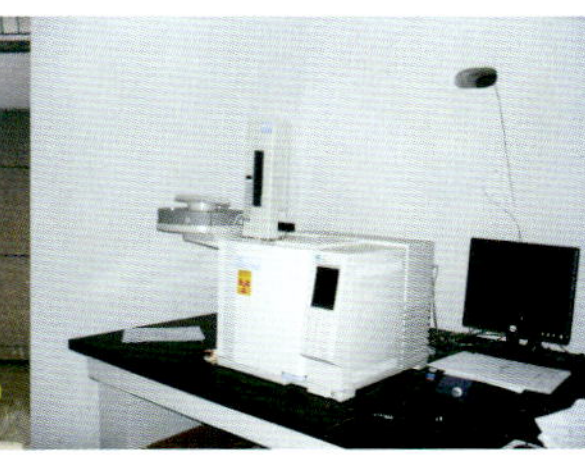

环评监测设备

西南大学环境污染治理与环境影响评价中心

XINANDAXUEHUANJINGWURANZHILIYUHUANJINGYINGXIANGPINGJIAZHONGXIN

中心负责人　魏世强

西南大学环境污染治理与环境影响评价中心已经取得国家环保总局颁发的“建设项目环境影响评价乙级资格证书”。本中心依托西南大学、重庆市农业资源与环境研究重点实验室，共有16名专职技术人员，其中具有正高职称两人、副高职称3人、中级职称8人，形成了结构合理、团结协作、开拓进取的学术梯队。本中心已拥有环境影响评价上岗持证人员6人。中心人员先后参与完成了数十项生态环境相关科学研究项目，取得了较为丰硕的科研成果，先后获十余项科技成果奖励。

中心持证成员已先后主持及参与了重庆市茶园新区通江大道建设工程、碚东大桥、碚兴公路、海宇置业园区、铜梁红蝶碳酸锶厂和松柏桥水库等多个建设项目及生态环境影响评价。

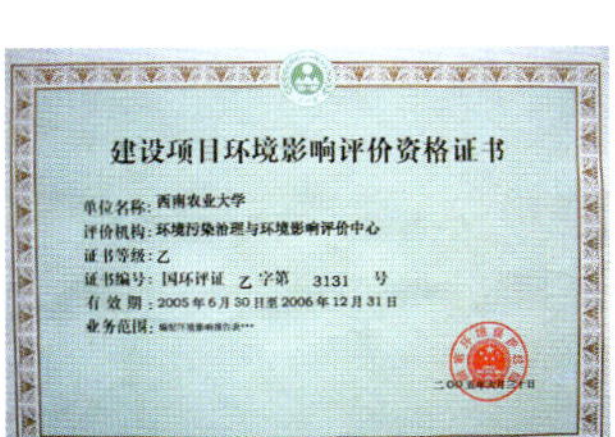

建设项目环境影响评价资格证书

单位名称：西南农业大学

评价机构：环境污染治理与环境影响评价中心

证书等级：乙

证书编号：国环评证 乙字第 3131 号

有 效 期：2005年6月30日至2006年12月31日

业务范围：

邮　编：400716

地　址：重庆北碚区西南大学

电　话：023－68250484　传　真：023－68250632

重庆渝佳环境影响评价有限公司

CHONGQINGYUJIAHUANJINGYINGXIANGPINGJIAYOUXIANGONGSI

法人代表 吴 敏

环评证书

重庆渝佳环境影响评价有限公司成立于2005年，是一家具有独立法人资格的有限责任公司，公司现拥有技术人员20人，其中高级职称7人，中级职称5人，环评顾问4人，其他人员4人。并于同年6月30日经国家环境保护总局批准获“建设项目环境影响评价资格证书”。公司严格按照国家《建设项目环境管理条例》、《中华人民共和国环境影响评价法》的要求开展环评编制工作，参与了60余项建设项目相关环境影响评价工作，相继完成了重庆大方通和青蒿资源发展公司年产20吨青蒿素提取技改生产线项目环评报告书编制；重庆三峡风企业集团奉节—巫山天然气输气管线竣工验收调查报告书编制；重庆迪洋仪表有限公司新厂区项目环评报告表编制；重庆西南气矿峡渝输气管线西彭—九宫庙天然气输气管线环评报告书编制；铜梁县鑫华煤厂3万t/a技改项目环评报告书编制；邻水县东方红煤矿有限公司东方红煤矿项目环评报告书编制；广安市广安区前锋镇龙塘煤矿项目环评报告书编制；重庆市金华能源有限公司洛碛煤矿项目环评报告书编制；重庆秀山县锰制品厂大梁子锰矿项目环评报告书编制，得到了主管部门和业主单位的高度赞誉。

邮编：400010

地址：重庆市渝中区和平路211号5楼

Email：yjhbpg@163.com 电话：023-63800361

传真：023 － 63830523

四川漫水湾供水工程开发中心

SICHUANMANSHUIWANGONGSHUIGONGCHENGKAIFAZHONGXIN

总经理 潘其友

四川省凉山州漫水湾供水工程开发中心（以下简称供水中心）位于中国著名的航天城—西昌市。该中心于2000年组建，主要承担大桥水库灌区工程的配套建设和建成后的运行管理，为安宁河中上游地区（三县一市）提供可靠的农田灌溉、城镇生活、工业生产、发电和环保用水。供水中心法人代表、总经理潘其友（高级工程师）。供水中心现有职工63人，各类专业技术人员50余人，其中：高级技术职称人员3人（含硕士学位1人），中级技术职称人员13人，是一支年轻化、知识化、专业化，政治坚定、求真务实、开拓创新、勤政廉洁、团结协作的建设和管理队伍。

大桥水库灌区工程共分为三期实施，第一期工程建设于2001年开工，计划2006年底全面完工投入运行。第一期工程估算总投资12亿元。大桥水库灌区工程全部建成后，可新增和改善灌溉面积5.8万公顷，提供城镇生活与工业用水2.35亿立方米，年新增发电量27 500万千瓦时。

一期工程漫水湾工程部干渠

一期工程漫水湾一角

贵州省辐射环境监理站

GUIZHOUSHENGFUSHEHUANJINGJIANLIZHAN

监理站人员在学习

贵州省辐射环境监理站成立于1987年1月，为贵州省环保局直属的处级事业单位。内设办公室、电磁室、电离室、放射性废物管理室四个部门。现有员工20人，其中高级职称4人，中级职称7人，初级职称两人。有10人持国家环保总局颁发的环评上岗证书，两人持国家环保总局电磁辐射项目负责人证书。

2000年至今主持完成了《贵阳市移动通信公司贵阳GSM数字移动网电磁辐射环境影响报告书》、《贵阳市联通公司贵阳GSM数字移动网电磁辐射环境影响报告书》、《贵阳国家高新技术产业开发区知识经济产业化基地Ⅰ－Ⅱ期建设用地辐射环境评价专题报告书》、《遵义医学院附属医院直线加速器综合楼辐射环境影响专项评价报告》及核技术应用项目环境影响报告书表等大量的辐射环境影响评价工作。

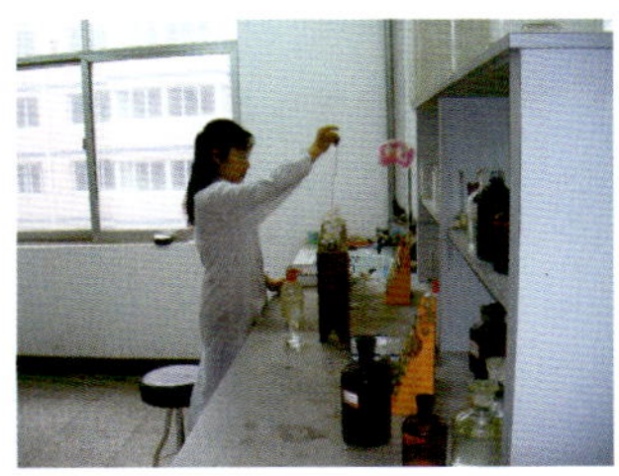

室内分析

室外检测

西安地质矿产研究所环境评价治理研究中心

XIANDIZHIKUANGCHANYANJIUSUOHUANJINGPINGJIAZHILIYANJIUZHONGXIN

西安地质矿产研究所从1985年开始从事环境影响评价与研究工作，1987年成立环评中心，持有国家环保总局颁发的环境影响评价甲级证书（国环评证甲字第3610号），具有20年环境影响评价历史，具备大气、水、土壤和植物等环境监测所需的先进仪器设备及室内和野外的试验手段，能够承担国家大、中型项目的环境影响评价与研究治理工作。

2002年以来，环评中心面向社会，承担了多个地区，特别是陕西省、河南省国家级、地方建设项目的环境影响评价、污染事故调查与治理工作，评价项目涉及煤炭采掘、金属冶炼、化工及医药、市政工程等行业，取得了一批优秀的评价与研究成果。其中六项达到国内先进水平或领先水平，一项获得建设部科技成果二等奖，六项获原地矿部科技成果三等奖，三项获原地矿部科技成果四等奖，一项获陕西省环保局组织的优秀环评报告书二等奖，一项获省环保局科技进步三等奖，同时也创造了一定的社会、环境和经济效益。

联系人：武 征（主任）

电　话：(029) 87821962

传　真：(029) 87821962

网　址：http://www.xian.cgs.gov.cn

办公大楼

伊犁州水利电力勘察设计研究院

YILIZHOUSHUILIDIANLIKANCHASHEJIYANJIUYUAN

伊犁州水利电力勘察设计研究院位于新疆伊宁市斯大林街三巷2号，是全民所有制事业单位，建院40余年，注册资金390万元，职工100人。主管部门为伊犁州水利局、伊犁环保局。法定代表人为贺光华，评价机构负责人为唐均伦。研究院为伊犁州水利电力建筑、勘察、设计为一体的综合性设计院，持有水利、建筑、勘察、电力、工程咨询、设计乙级资质证；建设项目环境影响评价（国环评乙字第4002号）、建设项目水土保持方案、建设项目水资源论证乙（表）46个。2002～2005年累计完成环评报告书(表)46个,其中地级市40个、县级6个。上述环评工作涉及项目投资额为43亿元，获得环评经费110万元。接受委托为建设项目提供环境影响评价技术服务时，严格按照证书规定的等级和评价范围，从事环境影响评价服务，并对评价结论负责。

院长 贺光华

设计研究院城市海景

邮编：835000
地址：新疆伊宁市
斯大林街3巷2号
电话：0999 － 8021077
传真：0999 － 8021559

沁源油脂有限责任公司

伊犁恒强商品砼

新疆阿克苏地区环境科技咨询服务中心

XINJIANGAKESUDIQUHUANJINGKEJIZIXUNFUWUZHONGXIN

新疆阿克苏地区环境科技咨询服务中心于2003年12月由阿克苏地区行政公署专员办公会议批准成立，是自收自支的事业单位，归属阿克苏地区环境保护局领导。单位事业编制15人，现在岗13人，多人持有环评上岗证。有中、高级职称的工程技术人员6名。

国家环保总局于2005年6月为单位颁发了环境影响评价乙级资格证书（填表类），2005年7月开始正式承接本地区八县一市建设项目环境影响报告表的编制任务（受委托）。目前，环境影响评价工作正在逐步有序地开展。另外还为社会提供环境科技咨询方面的服务工作，如：帮助企事业单位填报环境影响登记表，编制县（市）环境功能区划及环境保护与生态建设规划，为本地区中小企业提供环境保护和污染防治等方面的技术咨询。

服务中心办公人员在工作

邮编：843000

地址：新疆阿克苏地区东大街12号

宁夏回族自治区辐射环境监督站

NINGXIAHUIZUZIZHIQUFUSHEHUANJINGJIANDUZHAN

监督站站长　虢 鹏

宁夏回族自治区辐射环境监督站成立于1986年，是宁夏自治区的辐射环境保护监督管理机构。辐射站下设综合管理科、放射性监督管理科、电磁辐射监督管理科。监督站主要工作是执行国家在辐射环境保护工作方面的各项方针、政策、法规等；起草地方性辐射环境管理法规、标准，依法对自治区内核技术应用、电磁辐射、伴有放射性矿产资源开发利用中污染防治实行统一监督管理，负责辐射事故的应急响应，处理环境辐射事故和污染事件等等。

监督站具有国家环境保护总局颁发的建设项目环境影响评价资格证书（国环评证乙字第3810号）。1997年以来监督站编制环境影响报告书11个，环境影响报告表116个。其中《中国联通公司宁夏分公司NX01～NX56号GSM移动电话基站及微波设备电磁辐射环境影响报告书》通过国家环保总局电磁辐射评审委员会专家的评审，宁夏自治区环保局审批通过，该报告书被评为“优秀环境影响报告书二等奖”。

邮编：750004　　地址：宁夏银川市民族北街121号

电话：0951－6023254

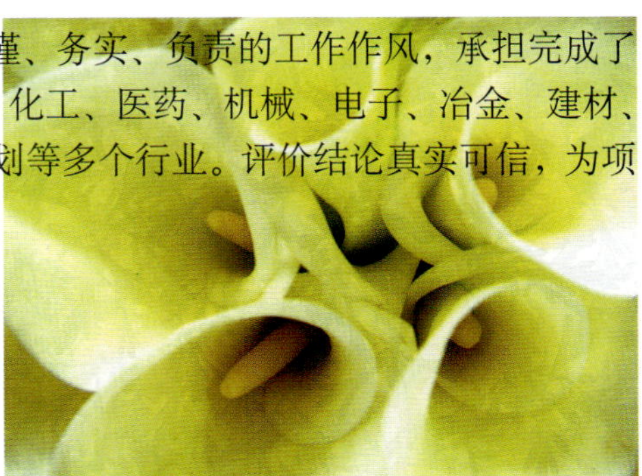

山西锁簧稀土股份有限公司

SHANXISUOHUANGXITUGUFENYOUXIANGONGSI

山西锁簧稀土股份有限公司成立于1986年，2000年整体改制为股份有限公司，位于山西省阳泉市南207国道旁，紧邻石太高速公路。公司注册资金1 938万元，拥有职工600余名，占地约6万平方米。

公司拥有先进的生产设备和工艺技术，以及先进完善的检测手段。产品有两大系列十多个品种：①硫酸系列产品有92.5%、98%、104.5%三种浓度的工业硫酸（年产量为5万吨）；氨基磺酸(年产量为2千吨)。② 稀土系列产品有年产4 000吨的氯化稀土。同时，年分离4 000吨氯化稀土，生产氯化镧、氯化铈、氧化铈、碳酸铈、氧化镨、氧化钕、氧化镨钕、少钕氯化稀土、钐铕钆富集物、氯化铵等。公司通过了ISO9001：2000认证，工业硫酸产品质量获“部优”奖，稀土分离系列产品荣获“中国知名稀土十佳品牌”。产品畅销全国各地，并出口美国、日本等地，享有良好声誉。

近年来，公司在环保治理方面做了大量工作，先后投资600余万元进行“三废”治理，采用南化公司研究院治污先进工艺，硫酸污水通过电石渣中和沉淀法处理后回收利用。污泥渣先用于硫酸沸腾炉渣的降温之后，共同用于建筑使用和磁选铁矿回收。废气经过两转两吸工艺达标排放。氨基磺酸废水被硫酸吸收工段吸收，废气被硫酸净化工段吸收。氯化稀土废气经过四级喷淋吸收后经电石渣中和沉淀达标排放，并且采用了由北京有色研究院的硫酸强化焙烧法处理稀土精矿的第三代转型工艺，不再产生氨氮废水。稀土分离废水回收，经过双效蒸发后生产氯化铵产品。公司的“三废”均达标排放和回收利用。公司连年荣获省级“AAA级信用度企业”和“守合同重信用单位”、“管理先进企业”等荣誉。

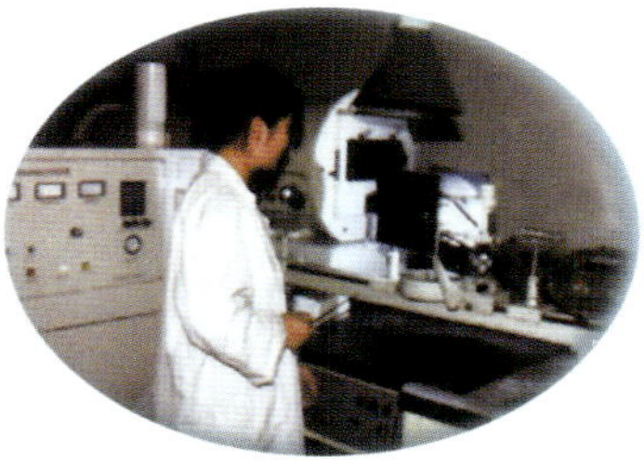

先进的检测设备

邮 编：045208

地 址：山西平定县锁簧镇北庄口

电 话：0353-6079028 6079063

传 真：0353-6079097

办公主楼

库存产品

文水海威钢铁有限公司

WENSHUIHAIWEIGANGTIEYOUXIANGONGSI

文水海威钢铁有限公司是一个民营企业，位于山西省文水县城东北2千米处桑村，现有职工3 000余人。截至2004年度，资产总额达6.2亿元，年产值达到10亿元，年实现利税6 280万元。预计2005年度生铁产量将达到100万吨，实现利税1.2亿元。

公司始建于1985年9月，依靠自身积累，经过近20年的滚动发展，现有炼铁分厂5个，120立方米以上高炉10座，总容积1 600余立方，年生产生铁能力80万吨；有年生产能力80万吨的转炉炼钢厂一座；有一条年生产能力30万吨的棒材生产线；有年产12万吨矿渣硅酸盐水泥厂一座；有3 × 3 000千瓦煤气发电厂一座。已成为集炼铁、炼钢、水泥、发电为一体的钢铁联合企业，也是文水县乃至吕梁市的纳税大户。

公司已于2004年8月顺利通过了ISO9001质量管理体系和ISO18000质量健康安全两个体系的认证，曾获“全国最佳经济效益乡镇企业”、“全国诚信守法乡镇企业”、“省优秀民营企业”、“省级明星乡镇企业”、“省十佳民营企业”等荣誉。

邮编：032100
地址：山西省文水县桑村
电话：0358-3036040

公司总裁李增虎

职工文艺活动

炼钢车间

花园式办公区

山西巨龙焦化有限公司

SHANXIJULONGJIAOHUAYOUXIANGONGSI

山西巨龙焦化有限公司（以下简称“巨龙焦化”）位于山西省临汾市襄汾县景毛乡北古县村。占地10公顷，拥有员工500余名，其中专业管理技术人员30名。是市、县政府重点支持的大型焦化企业。巨龙焦化创建于1994年，是山西省正式立项的焦化企业，西距乡宁优质煤田30千米，南至大运高速入口1.5千米，东到襄汾焦炭发运站台和霍侯一级公路5千米，交通运输便捷，地理环境十分优越，巨龙焦化设计年生产能力100万吨优质机焦，拥有新型TJL45-50D环保型捣固焦炉，是集洗煤、焦化、发电、化工为一体的具有完整产业链的大型焦化企业。是全市捣固焦生产及出口的骨干企业之一。

巨龙焦化创建以来，结合企业实际，构建具有现代化企业标准的管理模式，在行政上实行A管理模式，工作上实行计划管理，生产经营上实行预算为核心，销售上实行以业务人员责任制，分配上实行奖罚分明的3W体制，质量上实行ISO9000保证体系，用人上实行以人为本，任人为贤，安全上采用“三查除”制度，服务上以诚心满意为宗旨，逐步形成了具有巨龙特色的管理模式，取得了显著的经济效益和良好的社会效益，连续5年利税超千万元，成为临汾的利税大户。

目前，投资8 000万元的一期工程已投产达效，年产优质捣固焦炭40万吨、煤焦油1.2万吨，年上缴税金3 000余万元。投资4 500万元的2 × 6 000千瓦焦炉煤气余热发电厂，现已投入运营，既变废为宝，又降低生产成本。

2004年5月巨龙焦化通过了国际ISO9000质量管理体系认证。还将投资9 500万元，建设以煤焦油为原料，提炼柴油、汽油及粗苯为主产品的深加工环保型化工厂一座。投资1.2亿元，完成TJL43—50D环保型捣固焦二期工程，2005年年底建成投产。届时公司将实现年产100万吨的优质捣固焦炭的生产能力。几年来，巨龙焦化在扩大经营、发展生产的同时，还热衷于社会公益事业，先后安置下岗职工和农村剩余劳力600余人，出资为村民修建桥梁，铺设柏油马路，兴建希望小学，先后为教育、助残、扶贫、防非典等公益事业捐款捐物百万余元，被中共临汾市委、中共襄汾县委、襄汾县人民政府授予“基础教育年”活动捐资先进单位、支持“公益事业”特别贡献单位、“模范纳税大户”、“AA级信用度企业”、“产品质量信得过单位”等称号。

董事长　刘志民

邮编：041500
地址：山西省襄汾县
北古县村
电话：0357-3861359

总经理　刘红龙

厂区一角

唐山三友集团

TANGSHANSANYOUJITUAN

唐山三友集团化纤有限公司隶属三友集团，占地26.8公顷，公司员工2 300人，1998年正式投产运行，主要设备由奥地利兰精公司和德国埃纳公司进口，具有自动化程度高、生产控制稳定等特点，是我国目前粘胶短纤维项目起点最高，设备最先进的大型企业。公司操作员工大部分毕业于专业技术学校，中高层管理人员或毕业于相关院校或来自国内同行企业，人员构成素质较高。公司两千余名职工发扬“创业守成，事在人为”的企业精神，在消化吸收国外进口设备技术的基础上，不断进行技术革新改造，当前生产能力已列居全国第二。公司产品质量在国内同行企业中一直保持领先水平，先后通过ISO9002质量体系认证和欧洲生态纺织品OEKO-100（Ⅰ级）认证，产品畅销江苏、浙江、山东、吉林等全国二十几个省市，并出口到美国、土耳其、瑞士等十余个国家，全国粘短出口量的一半以上来自于三友化纤。为提高竞争力，公司又成功开发出高白纤维、竹浆纤维、细旦纤维、着色纤维、阻燃纤维等高技术含量、高附加值、高经济效益的“三高”产品，部分品种填补省内空白、国内空白，成为国内产品差别化率最高的粘短企业。企业先后荣获省质量管理优秀单位、省技术创新先进单位等荣誉称号。企业本着建立和谐社会的原则，一直把环保工作放在首要位置上，2004年通过省级主管部门审核，成为河北省首批55家清洁生产示范企业之一，2005年准备通过ISO14000环境管理体系认证。根据企业发展实际，为优化环境，目前公司现正与台湾富台公司商谈，计划投资4 000万元在国有同行业中率先建成一套废气回收装置。

邮编：063305
地址：唐山市南堡经济开发区
电话：0315-8333975

质量管理体系认证获证单位

董事长：么志义

先进的ＤＣＳ系统一

化纤有限公司

HUAQIANYOUXIANGONGSI

公司大门

先进的ＤＣＳ系统二

奥地利进口纺丝机

处理后的生产污水

自制的精练机一

产品长丝束

准备投入的废气治理项目

河北唐山贝氏体钢总厂

HEBEITANGSHANBEISHITIGANGZONGCHANG

唐山贝氏体钢总厂始建于1984年，隶属于胥各庄镇。占地面积38.67平方米，现有职工2 860名，拥有30吨偏心底出钢电炉两座；30t-LF真空精炼炉一座，配有R6二机二流连铸生产线一条；72平方米烧结生产线一条，210平方米高炉两座；30吨转炉一座，配有R7米三机三流连铸生产线一条；煤气加热炉一座及配套带钢、棒材生产线各一条；3 800平方米制氧机两座、1 500平方米制氧机一座；11KV变电站一座。主要产品$20^{\#}$、$45^{\#}$优质碳素结构钢、232～355mm热轧钢、₵16～₵25HRB335带肋钢筋和本厂研制开发的百调质贝式体汽车前桥钢、抽油杆钢、铁素体+珠光体非调质网、贝氏体钢球等产品，产品销往20多个省、市、地区，其中贝氏体钢球远销澳大利亚、南非、马来西亚、俄罗斯等国家。最新研制了炮弹钢已通过了海军、空军的试验。1999年企业通过了ISO9001－2000质量体系认证。

多年来，公司按照创建绿色贝钢的总体要求，为进一步落实“环保法”和国家环保总局的有关指示精神，力争达到零排放，不断加大污染治理力度。2004年以来，公司用于污染治理的累计投资达4 400万元，设立污染源治理点13处；布袋除尘过滤面积达3.8万平方米，静电除尘面积达80平方米，安装消音器26个，管道包消音棉280米，使除尘率达96.1%，粉尘排放浓度31.9mg/m^3，厂界噪声达60分贝。其次为防止二次扬尘，投资350万元购吸尘车、洒水车各一辆，厂区路面积硬化2.5万平方米，栽种草坪1.5万平方米，花卉8 000平方米，植树1 100棵。基本实现了花园式、洁净型企业。被唐山市评为“安全生产先进单位”、“文明建设先进单位”，被全国总工会 、国家安全监察委评为“安康杯”竞赛优胜企业。

厂长　张建得

邮编：063300

地址：河北丰南市胥各庄镇四王庄西

电话：0315 － 8287606

传真：0315 － 8287150

总厂办公大楼

烧结机关、尾静除尘设备

唐山港陆钢铁有限公司

TANGSHANGANGLUGANGTIEYOUXIANGONGSI

唐山港陆钢铁有限公司坐落在河北省遵化市，距北京市150千米，交通便利。该公司是由遵化恒威集团、香港朝俊有限公司和上海阳晨投资股份有限公司合资成立的中型钢铁联合企业。拥有铁矿石储量3.2亿吨，占地146.67公顷，现有员工5 000人，资产总额28亿元，自2002年1月公司成立以来，认真贯彻科学发展观，坚持走清洁生产和可持续发展道路，不断增加投入，更新设备，快速滚动发展，现已形成200万吨铁钢轧配套的生产规模。公司秉承“以质量求生存，以信誉求发展”的经营宗旨，先后与上海宝钢、唐钢等大型钢铁企业结成密切合作伙伴关系，产品畅销全国各地。港陆钢铁有限公司真诚欢迎海内外各界有识之士加盟，共创发展大业。

邮编：064200
地址：河北省遵化市镇海东街
电话：0315-6651515

公司董事长　杜振增

港陆公司炼钢厂厂房

公司监事会主席池占江（右一）向有关领导介绍公司环保设施

550m³炼铁高炉

迁安市荣信工贸有限公司

QIANANSHIRONGXINGONGMAOYOUXIANGONGSI

迁安市荣信工贸有限公司占地73.33公顷，拥有职工1 800人，固定资产原值4.63亿元，现有30平方米环烧机两台，10.5平方米竖炉一座，300立米方、380立方米高炉各一座，35吨转炉一座。公司目前具备年产烧结矿85吨、酸球45吨、 钢70万吨的生产能力，年可实现产值30亿元，利税1.5亿元。

近年来，公司加大了环保治理力度，2004年将两台环烧机机头的扩大除尘器和旋风除尘器两级除尘改为扩大除尘器和静电除尘器两级除尘，使环烧机的烟筒排放浓度达到60mg/立方米以下。针对所有扬尘点都安装了对应的除尘器，高炉出铁场除尘、转炉二次除尘、筛粉间除尘、高架除尘、竖炉静电除尘等的正常运转，使工作场所的粉尘除到560mg/立方米以下，大气排放都合乎国家标准。全公司所有用水都做到了闭路循环，达到了零排放。所有废渣都被综合利用。2004年将未硬化道路硬化2 286平方米，使厂内道路全部改为水泥路。去年和今年春天，植树5万多棵，新增绿化面积7.47公顷，绿化面积已占厂区总面积的39%，并且乔藤结合，三季开花，四季见绿，错落有致。2004年环保投资1 700万元，硬化道路投资152万元，绿化投资50万元。大投资产生大变化，公司正按照当地政府的考核指标为建设绿色环保企业而努力。

邮编：064401
地址：河北省迁安市沙河驿镇
电话：0315-7017092

厂门

厂区花园一角

纳税先进企业

科技工作先进单位

中油辽河油田公司

ZHONGYOULIAOHEYOUTIANGONGSI

特种油开发公司是中油辽河油田公司所属的从事超稠油综合开发的生产企业，地处辽宁省绕阳河畔被称为亚洲第一大苇田的国家二级自然保护区中，开采面积8.5平方千米，年产原油近140万吨，是全国最大的稠超油生产基地。几年来，在各级领导的关心支持下，公司严格按照国家环保法律、法规的要求，牢固树立“我们靠自然资源生存，自然环境靠我们保护”的环境理念，深化推行HSE管理体系，探索出了一套经济效益与环境保护和谐统一的清洁生产办法。公司以加强员工教育、强化环境意识为基础，以资金的有效投入为有效措施，以科技进步、技术创新为关键手段，以坚持以人为本、注重管理创新为保证，引入源头控制、循环经济等科学理念，变事后治理为事先预防、变被动管理为主动控制，企业的环保工作从单纯的末端治理转变为生产全过程的预防控制。公司不仅在每一道生产工序中贯穿环保理念，在每一名员工心中强化环保意识，还在企业文化班站建设的过程中，提出了“构筑人本文化，

公司经理 刘福余

地处苇田、稻田、蟹田的超稠油生产矿区

特种油开发公司

TEZHONGYOUKAIFAGONGSI

共建幸福家园”这一人与环境和谐统一的理念，取得了较好的效果，在公司所辖的区块里，实现了蓝天、碧水、绿苇田与棵棵采油树、一座座井站交相辉映的和谐景观，公司也接连获得殊荣。连续5年被评为油田公司“环境保护先进单位”，2001年被盘锦市列为清洁生产试点企业，并率先引进实施ISO14001环境管理体系，同年正式通过中国环科院认证。2002~2004年为盘锦市清洁生产先进单位，2003年荣获省级“环境保护先进单位”和“政府清洁生产授匾单位”称号，2004年被授予辽宁省“环境保护模范企业”和“清洁生产示范单位”。

环保理念融入班站、融入环境、融入蓝天

邮编：124010
地址：辽宁省盘锦市兴隆区石油大街96号
电话：0427-7804795

在生产区块中碧水环绕，自然生态保持良好

绿树掩映下的采油小站青砂铺地、鲜花竞放

建设生态和谐的超稠油生产基地

严格遵守体系要求和环保规范，确保全过程生产清洁

通过推进HSE管理体系，在确保环境效益的前提下追求生产效益

吉林省浑江发电公司

JILINSHENGHUNJIANGFADIANGONGSI

浑江发电公司的前身是浑江发电厂，位于吉林省东南部长白山腹地的白山市，占地面积222万平方米，始建于1973年8月1日。现在已是装机容量65万千瓦，供热面积240万平方米，年发电量为42亿千瓦时，有职工2 351名的大型发电企业。随着企业改革的不断深化，2000年6月19日正式更名为浑江发电公司。

在上级领导的亲切关怀下，企业历届领导班子与时俱进，走出了自己的发展之路。自1975年第一台机组投产发电以来，累计发电600亿千瓦时，为吉林省电力工业的发展和全省经济的振兴做出了重要贡献。

随着改革的不断深入，浑江发电公司第三产业蓬勃发展。浑江发电厂实业公司、浑江发电检修安装中心已成为企业经济发展的半壁江山，开拓了辽宁华能营口电厂、河南焦作电厂等检修市场，并且先后两次走出国门到巴基斯坦指导检修，创造了效益，树立了形象。先后荣获了“吉林省思想政治工作标兵企业”、“精神文明建设单位标兵”、“电力安全生产达标企业”和“双文明单位”、“全国思想政治优秀企业”、“精神文明建设先进单位”、“模范职工之家”、全国“一五”、“三五”普法先进单位等荣誉称号。目前，浑江发电公司五期扩建工程已被国家发改委正式批准，届时浑江发电公司将达到百万装机容量。

邮编：134300

地址：吉林省白山市光明街1号

电话：0439-3393072

总经理　吴卓奇

厂区一

厂区二

办公大楼

延边石岘白麓纸业股份有限公司

YANBIANSHIXIANBAILUZHIYEGUFENYOUXIANGONGSI

延边石岘白麓纸业股份有限公司是国内集制浆、造纸为一体的国有大型企业，其前身石岘造纸厂始建于1936年。公司现有员工2 600余人，其中技术人员280余人，研究、开发人员50余人，并设有省级技术中心。公司主要产品有：新闻纸、胶版纸、商品木浆和木质素系列产品。公司老牌产品“白麓牌”低定量胶印新闻纸为国家银牌产品，从1990～2001年连续被国家报协评为“用户满意单位”，并获得三连冠“景泰蓝”奖杯。公司经过60多年的发展，现拥有自备电站、自备水库，设备安装公司、自备生产木浆系统、200吨与400吨两条脱墨浆系统、污水处理系统、化工系统，设施完备，自成体系，是我国重要制浆造纸基地之一。

为了减少对环境的污染，公司于1955年至今在环境治理方面投入大量资金。其中，公司于1955 ～1968年间和1996年先后投资1 127.94万元和9 935万元建造和改建的制浆废液综合利用系统，减少蒸煮废液排放量90%，可降低CODcr：80%，BOD_5:75%。2004年公司建成并运行的二级污水处理厂，其投资金额为2 800万元，处理废水总量为2 500吨，每天可降低TSS:15吨，CODcr :37.5吨，BOD_5：15.5吨。公司为了更好地保护环境，决定把亚硫酸盐法制浆生产线改建成落叶松碱性亚硫酸盐—蒽醌法制浆生产线。改造制浆筛选设备，采用先进的中浓筛选工艺来减少制浆废水的排放量，降低污水厂的处理负荷。同时，增设一台多圆盘过滤机来提高纤维回用率，减少造纸白水中TSS的排放量。

公司党委书记 董事长 南顺姬

公司10#纸机

邮编：133101
电话：0433-3869612
网址：www.ybsxblzy.8u8.com
联系人：卢 军（部长）

公司大门

公司污水处理厂

上海珍华艺品有限公司

SHANGHAIZHENHUAYIPINYOUXIANGONGSI

上海珍华艺品有限公司是一家沪台合作企业，目前拥有员工281人，业绩达到300多万美元。公司1993年开业以来，全体干部与员工以勤劳、敬业、智慧的优良传统，为所有客户制作出质量精美、价格公道的各式金属工艺品，深受新老客户的喜爱。公司产品大部分远销美国、日本、欧洲等一些国家和地区。2000年公司通过ISO9001:2000的国际品质认证。

在发展生产的同时，公司十分重视环境保护工作，十多年中，废气废水治理设施一直保持完好的运行状态，达到上海市排放标准。随着生产的飞速发展，做到了增产不增排污量，每年都达到了环保局核定的总量排污指标。同时公司不断完善环保设施，陆续增添了板框压滤机、废水自动检测仪，实现了与环保局联网。2001年被区环保局命名为环保信得过单位。

随着国内外市场的激烈竞争，公司不断开发新颖独特高档的金属工艺品，以适应市场的需求。

办公楼

邮编：201101
地址：中国上海市闵行区七宝镇新镇路1528号
电话：021-50819688

电镀车间一角

废水处理装置一角

环保信得过单位证书

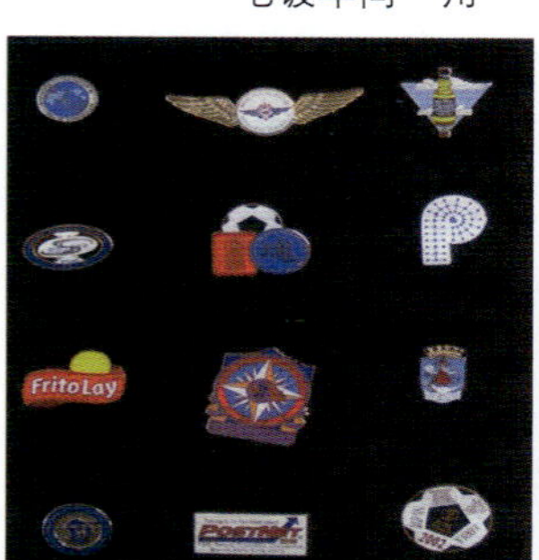

徽章

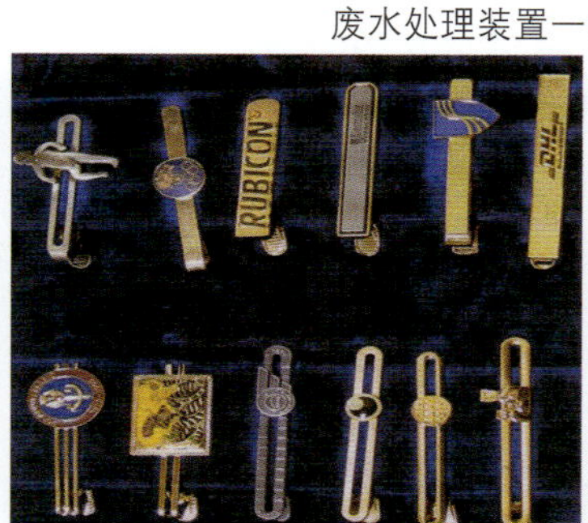

领夹

袖扣

上海重型机器厂有限公司

SHANGHAIZHONGXINGJIQICHANGYOUXIANGONGSI

上海重型机器厂有限公司前身为始建于1934年的大鑫机器厂，1953年改名为上海矿山机器厂，1958年在闵行现址建立上海重型机器厂，2003年实现公司化改制，更名为上海重型机器厂有限公司，是国家机械工业大型一类企业，东南地区大规模的重型机械制造厂和铸锻中心。主要生产电站、冶金轧制和冶炼、锻压、水利、矿山和建材化工设备等，以及电站、核电、冶金、机械、船舶、化工和石化等行业高质量要求的大型锻件。

上海重型机器厂有限公司是上海电气所属重型机械产品生产企业。公司占地面积95.1万平方米，建筑面积36万平方米，注册资金31 521万元，总资产196 188万元，固定资产原值69 091万元，在岗员工2 548人。随着世界制造业的转移及我国向制造业强国转变战略的实施，上海电气集团有限公司已将1 000MW超临界火电机组、1 000MW级核电机组、煤液化制油装备、船舶机械装备、重型机械装备等列入了发展的重点，这些重大技术装备中对大型铸锻件有着相当的需求。而大型铸锻件是电力、石化、冶金等重大技术装备的关键部件，是集材料、冶炼、锻造、铸造、焊接、热处理和检测为一体的综合技术，其质量直接影响到重大技术装备的水平和运行可靠性，是重大技术装备的核心制造技术之一。由于重大技术装备的单件小批量的生产特点，其大型铸造锻件呈现种类多、体重形大、质量要求高、工艺技术专业性强，标准化、通用化、系列化程度低等特点。这样的产品必须由具备生产重型机器能力的工厂来承担生产。

董事长兼总经理　吕亚辰

公司根据国家、市环境保护法有关规定，走可持续发展道路，先后建成两个废水处理站并安装在线监察装置，排入市总管，对20T电弧炉化了560万元安装了烟尘处理装置，真正做到了“一控双达标”，得到了闵行区环保局的肯定，对新上技术改造项目，严格按“三同时”进行评审，从根本上达到污染达标控制。

邮编：200245

地址：上海闵行区江川路1800号

电话：021-654721141

上海重型机器厂有限公司厂门

上海重型机器厂有限公司全景

20吨电炉除尘装置

无锡天顺环境技术有限公司

WUXITIANSHUNHUANJINGJISHUYOUXIANGONGSI

无锡天顺环境技术有限公司成立于2003年9月，是一家专业从事环保事业的民营企业，公司成立的无锡填埋气体发电厂将无锡桃花山垃圾填埋过程中产生的填埋气体(以甲烷为主的温室气体）转化为再生能源（生物质能)。为我国自主开发建设的首个填埋气体发电厂。

无锡填埋气体发电项目占地2 400平方米，建筑面积460平方米，总投资2 000万元，装机970 × 2千瓦，年发电量15.3 × 106千瓦时，填埋气体每小时耗气量1 300立方米。项目设计采用国际先进技术，一流设备和清洁生产工艺，不排放“三废”。项目的生产流程包括：填埋气体收集系统、气体预处理（净化、浓缩）系统、燃气机\发电机组系统、送变电上网系统以及操作系统五大部分组成。发电可输出电压400伏，经变压器升压10千伏并入国家电网。操作控制为一套可编逻辑程序计算机系统，实现自动化控制，一旦设备出现故障以及火光、烟雾、甲烷泄露等险情时，计算机会在几秒钟内切断全厂电源和气源，保障安全运行。

利用垃圾填埋气体发电，是我国新兴环保高科技产业之一，可使城市垃圾化害为利，变废为宝，实现再生资源化，具有广阔的发展空间和多重效益。

其主要社会效益：

1、保护环境；2、节约能源；3、减少填埋气体对地球变暖的温室效应(一年可减少二氧化碳排放量6～7万）；4、年发电量1 530万千瓦，制造绿色能源；5、减轻填埋气体燃烧、爆炸的安全隐患；6、改善填埋场的作业环境；7、替代能源和再生能源。

邮编：214151

地址：江苏省无锡市钱桥青龙山

电话：0510 － 3271117

无锡填埋气体发电厂厂区

三图为国家省、市领导关怀公司的成长

杭州杭联热电有限公司

HANGZHOUHANGLIANREDIANYOUXIANGONGSI

杭州杭联热电有限公司是一家地处杭州经济技术开发区的中外合资企业，占地100 000平方米，是为杭州经济技术开发区配套的基础产业。

公司生产销售电力、蒸汽，兼营灰渣综合利用。公司现行机组规模为3 × 75t/h循环流化床锅炉+1 × 130t/h循环流化床锅炉配2 × 15MW抽汽冷凝式发电机组+1 × 7.5MW抽背压式汽轮发电机组，发电能力3.75万kw/h，供热能力200t/h左右。

作为杭州经济技术开发区配套的基础设施之一，公司负责向开发区内的企事业单位供热，目前主要用户有顶新集团企业、朝阳橡胶、得力纺织、娃哈哈等近70家企业。

公司始终以热电联产为己任，积极倡导保护区域环境，节约能源，环保各项指标均达到国家规定的标准，通过“一控双达标”的验收。为满足开发区日益增长的用热需求，公司正在进行三期技术改造工程，项目规模为2 × 130t/h次高压循环流化床锅炉+1 × 12MW抽凝式汽轮发电机组+1 × 7.5MW抽背压式汽轮发电机组。

邮编：310018
地址：杭州经济技术开发区一号大街
电话：0571-86920447
传真：0571-86920577
董事长：吴砥中
总经理：盛吾法
E-mail: hzhlrd@163.com

厂区一角

公司大门

浙江德清升大皮革厂

ZHEJIANGDEQINGSHENGDAPIGECHANG

德清升大皮革厂坐落于长江三角洲的腹地，杭嘉湖平原的中心，是一家自营出口的外向型企业。经过十多年来的不断发展，升大皮革厂逐渐从一家小规模的皮革加工厂发展成为年销售过亿元，年生产猪皮能力超300万张，并跨入了省内同行业的先列。产品远销欧美地区和全国各省、市。企业连年获得“省AAA级资信”、“浙江省优秀企业”、“浙江优秀宣传品牌”等项荣誉，“升大”牌猪反绒革更被“中国中轻产品质量保障中心”评定为“中国优质产品”。2005年，经过中国皮革协会的严格考核，荣获全行业20家佩挂“生态皮革真皮标志”的优秀企业之一。开发的皮革新产品荣获国家及省部级新优产品科技成果奖。

企业在发展的同时，更深刻地认识到企业的生产与发展不能以损害自然环境为代价，努力改善企业生产和环境保护之间的关系，维护生态平衡，保持经济与社会的协调发展，走可持续发展的道路，是制革企业的发展命脉。2002年，升大皮革投入400多万元，特聘请南京东南大学环科院的专家专门设计建造了日处理能力5 000吨级的大型生化型污水处理系统。治标治本，在生产上更是不断改进生产技术，优化生产工艺，积极采用清洁生产技术，使用环保的原料、辅料，并尽量提高能源的利用效率，从源头削减污染。2005年，企业被列为浙江省清洁生产的试点单位。

转鼓车间

邮编：313201

地址：浙江德清县新市五龙桥西堍

转碟

氧化沟

浙江富阳市富伦造纸厂

ZHEJIANGFUYANGSHIFULUNZAOZHICHANG

富阳市富伦造纸厂坐落在美丽的富春江畔—灵桥开发区，创办于2000年3月，个人独资企业，资产800万人民币，占地1.33公顷，主要生产中高档再生牛皮纸，年可生产牛皮纸3 000吨，年销售额近千万元。

富伦造纸厂所用的原材料主要来源于回收利用的再生资源—废纸，通过再利用生产成再生环保纸。于2004年与利乐中国（包装）有限公司成功地开发了“回收废弃饮料盒再制浆”项目并且初步建立了“消费后的饮料盒的回收网络”。目前，每月回收的废饮料盒已经超过100吨。工厂先后在杭州、宁波、绍兴、萧山等浙江省大多城市及上海、南京等周边城市开展了废饮料盒的回收活动。在利乐公司双赢多赢的发展理念下，工厂有了全新的发展思路，通过一系列努力，工厂被当地政府评为“环保生态企业”和“杭州市循环经济试点企业”。

富伦造纸厂的再生综合利用的技术，得到了当地环保部门的认可，这个再生利用技术创造了对废饮料盒的需求，继而推动消费后饮料盒的分类回收，也推动了垃圾分类，资源再生利用。

厂长　羊 军

厂长：羊 军　　13906812944

邮编：311418

地址：杭州富阳市灵桥镇工业园区

电话：0571 － 63551944

传真：0571 － 63550944

再生环保纸产品

公司产品手提袋系列

浙江温州冶炼总厂

ZHEJIANGWENZHOUYELIANZONGCHANG

温州冶炼总厂创建于1959年，是温州市直属国有重点骨干企业，隶属市经济贸易委员会，属有色金属行业，也是华东地区重要的集冶金、加工为一体，多种经营并举的综合型有色冶金企业，是国家中型、浙江省行业大型工业企业。是温州市纳税大户。

企业坐落温州市南郊，濒临104国道温瑞段，厂区占地面积40.9万平方米，现有职工近2 000人，总厂下设四个分厂和三个控股公司，年产电解锌2.5万吨，硫酸2.2万吨，其他综合利用产品有电解铟、电解镉、海绵铜等。企业于“八五”期间建设省重点技改工程“万吨锌”项目，并投入700万元建设配套的环保项目，使“三废”处理达到国家标准，实现达标排放。企业于2000年投资1 500万元建设挥发窑渣处理项目，通过处理锌冶炼废渣综合回收锌、铅、铟、铁等金属，取得了较好的经济效益、社会效益和环境效益。

法人代表：金益林

邮 编：325027

地 址：浙江省温州市牛山北路13号

总厂厂门

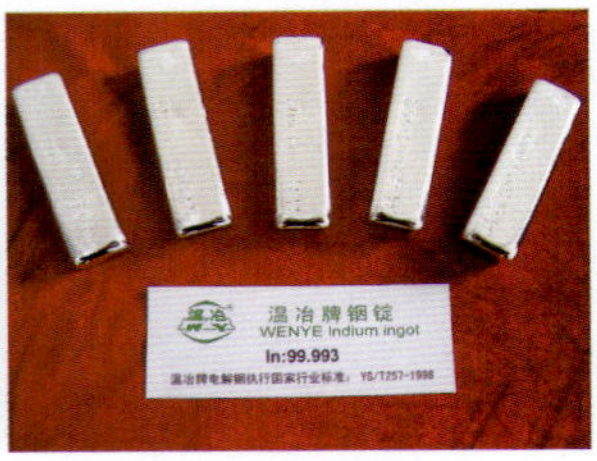

部分产品

漂莱特（中国）有限公司

PIAOLAITEZHONGGUOYOUXIANGONGSI

总经理　艾伦.詹尼斯

漂莱特国际股份有限公司于1995年全面进入中国市场。与杭州争光化工集团合资成立了杭州漂莱特争光化工有限公司，后于1996年12月，成立了独资公司，经中国国家工商管理局审核注册为漂莱特（中国）有限公司。公司注册资金为1.31亿元人民币，资产总值2.2亿元人民币。

公司全景

漂莱特（中国）有限公司完全运用国际先进水平的树脂制造设备和技术，并专门从事离子交换树脂及相关产品的研究、开发、制造、销售和技术服务。公司目前可提供二百多个品种的离子交换树脂，年生产规模达16 000吨。在国内拥有上海、北京、广州、成都、济南、西安、沈阳、武汉、新疆、德清等办事处，能及时、有效地为客户提供满意的服务。

2000年亚洲销售代理会议

邮编：313216　　地址：浙江省德清县城关镇

电话：0572－8422908　传真：0572－8429417

宁波热电股份有限公司

NINGBOREDIANGUFENYOUXIANGONGSI

宁波热电股份有限公司坐落于宁波市经济技术开发区，是目前宁波市最大的公用热电生产企业，也是宁波惟一的热、电、冷三联产企业。公司的前身是宁波开发区北仑热电有限公司，成立于1995年，2001年顺利改制，更名为宁波热电股份有限公司，并于2004年7月6日在上海证券交易所正式挂牌上市，主营业务为热电联产。公司十年来已连续为宁波北仑经济技术开发区和宁波保税区数十家纺织、化工、食品企业提供热力289万吨，电力10.88亿度，为开发区的经济建设做出了卓越的贡献。

宁波热电股份有限公司属基础产业，市场需求稳定增长，效益优良。热电联产具有显著的节能、环保效果，是国家政策重点支持发展的行业。公司的主导产品是热力与电力，通过煤燃烧产生蒸汽提供给工业用户，同时通过汽轮机发电，直接接入电网。在纺织、化工、食品等行业中，热力的使用非常普及，如纺织行业中的染整、化工行业中的加热反应，食品行业中的发酵等都大量使用蒸汽热。本企业目前的供热能力达到每小时240吨，而2003年底本公司现有供热范围内的用热需求达到359吨/小时。

热电联产实现了能源的梯级生产利用，总的能源利用率达到80%以上，与热电分产相比可节能30%左右。热电联产是国家大力鼓励发展的可持续能量利用方式。

目前公司综合热效率达58.9%，热电比达到382%，远高于总热效率大于45%，热电比大于100%的行业标准，处于行业先进水平。根据宁波市节能协会热电专业委员会的统计，宁波市热电企业2003年的总热效率平均为52.11%，热电比平均为307%。

公司通过多年技术攻关，已率先在同行中掌握了用燃烧无烟煤替代燃烧烟煤的成熟技术，目前替代率达到90%左右。无烟煤与烟煤相比耐燃、含硫量低，热值较烟煤高，不但在经济上节约了成本，而且直接降低了SO_2的排放量。

邮编：315801
地址：宁波市经济开发区大港工业城凤洋路65号
电话：0574-86887834

团结的集体

环境优美的厂区

厂区一角

宁波热电股份公司全景

原木旋切机

40层热压机

公司全貌

浙江省康盛管业有限公司

ZHEJIANGSHENGKANGSHENGGUANYEYOUXIANGONGSI

浙江康盛管业有限公司位于景色秀丽的千岛湖畔，公司占地面积8.53公顷，拥有厂房5万平方米，是一家专业生产经营制冷、机械用高压管材及其延伸产品——冰箱冷柜蒸发器、冷凝器和汽车油管的公司。公司资产总额1.5亿元，年生产能力30 000吨，员工近千人，为目前国内制冷钢管行业规模最大、品种最齐全、产品延伸最深的管路生产企业，冰箱冷凝管全国市场占有率达到60%以上。公司产品主要销往海尔、新飞、科龙、春兰、伊莱克斯等著名制冷机制造厂家，并且出口韩国、日本、伊朗、印尼、印度等国际市场，深受客户好评。

公司为了适应新形势下的发展需要，先后成立了淳安千岛湖康盛制冷管路研究开发有限公司、浙江康盛科工贸有限公司、淳安县千岛湖博爱制冷元件厂、淳安县宏盛蒸发器有限公司，在广东、北京、青岛、合肥、泰州、扬州、武汉等地设有十余家分公司，为客户及时提供良好的售后服务。2004年，公司仅冰箱制冷管销售突破2亿元。2005年一季度制冷钢管销售量再创历史新高，达到6 000余吨，实现销售额8 000余万元。

邮编：311700

地址：浙江省淳安县千岛湖镇排岭北路8号

电话：0571-64836018

厂区一角

污水排放必经池

运行中的高频焊管7号机组

千岛湖畔的康盛集团

萍乡市五星陶瓷有限责任公司

PINGXIANGSHIWUXINGTAOCIYOUXIANZHERENGONGSI

董事长 张国君（右）

公司庆祝建厂一周年

萍乡市五星陶瓷有限责任公司位于江西省萍乡市湘东工业园内，公司紧靠320国道和浙赣铁路干线，交通便利，公司占地面积5.33公顷，建筑面积3 100平方米。现有员工700余人，公司现为萍乡地区主要生产微晶中、高铝研磨瓷球、衬及耐酸、耐碱、耐高温、防腐蚀工业陶瓷产品大型民营企业。年生产能力3万余吨，年销售收入7 000多万元，产品销售范围广泛，遍布于建材、化工、冶金等行业，销售网点散布于广东、山东、上海、江苏、福建、辽宁等地，部分产品还出口到东南亚等国家，产品享有良好的市场信誉，供不应求。

五星陶瓷有限责任公司目前拥有四条先进的生产线，160余台专业的生产设备，其中有国内最先进的等静压微晶中、高铝瓷球生产设备和现代化梭式窑高温烧成设备。生产设备自动化程度较高，产品检测手段齐全。经公司全体员工的共同努力，已形成集科研、设计、生产、制造、施工、售后服务于一体的高科技实业公司。

邮编：337016

地址：江西省萍乡市湘东工业园泉田工业小区

电话：0799-6385888

蠡县正忠制革污水处理有限公司

LIXIANZHENGZHONGZHIGEWUSHUICHULIYOUXIANGONGSI

总经理　孙志忠

蠡县正忠制革污水处理有限公司始建于2001年，注册资金3 000万元人民币，公司坐落于蠡留公路南侧，交通运输十分便利，资源优势得天独厚。企业占地面积15.2公顷，建有污水处理厂、化工供应站、皮毛货栈、湿加工车间、片皮、削匀车间、喷浆车间、烘干车间等一条龙服务设施，所辖污水处理厂是河北省重点建设工程，保定市封闭运行项目。2002年下半年一期工程建成投产，建成规模300台转鼓，年加工绵羊皮600万张，日处理污水5 000吨，项目采用成熟可靠的生产工艺，引进国内先进的生产设备，制革污水全部进行处理，达到国家规定排放标准。

公司自2002年投产以来，由于设备先进，服务周到，广大制革客户都收到了很好的经济效益，现有设备和车间远远不能满足客户的需求，公司又投资3 000万元人民币建设二期工程。

邮编：071400

地址：河北蠡县留史镇

传真：0312 － 6355300

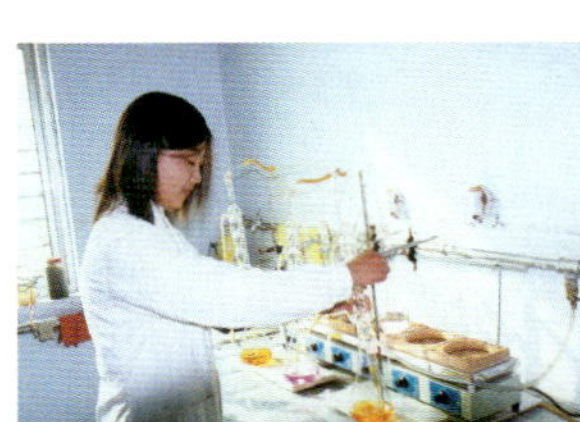

化验室

净化沉淀池

南昌摩托车质量监督检验所

NANCHANGMOTUOCHEZHILIANGJIANDUJIANYANSUO

南昌摩托车质量监督检验所创建于1980年，前身是“航空工业部摩托车检测研究中心站”。1988年由原中国汽车工业联合会批文成立，是国家授权面向全国摩托车行业的具有独立法人地位的检验机构。

南昌摩托车质量监督检验所通过了国家计量认证、CNAL实验室国家认可及CCIBLAC商检试验室国家认可，是国家认监委强制性产品认证制定检测机构、国家发改委授权的摩托车质检机构、国家环保总局授权的新生产机动车排放污染检测单位、全国工业产品生产许可证认可内燃机产品生产许可证检测单位；是中国质量认证中心（CQC）、中国方圆认证委员会（CQM）、中国汽车产品认证中心（CCAP）的签约实验室，与德国莱茵技术监督顾问股份有限公司（TUV）签约，承担Emark认证产品检测工作。

南昌摩托车质量监督检验所现有员工43人，科技人员占88%。目前建有20个摩托车整车、零部件及发动机科研和检验工作的实验室，实验室面积3 000平方米，傍有2 5000米长，70米宽的机场跑道及标准噪声测试专用路面，现有各类检测仪器设备共180项，价值2 000万元，是国内高水平的实验室。南昌摩托车质量监督检验所检测手段先进，技术力量雄厚，能满足强制性产品认证，环保、安全节能及摩托车主要性能的检测和摩托车及零部件商品检测。

认可检测业务范围：摩托车和轻便摩托车、助力车/电动车、发动机、小型汽油机、前照灯、车速表、光信号装置、后视镜、燃油箱、锁止防盗装置、轻合金车轮、轮辋、蓄电池、减震器、车用喇叭、磁电机、点火线圈、点火开关、调压器、起动电机、起动继电器、回复反射器、排气消声器、制动器、辐条、制动操纵杆、制动踏板等零部件检测。

整车实验室

邮编：330034

电话：0791-8448694

地址：南昌市新溪桥

传真：0791-8430119

E-mail：ncmjs@163.com

山东富伦钢铁有限公司

SHANDONGFULUNGANGTIEYOUXIANGONGSI

山东富伦钢铁有限公司是山东九羊企业集团的全资控股子公司。是一家集采（选）矿、焦化、冶炼、铸造、机械加工、建筑安装、汽车运输等于一体的大型工业企业，拥有固定资产5.2亿元。下设10个分厂（公司）。年产焦碳40万吨、生铁100万吨、汽车底盘配件6万台（套）。

企业的发展得到了众多投资商的青睐，先后有6家企业与公司合资、合作，建设了焦化、发电、冶炼等一大批前景广阔的项目。到2007年公司将形成200万吨铁、220万吨钢、100万吨焦的生产规模和年发电量2亿KWh的能力。

公司坐落在素有“钢城煤都”之称的山东省莱芜市。近年来，市委、市政府提出了“解放思想、干事创业、加快发展、创建绿色钢城”的号召，作为钢铁企业佼佼者的富伦钢铁公司，在高速发展的同时，坚持实施可持续发展战略，把环保工作列为企业发展首位，为全市增绿添色。先后投资近亿元，用于清洁生产、污染治理和厂区绿化、美化。从源头开始全过程控制和削减污染物的生产，搞好生产装置的节能降耗减污。首先，对新建项目，严格做到了环保设施与主体工程同时设计、同时施工、同时投产的“三同时”原则，取得了环保主管部门的许可证书，坚决杜绝新增污染源；其次加大了对原环保设备的更新、改造力度，进一步提高环保设施装备水平，使污染排放总量不断减少，各项污染物全部达到国家排放标准，污水达到了零排放。同时大力实施了对厂区的绿化、美化、亮化工程，绿化面积达到了厂区面积的39%，使企业连续9年被评为省级文明企业、市级“花园式单位”。

公司办公区

北部荒山绿化开发规划图

公司正门

邮编：271118
地址：山东省莱芜市莱城区羊里
电话：0634－6523630　6523322
电子信箱：fulun@126.com

山东新城金矿

SHANDONGXINCHENGJINKUANG

山东黄金矿业股份有限公司新城金矿位于胶东半岛渤海之滨，是一座具有采、选、冶综合生产能力的国家大型企业。矿山于1975年筹建，1980年竣工投产，1984年达到500吨/日设计能力。1989年进行二期改扩建工程建设，总投资2.15亿元，1997年二期工程竣工投产，1998年达到1 250吨/日设计能力。目前，日处理能力达到1 500吨。2003年8月，以新城金矿资产为主体的山东黄金矿业股份有限公司在上海证券交易所成功上市，为金矿提供了更大的发展空间。金矿现有员工2 100多人，固定资产原值5.5亿元。截至到2005年5月，已累计为国家生产黄金40.08吨，实现利税8.2亿元。曾先后被评为“全国500家最佳经济效益工业企业”、“‘八五’全国工业行业巨头”、“山东省大中型重点骨干行业企业经济实力十强”，并荣获“全省民主管理先进单位”、“全国首批管理创新示范单位”称号。由于环保成绩突出，2004年被山东省环保局评为“山东省环境友好企业”、“山东省循环经济示范企业建设试点企业”。2005年又被山东省推荐参评“国家环境友好企业”。

在长期的发展建设中，新城金矿始终坚持以党的“十六大”精神为指针，认真落实全面、协调、可持续的科学发展观。特别是近几年来，金矿打破了传统的经济发展模式，率先提出了“节约资源，良性发展”、“奉献黄金白银，留下绿水青山”的发展新思路，明确提出了“发展循环经济，建设绿色矿山”的奋斗目标，并建立起与之相适应的创新体制，大力推进经济增长方式的转变，在节能、节水、节约矿产资源等方面取得了显著的成绩，使经济系统和谐地纳入到自然生态系统的物质循环过程中，实现了经济与社会、人与自然的协调发展，成功地走出了一条科技含量高、资源消耗低、环境污染少、经济效益好的可持续发展之路。该矿多次被评为山东省黄金行业环保工作先进单位，环保工作成绩得到上级领导和各级环保部门的全面肯定和高度评价。

矿长　武玉江

邮编：261438

地址：山东省莱州市金城镇新城

电话：0535 － 2698747

山东黄台发电厂

SHANDONGHUANGTAIFADIANCHANG

被誉为“泉城明珠”的山东黄台发电厂位于济南市东部新城区。作为山东省第一座高温高压火力发电厂，黄台发电厂已有47年的历史，经过六期扩建和机组扩容改造，现总装机容量1 015MW，是山东电网的主力发电厂之一。

几十年来，该厂始终坚持“以人为本，安全第一，1998年被国家电力公司授予“全国电力双文明单位”和“全国一流火力发电厂”称号，2001年荣获中国企业文化建设实践创新和理论创新奖，2002年获“全国五一劳动奖状”。2003年获“山东省环境保护优秀企业”荣誉称号，2004年获“山东省清洁生产示范企业”荣誉称号。

黄台发电厂是一个具有高度社会责任感的企业，多年来，该厂一直坚持企业发展与环保工作并重的方针，自上个世纪九十年代以来，黄台发电厂在烟气、烟尘、污水等方面投入的资金达六亿多元。1996～1997年，筹集资金6 500万元，集中把5台锅炉除尘器由水膜除尘改为电除尘。改造后，烟尘排放量每年减少3.6万吨，彻底解决了老机组烟尘问题。两台30万新机组一上马就安装了电除尘器，后来通过改造除尘效率分别高达99.81%和99.84%。

黄台发电厂以“节水保泉”为己任，认真抓好节水工作。2001年，该厂投资4 000万元建设了污水处理装置，为进一步改善大气质量，2001年黄台发电厂又投资3.926亿元为两台30万机组上了脱硫装置。它是国内第一套30万千瓦机组烟气脱硫技改装置，被国家经贸委认定为国产化示范工程。第一台脱硫装置已于2003年12月投入运行，第二台也于2004年11月份投入试运行，其脱硫效率在98.5%以上。每年减少二氧化硫排放量3.8万吨，减少烟尘排放量2 000多吨。

目前，黄台发电厂正式实施“以大代小”工程，准备新上两台30万热电联产机组代替1至6号老机组。这样既能承担起济南市东部新城区的供热任务，又能大大减轻企业的环保压力，同时，该厂还将按照循环经济模式，将废水、废气和固废进一步综合利用，最大限度地达到减量化、资源化、无害化。

厂长　胡福存

邮编：250100
电话：0531-85682012
地址：山东省济南市工业区北路172号

电场全貌

#8机组烟气脱 硫工程全景

枣庄矿业(集团)付村煤业有限公司

ZAOZHUANGKUANGYE(JITUAN)FUCUNMEIYEYOUXIANGONGSI

枣庄矿业（集团）付村煤业有限公司是一座现代化国有重点煤矿。矿井始建于1992年11月，1998年8月1日建成投产，原设计年生产能力120万吨，2005年主井改绞后，将达到年产300万吨规模。此外，矿井还建有年入选120万吨的洗煤厂，拥有装机容量2 × 12MW煤矿矸石热电厂一座。

矿井井田面积约为24.9平方千米，煤矿储存条件好，地质储量2.3亿吨，可采储量1.08亿吨。井田内煤质优良，属中等变质程度的烟煤，平均灰份低于15%，硫份小于0.6%，低位发热量6 300大卡/千克，“付村煤”享誉全国，远销多个国家和地区，前景十分广阔。

矿井自投产以来，广大干部职工发扬“诚信、勤俭、严实、创新”的企业精神，与时俱进，跨入了全国同类型矿井的先进行列。矿井顺利通过了ISO9002质量体系认证，先后被授予“质量、服务、信誉AAA级”企业、“国家级质量标准现代化矿井”、“安全程度评估A级矿井”等荣誉称号，2004年被中国煤炭工业协会授予“科技进步双十佳矿井”，2004年被山东省政府授予“科技管理优秀矿井”，2005年被山东省政府授予“环保友好企业”，并连续四年被评为全国百家高产高效矿井之一。

经理　阚世光

领导在检查工作

邮编：277605
地址：山东省济宁市微山县付村镇
电话：0632-4067326

矿貌全景

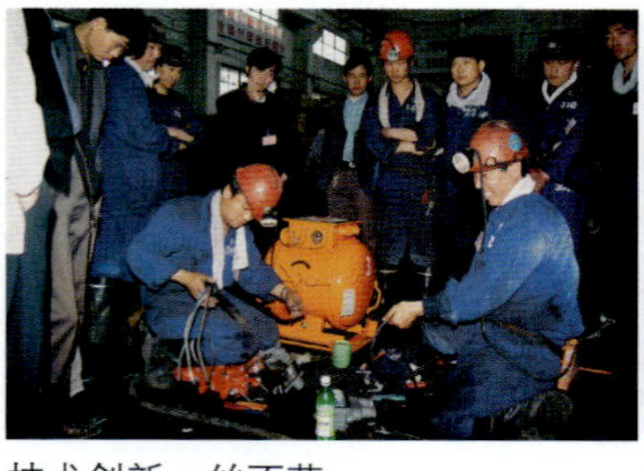

技术创新一丝不苟

现代化矿井综采工作面

升旗仪式展风采

H 华能德州电厂

HUA NENG DE ZHOU DIAN CHANG

华能德州电厂位于古运河畔，东临津浦公路、京福高速公路，距离市区约4千米，现有装机容量为263万千瓦（3 × 300MW + 2 × 700MW + 330MW），固定资产87.40亿元人民币，环保设施投资4.91亿元人民币。截至2004年底，共累计发电952亿千瓦时，是山东电网的主力发电厂之一，为山东省经济建设做出了重要贡献。

一期工程两台30万千瓦机组分别于1991年7月8日和12月14日投产，二期两台30万千瓦机组分别于1993年12月17日、1994年11月28日投产，三期两台70万千瓦机组分别于2002年6月和10月投产。工厂一、二、三期工程建设均严格执行环境影响评价和“三同时”制度，使环保设施与主体工程做到了同时设计、同时施工、同时投入使用。

建厂以来，该厂把认真执行国家和省市有关环保法规作为重点工作来抓，把防治污染、开展“三废”综合利用，纳入了企业生产、经营管理的重要议事日程，逐步完善了环保规章制度，把防止污染同加强设备管理、技术改造有机地结合起来，积极开展清洁生产，最大限度地把“三废”消除在生产过程中。加大环保资金的投入，依靠科技进步，提高污染控制水平，通过环境保护项目的治理，该厂废气、废水、废渣达到了国家规定的排放标准。在环境管理、污染治理、灰渣综合利用，环境绿化美化等方面取得了突出成绩，先后荣获“山东省富民兴鲁劳动奖状”、“全国绿化先进单位”、原国家电力公司“一流火力发电厂”、“山东省资源综合利用先进单位”、“山东省资源节约先进单位”、“山东火力发电厂环境保护技术监督先进单位”等荣誉称号。

邮编：253024
地址：山东省德州市华兴路10号
电话：0534-2432222

污水处理站

厂长、党委书记 张　奇

高效静电除尘设备

干粉煤灰分选设备

厂区全貌

山东省淄博市焦化煤气公司

SHANDONGSHENGZIBOSHIJIAOHUAMEIQIGONGSI

淄博市焦化煤气公司成立于1988年9月，下设煤气厂、煤气安装公司、运销公司三家国有实体单位，另有淄博诚信燃气有限公司、淄博诚意燃气有限公司、淄博诚挚燃气有限公司、傅山焦化有限公司、淄博宝塔焦化有限公司等九家控（参）股公司。主要承担着淄博市的燃气生产经营和燃气工程施工任务。年产二级冶金焦88万吨，日供焦炉煤气30万立方米、天然气7.5万立方米。已铺设燃气管网900多千米，管道燃气用户13万户。还投资建设了汽车天然气加气项目。

公司先后获得省级思想政治工作优秀企业，建设部规范化服务和燃气安全管理先进单位、淄博市百强企业等荣誉称号，连续6年保持了省级文明单位称号。2004年实现销售收入4.5亿元，利税6 000万元。

淄博市焦化煤气公司坚决贯彻淄博市委、市政府“环境立市”的方针，先后投入1 500多万元对原有老焦炉进行技术改造，将顶装煤工艺改为捣固炼焦侧装煤工艺，增加了消烟除尘车等环保设备。对外排污水系统进行改造，实现了污水全封闭、无泄漏达标排放。公司控股的傅山焦化公司投资500余万元建成了采用微生物固定化技术的污水处理系统，实现了生产污水的零排放。

淄博市焦化煤气公司正朝着规模化、集团化方向发展，努力为淄博市的环境保护工作做出更大的贡献。

党委书记、经理 冯天甲

邮编：255040
地址：山东省淄博市张店区人民东路12号
电话：0533-3120192

市长刘慧晏到淄博市焦化煤气公司调研

焦化煤气公司办公楼 — 煤气大厦

淄博市焦化煤气公司煤气厂全景

山东沂州水泥集团总公司

SHANDONGYIZHOUSHUINIJITUANZHONGGONGSI

山东沂州水泥集团总公司是中国建材百强企业之一。是以水泥生产为主，兼以发电、供热、冶金、化工、建筑陶瓷、包装袋编制、房地产为一体，跨省区、多元化经营的国家大型企业集团。公司前身是原临沂地区水泥厂，始建于1958年，1994年改为股份制，成立山东沂州水泥股份有限公司，1996年成立山东沂州水泥集团总公司，被列为临沂市计划单列企业集团（大一企业），山东省百家重点企业。集团现有员工近万人，拥有固定资产超过20亿元，2004年实现销售收入20多亿元，上缴两税超过亿元，经济效益连续11年居山东同行业之首，连续8年居全国同行业前5位，集团多次荣获“山东省富民兴鲁劳动奖状先进单位”、“山东省资源节约先进单位”、“中国水泥协会先进会员单位”、“中国水泥质量百佳企业”、“中国建材百强企业”等荣誉称号。

集团总公司位于临沂市罗庄区，具有近50年的水泥生产历史，生产工艺先进、技术力量雄厚。在国内同行业中率先通过ISO9002国际质量体系认证，产品质量体系认证，GB6566绿色环保检验认证和自营进出口认证，沂州牌水泥出厂合格率、富裕系数合格率、袋装合格率和均匀性试验合格率均保持100%。多次获省优、部优称号，先后被评为“山东省著名商标”、“山东名牌”、“山东省人民政府产品质量奖”、“消费者信得过产品”、“推荐中国名牌”。国家建设部、核工业总公司授予其“质量佳信誉优为核电做贡献”称号，2001年被国家质检总局首批授予“国家免检产品”荣誉称号。近年来，集团积极响应中央号召，认真落实科学发展观，坚持循环经济，打造生态园区，先后投资8 000多万元用于企业环保治理工作，率先实现了达标排放，为建设生态临沂做出了自己的贡献。

目前，集团已形成年产各种标号水泥超600万吨，焦炭100万吨，生铁40万吨，氯碱10万吨，包装袋6 000万条，高档地板砖5 000万平方米，发电装机容量11万KW的生产规模，产品销售网络覆盖全国20多个省、市、自治区，并远销南亚、东南亚、日本、韩国、欧美等十几个国家和地区。沂州集团已逐渐成为业内有重要影响力的大型建材企业之一。

中国水泥协会副会长、山东沂州水泥集团总公司董事长　张怀连

厂区一角

质量管理体系认证证书

山东沂州水泥集团总公司

质量管理体系认证证书

产品质量认证证书

山东沂州水泥集团总公司

产品质量认证证书

产品质量免检证书

山东沂州水泥集团总公司

中华人民共和国国家质量监督检验检疫总局

国家产品质量免检证书

山东垦利石化有限责任公司

SHANDONGKENLISHIHUAYOUXIANZERENGONGSI

华德利玻璃棉有限公司

石化公司炼油厂夜景

山东垦利石化有限责任公司始建于1970年，经过三十多年的发展，已形成了以石油化工和高档建材为主导产业，集石油产品加工、玻璃棉制品、酿酒、热电、纺织为一体的大型企业集团。是中国50家最大石油加工企业之一。

公司地处胜利油田腹地，位于黄河入海口处。交通便利、地势优越，油气水资源丰富，发展石油化工有着得天独厚的条件。顺利通过ISO9001-2000质量体系认证、ISO14001-1996环境管理体系认证和OHSM18001-2001职业健康安全管理体系认证，被评为“山东省质量管理优秀企业”、“东营市环境保护模范企业”、“山东省环境保护先进企业”。2004年4月被东营市国家、地方税务局认定为“AA级纳税信用单位”。2004年4月被山东省经贸委、统计局评为“工业企业100强”；2004年2月被国家统计局评为“石油化工百强企业”。

邮编：257500　　地址：山东省东营市垦利县利河路299号

电话：(0546) 2528264 2528284

青援食品有限公司

QINGYUANSHIPINYOUXIANGONGSI

青援食品有限公司始建于1985年，系山东省规模最大的食品企业之一，2005年被评为“山东省环境友好企业”。主要产品有“青援”牌方便面、饼干、糖果、淀粉、淀粉糖、乳制品、肉制品、面粉、纸箱、塑料包装印刷等十大系列近500个品种，年产食品能力60万吨，产品销往全国20多个省、市、自治区。

几年来，公司坚持环境保护与生产经营和谐发展的方针，积极开展环境保护和治理，促进了企业环保工作的开展。公司先后被评为“国家大型乡镇企业”、“农业部全面质量管理达标单位”、“全国乡镇企业管理先进单位”、“全国诚信守法乡镇企业”、“中国食品工业百强企业”、“全国食品工业优秀食品龙头企业”、“全国上规模民营企业500家”、“山东省农业产业化经营先进龙头企业”、“省级文明单位”、“省级卫生达标单位”、“山东省重合同守信用企业”等荣誉称号。

其中，本公司生产的“青援”牌系列方便面荣获：“第二届全国农业产品博览会银奖”；特制钙奶饼干始终保持“部优”质量标准，方便面、饼干、糖果、乳制品系列产品被评为“山东名牌产品”称号，企业已通过ISO9001质量管理体系认证。董事长兼总经理徐传亮同志系全国劳动模范，为“山东省优秀企业家”、“山东省优秀共产党员”、“全国优秀乡镇企业家”、“山东省优抚对象先进个人”、“山东省优秀思想政治工作者”、“山东省富民兴鲁劳动奖章”获得者。

邮编：276400　　公司地址：中国山东省沂水县沂博路39号　　电话：0539-2252837

中国石油化工集团

ZHONGGUOSHIYOUHUAGONGJITUAN

中国石油化工集团（股份）公司济南分公司、济南炼油厂始建于1971年，1975年开工生产。目前具有500万吨/年原油综合加工配套能力，固定资产原值35.7亿元。主要有常年减压蒸馏、重油催化裂化、延迟焦化、润滑油、柴油加氢、聚丙烯等32套主要生产装置；主要产品有汽油、柴油、液化气、石油焦、聚丙烯、硫磺等50余个品种、牌号。

济南分公司、济南炼油厂拥有先进的炼油工艺、精良的装置设备、高素质的员工队伍，企业凭借雄厚的技术力量始终站在全国同行业前沿，先后荣获国家及省、部级科技进步奖，32项产品质量多次荣获国家及省、部级荣誉，1999年1月获ISO9000质量体系认证证书，2001年又在全国石化行业首家通过ISO9000质量体系2000版认证。

2004年加工原油377.3吨，销售收入达到101.31亿元，实现利税7.95亿元，经济效益位列国内同行业前茅。

多年来，企业的环境保护和清洁生产工作一直保持全国同行业的较好水平，外排工业废水综合合格率保持100%，工业废气达标率100%，固体废物处置率100%，危险废物处理率100%。多年来，没有违法排污行为，没有重复环境信访案件，没有发生环境污染事故，实现了经济和环境的“双赢”。先后荣获“全国环保先进企业”、“山东省环保先进企业”、“全国绿化四百佳”、济南市环境保护信用等级“AA”级企业、山东省与中国石化集团公司“首批清洁生产示范企业”、“山东省环境友好企业”等称号。

邮编：250101
地址：济南市工业南路26号
电话：0531-88832301

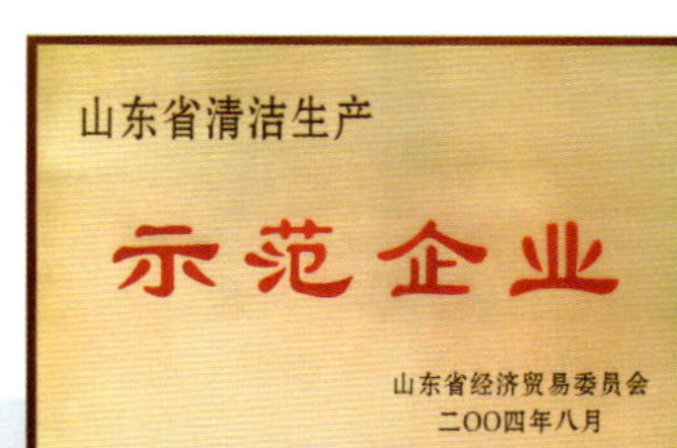

2004年8月，荣获“山东省清洁生产示范企业”奖牌

140万吨/年重油催化裂化装置全景

厂办公大楼全景

(股份)公司济南分公司

(GUFEN)GONGSIJINANFENGONGSI

中国石化股份公司总裁王天普(左二)来厂视察，厂长、党委书记、分公司经理赵培录(左一)等陪同在140万吨年重油催化裂化装置检查工作。

500万吨/年常减压蒸馏装置

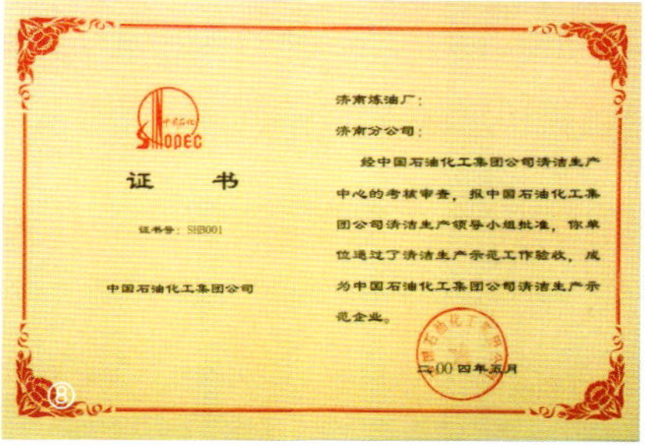

SINOPEC

证书

证书号：SH001

中国石油化工集团公司

济南炼油厂：

济南分公司：

经中国石油化工集团公司清洁生产中心的考核审查，报中国石油化工集团公司清洁生产领导小组批准，你单位通过了清洁生产示范工作验收，成为中国石油化工集团公司清洁生产示范企业。

二00四年五月

2004年3月，荣获"中国石化集团公司首批清洁生产示范企业"证书

成品油罐区

500吨/时污水处理场生化处理单元(封闭后)

500吨/时污水处理场生化处理单元(敞开式)

河南天宏焦化（集团）有限责任公司

HENANTIANHONGJIAOHUA(JITUAN)YOUXIANZERENGONGSI

河南天宏焦化（集团）有限责任公司是由平顶山煤业集团控股，集炼焦、洗煤、化产回收及深加工于一体的现代化大型联合企业，是我国重要的商品焦生产和出口基地，年产冶金焦130万吨，城市煤气供应能力12 000万立方米，同时还生产碳黑、焦油、粗苯、纯苯、工业萘、精萘、煤沥青、炭素制品等。

公司历来重视环境保护工作，长期坚持“效益与环保并重”的科学发展观，走出了一条“以效益促环保，以环保增效益”的企业发展新路子。特别是1998年加盟平煤公司以来，累计投入环保治理资金6 000万元，完成废水、废气、噪声治理50多项，企业及周边大气环境得到了显著改善，先后被授予“全国资源综合利用先进企业”、“平顶山环保先进单位”、“平顶山市文明单位”、“河南省园林绿化模范单位”、“河南省文明单位”等。

公司把“建设蓝天、绿地、怡人的新焦化”作为企业实现可持续发展的环境理念，每年投入数十万元用于厂区道路修整、绿化美化。目前，一个三季有花、四季有草、绿树成荫、整洁有序的新厂区已呈现在人们面前。

邮编：467021
地址：河南省平顶山市矿工路东1号
电话：0375-2796507

公司领导班子

出焦的场面

文化广场夜景

捣固焦生产现场

珠海市益力集团有限公司

ZHUHAISHI YILIJITUANYOUXIANGONGSI

珠海市益力集团有限公司是由国企改制而成的中外合资(澳资)企业。公司坐落在珠海市西部黄杨河畔的斗门区井岸镇，毗邻港澳，距珠海机场和深水港仅30多千米，有沿海高速和江珠高速公路横贯，水陆空交通运输极为便利。公司属下现有味精厂、发电厂、有机肥厂等多家分支机构，是全国50家最大经营规模食品制造工业企业和中国轻工业200强企业。现有员工1100多人，资产总额5亿多元，销售收入4亿多元，是国内最具代表性和最具发展潜力的糖蜜味精生产基地。公司获得了IS09001和HACCP体系认证，通过了省级环保治理双达标验收，主产品“益力牌”味精的销售网络遍布全国各地，远销国外和港澳台地区，供不应求。公司现有的产能为：味精4.5万吨/年，有机复混肥4.5万吨/年；热能发电装机容量2.7万千瓦时。

公司董事长、法人代表 何昶明

邮　　编：519125
通讯地址：广东省珠海市斗门区井岸镇桥湖南路248号
电　　话：(0756)5222498
传　　真：(0756)5222428

公司领导与上级领导在公司揭牌

公司的产品正源源不断运往市场

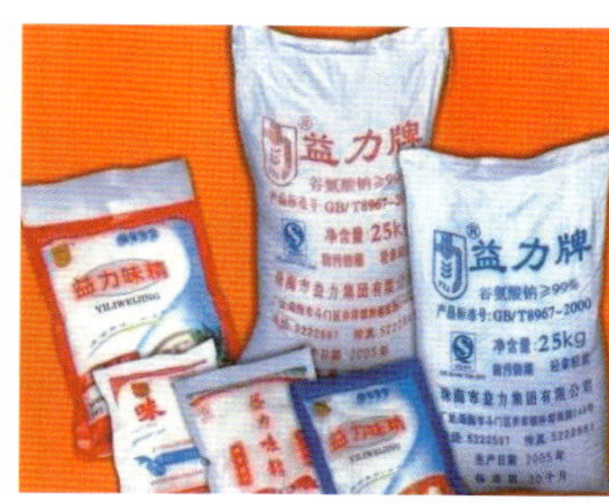

公司生产的产品

公司全景图

北京嘉博文生物

BEIJING JIABOWENSHENGWU

北京嘉博文生物科技有限公司是一家利用现代生物工程技术，将餐厨垃圾(泔水)进行资源化、无害化处理，并实施资源循环再利用的高新技术企业。公司企业性质属中外合资企业，注册资金1 500万元。

由本公司研发制造的“BGB高速高温微生物处理装置”系列产品和BGB高温复合微生物菌，对餐厨垃圾进行资源化处理，并实现资源循环再利用的技术，目前在国内尚属首创。通过在北京市的推广运用，得到了市领导和主管部门以及国内专家的充分肯定。目前，国家建设部标准司已把嘉博文资源化处理餐厨垃圾设备的企业标准，作为《有机垃圾生化处理机技术条件》的国家标准在全国试行推广。

循环经济思想是该项技术的核心，嘉博文公司通过这项资源循环技术的运用，产生一定的经济增量，再按多赢的商业模式进行利益再分配，使环保、生态农业、畜禽养殖等各产业能有效链接，从而实现循环经济。餐厨垃圾处理后得到的再生资源，是由15株益生菌按一定的比例复合而成的、非常稳定的微生物菌群，作为有机肥料的添加剂可以丰富土壤的碳库，提高地力，改良土壤，减少或不用化肥农药，实现有机农业的目标，具有极大的农业产业化推广前景；将这种再生资源作为饲料添加剂，可以部分或全部替代抗生素，提高饲料转化率，节约粮食，为实现大生态农业的战略目标提供了

北京市副市长吉林到海淀区上地集中处理站视察

北京市市政管委副主任梁广生在现场接受中央电视台记者的采访

北京市市政管委组织所属18区县市政管委召开现场研讨会

北京市海淀区区委书记谭维克(左图)、区长周良洛(上图)分别组织相关部门负责人进行现场办公，研讨循环经济在海淀区的规模化试点工作

公司总经理黄谦接受区领导颁发的大奖

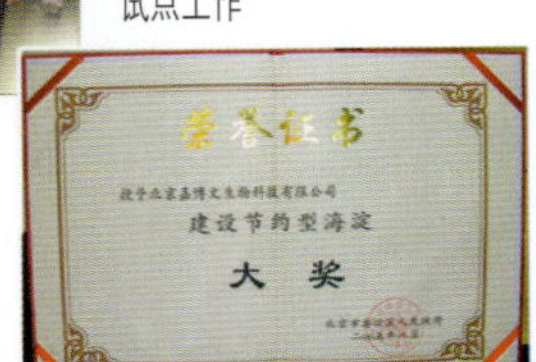

荣誉证书

授予北京嘉博文生物科技有限公司

建设节约型海淀

大奖

中央电视台第二套《中国财经报道》介绍资源循环技术

中央电视台第七套《科技苑》介绍该项技术

技术保障。

嘉博文资源循环处理技术通过两年的推广运用，充分证明该技术所产生的新型农业生产资料，能大幅提高产量和品质，使农民增收，为市场提供高端优质的农产品，提高农业综合生产能力。对城市而言，从源头堵住了“泔水猪”、“泔水油”造成人畜交叉感染疾病的传播，减少了食品安全隐患，为创建和谐社会，提高人们的生活环境质量有着积极的现实意义。

位于海淀区上地街道餐厨垃圾集中处理站

六台 G 280 设备

绿宝石西红柿

葡萄

草莓

地里的小黄瓜

BGB高能微生物菌剂功能特点

王要功能

1、增加土壤有益微生物数量及活性，调节根际土壤微生态环境，改良土壤耕性；

2、抗逆性强，微生物能产生活化植物根部功能物质，从而使作物根系强壮，抗寒耐热能力强，有明显的增产效果，优果率提高；

3、降解土壤中有毒有害物质，降低农产品中硝酸盐的含量，减少农药使用。

4、促进土壤有机物质及矿物质中有效成份释放，使作物营养全面，品质提高显著。

5、抗病力强，土壤中有益微生物繁殖旺盛，能有效抵抗各类病原菌和土传病，对常见的立枯病、黄萎病、黑斑病、霜霉病、根腐病、晚疫病和病毒性花叶病等三十多种病害都有明显的防治效果等。

试验园里的苹果

以上是用嘉博文微生物有机肥栽培的水果和蔬菜等有机农产品

苹果试验田

小麦实验田

郑州矿务局华鑫铝业公司

ZHENGZHOUKUANGWUJUHUAXINLUYEGONGSI

郑州矿务局华鑫铝业公司是郑煤集团实施煤－电－铝“黑白”发展战略的重点单位，主要从事重熔铝锭的生产销售，设计生产能力5万吨/年，其中一期工程1.8万吨/年，二期工程3.2万吨/年。

公司依靠科技创新、管理创新搞环保。公司研制的氧化铝粉仓库下料“自动破包除尘装置”，使用后，经监测，仓库总悬浮颗粒浓度由原来的48.2mg/m^{3}降至0.69mg/m^3，比国家标准降低了88%，彻底改善了下料车间的空气质量，获得2004年省科技创新三等奖，在国内行业中处先进水平。公司研制的“电解槽效应报警器”、阳极保护环、“多功能简易铣床机”等，节能降耗效果显著。废水循环再利用，实现了工业生活废水零排放。

公司坚持推行清洁生产促环保，积极筹措资金246.59万元完成了17项清洁方案，粉尘和全氟分别减少33%和11%，削减了氟化物276.6T；正在实施的方案6项，80KA电解槽增容改造、全部完成后预计年增收5 700多万元。

邮编：452371

地址：河南省新密市城关镇甘寨村

电话：0371-69789712

涟源钢铁集团有限公司

LIANYUANGANGTIEJITUANYOUXIANGONGSI

厂区一角

生产车间

涟源钢铁集团有限公司位于湖南省中部娄底市，1956年5月开始筹建，1958年9月建成投产。经过40多年的改造发展，2002年钢产量突破200万吨，总资产达58亿元，系国家特大型工业企业和国家重点支持的300家企业之一。

在环境保护方面，涟源钢铁集团有限公司致力管理创新和技术创新，按照ISO14001环境管理体系标准进行环境管理，狠抓“三废”综合利用。2000年，公司通过湖南省环保局组织的工业污染源达标排放验收，2001年12月通过ISO14001环境管理体系认证，获得中国环境科学研究院环境管理体系认证中心的认证证书。涟源钢铁集团有限公司于1998年12月通过ISO9002质量管理体系认证，获得中国冶金工业质量体系认证中心和中国国家进出口企业认证机构认可委员会的认证证书。

邮编：417009

地址：湖南省娄底市涟源钢铁集团有限公司安环部

电话：0738 － 8662120　传真：0738 － 8662625

化州市绿色生命有限公司

HUAZHOUSHILUSESHENGMINGYOUXIANGONGSI

化州市绿色生命有限公司化橘红GAP基地位于广东省化州市平定镇天堂嶂，建立基地之前，公司领导就明确提出要将基地建在没有污染，生态环境优良的化橘红中心产区。这里远离城镇和交通要道，周围没有工厂和矿山，也没有任何污染源。空气清新、水质纯净、土壤未受污染、生态环境质量良好。大气、土壤和水质均符合对中药材GAP基地的环境质量国家标准。在基地建设过程中，公司始终把保护生态环境列为头等重要的工作，首先运用生态学原理对整个基地的山、水、田、林、路作统筹安排。除开垦梯田外，尽量不破坏原有植被，并使化橘红间种檀香、白木香，充分利用所有山地间种豆科绿肥白花灰叶豆。既保护了生物多样性，又最大限度地减少了水土流失。同时坚持施用有机肥，严格控制农药、化肥使用，使整个基地始终保持优良的生态环境。

邮编：525100

地址：广东省化州市下街垌

广州瑞明电力有限公司

GUANGZHOURUIMINGDIANLIYOUXIANGONGSI

广州瑞明电力有限公司于1993年1月28日正式成立，是具有独立法人资格的民营发电企业。现有两台125MW燃煤发电机组。

瑞明公司采用技术可靠、脱硫率高的石灰石——石膏湿法烟气脱硫，项目总投资约1.7亿元，为了保证该项目的顺利实施，广天明科技有限公司（公司与广东省电力设计院工会共同出资成立）委托广东省电力设计院以总承包的方式，承担整个项目的设计、采购、建设、调试和移交工作。

本工程自2002年2月正式动工，2004年1月通过广东省环保局的验收。脱硫率均达到90%以上，每年可除去二氧化硫约1.2万吨。

瑞明公司烟气脱硫工程正式投入商业运营后，先后被评为2004年度广东省环境保护优秀示范工程和广州市重点工业企业安装脱硫设施先进单位。

邮编：510700

地址：广州市英浦庙头港前路669号

电话：020-82488884

公司董事长　张毓麟

瑞明电厂发电机厂房

瑞明电厂远眺

深圳市西部电力有限公司

SHENZHENSHIXIBUDIANLIYOUXIANGONGSI

深圳市西部电力有限公司成立于1994年6月，注册资本为13.6亿元。公司主要建设与经营深圳本部电厂4台30万千瓦火力发电机组，4台机组已全部于2003年7月建成投产。

截至2004年底，公司总资产为48.26亿元，净资产34.86亿元。2004年度公司销售额为32.66亿元，位列2004年深圳市工业百强企业第28名。在西部电厂一期工程3、4号机组工程建设中，西部电力有限公司在全国率先规范推行了"三制"管理（业主负责制、工程监理制、工程招投标制），创造了国产30万千瓦火力发电机组17.5个月的全国工期纪录。4号机组为广东省首台"基建移交达标机组"。

公司在注重经济效益的同时，注重环保社会效益。在对火力发电厂常规环保项目进行治理的同时，投入巨资进行烟气治理。其中4号机组的海水烟气脱硫工程被国家环保总局列为"海水烟气脱硫示范工程"，该系统已于1999年3月正式投入运行，系统运行稳定，脱硫效率达到90%以上，每年削减向大气中排放的二氧化硫约7 000吨。

深圳西部电厂（6 x 30万千瓦）全景（左侧1号机组产权属深圳妈湾电力有限公司）

5、6号机组的海水烟气脱硫系统同时于2004年3月投入运行，并于同年12月通过国家环保总局组织的竣工验收。3号机组海水烟气脱硫系统作为技改项目也已于2003年10月开工建设，计划于2006年第一季度投入运行。

邮编：518034

地址：深圳市福田区时代金融中心13层、

电话：0755-82822839

国家环保总局海水烟气脱硫示范工程——深圳西部电厂4号机组海水烟气系统。图为运行中的脱硫曝气池。

深圳西部电厂5、6号机组海水烟气脱硫烟气——烟气热交换（GGH）系统

深圳西部电厂3、4号机组控制室

广西省崇左市左江制糖有限责任公司

GUANGXISHENGCHONGZUOSHIZUOJIANGZHITANGYOUXIANZERENGONGSI

广西崇左市左江制糖有限责任公司位于崇左市江洲区驮卢镇，是南宁永凯实业集团下属的一家大型民营制糖企业，始建于1995年，现有员工400多人，公司占地面积13万平方米，拥有固定资产1.7亿元，日处理原料蔗9 000吨，年产糖10万吨以上。

公司自成立以来，一直把环境污染的治理作为一件大事来抓，采用严格的管理机制和先进的管理技术对生产污水进行处理，不断加大环保投入，大胆引进先进技术设备，于2004年在区内率先引进6台玻璃钢冷却塔对制糖过程中的热水进行冷却后再循环使用，动力、压榨车间各设备冷却水实现单独循环，大大减少了新鲜水的抽用量，同时注重从源头抓起，完善各车间的清污分流系统，严格控制各岗位操作，从源头治理抓起，杜绝跑冒滴漏，并将冲灰污水排放到氧化糖的处理后循环使用，使外排水完全达到国家标准排放。

公司在发展中把环境建设与生产建设有机结合，同步抓好。加强了内部管理、提高了管理水平，取得了良好的经济效益和社会效益，企业通过了ISO9001：2000质量管理体系认证，荣获崇左县1999年度环境保护目标责任制二等奖；崇左县2000年环境保护目标责任制三等奖；崇左市江州区2003年度环境保护工作先进单位二等奖；2004/2005年榨季共减少污水排放725万吨，取得较为显著的成绩。

邮编：532206

地址：广西崇左市江州区驮卢镇左江华侨农场

电话：0711-7951025（含传真）

厂生产区概貌

公司董事长 赖可宾

厂区绿色大道

二级循环池水处理设备

海洋石油富岛股份有限公司

HAIYANGSHIYOUFUDAOGUFENYOUXIANGONGSI

海洋石油富岛股份有限公司位于海南省东方市东方化工城,是中海石油化学有限公司的子公司,拥有两套大化肥装置:一期装置1996年10月建成投产,年产30万吨合成氨、52万吨尿素;二期装置2003年9月建成投产,其规模为年产45万吨合成氨、80万吨尿素。

公司生产的“富岛”牌大颗粒尿素2001年和2004年分别被国家质检总局认定为国家免检产品,一直畅销国内外。2002年和2005年分别荣获海南省名牌产品称号;2001年和2003年分获全国质量管理先进企事业称号;2003年9月,公司荣获“海南省质量奖”;2004年被评为全国质量效益型先进企业。

公司产品供不应求。“富岛”牌大颗粒尿素除了满足国内市场,还大量出口到美国、澳大利亚、日本、韩国、越南、孟加拉等国;公司2004年两套装置共生产141万吨大颗粒尿素,产品供不应求。

中海石油化学有限公司目前正处于高速发展阶段,力争用5年的时间将东方化工城建成天然气综合化工基地。正在建设中的60万吨/年甲醇项目2006年投产,专用化工码头也正在建设中,国内12万吨/年三聚氰胺、120万吨/年甲醇等项目都即将开工,逐步实现产品多元化,提升公司的综合竞争力。

董事长　杨业新

邮编:572600
地址:海南省东方市珠江南大街
电话:0898-25691362

四川西南油气田分公司重庆天然气净化总厂渠县分厂

SICHUANXINANYOUQITIANFENGONGSICHONGQINGTIANRANQIJINGHUAZONGCHANGQUXIANFENCHANG

渠县天然气净化厂厂区位于四川省达州市渠县李渡乡新渡村，距县城和318国道约4千米。

渠县天然气净化厂隶属中国石油西南油气田分公司重庆天然气净化总厂，是四川气田北半环输气管线的重要配套工程，为我国自行设计、自行施工建设的第一座日处理400万立方米的大型天然气净化装置，在净化含硫天然气的同时，生产高纯度的优质硫磺20～30吨/日。该厂高度重视环境保护工作，2002年引进荷兰超级克劳司硫磺回收新装置建成投产，硫磺回收率达99.2%以上。推行清洁无害化生产，环保设施与主体工程实现“三同时”，工艺先进，配套设施齐全，实行生产全过程控制，把污染消灭和控制在生产过程中，“三废”达标排放，绿化成绩显著。该厂于2003年通过了ISO14000环境管理体系认证，成为渠县环境保护和绿化先进单位的典范，曾多次被上级和重庆市授予“环境保护先进单位”、“环境优美工厂”、“园林式”单位、四川省部门绿化100佳单位。

重庆天然气净化总厂渠县分厂厂长
陈国森

邮编：635200
地址：四川省渠县东大街文峰路2号
电话：0818-7309072

重庆天然气净化总厂领导检查指导工作

西南油气田公司领导在生产现场检查指导工作

近期生产厂区

绿树成荫的员工生活小区

生产厂区

四川渠县云丰水泥有限公司

SICHUANQUXIANYUNFENGSHUINIYOUXIANGONGSI

董事长　王道云

四川渠县云丰水泥有限公司（原渠县水泥厂）系2002年6月改制后重新组建的民营企业。工厂占地7.67公顷。现有职工400余人，年产32.5、32.5R级普通、复合硅酸盐水泥40万吨。公司实施先进的企业管理和营销理念，发扬艰苦创业精神，使生产规模发展到40万吨，成为地、县的企业税利大户。公司先后被渠县科技局授予“民营科技企业”，被中国质量检验协会、建筑材料流通协会分别授予“质检合格好产品”、“产品质量、诚信经营双保障单位”，被达州市技监局授予“产品质量信得过单位”、“质量管理先进单位”，被省、市工商局授予“重合同守信用企业”等光荣称号。

公司技术力量雄厚，机械化、电气化程度高、检测手段先进，严格按照国家标准进行生产和检验。产品主销渠县、蓬安、仪陇、营口、南充等市县，还远销陕西、湖北、重庆等地，深受广大用户欢迎。

产品检测

微机配料

邮编：635216

地址：四川省渠县火车站电话：0818 － 7344021

四川科伦实业集团有限公司

SICHUANKELUNSHIYEJITUANYOUXIANGONGSI

董事长兼总裁 刘革新

四川科伦实业集团有限公司是集研发、生产、营销为一体的大型现代医药集团。目前，在四川、湖南、贵州、黑龙江、吉林、江西6省拥有14家药品生产企业，1家药用包装企业，1家药物研究所，两家药品流通企业。

科伦集团贯彻落实环境保护的基本国策，在岷江上游山区利用退耕还林山地近466.67公顷建立了中药材种植基地，投入到长江上游绿色生态屏障的建设当中。所属制药企业全部通过国家GMP达标认证，工厂绿茵遍地、洁净整齐，应用污水沼气化工程技术治理废水，取得成效，树立了良好的环保形象。

科伦集团奉行“科学求真、伦理求善”的企业宗旨，以振兴民族工业为己任，躬身实践产业报国的远大理想。九年来用于产品研发和技术创新的资金累计超过5亿元，平均每年有6个以上的新药投放市场，被评定为“四川省高新技术产业型企业”、“国家火炬计划重点高新技术企业”，并被批准为“国家博士后科研工作站”。2004年销售收入20余亿元，利税总额逾2亿元，科伦集团已进入中国医药企业50强。

邮编：610071　　地址：中国·成都市锦里西路107号锦江时代花园B座18楼

电话：028-86131248　　传真：028-86131248

四川川投田湾河开发有限责任公司

SICHUANCHUANTOUTIANWANHEKAIFAYOUXIANZERENGONGSI

四川省田湾河流域梯级水电站是四川省重点建设项目，四川川投田湾河开发有限责任公司作为项目开发业主一直十分重视环境保护工作，始终坚持“开发与保护并重，预防为主，保护优先，防治结合”的原则，明确提出了“建设生态环保电站”的目标，坚持把各项环境保护措施落实到实处，取得了较好的成绩，受到当地政府和环保部门的高度评价。

公司的具体做法是：通过政府指导、监管、业主全面协调、设计优化、监理督促和承包商具体实施的环境保护管理模式，将环境保护与工程“三控制”并重，常抓不懈。

在工程规划、设计、施工管理中，均充分考虑了维护生态平衡与环境保护的需要，在项目实施中：通过设计优化，将仁宗海基础淤泥质壤土开挖改为振冲桩加固处理；调整施工布置，将渣场及生产、生活用地改用河滩及荒地；减少施工道路修建，采用斜坡卷扬道或索道方案，将对环境影响较大的道路明段改为交通隧洞……，通过采取以上系列有效的措施，大大地减少了林地占用、林木采伐以及对植被的破坏。在招标和合同中明确了承包商的环保责任，并单列环境保护和水土保持专项措施费。在工程建设实施过程中，聘请环保监理公司进行监理。目前，公司已累计投入环保资金4 800多万元，极大地促进了环境保护和水土保持工作，使工区内的生态环境得到了有效保护。

邮编：610000
地址：四川省成都市南府街53号

国家环保总局与省环保局有关领导视察田湾河工程

大发水电站引水隧洞4号支洞出口污水处理工程一隅

雅安市水电建设环境保护和水土保持工作现场会

大发水电站地下厂房DCIII标上山道路边坡防护

云南云维集团有限公司

YUNNANYUNWEIJITUANYOUXIANGONGSI

云南云维集团有限公司成立于2004年7月，由原云南沾化有限责任公司、云维集团公司和曲靖市制供气有限责任公司整合成立。公司资产总额29亿元，年销售收入近20亿元，现有员工5 800余名，主要有合成氨、尿素、纯碱、氯化铵、复混肥、聚乙烯醇、电石、水泥以及焦碳、甲醇、煤焦油等20多种产品。公司拥有进出口经营权，其中：尿素、聚乙烯醇为“云南名牌”产品，尿素为国家免检产品。

企业历来十分重视环境保护工作，严格执行国家有关的法律法规，在建设发展中积极开展“三废”治理，特别注重“以新代老”和“增产、节能、降耗、减污”工作，大力推行清洁生产，2000年顺利通过了工业污染源达标排放验收，之后又在云南化工行业首家通过了质量、环境、安全管理体系认证。由于环保成绩突出，多次受到上级有关部门的嘉奖，2000年还被中国石油和化学工业局评为“九五”期间全国化工环保先进单位。

目前，企业充分依托原有条件实施产品结构调整，正为建成云南煤化工（曲靖）基地而奋斗。

邮　编：655338　　单位地址：云南省曲靖市沾益县花山镇

电　话：0874-306514　　传　真：0874-3065144

党委书记、副董事长 张跃龙

总经理 李 红

厂区一角

公司办公大楼

云南金鼎锌业有限公司

YUNNANJINDINGXINYEYOUXIANGONGSI

云南金鼎锌业有限公司位于云南省兰坪县境内，是根据云南省委、省政府有关决策精神，为规模开发世界级兰坪铅锌大矿资源，在原有基础上，与四川宏达集团合作，以增资扩股的方式于2003年7月规范组建的有限责任公司。注册资本3亿元人民币，员工3 100人。现有采矿规模130万t/a，选矿日处理能力2 700吨，处产12万吨电锌和6万吨硫酸。

公司成立以来十分重视环保工作。原有生产系统均按建设项目环境管理程序建设并已通过竣工验收。新建10万t/a电解锌项目，严格按照“三同时”制度要求，建有配套的废水处理设施、渣库和废气治理设施。废水处理站处理能力7 200m³/d，生产废水经二级中和处理，出水水质达到《污水综合排放标准》二级标准后，全部返回生产系统使用，做到废水零排放；渣库库容232万m³，严格按“三防”、“三水分离”的设计要求建设，堆存生产过程中产生的浸出渣、污泥等有毒有害固体废弃物；生产废气根据其各自的特性采用相应的治理措施，均达到排放。

公司采取自产自销、代购代销、加工、服务的经营方式，经营范围包括有色金属地质勘探、测量、采矿、选矿、冶炼、加工及其成品、半成品、矿产品经营；工程施工与安装等。公司生产的“慈山”牌锌锭销往上海、广州、浙江等地，并积极争取出口。

公司结合矿山资源实际，制定了“先易后难，效益优先，分步实施，持续发展，综合利用”的开发方针，一期建设年产10万吨电锌工程，于2005年6月29日建成投产，并力争到2010年实现有色金属产品产量30万吨，年销售收入45亿元，利润5亿元的建设目标。

公司办公楼

邮编：671401

地址：云南省兰坪县金顶镇文兴村

10万吨电锌渣库

污水处理站

10万吨电锌厂房远景

昆明靖尚达科技有限公司

KUNMINGJINGSHANGDAKEJIYOUXIANGONGSI

昆明靖尚达科技有限公司成立于2003年4月，是集环境工程、环境咨询服务为一体的民营企业。公司通过各级主管部门的严格审查，获得了国家环保总局颁发的《建设项目环境影响评价资质证书》(乙级)；云南省建设厅颁发的《建筑业环保工程专业承包资质证书》；云南省环保局颁发的《环境污染治理资质证书》，并根据核准的业务范围开展工作。

公司的服务宗旨是：以质量求生存，以创新求发展，以管理求效益，以服务求信誉。2004年以来，较好地完成了“玉溪明珠花卉有限公司优质百合种球加工中心建设项目”、“N点金能—复合亚麻酸生产项目”、“昆明瑞华年产600万条塑料编织袋生产线”等71个建设项目的环境影响报告表，并以优质高效的服务赢得了社会的赞誉。今后，公司将进一步提升技术优势，不断增强技术实力，以优质、高效、创新的服务意识，为经济建设提供服务，为我国的环境保护事业做出贡献！

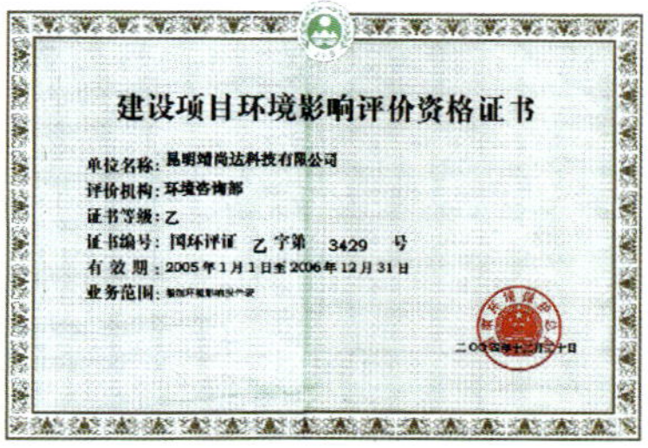
建设项目环境影响评价资格证书

单位名称：昆明靖尚达科技有限公司

评价机构：环境咨询部

证书等级：乙

证书编号：国环评证 乙字第 3429 号

有效期：2005年1月1日至2006年12月31日

业务范围：

邮编：653100

地址：昆明市白龙路490号金达大厦4楼

电话：0877 － 2038556

中国航天科工集团〇六一基地环境影响评价室

ZHONGGUOHANGTIANKEGONGJITUANLINGLIUYIJIDIHUANJINGYINGXIANGPINGJIASHI

环评室主任 梁 成

支部书记 卢益平

中国航天科工集团O六一基地是1964年经中央专委批准建立起来的航天产品科研生产基地。中国航天科工集团O六一基地环境影响评价室为其下属机构，成立于1991年，持有国家环保总局颁发的建设项目环境影响评价资格证书（国环评证乙字第3301号）。已完成建设项目环境影响评价报告400多份，报告书70多份，并通过审批。环评室严格执行《环境影响评价法》和相关法律法规，坚持服务和信誉第一的原则，竭诚为社会提供优质的服务。业务范围含环境监测和环境影响评价,其中：环境监测（环境质量监测、污染源监测、以及各种污染事故调查、测定等）；环境影响评价（地表水、地下水、气、声、固体废物、生态、水土保持、社会经济、人体健康、化工、石化及医药）；建筑；金属冶炼及压延加工；轻工、纺织、化纤；机械、电子；市政公用工程。

邮 编：563003 地 址：贵州省遵义市大连路三四一七医院内

电 话：0852-8691216

青岛啤酒西安有限责任公司

QINGDAOPIJIUXIANYOUXIANZERENGONGSI

青岛啤酒西安有限责任公司下辖青啤渭南公司、青啤汉中公司、青啤宝鸡公司、青啤廊坊公司、青啤（甘肃）农垦股份公司和青啤武威公司共7个“汉斯”系列啤酒的生产基地，资产总额14.2亿元，2004年产销啤酒74.2万千升。

公司主打产品“汉斯”系列啤酒以其淡爽的风味特色深受消费者的喜好，产品畅销陕西、甘肃、宁夏、山西等14个省市。汉斯啤酒已成为青啤公司的第二大品牌。

在企业经济的不断发展过程中，公司高度重视环境保护工作，带动并要求子公司积极开展清洁生产审计和建立环境管理体系，对生产经营过程中产生的固体废弃物，如酒糟、酵母、炉渣、麦皮麦糠、玻璃渣、废纸箱、瓶盖等回收再利用。西安公司2000年投资1 160万元建成废水治理站，实现了废水和废气排放双达标，成为西安市“一控双达标”企业，水资源利用方面相继实施了中水回用、冷凝水和浓水回收利用等项目，使水资源的重复利用率达到50%以上。

青啤西安公司从1997年开始逐步贯彻并实施ISO9000、ISO10012、ISO14001、食品安全管理体系、职业健康安全管理体系等国际、国内通行的认证体系，成为省内第一批通过质量管理体系认证的企业和全国啤酒行业率先通过清洁生产审计、环境管理体系认证的企业。

邮编：710016
地址：中国西安太华北路啤酒路1号
电话：（029）86702502
传真：（029）86710453
邮箱：qingpihansi_xa@vip.163.com

办公大楼

公司一角

陕西华电蒲城发电有限责任公司

SHANXIHUADIANPUCHENGFADIANYOUXIANZERENGONGSI

陕西华电蒲城发电有限责任公司位于陕西省蒲城县孙镇，距西安市125千米，距蒲城县城19千米，现有员工2 430人，目前装机容量为4 x 330MW。

公司自组建以来，十分重视环境保护工作，成立了以总经理为组长、有关部门第一责任人为成员的环保领导小组，坚持实施环保宣传教育、环保规划、污染防治、污染事件调查、排污申报、环保科研等项工作。同时，成立了总工程师领导下的环保技术监督网，对环保设施的运行状况进行监督检查，确保环保设施按照设计参数运行。

公司按照国家及上级主管部门要求，先后制订了《环境保护管理标准》、《环境保护技术监督标准》等可操作性强的环保规章制度，公司于2004年通过了ISO14000环境管理体系认证工作。

公司十分重视环境保护项目的开发和建设，先后投资900多万元用于环保设施改造、环境科研及综合利用工作。实施了粉煤灰地面砖厂、水土保持方案、电除尘器电源改造、烟气脱硫试验研究等环保投资项目。

公司连续4年被蒲城县人民政府评为“环保目标责任书完成先进单位”；2004年被渭南市人民政府评为“环境保护先进企业”；2004年被陕西省人民政府评为“绿色文明示范企业”；2004年被全国绿化委员会评为“全国绿化模范单位”。

邮编：715501　　　电话：0913-7662195

地址：陕西省蒲城县孙镇

蒲电党委书记　王责民

全国绿化模范单位授牌仪式

生产区一角

蒲电生产区全景

陕西延长油矿管理局定边石油钻采公司

SHANXIYANCHANGYOUKUANGGUANLIJUDINGBIANSHIYOUZUANCAIGONGSI

延长油矿管理局定边石油钻采公司主要从事石油勘探、钻采、运销和井下作业等业务。公司下设 15 个科室、5 个采油队，共有职工 2 175 人，油井 720 口。年原油产能 45 万吨。每年可以实现工业产值 7.5 亿元、税费利 2.75 亿元。

公司坚持“高科技快速度、高标准严要求、高质量快节奏、高效益低消耗”的经营指导思想，走“科技含量高、经济效益好、资源消耗低、环境污染少、人力资源得到充分发挥”的新型工业化路子，公司注重保护环境，合理开发，加大油田基础设施建设，推行原油集输工艺，集中脱水脱气、集中管理。污水处理后分层回注地层，伴生气作为燃料给原油加温进行二次利用，即保护了环境，又节约了资源，实现了循环经济。按照国际标准，建立了职业安全健康/环境管理体系，于 2004 年 2 月通过认证；同年 12 月被陕西省环保局授予清洁生产 14000 示范单位。

公司先后被评为“陕西省优秀企业”、“绿色企业”、“省级重合同守信用企业”、“陕西省文明单位”，“技术改造先进企业”等。计划到 2010 年建成100万吨原油产能基地，企业综合素质达到同行业先进水平。

邮编：718600
地址：陕西省定边县长城街 234 号
电话：0912-4221872

全国劳动模范、总经理 张林森

现代化的储油设备

先进的注水设备

陕西省宝鸡热电有限责任公司

SHANXISHENGBAOJIREDIANYOUXIANZERENGONGSI

宝鸡热电有限责任公司是由原宝鸡发电厂改制而成的股份制企业,上世纪六十年代初投产发电。目前，总装机容量10万千瓦，担负着宝成、宝天电气化铁路输电及为宝鸡市区供热、供电的任务。多年来，宝鸡热电公司十分重视环境保护工作，始终把治理污染、改善环境作为企业的重点工作来抓，特别是在宝鸡市创建国家环保模范城市以来，宝鸡热电公司积极响应市委、市政府的号召，以创建环保模范城市活动为契机，以改善资源环境就是发展生产力为指导思想，先后完成了废（污）水处理回用工程、热电联产技术改造、除尘器改造工程。废水实现了“零排放”，集中供热取代了市区众多的小锅炉，彻底消除了烟尘污染，改善和提高了城市空气环境质量。种类污染物达标排放率及灰渣综合利用率为100%。

2005年6月26日，以陕西省环保局局长何发理（前排中）、省环保局副局长冉新权（前排左）为组长的“创模验收组”一行二十余人，在宝鸡市市委书记吴登昌（前排右）等领导的陪同下，来宝鸡热电公司检查除尘器改造情况

公司副总经理赵勇向“创模验收组”组长何发理（左一）、宝鸡市市委书记吴登昌（左二）、省环保局副局长王新荣（左三）汇报除尘器改造情况

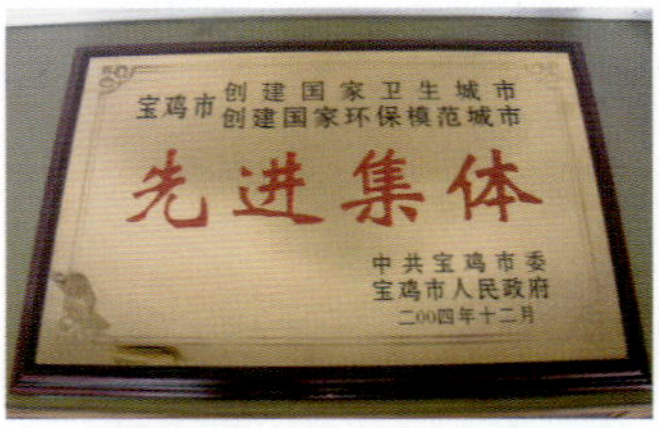

除尘器改造后烟尘排放浓度为18mg/Nm^3

甘肃大唐连城发电厂

GANSUDATANGLIANCHENGFADIANCHANG

大唐连城发电厂位于甘肃省永登县河桥山岑村南侧的大通河畔，是甘肃省“六五”期间建成投产的中型坑口电厂。

连城发电厂多年来一直重视环保工作，在与地方政府签订的环境保护目标责任书中，年年完成率达100%，同时不断加大环保治理投资，仅“九五”期间投资3 087万元用于废气、废水和灰渣的治理，使环保工作取得了显著的成效。1997年与1998年分别对#2、#1炉旋风除尘器进行了改造。安装双尘三电场高压静电除尘器，除尘效率高达99%以上，烟尘和二氧化硫均达标排放，改善了电厂及周围环境的大气质量。1999年，投资500多万元将水力除灰系统改为干除灰系统，实现了灰水零排放。

邮　　编：730332

电　　话：0931-6909612

手　　机：13519651965

联 系 人：刘文彦

地　　址：甘肃省兰州市永登县大唐连城发电厂设备工程部

传　　真：0931-2650149

团结奋进的厂领导班子

中国大唐集团公司总经理瞿若愚深入现场检查指导工作

四室五电场电除尘器

厂区一角

厂区全景

泾川恒兴果汁有限公司

JINGCHUANHENGXINGGUOZHIYOUXIANGONGSI

泾川恒兴果汁有限公司是陕西恒兴果汁饮料有限公司于2004年4月投资6 000万元独资兴建的企业，于2004年9月份建成投产。企业位于甘肃泾川县温泉开发工业园区，占地面积2.47公顷。现公司拥有从瑞典利乐工程有限公司引进的年产1.5万吨浓缩苹果清汁的先进生产线一条，日加工原料果500吨，年消化原料果10万吨，年产值为6 000万元，实现税收300万元，可为当地农民增收3 000万元。

近年来，该厂将清洁生产引入经营理念，严格遵循无害化、减量化、资源化的原则，关注资源的回收和再利用，并取得了可喜成绩，从今年开始，该公司以发展循环经济为先导，结合生产工艺改进和技术改造，计划经过两年时间的努力，对废水、废气、废渣进行综合治理。

邮编：744300

地址：甘肃省泾川县温泉开发区工业园

电话：0933-3323325 13830374567

生产车间

工作人员

甘肃兰州电力修造厂

GANSULANZHOUDIANLIXIUZAOCHANG

兰州电力修造厂是我国电除尘器、声波清灰及电站其他辅机设备和备品配件的大型专业生产厂家，国家二级企业。多年来，该厂不断引进和吸收先进技术，使产品性能更加稳定可靠，电除尘器技术达到国际先进水平，RWD/KFH型电除尘器获国家科技进步二等奖，国家优质产品金质奖，并多次被中国质量管理协会用户委员会评为“全国用户满意企业”，市工商局“重合同，守信誉”先进单位，1995年被国家环保局、中国环保产业协会列为国家环保产业“百强企业”第六名，1996年被省质量局再次评为“产品质量信得过企业”，并荣获国家环保局“科技先进单位”称号，1996年12月通过国际ISO9001质量体系认证，并于2003年通过ISO2000版质量体系转版工作，2000年被中国环境科学学会和中国城市发展研究会评定为“百佳环保高新技术企业（产品）”，并被中国环境保护产业协会评定为“中国环境保护产业骨干企业”。

邮编：730050

电话：0931-2336931

地址：甘肃省兰州市七里河区光华街31号

中国石油天然气股份公司宁夏石化分公司

ZHONGGUOSHIYOUTIANRANQIGUFENGONGSININGXIASHIHUAFENGONGSI

宁夏石化公司隶属于中国石油天然气股份公司，现有两套化肥生产装置。一化肥装置设计渣油为原料，年产合成氨30万吨、尿素52万吨。2000～2003年公司完成了化肥原料渣油改天然气的重大技术改造，从源头上控制了污染。二化肥装置设计以天然气为原料，年产合成氨27万吨，加工颗粒尿素45万吨，2001年生产大颗粒尿素52.5万吨，突破了原设计生产能力，提前实现了装置达标。

建厂十几年来，公司严格按照国家的法律、法规，始终把环保工作做为企业可持续发展的一项极为重要的工作来抓。环保工作不断开拓创新，先后获得了"全国环保先进企业"、"国有企业500强第212位"、"区、市环境保护先进单位"、"全国绿化先进单位"、"银川花园式工厂"、"宁夏区环境友好企业"等荣誉称号。

宁夏石化公司坚持可持续发展的战略，以科学、标准、规范的管理模式，构筑了一个从项目建设全过程、生产工艺的全过程、从源头控制污染的环保管理平台，使企业的经济效益、环境效益和社会效益不断提高。

总经理　康建华

邮编：750026
地址：宁夏银川市西夏区北京西路1338号
中国石油天然气股份公司宁夏石化分公司
电话：0951-2972361　传真：0951-2021379

一化肥装置

装置区夜景

二化肥装置

中国石油长庆油田分公司采油三厂

ZHONGGUOSHIYOUSANQINGYOUTIANFENGONGSICAIYOUSANCHANG

采油三厂是中国石油长庆油田分公司下属的一个以石油开采为主的专业化采油厂，组建于1971年，经过30多年的不断发展，目前生产区域横跨宁夏、陕西、内蒙三省（区）的盐池、灵武、定边、靖边、志丹、吴旗、鄂托克前旗等八县（旗、市），尤其是近年来原油产量呈跳跃式增长，由1993年的20万吨上升到2003年的222万吨，2004年实现了240万吨，是全国十个特大型采油厂之一。

该厂先后获得全国"模范职工之家"、宁夏回族自治区"文明单位"、"道德十佳单位"、"先进企业"等十五项国家级、省部级荣誉。2002年荣获"全国五一劳动奖状"，2003年被中国石油企协命名为首批"管理创新示范单位"，2004年采油三厂被中油股份公司授予油气开发先进管理单位，同年获得宁夏回族自治区"环境友好企业"称号。2004年厂长杨玉祥获得宁夏自治区杰出（优秀）青年企业家的荣誉称号。

采油三厂现有污水回注站24座，各类污水处理设施24台（套），其中：改性纤维球、核桃壳、烧结管精细过滤器等污水处理设施6台（套），溢流沉降处理设施18台（套），日处理污水能力7 500m^3，污水回注井113口，回灌井17口，实现了工业废水零排放的管理目标。

多年来该厂开展了"节约一滴水，少落一滴油"、营建"绿色采油厂"等环保活动，于2005年1月31日通过了ISO14001环境管理体系认证。

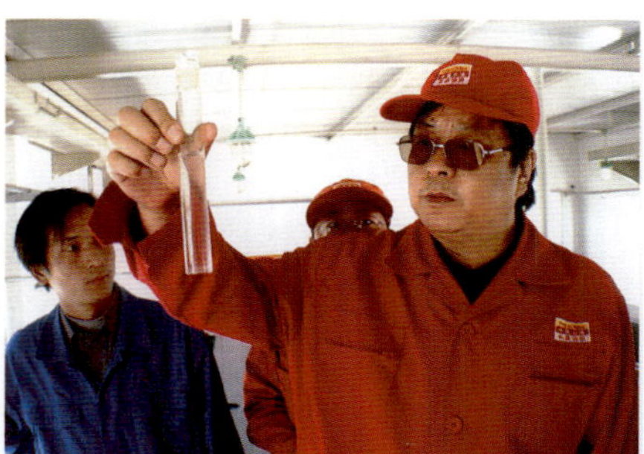

厂长杨玉祥关注处理后水质情况

邮编：75006

地址：宁夏银川市石油基地采油三厂

电话：0951-6935081

在国内处于领先水平的污水处理设施

大漠一景

新疆博乐赛里木建材有限责任公司

XINJIANGBOLESAILIMUJIANCAIYOUXIANZERENGONGSI

新疆博乐赛里木建材有限责任公司（简称博赛建材公司），主要生产水泥、水泥预制品和编织袋等产品。主要产品有“双湖”牌 P.O32.5 级、P.O42.5 级普通硅酸盐水泥、砌筑水泥、缓凝水泥、早强水泥、低碱水泥、抗硫酸盐硅酸盐水泥、矿渣微粉和石灰石矿粉等 10 种建材产品，年产量达 20 万吨。

公司坚持管理、技术、文化“三个创新”的发展理念，提出“求真务实、创新发展”的企业精神，不断深化三项制度改革，狠抓企业内部管理，2001 年 9 月通过 ISO9001 质量管理体系的认证，先后投资 400 多万元用于烟尘、粉尘治理，并于 2001 年 9 月顺利取得自治区、兵团环保达标合格证，2002 年 10 月通过 ISO14001 环境管理体系认证和 OHSAS18001 职业健康安全管理体系认证，成为新疆建材行业首家通过“三证合一”管理认证的企业。公司注重开展资源综合利用，不断扩大“三废”利用范围，达到自治区退税标准。公司生产的“双湖”牌水泥，不仅覆盖博州市场，而且打入奎赛高等级公路和北疆铁路扩能改造等国家重点工程，取得明显的经济和社会效益。公司先后荣获“兵团经济建设先进单位”、“兵团屯垦戍边劳动奖状”、“兵团环保工作先进单位”和“兵团文明单位”等荣誉称号。

邮编：833400
电话：0909-7670118
传真：0909-7670078
公司地址：新疆博乐市八一路九号
电子信箱：bsjc-xj@yahoo.com

公司党委书记、总经理 张彦胜

吊装环境保护收尘设备

新疆博乐赛里木建材公司厂区

国投新疆罗布泊钾盐有限责任公司

GUOTOUXINJIANGLUOBUBOJIAYANYOUXIANZERENGONGSI

国投新疆罗布泊钾盐有限责任公司成立于2000年9月，现由中国国家开发投资公司控股，公司注册资本5.4亿元人民币，以开发新疆罗布泊盐湖天然卤水资源生产硫酸钾为主业。新疆罗布泊是世界上最大的盐湖之一，位于塔里木盆地东部，新疆巴音郭楞蒙古自治州境内，盐湖南北长115千米，东西宽90千米，面积10 350平方千米；公司现有21.6平米米盐田，罗布泊钾肥基地建设现已完成2万吨规模的工业性试验。在短短几年中，创造性地开发出了一条适合罗布泊盐湖资源特点的硫酸钾工艺技术。以罗布泊卤水为原料生产的硫酸钾品质好、纯净、天然，系统钾回收率高。

公司有一个团结向上，勇于开拓，坚强有力的管理团队，高管人员均具有大学本科以上学历和高级技术职称；拥有国家级采卤工艺、化工工艺、盐田工艺学术带头人各一名，在科技创新方面取得了优异的成就。2003年被新疆维吾尔自治区人民政府列为重点支持"30户成长型工业企业"和"高新技术企业"，拥有自治区认定的"企业技术中心"。内设钾盐研究所，有设施齐全的试验盐田和试验车间，研发条件优越，是出成果、出人才的基地。目前公司拥有"用含钾硫酸镁亚型卤水抽取硫酸钾的方法"、"一种用钾混盐制取硫酸钾的方法"和"采盐吸头及采盐机组"3项发明专利，"上推下扬式混合分解型结晶器"1项实用新型专利自主知识产权。"十五"科技攻关重点项目"罗布泊硫酸镁亚型卤水制取硫酸钾的方法研究"课题于2003年底通过了国家科技部的验收。

公司目前正在积极筹建120万吨/年硫酸钾项目，总投资约为36亿元人民币，计划于2009年10月建成投产。

公司总经理 李 浩

邮编：839009

地址：新疆哈密石油基地建行大厦区

电话：0992-2388803

罗布泊地貌

原料系统输卤渠

硫酸钾生产车间一角

新疆新化化肥有限责任公司

XINJIANGXINHUAHUAFEIYOUXIANZERENGONGSI

新疆新化化肥有限责任公司(原新疆化肥厂)过去设备、工艺技术落后，能源消耗高，生产对环境污染极为严重，多年来该厂不断对生产工艺进行填平补齐，技术更新，实现清洁生产。尤其是“九五”期间十万吨的合成氨技术改造，以天然气替代重油的原料路线改变，工艺上采用了世界上合成氨生产最先进的天然气自然式转化技术。目前，吨氨耗天然气已达到国内大中型合成氨企业的领先水平。全体职工多年来发扬“艰苦奋斗、无私奉献、科学求实、团结进取”的新化精神，工厂曾先后荣获“全国化工设备管理优秀企业”，“化工部环境保护先进集体”，“国家一级计量单位”，“化工部验收的清洁文明工厂”，“全国思想政治工作先进单位”，“全国化工环境保护先进集体”等几十项荣誉称号，步入全国500家最大化学工业企业行列。

企业主导产品“绿洲”牌尿素1988年获自治区优质产品，1995年获“采用国际标志证书”，1996年被评为“新疆名牌”产品，1997年首批通过自治区“免检产品”认定，绿洲牌硝酸铵于1984年获“采用国际标准标志证书”，1988年获化工部优质产品。

邮编：830038
地址：新疆乌鲁木齐乌拉泊地区
电话：0991-5882201

新化领导班子

气体装置

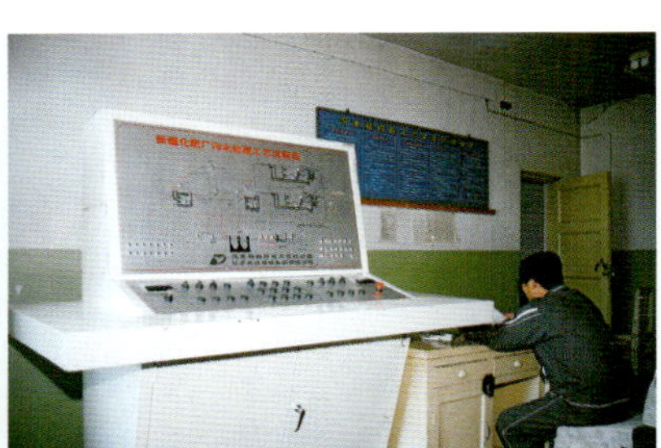

新化污水处理站

新化厂区一角

福建雪津啤酒有限公司

FUJIAN XUEJINGPIJIUYOUXINAGONGSI

福建雪津啤酒有限公司位于福建省东南沿海莆田市。公司创建于1986年，占地面积34公顷，总建筑面积10多万平方米，现有资产总额11亿多元，2004年产销啤酒超过72万吨，主要经济指标稳居全国前八名，人均创税利保持行业第二名。

绿色食品

福建省首家通过

国家绿色食品认证的啤酒企业

企业通过了IS09001：2000质量管理体系、HACCP国际食品安全卫生体系、IS014001：1996环境管理体系、OHSMS职业健康安全管理体系、IS010012测量管理体系、“c”标志定量包装商品生产企业计量保证体系认证。主导产品雪津啤酒为福建省著名商标，先后获福建省优质产品、轻工部优质产品、福建省名牌产品、全国啤酒行业优质产品等荣誉。雪津纯生、雪津冰啤等系列产品被国家绿色食品发展中心认定为“A”级绿色食品，并大胆应用新技术和新工艺，不断开发适应市场需求的新产品。在酿制成功正宗冰啤——雪津冰啤和纯生啤酒后，雪津又将冰啤和纯生的生产工艺进行完美的有机结合，成功开发出高档优质产品——雪津天地纯生冰啤。

福建首酿——雪津纯生啤

好得不简单—雪津天地

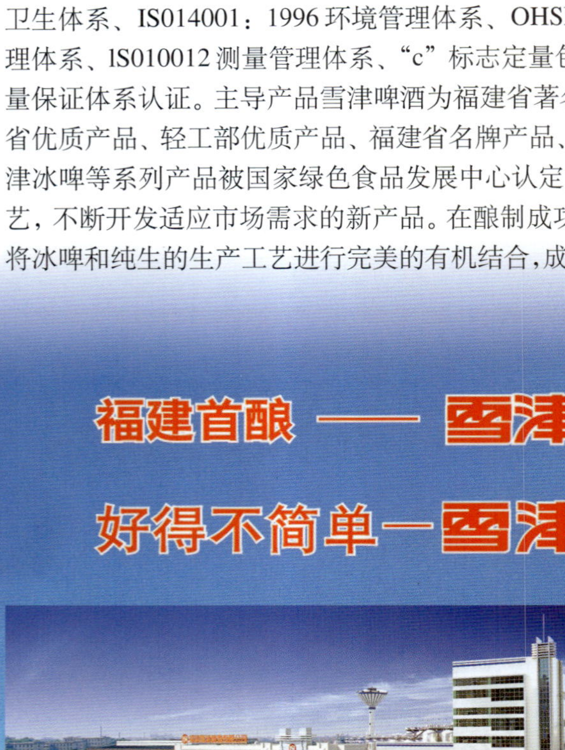

花园式厂区

福建雪津

福建雪津啤酒有限公司 地址：莆田市涵江区工业路660号 电话：0594-3597297 传真：0594-3597390 邮编：35

上海市浦东新区

SHANGHAISHIPUDONGXINQU

上海市浦东新区环境监察支队是由1993年3月18日成立的浦东新区环境保护监理所改革而来，1995年顺利通过国家环保总局环境监理员制度试点工作验收，2002年12月经上海市环境保护局验收通过为国家环境监察标准化建设一级达标单位。浦东新区环境监察支队是上海市市级文明单位。历年来浦东新区环境监察支队经历了浦东开发开放的时代机遇，成为浦东新区环境保护执法不可或缺的生力军，支队机构设办公室、综合管理科、检查科、监察一科、监察二科、监察三科共五科一室，编制59人，实际在岗55人，监察执法人员具有大专以上文凭的50人，占在岗人员的94.3%。

支队认真贯彻环境保护基本国策，在浦东新区开发建设外向型、现代化新城区的同时，大力加强环境监察工作力度，深入基层、服务企业，为浦东新区的经济和社会发展保驾护航。支队多次获得上海市环境监察机构工作考核一、二等奖，先进人物不断涌现，支队长韩海斌历年来分别被评为优秀组织奖、优秀基层领导干

上海市浦东新区环境监察支队党政班子全体成员

支队长韩海斌（右一）向上海市浦东新区人大常委会主任王午鼎（中）汇报环保“110”指挥分中心工作情况

支队长韩海斌（前右二）向新区宣传部副部长刘豫峰（前右一）、新区文明办主任胡建平（前右三）带队的市民巡访团介绍环境污染信访处理情况

监察支队

JIAN CHA ZHI DUI

助理调研员现场解答媒体提问

市民的环保意识，改善了全市的环境质量，取得了较大的成效。在2004年广东省环保执法年活动中，佛山市环境监察支队被评为先进集体。另据统计，自2003年以来，全市共出动环境监察人员21 229人次，现场检查企业10 942人次，处理环境信访案件13 156宗，立案查处违法排污企业446宗。

全市环保执法研讨会

副局长彭抗和带队，联合新闻媒体现场突击检查排污企业

通过污染源在线监控系统，对全市重点污染源实现全天候监控

佛山市环境监察支队近年来以邓小平理论、“三个代表”重要思想和科学发展观为指导，围绕创建国家环境保护模范城市的中心工作，不断加大执法力度，创新执法机制，切实解决了一批群众反映强烈、影响较大的环境热点、难点问题，查处了一批环境违法典型案件并给予曝光，有效维护了人民群众的环境权益和身体健康，进一步提高了全体

局长霍锡淮在2005年全市环保执法研讨会上讲话

局长霍锡淮带领五区局长做客佛山电台民生直通车栏目

局长霍锡淮陪同省检查组现场检查佛山水道整治情况

支队领导现场检查排污企业

副局长彭抗和主持召开

部和上海市重点工程实事立功竞赛记功个人；副支队长刘正国获2002年全国打击不法排污企业专项行动先进个人称号。

历年来，浦东新区环境监察支队在浦东新区环保局和上海市环境监察总队的领导下，认真做好“三查二调一收费”本职工作，打击违法排污，为民排忧解难，尽力化解矛盾，完成了排污口规范、清洁能源替代、禽畜牧场、扬尘污染、汽车尾气等一系列整治工作，为新区创建国家环保模范城区起到积极推动作用。环境监察走科技之路，支队在2001年建立了能监控新区总面积2/3（城区全覆盖）的烟尘监控和在线废水监控的浦东新区环保110指挥分中心。日常环境监察实现电子政务信息化，分别建立了排污申报和排污收费两大专用数据库，使现代信息技术更好地为环境监察服务。

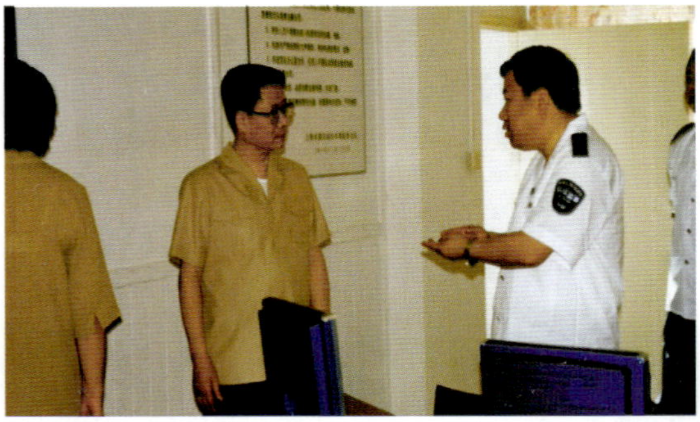

上海市浦东新区环境保护和市容卫生管理局局长庄少勤（右一）检查设在环境监察支队的环保投诉中心工作情况

浦东新区环境监察支队执法人员对餐饮业污染防治情况进行检查

浦东新区环境监察支队干部职工进行学习雷锋精神交流报告会

浦东新区环境监察支队执法人员对工业企业污染防治情况进行检查